戦後日本の食料・農業・農村

第5巻（Ⅱ）
国際化時代の農業と農政Ⅱ

戦後日本の食料・農業・農村編集委員会　編

農林統計協会

『戦後日本の食料・農業・農村』の発刊に当たって

　戦後間もない昭和 28 年から 34 年にかけて、東畑精一氏らを代表とする日本農業発達史調査会によって、「日本農業発達史」全 12 巻が刊行（中央公論社）されました。研究者を中心に各巻 800 頁に及ぶもので、広く利用され大きな役割を果たしました。

　その発達史は、明治から第 2 次世界大戦までの期間を対象にしたものです。それに続く戦後 50 年余の日本農業を巡る激動の歴史は、それまでの 80 年の歴史さながらに、あるいはそれ以上に大きな変化の過程をたどりました。今21世紀を迎え、打ち寄せる国際化の波にもまれている日本農業の現実を歴史的視点で鳥瞰し、また将来の方向を展望し構想することは、政策や研究に携わる者の責務であると考えます。

　こうして本全集企画の趣旨は、新たな時代と局面を迎えている日本農業の展開過程と現実、それを踏まえた今後の方向を世界的視野に立って明らかにするところにあります。と同時に、新たな時代に入ったいま、放置すれば散逸しかねない貴重な資料類、大きな影響を与えた各地域の特徴的な動きも改めて整理し、記録として後世に伝えようとするものです。

　最近、技術を中心に収録した「昭和農業技術発達史」が刊行（農林水産技術情報協会）されました。本全集においては技術面にも目配りしながら、社会・経済に重心を置いて考察しました。

　本全集は通史編、テーマ編からなっていますが、地域の実態、村づくりの事例、組織経営の状況等、現場の具体的事例を数多く取り入れ、戦後農業・農村の潮流が鮮明にイメージされるよう努めました。

　本全集が、政策、研究、実践の場の皆さんに広く利用されることを切望するものです。

2003 年 2 月

編集代表委員

梶井　　功

祖田　　修

田中　　学

松田　藤四郎

はしがき

　1970 年は農地法が大改正され、米の生産調整が始まった年である。前年には外食券が廃止になり、自主流通米制度が始まっている。また、翌 71 年には戦後の単収引き上げ、生産安定に寄与するところ多かった BHC、DDT が使用禁止になっている。というように 70 年前後は、国内農政だけからみてもターニングポイントになる時期だが、そうした国内状況以上に、71 年がニクソン・ショックの年でもあることに注目する必要がある。

　この年の 8 月、ニクソン大統領は金ドル交換停止を内外に声明するが、それはパックス・アメリカーナ崩壊を告げる声明だった。以後、日本経済も"対米協力""国際化"を深化させる。むろん農業も例外ではありえず、むしろ、国際優位をまだいえる分野としては農産物こそがアメリカにとって残された分野であっただけに、農業は日米貿易摩擦のスケープゴートにされた感があった。グレープフルーツなど 20 品目の輸入自由化が 71 年に決められるし、70 年にはまだ 70 品目あった非自由化品目は 74 年には 22 品目に急減する。

　"国際化"圧力は、1986 年以降一層厳しいものとなる。ウルグアイ・ラウンドもこの年始まるし、RMA（全米精米業者協会）が米自由化要求を提起する。そういう外圧とならんで、いやそれ以上に問題だが、"国際協調のための経済構造調整"の重要な一環として、農産物国内市場の"一層の開放"を農政に求める前川レポートも 86 年に出ている。農産物"自由化"圧力は外圧のみではなく、内圧としても強められるのであって、1986 年以降を国際化農政の本格的展開期としていいだろう。

　ウルグアイ・ラウンドは、1993 年 12 月にミニマム・アクセスの上乗せを代償にして、6 年間の関税化猶予という米についての特別措置受け入れで決着、農林水産省はラウンド決着後の農政路線のあり方を「新しい食料・農業・農村政策の方向」（新農政）として発表、その具体化として 1993 年「農業経営基盤強化促進法」「特定農山村活性化法」を制定、95 年には 50 年にわたって農政の基軸になっていた食糧管理法を廃止、「主要食糧の需給及び価格の安定に関する法律」を制定、99 年には"農業及び農業従事者が産業、経済及び社会において果たすべき重要な使命に鑑みて……農業の発展と農業従事者の地位の向上を図

る"ことを"目標"として高度成長期の農政を組み立てた農業基本法を廃止、"食料、農業及び農村に関する施策を総合的かつ計画的に推進し、もって国民生活の安定向上及び国民経済の健全な発展を図ることを目的とする"食料・農業・農村基本法を制定した。

　本巻は、この国際化農政期の農業・農村への外圧・内圧の諸要因を分析し、対応した諸政策を検討、21世紀の日本農業にどういう問題が引き継がれているか、を明らかにすることに努める。

梶井　功

戦後日本の食料・農業・農村　第5巻（Ⅱ）
国際化時代の農業と農政Ⅱ

目　　次

はしがき……………………………………………………………………… ⅲ

第4章　岐路に立つ日本農業 …………………………………………… 1
第1節　1970～2000年の農政概観 …………………………………… 1
　1　「基本法農政」の総括 …………………………………………… 1
　2　米生産調整政策 ………………………………………………… 10
　3　自立経営育成政策 ……………………………………………… 15
　4　農民層分解の新たな局面 ……………………………………… 24
　5　農地法の変容　－自作農主義から賃貸借容認の推進主義へ－ …… 28
　6　食糧管理法から主要食糧の需給及び価格の安定に関する法律へ … 33
　7　農業基本法から食料・農業・農村基本法へ ………………… 40
第2節　センサスによる動向分析 …………………………………… 47
　1　はじめに　－1990～2000年の位置－ ………………………… 47
　2　耕地面積の推移 ………………………………………………… 50
　3　農業就業人口の推移 …………………………………………… 55
　4　経営規模別農家戸数の推移 …………………………………… 62
　5　農家の変質 ……………………………………………………… 70
　6　農業雇用労働の動き …………………………………………… 83
　補　………………………………………………………………… 99
補　論　果樹農業における構造変動と担い手 ……………………… 102
　1　国際化時代における果実需給構造の変動 …………………… 102
　2　果樹農家経済の動き …………………………………………… 123

3　果実生産の立地移動……………………………………………126
　　　4　果樹生産構造の変化……………………………………………132
　　　5　21世紀に引き継がれた果樹農業の課題………………………158

第5章　国際化時代の農政展開……………………………………………165
　第1節　内外価格差問題と農産物価格政策…………………………165
　　　1　はじめに…………………………………………………………165
　　　2　農産物輸入急増と内外価格差の背景…………………………166
　　　3　内外価格差問題発現の契機……………………………………171
　　　4　内外価格差の実態と為替レートの影響………………………177
　　　5　UR農業協定への対応と価格政策………………………………186
　　　6　農政改革と価格・所得政策の展開……………………………196
　　　7　むすび……………………………………………………………204
　第2節　「新政策」のビジョンと現実………………………………213
　　　1　「新政策」策定の経過と背景…………………………………214
　　　2　「新政策」のビジョン…………………………………………221
　　　3　「新政策」の現実的帰結………………………………………234
　　　4　農政史上における「新政策」の意義と限界…………………248
　第3節　農業環境問題への取り組み…………………………………261
　　　1　はじめに…………………………………………………………261
　　　2　農業環境問題の背景……………………………………………261
　　　3　農業環境問題の発生相…………………………………………264
　　　4　わが国農政における環境関連農業対策の展開………………267
　　　5　農業環境関連政策の転換とその背景…………………………279
　　　6　おわりに…………………………………………………………290
　第4節　条件不利地域問題と地域立法………………………………297
　　　1　はじめに…………………………………………………………297
　　　2　条件不利地域問題と地域立法の概観…………………………297
　　　3　過疎法の立法過程と過疎問題の構図…………………………304
　　　4　「第4局面」における諸政策Ⅰ
　　　　　－中山間地域等直接支払制度成立前の動向－………………313
　　　5　中山間地域等直接支払制度の成立過程と性格………………336

6　中山間地域等直接支払制度の課題と展望 …………………………… 362
　　7　条件不利地域再生の論理と政策の展望 ……………………………… 368
　　8　おわりに
　　　　－EU・イギリスの衰退地域政策の経験から学びえるもの－ …… 377
第6章　各界の農業・農政論 ………………………………………………………… 387
　第1節　農業団体の農業・農政論 ………………………………………………… 387
　　1　農産物貿易摩擦の強まりと農業団体 ………………………………… 387
　　2　新たな構造政策の推進への関わり …………………………………… 394
　　3　新食糧法とJAグループ ……………………………………………… 401
　　4　食料・農業・農村基本法の成立と農業団体 ………………………… 404
　第2節　経済界の農業・農政論 …………………………………………………… 411
　　1　はじめに ………………………………………………………………… 411
　　2　調査研究のカバレッジ ………………………………………………… 412
　　3　提言活動の団体別の概観 ……………………………………………… 415
　　4　ジャンル別にみた経済界の農業・農政論 …………………………… 419
　　5　むすび …………………………………………………………………… 438
　第3節　労働団体の農業・農政論 ………………………………………………… 450
　　1　はじめに ………………………………………………………………… 450
　　2　農業基本法の成立（1960年代） ……………………………………… 450
　　3　食管制度改革と労働組合（1970年代） ……………………………… 452
　　4　経済構造調整と労働組合（1980年代） ……………………………… 455
　　5　新たな基本法成立とその後の展開（1990年代以降） ……………… 459
　第4節　消費者団体における農政論の形成と展開 ……………………………… 463
　　1　1970年代以降の消費者団体における農政論構築の概観 …………… 463
　　2　地域生協等における農政論の形成と展開 …………………………… 464
　　3　消費者団体の農政論の特徴と意味 …………………………………… 481
　　■資料①～⑯ ………………………………………………………………… 483

執筆者一覧（執筆順）

梶井　　功　　（かじい　いそし）　　東京農工大学名誉教授

徳田　博美　　（とくだ　ひろみ）　　三重大学大学院 生物資源学研究科

清水　昂一　　（しみず　こういち）　　東京農業大学名誉教授

工藤　昭彦　　（くどう　あきひこ）　　東北大学名誉教授

向井　清史　　（むかい　きよし）　　名古屋市立大学名誉教授
　　　　　　　　　　　　　　　　　　（名古屋市立大学大学院 経済学研究科）

柏　　雅之　　（かしわぎ　まさゆき）　　早稲田大学 人間科学学術院

小松　泰信　　（こまつ　やすのぶ）　　岡山大学大学院 環境生命科学研究科

生源寺眞一　　（しょうげんじ　しんいち）　　福島大学 農学系教育研究組織 設置準備室

増田　佳昭　　（ますだ　よしあき）　　滋賀県立大学 環境科学部

中島　紀一　　（なかじま　きいち）　　茨城大学名誉教授

第4章　岐路に立つ日本農業

第1節　1970年〜2000年の農政概観

　1970年2月20日「総合農政の推進について」が閣議決定された。総合農政という言葉は、その前の年、憲法違反発言を問われて辞任した倉石農相の後任西村農相が、68年7月の農林省臨時省議で、1,445万トンという空前の大豊作で過剰対策が大問題になっていたことに関連して食糧管理制度の再検討、米生産の量から質への転換などを主内容とする「総合農政」を展開する必要ありとする所信表明を行なったことから始まる。この所信表明を受けて農林省は農政推進会議を設置、大臣の提起した問題についての審議を始めるし、自民党は総合農政調査会を発足させ"「基本法農政」の衣を替えて「総合農政」の目標の下に、農政の再構築を図ることにした"（吉田修「自民党農政史」112ページ）。

　翌1969年9月1日農政審議会が「農政推進上の基本的留意事項」についての答申を行なうが、この答申は、もちろん以上のような情況の中で行われた答申であるだけに、当然のことながらこの時点までの基本法農政を総括し、その上で今後の「農政推進上の基本的留意事項」を提示する答申となっている。70年代以降の農政を概観するに当たって、まずそれまでの「基本法農政」がどう総括されたかを、この答申で見ておくことにする。

1　「基本法農政」の総括

　「基本法農政」を始めるに当たっての農政当局の認識を、私はかつて次のように要約した（拙著「日本農業のゆくえ」岩波書店刊、125〜126ページ）。

　　"高度成長は国民所得の増大をもたらし、勤労者の所得向上をもたらす。所得向上は食生活の変化を引きおこし、農産物の需要パターンを変化させる。でんぷん質食料摂取が減り、たん白質食料、とくに動物性たん白質食料とビタミン食料摂取が増えよう。それは欧米先進諸国がたどった食生活の変化過程だが、日本も同じ過程を歩む。こうした食生活の変化に対応で

きるように、需要動向に即した選択的拡大を農業生産の基本にすべきである。

選択的拡大を担う主体として、効率的生産を営む"自立経営"を育成すべきである。高度成長は農業就業人口を非農業に吸収し、その結果として農家は減少、残った農家は経営規模を拡大することができるから、農業所得だけで都市勤労者に伍した生活を可能にする"自立経営"を多数つくり出すことができる。農政は、"自立経営"が農業生産の大部分を握ることができるようにする構造政策に重点を置くべきである。

農業構造が改善され、選択的拡大方向にそった生産を行なう"自立経営"が農業生産の大部分を握るようになれば、日本農業も補助金などに頼らないでやっていける自立した産業になるだろう。高度成長はこういう展望を農業にもたせる。

こういう展望のなかでは、価格政策も所得支持機能を重視する必要はない。農業生産の選択的拡大に資するような生産のガイド機能を果たす価格政策であるべきであり、価格支持もせいぜい変動を調整する程度でいい"

基本法施行後 1960 年代末までの現実の展開がどうだったかについては、本講座第3巻に詳述されているので、現実の展開過程はそちらを見ていただくこととして、ここでは後論との関係もあるので、70 年までの選択的拡大政策の総括を示す表 4-1-1 のみを掲げておき、69 年答申のポイントを摘記しておく。答申の「一　基本法農政下の農業の発展」「二　厳しい農業情勢」のなかの記述である。

「一　基本法農政下の農業の発展」より　…昭和 35 年から 42 年までに農業従事者は2割減少し、農業生産は3割増大したので、農業従事者1人当たりの生産（物的生産性）の伸びはきわめて高く（…年率 7.0％増）驚異的な成長を示した製造業のそれ…と比較してもそれほど遜色はなかったし、また欧米主要先進国の農業のそれとも十分匹敵するものであった。

農業の物的生産性の伸びに加えて農産物価格が相当に上昇した（…年率 8.3％の上昇）ため、農業従事者と他産業従事者との間の所得・生活水準の格差は大幅に改善された。…1日当たりの農業所得も、平均的にみて製造業の1日当たり賃金所得の約6割から9割近い水準まで上昇した。また、農業所得の増加に加えて農外収入も著しく増加したため、農家の生活水準

表 4-1-1 選択的拡大政策の総括

	1人1年当たり純食料消費			自給率				1人1年当たり純食料消費	
	基準 1958年	見通し 1969	実績 1970	基準 1960	予測 1969	実績 1970	実績 1985	見通し 1979	実績 1979
	kg	kg	kg	%	%	%	%	kg	kg
米	112.8	109.2	95.1	102	101	106	107	107.3	79.8
コムギ	24.1	22.4	30.8	39	51	9	14		31.9
オオムギ/ハダカムギ	13.3	4.0	1.5	107	86	34			
カンショ	23.9	14.3	4.1						} 17.7
バレイショ	18.0	18.0	12.1						
ダイズ	5.1	6.3	9.8	28	17	4	5		
野菜（含スイカ）	79.2	85.1	115.6						
果実	17.9	40.9	38.2	100	85	84	77		40.4
肉（除クジラ）	3.1	7.7	12.2	91	100	90	81	13.3	22.5
鶏卵	3.9	7.9	14.8					12.2	14.4
牛乳	17.8	61.9	50.1	89	100	89	85	131.7	61.9
油脂	3.4	7.8	9.5						
砂糖	13.8	21.0	26.9	18	18	23	33		

注：基準、見通し、予測は「農業の基本問題と基本対策」解説版（農林統計協会刊）参考附表による。1人に当たり純食料消費の実績は「食料需給表」による。自給率の実績は「農業白書」附属統計表による。1969年の見通し、予測は経済成長率7.3%の場合、1979年の見通しは成長率5.0%の場合。

は世帯員1人当たりの生計費でみる限り、人口5万人未満の市町村に在住する勤労者の水準とおおむね均衡する」に至った。

　さらに農業生産の選択的拡大も相当すすんだ。同上期間の農業総生産の伸びは3割弱であったが、畜産は2倍以上に、果実は1.5倍近くに拡大した。

　…高度度経済成長は、農業の発展に対して明るい光を投げかけたが、他面暗い影をも宿している。すなわち、農業従事者が若年層を中心に激しく流出したため、農業従事者の大部分は中高年令層となった。また、無秩序な農地かい発が進行し、さらに地価の高騰とこれに基づく農地の資産的保有意識の増大などにより、農地の流動化がすすまず、農業経営の規模拡大が十分には行なわれなかった。"

　「二　厳しい農業状勢」より

　"基本法農政下の農業は、経済の高度成長のもとにおいて、それなりの発展を示してはいるが、最近の状勢を見ると、新しい深刻な事態に直面することになった。

（一）米はわが国農業の基幹作物であるが、従来の農政が稲作に偏していたこともあって、米の生産は伸長が著しく、他面消費は停滞から減少に転じ、過剰在庫が大量に累積している。…米の生産は需要に見合って緊急に縮小されなければならない事態となっている。

（二）農業生産は、全体としてはひきつづき増大しようが、…需要と生産の間には若干のギャップが生じる見込みである。このため、農産物輸入は…ひきつづき増加し、農産物の自給率は若干低下するものと思われる。また米以外でも農産物によっては過剰のおそれのあるものもある。

（三）農業人口は…今後とも従来程度の減少率にとどまり、また農家戸数の減少は…あまり期待できないであろう。農地価格の上昇は全般的には今後も続くものと思われる。このようにみてくれば、今後の農政に強く要請されている経営面積の規模拡大は容易なことではない。（中略）

（四）…今後農産物価格は、米の過剰その他の農産物の需給の緩和、物価安定への要請また輸入増大に対する内外の要請からみて、水準として停滞的に推移せざるをえないであろう、従って、価格面から農業所得の大幅な増大を期待することはむずかしい。

（五）…経済の国際化は今後とも進展することが確実であり、これに対応して、農業に対しては、国の内外から輸入制限、関税などの輸入障壁の緩和ないし撤廃がますます強く要請されるであろう。

（六）（七）略

　一方、わが国の経済はひきつづき順調に高度成長を続けるとみられ、他産業従事者の所得はひきつづき急速に上昇する状勢にある。従って、国の施策が強力に展開されない限り農業従事者と他産業従事者との所得生活水準の格差は、縮小するよりもむしろ拡大する方向にあるといわざるを得ない。

答申が"新しい深刻な事態に直面することになった"とした選択的拡大政策に、1960年代から70年代を通じてどうなったか、を見たものが先に掲げた表4-1-1である。

品目別に基本法立案時につくった見通しが実績としてどうなったかを示したものだが、見通しと実績の間に相当な狂いがあることにすぐ気がつくだろう。特に重要な点についてコメントしておくことにしたい。

米については、純食糧としての消費は、1958 年の 1 人 1 年当たり 112.8kg から 1969 年には 109.2kg に減るというのが想定だった。でんぷん質比率の低下を必然的な方向とみていたことに関連して、その後の展開と対比して注意しておかなければならないことは、この時点では大裸麦はむろんのこととして、小麦も 24.1kg から 22.4kg に減ると想定していたことである。

　が、米は想定以上に減少し、小麦は想定と反対に増加した。果実はほぼ予想通りの増といっていいが、野菜は予想をはるかに上回る増となっている。畜産物については、牛乳の実際の伸びが想定よりも小さかったが、他の肉、鶏卵は想定をはるかに上回る消費増があった。

　基本問題調査会は、1958～69 年の間の見通しに加えて、米、肉類、鶏卵、牛乳については 20 年後の見通しも——58～69 年の成長率よりも低い成長率を前提にしてだが——示していたが、米については 1979 年でも 100kg を割ることはないと想定していたことを注意しておこう。

　実際には 1970 年時点ですでに 100kg を割ったし、79 年には 80kg を割り込んでしまった。

　総じて言えば、米については減少傾向を確認しながらもその減少率は低目に抑え、畜産物については、牛乳については過大な需要増を見込んだ反面で肉類については実際よりかなり低い伸びを想定していた、というのが基本法農政をリードした選択的拡大に関する認識の特徴だったとしていいだろう。

　米については生産に関する想定も問題があったことを指摘しておかなければならない。

　表 4-1-2 を見られたい。1958 年分の水稲 10 a 収量 370kg をベースにして、10 年後に調査会が見込んだ単収は 412kg だったが、実際は 435kg への上昇だった。作付面積は 310 万 ha の面積がほぼ維持されるという想定だったが、実際は 317 万 ha と 7 万 ha の増加であり、結果として 220 万トンの増産だった。陸稲については単収の伸びは想定よりも実際のほうがかなり高く、作付面積減は想定よりも実際の方が大きく、結果として生産減は僅か 7 万 8,000 トンであり、米全体としては 212 万トンの増産になった。水稲での想定と実際の単収、作付面積両面でについてのくいちがい、そして需要減についての過少想定が、今日に及ぶ過剰問題を生んだわけである。単収について更に言えば表 4-1-2 で注記しておいたように、米生産費調査の平均単収は、調査会がベースにした 58 年当時

表 4-1-2 米の作付面積・収量の見通しと実績

			1958 年	1969	
				想定	実績
水稲	10a 当たり収量	(kg)	370	412	435
	作付面積	(万 ha)	310.5	309.9	317.3
陸稲	10a 当たり収量	(kg)	162	165	203
	作付面積	(万 ha)	17.5	14.0	10.1

注：1969 年には 0.5 万 ha の試行転作が行われた。なお、米生産費調査による水稲単収は、1957 年 398kg、58 年 415kg、59 年 413kg だった。

すでに 400kg レベルにあった。10 年後 412kg という想定は、水稲生産力について明らかに過小評価だったといわなければならない。

「農業の基本問題と基本対策」解説版に、"1958 年度の基準状態（平年作）より約 1 割増を見込むことができるだろう"とした米生産の見通しに関連して、次のような記述がある。

　　"水稲の生産量は技術的には十分これを上回ることが可能だと考えられるが、米は主食として需要され、畜産物等の非主食と異なり、いくら値段を下げてもある一定量以上の需要は起きないから、僅かの供給過剰が米価の暴落を招く恐れが多い。この見地に立てば、むしろ米はやや供給不足気味の方がよいともいえるのであって、生産の見通しとしては 1,300 万トンを限度とし、反収増によって供給過剰の恐れがあるばあいには、作付け面積を減少して田畑輪換等により空いた水田の畜産と結合した多角的利用を強力に推進するとともに、米品質の向上を期待することとなるのではなかろうか。"（前掲書 138 ページ）。

明らかに供給過剰は予測していたといってよいが、過剰をこの時点で明らさまにすることには強い抵抗があったのであろう。"作付面積を減少して、田畑輪換により…"というように米減産政策をとらなければならぬ事態がそう遠いことではないことを予感はしていたのである。が、米の 1 人当たり年間消費量は 1956 年 111.8kg、57 年 116.5kg、58 年 113.6kg、59 年 113.9kg という状態だったし、50 年代末期は、まだ米を輸入していた。56 年 97 万トン、57 年 41 万トン、58 年 55 万トンという輸入量である。これまでの最高である 1,445 万トンの生産があった 68 年でも 27 万トンを輸入している。調査会としては、過剰見込みを大きくはいえる状況ではなかったといっていい。

そして、食管法下で全量政府買上げの米価について1960年から生産費ならびに所得補償方式が採用され、物価水準に応じて生産者米価が引上げられる仕組みが出来上がり、その結果として他の農産物に比べて米の相対収益性がよくなっていく。図4-1-1と図4-1-2を掲げておこう。60年以降70年まで物価上昇にもかかわらず68〜72年を除いて第1次生産費の1.8倍で安定した生産者米価になっていることに注目されたい。小麦は違う。76年まで第1次生産費を若干下回る価格になっている。当然米は作付面積も増えるが、たとえば米の増収のため作期を前進させ裏作麦は犠牲にして米増産を図るといったことも起きた。その結果が1,445万トンの大豊作をもたらしたのだが、消費の方は63年を境に明瞭な減少過程に入り、この生産増と消費減のスレ違いが、今日に至る米の構造的過剰問題を生むことになった。消費が落ちるとした小麦は全く逆に消費は増えた。パン食の定着普及を甘く見ていたということだろう。

　パン食の普及定着についてJ・トレジャーの一文を紹介しておこう。

　　　"日本人の消費者に、高い米から安い麦への切替を説得するには、並々ならぬ努力が必要だった。これほど野心的な——そしてこれほど効果的な——計画は、合衆国の歴史においてもかつて見たことがない。子供たちは早くからパンやロールをエンジョイすることを覚え、大人になっても、パン製品を好むようになった。"（坂下昇訳「穀物戦争」231ページ）。

　"野心的な…計画"というのは、学校給食でパンの普及をさせようとした計画である。1954年に学校給食法が制定されたが、その施行規則で完全給食とはパン、ミルク、おかずであり、米は入っていなかった。米飯が完全給食のなかに入るのは1976年の施行規則改正からである。

　　生産者米価が第1次生産費の1.8倍になったことの意味を明らかにするために、図4-1-3を示しておく。この図は全国農地保有合理化協会が行なった東日本6県と西日本5県の米生産費調査個表によって、10a当たり収量階層別第1次生産費を算出した結果を図示したものである。結果として東日本、西日本ともに平均経営規模は東日本1.3ha、西日本1haだったが、注目してほしいのは単収300kgのところも700kgのところも10a当たり費用は殆ど同じだということである。従って米150kg当たり費用は、収量と逆に単収の低い所ほど高く、高い所ほど低くなっているということである。単収が平均収量の1/2の所なら、150kg当たり費用は平均収量地の2倍に

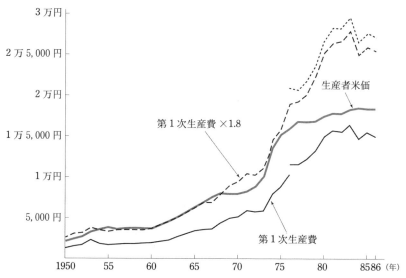

図4-1-1 生産者米価と米の第1次生産費の関係（60kg 当たり）

注：1）生産費の1976年の落差は自家労働評価基準の変更による。
2）生産費×1.8の線で連続しているのは1977年以降の自家労働費を農業臨時雇賃金評価に修正した線。不連続の線は原数値を1.8倍した線。

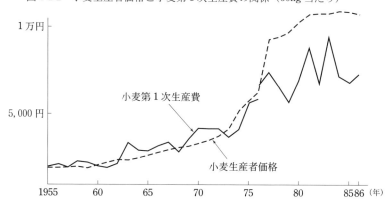

図4-1-2 小麦生産者価格と小麦第1次生産費の関係（60kg 当たり）

図 4-1-3　10a 当たり玄米収量階層別の 10a 当たり稲作費用
粗収入と玄米 150kg 当たり費用（1967 年）

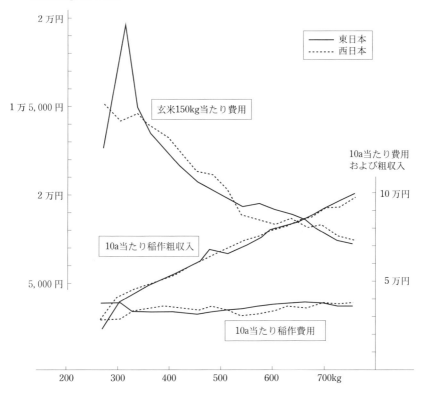

備考：原資料は農林水産省「米生産費調査」による。
　　　東日本：宮城、秋田、山形、栃木、新潟、富山
　　　西日本：静岡、愛知、岡山、佐賀、熊本
　　　全国農地保有合理化協会、昭和 50 年 3 月刊「東日本、西日本主要米作県米生産費調査再集計」

なる。従って米価÷第 1 次生産費が 1.8 ということは、その米価で平均収量の 1.8 分の 1 という低収量地の費用をカバーする価格だったということだが、例えば 1979（昭 54）年でいうと、この年の平均単収 482kg の 1.8 分の 1 の低単収量 268kg 以下の低収量水田は 46 市町村 1,838ha（全国水田面積の 0.07％）しかない（日本農業経営研究会編「農業経営と統計利用」農林統計協会刊所収の市町村別水稲生産力統計より算出）。第 1 次生産費の 1.8 倍の米価は、

最劣等水田での米生産をも可能にする米価だったということである。

1970年代に入って、米価が1.8倍の線をはるかに下回ることは、米価がカバーする限界収量地の単収が引き上げられたこと、米価では稲作りは赤字になる地域が増えたことを意味する。

2 米生産調整政策

"過剰米が大量に累積している。…米の生産は需要に見合って緊急に縮小しなければならない"という農政審1969年答申の指摘は、米が構造的過剰局面にあり、"緊急に"対処しなければならない重要な問題になっていることの最初の公的確認文書としていい。その構造的過剰は日本の米作にとって初めて直面した難題だった。図4-1-4を見られたい。

わが国で米の消費統計が継続的に作られるのは1878（明治11）年からだが、図に見るように、1891～95（明治24～28）年期を境にして消費量が生産量を追い越すようになる。そしてそれは1961～65（昭36～40）年期まで続く、米は最も

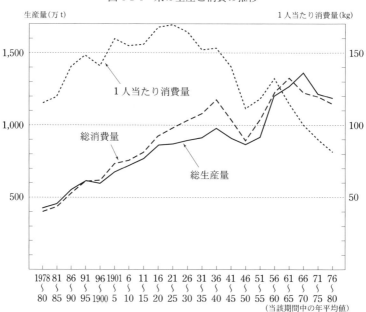

図4-1-4 米の生産と消費の推移

大事な日本国国民の主食といわれながら、20世紀の過半を輸移入に依存してきたことを忘れてはならないだろう。

　1903（明治36）年に刊行された農商務省「職工事情」によれば、当時の都市の中小工場職工の主食は"挽割一升中米二合位"あるいは"南京米ト挽割麦ト半分交ゼタルモノ"だった。南京米とはインド、仏領印度支那（現ベトナム）、タイなどから輸入した長粒種である。1918（大正7）年でも内務省衛生局の全国食料調査によれば"市部に居住する者は米飯・麦飯を主としているが、市街地及び郡部、殊に村落では米飯を食する者が少ない。麦飯といっても市部のものは米七合に麦三合が多く、それ以外の地域のものは麦七合に米三合の割合になり、粟、稗、蕎麦も混炊している"（瀬川清子「食生活の歴史」56ページ）状況だった。

　粟、稗、"混炊"や麦飯の中の米割合の増大を内容として1人当たり米消費量の増加は進んだのである。

　1人当たり米消費量が急増過程にあった1918（大正7）年、片山潜が"あきらかに、日本における民衆運動の全般的覚醒の最初の、力強い端緒であって、現代革命の火蓋をきったもの"（『著作集』第3巻所収「大戦後における日本階級運動の批判的総観」210ページ）とした米騒動が起きた。米騒動後の1921〜25（大正10〜14）年期が1人当たり米消費量のピークとなり、以降1人当たりでは減少するが、人口は増加しているので総消費量は増加を続けており、米騒動を経験しては政府も米の需給・価格安定化に取り組まざるを得ず、1921（大正10）年米穀法を制定するとともに台湾・朝鮮での産米増殖改良計画を進め、台湾・朝鮮からの移入量増加に努める。米の移輸入量が最大になるのは1936〜40（昭和10〜14）年期だが、1934〜36年の数字で示しておくと米の移輸入総量は83万6,000トン、うち台湾・朝鮮からの移入量が95.9％を占める80万1,000トンになっていた。

　1936〜40年期以降、1人当たり米消費量も、総消費量も1946〜50（昭和21〜25）年期まで急落する。37年7月、蘆溝橋での日中両軍衝突に始まる大戦時代の食糧難時代がこの急落期である。急落期について殊更な説明は不要だが、1939（昭和14）年米穀配給統制法が公布されて配給時代に入り、1942（昭和17年）食糧管理法にそれが引き継がれたことだけは指摘しておこう。食糧管理法は農業基本法制定後も活き続け、1994（平成6）年になって「主要食糧の需給及

び価格の安定に関する法律」（新食糧法）に替わるが、この点は後でふれる。

　図 4-1-4 にもどって、1946～50 年期を底にして以降 1956～60（昭和 26～35）年期まで 1 人当たり消費量も総消費量も総生産量とともに増加するが、1 人当たり消費量はこの期を境に減少に向かう。総消費量は 1961～65（昭和 36～40）年期まで、そして総生産量は 1966～70（昭和 41～45）年期まで増加が続く。結果として生じてきたのが 1966～70 年期から始まる米過剰時代——米総消費量を総生産量が上回る時代——の形成である。これまで日本では無かったことだということを図で確認してほしい。

　この米の構造的過剰を認識し、どう対処すべきかについて農政当局が議論を本格化するのは本章の冒頭で述べたように 1968 年の西村農相発言からである。前節で 68 年ごろまでの基本法農政の総括を示すものとした農政審答申が、"過剰米が大量に累積している。…米の生産は需要に見合って緊急に縮小しなければならない"としたことはさきに引用しておいたが、答申はそのためにとるべき政策として、まず"①米の需給調整"をあげ、"地方公共団体および農業団体の協力を得て、有効かつ適切な米の生産調整"施策に取り組むべき、と初めて"生産調整"政策を構造的過剰解決策として打ち出した。提案の内容を示しておこう。

　　　　"（ア）まず第一は、稲作の転換ないし休耕の奨励である。政府は、稲作の転換ないし休耕について、農業者および農業団体の自主的な協力を得て、次のような各般の措置を講ずるべきである。
　　　（ⅰ）稲から他作物への作付転換（造林を含む）の誘導を図る…。この場合…一定期間、所得の補てんないし作付転換の奨動措置を講ずることが必要である。
　　　（ⅱ）…牧草栽培による地力保全などについて配慮しつつ…非常緊急の措置として休耕による生産抑制をすすめざるを得ない。（下略）
　　　（ⅲ）…米の生産措置に関連して、公的機関による水田の買い上げまたは借り上げ措置を講ずることも有効な方法である（下略）
　　　（ⅳ）開田については、一層の抑制措置が講ぜられなければならない。
　　　（ⅴ）このような生産調整措置が有効に行われるためには…これを裏づける生産調整のための法的措置を考える必要があろう。
　　（イ）第二は、政府買入れ価格についての調整措置である。…当面の異常

な事態を回避するためには、政府買入れ価格を引下げることが筋道である。しかし、米価が農業所得の形成に果たしている現実の役割を考え、政府買入れ価格の据置きと同様な稲作農家の所得を確保するため、新しい米価水準との差額を補給金として支払うことが考えられる（下略）

(ウ) 第三は、政府買い入れ価格を据置いて米の買い入れ制限を行う方法である。このためには、米穀管理制度の改正を行うかあるいは、臨時の特別立法を行うことが必要と考えられる。…この場合にも、買入れ制限の主旨の実効を期するには、買入れ制限とともに合わせて、第一の方法をとる必要があろう。

(エ) 以上、三つの方法のうち、いずれの方法に重点をおいて生産調整を行うべきかはなお検討を要するであろうが、緊急に有効な米の生産調整を行うためには、以上の三つの方法を比較検討した上で、総合的な施策を実施せざるを得ないのではないかと考える。

この 1969 年答申でもう一点、重要な問題提起として"生産の地域分担を明らかに"すべきことを求めていたことを指摘しておかなければならない。今、みた"(1) 米の需給調整"に続く"(2) 食料の安定供給"のところで、こう指摘していた。

"米その他の農産物の今後の需給事情を考慮すると、需要に見合った農業生産の推進が緊要となっている。国及び地方公共団体は、農業団体と十分協議を行い、ガイドポストとして、主要な農産物について、例えば、都道府県単位、さらには都道府県下の農業地帯について生産の地域分担を明らかにし、農業団体による生産と出荷の調整体制の整備に努める必要がある。政府はこの点について法的措置を含めて具体的施策を早急に検討すべきである。"

"政府買入れ価格を引下げることが筋道である"という認識のもとでの、転作作物の"所得の補てん"をともなった"生産の地域分担"の提案は、低収量ハイコスト地域の稲作転換の提案といってよく、価格論的にも妥当な提案といっていいが、この提案は残念ながら活かされず、現実の政策はそういう方向へは展開しなかった。"生産調整のための法的措置"は 1994 年に食管法が新食糧に変わるまでとられなかったし、ましてや"生産の地域分担"に関する法的

措置など、全く、無視されてきている。

　　価格論的にも妥当な提案とする理由については、拙著「現代農政論」（柏書房1986年刊）第3章を見られたい。

　　なお、"地域分担"政策化を行政当局が見送ったことについては、農政審での、"地域分担"を盛り込んだ答申案に対し、宮脇全中会長が自民党総合農政調査会に出席、"私見だが、昭和45年から米の作付けを一律一割減反すべきである"と発言したことが大きく影響したのではないか。

　生産調整の実施状況を図4-1-5に示しておこう。注目してほしいことを3つだけあげておく。

　1点目は、生産調整実施対策が、前述した75年国民食糧会議以後に始まる水田利用再編対策が9年続いたのを除いて、他の対策はいずれも3～4年で名称が変わっている。名称が変わること自体、事業の持続性に疑問を抱かせ、長期の取組みを必要とする作付転換を忌避させる。

　2点目は生産調整面積が50万haを越える1978年頃から生産調整達成率はほぼ100％を維持するが、転作率は減少を続けることである。生産調整政策は定着したが転作は定着しなかったということである。

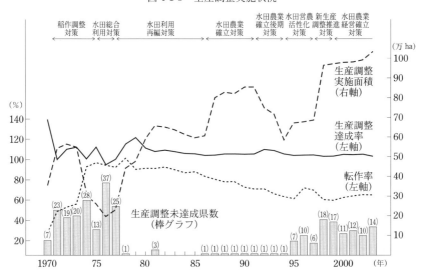

図4-1-5　生産調整実施状況

3点目は、1970年に生産調整政策が始まってから77年までは未達成県が多かったが、水田利用再編対策に入ってからは未達成県は無くなったのに95年からまた出てきたことである。水田利用再編対策の時は、生産調整の必要性が充分に浸透したことに加えて、未達成の場合、次年度の転作等目標面積の加算を行なうとしたことが効いたからである。95年の場合、前年に食糧管理法が廃止され、主要食糧の需給及び価格の安定に関する法律に替わった影響が大きい。この点はあとでふれる。

3　自立経営育成政策

"今後の農政に強く要請されている経営面積の規模拡大は容易なことではない"と総括された基本法農政のもう一つの柱、構造政策の主内容とされた自立経営育成政策は、1970年以降どうなったか。

図4-1-6と表4-1-3をそのために用意した。まず図4-1-6だが、この図は自立経営農家の下限農業所得、自立経営農家数、経営耕地面積、農業粗生産額が全体のなかで占めるシェアの推移を示したものである。

　　　農業基本法が言っているのは、"自立経営"だが、それは"近代化"された家族経営で"正常な構成の家族のうちの農業従事者が正常な能率を発揮しながらほぼ完全に就業することができる規模の家族経営で、当該農業従事者が地産従事者と均衡する生活を営むことができるような所得を確保することが可能なもの"をいうことになっている（基本法第15条）。

　　　が、"正常な構成の家族"であるか、"正常な能率"をあげているかを統計的に把握することは困難なので、農業白書では、町村在住勤労者世帯の世帯員1人当たり勤め先収入に専業農家の世帯員数をかけて得られる金額以上の農業所得をあげている農家を"自立経営農家"とし、それで自立経営に代替している。

図4-1-6からは、自立経営形成はほとんどなかったと結論できよう。戸数シェアも耕地面積シェアも農業粗生産額シェアも横ばいと見ていいからである。勤労者世帯の勤め先収入が上昇するにつれ、自立経営下限農業所得も急上昇している。当然それにともなって必要となる経営耕地面積も、1960年の2haが70年3ha、75年3.45ha、80年4.28ha、85年4.95ha、90年5.30haと大きくなっている。必要経営耕地面積のこの急拡大からいえば、ともあれ農家数、耕地面積、

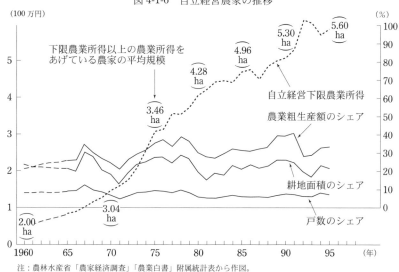

図 4-1-6　自立経営農家の推移

注：農林水産省「農家経済調査」「農業白書」附属統計表から作図。

粗生産額それぞれでの自立経営農家のシェアを維持していることだけでも相当なものというべきだろう。

　表 4-1-3 は同じことを経営耕地面積規模別農家数と耕地面積シェアの変化から見たものである。北海道と都府県の違いにまず注目されたい。

　農家戸数が一貫して減少しているのは同じだが、北海道は 1990 年まで耕地面積が一貫して増えているのに、都府県は逆に一貫して減少である。そして、北海道は 60 年 4.8％にすぎなかった 10ha 以上層が 90 年には 33.7％と 1/3 を超えるまでになったのに、都府県は、上層農家が同じようにシェアを高めてはいるものの、2.5ha 以上層を取っても 60 年 1.5％が 90 年 5.5％になったに過ぎず、0.5～1.5ha 層が分厚い存在になっている構造は、80 年 90 年も 60 年と変らないといっていい。

　上層経営の形成が弱かった都府県でその反面で生じたことは、全階層的な兼業化だった。表 4-1-4 を示しておこう。北海道ではそれほどではないが、都府県では最上層の 5ha 以上層ですら 1970 年には兼業農家率が 52.4％になっていることに注目されたい。

　基本問題調査会は、農業就業人口 1,000 万人を前提に"平均 2 町の専業経営

表 4-1-3 経営耕地規模別農家構成及び耕地面積シェアの推移

(単位：%)

		都府県							
		1960	65	70	75	80	85	90	95
戸数構成比	計	100 (5,823)	100 (5,466)	100 (5,176)	100 (4,819)	100 (4,542)	100 (4,267)	100 (3,739)	100 (3,363)
	～0.5ha	39.1	38.4	38.8	41.4	42.3	43.5	41.7	42.1
	0.5～1.0	32.7	32.2	30.9	29.8	28.7	27.7	28.0	27.5
	1.0～1.5	17.2	17.3	16.7	15.1	14.4	13.7	13.7	13.3
	1.5～2.0	6.9	7.4	7.8	7.2	7.2	7.0	7.2	6.9
	2.0～2.5	2.5	2.8	3.3	3.4	3.5	3.6	3.9	3.8
	2.5～3.0	0.9	1.1	1.4	1.5	1.7	1.9	2.1	2.2
	3.0～5.0	0.6	0.7	1.1	1.4	1.8	2.2	2.7	3.7
	5.0～	0.0	0.0	0.1	0.2	0.3	0.4	0.7	1.1
耕地面積シェア	計	100 (4,497)	100 (4,321)	100 (4,219)	100 (3,874)	100 (3,737)	100 (3,563)	100 (3,330)	100 (3,097)
	～0.5ha	13.6	13.2	12.8	13.6	13.4	13.3	12.7	12.4
	0.5～1.0	30.8	29.4	27.3	26.3	24.8	23.5	22.2	21.0
	1.0～1.5	27.0	26.4	24.9	22.6	21.1	19.8	18.6	17.4
	1.5～2.0	15.3	16.0	16.3	15.3	15.0	14.4	13.7	12.8
	2.0～2.5	7.2	7.9	8.9	9.2	9.5	9.5	9.5	9.2
	2.5～3.0	3.2	3.7	4.5	5.1	5.7	6.1	6.4	6.3
	3.0～5.0	2.7	}3.4	4.6	6.2	7.9	9.5	10.9	12.1
	5.0～	0.2		0.8	1.6	2.6	3.9	5.9	8.9

		北海道							
		1960	65	70	75	80	85	90	95
戸数構成比	計	100 (234)	100 (199)	100 (166)	100 (134)	100 (120)	100 (109)	100 (95)	100 (81)
	～1.0ha	26.2	23.6	21.9	20.4	19.0	18.3	18.2	17.8
	1.0～3.0	24.4	21.5	17.2	16.6	15.4	14.4	12.5	11.3
	3.0～5.0	24.3	24.2	21.0	19.0	16.8	15.1	12.7	11.1
	5.0～10.0	20.1	22.9	24.9	24.2	24.8	24.3	22.9	20.6
	10.0～20.0	4.7	7.4	12.0	12.2	13.3	14.5	16.7	18.2
	20.0～30.0			2.4	4.8	5.8	6.6	7.8	8.8
	30.0～50.0	}0.1	}0.4	}0.5	}2.7	}4.9	}6.9	}9.2	}12.2
	50.0～								
耕地面積シェア	計	100 (826)	100 (813)	100 (890)	100 (908)	100 (969)	100 (1,014)	100 (1,032)	100 (1,023)
	～1.0ha	2.6	2.1	1.5	1.0	0.8	0.7	0.5	0.4
	1.0～3.0	14.1	10.7	6.4	4.8	3.7	3.0	2.2	1.7
	3.0～5.0	26.7	23.3	15.6	11.2	8.3	6.4	4.7	3.5
	5.0～10.0	38.7	38.4	32.1	24.9	21.5	18.6	15.3	11.9
	10.0～20.0	16.9	23.3	30.6	25.3	23.0	21.8	21.4	20.1
	20.0～30.0			10.2	17.0	17.1	17.2	17.5	17.0
	30.0～50.0	}0.9	}2.2	}3.8	}15.8	}25.6	}32.3	22.9	24.4
	50.0～							15.4	21.0

備考：各年農業センサスによる。計の（　）内は戸数構成比の欄では農家戸数の実数で単位は1,000戸、耕地面積シェアの欄では経営耕地面積の実数で単位は1,000ha。

表 4-1-4 耕地規模階層別専兼構成の変化

(単位:%)

	都 府 県							
	専業		兼業		一兼		二兼	
	1960年	70	60	70	60	70	60	70
～0.3ha	12.5	7.8	87.5	92.2	10.3	2.9	77.2	89.3
0.3～0.5	18.7	7.8	81.3	92.2	30.7	11.3	50.4	80.9
0.5～1.0	34.4	12.9	65.6	87.1	47.5	37.0	18.1	50.0
1.0～1.5	53.5	20.9	46.5	79.1	42.9	63.5	3.6	15.4
1.5～2.0	63.3	27.7	36.7	72.3	35.3	67.3	1.4	5.0
2.0～2.5	68.4	32.0	31.6	68.0	30.6	65.3	1.0	2.7
2.5～3.0	71.3	34.8	28.7	65.2	27.8	63.2	0.9	2.0
3.0～5.0	72.9	38.8	27.1	61.2	26.2	59.0	0.9	2.2
5.0ha～	74.7	47.6	25.3	52.4	22.6	48.0	2.7	4.2
	北 海 道							
	専業		兼業		一兼		二兼	
	1960年	70	60	70	60	70	60	70
～1ha	6.3	8.1	93.7	91.9	5.3	3.4	88.5	87.2
1～3	53.5	31.7	46.5	53.5	32.3	28.0	14.2	25.5
3～5	68.8	59.6	31.2	40.4	29.2	36.0	2.0	4.4
5～7.5	72.4	67.4	27.6	32.6	26.4	30.1	1.2	2.5
7.5～10	77.5	71.0	22.5	29.0	21.7	27.3	0.8	1.7
10～15	82.1	74.6	17.9	25.4	17.4	23.9	0.5	1.5
15～20	85.2	79.1	14.8	20.9	14.3	20.0	0.5	0.9
20～30	83.9	78.7	16.1	21.3	16.1	20.5	0.0	0.8
30ha～		81.1		18.9		17.7		1.1

備考:各年農業センサスによる。

250万戸（1戸当たり労働力単位3人未満）平均4反歩の安定兼業農家（1戸当たり1人）280万戸…で戸数500万、耕地600万町歩"という農業構造を描いていた（「農業の基本問題と対策」解説版178ページ）。2町は"農業経営にとって、この線を割れば自立経営とは云い難くなる最低限の規模"として想定されたものだが、農業の技術条件、他産業勤労者の所得レベルで変わるものであり、固定的に考えてはならないことを注意していた。この想定は250万戸という自立経営の数に意味がある——しばしばそう考えらている——よりは、600万町歩のうちの500万町歩、80％を自立経営が占めることを政策目標に掲げたものと解釈してほしかったからの注意であろう。そして平均4反歩と平均2町歩に2分しているように、圧倒的多数を占める中間層の激烈な分解を基本問題調査会は想定し

ていたのである。が、現実は北海道は別にして中間層は経営規模を縮小することもなく、大部分はその規模で兼業を深化させたのだった。

　安定兼業化しても中間層が規模縮小に向かわず、兼業深化が上層農にまで及んだのには、さまざまな要因が影響しているが、特に問題にすべきは兼業労賃のありかたと地価昂騰である。年功序列型といわれた賃金全体系のもとで、大企業は新規学卒労働力は積極的に雇用したが、すでに農業に就いている農家労働力には、不安定かつ低賃金の就業分野しか門戸を開かなかった。表 4-1-5 と図 4-1-7 を掲げておこう。

　兼業農家の働き口は人夫、日雇が最も多くついで恒常的賃労働だが、恒常的賃労働でもその賃金レベルは 500 人以上規模製造業労働者の賃金の 6 割をちょっと上回る程度でしかないし、建設業日雇で 50％程度、農家に多い人夫日雇は臨時的賃労働が多いが、それは建設業日雇よりも更に低く 40％を上回る程度でしかない。兼業に傾斜していっても、この低賃金では農業経営を縮小するわけにはいかなかったのである。そして農業機械化が、非農業分野に就業しながらも営農を続けることを可能にしたことを、兼業滞留のもう一つの条件として付け加えておかなければならない。機械化の進展状況については、図 4-1-8 を掲げておく。説明は不要だろう。1 点だけ注意しておきたい。

　農業機械化は、欧米ではトラクタリゼーションの段階がまずあり、ついで自走式作業専用機の体系的利用に進むという二つの段階を踏んだ。畜力をトラクターに置きかえるのが第 1 段階だった。が、日本の場合、北海道畑作は別にして、畜力も耕うん、代かきぐらいしか使われず、田植え、除草、稲刈りという

表 4-1-5　農家兼業従事者の就業構成の変化

(単位：%)

	計	恒常的職員勤務	恒常的賃労働	人夫日雇	出稼ぎ	自営
1960 年	(100)　100	18.4	25.4	17.0	2.8	36.4
65	(122.2) 100	20.5	24.0	26.6	7.0	21.9
70	(134.8) 100	18.9	28.8	28.8	4.7	18.9
75	(135.0) 100	52.5		26.5	3.2	17.6
80	(127.4) 100	60.0		21.8	1.8	16.4

備考：各年農業センサスによる。自営業と自営業以外の両方に従事したばあい、それぞれに計上されているので構成比は兼業従事者延人数計を 100 にして計算してある。1960 年の自営業従事者のみ 2 種類以上の自営業に従事しているばあい、重複して計上されている。(　) 内は 1960 年を 100 にした兼業従事者実数についての指数。

図 4-1-7　製造業規模別（常雇）および農家労働力の賃金格差

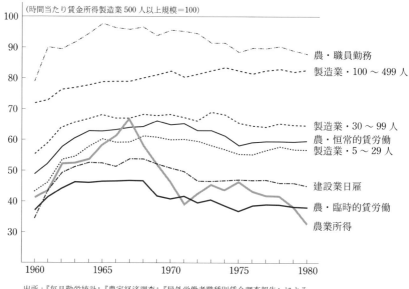

出所：『毎月勤労統計』『農家経済調査』『屋外労働者職種別賃金調査報告』による。
（松浦・是永編『先進国農業の兼業問題』農業総合研究所、研究叢書第102号（1984）所収、田代洋一調査の「兼業農家問題」第2図を引用）

重要な作業工程が裸の労働力で遂行されていた。トラクターで牽引すべき作業機が未開発だったのである。動力化と作業機開発を同時に進めたのが日本の農業機械化の特徴であって、機械化は最初から自走式作業専用機の利用として行われた。耕うんは耕うん専門の耕うん機、田植えは田植え専門の田植機、刈取りは刈取り専門のバインダーといったようにである。爆発的な普及を見せる稚苗田植機の完成は1969年だが、この年は長年イタリアで田植機の開発に腐心していたフィアット社が田植機開発を断念した年でもあった。生産性追求を至上命題とした基本法農政は、欧米型の機械化を考え、構造改善事業などで、輸入大型機械の普及定着のために多くの補助金を使った。しかし、零細経営には無論大型機械は使いこなせない。共同利用組織もつくらせたが、普及定着を見たのは、日本の経営規模に見合うように開発された中小型機械だった。図4-1-8を掲げておこう、65年以降の急速な普及に注目されたい。

もう一つの重要問題は、地価問題である。農家労働力の通勤圏内に働らく場

図 4-1-8　主な農業機械の普及（農家所有台数）の移り変わり

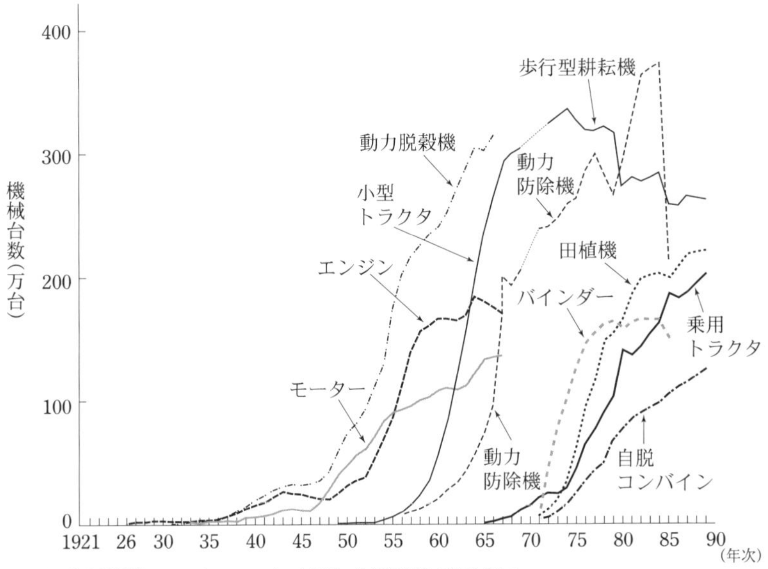

注：動力脱穀機・エンジン・モーターは昭和40年代以降の統計がない。
出所：『農林水産省統計表』による。
（川崎良一監修「百年を見つめ21世紀を考える」（農林水産技術情報協会 1993）所収、小中俊雄「手作業の精度を機械で実現」第1図を引用）

ができたということは、農村部への非農業就業分野の進出を意味するが、それは労働力とともに土地を求める資本の進出であった。その結果引き起こされたのは地価昂騰であり、従来は、農業内的要因で決まっていた農地価格が、農業外の要因に規定されることにより昂騰する。この現象を私は"農地価格の土地価格化"と名づけたが（拙著「小企業の存立条件」第3章）、早いところでは1955年から、遅いところでも1965年から急速に拡大した。図4-1-9と表4-1-6を示しておこう。

　図4-1-9は、水田10a当たり売買地価を全国農業会議所調査と不動産研究所調査の二つの調査で示したものである。会議所調査は市町村別の"実際に取引された価の中庸"の平均値であり、実際の取引価格の動きを示すといってよい。不動産研究所調査は市町村別の"売手買手に相応と認められ、しかも耕作を目的とする"水田価格の平均だが、耕作目的で行われた売買であっても、住宅地地価などの影響で著しく高い地価で取引されたサンプルは集計から除外されて

図 4-1-9 農地価格の土地価格化

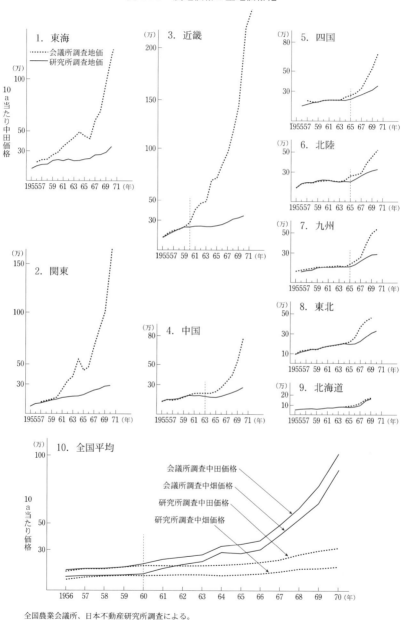

全国農業会議所、日本不動産研究所調査による。

表 4-1-6 農業収益と地価

		(A) 10a 当たり 普通田地価	(B) 10a 当たり 稲作剰余	(C) 利回り (B)/(A)×100	備考
		円	円 銭	%	
戦前	1934年	398	27.26	6.8	
	35	415	33.13	8.0	
	36	435	38.66	8.9	
	51	29,110	6,354	21.8	地価統制廃止
	52	44,711	7,132	16.0	農地法制定
	53	63,315	5,318	8.4	
	54	93,546	6,950	7.4	
	55	116,018	13,983	12.0	
	60	198,000	14,017	7.1	61年農業基本法
	62	255,000	16,129	6.3	農地法改正
	65	343,000	19,376	5.7	(農地管理事業団法案)
	70	1,022,000	22,508	2.2	農地法大改正
	72	1,436,000	24,481	1.7	
	75	2,824,000	57,499	2.0	利用増進事業開始
	77	3,160,000	44,455	1.4	
	78	3,430,000	42,861	1.2	
	79	3,630,000	31,481	0.9	80年農用地利用増進法

注：1）1934～36年地価は勧銀調査、51～55年は不動産研究所調査、60年以降は全国農業会議所調査。
　　2）稲作剰余＝生産物価額－費用＋副産物価額（農水省米生産調査より計算、但し、1934～36年は農林省米生産費調査を戦後様式に組替えた数値で計算した。梶井功「土地政策と農業」家の光協会、1979年、を参照。）

いる。農地として"売手買手に相応と認められ"た水田価格が示されていると考えてよい。転用の影響で農業的採算を度外視した取引価格が形成されるとき、会議所調査はそれを反映するが、不動産研究所調査はそれを除外する結果、転用売買が増加すると両調査のあいだに乖離が生じる。乖離が生じているかどうか、その乖離の程度はどれ程度かで、農地が農業的採算のもとで取引されているか、そうでないかがわかる。そういう目で図 4-1-9 を見てほしいのである。

北海道のように乖離がおきていないところもあるが、都府県では、早いところでは、1957、58年ごろから（東海）、遅いところでも65年ごろから（九州）乖離が見られるようになっている。全国平均では60、61年ごろからと見ていい。

表 4-1-6 は、農業的採算では考えられない地価になったということを、農業剰余（生産物価格－費用＋副産物価額）の地価に対する利回りで見たものである。

今日でこそ預金金利は問題にならないくらい低いが、表 4-1-6 に表示した時代は、定期預金金利は 5～6％あったことを念頭において見れば、表の意味するところの説明は不要だろう。70 年以降は農地購入に資金を投ずるよりも預金にしておいた方がはるかに有利なのであり、農地を買って経営規模を拡大するなど愚の骨頂ということになる。

　　規模拡大すれば剰余の外に自家労賃も収入としてあるが、例えば 1975 年の 10 a 当たりの自家族労働費は 20,146 円である。金利 6％とすれば 282 万 4,000 円の金利は 16 万 9,000 円になるが、剰余＋家族労働費は 7 万 7,600 円でしかない。282 万 4,000 円の余裕金があったら、定期で預けたほうがいい。

　他方、地価が上昇過程にあるときには——この地価の上昇率は物価上昇率をはるかに上回っていた——たとえば手不足になって経営を縮小しなければならない者、あるいは幸いにして安定的な就業先を確保できたことによって経営を縮小してもいいと考える者も、さしあたっての資金の必要がない限りは、所有し続けているほうが資産価値は増大するのだから、売ろうとはしないことになる。農地売買は閉塞的にならざるを得ない。

4　農民層分解の新たな局面

　農地価格の土地価格化が進み始めた 1960～70 年は、零細兼業農家及び上層農の経済的性格を大きく変える時期でもあったことを、ここでつけ加えておかなければならない。表 4-1-7、表 4-1-8 を見られたい。

　表 4-1-7 は経営耕地規模別にみた 1 人当たり家計費の推移を見たものである。1 人当たり家計費の最低階層と最高階層の年次別変化に注目してほしい。1 人当たり家計費の大きさは豊かさの程度を示しているとみていい。1950 年最低階層は 50 a 未満層、最高階層は 2.0ha 以上層だった。農地改革直後は、農家の豊かさの程度は耕地規模序列に照応していたのであり、0.5ha 未満層は正に零細貧農だった。が、年を追うごとにその序列は変わっていき、74 年になると耕地規模序列と家計費の高さの序列は、完全に逆になる。"むら"の中では最低の生活費は 2.0ha 以上層のそれであり、0.5ha 未満層は、最高の生活費で暮らすようになっている。0.5ha 層はもはや貧農とは言えない。

　表 4-1-8 は、その 0.5ha 未満層の所得構造の変遷を見たものである。文字通りの貧農だった 1950 年ごろはむろんのこととして、生活費レベルでは"むら"

表 4-1-7　耕地規模階層別にみた 1 人当たり家計費の推移（都府県）

(単位：千円)

	平均	～0.5ha	0.5～1.0ha	1.0～1.5ha	1.5～2.0ha	2.0ha～
1950 年	26.2	24.7	24.8	26.1	27.8	30.5
55	50.0	48.5	46.6	50.3	54.1	58.1
60	64.4	67.5	62.0	62.8	66.3	74.6
65	123.3	129.9	120.3	118.5	118.4	125.7
70	251.8	279.8	247.9	237.5	230.3	239.7
74	500.5	540.9	498.5	463.5	455.9	452.3
76	638.4	641.2	646.6	594.0	581.1	586.6

備考：＿＿は最低、**太字**は最高。農家経済調査による。

表 4-1-8　0.5ha 未満層の所得構造

	農業所得 (1)	農外所得 (2)	家計費 (3)	農外余剰 (2)－(3)	農外所得の家計費充足率 (2)÷(3)
	千円	千円	千円	千円	％
1950 年	56.1	82.4	130.5	△ 48.1	63.1
55	91.6	169.5	241.2	△ 71.7	70.3
60	79.8	292.5	338.4	△ 45.9	86.4
65	121.8	562.6	606.4	△ 43.8	92.8
70	126.3	1,236.6	1,182.5	54.0	104.6
74	226.4	2,636.8	2,239.2	397.6	117.8
76	284.9	3,221.2	2,799.5	421.7	115.1

備考：農家経済調査による。

のなかで最上位になった 65 年でも、その家計費をまかなうのには農外所得（そのほとんどは賃金所得）だけでは不足し、農業所得からの補充を必要とした。が、70 年になると農外所得だけで家計費をまかなうことができるようになり、さらには 74 年になると、農外所得で家計費をまかなったその残り、農外余剰のほうが農業所得よりも多い、ということになっている。家計維持のためにはもはや農業所得を必要としなくなる、ということは農民の性格を著るしく変えることになる。

　ウェイトとしてはいくら低くても、農業からの収入がなければ家計費をまかなえないというときは、勤めに出ている者も、土曜、日曜はむろんのこととして、ときに夕方勤めから帰った後でも、疲れた身体に鞭うって農作業をしなければならなかった。となれば当然、主婦も"乳役兼用無角牛"として働かなけ

ればならなかったであろう。

　"乳役兼用無角牛"という表現は、かつてのベルギーの農家の主婦で使われたという。

　また、1950年代から60年代にかけては、ドイツの貧農も日本の零細貧農と同じような状況にあったらしい。マシーネンリングの創唱者ガイヤーズベルガーはそういう農民を表現するのに Feirabend Bauer という言葉をつかっている（梶井・石光著「農業機械銀行」109ページ）。

　しかし、農外所得だけでも"むら"のなかでは一番高い生活ができるようになり、家計をまかなったその残りでも農業所得より多い、ということになったとき、無理してまで農作業をしなければならぬと考えるだろうか。生活にゆとりができてくれば、そうそう身体を酷使することはないと考えるようになるのは自然だろう。

　農民の前に拡がった労働市場は、話にならない低賃金市場だったことを、さきに指摘しておいた。一般的には低賃金職種が就業分野だったなかでも、職員勤務に職を得たものの賃金水準は低くなかったことを図4-1-7に示しておいたが、表4-1-7の計算のもとになった農家経済調査対象農家の兼業は、その職員勤務の割合が一般農家より高く、そのため表4-1-8は農外所得のウェイトを実態より高く表現している嫌いがある。しかし、兼業内容の歴史的推移は、農業所得よりはるかに高い賃金が得られる職員勤務や恒常的賃労働の増加だった（表4-1-5）。そして地価昂騰である。資産としての農地保有には関心は強いが、営農意欲は弱くなり、さらには営農意欲を喪失してしまう零細兼業農家が増えるのは当然といえよう。零細兼業農家の土地持ち労働者化である。

　零細兼業農家を土地持ち労働者化させるような農業を取り巻く条件変化は、当然ながら農業生産力の階層間格差を大きくする。

　この生産力格差が産み出した諸現象のなかで、最も注目すべき、と私が考える事実を表4-1-9として示す。

　この表は1967年の九州に関する数字だが。当時実態調査では各地で確認されていた事実が、統計数字として、初めて確認されたのがこの数字なので、表4-1-9として掲げた。

　注目してほしいのは、30a未満層と30～50a層の所得を2～3ha層、3ha以上層の剰余が上回っていることである。3ha以上層の剰余は0.5～1ha層の所得も

表 4-1-9　米作収益の階層性（1967 年九州）

（単位：千円）

	10a 当たり所得	10a 当たり余剰
0.3ha 未満	43.8	27.4
03.〜0.5ha	45.0	29.2
0.5〜1.0ha	48.8	32.7
1.0〜1.5ha	52.8	36.7
1.5〜2.0ha	56.3	41.2
2〜3ha	61.7	47.4
3ha〜	62.4	49.6

備考：所得＝粗生産額－費用合計＋家族労働費
　　　剰余＝粗生産額－費用合計
　　　農水省「米生産費調査」による。

上回っている。

　機械化の進展等、営農に必要な固定資本の増大は、経営規模の小さくなるほど重い償却費負担を課し、経営耕地規模間のコスト差――小規模ほど大きく大規模ほど小さいというコスト差――をもたらす。それが階層間の剰余差、所得差となるのだが、九州ではこの時点で下層の所得＜上層の剰余という関係が生じたのである。こういう関係ができたことは、例えば 3ha 以上農家が 0.3〜0.5ha 層農家に対し

　　　"あなたが汗水たらした結果得られる所得相当の小作料、10a に対して 4万 5,000 円を払うから、あなたの水田を私に貸してくれないか、あなたは水田で働かなくても働いたのと同じ収入になるのだから損はしない。損しないどころか水田で働かなくてもいいのだから、その分よそで働くことで日当稼ぎもでき、総収入をふやすことができよう。私もそれだけの小作料を払っても 10a で 4,600 円の純益が残る。自家労働費ももちろん入るから、かなりの追加所得になる。双方にとってプラスになるのだから貸してくれないか。"

ということができることを意味する。経済的な関係としては、つまり農地法等の制度的障害がなければ、農地賃貸借を通じての農民層分解――借入規模拡大経営と貸付地主化土地持ち労働者への分解――を進める農業内的要因が形成されたわけである。日本農業にはこれまでなかった事態だった。

5 農地法の変容―自作農主義から賃貸借容認の推進主義へ―

　基本問題調査会が農業構造問題を論議したとき、もちろん農地法をどうするかは、重要な論点の一つだったが、自作農主義堅持か否かで意見は割れていたため、調査会として明確な方針を示すことはできず"農地改革以降の経緯を尊重しつつ必要限度の改正を行うのが適当"という妥協的な答申（1960.5）にならざるを得なかった。答申を受けた農政当局がとったのは"自作農主義の現行制度を堅持"する方針だった。

　農政当局がそういう方針をとったのには、調査会答申はとも角として、もう一つの重要な要因があったことを指摘しておかなければならない。農地改革で農地を買収された旧地主の根強い補償要求運動がまだ続いていた、ということである。基本問題調査会答申の翌月「農地被買収者問題調査会法」が公布されるという政治状況だったのであり、この問題の最終結着は、1965年の「農地被買収者等に対する給付金の支給に関する法律」によって、最高100万円の給付金が旧地主に交付されることになっていた。旧地主の政治運動が終息するまでは、農政当局としては農地改革の理念そのものを受け継いでいる農地法に手をつけること、なかんずく賃貸借規制を緩め、新地主の発生を容認するような改正には踏み切れなかったのである。

　地主補償問題に政治的決着をつけたその時期が、農地価格の土地価格化、顕著な階層間生産力格差の形成、貧農の土地持ち労働者化といった、農地流動化のためには自作農主義的＝賃貸借抑圧的農地法を、賃貸借容認農地法に改正することを必要とさせる諸要因が出そろった時期でもあることは、けっして偶然ではないだろう。これら諸要因の形成をみて、地主補償問題の政治的決着を行政当局は急いだという面もあったからである。

　農地価格の土地価格化にともなう高地価に、行政当局がただ腕をこまねいていたわけではない。高地価のなかでも規模拡大志向農家の地価負担を軽減する施策を求めて、フランスのSAFER（農村土地整備公社）にならった農地管理事業団も構想された。農地売買に公的機関が介入することで、育成すべき望ましい経営へ流動農地が集中するようにしようという構想であり、農林省案は、農地を時価で事業団が買い、育成すべき農業経営に買い取らせるが、その際、長期低利の資金（当初案金利2％、40年償還）をつけることで地価負担軽減を図るとい

うものだった。が、この事業団法案は、1965年、66年と2度国会に提案されたが、2度とも衆議院は通過するが参議院で審議未了となり、結局廃案になった。

自作農路線をなお追求しようとしたこの事業団法案の不成立で、農地流動化施策は賃貸借容認促進路線に切り替えられることになり、1970年、農地法大改正になる。基本法農政は選択的拡大とならんで構造改善政策を農政の中軸に据えて登場したのだが、構造改善政策のための基本法制を用意するのに結局10年かかったわけである。

1962年に、基本法制定にともなっての農地法改正が行われているが、それは自作農主義原則を変えない限りでの部分的な改正にとどまった。重要な点は、自作農の延長としての性格をもつ集団を農業生産法人として農地の権利取得を認めたことと、農業協同組合による信託制度という形式での賃貸借を認めたことである。

"協業の助長"を定めた農業基本法第17条が"農業従事者が農地についての権利又は労力を提供し合い、協同して農業を営むことができるように農業従事者の協同組織の整備、農地についての権利の取得の円滑化等必要な施策を講ずるものとする"としたこと、また"農地についての権利の設定又は移転の円滑化"を定めた第18条で"農業協同組合が農地の貸付け又は売渡しに係る信託を引き受けることができるようにするとともに、その信託に係る事業の円滑化を図る等必要な施策を講ずる"としたことに対応する農地法改正だった。農業生産法人の自作農拡大版としての性格は、構成員要件に端的に示されており、農地の権利を法人に提供し、かつ法人業務に常時従事する者で法人が構成されていなければならないとされていた（農地法第2条7項）。

1970年改正の趣旨を、改正農地法施行について出された次官通達（70.9.30）は"借地を含めて農地が規模の大きい経営によって効率的に利用されるようにする"ことにあると簡明に述べている。その賃貸借拡大のために行われた改正点は、52年農地法が農地改革の成果を受けた賃貸借抑止法だっただけに多岐にわたるが、ア）小作人の耕作権にかかわる改正、イ）賃貸借拡大のための改正、ウ）借地による経営主体の形成を容易にするための改正、エ）賃貸借拡大をあっせんする事業の創設の四つにわけることができるが、ここではア）耕作権にかかわる改正と、エ）賃貸借拡大をあっせんする事業の創設の二つの改正点にふ

れておこう。

　賃貸借の法定更新（第19条）、解約についての厳しい許可要件（第20条）、極端に低い統制小作料（第21条）は、小作人に強固な耕作権を与えることになり、賃貸借拡大にとって最大の法的障害になっていた。1970年改正は統制小作料を標準小作料に変えることによってまず小作料を大幅に引き上げ（第24条の2）、更に合意解約を知事許可不要にする（第20条1項第一号）ことによって、耕作権を弱めた。

　標準小作料については、統制小作料があまりにも低すぎたのを修正する措置であって、コメントするまでもないだろう。合意解約問題について若干コメントしておこう。

　賃貸借契約の当事者が合意している解約まで県知事の許可を得なければならないという制度は、農地賃貸借が私的契約であることを考えれば、極めて異例な制度というべきだろう。日本で農地賃貸借の解約が許可制度のもとに置かれるようになったのは、1938年の農地調整法からだが、農地調整法のもともとの条項（第9条3項）は合意解約にはふれていなかった。

　そのため、司法省は「合意ノ上ノ場合ニハ第九条ニ依ル農地委員会ノ承認ハ必要デハナイ」という解釈をとり、農林省は地主・小作間の力関係からすれば、当事者間で合意があるといっても、それが「果タシテ眞正ナル合意デアルカドウカ、又仮ニ眞正ナ合意デアリマシテモ、其ノ眞正ナ合意ガ出キ上ル心理的経過ト申シマスカ、社会的地位ノ相違カラ来マス色々ナ影響ト伝フコトモ考ヘ得ル」のだから、強制された合意から小作人を守るために農地委員会の承認を求めさせる必要があるのだ、という解釈をとって対立していた（引用は「農地改革資料集成」第3巻から）。

　その対立が農地改革で大きく表面化するのであり、改革過程で生じた地主の土地取り上げ係争事件に対し、ほとんどの裁判所は司法省の立場に立った判断で地主の土地取り上げを認めていた。そのため紛争が生じ、その処理をめぐって司法・農林両省の協議が行われ、1947年になって「合意解約ヲ含ム」という一句を農地調整法に入れる改正が行われたのであって、農地法はそれを引き継いでいたのである。合意解約問題は、いわば地主制の評価にかかわるいわく因縁つきの問題だったのであって、それを許可不要にし、届け出だけでいいことにしたのである。今日の地主・小作関係は、"社会的地位、相違カラ来マス色々

な影響"を問題にしなければならない関係ではなくなったという農政当局の認識の変化を、この改正に見てもいいだろう。

　20条の改正でもう一つ、期間10年以上の定期賃貸借地権及び水田裏作賃貸借について、期間満了時の更新拒絶通知の知事許可を不要とする改正がある。これから述べる農地保有合理化促進事業中の10年定期賃貸借事業に関係している。

　賃貸借拡大をあっせんする事業は、1970年改正で新設された事業であり、農地保有合理化法人による農地保有合理化事業（第3条2項）と農協による経営受託事業（農協法第10条2項）の二つがある。

　農地保有合理化事業は、1965、66年の2度国会に提案されたが、両年次とも参議院での審議未了で流れた農地管理事業団の焼き直しである。全国一本の特殊法人としての事業団がやることにしていたのを、市町村・農協・県がつくる法人（当初は県公社が中心）が行うことにしたことと、事業内容としては、事業団法案では売買への介入だけだったのに対し、賃貸借促進を大きく取り上げた点が異なる。

　農協の経営受託事業は厳密には賃貸借あっせん事業ではない。経営受託という形式での農業経営を農協が行うことを認める制度であり、農地法第3条の農地についての使用収益権取得の許可をもらわなければならない。が、作業の再委託は可能な点を利用して事実上経営の再委託を行い、事実上賃貸借のあっせんとしてこの制度を利用している農協が結構多かった。

　以上のように、自作農主義農地法は借地容認・奨励農地法に一変したにもかかわらず、賃貸借はすすまなかった。センサス結果が示すところでは、小作地面積は1960年35.6万ha、70年28.6万ha、75年24.5万haと減少している。強固な耕作権保護を52年農地法以来18年間にわたって続けてきた間に農民に植えつけられた耕作権アレルギーは、法改正があったぐらいで容易になくなるものではなかったのである。

　賃貸借を活発にするために、この耕作権アレルギーをなくす手段として導入されたのが、1975年農業振興地域の整備に関する法律の改正で導入された農用地利用増進事業である。

　　　農振法は、1968年の都市計画法に対応して農業地域の保全を図るための法律として69年に制定された。

この利用増進事業は、集落等の地縁的な農民集団の合意のもとに農地利用のあり方、利用権の条件や内容を決めさせ、それを受けて市町村長が権利設定を行うものであって、これで動く農地利用権については、農地法第3条1項（権利移動の許可）、第6条（小作地の所有制限）、第19条（法廷更新）の適用は除外する措置がとられた。農地法統制規定の根幹部分をはずしたわけである。

　農地法による賃借権設定許可面積は 1,838ha にまで落ち込んでいたが、農地法改正効果もあって 1975 年 9,909ha、79 年 10,142ha と増えてはいた。が、75年に 11ha から始まった利用増進事業による利用権設定面積は 79 年には 15,760ha の設定を見、農地法による賃借権設定面積をはるかに上回る状況となった。

　この状況から、農政当局はこの方式での賃借権による農地流動化を促進することが有効と判断し、1980 年、農振法から分離して独立の農用地利用増進法に衣替えさせ、さらに 1993 年、より選別的に特定経営を育成対象にすることを明確にする条項を追加して農業経営基盤強化促進法と名称を変え、今日に至っている。従って 93 年以降は、農地の権利移動全般を規制する農地法と土地利用権設定を通ずる賃貸借奨励に力点を置く農業経営基盤強化促進法の二つで、農地の権利移動に関する規制が行われていることになる。

　利用増進事業をつくらなければならなかった事情については、拙著「現代農政論」第5章を見られたい。この制度をつくるのに熱心だった東畑四郎元農林次官が、この事業に関連して、次のように発言している（「東畑四郎――人と業績」1981 年刊、214〜215 ページ）。

　"従来の農政は、中央で頭の中で物を考え、それを地方に画一的におろすというような中央集権的行政であった。これを下から自主的に考えることが基盤となるようにする必要がある。本当に農民に密着して、農民自体が自主的に個と個の相対で知恵を出し合っている諸負耕作や集団管理、共同経営などの仕組みを、地域地域の実態に即して制度化・組織化し、権力の主体を次第に末端にまで移行し、農地制度の改正とそれら地域で行われるルールを結び合わせることによって、新しい農業改革をやる基準をつくるべきである。こういう法制的な仕組みと、農民組織の中の社会的強制とを結び合わせることによって、何かそこに新しい安定感がもたらされるのではないかと思う。（中略）毎年、大衆討議した組合契約による農地移動を

農業委員会が諮問を受けて包括承認し、承認されたものは農地法の例外として一時賃貸とすればよい。従って離作料もいらず、地主は賃貸しやすくなる。賃借農民のほうも、経営にはげめば毎年更新されるのが通常となり、地代もコントロールされれば、まず農地流動化の目的は達せられる（1973年9月、全国農業会議所での講演）。

6　食糧管理法から主要食糧の需給及び価格の安定に関する法律へ

　前に一寸ふれておいたように、戦時体制に入って我が国の食糧事情は"米の不足およびその補給を核心とする食糧政策の樹立を緊急の必要とするに至った"（『農林行政史』第4巻260ページ）。

　1940（昭15年）年、"緊急の必要"を政策として具体化する。6月麦類配給統制規則（大麦、燕麦、裸麦）、7月小麦配給統制規則、8月臨時米穀配給統制規則、澱粉配給統制規則、10月雑穀類配給統制規則、41年8月諸類配給統制規則とつぎつぎにつくられる配給規則がそれだが、1942（昭17）年2月、これらを整理統合して「食糧管理法」が制定公布される。以後1995（平成7）年「主要食糧の需給及び価格の安定に関する法律」（食糧法）に席を譲るまでの53年間、日本農業のありようを基底的に制約した枠組みとしての食管体制の誕生である。

　その成立の経緯からもわかるように、食管体制は、不足する食糧を国民に公平に配給するところにその役割があった。自由市場支配下でつくられた生産・流通機構を一切否定し、作付規制・消費制限を含む生産から流通・消費に至る国による直接的統制を食糧について行う徹底した仕組みを規定したのが食管法だった。

　生産者に対しては、種子と自家食糧以外はすべて政府の決めた価格で政府に売り渡すことを義務づけた。いわゆる供出制度である。供出制度で確保した食糧を、年令別基準量と一定の労務加配量によって、食糧生部門以外のすべての国民に平等に配給することになった。米穀通帳による配給制度である。

　生産者から米を借出させるときの価格は、"政令ノ定ムル所ニ依リ生産費及物価其ノ他ノ経済事情ヲ参酌シ米穀ノ再生産ヲ確保スルコトヲ旨トシテ"決め（第三条）、消費者に配給するときの価格は"家計費及物価其ノ他ノ経済事情ヲ参酌シ消費者ノ家計ヲ安定セシムルコトヲ旨トシテ之ヲ定"める（第四条）というのが食管法の規定するところだった。食糧需給の変化、そして日本経済における農業の位置づけの変化にともない、食糧管理に求められる機能も変化し、

法も改正されるが、この三条、四条は法律廃止の時点までそのまま残っていた。食管制度の根幹となっていた規定といってもよかろう。

この条文に明らかなように、生産者米価と消費者米価は別々の原理――前者は"米穀ノ再生産確保"、後者は"家計ノ安定"――で決められることになっていたのである。食管制度は両米価の乖離を当然の前提としていたというべきだろう。事実、食管法成立後に決定された政府米価は、1943年産米についてだが地主米価石当たり47円、生産者米価62円52銭、消費者米価46円の一物三価だった。

地主米価とは、小作米として小作人から収納した米を供出したのに対する対価である。供出が始まると同時に、地主が小作米のなかから供出する米については、"集荷ノ敏速ヲ図ル爲成ル可ク小作人ノ手許ヨリ直接之ヲ出荷セシムル様指導スル事"（米穀管理実施要綱の第五の二項）とされ、代金は農業界の預金に振り込まれた。地主米価と生産者米価の差額は生産奨励金とされ、小作人に支払われた。この措置は、事実上、小作料金納化と高率小作料の引き下げを一挙に実現する農地政策上画期的な措置になった。

買う米価よりも売る米価を安くしたこの一物三価は、当然食管赤字を増大させる。食量管理特別会計そのものは、食管法より前の、間接統制で米価安定を図ろうとした米穀法施行と同時に1921年に設けられた特別会計だが、21年に始まって一物三価の統制時代に入る直前の40年度までの累積赤字は3億2,189万円でしかなかったが、食管法会計となった41年度4億4,710万円、42年度6億2,163万円、43年度8億1,286万円、44年度12億5,231万円と急増する。食管赤字を急増させても、その赤字は食糧供給確保・低価格配給の政策遂行費として意味があるとされたのである。

三価のなかで生産者米価が一番高くなっているが、その米価は食糧確保のためにということで優遇されて高く設定されたのではないことを注記しておこう。図4-1-10を見られたい。米価は農林省生産費を確かに上回っている。が、この農林省生産費は、公定価格のあるものは公定価をとることになっていて、実態とあわなかった。で、公定価格によらない帝国農会調査の方が実態に合っているといっていいのだが、1940年以降生産者米価は帝国農会生産費以下になっていることに注目されたい。より高い小作費用価格――収量から現物小作料を差引いた米量で小作料を除く反当費用を除した額であって、小作農にとってはこれが補償されるべき最低費用価格に

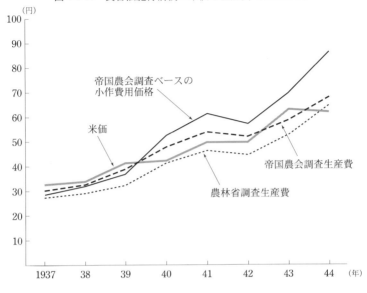

図 4-1-10　食管法施行前後の米価と生産費（石当たり）

なる——には全く達していない。この時点での政府買上げ米価は、優遇どころか収穫米価といった方がいい。

　収穫米価といった方がいいということをより端的に示すのは前述した米価倍率であって、農林省米生産費調査の数字でいうと 1940～43（昭 15～18）年期の米価倍率は 1.2 になる。

　戦前平常時とされる時期——つまり統制経済以前の自由市場で米価が形成されていた時期——である 1934～36（昭 9～11）年期の米価倍率は 2.05 だった。さきに 1979 年の数字で、米価倍率 1.8 のとき、その米価では再生産不可能になる水田は 1,838ha、全水田の 0.07％だということを示しておいたが、倍率 2.0 だと再生産不可能水田は 646ha、全水田の 0.026％になる（前掲「農業経営と統計利用」所収資料により計算）。倍率 2.0 は、ほとんどの水田で再生産可能になる米価、全水田の稲作生産を可能にする米価と言えるのだが、1.2 となると話は大分変わる。これも 1979 年の数字で計算してみると、全国 808 市町村の計 22 万 9,900ha、全水田の 9.3％の水田で米作りは赤字になる。

この収奪的低米価は、占領下の1949（昭24）年まで続く。戦時中は"お国のために"、戦後は"ジープ供出"体制が、この低米価での供出を米作農民に強制したのである。第1節に掲げた図4-1-1では説明しなかったが、1955年の直前まで米価が第1次生産費×1.8を下回っていたことが、その頃まで収奪的低米価が続いていたことを示していたのである。

　1955年以降、その倍率は戦前平常時なみの1.8に復する。そしてその倍率は1968年まで続く。安定した米価は自作農に土地生産力の向上に努めさせ、倍率1.22だった1946～50年は10a当たり収量平均325kgだったのを、1955～59年373kg、1965～69年425kgに引上げた。当然、米生産総量は増え1967年1,445万トンという日本稲作史上最大の生産量となり、68年1,445万トン、69年1,400万トンと3年続けて1,400トンを実現する。消費は逆にパン食の普及もあって1962年の1人1年当たり118kgをピークにして1969年には97kgに低下してしまう。構造的米過剰への突入である。

　構造的米過剰時代への突入は、当然ながら米不足時代につくられた食管体制を変質させることになる。その第一歩が1969年の「自主流通米制度」開始である。この年の政府買入量を750万とし、これとは別に170万トン（上質のうるち米100万トン、酒米、モチ米70万トン）を農協等食管指定業者が集荷し、自由価格で食管指定卸売・小売業者によって"自主的"に販売させる制度であり、食管法施行令第五条の五の適用による特別措置として実施されることになった。

　　　食管法施行令第五条の五は"米穀ノ生産者ハ、ソノ生産シタ米穀ヲ政府
　　　以外ノ者ニ売リ渡シテハナラナイ"という規定だが、この規定には"但シ
　　　ソノ他農林大臣ノ指定スル場合ハコノ限リニアラズ"という但し書きがつ
　　　いていた。この但し書きを利用して自主流通米は食管法の改正なしにス
　　　タートしたのである。

　自主流通米制度は、1971年には政府米の買入制限となる予約限度制の導入、1976年生産者米価・消費者米価連動の開始によって、徹底した政府の直接管理体制をつくってきた食管法を大きく変質させることになる。

　前述したように、生・消両米価を別々の原理で決めるとするのが、国の直接的生・消統制を使命とする食管法の価格政策原則であり、その原則下での政策価格運営は、食管の財政赤字を大きく膨らませることなる。充分な供給量を確保するために生産者米価は平均収量地の半分の収量しかあげられない劣等地稲

作の"再生産の確保"もする米価にしなければならず、他方消費者米価は生産者米価の動きに関係なしに"家計の安定"を主眼に決めなければならなかったからである。

　図 4-1-11 と図 4-1-12 を示しておこう。1986 年まで消費者用の政府売渡価格は生産者からの買入価格を一貫して下回り、それに販売業者マージンをプラスした消費者価格も 78 年まで買入価格を下回っていた。当然ながら食管会計は赤字になる。政府買入価格が、"米穀ノ再生産"を確保するうえでのギリギリの米価——限界地農民は臨時雇賃金なみの低労賃しか確保できなかったという意味でのギリギリの米価——だった以上、その買入米価を前提にした売渡価格のもとで生じた食管赤字は、消費者の"家計ノ安定"のために生じた赤字であり、その赤字処理の財政負担は、消費者保護政策費だとみるべきだろう。この体制が続いた 80 年まで、食管体制は消費者保護体制だったのである。

　　　食管が消費者保護機能を典型的に発揮していたこの時期、生産者米価も上昇した。この米価上昇は、生産費ならびに所得補方式といわれたこの時期の米価算定方式が、農業臨時雇賃金評価で行われている自家労賃評価を米価算定の場合は都市均衡賃金に替えた効果によるとし、高い都市均衡賃金の恩恵を農民に与える食管制度は農民保護制度だ、という人もいる。が、それは、米価算定が算定地代を実納小作料より低い統制小作料に替えたこと、統制小作料制度が農地法改正で無くなると固定資産税課税評価地価×利子率に代替して低地代を政策的に創出してきたことを知らないことからくる謬論でしかないことを注記しておく（くわしくは拙編著「日本農業再編の戦略」柏書房 1982 年刊、第二部Ⅵ章を見られたい）。

1973〜77 年の消費者価格・生産者価格の急角度の上昇は、72 年の異常気象による国際穀物価格の急騰、翌 73 年第 4 次中東戦争勃発にともなう石油ショックが引き起した狂乱物価と世界的に問題になった穀物需給逼迫に対処する必要があったからである。

　狂乱物価の中でも自主流通米は"うまい米を"という声に乗って流通量が増えた。それとともに、政府米買上げ量の減少はヤミ米と称された自由米流通量をも増加させ、両者を合わせた非政府米流通量は 1980 年には政府米買い上げ量を追い越し、88 年には自由米流通量だけで政府米流通量を上回るようになる。90 年のそれぞれの流通量をあげておけば、自主流通米 450 万トン、自由米 280

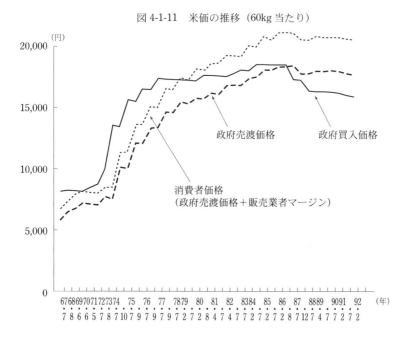

図 4-1-11　米価の推移（60kg 当たり）

政府売渡価格
政府買入価格
消費者価格
（政府売渡価格＋販売業者マージン）

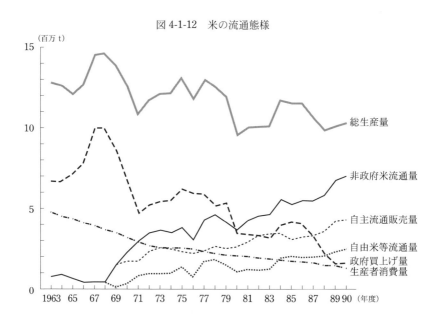

図 4-1-12　米の流通態様

総生産量
非政府米流通量
自主流通販売量
自由米等流通量
政府買上げ量
生産者消費量

万トン、政府買い上げ米180万トンとなる。政府買上げは完全に米流通のわき役、それも食管制度が制度上は認めないはずの自由米を下回る量のわき役になってしまったのである。

この米流通態様の構造的変化を前提にして1989年自主流通米価格形成機構がスタートする。統制経済に入る前、日本の米価形成は東京と大阪にあった正米市場での入札取引できまっていたといってよかったのだが、価格形成機構も東京と大阪に入札取引の場を設けたのである。事実上の正米市場の復活といってよい。食管制度はこの時点で仮死させられたのである。

引導はウルグアイ・ラウンド終了と同時に渡されたといっていい。ウルグアイ・ラウンド農業合意は価格支持政策の圧縮を強制する合意だっただけに、食管法廃止・新食糧法制定は合意受け入れ後の最初の、そして最も重要な制度変更だった。米流通の主役が政府機関の手を経ない自主流通米や自由米になり、価格形成が自主流通米取引機構を中心に市場で行われるようになっているとはいえ、政府米価格が事実上底値としての意味をもち、しかもその底値でも価格水準としては国際価格を著しく上回っている以上、食管制度は変えざるを得ないことになったのである。ラウンド農業合意がスタートする1995年、食管法は廃止され、"作る自由・売る自由"を歌い文句にした新食糧法「主要食糧の需給及び価格の安定に関する法律」が施行される。

新食糧法は、新法の目的を次のように規定している。第一条だが

"この法律は、主要な食糧である米穀及び麦が主食としての役割を果たし、かつ、重要な農産物としての地位を占めていることにかんがみ、米穀の生産者から消費者までの計画的な流通を確保するための措置並びに政府による主要食糧の買入れ、輸入及び売渡しの措置を総合的に講ずることにより、主要食糧の需給及び価格の安定を図り、もって国民生活と国民経済の安定に資することを目的とする"

"食糧ヲ管理シ其ノ需給及価格ノ調整並ニ配給ノ統制ヲ行フコトヲ目的"とした食管法とは、異質なこと明らかだろう。もちろん"主穀の生産者は…其ノ生産シタル米穀ニシテ命令ヲ以テ定ムルモノヲ政府ニ売渡スベシ"（食管法第3条）のような規定は全くなくなる。反面で"主要食糧の需給及び価格の安定を図るため"の重要施策として、1970年施策実施以来その必要性を指摘され続けながら見送られてきた生産調整政策が、備蓄政策とならんで初めてこの法律の

中で位置づけられることになる。第二条第1項だが、こうなっている。

　　　　"政府は、米穀の需給及び価格の安定を図るため、米穀の需給の適確な見通しを策定しこれに基づき、計画的かつ整合性をもって、米穀の需給の均衡を図るための生産調整の円滑な推進、米穀の供給が不足する事態に備えた備蓄の機動的な運営及び消費者が必要とする米穀の適正かつ円滑な流通の確保を図るとともに、米穀の適切な買入れ、輸入及び売渡しを行うものとする。

　価格安定の為に必要となる調整保管についても、第二十九条で自主流通法人――実質は全農――の"業務"として位置づけられた。

　調整保管には必ずといっていほど差損が生ずるが、それについての手当ての規定は無い。また法に位置づけられたといっても、需給調整政策上最重要施策となる生産調整の実効確保措置についても特段の規定は無い。"需給及び価格の安定"のための法律でありながら、特に"価格の安定"策についての規定の欠除を指摘しなければならない。だから 2003 年、食糧庁廃止・消費安全局移設をともなう食糧法改正になったとしていい。この 03 年改正で第一条、第二条は変わらないままで自主流通米制度はなくなり、米の流通は全面的に自由化された。が、生産調整は続いている。

7　農業基本法から食料・農業・農村基本法へ

　1999 年 7 月の農業基本法は廃止され、代わって食料・農業・農村基本法が制定された。

　農業基本法下の農政がどういう結末をもたらしたかは 1 で述べたので繰り返さない。基本法農政と称された農政の実際がどうだったのかを、農業基本法の生みの親といっていい小倉武一元農林次官――農業基本法の原案をつくった農林漁業基本問題調査会の事務局長として答申作成に当たり、次官として 1961 年農業基本法を立案、成立させた――が、厳しい評価を紹介しておこう。

　小倉博士は、巷間「基本法農政」といわれながら、現実の農政は、その実、基本法を、無視しているとし"基本法そのものが大きく空洞化されている"が、農業、農村の問題状況は基本法制定当事以上にきびしくなっていることを考慮、"基本法に立ち帰り基本法を出発点として、20 年のおくれを取り戻すためにのみ「基本法を超えて」農政の改革の途に進む必要がある"とした。（小倉武一著

作集第 6 巻「基本法農政を超えて」農山漁村文化協会刊)。博士がこう言ったのは 1981 年だが、それから 10 年後の 1991 年には、"そういう歴史を経ているのが農業基本だから、見直すなどということではなく…そんなふうに無視するのなら廃止すべきものだ"とまで言い切っている(農政ジャーナリストの会編「日本農業の動き 96」所収、小倉報告)。

　こうまで言われては農政当局も重い腰を上げざるを得なくなったのであろう。1994 年、ウルグアイ・ラウンド結着後の農政方向をまとめた農政審報告「新たな国際環境に対応した農政の展開方向」のなかで初めて農業基本法改正問題に言及する。

　実際に改正に着手するのは 1997 年 4 月からであり、食料・農業・農村基本問題調査会を設置、その答申が 98 年 9 月に出され、答申に基いて 99 年 7 月農業基本法廃止、食料・農業・農村基本法制定となった。基本法の改正だけに極めて慎重に進められたいというべきだろう。

　農業基本法と食料・農業・農村基本法の違いを要約的に示した図 4-1-13 を掲げておく。この図は農水省が新法の PR 用につくったパンフレットの中にあったものだが、極めて要領よく両法のポイントをまとめている。

　農業基本法は「前文」をもっていたが、その「前文」で"農業従事者が他の国民各層と均衡する健康で文化的な生活を営むことができるようにすることは…公共の福祉を念願するわれら国民の責務に属するものである"と宣言していた。極めて重要な認識というべきであろう。この認識を前提にして"農業の自然的経済的制約による不利を補正し、他産業との生産性格差が是正されるように農業の生産性が向上すること及び農業従事者が所得を増大して他産業従事者と均衡する生計を営むことができることを目途として、農業の発展と農業従事者の地位の向上を図ること"を"国の農業に関する政策の目標"に据えていた(第一条)。まさしく農業者のための基本法であり。農業振興のための基本法だった。

　が、食料・農業・農村基本法は、それとはずいぶん違う。新基本法が"目的"にしているのは"食料・農業及び農村に関する施策を総合的かつ計画的に推進し、もって国民生活の安定向上及び国民経済の健全な発展を図ること"である(第一条)。

　"国民生活の安定向上及び国民経済の健全な発展を図る"ための基本法だと

図 4-1-13 農業基本法と食料・農業・農村基本法の比較

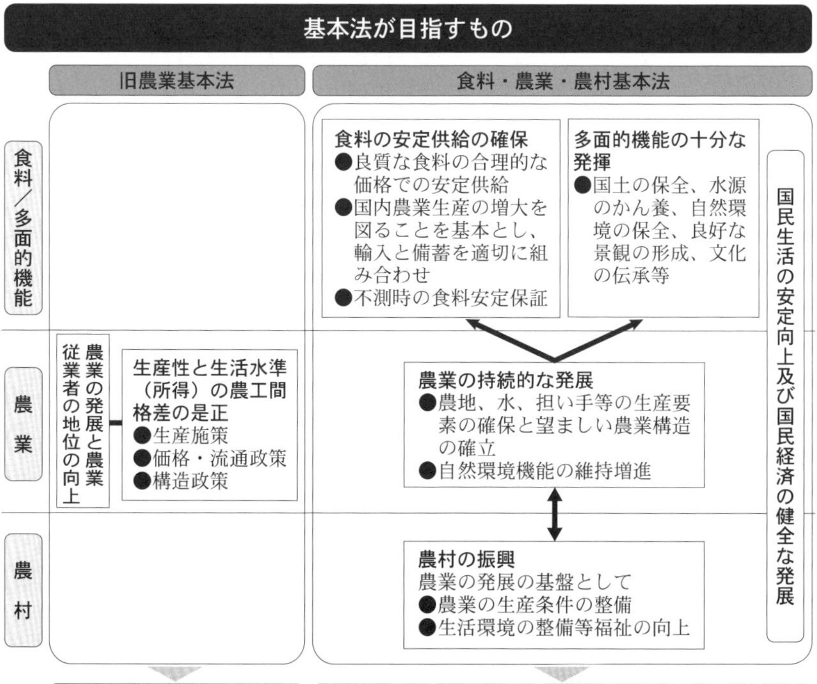

基本法が目指すもの

旧農業基本法

食料/多面的機能

農業

農業の発展と農業従事者の地位の向上

生産性と生活水準（所得）の農工間格差の是正
- ●生産施策
- ●価格・流通政策
- ●構造政策

農村

食料・農業・農村基本法

食料の安定供給の確保
- ●良質な食料の合理的な価格での安定供給
- ●国内農業生産の増大を図ることを基本とし、輸入と備蓄を適切に組み合わせ
- ●不測時の食料安定保証

多面的機能の十分な発揮
- ●国土の保全、水源のかん養、自然環境の保全、良好な景観の形成、文化の伝承等

農業の持続的な発展
- ●農地、水、担い手等の生産要素の確保と望ましい農業構造の確立
- ●自然環境機能の維持増進

農村の振興
農業の発展の基盤として
- ●農業の生産条件の整備
- ●生活環境の整備等福祉の向上

国民生活の安定向上及び国民経済の健全な発展

ポイント（旧農業基本法）
- ●農業の生産性の向上
- ●農業生産の選択的拡大と農業総生産の増大
- ●農産物の価格の安定
- ●農産物の流通の合理化等
- ●家族農業経営の発展と自立経営の育成
- ●協業の助長

ポイント（食料・農業・農村基本法）
- ●基本計画の策定～食料自給率の目標設定
  - ・基本理念や基本的施策を具体化するものとして策定（策定後、国会報告）。5年ごとの施策に関する評価を踏まえ、所要の見直し
  - ・食料自給率の目標につき、その向上を図ることを旨とし、国内農業生産及び食料消費に関する指針として、農業者その他の関係者の取組課題を明確化した上で設定
- ●消費者重視の食料政策の展開
  - ・食料の安全性の確保・品質の改善、食品の表示の適正化
  - ・健全な食生活に関する指針の策定、食料消費に関する知識普及・情報提供
  - ・食品産業の健全な発展
- ●望ましい農業構造の確立と経営施策の展開
  - ・効率的・安定的経営が農業生産の相当分を担う農業構造の確立
  - ・専業的農業者の創意工夫を生かした経営発展のための条件整備。家族農業経営の活性化、農業経営の法人化の推進
- ●市場評価を適切に反映した価格形成と経営安定施策
- ●自然循環機能の維持増進
  - ・農業・肥料の適正使用、地力の増進等により環境と調和した農業生産を展開
- ●中山間地域等の生産条件の不利補正
  - ・適切な農業生産活動が維持されるための支援（直接支払）

いうことからすれば、この新法を新農基法などというのは新法の特質を的確に表現しているとは言えないだろう。新基本法と略称した所以だが、農業・農村を対象にしながら法の目的を"国民生活の安定向上及び国民経済の健全な発展図る"ことにしたのは、一面では食料・農業・農村の諸問題が国民生活、そして国民経済に直接的にかかわる問題であることを明らかにしたという意味をもっているとしていいだろう。食品産業の"事業者の努力"（第十条）や"消費者の役割"（第十二条）にも言及し、食料自給率の問題にしても、その"目標"は"農業生産"の"指針"であると同時に"食料消費に関する指針"でもあること、その引上げのためには"農業者"はもちろんとして、"農業者"以外の"その他関係者"にも"取り組むべき課題"があることをいっている（第十五条）のは、これまでの農政になかったことである。食料・農業・農村問題〜の国民一般の理解を求め、国民的支持のもとでの農政を展開しようとする姿勢を新基本法は打ち出している。

　農林業就業人口は全就業人口の 4.6％（2000 年、労働力調査）だし、国内総生産に占める割合に至っては農林水産業でも、1.6％（2000 年、国民経済計算）でしかない。農業は国民経済のなかではマイナーな分野になってしまったといわなければならない。しかし、国民への食料供給、食料供給のための農業生産活動にともなって発揮されている"国土の保全、水源のかん養、自然環境の保全、良好な景観の形成、文化の伝承"といった"多面的機能"（第三章）——以上に加えて生物多様性の確保も入れるべきと思う——が、"国民生活及び国民経済に果たす役割"を考慮に入れるなら、経済的指標ではマイナーになっているとはいえ、その重要性は充分に国民に認識される必要がある。その点を明確にしたのは新基本法のメリットといえるし、農業・農村問題への国民一般の理解を深めようとする農政姿勢を示すとしていい。

　農業が"国民生活"とかかわる最も大きな、そして最も重要な問題は、なんといっても生きていく基礎条件である食料供給問題である。新基本法も、法の"目的"を述べた第一条に続く第二条を"食料の安定供給の確保"として

　　　"食料は、人間の生命の維持に欠くことができないものであり、かつ、健康で充実した生活の基礎として重要なものであることにかんがみ、将来にわたって、良質な食料が合理的な価格で安定的に供給されなければならない"

としている。至極当然のことをいっているにすぎないように思われるが、至極当然のことを今あらためて法に書き込んでおかなければならないところに、むしろ問題の重要性をみる必要があろう。"安定的に供給"する手段を同条第2項が述べているが、それは

 "国民に対する食料の安定的な供給については、世界の食料の需給及び貿易が不安定な要素を有していることにかんがみ、<u>国内の農業生産の増大を図ることを基本とし</u>これと輸入及び備蓄とを適切に組み合わせて行わなければならない。"

となっている。関連して第十五条第3項に

 "…食料自給率の目標は、<u>その向上を図ることを旨とし</u>、国内の農業生産及び食料消費に関する指針として、農業者その他の関係者が取り組むべき課題を明らかにして定めるものとする。"

と規定されている。この二つの各文の＿＿を附した箇所は、衆議院の修正で入った言葉であることを注意しておこう。"食料の安定供給の確保"は国内農業の強化を原則にするということを確認したということである。

 食料安定供給に関してもう一点、食料安全保障の問題にふれておきたい。新基本法第二条第4項は

 "国民が最低限度必要とする食料は、凶作、輸入の途絶等の不測の要因により国内における需給が相当の期間著しくひっ迫し、又はひっ迫するおそれがある場合においても、国民生活の安定及び国民経済の円滑な運営に著しい支障を生じないよう、供給の確保が図られなければならない"

と規定している。この"不測時における食料安全保障"対策を規定しているのが第十九条だが、こうなっている。

 "国は、第二条第4項に規定する場合において、国民が最低限度必要とする食料の供給を確保するため必要があると認めるときは、食料の増産、流通の制限その他必要な施策を講ずるものとする。"

 農業関係の法律で、"安全保障"という言葉が使われたのは初めてである。農業関係以外では、防衛庁関連の二、三の法律にあるようだが、日米安全保障条約を所管している外務省関係の法律にはないらしい。新基本法でこの言葉を使うのに外務省から若干のクレームがあったそうだが、食料安全保障はウルグアイ・ラウンド農業交渉でも、日本の立場を端的に示す言葉として使われた言葉

だった。最初に使われたのは 1989 年 9 月ウルグアイ・ラウンド農業交渉に当たって日本政府が提出した「農業交渉グループにおけるステートメントだが、こう書かれていた。

　　"世界の農産物の需給は、人口の増加、…異常気象、砂漠化の進行等地球環境の変化及び政治・経済情勢の不透明性等各種の不安定要因に立脚しているといえよう。このようなことから、特に我が国は世界最大の農産物輸入国の一つであり、食料自給率も年々低下し、50％以下の水準になってきている立場から、世界の農産物の需給は決して楽観はできないとの認識を有しており、このために、特に国民食生活に不可欠な基礎的食糧の安定した供給を確保することについては、食糧安全保障という観点から重大な関心を有している」

　こういう"認識,""観点"に立って"基礎的食糧については…所要の国内生産水準を維持する必要がある"こと、とくに"海外依存度の高い食糧輸入国においては、食糧安全保障上の観点からこのような国内生産水準の維持に最大の優先的な位置づけを付与しようとする国民のコンセンサスは十分に尊重されるべきである"ことを主張、"実際の生産活動を通じて生産の技術や担い手、農用地、水質源、生産施設等の生産条件を常に良好な維持管理のもとに置かない限り、不測の事態における基礎的食糧の確実な確保が極めて困難になる"ことを指摘する。そして、これが大事な点だが、"一部の輸出国から食糧の安定供給のコミットメントに関する言及がなされているが、…食糧が危機的に不足し、輸出国においても自国民への供給に影響するような事態が生じないとも限らず、そのような場合には輸出国からの如何なるコミットメントでもその担保が確保し難くなる状況がありえるのではないか"と付言していた。

　2000 年 12 月に出された「WTO 農業交渉に日本提案」にも"日本提案の根底に存する基本的哲学は、多様な農業の共存である"とし、日本提案は"この共存の哲学の下、①農業の多面的機能への配慮、②各国の社会の基盤となる食糧安全保障の確保…の 5 点を追求する内容となっている"と述べていた。この「WTO 農業交渉日本提案」はまだ生きている筈である。こうした"哲学"信念をもって第二条第 4 項、第十九条は運用されるべき条項である。TPP をどうするか、今後とも注目しておく必要がある。

　新基本法が農業基本法と異なることを最も端的に示しているのは、その名称

に食料・農業・農村基本法と農村が入っていることだろう。

第五条は"農村の振興"と題され、次のように書かれている。

"農村については、農業者を含めた地域住民の生活の場で農業が営まれていることにより、農業への持続的な発展の基盤たる役割を果たしていることにかんがみ、農業の有する食料その他の農産物の供給の機能及び多面的機能が適切かつ十分に発揮されるよう、農業の生産条件の整備及び生活環境の整備その他の福祉の向上により、その振興が図られなければならない。"

そして"第四節農村の振興に関する施策"が置かれ、"農村の総合的な振興策"を規定する第三十四条、"中山間地域等の振興"を規定する第三十五条、"都市と農村の交流等"を規定する第三十六条が置かれている。

私は農業基本法改正論議が始まった頃、改正するならこうすべきだと改正すべき問題点を何点か論じたことがあるが、その中で

"農業基本法がつくられたころにはまったく問題になっておらず、従って現行法ではふれられていない問題でありながら、このところ政策的に重視しなければならなくなっている問題に、生活空間としての農村をどうするかという問題がある。事実問題として重視しなければならなくなっており、各種施策が行われていることは、自立経営にページを割くことが少なくなった農業白書が、かなりのスペースを農村整備問題にあてていることからもわかるが、ポスト新農構を農村活性化構造改善事業にしたことがもっともよく最近の農政当局の問題関心がどこにあるかを示している。…農業構造改善事業としては…本来の農業構造改善のための事業をまだ必要としている以上、農村"活性化"事業を構造改善事業としてやるのには、わたくしは賛成し難いが、"都市住民も住んでみたくなるような農村づくりを進めること"はいま確かに"肝要"なことである。"肝要"なことであるだけに法的裏づけを与える必要があろう。農業基本法の重要な一条として条文を設けるべきだし、基本法の名称自体を農業・農村基本法にすべきだとわたくしは考える"（拙編著「農業の基本法制」家の光協会刊）。

と論じたことがある。食料問題は従来から農業問題の重要な一環を構成しているからあえて法律名にするまでもないと考えて、である。一条どころか4節で構成される第二章基本施策の一節を構成する位置を新基本法は"農村の振興"施策に当てているのである。どう活用されるか、が問題である。

第2節 センサスによる動向分析

1 はじめに ―1990～2000年の位置―

　最初に、20世紀の日本農業の動きを耕地面積、農家戸数、農業就業人口の推移で大観しておこう。図4-2-1がそれである。終戦の1945年を境にして日本農業が大きく変わったこと、特にその変わりようは高度成長期になる60年以降が顕著であることに注目すべきだろう。今日も農業就業人口も、農家数もそして耕地面積も急速に減少しつつある。

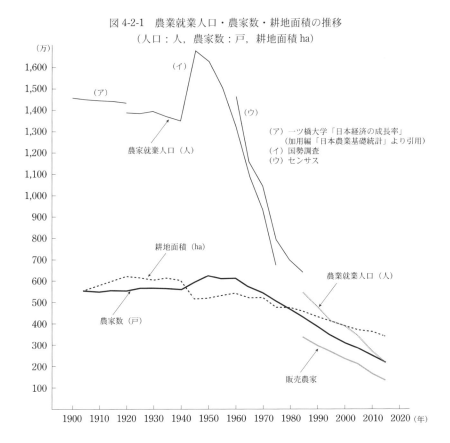

図4-2-1　農業就業人口・農家数・耕地面積の推移
（人口：人，農家数：戸，耕地面積 ha）

（ア）一ツ橋大学「日本経済の成長率」
　　　（加用編「日本農業基礎統計」より引用）
（イ）国勢調査
（ウ）センサス

1920（昭5）年はわが国で初めての国勢調査による農業就業人口の把握が行なわれた年だが、この数字を見て横井時敬博士は"耕地600万町歩、農家550万戸、農業従事者1,400万人。これは明治以来変わらず、また今後とも変わることはあるまいと思われる日本農業の三大基本数字である"と感想を述べたという（西山武一「西山・大橋編「農業構造と農民層分解」御茶の水書房刊　序1」）。その三大基本数字は戦時経済に入ると崩れる。軍の動員によって男子農業就業者が奪われたからである。国勢調査による農業就業人口の動きを参考までに挙げておこう。1930（昭和5）～1940年の間の農業就業人口の動きは男女計だと37万9千人の減だが、それは男性119万4千人の減、女性81万5千人の増の差引の結果だった。男性の減は軍の動員によること、いうまでもない、その減を女性が補なうことで戦時下の農業は守られたのである。1940～1950年の農業就業人口の激増は軍からの復員による増も無論あるが、より以上に戦後の都市産業の崩壊が、都市産業に職を得ていた次三男等非あとつぎ労働力をも帰村させたことを挙げておかなければならない。農家戸数のこの時期の増加は、農地改革がそういう敗戦帰村者にも農家としての自立の道を選ばせたことが関係している。

表 4-2-1　国勢調査による農業就業人口の推移

	農業就業人口			年次間の増減数（増減率%）			
	男女計 （千人）	男 （千人）	女 （千人）	男女計 （千人）	男 （千人）	女 （千人）	女性比率 （%）
1920	13,727	7,469	6,257				45.6
				＋　15 （＋0.1）	△　4 （△0.1）	＋　19 （＋0.3）	
30	13,742	7,465	6,277				45.7
				△　379 （△2.8）	△1,194 （△16.0）	＋　815 （＋13.0）	
40	13,363	6,271	7,092				53.1
				＋3,259 （＋24.4）	＋1,742 （＋27.8）	＋1,517 （＋21.4）	
47	16,622	8,013	8,609				51.8
				△　526 （△3.1）	△　208 （△2.6）	△　312 （△3.6）	
50	16,102	7,805	8,297				51.5
				△1,246 （△7.7）	△　717 （△9.2）	△　529 （△6.4）	
55	14,856	7,188	7,768				52.3

表 4-2-2　三大基本数字の国際比較

		日本	ドイツ	フランス	イタリア
耕地面積 （万 ha）	1999	450	1,182	1,836	855
	2011	425	1,188	1,837	680
	増減%	△ 6.5	0.4	0.05	△ 20.4
農家（農場） （万戸）	1997	307	52	68	232
	2007	253	37	53	168
	増減%	△ 17.6	△ 28.8	△ 22.1	△ 27.6
農業の経済活動人口 （万人）	2000	277	101	90	135
	2009	152	69	60	88
	増減%	△ 45.1	△ 31.7	△ 33.3	△ 34.8

　問題は今日なお続いている三大基本数字の減少がどこまで続くのか、日本農業の縮小・消滅をもたらしかねないこの動きをどう評価するのか、である。評価に関連して表4-2-2を見られたい。農業就業人口、農家（農場）の減少はドイツ、フランス、イタリアにも共通して見られる。が、耕地面積に関してはイタリアは日本と同じように減だが、ドイツ、フランスでは殆ど変わらない。この違いがどこから生ずるのか、が問題だろう。その要因として表4-2-2で気づく点の一つは経営規模の差である。ドイツ、フランスの場合、1農家（農場）当たり経営規模はドイツ、フランスは20～30ha、日本、イタリアは1.5～4haと1桁違う。もう一つ、表で気がつくのは1農家（農場）当たり"農業の経済活動人口"の差である。2009年でもドイツは1農場当たり1.8人、フランスは1.1人いるのに、日本は0.6人、イタリアは0.5人である。特に後者に注意しておく必要がある。

　加えて、ドイツ、フランスの場合、都市も含めて国土利用の計画的保全政策政策が充実していること、"わが国、農業の多様性を確保し、国土のすべてにわたる農業経営の維持を可能にする"政策がとられていることが、耕地面積を不動のものとしているのである（" "のなかはフランスで2014年に成立した「農業食料及び森林の将来のための法律」提案理由書の中の一句。なお、同法の概要については全国農地保有合理化協会『土地と農業』No.45所収、原田純孝『フランスの農業・農地政策の新たな展開―「農業・食料及び森林の将来のための法律」の概要―』を見られたい）。

2 耕地面積の推移

　農業センサスで把握されてきた経営耕地面積の推移を表 4-2-3 に示す。センサスによらない耕地面積統計としては、土地台帳による面積が 1880（明治 34）年から、農事統計による面積が 1903（明治 36）年からある。土地台帳面積は今日も続けられているが、農会委託の表式調査だった農事統計は、公式統計としては 1926（昭和 1）年市町村委託の表式調査として行われるようになった農林統計に受け継がれて 1948（昭和 23）年まで作製され、1956（昭和 31）年から標本調査による「耕地及び作付面積調査」に替わり、現在に続いている。が、センサスによる耕地面積把握は、1938（昭和13）年の農家一斉調査が最初である、表 4-2-3 は後論との関係もあり、センサスで把握した耕地面積の推移を表にした。

　　土地台帳による耕地面積が最高だったのは 1944（昭 19）年の 5,939.9 千町歩（5,890.9 千 ha）、農事統計系列の最高は 1937（昭 12）年の 6,037.9 千町歩（5,988.0 千 ha）、センサスの最高が 1938（昭 13）年の 6,027.8 千 ha である（1ha＝1.00833 町歩で換算）。

　1947 年センサスは、臨時農業センサスとして 47 年 8 月 1 日現在で実施されたセンサスだが、終戦から丸 2 年経ったとはいえ、農地面積は戦争中に始まった減少がまだ続いていた（農林統計では増加に転ずるのは 1948 年から、センサスでは 1950 年から）。だから、1938～47 年の動きは戦時中の農業生産後退の動きを示すといっていいが、この間、耕地面積は 6,078 千 ha から 5,012 千 ha へと 106 万 ha 減少した。1930（昭 5）年 6,649 千人だった 14～59 歳の男性農林業就業者が 1940（昭 15）年に 130 万人減の 5,342 千人なった[1]ことが如実に示すように、働き手を戦場にとられたからである。その働き手の農業への復帰もあり、近畿地方を除く各地域とも耕地面積は増加し、1960 年には 5,324 千 ha になる。

　この 5,324 千 ha が戦後の耕地面積としては最大であり、以降再び減少に向かい、1975 年には 4,783 千 ha と 500 万 ha を割ってしまい、表示はしないが 2000（平成 12）年には 3,884 千 ha と 400 万 ha を割ってしまう。そして現在も総耕地面積は減り続けている。(2010 年 3,354 千 ha)。この減少をどうやって止めるかに日本農業の命運がかかっている。農政の最大の課題とすべき問題である。

　1960 年以降のこの減少は、北海道と東北を除いて各地域に共通している（近畿は 1947 年が最大で以降一貫して減少している。他地域では 47～60 年は増加したのに

第 4 章　岐路に立つ日本農業　51

表 4-2-3　経営耕地面積の推移

	1938	1947	1950	1955	旧系列 1960	1965	1970	1975	1980	1985	新系列 1985	1990	1995	1938〜47 減少率	1947〜60 増加率	1985〜95 減少率	1960〜95 減少率
	千ha	千ha	千ha	千ha	千ha	千ha	千ha	千ha	千ha	千ha	千ha	千ha	千ha	%	%	%	%
全国	6,078	5,012	5,091	5,183	5,324	5,134	5,136	4,783	4,706	4,577	4,567	4,361	4,120	-17.5	+6.2	-9.8	-22.6
北海道	983	743	737	796	826	813	870	908	909	1,014	1,014	1,032	1,023	-24.4	+11.2	+0.9	+23.8
都府県	5,095	4,268	4,353	4,367	4,447	4,321	4,266	3,874	3,737	3,563	3,553	3,330	3,097	-15.2	+5.4	-12.8	-31.1
東北	907	798	819	850	889	878	891	865	874	860	860	822	784	-12.0	+11.4	-8.8	-11.8
北陸	419	413	413	409	416	403	390	360	352	340	339	322	304	-11.9	+0.3	-10.3	-26.9
関東東山	1177	1041	1058	1065	1077	1023	979	874	832	781	780	728	693	-11.6	+3.5	-13.7	-37.5
北関東	482	435	442	450	463	453	450	414	400	381	381	360	337	-9.8	+6.4	-11.5	-27.2
南関東	469	404	411	405	405	373	342	292	273	253	253	235	213	-13.7	+0.2	-15.8	-47.3
東山	226	203	205	210	209	197	187	168	159	148	147	134	122	-10.2	+3.0	-17.0	-41.6
東海	498	419	424	422	430	398	373	324	301	281	280	259	240	-15.9	+2.6	-14.3	-44.2
近畿	415	337	336	330	333	312	298	265	252	239	238	224	210	-18.3	-1.2	-11.8	-36.9
中国	472	384	397	398	402	385	373	322	301	283	281	259	236	-18.6	+4.7	-16.0	-41.3
山陰	133	104	110	113	114	111	108	95	89	83	83	77	72	-21.8	+9.6	-13.3	-36.8
山陽	339	280	287	285	288	274	265	227	213	199	198	181	164	-17.4	+2.9	-17.2	-43.1
四国	263	214	213	220	220	213	210	191	180	167	166	152	138	-18.6	+2.8	-16.9	-37.3
九州	833	662	694	695	731	709	705	637	605	572	569	526	481	-20.5	+10.4	-15.5	-34.2
北九州	556	449	473	471	479	470	473	436	415	392	391	360	327	-19.3	+6.7	-16.4	-31.7
南九州	277	213	221	224	263	239	232	201	190	179	178	166	153	-23.1	+23.5	-14.0	-41.8
沖縄	61	…	…	…	…	…	47	37	39	40	40	37	33	…	…	-17.5	…

表 4-2-4　60 年以降の 5 年ごとの耕地増減率

(単位：％)

	全国	北海道	都府県
1960〜65	△ 3.6	△ 1.6	△ 3.9
65〜70	＋ 0.04	＋ 7.0	△ 1.3
70〜75	△ 6.9	＋ 4.4	△ 9.2
75〜80	△ 1.6	＋ 0.1	△ 3.5
80〜85	△ 2.7	＋11.6	△ 4.7
85〜90	△ 4.5	＋ 1.8	△ 6.3
90〜95	△ 5.5	△ 0.9	△ 7.0

近畿のこの動きは特異だった)。

　東北は 1970 年が戦後最大の面積となり、以降は減少するが、北海道の場合、1990（平成2）年まで増加が続き 1,032 千 ha になる。戦前の 1938（昭和 13）年の 983 千 ha をも上回る。

　戦後のスタートといっていい 1947 年から、北海道は別にして全国的には耕地面積を戦後最大にした 1960（昭35）年までの間の耕地面積の増加率がどこで高かったかを見ると、最高は南九州の 23.5％であり、ついで東北の 11.4％となる。南九州は戦時中の耕地減少率が一番高かった地域でもある（減少率23.1％）。それだけに戦後の回復に他地域以上に取組まざるを得なかったのであろう。都府県で戦時中の減少が南九州についで高かったのは山陰だが（△21.8％）、山陰の場合も 47〜60 年の増加率は、南九州、東北、北海道、九州についで高い（増加率9.6％）。

　減少コースに入った 1960 年以降の減少率を 5 年ごとにみると、表 4-2-4 のようになる。

　1965〜70 年の全国の＋0.04％は、都府県は△1.3％だったが、北海道＋7.0％が全国の耕地面積をマイナスにしなかったのだった。70〜75 年に大きく減少し△6.9％になるが、以降の減少率は小さくなったのに 85 年以降また減少率上昇となっている。それは都府県の一貫した減少が全国の動向も左右しているからであり、北海道は 65 年以降 90 年まで耕地面積を増やしてきたが、ここも 90 年以降減に転じた。

　表 4-2-3 にもどって 1960 年以降 95 年までの減少率をみると、全国では△22.6％になるが、地域別に見ると北海道は 90 年まで増加し続けていたので 90

〜95 年に減少に転ずるが 60〜90 年の増加面積が 90〜95 年の減少面積よりはるかに大きいので、60〜95 年は＋23.8％になり、都府県は△31.1％となる。都府県の中では南関東の減少率が最大で△47.3％、実に半分近くの耕地が失われたことになる。首都圏集中の姿が耕地面積の動きに示されているとしていいだろう。ついで減少率が高いのは東海の 44.2％であり、第 3 位は山陽の 43.1％になる。名古屋、広島を中心にした工業地帯である。減少実面積は全国で 1,204 千 ha になるが、北海道の増を入れない都府県だけだと 1,400 千 ha になる。ブロック別では南関東が最も大きく 192 千 ha の減、ついで東海の 190 千 ha、3 位が北九州の 152 千 ha になる。北九州もいうまでもなく福岡を中心にした工業地域である。これら 3 地域の減少面積で全国減少面積の 44％になる。どういうところで耕地面積減が進んだか、これ以上いう必要は無いだろう。

　21 世紀に入る直前の 1985〜95 年の減少率が一番高いのは沖縄の△17.5％であり、ついで山陽の 17.2％、第 3 位が東山の 17.0％となる。東山につぐのが四国の 16.9％であり、85 年以降の減少は西日本に傾斜している。

　耕地を田・畑・樹園地の地目別に分けて、その推移を見ると表 4-2-5 のようになる。耕地面積全体では前述したように 1960 年を戦後のピークにして以降減少していくことになるが、地目的にみると畑が 1960 年にピークを示し、以降減少となる。水田は 1970 年の 3,048 千 ha がピークであり以降減少する。全耕地の動きは畑の動きに規定されていたということである。注目すべきは樹園地の動きである。戦時中に急減していたのが 1950 年から復活を始め、75 年まで増加を続ける。戦前は桑園が主体だったが、50 年以降の増加の主体は果樹園であり、1960 年に果樹園面積が桑園面積を上回る（1941 年は桑園 445 千 ha、果樹園 137 千 ha だったが、1960 年には桑園 138 千 ha、果樹園 150 千 ha になる）。1975 年に樹園地面積は最大になるが、この時点では桑園 114 千 ha、果樹園 324 千 ha になっている。基本法農政が推進した選択的拡大の一つの主力が果樹だったが、樹園地面積の動きはそれを端的に示しているとしていい[2]。

　北海道の戦後の耕地面積増が 1990 年まで続いたことをさきに指摘しておいたが、その北海道の動きを地目別に見ると、水田の拡大は 1970 年までだが、畑の拡大は 95 年まで続いている。都府県が田・畑ともに 1960 年が戦後のピークになり、以降樹園地を除いては一貫して減少しているのとは、大分趣きを異にする。明治になってから"開拓"されてきた北海道には、まだ耕地化に値す

表 4-2-5　地目別耕地面積の推移

		1938	1947	1950	1955	1960	1965	1970	1975	1980	1985	1985	1990	1995	1985	1990	1995
						旧系列						(新系列総農家)			(新系列販売農家)		
		千ha	千ha	千ha	千ha	千ha	千ha	千ha	千ha	千ha	千ha	千ha	千ha	千ha	千ha	千ha	千ha
全国	耕地面積計	6,078	5,012	5,091	5,183	5,324	5,134	5,156	4,783	4,705	4,577	4,569	4,361	4,120	4,397	4,199	3,970
	田	3,208	2,850	2,877	2,871	2,965	2,968	3,048	2,800	2,769	2,665	2,661	2,542	2,393	2,550	2,434	2,293
	畑	2,870	2,162	1,928	2,018	2,035	1,770	1,639	1,486	1,475	1,493	1,488	1,465	1,417	1,446	1,424	1,380
	樹園地	(642)	(287)	286	294	325	396	469	496	462	418	417	354	310	401	340	297
北海道	耕地面積計	983	743	737	796	826	813	890	908	969	1,014	1,014	1,032	1,023	1,013	1,030	1,022
	田	206	153	151	161	187	227	277	258	262	257	257	244	235	256	244	235
	畑	777	590	582	630	635	581	609	645	703	754	754	784	785	753	783	784
	樹園地	…	…	4	5	4	5	6	5	4	4	4	3	4	4	3	4
都府県	耕地面積計	5,095	4,268	4,363	4,387	4,497	4,321	4,266	3,874	3,737	3,563	3,553	3,330	3,097	3,385	3,168	2,948
	田	3,003	2,696	2,725	2,710	2,777	2,740	2,772	2,642	2,507	2,408	2,405	2,298	2,158	2,294	2,190	2,068
	畑	2,693	1,572	1,346	1,388	1,400	1,190	1,031	841	772	740	735	681	692	693	641	596
	樹園地	…	…	283	289	320	391	464	492	458	415	413	351	306	398	337	293

備考：1938, 47年のセンサス結果表には樹園地は別計されていない。ここに示したのは「改訂日本農業基礎統計」所載の1941年(1938の欄)と1946年(1947の欄)の数字である。

る土地が豊富にあったということもあろうが、より以上に都府県では前節で見たように60年ごろから"農地価格の土地価格化"が急速に進んだが、北海道はそうならなかっことの影響を重視すべきであろう。

3 農業就業人口の推移

センサスが農業就業人口を調査するようになったのは1960年からである。60年以降の農業就業人口の動きを表にしておこう。表4-2-6である。

1960年時点では、1,454万人いた農業就業人口は、以降急減、70年には1,035万人になり、80年に697万人、90年には500万人を割り込んでしまった。

1960～75年は男子の減少率が女子よりも高く、60年時点でも58.8％と高かった女性比率は更に高まって80年には63.1％になった。この時点までは日本は女性農業国だったわけである。

表4-2-6の就業人口の動きの中で、注目しておきたいのは1975年以降の動きである。それまでは男性農業就業者の減少率のほうが高く、従って戦時下につくられた女性農業国の色彩を強める方向できていたのが、75年以降は女性農業就業者減少率の方が高くなり、従って女性比率が低下するようになった。80年

表4-2-6 農業就業人口の推移

		農業就業者数			女性比率	5年ごとの減少数			5年ごとの減少率		
		男女計	男	女		男女計	男	女	男女計	男	女
		千人	千人	千人	％	千人	千人	千人	％	％	％
旧定義	1960	14,542	5,995	8,546	58.8	△3,028	△1,430	△1,598	△20.8	△23.9	△18.7
	65	11,514	4,565	6,949	60.3	△1,162	△550	△612	△10.0	△12.1	△8.2
	70	10,352	4,015	6,337	61.6	△2,445	△1,040	△1,405	△23.6	△25.9	△22.2
	75	7,907	2,975	4,932	62.4	△934	△301	△633	△11.8	△10.1	△12.8
	80	6,973	2,674	4,299	63.1	△610	△195	△515	△9.7	△7.3	△9.7
	85	6,363	2,479	3,885	61.0						
新定義	85	5,428	2,202	3,227	79.5	△609	△224	△385	△11.2	△10.2	△12.0
	90	4,819	1,978	2,841	59.0	△679	△210	△469	△14.1	△10.6	△16.5
	95	4,140	1,767	2,372	57.3	△249	△46	△201	△6.0	△2.6	△8.5
	2000	3,891	1,721	2,171	55.8	△538	△157	△383	△13.8	△9.1	△17.6
	5	3,353	1,564	1,788	53.3	△747	△258	△488	△22.3	△16.5	△27.3
	10	2,606	1,306	1,300	49.9	△516	△223	△293	△19.8	△17.1	△22.5
	15	2,090	1,083	1,007	48.2						

注：新定義1985年以降の数字は販売農家の数字

63％が最高だが、以後低下してきた女性比率は 95 年 57.3％になり、2015 年には 50％を割り込んで 48.2％になる。前述した耕地面積、今見た農業就業人口、そして後述する農家数、共に"三大基本数字"を大きく割り込んでいるが、女性比率だけは"三大基本数字"が言われた頃の比率に戻ったといっていい（1920 年は 45.6％、30 年が 45.7％）。このことが何を意味するか、後で論ずることにしたい。

この農業就業人口減は全国どこでも生じたことだが、どの時期にどの地域で特に減少が活発だったのかを表 4-2-7 に示しておこう。

1960〜65 年、全国で一番減少率が高かったのは近畿地方であり、ついで東海、四国だった。65〜70 年もトップは近畿地方、ついで中国、四国の順序だった。基本法農政期といっていい 60〜70 年の時期、九州を除く西日本で農業就業人口減が激しかったといってよい。

1970 年代に入ると、農業就業人口減は、東日本で盛んになる。70〜75 年の減少率トップは北海道になり、ついで北陸である（第 3 位には中国）。この 70〜75 年が全国の 5 年ごとの農業就業人口減少率としては最高の減少率 23.6％を示した時期になっているのであるが（それにつぐのは 05〜10 年の 22.3％）、この減少を北海道、北陸が引っ張ったということである。続く 75〜80 年、北陸はトップになり、80〜85 年にも第 2 位となっている。85 年以降 05 年まで、減少率トッ

表 4-2-7　地域別農業就業人口減少率の推移

	1960〜65	1965〜70	1970〜75	1975〜80	1980〜85	1985〜90	1990〜95	1995〜2000	2000〜05	2005〜10	2010〜15	1960〜80	1980〜2005
全　　国	△20.8	△10.1	△23.6	△11.8	△ 8.7	△11.2	△14.1	△ 6.0	△13.8	△22.3	△19.8	△52.0	△51.9
北 海 等	△22.0	△10.3	△28.9	△10.6	△ 8.9	△12.9	△16.7	△12.6	△13.8	△15.3	△13.5	△55.5	△51.7
都 府 県	△20.8	△10.1	△23.4	△11.8	△ 8.8	△11.2	△14.0	△ 5.7	△13.9	△22.6	△20.0	△51.9	△51.9
東　　北	△18.3	△ 8.3	△23.5	△10.7	△ 9.2	△12.7	△13.7	△ 3.7	△ 8.8	△21.6	△23.4	△48.8	△43.9
北　　陸	△19.9	△12.8	△28.6	△16.5	△10.2	△11.1	△12.5	△ 1.4	△13.4	△29.3	△19.5	△58.3	△46.8
関東・東山	△19.4	△ 9.5	△22.2	△11.5	△10.7	△11.2	△14.4	△ 6.6	△14.7	△20.9	△20.1	△49.8	△52.9
東　　海	△22.8	△11.9	△21.9	△12.5	△ 7.2	△10.0	△12.4	△ 4.7	△17.2	△25.2	△18.9	△53.6	△54.2
近　　畿	△24.1	△15.2	△21.4	△11.3	△ 6.9	△ 8.2	△11.8	△ 2.1	△14.9	△22.9	△16.7	△55.1	△51.9
中　　国	△21.8	△13.8	△26.4	△14.0	△ 6.7	△ 9.9	△12.5	△ 8.7	△16.2	△24.5	△20.3	△56.0	△56.4
四　　国	△22.2	△13.1	△21.7	△11.0	△ 6.9	△ 9.9	△13.8	△ 8.0	△14.8	△17.9	△19.9	△52.9	△53.4
九　　州	△21.4	△ 9.1	△23.3	△12.6	△ 9.0	△12.6	△16.7	△ 7.8	△13.9	△22.0	△19.3	△52.1	△55.5
沖　　縄	…		△24.0	△ 5.3	△ 4.2	△13.8	△20.0	△15.0	△17.6	△17.9	△14.0	-	△61.1

プの座は沖縄が占め続け、85〜2000の間北海道が第2位を続けたというように、日本列島の両端で高い減少率をこの時期続けたことも留意しておくべきだろう。

センサスが把握した年齢別農業就業人口の動きを表にしておこう。表 4-2-8 である。この数字は、2005年までは「農林業センサス累年統計書—農業編—(明治37年〜平成17年)」からとったものだが、年齢区分が年次によって異なるので年次比較をするのには限界があることをあらかじめお断りしておきたい。

第1に、農業就業人口の減少は全年齢で生じているが、特に若年層に顕著だ、という点に注目する必要がある。1960年には500万近くいた29歳未満の農業就業者は、1975年には約100万に減り、更に85年には50万を切った。20代30代の農業についていた人の離農就職を高度経済成長がもたらしたのと、既就農者の離農が相つぐなかでは学卒新規就農者も当然ながら激減したからである。その動きは80年代以降も引続いており、2015年には10万人を割込み6万人になってしまった。"日本農業は活き残れるか"(小倉武一「小倉武一著作集第4巻」)を本当に問題にしなければならなくなっているのではないか。

若い農業就業者がいなくなった反面は、老人農業化の進行である。1960年時点では29歳以下の若い農業者が全農業就業者の1/3を占め、65歳以上の老齢農業者は約12％を占めるに過ぎなかった。が、その割合は75年には2割を超え、90年には1/3近くを占めるようになり、2000年には50％を超え、2015年には63％を占めるようになっている。老人農業国になったといっていいだろう。

1965年の年齢別就業者数を100にして、センサスごとに若年者、壮年者、老齢者がどう動いたかを図4-2-2に示す。29歳以下の若年農業者は75年にほぼ半減し95年に約1割に、そして2015年にはわずか3になってしまっている。壮年者の場合は若年者ほどではないが傾向は同じであり、85年に50を切り、90年には30、2010年にはこの層もまた10以下になってしまう。その中で老齢農業者の動きは大分異なり、2005年までは増減はあったがほぼ65年の水準を保っていたといっていい。が、その老齢層も2005年以降大きく減少するようになった。指数値が急速に低下し、05年の113.4が2015年には77.3になっている。05年以降の減少率が壮年層や若年層に較べ格段に高いことを、図の低下角度の大きな開きが示している。新しい変化が起きていることを考えさせる。

この点にかかわって表4-2-9を掲げておく。国際化時代として1970〜2000年を扱うことにしている本巻の範囲を若干超えているが、新しい変化を象徴する

表 4-2-8 年令別農業就業人口の推移 (万人)

	1960	1965	1970	1975	1980	1985	1985	1990	1995	2000	2005	2010	2015年
16～19歳[1]	(479)[2]	193	159	102	71	44	40	28	21	25	10	4	
20～24											6	3	6
25～29											4	3	
30～34	1,200	705	596	102	76	67	61	47	29	19	5	4	3
35～39											7	5	4
40～44				171	125	84	76	55	46	36	10	6	5
45～49				167	175	165	146	108	69	52	14	9	6
50～54											22	14	9
55～59	(83)[3]	(81)[3]	(89)[3]	84	79	91	76	84	68	51	26	22	15
60～64											37	32	28
65～69	254	253	280	166	171	185	144	160	180	206	52	36	35
70～74											61	44	32
75～											82	81	66
計	1,454	1,151	1,035	791	697	636	543	482	414	389	335	261	209
65歳以上の割合 (％)	11.8	15.2	18.9	21.0	24.5	29.1	26.5	33.2	43.5	52.9	58.2	61.7	63.6
29歳以下の割合 (％)	32.9	16.8	15.4	12.9	10.2	6.9	7.4	5.8	5.1	6.4	6.0	3.8	2.8
29歳以下減少指数	100	82.4	52.8	36.8	22.8	20.7	14.5	10.9	12.9	10.4	5.2	3.1
30～59歳減少指数	100	84.5	62.4	53.3	44.8	40.1	29.8	20.4	15.2	11.9	8.5	6.1
65歳～の減少指数	100	111.0	96.5	99.4	107.0	83.7	92.5	104.7	119.1	113.4	93.6	77.3

注：1) 1995年以降は15～19歳となる。
2) 1960年の15～29歳層の人数は、同期間の年令別世帯員数の数字から16～29歳層世帯員数中の16～29歳層世帯員数の割合で算出。
3) 1960, 65, 70年の60～64歳層の数字は、各同年の年令別世帯員数の数字から60歳以上世帯員中の60～64歳世帯員の割合で算出。

第 4 章 岐路に立つ日本農業　59

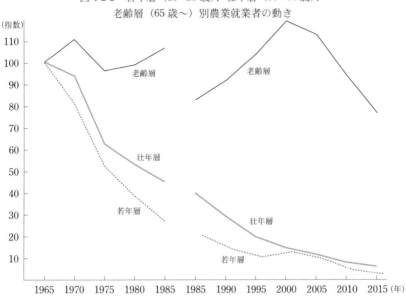

図 4-2-2　若年層（16~29 歳）、壮年層（30~64 歳）、老齢層（65 歳〜）別農業就業者の動き

表 4-2-9　農業就業者の動態（男女計）

（単位：千人）

	1990 年	1995 年	2000 年	2005 年	2010 年	2015 年
15〜29 歳	281	214	247	194	90	64
30〜34	203 △32	118 △3	77 △8	54 △6	39 4	34
35〜39	267 △42	171 △17	115 △16	69 △9	48 3	43
40〜44	268 △30	225 △14	154 △14	99 △12	60 △1	51
45〜49	284 △11	238 0	211 7	141 △6	87 1	59
50〜54	433 △12	273 12	238 23	218 5	135 11	88
55〜59	644 35	421 86	285 80	261 58	223 57	146
60〜64	841 △65	679 16	507 11	365 △5	319 27	280
65〜69	688 △141	776 △72	695 85	518 △82	360 △40	346
70〜74	464 △432	547 △365	704 △540	610 △624	436 △571	320
75〜	445	477	659	823	809	661
計	4,819	4,140	3,891	3,353	2,606	2,090
65 歳以上割合	33.1%	43.4%	52.9%	58.2%	61.7%	63.6%

動きと思われるのでお許しいただきたい。この表はいわゆる年齢コーホート（cohort）分析といわれている分析をした表だが、例えば2010年の30〜34歳層を2015年の35〜39歳層と較べてみるところに狙いがある。5年の間に死ぬ人も出てくるから、本来は死亡率をかけなければならないところだが、この表ではやっていない。＋だったら新規就農者で増加し、△だったら離農者が出て減少したとしている。死亡率を考慮していないので新規就農数は最低数が、離農数は最大数が表示されていることになる。

例えば65〜69歳層の死亡率は10万人につき1009.5だから（厚労省「人口動態調査」）、2010〜2015年のこの年齢層の農業就業者の死亡数は18,171人推定され、表の△40千人からその数を差引いた22千人がこの年齢層の2010〜15年の離農者数と推定される。55〜59歳層の場合は死亡率10万人つき454.3だから、この5年間の死亡者数は5,216人と推定できるので、2010年の55〜59歳層と2015年の60〜64歳層の差57千人に5千人をプラスした62千人がこの5年間の新規就業者数と推定できることになる。

注目してほしいのは2010〜15年の間は、30〜34歳層から60〜64歳層に至るまで新規就農者がいる、という点である。15〜29歳層がどうなっているか、知りたいところだが、今、発表されている概数値では15〜29歳層で一括されているため、この年齢層の動きは計算できない。20〜24歳層、25〜29歳層でもプラスになるのではないかと推測しているのだが、その点はともかくとして、30〜34歳層から60〜64歳層までの新規就農者がいるということは近年なかった事であり、注目に値する。

1990〜95年は55〜59歳層だけが＋、1995〜2000年は50〜54歳層、55〜59歳層、60〜64歳層が＋で、いわゆる定年帰農が始まったことを考えさせる動きだった。2005〜10年も同様だったが、05〜10年は定年帰農年齢層の幅が狭まってしまった。

それが、2010〜15年には一転して働き盛りの年齢層にまで新規就農が広まったのである。60〜64歳以下の各年齢層で（唯一、40〜44歳層が例外になるが）新規就農が見られるようになったことは、何を意味するのだろうか。"日本農業は活き残れる"ことを示す動きなのだろうか。

この動きを男女別に分けて見たのが表4-2-10、地域別に分けて見たのが表4-2-11である。

表 4-2-10　男女別に見た農業就業者の動態

(単位：千人)

	男			女		
	2005年	2010年	2015年	2005年	2010年	2015年
15～19歳	62　△45　22		42	37　△29　14		22
20～24	37　△18　17			18　△9　8		
25～29	22　1　19　2			17　△1　9　4		
30～34	23　2　23　2		21	30　△7　16　2		13
35～39	27　2　25　2		25	42　△11　23　1		18
40～44	40　2　29　1		27	59　△14　31　△2		24
45～49	57　4　42　0		30	84　△10　45　1		29
50～54	89　11　61　4		42	128　△6　74　6		46
55～59	105　52　100　35		65	156　6　122　23		80
60～64	150　23　157　26		135	216　△29　162　1		145
65～69	234　△18　173　△12		183	284　△64　187　△28		163
70～74	298　△78　216　△52		161	312　△109　220　△71		159
75～79	253　△109　220　△97		164	242　△112　203　△99		149
80～84	118　△107　144　△137		123	118　△108　130　△129		104
85～	47　　　　58		65	45　　　　55		56
計	1,564	1,306	1,083	1,788	1,300	1,007

　働き盛りの世代の新規就農の動きは、男性が先行した。男性は2005～10年に25歳以上50歳未満で新規就農が見られるが、女子はこの時期、55～59歳層を除く全年齢で△即ち離農による減だった。

　　女性の死亡率は25～29歳層で10万人につき29.2人だから、25～29歳層17千人の5～10年の間の死亡者は5人と推定されるから、△1千人は殆ど離農者と見てよい。

　その女性でも、2010～15年になると40～44歳層だけが△で、25～29歳層から60～64歳層に至る各年齢層で＋になっている。壮年男性の新規就農に随伴して、ということだろうか。

　こうした働き盛りの人たちの新規就農の動きは、地域差は余りなく全国的傾向のようだ、ということを表4-2-11は示す。表4-2-7で示したところだが、2010～15年の農業就業人口減少率が最高だった東北と、都府県では沖縄について低

4-2-11 地域別農業就業人口の動態（男）

(単位：千人)

	東北		近畿		九州	
	2010年	2015年	2010年	2015年	2010年	2015年
15～19歳	4,784	} 7,109	1,971	} 3,989	3,643	} 6,605
20～24	2,705		1,577		2,882	
25～29	3,167 — 269		1,114 — 157		3,689 — 361	
30～34	3,706 — 259	3,436	1,321 — 260	1,271	4,349 — 334	4,050
35～39	3,604 — 262	3,965	1,701 — 196	1,581	4,741 — 275	4,683
40～44	4,419 — 56	3,866	1,817 — 138	1,897	6,012 — 74	5,016
45～49	7,211 — 141	4,475	2,418 — 156	1,955	9,002 — 40	6,086
50～54	12,185 — 465	7,352	3,452 — 588	2,574	12,282 — 552	9,042
55～59	22,145 — 5,270	12,650	5,994 — 4,392	4,040	18,013 — 3,884	12,834
60～64	31,109 — 2,119	27,415	13,055 — 4,075	10,386	24,129 — 2,432	21,897
65～69	31,296 — △3,568	33,228	16,028 — △487	17,130	25,262 — △1,560	26,561
70～74	40,126 — △11,765	27,728	18,480 — △3,990	15,541	34,166 — △7,980	23,702
75～79	39,628 — △19,129	28,361	19,519 — △7,968	14,490	34,052 — △14,887	26,186
80～84	23,820 } △23,164	20,499	13,505 } △12,481	11,551	19,868 } △18,213	19,165
85～	8,561	9,217	5,514	6,538	6,931	8,586
計	238,466	189,301	107,466	92,943	209,021	174,413

かった近畿、全国平均に近かった九州の3地域で男性のみ示したが、見る通り地域差はないといってよい。3地域いずれも働き盛りの年齢層で新規就農の参入が見られる。この傾向が続くことを期待したい。

4 経営規模別農家戸数の推移

「農林業センサス累年統計書―農業編―」（2007年刊）が1ページに掲げている経営耕地規模別農家数（都府県）の表から、起点としている明治41（1908）年の経営耕地階層区分によって経営耕地規模別に農家数がどう動いてきているかを図4-2-3に示す（累年統計書は2005年までである。05年以降はそれぞれの年次センサスによる農業経営体数）。

1908（明41）年から1941（昭16）年まで、0.5ha未満層の漸減、0.5ha～1ha層、2～3ha層がゆるやかに漸増、3～5ha層および5ha以上層が減、特に5ha以上層

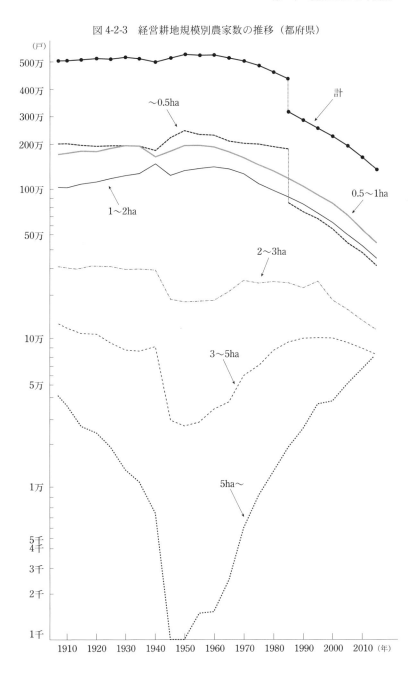

図 4-2-3　経営耕地規模別農家数の推移（都府県）

が急減していることが農家数の動きのまず第1の特徴である。この動き、特に1920〜40年の動きに注目して"小農標準化的発展傾向"と名づけ、日本における農民層分解問題論争の口火を切ったのが栗原百寿の「日本農業の基礎構造」(1943年刊) である。戦後発刊した「現代日本農業論」(1951年刊) では、統計的事実を再確認しながら"中農標準化傾向"と言い直しているが、栗原のこの問題提起は多くの論争を呼び、農業問題研究を大きく前進させた。

　論争内容については農文協刊「昭和後期農業問題論集 4」所収の拙稿"解題 農民層分解論—事実と諸論調—"を見られたい。なお、栗原の指摘した上下の両極が減り、中間の階層のみが増加するという統計的事実を最初に問題にしたのは、1908 (明4) 年から1912 (大正元) 年に至るまでの4年間についてだが、高岡熊雄である。1914年の第8回社会政策学会大会での報告で"五町歩以上、二町歩乃至五町歩及五反以下の三階級の農業経営は減少し、五反歩乃至二町歩の農業経営は増加して居る"という農事統計で示された事実を指摘し、"この結果に依って考へますると、諸君も御承知の通り彼のカールマルクスやカウッキーなど社会民主党の一派が農業に於て大農又は大経営は……漸次小農を併呑して行くこと恰も工業界に於けるが如しと云ふ議論を述べたこともありますが……我が国の実情は前に述べし如く、このカウッキーの説に反対の現象を呈して居るやうであります"と論じている (農文協刊「明治大正農政経済名著集18」68〜69ページ)。

　明治から大正期にかけての3ha以上層の減少は、日本資本主義の展開が非農業労働市場へ農家労働力、とくに年雇を吸収し、年雇賃金が昂騰したことによって年雇依存の地主手作り経営が解体し、寄生地主化がすすんだことによるという説明がよくなされた (たとえば山口和雄「明治前期経済の分析」、大内力「農業史」など)。が、大正初期までは、年雇賃金は米何俵といった現物給与が支配的だったから、米価上昇につれて年雇賃金も上昇したように見えただけであり、賃金昂騰が寄生地主化を促進したとは、この時期については言えそうにない。この時期の重要な変化は、小作農にまで金肥使用が浸透したことである。それが反収の上昇・安定化をもたらし、地主の契約小作料収取の安定化となり、地主に手作りより小作料寄生化を選ばせるようになったのである。拙著「農業生産力の展開構造」第1章第2節でこの点を論じてある。

1941（昭16）〜1948年、それまで増加していた1〜2ha層を含めて1ha以上の全層が減少、特に5ha以上層、3〜5ha層は激減するのは、戦時下で特に戦争に駆り出されて男子労働力が激減したことによること、いうまでもない。

　1950（昭25）〜55年は戦後の復興期であり、農地改革が行われた時期である、0.5ha以下層、0.5〜1.0ha層の微減、1ha以上層の微増に、戦後の物不足下で農業復興に取り組んだ農民各層の努力を見ていいのかもしれない。農地改革が"砂土を化して黄金"とした時代である。

　1960〜70年を、日本経済の高度成長に乗っての日本農業の発展期としていいだろう。3ha以上層、特に5ha以上層の急増、2〜3ha層の停滞、2ha以下層の減少としてそれは示されているが、特に5ha以上層の急増に注目すべきだろう。

　日本経済それ自体は、1971年、金ドル交換停止のニクソンショックを皮切りに、国際化の荒波に直面することとなるが、農家階層構成の変動は、70年以降も60〜70年の動きを90年まで続ける。

　1990年以降は5ha以上層のみが増加し、3〜5ha層も減少パターンとなり、3ha以下層は前期に引き続いて減少となっている。90年以降、これまでと全く変わった構造変動の新局面に入ったということができる。これはどういうことを意味するか、が究明を要する今日の構造問題ということになろう。

　北海道はどうだったかを図4-2-4、図4-2-5に示す。北海道の場合、統計的に把握された最初の1910（明43）年の時点で、5ha以上の農家が当時の都府県全体とほぼ同数あり、道内全農家の23.3％（都府県は0.7％）を占めるということで、府県とは全く構造が異なるので別図にしたのだが、北海道の動きで注目されるのは、その5ha以上層が都府県とは逆に、1970年以降一貫減少していることであろう。

　が、北海道の場合、この5ha以上層自体の構造変動が問題なのであって、図4-2-5はそれを示す。5ha以上層を5〜10ha層、10〜20ha層、20〜30ha層、30ha以上層と分けてみたのが図4-2-5だが、見る通り1960年を境に、20〜30ha層、30ha以上層は急激に増加し、他方5〜10ha層は60年以降、10〜20ha層は70年以降減少傾向に入る。85年以降は30ha以上層は依然増加を続けるが、20〜30haも以降減少傾向に入り、85年には30ha以上層が20〜30ha層を上回り、更に05年以降は全階層中最大の戸数を30ha以上層が占めるようになる（05年以降は経営体となる）。30ha以上層でも主力階層はより上層に動くようになるが、

図 4-2-4 耕地規模階層別農家数の推移（北海道）

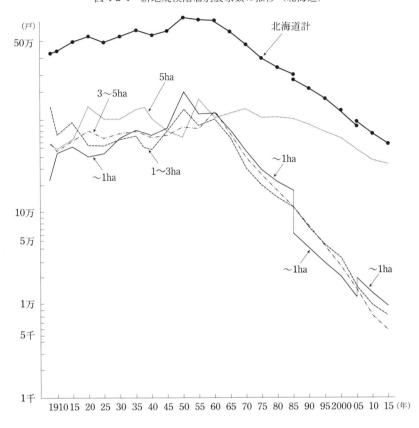

この点は後でふれることにする。規模拡大分岐層が 60 年代以降、より上位階層に移り、上層戸数増、下層減という動きが、北海道の場合、都府県よりも激しいことに注目すべきだろう。その差違の原因は何かが問題になろう。その問題は後で取り上げることにして、図 4-2-3 をもう一度見てほしい。激しい下降、上昇を示している都府県5ha以上層のことだが、下降、上昇の起点に当たる1910年の点と終点に近い 1995 年の位置が同じになっている。ということは農家数が同じだということだが、実数をあげておこう。1910 年が 35,762 戸、95 年が 35,676 戸である。その差がわずか 86 戸でしかない。80 年の間の激しい下降・上昇の末に起点と同じ数になったといっていいのだが、それはどこでも同じ動

図 4-2-5　5ha 以上農家の耕地規模階層別農家数の推移（北海道）

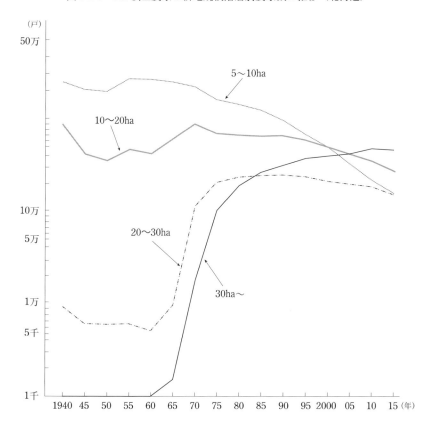

きとしてそうなったのではない。図 4-2-6 にみるように大変な地域差があることを注意しておこう。

　目立つのは 1908 年の 5ha 以上戸数の 2 倍以上増えた地域——両年次の何れかが 500 戸以上の県のうち山形、滋賀、富山、福岡——がある半面で、半分以下になった地域——長野、静岡、埼玉、高知、兵庫、福井、山口、東京——があることである。代表は前者が山形、後者が長野、東京になる。この違いはどこから生じたのかも興味ある論点となろう。青森、秋田、山形、岩手の東北諸県が＋1.5〜2 倍の範囲内にあり、宮城、茨城、群馬、長野の諸県が 1〜1.5 倍の範囲内になることと関連させてみる必要があろう。米以外の商品作物の違いと都

図 4-2-6　1908 年と 2000 年の 5ha 以上農家数

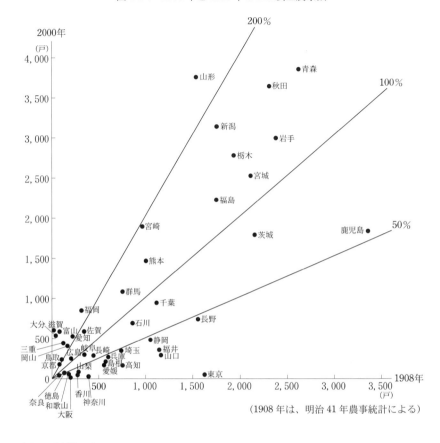

(1908 年は、明治 41 年農事統計による)

市化の影響が考えられよう。

　この上層農増、下層農減という両極分解ともいえる農業構造の変化―1990 年以降は更に顕著になるこの変化に関連して図 4-2-7 を示しておこう。耕地規階層別の経営耕地中の借入耕地率の動きを見た図だが、借地率の階層性が 1960 年当時と 1980 年以降は全く逆転していることにまず注意されたい。1960 年は、その翌年が農業基本法が公布される年だが、基本法農政が始まった時点では耕地規模の小さい農家ほど借地率が高く、上層農ほど低かった。

　零細農に小作地は集中していたのである。

　"小作貧農"という言葉がかつてあった。地主制下の日本農業構造を代表す

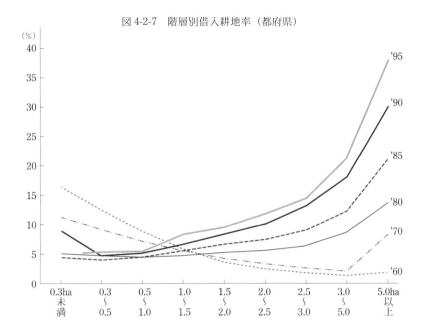

図 4-2-7　階層別借入耕地率（都府県）

る言葉だった。農地改革は在村地主には 1 町歩の小作地保有を認めたのだが、その改革後に残された小作地は零細農に貸付けられていたのであり、その小作貧農の構造が基本法農政開始時点まで残されており、70 年まで続いていたということである。

　1970 年以降、その構造が変わる。60 年からその兆候が見られたが、70 年になって 5ha 以上層の借地率の高まりが明瞭となり、85 年以降になると 0.5ha 以上の各層で、上層になるほど上昇率を高めながら借地率を高めている。95 年には 5ha 以上層の借地率は 39％という高さになっている。逆に 70 年までは 1ha 未満各層で、80、85 年は 1.5ha 未満各層で借地率を下げていた。

　1990 年以降は全階層で借地率上昇が見られる。全階層で、ということは、この間総耕地面積は減少しているのだから、離農農家の耕地が貸付けに回り、各階層、特に上層農家がその農地をも借り入れたことを意味するとしていいだろう。90 年以降、大変な変化が農業構造に生じているといわなければならない。借地型上層農の形成というこれまで日本農業では見られなかった変化である。図 4-2-7 は都府県で示したものだが、その傾向は北海道でも変らないことを示

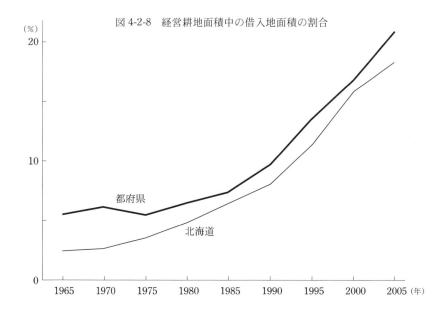

図 4-2-8　経営耕地面積中の借入地面積の割合

す意味で図 4-2-8 を示しておく。経営耕地面積中の借入地面積の割合を示した図だが、北海道でも 70 年以降急速に借地率が上がってきており、そして上層ほどその上げ方が急速なことは都府県と変わらない。

この変化に前節で見た借地容認の 70 年農地法改正、80 年農用地利用増進法の制定が大きく寄与していることを付記しておこう。

5　農家の変質

農家の変貌・変質をまず農家世帯員の就業行動から見ることにしよう。表 4-2-12 を見られたい。

農家世帯員の就業状況に関する調査は、1946（昭 21）年農家人口調査以来 1950 年調査を除く毎回のセンサスで行なわれているが、耕地規模階層別の数字が示されるのは 1960 年からであり、表 4-2-12 では 1960 年以降を示している。

16 歳以上世帯員総数は、平均で見る限り 1 戸 3.7 人で 1960 年以来変わらない、といっていい。

16 歳以上農家世帯員数が発表されているのは 1947（昭 22）年からだが、その 47 年の都府県農家 1 戸当たり 16 歳以上世帯員数を念のため示してお

くと、4.0 人だった。それが 1955 年には 3.8 人になり、60 年に 3.7 人になって以後変わらなかった。

　表に示した 1960〜95 年の間、各階層とも"自家農業だけに従事した人"は減り（上層ほどその減り方が大きいことが特徴的）、"その他の仕事が主"、"その他の仕事だけに従事した人"が増加している。労働市場の展開が農家の兼業化を押し進めたこと、農家世帯員の就業状態の変化から言えば、特にそれは上層により強く影響したことを示すとしていいだろう。そして、上層のばあい、それが世帯員の減少をともなっていることは、上層ほどやがては家を離れる労働力が、若干だが、下層農家よりは多くいたことを物語る。

　"自家農業だけに従事した人"と"自家農業とその他の仕事に従事した人"のうち"自家農業が主"の計と"その他の仕事だけに従事した人"と"自家農業とその他の仕事に従事した人"のうち"その他の仕事を主とする人"の計を 1960 年と 1995 年で比較した図を表 4-2-12 の付図 4-2-9 として示しておこう。1960 年の時点では、農専及農主計をその他専及びその他主の計が上回っていたのは 0.3ha 未満層だけだった。が、95 年になると 1.5ha 以下で後者が前者を上回るようになっており、5ha 以上層でも後者は 0.8 人を占めるようになっている。非農業従事が上層にまで及んでいるということである。

　農家労働力が農業外の分野に就業していることを、わが国の農林統計は伝統的に農家の兼業化という概念で把握している。"15 歳以上（1994 年までは 16 歳以上）の農家世帯員のうち、調査期日前 1 年間に他に雇用されて仕事に従事した日数が 30 日以上ある者及び自営農業以外の自営業の販売金額が 10 万円以上（1990 年センサス）ある自営業に従事した者"を兼業従事者と言い、"世帯員のうち兼業従事者が 1 人以上いる農家"を兼業農家とし、自営農業所得と兼業所得のうち農業所得の方が多い農家を第一種兼業、兼業所得の方が多い農家を第二種兼業農家としている。

　　この世帯員全体の就業状態を見て経営の経済的性格をきめる専兼の定義は、多分にわが国独特のものであり、西欧諸国の専兼規定とは異なる。西欧諸国の専兼規定は、経営主が自営農業専従か、自営農業以外にも従事しているかという視点での分類、つまり経営主が Fulltime Farmer か Parttime Farmer かで専兼を分けるというのが一般的である。1995 年の数字でいえば、専業農家率は 15.3％だが、世帯主の就農状態で専兼を見ると異なってくる。

表 4-2-12　就業状態別農家世帯員数の階層性（都府県 16 歳以上）

	世帯員数 (16歳以上)					自家農業だけに従事した人					自家農業とその他の仕事に 自家農業が主				
	1960	1970	1975	1985	1995	1960	1970	1975	1985	1995	1960	1970	1975	1985	1995
平　均	3.7	3.6	3.7	3.7	3.7	2.2	1.5	1.3	1.3	1.3	0.2	0.3	0.3	0.1	0.1
例外規定	3.0		3.1		3.1	1.2		1.5		1.1	0.1		0.2		0.1
〜0.3ha	3.0	3.2	3.2	3.3	3.4	1.1	1.0	0.8	0.9	1.0	0.1	0.1	0.1	0.1	−
0.3〜0.5ha	3.3		3.4		3.6	1.6		1.0		1.1	0.2		0.1		
0.5〜0.7ha	3.6	3.7	3.6	3.7	3.8	2.0	1.5	1.2	1.3	1.3	0.3	0.4	0.2	0.1	0.1
0.7〜1.0ha	3.9		3.8			2.5		1.4			0.3		0.3		
1.0〜1.5ha	4.2	4.1	4.0	4.0	4.0	2.9	2.2	1.7	1.7	1.5	0.3	0.5	0.5	0.3	0.2
1.5〜2.0ha	4.6		4.2		4.1	3.4		2.0		1.6	0.2		0.6		0.2
2.0〜2.5ha	4.8	4.4	4.3	4.3	4.2	3.6	2.6	2.1	2.0	1.8	0.2	0.7	0.6	0.4	0.2
2.5〜3.0ha	5.0		4.5		4.3	3.7		2.2		1.9	0.2		0.7		0.3
3.5〜5.0ha	5.0	4.4	4.5	4.4	4.4	3.7	2.7	2.3	2.3	2.1	0.1	0.6	0.7	0.5	0.4
5ha〜	4.4		4.2	4.3	4.5	3.4		2.6	2.6	2.4	0.1		0.5	0.5	0.4

　第一種兼業農家とされた農家の中に世帯主農業主の農家がいるし、第二種兼業農家の中にも世帯主農業主の農家がいる。経営主が農業主体の就業かどうかで判断するという西欧流の考え方をとって専業農家率を計算すると、95 年で 34％になる。西欧諸国と兼業農家率などを比較しようとする場合、考慮しておくべき事である。

　その専兼の階層構成が、国際化時代の中でどのように変化したかを表 4-2-13 に示す。当然のことながら、耕地面積が少なく、農業からの収入は低い農家ほど農外就業で生活費を稼がなければならず、兼業化率は高い。1965 年の数字で言えば 0.3ha 未満農家の場合、専業農家は 1 割にも満たない 8.9％であり、85％は第 2 種兼業農家だった。

　　例外規定農家という分類は、1950 年センサスから始まった分類である。農家というのは一定規模以上（50 年センサス以降 85 年センサスまでは東日本 10a、西日本 5a、90 年センサスから西日本も 10a）の農地で、農業を営む世帯のことだが、この規模未満のものでもあるいは経営耕地ゼロでも温室や特殊作物、養畜、養蚕などで、高い農業生産額をあげている者（50 年センサス時は農産物販売額 1 万円、センサス年次によってこの金額は異なり、90 年センサ

第4章 岐路に立つ日本農業

(単位：人)

従事した人 その他の仕事が主					その他の仕事だけに従事した人					仕事に従事しなかった人					就業者総数				
1960	1970	1975	1985	1995	1960	1970	1975	1985	1995	1960	1970	1975	1985	1995	1960	1970	1975	1985	1995
0.5	1.0	1.2	1.2	1.2	0.3	0.3	0.3	0.4	0.4	0.5	0.5	0.6	0.6	0.7	3.2	3.1	3.1	3.1	3.0
0.5		0.5		0.8	0.7		0.5		0.6	0.6		0.5		0.6	2.4		2.6		2.5
0.9	1.3	1.3	1.3	1.1	0.5	0.4	0.5	0.5	0.5	0.4	0.5	0.6	0.6	0.7	2.6	2.7	2.6	2.7	2.7
0.7		1.4		1.3	0.3		0.3		0.4	0.4		0.5		0.7	2.9		2.9		2.9
0.5	1.0	1.4	1.4	1.3	0.3	0.2	0.3	0.3	0.4	0.5	0.5	0.5	0.6	0.7	3.1	3.2	3.1	3.1	3.1
0.4		1.2			0.2		0.2			0.5		0.6			3.4		3.2		
0.2	0.6	1.0	1.1	1.3	0.2	0.2	0.2	0.3	0.3	0.6	0.5	0.6	0.6	0.7	3.6	3.6	3.4	3.4	3.3
0.1		0.8		1.2	0.1		0.2		0.3	0.7		0.7		0.7	3.9		3.5		3.4
0.1	0.3	0.6	0.9	1.1	0.2	0.2	0.2	0.3	0.3	0.8	0.7	0.8	0.7	0.8	4.0	3.7	3.5	3.6	3.4
0.1		0.6		1.0	0.2		0.2		0.3	0.9		0.8		0.8	4.1		3.7		3.5
0.1	0.3	0.5	0.7	0.9	0.1	0.1	0.2	0.2	0.3	0.9	0.7	0.8	0.8	0.8	4.1	3.7	3.7	3.6	3.6
0.1		0.3	0.4	0.6	0.1		0.1	0.2	0.2	0.7		0.7	0.7	0.9	3.7		3.5	3.6	3.6

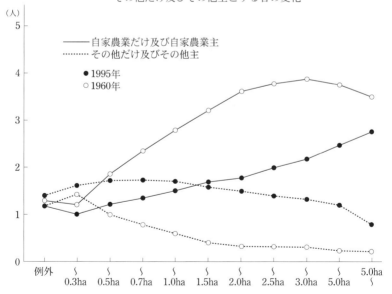

図 4-2-9　自家農業だけ及びそれを主とする者とその他だけ及びその他主とする者の変化

表 4-2-13　階層別専兼業農家率の推移（都府県）

(単位：%)

	専業農家					第1種兼業農家					第2種兼業農家				
	1965	1975	1985	1995	2005	1965	1975	1985	1995	2005	1965	1975	1985	1995	2005
例外規定	34.2	39.8	49.8	30.4	40.8	13.7	20.3	27.2	21.0	18.7	52.0	39.9	22.9	48.6	40.5
〜0.3ha	8.9	7.9	24.5			5.8	2.5	19.5			85.3	89.6	56.1		
0.3〜0.5ha	10.5	7	9.8	13.2	21.0	19.7	7.8	5.8	5.8	4.7	69.7	85.2	84.3	81.0	74.3
0.5〜0.7ha	14.7	8.1	10.9	12.8	20.1	39.6	17	14.9	11.9	8.9	45.7	74.9	74.2	75.3	70.9
0.7〜1.0ha	21.8	10.8				55.2	30.7				23.0	58.5			
1.0〜1.5ha	31.7	15.7	14.8	14.6	20.8	60.5	48.4	29.9	21.4	16.1	7.8	35.9	55.2	64.0	63.1
1.5〜2.0ha	40.5	20.8	19.4	17.2	21.9	56.8	61.3	41.7	29.3	22.1	2.7	17.9	38.9	53.4	56.0
2.0〜2.5ha	45.9	23.8	22.9	20.3	23.4	52.5	67.1	51.2	36.9	28.1	1.6	9.1	25.8	42.8	48.5
2.5〜3.0ha	50.1	25.1	25.0	21.9	24.4	48.5	69.3	58.0	44.1	33.6	1.3	5.6	17.0	34.1	42.0
3.0〜5.0ha	54.6	27.9	28.1	24.9	26.2	43.6	68.0	62.8	53.0	41.7	1.8	4.1	9.1	22.0	32.0
5.0ha〜		44.7	42.9	34.5	31.3		50.5	53.0	57.7	55.0		4.8	4.1	7.8	13.7
計	20.5	11.6	14.1	15.3	21.8	37.2	25.3	22.5	18.2	15.2	42.3	63.2	63.4	66.5	63.1

　スでは10万円）を例外規定農家としている。例外規定農家に専業農家率が高い所以である。

　経営耕地面積が多い農家ほど専業農家率は当然高くなるが、注目したいのはその専業農家率が85年以降急速に低下していることであり、05年には表4-2-13で一番経営面積の大きい階層として示した5ha以上層でも31.3％に下がり、第2種兼業農家率が13.7％に高まっていることである。全階層的に兼業化が進行しているということである。この5ha以上の兼業深化が、表4-2-12で見たように16歳以上世帯員の増加とともに進んでいることも注意すべきである。労働市場の農村部への拡大が、かつては農外就業は就業者の離村をともなっていたのを在村就職を可能にしたからであろうか。

　3ha以上、5ha以上の兼業化に関連して、もう一つ注目しておく必要があるのは、特に1980年代以降のことだが、農産物価格が低下し、逆に農業生産資材価格は上昇していることである。表4-2-13の付図4-2-10を示しておこう。

　農水省「農業物価統計調査」で計算・作図したものだが、1990年以降農産物価格は低下し、他方農業生産資材価格は上昇していることに注意されたい。農業粗収入は減る一方で農業経営費は高くなるのだから、当然ながら農業所得は減ることになる。所得減をカバーする必要からの農外就業拡大というファク

ターも見過ごしてはならないだろう。

　農産物価格の変動は、もちろん作物によって異なる。その一部、米、野菜、畜産物総合について表 4-2-13 の付図 4-2-11 に示しておいた。基幹作物である米について 1985 年以降一貫して低下していることに注目されたい。野菜は 90～2000 年低下していたが、05 年上昇に向かっているし、畜産物総合は米より早く 80 年から低下したが 95 年から持ち直しつつある。というように、何を主軸に農業生産を営んでいるか、で市場から受ける影響は異なる。各階層農家が何を主軸にして農業を営んでいるか、が問題である。

　まず、耕地規模階層別の農産物販売金額規模別農家数がどうなっているかの考察から始めよう。表 4-2-14 にまず全国の 2000 年の数字を示しておく。

　耕地規模階層別に最多数を占める販売額階層を見ると（表の★を付した階層）耕地規模が大きくなるにつれ、最多数を占める販売金額階層も上昇している。

図 4-2-10　農産物価格指数と農業生産資材価格指数の推移（1970 年 100）

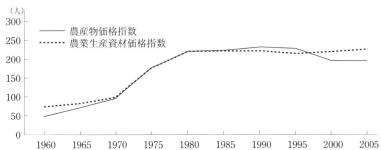

図 4-2-11　農産物価格指数の推移（1970 年 100）

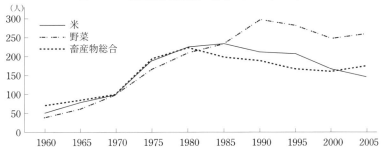

表 4-2-14 耕地規模別農産物販売高経営体数（全国 2000 年）

	～100万円	～300万円	～500万円	～1,000万円	～3,000万円	～5,000万円	～1億円	1億円～	計
～1ha	★1,140,366	142,247	32,750	27,539	17,061	3,318	2,435	2,178	1,367,803
1～3ha	229,823	★340,004	78,301	79,344	47,151	4,502	1,796	562	781,483
3～5ha	3,074	21,525	★32,596	26,957	19,493	1,934	581	197	106,357
5～10ha	1,109	2,312	6,235	★21,653	15,022	2,134	651	243	49,368
10～20ha	280	380	492	3,840	★13,361	1,148	387	166	20,054
20～30ha	54	91	88	337	★5,749	1,138	206	85	7,748
30～50ha	30	58	50	162	★3,359	2,703	478	115	6,961
50～100ha	21	21	24	68	1,182	★1,930	830	166	4,242
100～150ha	1	―	3	5	33	87	★102	65	296
150ha～	2	2	―	1	8	15	25	★86	139
計	1,374,760	506,640	150,554	159,901	122,419	18,918	7,491	3,863	2,344,451

注：★ 各耕地規模階層で最多数の販売高階層
□太字 各販売高階層中 1 位の耕地規模階層
▨ 各販売高階層中 2 位の耕地規模階層
▨ 各販売高階層中 3 位の耕地規模階層
（2000 年センサス報告第 11 巻による）

1ha未満階層は100万円未満の販売しかしていない経営が最多数を占めるが、5～10ha層になると500万～1,000万円販売経営が最多数となり、150ha以上層になると1億円以上を販売する経営が最多数を占める、といったようにである。耕地規模階層の大小と販売高の高低は並行している、といえそうである。

が、各販売高階層中で1位を占める耕地規模階層を見ると、100万円以下の階層では1ha未満層だが、100万円～300万階層から3,000万円～5,000万円階層まで1～3ha階層が占めている。5,000万～1億円販売層、1億円以上販売層の両者はまた1位は1ha未満層になっている。2位、3位は、100万円未満層では1～3ha層と3～5ha層であり、100万円以上3,000万円未満の4層では1ha未満層と3～5ha層のいずれかが占めているというように固定的である。3,000万円以上の高販売高の3階層では3位の耕地規模階層が30～50ha層になったり、50～100ha層になったり、5～10haになったりというように不規則に変化している。また5,000万円以上の最高販売高層では1ha未満層が1位、1～3ha層が2位、5～10ha層が3位というように全く耕地規模階層と販売高は無関係である、と考えた方がよさそうである。

が、これを北海道と都府県と分けてみると、大分様相が変わる。

北海道の場合、★のつき方も、**太字**や■、□のつき方も耕地規模の大小と農産物販売金額の大小は並行している、といっていいつき方になっている。100万円未満の販売額しかあげない農家のほぼ半分は1ha未満の農家であり、ついで1～3ha層、第3位に3～5ha層となる。つぎの100～300万円販売農家は第1位が1～3ha層、第2位が3～5ha層、3位が5～10ha層となる。高販売農家になるほど耕地規模階も上位に移り、その前後階層が2位、3位となる。例外は最高販売額の1億円以上販売農家だが、ここだけは第1位は1ha未満層になっている。この1億円以上販売層560戸の86％は、酪農、肉用牛、養豚、養鶏等の畜産部門を販売額1位部門とする経営であり、養豚、養鶏等が111戸あった。耕地面積1ha未満で1億円以上の販売経営126戸は、これら資本集約的多頭養豚・養鶏が大部分を占めていたのではないか。

この点だけみれば、耕地規模と販売高の関係性は若干薄らいだ感があるが、この1億円以上層も第2位は50～100ha層であり、第3位が30～50ha層であるという点で、1億円未満層に傾向的にみられた耕地規模の大小と農産物販売額の大小は並行するという関係は貫ぬかれているとみていい。

が、これが都府県になると著しく趣きを異にする。表 4-2-16 を見られたい。★のつき方は耕地規模序列に従って販売高も上昇し、耕地規模階層と販売高は関連性が高く、北海道と変わらない。ただし、**太字**、■、 のつき方は明らかに異なる。

100 万円未満層と 1 億円以上層では 1ha 未満層が第 1 位階層になっているほかは、すべての販売高階層において 1〜3ha 層が各販売高層の第 1 位を占め、2 位、3 位はすぐ上の 3〜5ha 層か、すぐ下の 1ha 未満層になっている。それ以外の耕地規模階層が 3 位になっている販売高層として 300〜500 万円層、3,000〜5,000 万円層、5,000 万〜1 億円層の 3 層であるが、それも耕地規模は全部 5〜10ha 層である。北海道のように耕地規模の大小と農産物販売額の大小は並行するということは、この限りでは言えないとすべきだろう。

北海道は 2000 年時点では 5ha 以上経営が 68.2％を占める。5ha 以上が北海道農業の主体をなしているが、都府県は 5ha 以上経営は 3.5％を占めるに過ぎない。同じ階層区分で階層的性格を比較するのは無理だろう、と考えて 1995 年のデータだが、表 4-2-17 を示しておこう。1,500 万円以上 5,000 万円未満の販売高 3 階層で各階層最多の耕地規模が 5ha 以上になっている点が前表との大きな違いであり、耕地規模と販売高の関連性は前表よりは強いが、北海道とくらべればその相関度は低いといっていいだろう。

いうまでもないことだが、耕地規模と販売高の関係は何を作っているか、どういう作り方をしているかで異なる。結果は一様ではないのであり、そこに経営様式の問題が入ってくる。その経営様式を把握する手段として、センサスでは 1970 年から農業経営組織分類を行なっている。

始まった 1970 年の分類方法は、農業生産を穀作、麦類作、雑穀、いも類、豆類、工芸作物、施設園芸、野菜類、その他の作物、酪農、養豚、養鶏、その他の畜産、養蚕の 13 部門に分け、この内いずれか一つの部門の農産物販売額が総販売額の 60％以上を占める部門を有する経営を単一経営、単一経営以外のものを複合経営とする、という二類型区分だった。その分類は 80 年センサスで改正され、肉用牛部門が自立して 14 部門となり、かつ単一経営の分類基準が 60％から 80％に引き上げられた。そして 70、75 年センサスとの連続性が考慮されて 60〜80％の複合経営を準単一複合経営とすることになり、今日に至っている。

表 4-2-15　北海道の耕地規模別農産物販売金額規模別農家数（2000年）

(単位：戸)

	～100万円	100万～300万円	300万～500万円	500万～1,000万円	1,000万～3,000万円	3,000万～5,000万円	5,000万～1億円	1億円～	計
～1ha	★4,224	833	251	219	220	44	61	126	5,978
1～3ha	★3,019	★2,513	723	622	373	48	18	19	7,336
3～5ha	1,032	1,747	★1,934	1,417	686	54	19	5	6,894
5～10ha	717	968	1,823	★6,079	3,215	131	33	25	12,931
10～20ha	215	246	307	2,651	★8,895	400	98	33	12,845
20～30ha	41	68	60	261	★5,165	843	113	42	6,593
30～50ha	21	52	43	142	★3,223	2,536	376	72	6,465
50～100ha	16	21	22	54	1146	★1,904	756	123	4,042
100～150ha	1	—	3	2	24	83	★99	52	264
150ha～	1	1	—	1	7	10	18	★63	102
計	9,287	6,389	5,166	11,848	22,954	6,053	1,592	560	63,449

注：表 4-2-14 と同じ。

表 4-2-16　都府県の耕地規模別農産物販売金額規模別農家数（2000 年）

(単位：戸)

	～100万円	100万～ 300万円	300万～ 500万円	500万～ 1,000万円	1,000万～ 3,000万円	3,000万～ 5,000万円	5,000万～ 1億円	1億円～	計
～1ha	★1,136,042	141,414	32,508	27,320	16,841	3,274	2,374	2,052	1,361,825
1～3ha	226,804	★337,491	77,578	78,722	46,708	4,454	1,778	543	774,148
3～5ha	2,042	19,778	★30,662	25,540	18,807	1,880	562	192	99,463
5～10ha	392	1,404	4,412	★15,574	11,807	2,012	618	218	38,437
10～20ha	65	134	185	1,189	★4,466	748	289	133	7,209
20～30ha	13	23	28	76	★584	295	93	43	1,155
30～50ha	9	6	13	20	136	★167	102	43	496
50～100ha	5	—	2	14	36	26	★74	43	200
100～150ha	—	—	—	3	9	4	3	★13	32
150ha～	1	1	—	—	1	5	6	★23	37
計	1,385,373	500,251	145,388	148,458	99,465	12,865	5,899	3,303	2,281,002

注：表 4-2-14 と同じ。

第 4 章　岐路に立つ日本農業　81

表 4-2-17　1995 年センサスによる都府県の耕地規模別販売高別農家数

(単位：1,000 戸)

	なし	~15万円	~5万円	~100万円	~200万円	~300万円	~500万円	~700万円	~1,000万円	~1,500万円	~2,000万円	~3,000万円	~5,000万円	5,000万円~	計
例外規定	113.0	—	—	★15.8	7.0	2.9	2.3	1.4	1.1	1.1	0.7	0.9	0.9	1.3	35.5
0.3~0.5ha	42.0	134.7	★244.5	68.3	20.0	8.2	5.0	2.4	1.7	1.3	0.7	0.7	0.5	0.5	595.4
0.5~1.0ha	4.2	57.1	270.4	★317.5	127.7	40.2	30.4	13.8	9.1	6.3	2.9	2.5	1.7	1.3	922.7
1~1.5ha	0.9	3.8	24.2	102.1	★172.4	56.3	34.7	18.7	13.1	8.9	3.6	2.7	1.7	1.3	447.8
1.5~2.0ha	0.4	0.6	3.2	16.6	★66.9	65.7	34.0	15.8	12.4	9.1	3.5	2.4	1.3	1.0	233.4
2~2.5ha	0.2	0.2	0.8	3.2	17.0	34.2	35.9	12.4	9.9	7.9	3.3	2.1	1.1	0.7	129.0
2.5~3ha	0.1	0.1	0.2	0.9	4.3	12.2	★26.6	10.1	6.8	5.7	2.5	1.6	0.8	0.5	72.5
3~4ha	0.1	—	0.2	0.5	2.0	5.9	★21.9	17.4	9.0	7.0	3.4	2.4	1.1	0.8	71.8
4~5ha	0.1	—	0.1	0.1	0.5	1.0	4.6	★8.2	6.7	3.7	1.8	1.6	0.7	0.5	29.5
5ha~	0.1	—	0.1	0.1	0.3	0.5	2.0	4.0	8.0	★8.2	3.9	4.2	2.4	1.3	35.5
計	160.9	146.5	543.5	519.2	417.9	227.2	177.4	104.7	78.0	59.1	26.3	21.2	12.2	9.4	2,281.0

注：~5,000万層および5,000万円以上層の □大字　■ は四捨五入計算前の原数値による順位づけである。

表 4-2-18 耕地規模別農業経営組織の構成推移（都府県）

	1985年			1990年			1995年			2000年			85～90年増減率			90～95年増減率			95～2000年増減率		
	単一	準複合	複合	単一	準複合	複合	単一	準複合	複合	単一	準複合	複合	単一	準複合	複合	単一	準複合	複合	単一	準複合	複合
	%	%	%	%	%	%	%	%	%	%	%	%									
0.3～0.5ha	84.0	13.2	2.8	89.2	9.2	1.6	89.7	8.9	1.4	84.6	12.7	2.6	△10.7	△25.7	△37.8	△7.3	△31.1		△11.6	△19.7	△14.2
0.5～1.0ha	70.9	22.4	6.7	75.6	19.6	4.8	80.5	16.1	3.4				△7.2	△19.1	△35.7	△5.4	△33.1				
1.0～1.5ha	59.5	28.9	11.6	63.8	27.4	8.8	71.7	22.6	5.7				△6.1	△15.8	△32.4	△1.8	△32.6				
1.5～2.0ha	54.9	31.1	14.0	58.3	30.6	11.1	67.0	25.8	7.2	71.1	22.7	6.2	△5.3	△11.6	△29.1	0.1	△31.4		△9.5	△19.5	△20.9
2.0～2.5ha	53.2	31.9	14.9	55.4	32.2	12.4	64.2	27.4	8.4				△2.8	△5.4	△21.5	3.7	△28.3				
2.5～3.0ha	54.0	31.7	14.3	54.4	32.7	12.9	62.2	28.6	9.2				△2.0	1.1	△12.1	6.1	△23.4				
3.0～5.0ha	56.7	30.4	12.9	53.8	33.0	13.2	60.1	29.9	10.0	61.3	29.0	9.7	2.2	17.0	9.6	13.7	△12.4		△0.1	△4.7	△5.7
5.0ha～	64.0	27.3	8.7	58.3	30.5	11.2	62.9	28.3	8.9	60.2	29.2	10.5	25.8	55.0	76.6	45.8	20.1		22.4	32.1	49.3
計	67.9	23.6	8.4	70.7	22.6	6.7	77.0	18.4	4.6	78.1	17.5	4.4	△7.9	△14.4	△28.6	△3.3	△29.7		△11.7	△16.6	△15.2

1975年の数字を若干紹介しておくと1ha未満と3ha以上層は単一経営が90％以上を占め、複合経営は1〜3ha層に多かった。多かったといっても複合経営農家率が一番高かった1.5〜2ha層で約15％、ついで高かった2〜2.5ha層で14％だった。それが80年代に入ると変わってくる。都府県についてだが、85年以降の動きを表4-2-18に示しておこう。

1985年には複合経営率が一番高いのは2〜2.5ha層となり、ついで2.5〜3ha層になっている。90年代にはまた一階層ずつ上位に上り、最多階層は3.0〜5.0ha層となり、次位は2.5〜3.0ha層になっている。21世紀に入るとまた一階層ずつ最多階層は上位階層になり、2000年には5ha以上層が最多、ついで3.0〜5.0ha層となっている。

複合化は、1970年代までは小規模でも営農に意欲をもつ農家が、農地の少なさを補うための労働集的部門を導入して行なうもの、と考えられていた。最下層は非農業従事の兼業化を主体にするから、中間層に複合経営が多くなるのは当然、とされていた。それが80年代に入って変わってきたということである。上層農複合経営化の動きは、21世紀に入ってどうなるか、注目しておくべきことだろう。

　　1995年の動きは、上層農複合化の動きが弱まったかの印象を与えるが、95年はやや特殊とみた方がいい。というのは、95年センサスは、95年2月1日現在で現状を把握している。従って農産物販売額は94年度についての把握になるが、94年度は、前年の作況指数74という歴史的な米凶作による米供給不足を反映して大幅な減反緩和が行なわれた年であり、大幅な水稲作への復帰が単一・複合の判定ライン近くの農家の分類を大きく変えることになった年であることを考慮する必要がある。

6　農業雇用労働の動き

1）1955年以降の動きの概観

上層農の経営体としての性格変化に関連して、雇用労働の動きについてふれておこう。一般的にいって農業雇用労働は戦後一貫して減少していたが、1970年代に入ってまず年雇が増加傾向に入り、90年代に入って臨時雇等についても変化が生じ始めている。図4-2-12、図4-2-13を掲げておこう。

センサスは、農業雇用労働の調査を 1947 年臨時農業センサス以来行なっている。センサスが把握した農業雇用労働は、農業常雇（農業年雇）、農業の臨時雇、手間替え・ゆい、手伝いに分類されているが、その人数の推移をそれぞれの雇入れ農家数の推移とともに図 4-2-12 及び図 4-2-13 に示す。

1947 年調査の際は、"農業常雇いとは、臨時的にではなく、常時雇い入れられている者（例えば、作男、作女、女中、その他の奉公人等）で、農業に従事することを主とする者"という定義だった。50 年センサスでは"住み込み、通いのいかんを問わず、恒常的に雇い入れた者、つまり 1 年を単位として雇用するよう契約した者"とされたが、55 年センサスで農業常雇が農業年雇に改められ、"主として自家の農作業のために雇った人で雇用契約（口頭の契約も含む）に際し、あらかじめ 7 か月以上の期間を定めて雇った人……なお、住み込み、通勤の双方を含む"と定義が変わり、今日に至っている。なお、農業臨時雇等の定義も、それまで特段の規定は無かったが、55 年センサスの際にきめられ、農業臨時雇は、"農業雇用労働のうち、農業年雇以外のもので、農業季節雇（1 か月以上の期間契約）、農業日雇などの

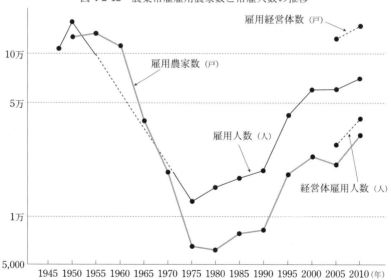

図 4-2-12　農業常雇雇用農家数と常雇人数の推移

こと"とされ、手間替え・ゆいは"農家相互間で等価交換を原則としているすべての労力交換のこと"であり、"労力の交換をして、その過不足を現金や物品で清算したような場合や、機械耕作をしてやった代わりにその分を手間で返してもらった場合、共同田植え、共同防除などの共同作業をしてもらった場合などを含む"とされている。手伝いは"金品の授受を伴わない無償の受け入れ労働"である。引用は（2007年刊「農業センサス累年統計書―農業編―」）による。

1960年のセンサスは、一ヶ月以上の期間契約で雇った季節雇と農業日雇を合わせて臨時雇としているが、この季節雇、日雇を別々に集計しているので、臨時雇雇用農家数、雇用人数は両者をプラスした数字を図4-2-13で

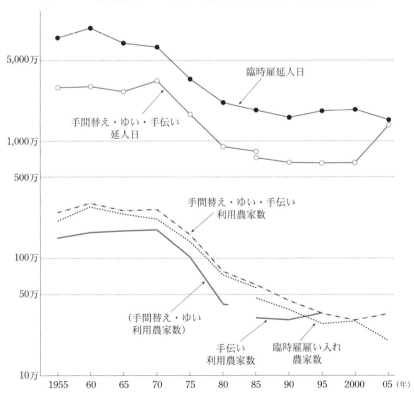

図4-2-13 臨時雇、ゆい・手伝い等延人日と（全国）利用農家数の推移

は示している。1965年センサスからはその区別が無くなった。従って雇用農家数については、両者を雇用した農家の場合、60年センサスでは二重に集計されるので、季節雇用農家数と日雇雇用農家数をプラスして算出した臨時雇用農家数は実際よりも多くなっている可能性がある。季節雇用農家＋日雇雇用農家に対する季節雇用農家の割合は、全国計で3.6％なので、最大でそれ位の誤差があり得る、ことを注意しておこう。

しかし、手間替え・ゆいと手伝いはそうはいかない。この両者も1990年までは別々に利用農家数・人数が集計されており、95年からは一括して集計されるようになった。各センサス年の利用農家数は表4-2-19に示した如くだが、農村に特有なこの労働慣行は、同じ農家が両方とも利用している場合が圧倒的に多いと思われるので、賃金支払いを伴わないこの労働力利用農家数を算出するのに両者をプラスすることは、利用農家の過大推計になろう。図4-2-13ではこの点を考慮して両者のうち多い方をとることにして1955～80年は手間替え・ゆい農家数をとり、85～95年は手伝い農家数をとった図を別に示しておいた。この辺の吟味をもっとやりたいところだが、2010年センサス以降は臨時雇と一緒になってしまったので、最近センサスでの吟味は不可能となっている。80～90年の市町村データで吟味できないものか。

なお、本稿では2000年までを扱うことにしているが、場合によっては

表4-2-19　手間替えやゆい等の推移

(単位：千戸)

	手間替え・ゆい	手伝い
1955年	1,503	1,101
1960年	1,694	1,245
1965年	1,041	817
1970年	1,763	819
1975年	1,010	558
1980年	409	351
1985年	270	378
1990年	124	305
1995年	341	
2000年	298	
2005年	331	

2005年、2010年のセンサス数字も示している。その場合、2000年までとの連続性を考慮して販売農家の数字を示している。05年センサスからは"農業経営体"が主体になっているが、それはこれまで農家とは別に集計されていた"農家以外の事業体"と農家が一緒になったものであり、農家調査としての連続性には問題がある。販売農家の場合も"自給的農家"が外されているので1960年以前との比較の場合は注意しなければならない（図4-2-12の05～10年のところに点線で示したのは農業経営体の雇用経営体数と雇用人数である。参考のため追加しておいた）。

常雇も臨時雇もそしてゆい・手間替えも含めて、雇用労働等はすべて1960年以降75年まで急速に減少する。が、常雇は75年が減少の底になり、以後雇用農家数も雇用人数も増加していく。

臨時雇い、ゆい・手間替え等は1975年以降も減少を続けていたが、臨時雇は90年から若干様子が変わり、95年に増加するが2000年からまた減少に向かう。その2000年以降、ゆい・手間替え等は増加に転ずる。

農業就業人口、基幹的農業従事者の調査をセンサスが始めた1960年と農業臨時雇雇用人数が最低になった1990年をとり、この間の増減率を比較すると表4-2-20のようになる。

センサスは、1965年センサスまで農家世帯員の中に住み込みの雇人も世帯員に含めていた。1950年センサスによれば、この年の常雇160,118人の

表4-2-20 農業従事者等人数と農業雇用人数（1960～90、90～05）の増減率比較

			1960 (A)	1990 (B)	2005 (C)	増減率 (%)	
						60～90[2]	90～05[3]
自家労働	農家戸数	千戸	6,057	3,444	2,845	△43.1	△17.4
	農業従事者	千人	17,656	10,366	5,562	△41.3	△46.3
	農業就業人口	千人	14,945	4,314	3,353	△70.3	△22.4
	基幹的農業従事者	千人	11,750	2,927	2,241	△75.1	△23.4
非自家労働	農業常雇	人	140,682[1]	19,304	61,094	△86.3	216.5
	農業臨時雇	千人日	92,512	15,888	15,124	△82.8	△4.8
	ゆい・手間替え・手伝い	千人日	29,733	6,731	13,877	△77.4	106.2

備考：1) 1960年調査は雇用農家数のみなので、50年センサスにより雇用農家1戸当たり常雇人数を算出。それに60年雇用農家数を乗じて算出

2) $= \dfrac{(A)-(B)}{(A)} \times 100$ 3) $= \dfrac{(B)-(C)}{(B)} \times 100$

88％140,904人は住み込みの常雇だった。従って1960年常雇人数として推計した149,682人の9割は住み込み常雇であった可能性が大であり、この常雇は当然自家労働とした農業従事者等に含まれていると考えなければならない。世帯員数等について1960年センサスと90年、05年センサスとの比較をした表4-2-20は当然この点に配慮しなければならないところだが、一番影響が大きいと思われる基幹的農業従事者について、60年の住込常雇者と推定される人数を差引いた数字で60～90年の増減率を試算してみても問題にしなければならない誤差ではなかったので、表4-2-20は自家労働から住み込み常雇人数を差引くことはしていない（念のため数字をあげておくと全員住み込みとした時の基幹的農従者60～90年の減少率は△74.8％）。

戦後増加した農家戸数は、1950年の6,176千戸をピークにして以降減少の一途をたどり、90年には40％減の3,835千戸になった。農業従事者の減少はほぼそれと同じ41.3％減だが、農業従事者のなかでも営農に力を注いでいる働らき手ほど減少率が高く、農業就業者は70.3％、基幹的農業従事者は75.1％の減少になっている。

　　　農業従事者とは"昭和30年においては16歳以上の世帯員のうち、農業経営の指図だけをする人や、農繁期だけ働く人も含めた自家農業に従事する世帯員"のことである。60年センサスでこの農業従事者を（ア）"自家農業だけに従事した人"、（イ）"自家農業とその他の仕事に従事した人で自家農業が主な人"、（ウ）"その他の仕事が主な人"に3区分し、（ア）、（イ）を農業就業人口とし、更に農業就業人口のうち"ふだんの主な状態"が"主に仕事"の人を基幹的農業従事者とした（65年センサスから"農業経営の指図だけをする人"は農業従事者から除かれている）。

その基幹的農業従事者の減少率よりも、農業常雇、臨時雇、ゆい・手間替等の減少率はすべて高い。自家労働が減少する前に非自家労働を減らしているのである。当然といえば当然だが、1990年まではそうだった。

が、1990年以降この農業従事労働力のあり方に大きな変化が生じている。自家労働は依然として減少が続いてはいるが、自家労働のなかで減少率が一番大きいのは農業従事者であり、60～90年の減少率よりも90～05年の減少率の方が高くなっている。ほかの仕事をしながら、農業手伝いもしたという世帯員がどんどん少なくなっているということである。農業を主体にしている、あるい

は本業にしている農業就業人口や基幹的農業従事者は、減少は続いているが 60〜90 年の 1/3 の減少率になっている。

　この自家労働の動きと非自家労働の動きは随分ちがう。同じように減少が続いているのは農業臨時雇だけだが、その減少率は自家労働の減少率にくらべれば随分低い。そして農業常雇及びゆい・手間替え等は今までとは逆に増加している。特に常雇の増加率は 216.5％と著るしく高い。

2) 農業常雇の動き

　この農業常雇が耕地規模階層別にどのような雇用状況になっているかを、増加が顕著になった 1990〜2000 年について表 4-2-21 に示す。

　常雇雇用農家数は 1990 年の 6.6 千戸から 2000 年には 20.9 千戸へ約 3 倍になっているが、それは対販売農家比率では 0.2％から 9.2％、ほぼ 1 割の販売農家が常雇を雇用するようになったという変化だった。この間の階層別にみての大きな変化は、上層への雇用の集中が顕著になったということである。90 年段階では、30a 未満層（このなかには例外規定農家も含まれていた）と 5ha 以上層という耕地規模階層での両極で雇用農家率が高い、というのが特徴だった。30a 未満層で 1.8％の雇用農家率だったのに、0.3〜1ha の下層では 0.1％にとどまっていたが、1ha 以上の中間層で耕地規模が高まるにつれ漸次雇用農家率が高まり、3〜5ha 層で 0.7％まできていた。それが、5ha 以上層で一挙に 30a 未満層の 1.8％を超える 2.3％を示す。耕地規模階層の両極で雇用農家率が高く、中間で低いというのが 90 年の特徴だったが、2000 年になるとその構造は崩れ、上層農家ほど雇用農家率が高くなる構造に変わる。1ha 未満層の 0.1％という雇用農家率に始まり、耕地規模階層が高まるほど雇用農家率も高まり、5ha 以上層では 18.4％の雇用農家率となる。

　雇用農家 1 戸当たり雇用常雇数にも、雇用農家率の階層性ほどではないが、やはり 1990 年では耕地規模零細層と最上層の両極で 1 戸当たり雇用数が大きく、中間層で少ないという階層差があったのが、2000 年には 1ha 以下層の 1 戸当たり雇用人数のみが大きく、他階層は 5ha 以上層も含めて同一になるというように変化する。この変化は、常雇雇用は、耕地規模の差もさることながら、経営組織によっても規定されていることを考えさせる。

　センサスの数字で、常雇人数が最も大きいのは 1950 年の数字であるとは、

表 4-2-21 耕地規模階層別にみた常雇雇用状況（都府県）

	販売農家計（千戸）			常雇雇農家数（千戸）			常雇雇用人数（千人）			販売農家に対する常雇雇用農家比率（%）			雇用農家1戸当たり常雇雇用人数（人）		
	1990	1995	2000	1990	1995	2000	1990	1995	2000	1990	1995	2000	1990	1995	2000
~0.3ha	39.8	632.6	1,358.9	0.7	2.3	1.6	1.8	6.1	5.2	1.8	0.4	0.1	2.6	2.7	3.3
0.3~0.5	664.5			0.4			1.1			0.1			2.8		
0.5~1.0	1,048.6	924.9		1.4	3.3		3.3	7.5		0.1	0.4		2.4	2.3	
1.0~1.5	514.1	448.3	773.4	1.2	2.9	1.6	2.8	6.7	4.1	0.2	0.6	2.1	2.3	2.3	2.6
1.5~2	268.4	233.5		0.8	1.9		1.7	4.5		0.3	0.8		2.3	2.4	
2~3	223.2	201.4		0.9	2.3		1.9	5.5		0.4	1.1		2.1	2.4	
3~5	99.7	101.4	99.0	0.7	1.7	4.2	1.4	3.8	11.1	0.7	1.7	4.2	2.0	2.2	2.6
5~10															
10~15	26.4	35.4	43.4	0.6	1.4	13.5	1.6	3.8	35.7	2.3	4.0	18.4	2.7	2.7	2.6
15ha~															
計	2,883.8	2,577.8	2,274.3	6.6	15.9	20.9	15.6	37.8	56.1	0.2	0.6	9.2	2.4	2.4	2.7

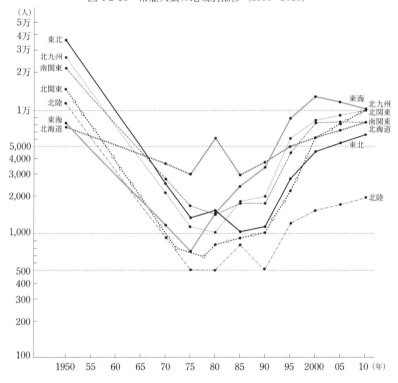

図 4-2-14 常雇人数の地域別推移 (1950~2010)

前掲図 4-2-12 に示したところだが、図 4-2-14 はそれが 1975 年以降どのように変わったかを地域別に示したものである。50~90 年の減少のしかた、そして 90 年以降の増加のしかたに著るしい地域差があることに注目されたい。

対照的なのは東海と北陸である。1950 年の東海の常雇人数 7,622 人は東山と並ぶ数字であり、北海道とならんで（北海道は 7,319 人）各地域の真ん中辺に位置していたし、75 年の最減少期にもその位置は変わらなかった。

が、それが 75 年以降急速に雇用人数を増やし、1995 年には全国一となり、以後その地位を保持している。

それとは逆に北陸は、1950 年当時は常雇数 1 万人を超える 5 地域のなかに入っていた。それが 75 年には雇用数 500 人を切る 4 地域（山陰、北関東、北陸、東山）の一つとなり、その後北関東は急速に雇用数を増加させたものの、北陸

図 4-2-15　年雇用数地域別序列の変化

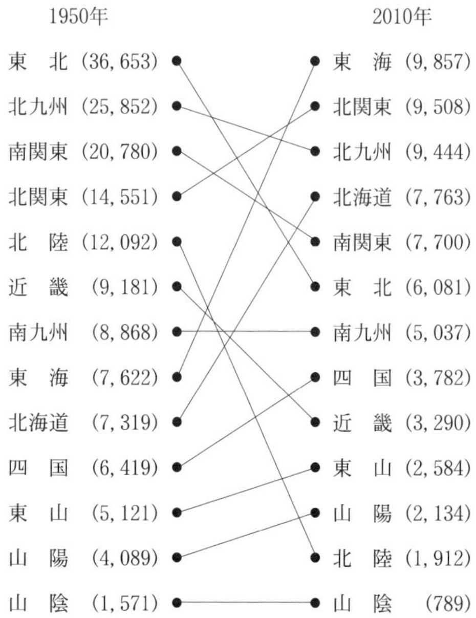

```
       1950年                          2010年
   東　北（36,653）              東　海（9,857）
   北九州（25,852）              北関東（9,508）
   南関東（20,780）              北九州（9,444）
   北関東（14,551）              北海道（7,763）
   北　陸（12,092）              南関東（7,700）
   近　畿（9,181）               東　北（6,081）
   南九州（8,868）               南九州（5,037）
   東　海（7,622）               四　国（3,782）
   北海道（7,319）               近　畿（3,290）
   四　国（6,419）               東　山（2,584）
   東　山（5,121）               山　陽（2,134）
   山　陽（4,089）               北　陸（1,912）
   山　陰（1,571）               山　陰（789）
```

は山陰とならんで増加率が低く、2010年では山陰につぐ常雇雇用数の少ない地域になっている。1950年と2010年で常雇数の地域別序列がどう変わったかを図4-2-15に示しておく。東海パターンの地域としては北関東と北海道を、北陸パターンとしては東北、近畿を挙げていいだろう。

　この常雇雇用の拡大が、どのような農業展開のもとで進んでいるのかを、主要地域について表4-2-22として示した。主要地域として東海、北九州、南関東、北関東、北海道をとり、2005年の経営組織別に常雇雇用状況をみたものである。

　常雇雇用拡大が最も活発だった東海の場合、雇用戸数も雇用人数も花き・花木の単一経営が最も多い。それに続いているのが施設野菜単一経営であり、三番が複合経営となっている。

　南関東・北関東も東海タイプといっていい。南関東の場合花き・花木単一経営が雇用農家数・雇用人数でトップを占め、施設野菜単一経営は雇用戸数は少ないが雇用人数では第2位となっているし、複合経営が雇用農家数で2位、雇用人数で3位になっている。北関東は雇用農家数のトップは複合経営だが、雇

表 4-2-22　主要地域の経営組織別常雇雇用農家数および雇用人数（2005 年）

		東海		北九州		南関東		北関東		北海道	
		戸数(戸)	人数(人)	戸数(戸)	人数(人)	戸数(戸)	人数(人)	戸数(戸)	人数(人)	戸数(戸)	人数(人)
	計	3,038	9,823	2,801	8,446	2,320	7,135	2,455	6,970	2,266	5,749
単一経営	単一経営計	2,572	8,471	2,117	7,286	1,816	5,954	1,797	5,312	1,417	3,643
	稲作	163	338	101	224	96	190	114	239	66	195
	麦類作	-	-	2	4	1	2	-	-	8	24
	雑穀・いも類・豆類	7	9	11	27	11	15	28	105	25	57
	工芸作物	121	329	46	90	21	47	25	71	2	4
	露地野菜	148	373	97	294	307	687	283	684	71	238
	施設野菜	698	2,687	769	2,885	266	1,182	599	1,611	172	409
	果樹類	114	265	168	671	67	130	45	101	23	63
	花き・花木	932	3,306	483	1,603	696	2,583	352	1,334	67	263
	その他作物	74	248	85	462	71	288	51	299	44	177
	酪農	100	231	110	236	120	338	118	369	655	1,198
	肉用牛	46	105	79	253	36	77	45	119	80	199
	養豚	52	121	56	132	55	145	88	187	25	65
	養鶏	104	410	100	385	68	267	48	191	21	131
	養蚕	-	-	-	-	1	3	1	2	-	-
	その他畜産	13	49	10	17	-	-	-	-	158	620
複合経営	複合経営	438	1,299	673	1,628	490	429	655	1,454	823	1,991
	準単一複合経営	321	976	512	1,293	379	853	481	1,086	393	971
	販売なし	28	53	11	32	14	52	3	4	26	125

備考：□太字は最大戸数・人数　■は戸数・人数2位　　は戸数・人数3位

　用人数では施設野菜単一経営がトップを占め、雇用戸数でも2位となっている。北九州は雇用農家・雇用人数ともに施設野菜単一経営がトップであり、複合経営が両者とも2位、雇用人数3位が花き・花木単一経営となっている。

　というように、都府県の場合、花き・花木と施設野菜の単一経営および複合経営に常雇雇用が多いが、北海道は複合経営が雇用戸数、雇用人数ともに首位を占め、ついで酪農単一経営がくるというように、都府県とは大分趣きを異にする。複合経営となっている経営の中には乳牛を飼っている経営もあるだろう。酪農王国の特異性を酪農単一経営の常雇雇用率の高さに見ていいかもしれない。

3) 臨時雇いのゆい・手間替の動き

　臨時雇、ゆい・手間替・手伝いの雇用・利用関係が、1960年から2005年まで地域的にみたときどう変わってきたかを表4-2-23に示す（ゆい・手間替利用農家数は、前に注記したようにここでは1960年は手伝い利用農家数を含まない数字を使っている）。

　農業臨時雇用農家もゆい・手間替え利用農家も1960～95年に急減している。この間の農業機械化の進展（前掲図4-1-8参照）がもたらしたもの、といっていい。特に70年代に入って急速に普及した田植機と自脱コンバインが、春、秋の農繁期に必要とさせた家族外労働力の応援の必要性を急減させた効果が大きい。

　臨時雇雇用農家率は、1960年段階ではどの地域も地域農家の40～50％が雇用していて地域差は余り大きくなかった（最高は山陰の58.5％、最低は東海・近畿

表 4-2-23　臨時雇雇用、ゆい・手間替え利用の地域別変動状況

	農家数計 (千戸)			臨時雇雇用農家数 (千戸)			ゆい・手間替え利用農家数 (千戸)			臨時雇雇用人日数 (10万人日)			ゆい・手間替え利用人日数 (10万日)			地域全農家計に対する臨時雇雇用農家の割合率 (%)		
	1960	1995	2005	1960	1995	2005	1960	1995	2002	1960	1995	2005	1960	1995	2005	1960	1995	2005
全　国	6,056.6	2,651.4	1,963.4	2,820.6	282.6	200.1	1,694.3	341.2	330.7	925.1	182.5	151.2	297.3	64.9	138.8	46.6	10.7	10.2
北海道	233.6	73.6	52.0	113.8	26.1	17.7	58.8	12.2	9.5	32	25.0	18.9	12.0	3.0	4.8	48.7	35.5	34.0
都府県	5,823.0	2,577.8	1,911.4	2,706.8	256.4	182.5	1,635.5	329.0	321.2	892.7	157.5	132.4	285.3	61.8	133.9	46.5	9.9	9.5
東　北	785.9	473.2	370.8	436.8	57.5	29.1	274.3	65.3	66.2	220.5	27.4	25.4	46.4	11.9	23.9	55.6	12.2	7.8
北　陸	449.1	222.9	161.8	240.3	13.2	8.5	164.4	23.4	27.9	57.3	6.8	4.6	21.1	3.4	8.1	53.5	5.9	5.3
北関東	464.7	244.3	179.4	200.2	15.9	13.9	119.0	18.8	22.0	74	11.2	14.2	25.3	3.2	10.0	43.1	6.5	7.7
南関東	473.2	193.3	140.2	204.8	13.9	10.9	84.6	13.5	16.1	65.6	11.4	9.5	15.7	2.9	10.4	43.3	7.2	7.8
東　山	306.4	133.7	97.2	155.8	21.7	15.6	100.5	21.7	20.2	51.1	11.3	10.0	13.1	4.0	7.5	50.8	16.2	16.0
東　海	658.1	256.0	182.3	248.3	22.8	15.2	108.5	21.5	25.1	64.8	19.3	13.3	17.0	4.1	15.1	37.7	18.9	8.3
近　畿	607.0	234.1	175.2	228.9	16.0	13.5	95.0	22.0	25.8	27.9	9.7	8.3	13.1	3.8	10.4	37.7	6.8	7.7
山　陰	165.4	74.0	54.3	96.7	9.1	4.8	58.3	10.3	8.5	25.1	3.2	2.0	8.1	1.4	3.5	58.5	12.3	8.8
山　陽	475.1	178.2	126.1	225.0	10.9	7.4	117.1	32.5	27.3	57.9	4.4	3.2	17.4	5.4	9.8	47.4	6.1	5.9
四　国	391.9	152.1	113.7	152.1	19.0	12.8	96.2	22.7	17.2	46.5	14.0	9.7	15.9	4.7	8.7	38.8	12.5	11.3
北九州	658.3	167.6	203.8	299.7	34.2	26.5	220.4	40.3	38.2	90.2	22.2	19.2	42.4	7.5	15.1	45.8	12.8	13.0
南九州	388.1	124.4	89.6	218.1	16.8	11.8	199.2	28.6	20.1	51.8	13.2	10.5	39.6	6.7	8.9	56.2	13.5	13.2
沖　縄	-	24.0	17.2	-	5.4	2.4	-	8.3	4.5	-	3.4	2.5	-	2.5	2.8	-	22.5	14.0

の 37.7％）。しかし、全国平均で臨時雇雇用農家率が 60 年の 46.6％から 10.7％ になった 95 年の地域別臨時雇雇用農家率は、北海道の 35.5％から最低は 5.9％ の北陸と随分地域差が開く結果をもたらした。その地域差は 2005 年に持ち越 されており、全国平均 10.2％は北海道の 34％から北陸の 5.3％まで開く平均に なっている。

　ゆい・手間替え（手伝いを含む）利用農家も 1960 年以降大幅に減少したが、 臨時雇用農家の減少に較べれば減少の程度は低く、結果として 95 年にはゆい・ 手間替利用農家数が臨時雇用農家数よりも多くなった。臨時雇用農家数は 1960 年は 2,820.6 千戸だったのが 95 年には 90％減の 282.6 千戸になってしまっ たのに対し、ゆい・手間替え利用農家数は 80％減にとどまり 60 年の 1,694.3 千 戸が 90 年 341.2 千戸となったからである。臨時雇用農家数よりもゆい・手間 替え利用農家数の方が多くなったというのは、北海道と南関東、東山を除く各 地域に共通している。95 年～2005 年も臨時雇雇用農家の減少率はゆい・手間

地域農家計に対する ゆい・手間替え利用 農家の割合（％）			臨時雇雇用の状況							ゆい・手間替え利用農家						
			雇用農家1戸当たり 人数（人日）			増減率（％）				利用農家1戸当たり 利用人数（人日）			増減率（％）			
						雇用戸数		人数					農家数		人数	
1960	1995	2005	1960	1995	2005	60~95	95~05	60~95	95~05	1960	1995	2005	60~95	95~05	60~95	95~05
28.0	12.9	16.8	32.8	64.6	75.6	△90.0	△29.2	△80.3	△17.2	17.6	19.0	42.0	△79.9	△3.1	△78.2	113.9
25.2	16.6	18.3	28.4	99.7	106.7	△77.1	△32.2	△22.8	△24.4	10.0	24.9	51.0	△79.3	△22.5	△75.0	60.0
28.1	12.8	16.8	31.5	61.4	72.5	△90.5	△28.8	△82.4	△15.9	17.4	18.8	41.7	△79.9	△2.4	△78.3	116.6
34.9	13.8	17.9	50.5	47.6	65.1	△86.8	△49.4	△87.6	△7.3	17.2	18.2	36.0	△76.2	1.4	△74.3	100.8
36.6	10.5	14.5	23.9	51.3	53.6	△94.5	△35.6	△88.1	△32.4	13.2	14.7	29.0	△85.8	19.1	△83.7	138.2
25.6	7.7	12.3	39.4	70.5	102.2	△92.1	△12.6	△85.0	△26.8	21.1	17.1	45.4	△84.2	17.0	△87.3	212.5
17.9	7.0	11.5	32.1	82.1	87.3	△93.2	△21.6	△82.6	△16.7	19.6	21.6	61.4	△84.0	19.2	△81.4	258.6
32.8	16.2	20.8	33.0	52.3	64.3	△86.1	△28.1	△77.9	△11.5	13.1	18.5	37.2	△78.4	△6.6	△69.4	87.5
16.5	8.4	13.8	26.1	84.6	87.4	△90.8	△33.3	△70.2	△31.1	15.5	19.3	59.7	△80.2	17.0	△75.7	268.3
15.7	9.4	14.7	20.9	60.9	61.3	△93.0	△15.6	△79.7	△14.4	13.1	17.4	40.3	△76.8	17.1	△70.8	173.7
35.2	13.9	15.7	26.0	29.7	42.3	△90.6	△47.3	△87.3	△37.5	13.5	13.9	40.6	△82.3	△17.5	△82.3	150.0
24.6	18.2	21.6	25.7	40.5	42.8	△95.2	△32.1	△92.4	△31.8	14.5	16.6	35.9	△72.2	△16.1	△72.2	81.5
24.5	14.9	15.1	30.6	73.6	75.6	△87.5	△32.6	△69.9	△30.7	15.9	20.9	45.0	△76.4	△15.3	△70.2	85.4
33.5	15.1	18.7	30.1	64.5	72.5	△88.6	△22.5	△75.4	△13.5	19.3	18.7	39.5	△81.7	△5.2	△82.2	101.3
51.3	23.0	22.4	23.8	78.9	89.0	△92.3	△29.8	△74.5	△20.5	19.8	23.5	44.1	△85.5	△27.7	△83.0	32.8
−	34.6	26.2	−	63.3	102.8	−	△55.6	−	△26.5	−	30.5	61.5	−	45.7	−	12.0

替え利用農家の減少率よりも高く（全国で29.2％と3.1％）、臨時雇雇用農家数＜ゆい・手間替え利用農家数はその程度を更に大きくし、ゆい・手間替え利用農家の方が少ないという地域は北海道だけになってしまった。図4-2-16、図4-2-17にその変化は明瞭に示されているとしていいだろう。地域農家の非家族労働力利用農家率という視点ではゆい・手間替え時代になりつつある、と見ることもできる。

が、ゆい・手間替等利用人数と臨時雇雇用人数とを各地域で較べてみると、そうは簡単には言えない。図4-2-18を見られたい。

図4-2-18は、2005年の各地域全体のゆい・手間替え利用日数と臨時雇雇用日数の相関を見たものだが、ゆい手間替え等利用日数の方が多い地域と臨時雇雇用日数の方が多い地域に丁度6地域ずつに分かれていることに注意されたい。それも東日本と西日本といった分かれ方ではなく、例えば関東地方など北関東は臨時雇雇用数の方が多いのに南関東はゆい・手間替え利用数の方が多いというように分かれている。

臨時雇雇用人数が多い地域の代表として北関東をとり、ゆい・手間替え等利用農家の方が多い地域の代表として山陽をとって、両地域の農業臨時雇雇用農家率とゆい手間替え等利用家率が耕地規模階層別にどうなっているかを見たのが図4-2-19である。

両地域とも耕地規模の小さい層（北関東では3ha以下、山陽では5ha以下）でゆい・手間替利用農家率の方が臨時雇雇用農家率よりも高くなっている。2005年で北関東で3ha以下の農家は地域農家の89.7％、山陽で5ha以下の農家は97.5％を占める。両地域とも農家のほとんどでゆい手間替え利用農家の割合が臨時雇雇用農家割合を越えており、その越え方の程度が圧倒的に山陽が高いということが、ゆい・手間替利用率の両地域のちがいを作ったとしていい。北関東は3haを超え、山陽は5haを超える耕地規模の大きい層の臨時雇雇用農家率、ゆい・手間替え等利用農家率の両地域の動きには、余り差がないといっていい。臨時雇雇用農家率は境界階層を超えると急上昇してゆくが、その上り方は同じだといっていいし、ゆい手間替え等利用農家率も25～30ha層までは動き方はかなり似ている。

山陽の30ha以上層、北関東の100ha以上層はその階層に属する農家が2～3戸に過ぎず、これらの階層を特徴を代表する動きと言えるか疑問だが、両地域

図 4-2-16　臨時雇雇用農家率とゆい手間替利用農家率の相関（1960 年）

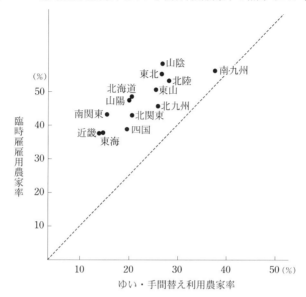

図 4-2-17　臨時雇雇用農家率とゆい手間替利用農家率の相関（2005 年）

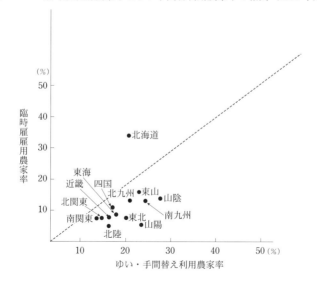

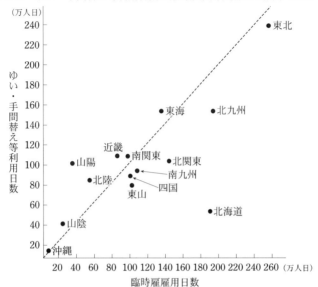

図 4-2-18 ゆい・手間替え等利用日数と臨時雇雇用日数との相関（2005 年）

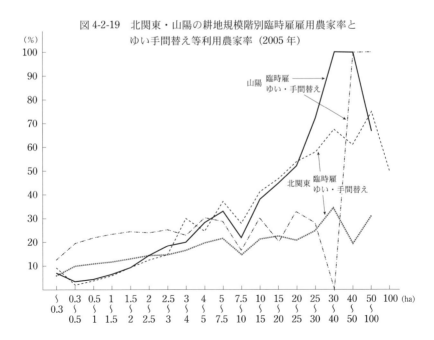

図 4-2-19 北関東・山陽の耕地規模階別臨時雇雇用農家率と
ゆい手間替え等利用農家率（2005 年）

とも最大耕地規模階層でもゆい・手間替え利用農家がいることに注目しておくべきだろう。

補

　"ゆい・手間替え等"とした利用労働の内容に、かつては別に、調査していた"手伝い"を含むことは前述した。その手伝いの中には"農業研修生を受け入れ、農作業に従事してもらった場合"が含まれている。"ただし、賃金相当額の現金や物品等を支払った場合は、その期間によって「農業年雇」あるいは、「農業臨時雇」に区分している"（引用は農林統計協会刊「農林水産統計用語事典」）ことになっており、外国人技能実習生の場合、契約期間が3年ということになっているし、賃金支払い等の雇用契約を最初から結んでいるので、センサス上では当然常雇として扱われることになる。図4-2-19で10ha以上の臨時雇雇用農家率が急増していること、あるいは表4-2-21で2000年の常雇雇用人数および雇用農家率が5ha以上で急増していることに、これらの研修生の雇用扱いがどう関係しているか、実態を究明すべき論点となろう。特に外国人技能研修生は2014年で約2.4万人が農業労働に従事していると推定されている（全国農業会議所『農業分野における「外国人技能実習生」適正受入研修資料』による）。農業常雇、臨時雇、ゆい・手間替えの実態について、センサスなどでのより明確な把握が望まれるところだ。

　こうした雇用関係の変化に私が気がつき、注目するようになったのは1990年頃からである。そのとき農政調査委員会発行の「みどりのサイクル」に寄せた拙文を再録しておく。

　"東京の江戸川区や世田谷区に、施設野菜や花などで高所得をあげている農家が点在しているが、そこをお訪ねすると、たいてい2〜3人の中年のご婦人が働いているのに会う。近くの団地の奥さん方が、パートできているのである。ほとんど毎日のようにくる人もいる。スーパーのパートより、土いじりの方が気持ちがいい"という奥さん方に再三ならずお目にかかった。

　雇用依存の高所得経営が、ほうぼうで形成されているらしい。そして、そこで雇われている人たちはどうもかつての農業雇用労働者とはちがったところから供給されているらしい、ということが、こういう事例を見聞き

するにつけ気になっていたのだが、このほど明らかになった90年センサスの数字をみて、本腰を入れての調査が必要になったという感を深くした。

1985年センサスのときから増え初めていた農業年雇は、90年センサスでも依然増加していることが示された。80年1万5,363人、85年1万7,132人、そして90年1万9,383人。50年センサスによるとこの時点では16万118人の農業"常雇"がいた、それにくらべれば、むろんまだ問題にならぬ数ともみることができる。が、80年まで一貫して減少（60年以降が急減だが）していたのが、増加に転じたのである。注目していいのではないか。

農業臨時雇は全体としては減少している。延人数で1981年2,151万人、85年1,851万人、90年1,628万人だが、このうち農業臨時雇を年間延300人以上雇ったという農家数は、これまた80年以降増えている。80年6,983戸、85年7,438戸、90年8,269戸。

延300人以上というその雇用量は、年雇2人に相当しよう。なお、年雇雇用農家1戸当たり年雇雇用人数は、90年2.35人になる。雇用農家の平均値がこの程度だということから、延300人以上雇用農家や、年雇雇用農家のなかには、家族労働力を上回る雇用依存経営がかなりあると考えてよさそうである。

こういう年雇雇用農家や、300人以上臨時雇雇用農家は、経営組織別にいうと準単一複合経営農家と施設園芸になっている（両者で年雇雇用農家の45.4％、300人以上の臨時雇雇用農家の44.3％を占める）。年雇というと、かつては東北、北陸が頭に浮かんだものだが、年雇雇用農家や臨時雇大量雇用農家は東海と山陽、北九州で、300人以上臨時雇雇用農家の増加は南関東、北九州、東海で著しい。年雇地帯も様変わりしつつあるわけだ。様変わりしているのは地帯ばかりでなく、労働者の性格も、であろう。"年雇"という呼称をつづけていいのかも気になる。

「あらかじめ7ヶ月以上の期間を定めて雇った人」という農業年雇の定義のもとで、たとえば研修生で、賃金をもらい、7ヶ月以上そこで農作業をするということだと農業年雇として把握されることになっている。今度のセンサスでも、そういうことで農業年雇とされた外国人もいるかもしれない。

外国人労働者問題が論議されている昨今でもある。商業的農業地帯での

富農経営を支えている農業労働者の性格や、その給源を把握する統計づくりを考えていいのではないか（農政調査委員会「みどりのサイクル」1991 年 10 月 30 日号）。

注： 1）この数字は、加用信文監修「日本農業基礎統計」にあった数字だが、刊行時、昭和 15 年国勢調査の数字が未発表だったので、J.B.コーヘン「戦時戦後の日本経済」からとったことが注記されていた。1977 年刊の「基礎統計」改訂版には内閣統計局「昭和 15 年国勢調査統計原表」からとった数字が採用されているが、昭和 15 年のその年齢区分が～19 歳、20～59 歳、60 歳～、となっているため、比較できない。
2）茶園についてふれなかったが、茶園も戦後増えており、1950 年 20 千 ha だったのが 1985 年には 43 千 ha になっている。以後停滞するが、1990 年 41 千 ha を示し、この年桑園面積 36 千 ha を上回る。

補論　果樹農業における構造変動と担い手

1　国際化時代における果実需給構造[1]の変動

1）果実輸入の拡大と自給率の低下

　国際化時代の果樹農業構造の変動をみていく前に、まず1985年以降に果樹農業をめぐる状況がどのように変化してきたかを確認しておきたい。

　1985年以降の果樹農業をめぐる状況で、まず指摘できるのは果実の輸入急増と自給率の低下である。図4-補-1に果実の輸入量と自給率の推移を示したが、果実輸入量は1970年代初頭以降80年代初頭までは150万トン前後の水準で安定して推移してきた。それが80年代中頃から増加し始め、1990年前後には急

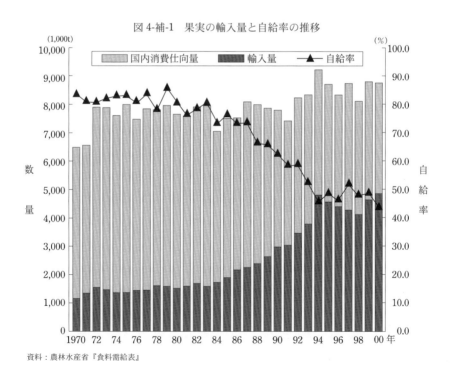

図4-補-1　果実の輸入量と自給率の推移

資料：農林水産省『食料需給表』

増した。1994年には479万トンに達し、1985年以降の10年間でほぼ2.5倍に増加した。

　輸入量が増加したため、果実自給率も大きく低下した。果実自給率は、1980年前半までは80％前後の水準で安定していたが、80年代後半から90年代前半にかけて急激に低下し、1994年には50％を割り込んだ。その後も1997年を除いて50％には達していない。80年代前半まではわが国の果実供給の大部分は国内からの供給によって担われており、自給部門として位置づけることができた。しかし80年代後半以降の輸入拡大により90年代中期には果実供給の主役は数量でみれば輸入に奪われ、輸入依存部門という性格をもつようになってきたのである。まさに国際化の進展を象徴する変化である。

　1994年以降は果実輸入量の急増は止まり、1998年まではわずかながら輸入量は減少したが、その後は増加に転じている。自給率も50％前後の水準で推移している。90年代後半の果実需給は、果実供給の半分を輸入果実が占めるという輸入依存型の構造で不安定な動きを示している。

　果実の輸入形態をみるため、果実および果実加工品の輸入量の変化を表4-補-1に示したが、1980年代後半以降の増加は生鮮果実よりも果実加工品で大きかったことがわかる。絶対量でみれば2000年においても依然生鮮果実が大きく、金額ベースでは生鮮果実が果実輸入の62.5％を占めている。しかし増加率では、生鮮果実は1985～2000年の増加率が53.0％に過ぎなかったが、果汁では6.1倍、その他の調整品では4.0倍と大

表4-補-1　果実及び果実加工品の輸入量の推移

(100t、果汁のみ100kℓ)

	果実		果実加工品	
	生鮮	乾燥	果汁	その他の調整品
1985年	12,047	969	351	1,376
1986年	14,049	1,125	299	1,940
1987年	14,816	1,073	332	2,144
1988年	14,809	1,257	398	2,786
1989年	15,313	1,241	670	2,899
1990年	14,048	1,197	1,109	2,795
1991年	14,715	1,259	1,160	3,225
1992年	15,312	1,307	1,302	3,570
1993年	16,431	1,356	1,490	3,661
1994年	17,476	1,303	2,204	4,633
1995年	16,758	1,396	2,333	5,204
1996年	15,611	1,348	2,181	4,656
1997年	16,440	1,339	1,943	4,360
1998年	15,544	1,284	1,802	4,388
1999年	16,599	1,429	2,121	5,159
2000年	18,428	1,369	2,146	5,489

資料：農林水産省『農林水産物輸入実績（品別）』
　　（原資料：大蔵省『貿易統計』）

幅な増加となっており、果実加工品の増加率がきわめて高い。

同じ園芸部門でも野菜では、従来輸入の少なかった生産・冷凍野菜を中心として1990年代に輸入が急増したが[2]、果実では生鮮果実よりもむしろその加工品で輸入は急増した。果実は野菜と同じように輸入が急増したが、輸入形態には大きな違いがみられる。そのため、野菜では生食用野菜の市場で輸入野菜と国産野菜が直接競合し、国内産地に深刻な影響を及ぼしているが[3]、果実ではやや違った影響の現れ方がみられる。

果実の場合は生鮮果実よりも果実加工品の輸入増加が急であったため、その影響は生鮮果実市場以上に果実加工品市場で深刻であった。果汁については、図4-補-2に果汁生産量の推移を示したが、1990年代に入り果汁生産量は大きく落ち込んでいる。特に生産量が最も大きいミカン果汁では、安価なオレンジ果汁の輸入急増の影響を被り、生産が大きく減少している。ミカン果汁の生産量は1980～85年の平均では4万1,000トンであったのが1994～98年の平均では1万1,000トンとなっており、ほぼ4分の1に減少している。オレンジ果汁の輸入急増はミカン果汁生産に壊滅的な打撃を与えた。

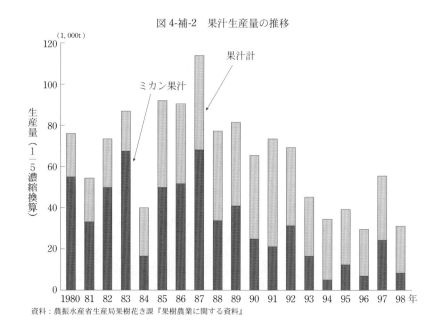

図4-補-2　果汁生産量の推移

資料：農林水産省生産局果樹花き課『果樹農業に関する資料』

果汁を始めとする加工品部門が大きく縮小したため、図4-補-3に示すようにミカンの仕向量中の加工の比重は大きく低下した。1980年代後半では2〜3割程度は加工用に仕向けられ、生食用に仕向けられるのは7割ほどであったが、90年代後半には加工用に仕向けられるのは1割程度にまで減少し、ほぼ9割は生食用に仕向けられるようになった。従来ミカンにおける果汁生産は生食用市場での需給調整の機能を担っており、生産量が増加した年には果汁に仕向ける量を増やし、生食用市場への出回り量を押さえてきた。それが90年代に入ると果汁生産は大幅に縮小し、生食用市場の需給調整を果汁生産に期待することは難しくなってきた[4]。

生鮮果実の輸入動向についても簡単に触れておく。表4-補-2に生鮮果実輸入の推移を品目別に示した。生鮮果実の輸入は1970年頃まではバナナが大部分を占めていたが、70年代にグレープフルーツの輸入自由化等を背景として柑橘類の輸入が増加し、バナナと柑橘類が生鮮果実輸入の二つの主要な柱となってきた[5]。1985年以降の変化をみると、70年代後半以降輸入量が減少したバナナは、1985年以降は増加に転じ、生鮮果実輸入に占める比率も50％以上を維持

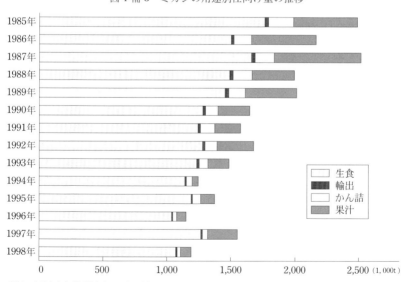

図4-補-3　ミカンの用途別仕向け量の推移

資料：農林水産省『果樹農業に関する資料』

表 4-補-2　生鮮果実輸入量の推移

(1,000t)

	バナナ	パインアップル	レモンライム	オレンジ	グレープフルーツ	キウイ	その他	合計
1970 年	844	35	54	4	2	—	16	955
1975 年	894	54	64	22	147	—	27	1,208
1980 年	726	105	101	71	135	—	45	1,183
1985 年	680	129	114	112	121	28	46	1,230
1986 年	765	145	126	117	182	35	62	1,432
1987 年	775	145	128	123	205	54	83	1,513
1988 年	760	138	119	115	235	57	86	1,510
1989 年	774	135	112	128	275	50	88	1,562
1990 年	758	128	104	145	157	59	83	1,434
1991 年	803	138	89	82	261	43	83	1,499
1992 年	777	127	93	177	245	52	94	1,565
1993 年	913	121	89	165	237	47	104	1,676
1994 年	929	114	90	190	285	46	122	1,776
1995 年	874	108	95	180	278	42	130	1,707
1996 年	819	97	94	154	270	47	113	1,594
1997 年	885	96	89	171	284	40	111	1,676
1998 年	865	85	86	150	230	43	119	1,578
1999 年	983	90	85	90	262	41	142	1,693
2000 年	1,079	100	92	136	272	42	156	1,877

資料：農林水産省『果実生産出荷統計』(原資料：大蔵省『貿易統計』)

し続けている。一方、柑橘類に関しては、オレンジの輸入が自由化され、それが果樹農業における国際化の象徴的な出来事となっていたが、輸入量は大幅な増加とはなっていない。オレンジの輸入増加率は 1985～97 年で 53.4％であり、柑橘類全体でも同じ期間の輸入増加率は 58.9％である。これは他の品目より高いが、飛び抜けた高い数値とは言えない。むしろこの時期の生鮮果実輸入の特徴は、植物防疫上から実質的に輸入が禁止されていたリンゴでも輸入が解禁され、わずかながらも輸入されているように、あらゆる品目で輸入が増加したことである。そのため、程度の差こそあれ全ての果実品目が国際競争にさらされるようになったのである。

2) 果実生産の縮小

果実自給率の低下は、果実輸入の増加とともに国内の果実生産の縮小の結果である。1985年以降果実輸入が増加する一方で国内の果実生産は大幅に縮小した。

わが国の果実生産は1970年代初頭がピークであり、その後は一貫して縮小の過程を辿ってきた。表4-補-3に主要果実の栽培面積の変化を、表4-補-4に収穫量の変化を示した。1985年以降の特徴としてまず指摘できるのは、ほぼすべての品目で生産が縮小していることである。70年代以降に果実生産が一貫して縮小してきたのは、主に生産が最も大きいミカンが大幅に減少したことによる。他の品目では時期によっては増加しているものもある。1980~85年についても表示した品目の中でその他柑橘類、リンゴ、ウメ、カキでは栽培面積、収穫量

表4-補-3 主要果実の栽培面積の変化

(単位：100ha、％)

		果実全体	ミカン	その他柑橘類	リンゴ	ブドウ	日本ナシ	モモ	ウメ	カキ	クリ
実数	1980年	4,080	1,396	453	512	303	199	165	159	294	441
	1985年	3,873	1,125	499	544	284	205	153	168	298	422
	1990年	3,463	808	428	539	263	203	139	187	295	376
	1995年	3,149	705	372	506	240	191	121	193	278	321
	2000年	2,862	617	331	468	215	177	116	190	261	278
構成比	1980年	100.0	34.2	11.1	12.5	7.4	4.9	4.0	3.9	7.2	10.8
	1985年	100.0	29.0	12.9	14.0	7.3	5.3	4.0	4.3	7.7	10.9
	1990年	100.0	23.3	12.4	15.6	7.6	5.9	4.0	5.4	8.5	10.9
	1995年	100.0	22.4	11.8	16.1	7.6	6.1	3.8	6.1	8.8	10.2
	2000年	100.0	21.6	11.6	16.4	7.5	6.2	4.1	6.6	9.1	9.7
指数	1980年	105	124	91	94	107	97	108	95	99	105
	1985年	100	100	100	100	100	100	100	100	100	100
	1990年	89	72	86	99	93	99	91	111	99	89
	1995年	81	63	75	93	85	93	79	115	93	76
	2000年	74	55	66	86	76	86	76	113	88	66

資料：農林水産省『耕地及び作付面積統計』
注：1）表示した品目は、栽培面積が1万ha以上の品目である。
　　2）構成比は、果実全体の栽培面積に対する割合である。
　　3）指数は、1985年＝100とした指数表示である。

ともに増加しており、日本ナシでは栽培面積が増加している。それが1985年以降になると、収穫量では作況変動等の影響でわずかながら増加しているものもあるが、栽培面積では増加しているのはウメのみであり、他の品目は全て一貫して減少している。ウメでさえも栽培面積は1995～2000年には減少に転じ、この時期には表示した品目全てで減少している。果実生産は全面的な縮小過程となったことが1985年以降の大きな特徴として指摘できる。

第2の特徴として指摘できるのは、生産の縮小がそれまで以上に大きくなったことである。栽培面積でみると、1985年以降各5年間でほぼ1割減少し、1985～2000年で26.1%減少している。収穫量でも時期ごとの減少率は異なるが、1985～2000年で28.6%減少している。減少率が大きくなった要因としては、すでに記したようにほぼ全ての品目で縮小となったことがまず上げられる。

また、ミカンを始めとする柑橘類における園地転換事業により政策的に果樹

表4-補-4　主要果実の収穫量の変化

(単位：1,000t、%)

		果実全体	ミカン	その他柑橘類	リンゴ	ブドウ	日本ナシ	モモ	ウメ	カキ	クリ
実数	1980年	6,206	3,110	649	886	328	490	253	58	263	57
	1985年	5,381	2,221	715	903	308	471	213	82	293	52
	1990年	4,696	1,749	554	953	274	432	185	86	267	35
	1995年	3,978	1,259	406	950	246	393	169	112	266	32
	1999年	3,844	1,261	374	869	238	388	163	112	275	28
構成比	1980年	100.0	50.1	10.5	14.3	5.3	7.9	4.1	0.9	4.2	0.9
	1985年	100.0	41.3	13.3	16.8	5.7	8.7	4.0	1.5	5.4	1.0
	1990年	100.0	37.2	11.8	20.3	5.8	9.2	3.9	1.8	5.7	0.8
	1995年	100.0	31.7	10.2	23.9	6.2	9.9	4.2	2.8	6.7	0.8
	1999年	100.0	32.8	9.7	22.6	6.2	10.1	4.2	2.9	7.2	0.7
指数	1980年	115	140	91	98	107	104	119	71	90	110
	1985年	100	100	100	100	100	100	100	100	100	100
	1990年	87	79	77	106	89	92	87	104	91	68
	1995年	74	57	57	105	80	83	79	136	91	62
	1999年	71	57	52	96	77	83	77	136	94	53

資料：農林水産省『果樹生産出荷統計』
注：1) 表示した品目は、栽培面積が1万ha以上の品目である。
　　2) 各年次とも前後3カ月の平均値である。
　　3) 構成比は、果実全体の収穫量に対する割合である。
　　4) 指数は、1985年＝100とした指数表示である。

園の整理が進められたことも大きい要因となっている。表4-補-5にこれまでの柑橘園転換事業の実績を示したが、ミカン園の転換事業は1979年以降1990年まで事業名を変えながら継続して行われてきた。その中で1988～90年はオレンジ輸入自由化対策の一環として大がかりに実施された。1988年には1万3,035haが転換し、単年度では最も大きい面積が転換した。3年間の合計でも1万7,841haが転換している。転換面積だけみれば1979～83年の方が大きいが、転換の内容をみると大きな違いがある。初期の転換事業では転換先として果樹、特に中晩かん類が大きな比重を占めており、果樹部門内での品目転換という性格が強かった[6]。1979～83年では転換面積の53.6%は他の果樹に転換している。

表4-補-5 柑橘園転換事業の実績

(ha)

| | | | ミカン | | | | 中晩カン類 | | | |
| | 目標面積 | 転換面積 | 転換作物の内訳 | | | | 転換実績 | 転換先作物の内訳 | | |
			果樹	うち中晩かん類	他作物	その他		果樹	他作物	その他
1979年	7,000	7,178	4,078	3,411	1,098	2,001				
1980年	7,000	7,749	5,048	4,534	1,040	1,660				
1981年	7,000	6,696	3,215	2,186	1,556	1,924				
1982年	7,000	4,900	2,229	1,216	1,189	1,482				
1983年	1,600	3,232	1,368	734	628	1,236				
小計	29,600	29,755	15,938	12,081	5,511	8,303				
1984年	3,333	2,890	1,121	473	667	1,103				
1985年	3,299	2,828	985	421	447	1,396				
1986年	3,299	2,532	809	362	383	1,340				
小計	9,931	8,250	2,915	1,256	1,497	3,839				
1987年	1,932	2,617	810	461	368	1,439				
小計	1,932	2,617	810	461	368	1,439				
1988年	7,334	13,035	1,615		1,196	10,224	2,495	1,287	472	1,187
1989年	7,333	3,735	638		335	2,762	995	519	114	362
1990年	7,333	1,071	224		72	775	787	424	93	270
小計	22,000	17,841	2,477		1,603	11,774	4,727	2,230	679	1,819
1995年		643	323		161	159	149	85	39	25
1996年		476	242		126	108	112	63	25	24
1997年		431	222		82	127	101	60	21	20
小計	5,000	1,550	787		369	395	362	208	85	69

資料:農林水産省『果樹農業に関する資料』

ところが1988～90年では転換先の77.1％がその他であり、他の果樹に転換したのはわずか13.9％である。転換先のその他の多くは植林であり、ミカン園の転換はそのほとんどが廃園化を意味していた。しかも1988年以降はミカンのみでなく中晩かん類も園地転換の対象となっている。1985年以降になると、ほぼ全ての果実品目で生産は縮小しており、ミカン園から転換するにしても、もはや他の果実品目への転換は難しくなってきたのである。

このように1985年以降、果実生産はほぼ全面的な縮小過程にあった。その背景には低価格の輸入果実の増加があることは否定することはできないであろう。しかし、果実生産は70年代前半以降、一貫して縮小しており、果実消費の低迷、生産基盤整備の遅れや担い手の高齢化等が背景にあることも見逃すことはできない。これらの問題を抱えた状況で果実輸入が増加したことにより、果実生産の縮小に拍車がかかったと言える。

3) 果実価格の変化

低価格の輸入増加と国内生産の縮小という供給構造の変化からは、果実価格の低下が推測される。しかし、実際の1985年以降の果実価格の変化は必ずしもそのようには動いていない。図4-補-4に果実卸売価格の推移を示した。80年代中頃までは果実全体でみれば卸売価格は横ばい状態であった。ところが80年中頃から90年代中頃にかけて卸売価格は上昇した。1984～96年では62.2％上昇している。特に1990年前後の上昇率は大きく、1989～92年の3年間で26.1％も上昇している。しかも国産果実と輸入果実では対照的な動きを示している。国産果実だけをとれば、1984～96年の価格上昇率は74.4％となる。国産果実の価格上昇はほぼ全ての品目に共通する変化であるが、その中でも70年代初頭以降供給過剰による価格低迷に苦しんできたミカンで価格上昇は顕著である。80年代後半は価格は停滞しているが、80年代末から価格は急上昇し、1988～95年で91.2％も上昇している。一方、輸入果実は80年代末からは価格は横ばい状態であり、90年代前半には低下しており、1984～96年で9.6％低下している。そのために国産果実と輸入果実との価格差は拡大している。国産果実価格を100とした輸入果実の価格比は、1984年には88.6であったが、1996には43.3と2倍以上の価格差が生じている。このように果実輸入の増加は、輸入果実では価格低下につながっているが、国産果実の価格低下をもたらすもの

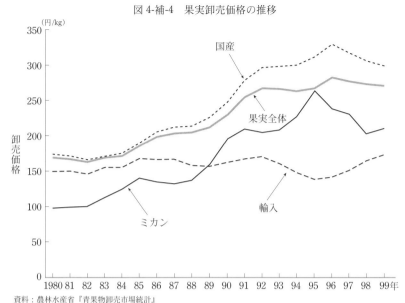

図4-補-4 果実卸売価格の推移

資料：農林水産省『青果物卸売市場統計』
注：1）国内卸売物価指数（1995年＝100）で実質化している。
　　2）前後3カ年の移動平均をとっている。

とはなっていない。

　この時期に国産果実の価格が上昇した要因として、まず挙げられるのは果実消費の高級化とそれに対応した高品質果実生産の展開である。果実価格が上昇した1980年代末から90年代初頭の時期は、わが国がバブル経済の絶頂期であり、高級品需要が高まった時期である。果実においても、価格の高い高級なものが求められ、それに対応して果樹産地では施設化や高級品種の導入、高畝栽培やマルチ栽培等による高糖度果実の生産が展開した。高級品需要に対応した品質向上が価格上昇につながった要因と考えられる[7]。

　第2の要因としては劣等産地の後退が上げられる。果実生産は大きく減少したが、後述するように特に規模の小さい劣等産地で生産の減少は大きかった[8]。劣等産地の果実は当然、価格面でも劣っているが、その部分の減少が大きかったため、結果として平均価格は押し上げられたと考えられる。

　第3の要因として生産の減少は、意図したものであるかどうかに拘わらず、結果としては生産調整の役割を果たしたと考えられる。輸入果実が増加しても、

品目や品質面を考えれば、それが完全に国産果実と代替するとは言えない。果実需要のある程度の部分については、国内生産の減少が供給の減少となり、需給バランスの変化から価格が引き上げられたことも否定できないであろう。

いずれにしても生食用果実に関しては、果実輸入の増加が国産果実の価格低下にはつながっていない。加工品市場では輸入果実に圧倒されたが、生食用果実市場では、低価格の大衆向け果実では輸入果実に大きく浸食されながらも、高級果実では国産果実が健闘していた。輸入果実＝大衆品、国産果実＝高級品というような棲み分けが形成されることで、生産量は減少しながらも価格は上昇させ、国産果実の存立基盤が維持されてきたと言える。

しかし果実価格は1996年がピークであり、その後は低下に転じている。果実全体では、1996～99年で4.3％低下している。価格低下は国産果実で起きており、国産果実価格の低下率は9.2％と大きい。一方、輸入果実価格は1995年を境にして上昇に転じており、1996～99年で21.3％も上昇している。果実価格が全体として低下に転じた背景には、時期的にずれがあるが、バブル経済の崩壊とその後の消費不況があると考えられる。

4）果実流通の変化

国際化時代には、果実の流通でも変化が現れている。図4-補-5に果実の卸売市場入荷量と卸売市場経由率の変化を示したが、卸売市場入荷量は1980年代末から減少傾向にある。1987～2001年で204万トン、26.2％も減少している。この卸売市場入荷量の減少は、図にも示したように卸売市場経由率の低下、すなわち市場外流通の拡大が大きな要因となっている。卸売市場経由率は1980年代中頃までは横ばいであり、1985年前後にはむしろ若干高まっている。それが1987年以降急激に低下し、94年までで27.2％も低下している。この時期の卸売市場入荷量の減少は、卸売市場経由率の低下によってもたらされたものである。卸売市場経由率は、1994年以降は60％強の水準で再び横ばい状態で推移している。この時期にも卸売市場入荷量は減少しているが、それは後述するように果実需要、特に生鮮果実需要の低迷が影響していると考えられる。

卸売市場流通は取扱数量が減少したのみでなく、その内実が変化していることも見逃すことはできない。すでに指摘されているように卸売市場流通の中でセリ取引の比率は大きく低下しており、相対型の取引が取引の中心となってき

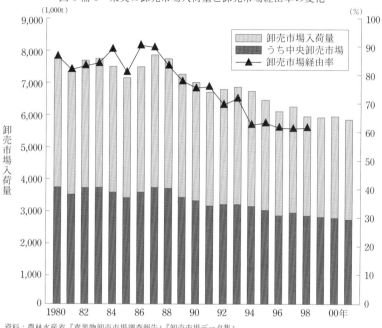

図4-補-5 果実の卸売市場入荷量と卸売市場経由率の変化

資料：農林水産省『青果物卸売市場調査報告』『卸売市場データ集』

た。そして形式上は卸売市場流通でも実態は産地と小売店が直接結びついた市場外流通に限りなく近いものも現れている。卸売市場経由率は低下したとはいえ、60％を維持しているが、果実流通の実態はそれまでの卸売市場流通とは大きく様変わりしている[9]。

卸売市場経由率が低下した要因としては、第1に輸入果実の増加が上げられる。輸入果実は国産果実と較べて卸売市場経由率は低いとみられ[10]、その部分が増加することで果実流通全体の卸売市場経由率も押し下げている。

第2には量販店等が特定の産地の果実を安定して確保するため、仲卸業者等が介入する場合も含めて、産地との直接取引を指向していることがある[11]。これは卸売市場経由率の低下とともに卸売市場流通の変質化にとっても大きな要因となっている。

第3に直売所や宅配、さらに観光果樹園による生産者から消費者への直接販売が増加したことがある。2000年センサスでは、農業生産関連事業として「店

や消費者に直接販売」(以下、直売という)、「観光農園」を行っている農家数を調査している。表4-補-6に果樹農家についてその結果を示した。直売を行っている農家は 32,257 戸で 8.0％に達しており、観光農園を行っている農家は 6,069 戸で 1.5％である[12]。農家数は必ずしも多くないが、その数は増加傾向にあるとみられる。また果樹園規模別にみると規模が大きくなるほど、直売、観光農園ともに比率が高くなっている。直売では、1.0ha 以上では 10％を超え、最上層の 2.0ha 以上層では 16.4％に達している。観光農園でも 2.0ha 以上層は 4.5％で全体平均の3倍となっている。直売、観光農園は経営規模の大きい果樹農家で新たな経営戦略として導入が進んでいるとみられる。直売や観光農園は農家数ではまだ多くはないが、規模の大きい農家で導入が進んでいるという点で、

表 4-補-6 直接販売、観光農園を行っている農家数

(戸、％)

		店や消費者に直接販売			観光農園		
		実数	構成比①	構成比②	実数	構成比①	構成比②
全　　国		32,257	8.0	100.0	6,069	1.5	100.0
果樹園規模別	～0.1ha	3,488	5.2	10.8	134	0.2	2.2
	0.1～0.3ha	7,705	6.2	23.9	836	0.7	13.8
	0.3～0.5ha	5,270	7.2	16.3	943	1.3	15.5
	0.5～1.0ha	7,139	9.1	22.1	1,797	2.3	29.6
	1.0～1.5ha	3,888	12.8	12.1	1,098	3.6	18.1
	1.5～2.0ha	2,197	15.5	6.8	550	3.9	9.1
	2.0ha～	2,570	16.4	8.0	711	4.5	11.7
地域別	北海道	263	15.8	0.8	172	10.4	2.8
	東北	6,051	9.1	18.8	593	0.9	9.8
	関東	7,654	17.1	23.7	1,741	3.9	28.7
	東山	4,109	8.5	12.7	1,243	2.6	20.5
	北陸	969	8.5	3.0	163	1.4	2.7
	東海	3,070	7.7	9.5	332	0.8	5.5
	近畿	2,186	5.8	6.8	556	1.5	9.2
	中国	2,039	5.3	6.3	442	1.2	7.3
	四国	1,916	4.0	5.9	173	0.4	2.9
	九州	3,767	5.8	11.7	635	1.0	10.5
	沖縄県	233	11.4	0.7	19	0.9	0.3

資料：農林水産省『2000年農業センサス』
　注：構成比①は、各区分の総農家に対する割合、構成比②は各項目の全国合計に対する割合である。

果樹農業では農家数以上の重要性を持っている。

　直売、観光農園は地域間の違いも大きい。大きな特徴としてまず指摘できるのは、どちらも東高西低であるというである。直売では関東が17.1％で、実施している農家の割合が最も高く、次いで北海道となっており、東日本を概ね10％近い数値となっている。一方、近畿以西では沖縄県を除いて5％前後である。観光農園についても北海道が10.4％で飛び抜けて高く、次いで関東が3.9％、東山が2.6％と東日本が続いている。西日本には2％を越える地域はない。この地域間差の要因は、はっきりしたことは言えないが、地域ごとの主要果実品目の違い、すなわち東日本の落葉果樹と西日本の柑橘類、が要因の一つとなっていると考えられる。

　直売については、東日本の中でも首都圏での比重の高さが目立つ。直売を行っている農家の割合を都道府県別にみると、表には示していないが、東京都が40.8％で最も高く、果樹農家の半数近くが直売を行っている。さらに神奈川県が31.8％、千葉県が19.7％で続いており、埼玉県も13.8％で比較的高い。大消費地に近接しているという地の利を活かした果樹経営が、首都圏では展開している。同じ大都市圏でも大阪圏は首都圏ほどの直売の展開はみられないが、京都府が10.9％、兵庫県が8.4％というように、低率な西日本の中にあっては相対的に高い。観光農園では首都圏の都県がとりわけ高くはないが、首都圏に近い関東、東山が総じて高く、この二つの地域で観光農園のほぼ半数を占めている。このように首都圏を中心とした大消費地に近い地域で最も展開していることが、直売、観光農園のもう一つの特徴となっている。

　卸売段階での果実流通の変化は、小売段階での変化とも連動している。図4-補-6に家計における果実の購入先別割合を示した。果実の購入先の中でのスーパー等量販店の比率が高まっている。1999年にはスーパーの比率は52.6％に達し、家庭で購入される果実の半分以上はスーパーから購入されている。その一方で一般小売店の比率は、1984～99年で42.9％から20.5％と半減している。小売段階ではスーパーが圧倒的な比重を占めるようになり、それが相対型取引の増加等の果実流通の変化に大きな影響を与えている。

　小売段階の変化でもう一つ注目すべき点として、依然率は低いが、生協・購買、百貨店、その他等の比率が高まっていることがある。果実の購入先としてスーパーが圧倒的なシェアを持つ一方で、購入先の多様化も進んでいるのであ

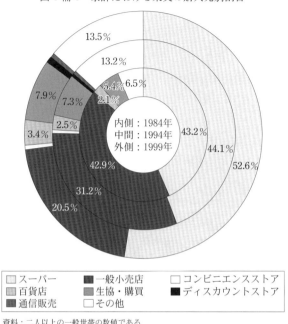

図4-補-6 家計における果実の購入先別割合

資料：二人以上の一般世帯の数値である
注：全国消費実態調査報告

る。果実は品質や時期による価格差が大きく、また家庭消費用とともに贈答用としての利用も多く、用途等に応じた購入先が選択されていることを示していると考えられる。多様な購入先の中でも、図の中ではその他が1999年には13.5％となり、シェアが大きくなっている。前述のように直売等により消費者に直接販売する農家が増加していることを考えると、その他の中でも生産者からの直接購入が大きいとみられる。

　果実流通に関わる新たな動きとして、糖度や熟度等の内部品質を測定できる選果機械の普及が上げられる。内部品質を測定できる機械は、1980年代末にモモで初めて導入され、リンゴ、日本ナシ等の落葉果樹を中心として普及が進み、90年代後半には柑橘類でも導入され始めた。表4-補-7に2001年調査の選別内容別選別台数を示したが、内部品質を選別する機械は375台で、全選別機の15.6％を占めている。他の選別内容と比べると台数はまだ少ないが、大型の共同利用機械で実用化されてほぼ10年の段階としては、導入台数は多いと言っ

ていいだろう。内部品質が測定されることで、外観重視の規格選別から内部品質も選別基準に取り入れられるようになり、価格形成においても、また販売戦略上からも内部品質は重要な要素となってきた[13]。小売段階での糖度表示は一般化しつつある。内部品質が測定されることの影響は、販売面のみでなく、生産面にも及んでいる。内部品質が販売上重要な要素となることか

表4-補-7　果実集出荷組織の選別内容別選別機保有台数

(組織、台、%)

		実数	割合
選別機保有組織数		1,190	
選別機台数		2,400	
選別内容別	重量	1,060	44.2
	大きさ	1,420	59.2
	色・傷・形状	894	37.3
	内部品質	375	15.6

資料：農林水産省『青果物集出荷組織機構調査』
注：1）集出荷組織には、農協等の集出荷団体、集出荷業者、産地市場を含む。
　　2）1つの選別機で複数の選別内容を持つものがあるので、選別内容別の合計は総台数と一致しない。

ら、生産段階から内部品質を向上されることが求められるようになった。そのため、ミカンにおいて糖度を上昇させるマルチ栽培等の内部品質を向上させる技術の普及が進んでいる。

5）果実消費の変化

　果実消費の変化は、「食料需給表」と「家計調査」の二つの統計資料からみることができる。「食料需給表」はわが国全体としての需給の推移を示しているものである。図4-補-7に「食料需給表」によるわが国全体の果実消費仕向量とわが国の総人口で割った1人当たり消費量の変化を示した。果実消費仕向量は1972年に700万トンを超え、800万トン近い水準まで増加した。その後、70年代、80年代は700万トン台で推移した。それが90年代初頭に増加し、1994年には917万トンを記録した。その後は900万トンを超えることはないが、800万トン台は維持し続けており、90年代は、80年代以前と比べて高い水準で推移している。1人当たり消費量では70年代初頭がピークで、1972年に61.6kgに達しているが、その後は減少し、80年代中頃には50kg前後まで落ち込んだ。それが80年代後半には下げ止まり、90年代になると増加に転じ、1994年には60kgを超えて70年代ピーク時の水準に回復した。その後は減少しているが、50kg台後半がほぼ維持され、80年代よりも高い水準にある。このように「食料需給表」からみると、90年代に入り、果実消費の増加・回復が確認できる。

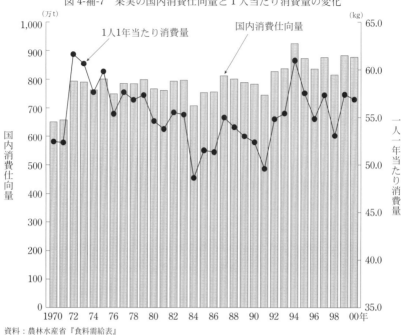

図 4-補-7　果実の国内消費仕向量と 1 人当たり消費量の変化

資料：農林水産省『食料需給表』

　図 4-補-8 は「家計調査」からみた 1 人当たり生鮮果実消費量の変化であるが、先に示した「食料需給表」から作成した図とはやや異なっている。「食料需給表」と同じように 70 年代初頭に消費のピークがあり、1973 年には 54.6kg に達しているが、その後の消費量の落ち込みは「食料需給表」よりも大きく 91 年には 32.3kg にまで減少している。90 年代には減少に歯止めがかかるが、消費量の回復はみられず、横ばいで推移している。そのため、「家計調査」の 1 人当たりの消費量の「食料需給表」の 1 人当たり消費量に対する比率は、1973 年には 90.5％であり、大きな格差はなかったが、2000 年には 55.9％にまで低下し、大きく乖離している。

　二つの統計のこの違いは、統計の取り方の違いも当然あるが、「食料需給表」は消費の形態に関わりなく、果実消費全体をとらえているのに対して、「家計調査」で数量をとらえられるのは、生鮮果実のみであり、しかも家庭内での消費に限られていることが大きいと考えられる。すなわち、二つの統計の間の乖離

図4-補-8　1人1年当たり家庭内生鮮果実消費量の変化

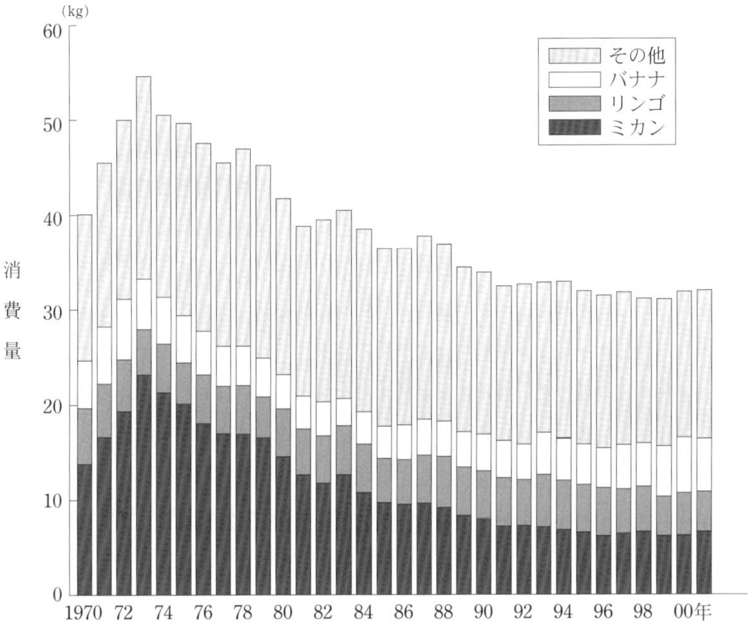

資料：総務庁『家計調査年報』

は、この間に果実消費における生食以外の果汁等の加工形態での消費の増加と外食による消費の増加を示唆していると考えられる。果実消費量は1990年代初頭に増加するが、増加の主体は加工品や外食によるものであり、家庭内での生食による消費は回復しなかった。増加の主体であった加工品や外食に対する供給は主に輸入品が担い、輸入量を拡大させ、国産果実の入り込む余地は少なかった。むしろ国内の果汁生産量の減少にみられるように、成長する市場から排除されてきた。一方、国産果実が主体となる生鮮果実では、消費量は増加せず、90年代前半では依然減少傾向にあった。それは国内における果実生産の減少と連動するものであった。

　果実の国内生産の減少と輸入の増加による需給率の低下は、国産果実と輸入果実の消費形態の違いに由来して、果実消費における加工品や外食の比重の高まりと表裏一体の関係にあったと言うことができる。

　果実需要量のこのような変化、すなわち1980年代末までの横ばい、その後

の増加、90 年代中頃以降の横ばいへの復帰は、先にみてきた果実価格の変化、すなわち 80 年代後半までの横ばい、その後 90 年代初頭にかけての大きな上昇、90 年代中頃以降の緩やかな低下とも、また卸売市場経由率の変化、すなわち 1980 年代後半までの横ばい、80 年代末から 90 年代初頭にかけての大きな低下、90 年代中頃以降の横ばいと、その転機がほぼ一致するもととなっている。これらの変化は全く無関係に進んだのでなく、それぞれに関連性を持ちながら進んだとみていいだろう。価格上昇は需要の増加と無関係ではなく、また卸売市場経由率の低下の要因として宅配等による消費者への直接販売の増加があるが、それは果実の高級化による価格上昇と関連する変化と考えられる。いずれにしても 1980 年代末から 90 年代初頭までの時期は、果実の需要増加と価格上昇、卸売市場経由率の低下が合わせて進行した。1970 年代初頭以降このような変化が顕著に進んだのはこの時期のみであり、果実をめぐる状況にとって極めて特異な時期であると言える。

前掲の図 4-補-8 には生鮮果実の消費量について品目別の変化も示している。1970 年代初頭以降続くミカンの比率の低下は、80 年代後半以降も進んでいる。一方、80 年代後半以降に生食による消費量を顕著に伸ばしたのはバナナである。バナナは 70 年代初頭から 80 年代前半までは大きく消費量を減らしたが、80 年代後半には増加に転じて、1985～2000 年で 71.5％も消費量が増加している。そのため生鮮果実消費全体に占める比率も高めており、2000 年には 18.3％となり、ミカンの 18.7％と肩を並べる水準に達している。

既述のように果実価格は、1980 年代後半から 90 年代前半にかけて上昇している。その中で生鮮果実の消費量は緩やかな減少を続けている。90 年代後半には果実価格は低下に転じるが、消費量は横ばいとなっている。図 4-補-9 には「家計調査」による 1980～2000 年の生鮮果実の購入数量と購入価格の変化を示した。この図からは 90 年代初頭まで購入数量と購入価格には負の相関があったことがわかる。これは果実全体について指摘できるだけでなく、図に示したミカン、リンゴ、バナナの全てで強弱はあるが、負の相関がみられる。ただミカン、リンゴでは価格の上昇と数量の減少が連動して進んだのに対して、バナナでは数量の増加と価格の低下が連動しており、反対の方向に進んでいた。いずれにしても、この時期には数量と価格には明確な関連性がみられた。

ところが 1990 年代初頭以降には、果実の購入数量と価格にはそれまでのよ

図 4-補-9 生鮮果実の購入数量と購入価格の変化

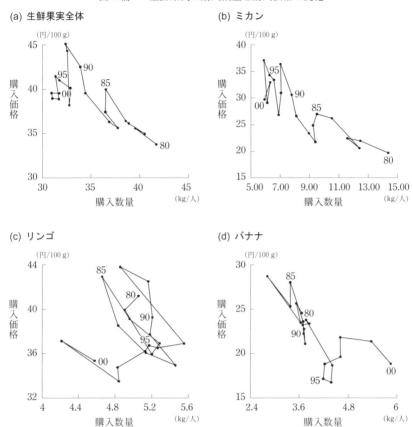

資料:総務庁『家計調査』
注:1) 購入数量は、世帯員 1 人当たり 1 年間の数量である。
2) 購入価格は、消費者物価指数 (1990 年＝100) で実質化している。
3) 図中の数値は、年次を示している。

うな関連性は薄らいでいる。果実全体でみると、1993 年に購入数量がほとんど変わらずに価格が大きく低下し、その後は価格水準は回復することなく、購入数量と価格との相関もなくなっている。果実品目ごとにみても、それまでのような数量と価格に負の相関はなくなっている。ミカンでは数量はあまり変化しない中で価格のみが乱高下している。リンゴでは、1993～98 年には数量減少と価格低下が併進するという厳しい状況にあった。逆にバナナでは、1995～98 年

に数量増加と価格上昇が併進している。90年代以前には価格変動で購入数量の変化のある程度までは説明可能であったが、90年代初頭以降は、購入数量の変化を価格変動で説明することはできなくなった。既述のように80年代末から90年代初頭は果実をめぐる状況にとって特異な時期であったが、そこで果実の購入数量と価格との関係を薄らげるような果実消費に何らかの変化が起きたとみられる。

6) 国際化時代の時期区分

ここまでみてきた果実の需給、生産等により、果樹農業をめぐる状況は三つの時期区分することができる。

第1期は、1980年代末までの時期である。この時期にはプラザ合意以降の円高下で果実輸入は拡大した。その一方で国内生産は、オレンジ輸入自由化に対応した園地転換事業の影響もあり、減少が最も大きかった。そのため、果実自給率も大きく低下した。果実価格は横ばいで推移している。国際化の影響が先鋭的に現れ、果樹農業は極めて厳しい状況に直面した。

第2期は果実価格が上昇した1980年代末から90年代初頭の時期である。この時期には、第1期以上に輸入は増加し、国内生産も引き続き減少して、自給率は50％を切る水準まで低下した。しかし、国産果実の価格は大きく上昇した。果実流通では、この時期に卸売市場経由率が大きく低下し、市場外流通が増加した。また減少傾向にあった果実の消費量は、この時期には増加し、『食料需給表』でみると、わが国の果実総需要量は、ピークであった1970年代初頭の水準を回復した。この時期は果実の需要増加と価格上昇、卸売市場経由率の低下が合せて進んでおり、1970年代初頭以降の果樹農業にとって極めて特異な時期である。

第3期は、1992、1993年以降の時期である。この頃を境にして回復基調にあった果実の需要も再び減少に転じた。それにともなって、それまで増加し続けてきた果実輸入もわずかながらも減少に転じた。そのため、国内生産は依然減少しているが、自給率は下げ止まった。しかし、果実需給率は50％前後の低い水準のままで推移している。果実価格についても上昇から緩やかな低下方向に転じた。卸売市場経由率はそれまでより低い水準で再び横ばいとなった。卸売市場流通では、相対型取引の比重が高まる等、変質化がいっそう進んだ。第2期

には、果実の総需要量や価格では、幾分明るさを取り戻していたが、第3期には、再び厳しい状況に戻ってしまった。

国際化時代は、他の農業部門と同じように果樹農業にとっても厳しい状況が続いたが、その中でもバブル経済の形成と崩壊というわが国の経済状況の変化等の影響により、国際化というキーワードのみでは説明しきれない変化が現れる等、時期による違いが大きい。それは果樹農業の構造変動にも何らかの影響を及ぼしていると考えられる。以下では、この時期区分に留意しながら分析を進めていきたい。

2　果樹農家経済の動き

次に果樹農家経済についてみていきたい。果樹農家経済に関する統計は、1995年に「農家経済調査」から「農業経営部門別統計」に変更された。公表されている数値からは両者をつなげて分析することができない。そのため、ここでは1995年で区切って分析する。

図4-補-10に果樹単一農家全体とミカン単一農家について1994年までの男子男子農業専従者のいる果樹農家の収益の変化を示した。農業粗収益、農業所得ともに1988年頃まではほぼ横ばいであったが、1980年代末から90年代初頭にかけて増加している。農業粗収益では、1982～88年の平均値で果樹単一農家全体では699万円、ミカン単一農家で729万円であったのが、1989～94年の平均値では863万円と1,015万円となり、それぞれ23.6％、39.2％増加している。農業所得についても同じ期間で、果樹単一農家全体では341万円から430万円と29.1％増加し、ミカン単一農家では324万円から483万円と49.1％増加している。また労働生産性についても、労働時間当たり純生産が同じ期間で果樹単一農家全体では32.5％、ミカン単一農家では46.3％と、大きく上昇している。

労働生産性が上昇し、果樹農家の収益が増加した要因として、既述のような果実価格の上昇がまず指摘できる。同期間の価格上昇は、名目で国産果実全体では34.1％、ミカンでは46.5％である。農業粗収益の増加のほとんどは果実価格の上昇によってもたらされたと言える。

農業収益が増加したため、果樹農家経済も好転している。図4-補-11に男子農業専従者のいる果樹農家の農家経済余剰の変化を示した。年次変動が大きいが、総じてみれば、1980年代末以降に農家経済余剰の増加傾向がみられる。1982

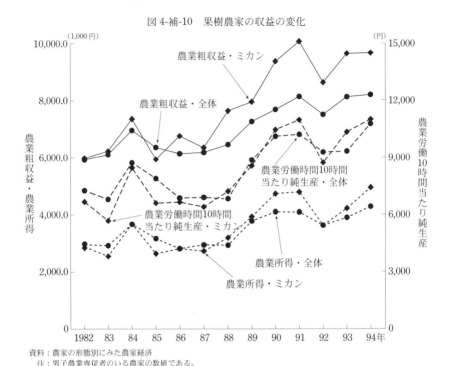

図 4-補-10　果樹農家の収益の変化

資料：農家の形態別にみた農家経済
注：男子農業専従者のいる農家の数値である。

〜88 年では、果樹単一農家全体、ミカン単一農家ともに農家経済余剰がマイナスとなる年がそれぞれ 2 回あり、平均の農家経済余剰は 35 万円と 4 万円であった。それが 1989〜94 年では、果樹単一農家全体では農家経済余剰の平均が 127 万円となり、前の時期よりも 92 万円、3 倍以上に増加している。ミカン単一農家では 1992、93 年に農家経済余剰は落ち込み、92 年にはマイナスとなっているが、平均値でみれば 92 万円となり、前の時期と比べて 88 万円増加している。1980 年代末から 90 年代初頭にかけて、果樹農家経済は農業所得が増加したことにより、良好な状態が続いた。

　果樹農家経済は、1970 年代初頭の価格低迷以降厳しい状況が続いてきた。価格の低迷が続いたミカン農家では、特に厳しい状況にあった。そのような状況が続く中で果樹農家は国際化時代を迎えた。国際化時代とは、農産物輸入が増加し、国内の農業経営が苦境に立たされた時期と言うことができる。果樹農業

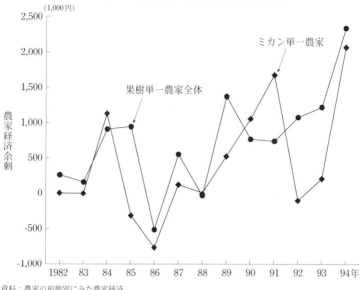

図4-補-11　果樹農家の農家経済余剰の変化

資料：農家の形態別にみた農家経済
注：男子農業専従者のいる農家の数値である。

でも果実輸入は大きく増加した。しかし果樹農家経済は、国際化時代に入りそれまで以上に厳しい状況が一貫して続いたのではなく、1980年代末から90年代初頭にかけた果実価格の上昇にともなって果樹農家経済が改善した。それは1970年代初頭以来久々の農家経済の好転であり、国際化時代の果樹農家経済の特徴的な動きとして上げられる。

しかし、好調な果樹農家経済は長くは続かなかった。図4-補-12に1995年以降の果樹農家の農業所得と労働生産性の変化を示した。1995年以降農業所得、労働生産性ともに減少傾向にある。2000年を1995年と比較すると、農業所得では都府県全体で18.0％、四国で47.7％減少しており、農業労働1時間当たり純生産でもそれぞれ19.9％、29.3％低下している。四国の数値は柑橘農家の実態を反映していると考えられるが、そこで減少がより大きい。この農業所得の減少は、言うまでもなく果実価格の低下が影響している。1980年代末から上昇傾向にあった果実価格は1990年代後半には低下に転じ、1995～2000年で果実価格は名目で国産果実全体では14.0％、ミカンでは23.2％低下した。この果実

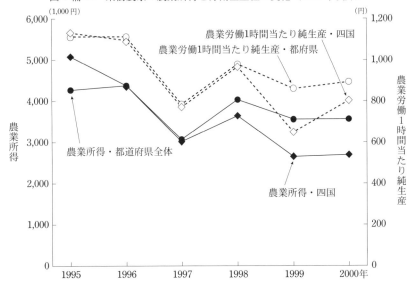

図4-補-12　果樹農家の農業所得と労働生産性の変化（1995年以降）

資料：農業経営部門別統計
注：果樹単一農家の数値である。

価格の低下に連動して果樹農家経済も悪化に転じたのである。1995年以降の数値は、1994年以前の数値とそのまま比較することはできないが、1980年代末からの果樹経営の改善は、90年代中頃を境にして再び悪化方向に転じてたとみていいだろう。

　国際化時代にみられた果樹農家経済の改善は一時的なものに過ぎなかったのであり、1990年代後半には再び厳しい状況に立ち戻った。しかも、果実輸入が増加し、国内生産量が大きく縮小した中での果樹農家経済の悪化という点では、以前にも増して厳しい状況と言える。

3　果実生産の立地移動

　次に国際化時代における果実生産の地域的な変化をみていく。

　表4-補-8に地域別の果樹栽培面積の変化を示した。既述のように国際化時代には果樹栽培面積は大きく減少しており、地域間の変化は地域間の減少率の違いである。実際、1985年以降の各5年ごとの変化では、1985〜90年の東山を

除いてすべて栽培面積は減少している。全体として西日本で大きく減少し、東日本は相対的に減少率が小さいために栽培面積シェアを高めている。1985〜2000年でみると、沖縄県が44.3％で減少率が最も大きく、次いで九州が39.8％、中国が34.2％、四国が31.7％で、西日本の地域が軒並み30％を超える大きな減少率となっている。一方、減少率が小さいのは東山の12.2％、東北の13.9％である。その結果、栽培面積シェアは、同期間で九州が23.2％から18.9％に大きく減少し、中国、四国も減少している。逆に東北が16.8％から19.8％に、東山が8.5％から10.1％へと高めている。西日本のシェアの低下は、沖縄県ではパイナップルの減少によるものであるが、他の西日本の地域は柑橘類が果実生産の中心であり、柑橘類の大きな減少が主因となっている。柑橘類の減少により、わが国の果実生産は西から東に比重を移してきた。

　5年ごとの変化をみると、西日本では全般的に1985〜90年の減少率が高く、1990〜95年には減少率は低下している。中国では1995〜2000年の減少率が1985〜90年の減少率より高いが、柑橘類が果実生産の中心である広島県、山口県では1985〜90年の減少率の方が高く、落葉果実が主体の他の3県で1995〜2000年の減少率が高くなっていることによる。柑橘類が主体の西日本ではオレンジ輸入自由化に対応した柑橘園地転換事業による影響が大きいために1985〜90年の減少率が大きく、その後は減少率は低めた。同様の変化は、柑橘類の比重が高い東海、近畿でもみられる。他の地域では5年ごとの変化に必ずしも共通した変化はみられないが、象徴的な変化として1985〜2000年を通じた変化では最も小さかった東山、東北で次第に減少率を高めていることがある。東山では1985〜90年には栽培面積を0.9％が増加していたが、その後は減少に転じ、6.0％、7.4％と減少率を高めている。1995〜2000年においても西日本の方が減少率は高いが、東日本で減少率が高まったので、その差は縮まっている。すべての果実品目で減少傾向を強めている中で、地域に関わりなく果樹栽培面積の減少は大きくなっている。

　都道府県別の変化は示していないが、ほとんどの都道府県で1985年以降一貫して果樹栽培面積は減少している。その中で数は少ないが、栽培面積を増加させている県もある。群馬県はこの間一貫して栽培面積は増加しており、1985〜2000年で8.0％増加している。群馬県では養蚕やコンニャク等中山間地域の特産物が後退する中で、それらから果樹への転換が進んだためと考えられる。

福井県でも年次変動はあるが、1985〜2000年では13.8％も栽培面積は増加しており、富山県でも全体を通じては増加となっている。全体として果実生産は後退をしている中でも、一部の地域では他品目からの転換等により果実生産の拡大、新たな産地形成が進んでいることにも留意しておく必要がある。

表4-補-9には果実生産の地域別変化を粗生産額からみたものである。ここでも栽培面積と同様に全体として西から東への比重の移動がみられる。栽培面積とは異なる変化として、関東、東海、近畿というわが国の中央部にある経済の中核地域で粗生産額が増加し、シェアを高めていることがある。この地域は都市化の圧力が高く、農業生産全体としてはむしろシェアを下げている地域であり、果実に特徴的な変化である。この変化の要因としては、落葉果実の中ではリンゴの価格上昇率が低く、リンゴの比重の大きい東北、東山が粗生産額が伸びなかったために相対的に関東、東海等のシェアが高まったことがまず上げられる。同時に、これらの地域には、従来有田地区のミカンが果実生産の中心であったのが、ミカンの粗生産額に匹敵するほどにウメの生産を拡大し、さらにモモ、カキでも生産を拡大し、1990年代にはほぼ毎年果実粗生産額全国一の地位を維持してきた和歌山県、前述のように果樹栽培面積を一貫して増加させてきた群馬県、高級品種「青島」を中心としてミカン粗生産額第1位に復帰した静岡県、「幸水」等の赤ナシを主体として粗生産額では鳥取県を抜き、日本ナシ生産額第1位に躍り出た千葉県というように、果実生産で新たな展開を遂げている県が存在していることも見逃すことはできない。

ここまでみてきた全国的な果実生産の立地移動は二つの要因によってもたらされたものである。第1には果実品目間の栽培面積や価格の変化の違いである。前述したように西から東への果実生産の比重の移動は柑橘類の減少が他の品目以上に大きかったためである。リンゴの価格上昇が小さかったために、東北、東山は栽培面積のシェアが増加しながらも粗生産額のシェアはほとんど変わらなかった。

第2の要因として、各果実品目の中での生産地域の変化がある。表4-補-10に主要な果実について栽培面積上位都道府県の変化を示した。ここでまず指摘できるのは、日本ナシを除いて栽培面積上位都道府県のシェアがほぼ拡大していることである。日本ナシでは栽培面積1位の鳥取県が大きくシェアを低下させたことが影響しており、他の上位県はほぼシェアを高めている。果実生産は

第4章 岐路に立つ日本農業　129

表4-補-8　地域別果樹栽培面積の推移

	実数 (ha)					増減率 (%)					地域別構成比 (%)				
	1980年	1985年	1990年	1995年	2000年	85/80	90/85	95/90	00/95	00/85	1980年	1985年	1990年	1995年	2000年
北海道	5,040	4,430	4,060	3,740	3,630	▲12.1	▲8.4	▲7.9	▲2.9	▲18.1	1.2	1.1	1.1	1.2	1.3
東北	65,800	65,020	63,150	59,970	56,650	▲1.2	▲2.9	▲5.0	▲5.5	▲13.9	16.1	16.8	16.8	18.2	19.8
関東	32,790	32,460	30,260	28,240	25,960	▲1.0	▲6.8	▲6.7	▲8.1	▲20.0	8.0	8.4	8.4	8.7	9.1
東山	31,600	32,800	33,100	31,100	28,800	3.8	0.9	▲6.0	▲7.4	▲12.2	7.7	8.5	8.5	9.6	10.1
北陸	8,130	7,503	6,780	6,515	6,335	▲7.7	▲9.6	▲3.9	▲2.8	▲15.6	2.0	1.9	1.9	2.1	2.2
東海	34,680	31,680	26,500	23,840	22,240	▲8.7	▲16.4	▲10.0	▲6.7	▲29.8	8.5	8.2	8.2	7.6	7.8
近畿	36,110	35,893	33,112	31,829	29,761	▲0.6	▲7.7	▲3.9	▲6.5	▲17.1	8.9	9.3	9.3	10.1	10.4
中国	33,710	31,300	27,460	24,370	20,610	▲7.1	▲12.3	▲11.3	▲15.4	▲34.2	8.3	8.1	8.1	7.9	7.2
四国	55,920	52,980	45,720	41,530	36,210	▲5.3	▲13.7	▲9.2	▲12.8	▲31.7	13.7	13.7	13.7	13.2	12.7
九州	100,110	90,030	73,360	61,470	54,230	▲10.1	▲18.5	▲16.2	▲11.8	▲39.8	24.5	23.2	23.2	19.5	18.9
沖縄県	4,080	3,160	2,760	2,290	1,760	▲22.5	▲12.7	▲17.0	▲23.1	▲44.3	1.0	0.8	0.8	0.8	0.6
全国計	407,970	387,256	346,262	314,894	286,186	▲5.1	▲10.6	▲9.1	▲9.1	▲29.9	100.0	100.0	100.0	100.0	100.0

資料：農林水産省『耕地面積統計』

表4-補-9　地域別果実粗生産額の推移

	実数 (億円)					増減率 (%)					地域別構成比 (%)				
	1980年	1985年	1990年	1995年	2000年	85/80	90/85	95/90	00/95	00/85	1980年	1985年	1990年	1995年	2000年
北海道	58	63	70	64	69	8.3	12.2	▲9.0	7.0	9.3	0.8	0.8	0.8	0.7	0.8
東北	1,542	1,673	1,766	1,746	1,655	8.5	5.5	▲1.1	▲5.2	▲1.1	21.2	20.1	19.3	18.7	20.4
関東	512	532	623	699	731	3.9	17.2	12.3	4.5	37.4	7.0	6.4	6.8	7.5	9.0
東山	1,122	1,188	1,345	1,299	1,155	5.9	13.2	▲3.5	▲11.1	▲2.8	15.4	14.2	14.7	13.9	14.3
北陸	120	140	161	173	157	16.4	14.7	7.5	▲9.1	12.1	1.7	1.7	1.8	1.8	1.9
東海	559	608	683	776	715	8.8	12.3	13.7	▲7.9	17.6	7.7	7.3	7.4	8.3	8.8
近畿	623	787	1,085	1,100	840	26.3	38.0	1.3	▲23.7	6.7	8.6	9.4	11.8	11.8	10.4
中国	545	636	669	686	539	16.8	5.1	2.6	▲21.5	▲15.4	7.5	7.6	7.3	7.3	6.7
四国	858	1,009	1,016	1,083	794	17.6	0.7	6.6	▲26.8	▲21.4	11.8	12.1	11.1	11.6	9.8
九州	1,305	1,657	1,712	1,690	1,408	27.0	3.4	▲1.3	▲16.7	▲15.0	17.9	19.9	19.9	18.1	17.4
沖縄県	38	33	39	40	37	▲13.0	18.2	4.3	▲9.5	11.6	0.5	0.4	0.4	0.4	0.5
全国計	7,281	8,341	9,169	9,356	8,096	14.5	9.9	2.0	▲13.5	▲2.9	100.0	100.0	100.0	100.0	100.0

資料：農林水産省『生産農業所得統計』
注：各年次とも価格変動を考慮して前後3カ月平均をとっている。ただし2000年のみは1999・2000年の2カ月平均である。

表 4-補-10　果実品目別栽培面積上位都道府県の変化

		栽培面積(100ha)	生産の集中度(%) 上位3都道府県	生産の集中度(%) 上位5都道府県	栽培面積上位都道府県　(( )内は面積で単位は100ha)
ミカン	1980年	1,396	31.5	49.1	愛媛県 (165)、静岡県 (149)、佐賀県 (126)、長崎県 (123)、和歌山県 (122)
	1985年	1,125	33.2	50.4	愛媛県 (142)、静岡県 (120)、和歌山県 (112)、佐賀県 (98)、長崎県 (95)
	1990年	808	35.0	53.0	愛媛県 (109)、和歌山県 (88)、静岡県 (86)、熊本県 (73)、佐賀県 (72)
	1995年	705	37.2	54.3	愛媛県 (102)、和歌山県 (86)、静岡県 (75)、熊本県 (65)、長崎県 (55)
	2000年	617	38.3	55.3	愛媛県 (91)、和歌山県 (80)、静岡県 (67)、熊本県 (57)、長崎県 (47)
リンゴ	1980年	512	74.2	86.3	青森県 (243)、長野県 (101)、山形県 (36)、岩手県 (32)、秋田県 (30)
	1985年	544	74.4	86.8	青森県 (253)、長野県 (114)、岩手県 (38)、山形県 (37)、福島県 (30)
	1990年	539	74.9	87.2	青森県 (253)、長野県 (113)、岩手県 (38)、山形県 (37)、秋田県 (29)
	1995年	506	75.6	87.8	青森県 (243)、長野県 (102)、岩手県 (38)、山形県 (34)、秋田県 (28)
	2000年	468	77.1	88.8	青森県 (234)、長野県 (93)、岩手県 (34)、山形県 (30)、秋田県 (25)
ブドウ	1980年	303	40.3	52.8	山梨県 (60)、山形県 (38)、長野県 (22)、岡山県 (20)、福岡県 (18)
	1985年	284	40.9	53.1	山梨県 (61)、山形県 (34)、長野県 (22)、岡山県 (18)、福岡県 (16)
	1990年	263	42.4	54.5	山梨県 (58)、山形県 (30)、長野県 (23)、岡山県 (17)、福岡県 (14)
	1995年	240	42.9	54.0	山梨県 (54)、長野県 (25)、山形県 (25)、福岡県 (13)、岡山県 (13)
	2000年	215	42.7	53.8	山梨県 (46)、長野県 (25)、山形県 (21)、福岡県 (12)、岡山県 (12)
日本ナシ	1980年	199	34.5	48.4	鳥取県 (38)、茨城県 (16)、千葉県 (15)、福島県 (14)、長野県 (13)
	1985年	205	34.3	48.3	鳥取県 (38)、茨城県 (17)、千葉県 (16)、福島県 (15)、長野県 (14)
	1990年	203	33.0	46.7	鳥取県 (32)、茨城県 (18)、千葉県 (17)、福島県 (15)、長野県 (13)
	1995年	191	31.9	45.6	鳥取県 (26)、茨城県 (18)、千葉県 (17)、福島県 (14)、長野県 (13)
	2000年	177	30.2	44.0	鳥取県 (19)、千葉県 (18)、茨城県 (17)、福島県 (13)、長野県 (11)
モモ	1980年	165	56.6	72.3	福島県 (37)、山梨県 (35)、長野県 (22)、山形県 (17)、岡山県 (9)
	1985年	153	56.6	71.2	山梨県 (36)、福島県 (34)、長野県 (17)、山形県 (13)、岡山県 (9)
	1990年	139	54.4	68.3	山梨県 (34)、福島県 (26)、長野県 (15)、山形県 (10)、岡山県 (9)
	1995年	121	55.0	68.8	山梨県 (33)、福島県 (20)、長野県 (14)、岡山県 (8)、和歌山県 (8)
	2000年	116	57.8	71.2	山梨県 (35)、福島県 (18)、長野県 (14)、和歌山県 (8)、岡山県 (7)
カキ	1980年	294	22.6	33.2	福岡県 (23)、山形県 (21)、和歌山県 (19)、岐阜県 (19)、奈良県 (16)
	1985年	298	22.3	34.9	福岡県 (24)、和歌山県 (22)、山形県 (21)、岐阜県 (19)、奈良県 (19)
	1990年	295	24.5	37.0	和歌山県 (28)、福岡県 (24)、奈良県 (21)、山形県 (19)、岐阜県 (18)
	1995年	278	26.1	37.6	和歌山県 (29)、福岡県 (24)、奈良県 (20)、岐阜県 (17)、山形県 (15)
	2000年	261	27.8	39.5	和歌山県 (30)、福岡県 (23)、奈良県 (20)、岐阜県 (16)、福島県 (14)

資料:農林水産省『耕地面積統計』

栽培に適する気象条件が限定されること等により従来から地域的な特化が進んでいたが、この間いっそう集中化は進んだ。特に生産の集中が進んだのはミカンと、それまで生産の集中度の低かったカキである。

ミカンでは、1980年代末の柑橘園地転換事業以降の栽培面積の変化に府県による違いが大きかった。表4-補-11に示すように九州の諸県では熊本県を除いて1980年代後半の栽培面積の減少は大きく、その後も減少率は高かった。そのために1985～2000年で軒並み栽培面積を半減させており、大分県では3分の1以下に減少した。その一方で栽培面積が大きい愛媛県、和歌山県の減少率が相対的に小さかったために、栽培面積上位都道府県のシェアが高まった。なお粗生産額でみれば、栽培面積の減少が必ずしも小さくない静岡県がシェアを高め、1990年後半には第1位の座に復帰している。ミカンでは愛媛県、和歌山

表4-補-11 ミカンの主要府県別栽培面積の変化

	実数 (ha)				増減率 (%)				構成比 (%)			
	1985年	1990年	1995年	2000年	90/85	95/90	00/95	00/85	1985年	1990年	1995年	2000年
神奈川	2,970	2,100	1,810	1,560	▲29.3	▲13.8	▲13.8	▲47.5	2.6	2.6	2.6	2.5
静岡	12,000	8,610	7,450	6,650	▲28.3	▲13.5	▲10.7	▲44.6	10.7	10.7	10.6	10.8
愛知	2,540	1,860	1,630	1,620	▲26.8	▲12.4	▲0.6	▲36.2	2.3	2.3	2.3	2.6
三重	2,290	1,860	1,750	1,680	▲18.8	▲5.9	▲4.0	▲26.6	2.0	2.3	2.5	2.7
大阪	2,520	1,880	1,610	1,080	▲25.4	▲14.4	▲32.9	▲57.1	2.2	2.3	2.3	1.8
和歌山	11,200	8,800	8,610	8,000	▲21.4	▲2.2	▲7.1	▲28.6	10.0	10.9	12.2	13.0
広島	5,670	4,140	3,730	3,280	▲27.0	▲9.9	▲12.1	▲42.2	5.0	5.1	5.3	5.3
山口	2,980	2,220	1,950	1,700	▲25.5	▲12.2	▲12.8	▲43.0	2.6	2.7	2.8	2.8
徳島	2,590	1,660	1,470	1,310	▲35.9	▲11.4	▲10.9	▲49.4	2.3	2.1	2.1	2.1
香川	3,150	2,000	1,870	1,660	▲36.5	▲6.5	▲11.2	▲47.3	2.8	2.5	2.7	2.7
愛媛	14,200	10,900	10,200	9,060	▲23.2	▲6.4	▲11.2	▲36.2	12.6	13.5	14.5	14.7
福岡	5,570	3,620	3,190	2,740	▲35.0	▲11.9	▲14.1	▲50.8	5.0	4.5	4.5	4.4
佐賀	9,810	7,150	5,480	4,590	▲27.1	▲23.4	▲16.2	▲53.2	8.7	8.8	7.8	7.4
長崎	9,450	6,590	5,510	4,690	▲30.3	▲16.4	▲14.9	▲50.4	8.4	8.2	7.8	7.6
熊本	9,370	7,340	6,500	5,740	▲21.7	▲11.4	▲11.7	▲38.7	8.3	9.1	9.2	9.3
大分	5,790	3,390	2,200	1,770	▲41.5	▲35.1	▲19.5	▲69.4	5.1	4.2	3.1	2.9
宮崎	3,260	1,910	1,550	1,280	▲41.4	▲18.8	▲17.4	▲60.7	2.9	2.4	2.2	2.1
鹿児島	3,510	2,290	1,940	1,590	▲34.8	▲15.3	▲18.0	▲54.7	3.1	2.8	2.8	2.6
全国計	112,500	80,800	70,500	61,700	▲28.2	▲12.7	▲12.5	▲45.2	100.0	100.0	100.0	100.0

資料：農林水産省『耕地面積統計』

県、静岡県という上位3県が全体の生産が後退する中でシェアを高めた。

各品目ごとに栽培面積上位都道府県の変化をみると、前述した中央部の比重拡大が確認できる。ミカンでは最もシェアが高めたのは和歌山県であり、粗生産額では静岡県の増加が目立つ。ブドウでは関東、東海に隣接した東山の山梨県、長野県がシェアを高めている。日本ナシでは鳥取県がシェアを大きく低下させ、千葉県、茨城県といった関東の諸県がシェアを高めている。モモでは山梨県がシェアを大きく伸ばしており、生産量はまだ小さいが、和歌山県も伸びている。カキでは和歌山県、奈良県がシェアを伸ばしている。このようにわが国の中央部、経済的中核地域の比重拡大は、各品目での生産立地の移動が反映している。

4 果樹生産構造の変化

1) 全国的にみた果樹農家の構造変動

ここでは、農業センサスを中心として国際化時代に果樹生産構造がどのように変化したのかをみていく。その際にも前述した時期区分を念頭に置く。農業センサス調査年次との対応で言うと、1985～90年の変化は、国際化の影響が先鋭的に現れ、果樹農業が厳しい状況に陥った第1期の変化に対応する。1990～95年の変化は、生産が縮小する中でも果実価格が上昇し、果樹農家経済が一時的に好転した第2期の変化に対応する。1995～200年の変化は、果実価格が再び低迷し、果樹経営も悪化に転じた第3期に対応する。

表4-補-12に果樹園面積規模別に果樹農家数の変化を示したが、果樹農家はこの間大きく減少している。販売農家では1985～2000年で35.0％という大幅な減少である。時期別にみると、第1期に対応する1985～90年の減少率は14.4％と大きかったが、第2期に対応する1990～95年には6.9％と減少率は鈍化した。第3期に対応する1995～2000年には18.4％と再び減少率は大きく上昇している。果樹農家経済が好転した第2期には果樹農家数の減少率は低下しており、果実価格や果樹農家経済の動向が果樹農家数の変化にも反映している。

果樹園規模別の変化をみると、1985～2000年ではすべての規模で農家数は減少しており、その減少率は規模が小さいほど大きい。販売農家でみると、この間の減少率は0.3ha未満層が39.6％で最も高く、規模が大きくなるほど減少率

は小さくなるが、1.5〜2.0ha 層でも 20.5％という減少率である。2.0ha 以上層のみが 0.7％と減少率はわずかである。1985〜2000 年全体でみれば、2.0ha 以上という最上層を除いたすべての規模階層で農家数を大きく減少しており、最上層も微減である。時期ごとにみると、時期ごとの農家変動の違いが大きいのは小規模層である。1985〜90 年では 0.3ha 未満層は販売農家のみの数値で 17.6％減少している。他の規模階層の減少率は高くても 12.0％であるので、減少率の差は大きい。ところが、1990〜95 年になると、0.1ha 未満層は増加に転じており、0.3ha 未満層全体でも減少率は 3.6％となり、前期から大幅に低下している。この時期に増加に転じた 2.0ha 以上層を除いて減少率は最も小さい。1995〜2000 年になると、0.1ha 未満層で 32.2％、0.1〜0.3ha 未満層で 18.6％と再び減少率は高まり、他の規模階層と比べても減少率は大きくなる。このように果樹農業をめぐる経営環境の変化は、小規模層で農家数の変動に最も大きく影響している。すなわち、経営環境が厳しくなると、小規模層の離脱は激しくなり、経営環境が改善すると、小規模層の多くは果樹農業にとどまり、その減少は低下するのである。

　一方、最上層の 2.0ha 以上層をみると、1985〜2000 年全体を通じると微減であるが、1990 年を境に減少から増加に転じている。1985〜90 年はすべての規模階層で農家数が減少しており、全層落層的な様相を呈していたが、経営環境が好転した 1990〜95 年には最小規模の 0.1ha 未満層とともに最上層に 2.0ha 以上層が増加に転じた。経営環境が悪化した 1995〜2000 年にもかろうじて農家数は増加している。2.0ha 以上層は増加に転じたとは言え、1990〜2000 年の農家数の増加はわずか 296 戸で、増加率も 1.9％であり、大規模農家の形成は依然微弱なものである。なお 2.0ha 以上層の変化に関しては、後述するように地域間の違いが大きいことに留意する必要がある。

　果樹園規模別の農家構成をみると、果樹農家の相当部分が小面積の果樹園しか有してなく、国際化時代全体を通じて大きな変化はみられない。1985 年では販売農家のみでも 0.3ha 未満層が 51.2％と半数を超えており、1.0ha 以上の農家は 12.2％に過ぎない。2.0ha 以上層となると、わずか 2.5％であった。2000 年においても 0.3ha 未満層は半数を切ったとは言え、47.5％を占めている。一方 1.0ha 以上の農家は依然 14.9％に過ぎず、2.0ha 以上層は 3.9％と少数のままである。小規模層が相当部分を占める規模構成には基本的な変化はみられない。この間、

小規模層ほど減少率が高かったが、それは果樹農家の規模構成に根本的な変化をもたらすものではなかった。

　果樹園規模別農家の変動は果樹農家1戸当たり果樹園面積（以下、1戸当たり面積）にも特徴的な変化として反映している。1戸当たり面積は1985年には44.2aであったが、1990年には46.5aとなり、この間に5.2％増加している。ところが1990～95年にわずかながら減少している。1995～2000年には再び9.3％の増加となり、2000年には50aを超えている。これは小規模層の減少のテンポをそのまま反映したものである。小規模層が大きく減少した1985～90年、1995～2000年には1戸当たり面積は増加し、小規模層の減少が鈍化し、0.1ha未満層はむしろ増加した1990～1995年には、1戸当たり面積は減少している。大規模層の形成が微弱な中で、1戸当たり面積の変化は、大規模層の形成ではなく、小規模層の減少のテンポを示す皮肉な数値となっている。

　国際化時代には小規模層を主体とした果樹農家の規模構成に基本的な変化はなく、大規模層の形成は極めて弱かったのであるが、果樹農家の内実にはいかなる変化があったのであろうか。表4-補-13に果樹農家における専兼別農家数の変化を示した。1990年に総農家から販売農家に換わっているので、その前後は単純に比較することはできないが、国際化時代全体を通じて専業、兼業の割合では大きな変化はみられない。専業農家は20％強の割合で、Ⅱ兼農家は50％強の割合で推移している。1995～2000年のみ専業農家率の上昇とⅠ兼業農家率の低下が大きくなっている。この間、農家数は大きく減少しているが、専業農家、兼業農家はほぼ同じような比率で減少している。しかし専業農家の中でも男子生産年齢人口のいる専業農家の割合は低下している。そのため専業農家の中でも高齢専業農家の割合が増加している。高齢専業農家は実数でも増加している。

　専兼別農家数では、果樹農家の動きはわが国の農家全体の動きとほぼ一致しており、果樹農家に特徴的なものはみられない。表4-補-14には果樹農家における農業労働力保有状態別農家数の変化を示したが、ここではわが国の農家全体の動きとはやや異なっている。果樹農家の特徴は、まず男子農業専従者のいる農家の割合が高いことである。1985年は総農家での数値であるが、わが国の全農家では29.7％であるのに対し、果樹農家では50.2％と、ほぼ半数に達していた。1990年以降は販売農家のみの数値であるが、全農家では30％台である

表4-補-12　果樹園面積規模別農家数の変化

(単位：戸, a)

年次	合計		～0.1ha	0.1～0.3ha	0.3～0.5ha	0.5～1.0ha	1.0～1.5ha	1.5～2.0ha	2.0ha～	1戸当たり果樹園面積
	総農家	販売農家								
1980年	821,212		214,881	273,859	123,305	129,596	45,136	18,375	16,060	37.7
1985年	763,491	620,589	207,999	252,538	110,764	116,438	42,149	17,842	15,761	44.2
1990年	627,829	531,382	95,577	166,020	97,802	102,509	37,597	16,515	15,362	46.5
1995年	590,332	494,497	99,046	153,239	86,303	90,311	34,439	15,558	15,571	46.0
2000年	403,627		67,172	124,683	73,537	78,089	30,299	14,189	15,658	50.3

資料：農林水産省『農業センサス』
注：果樹園規模別農家数は、1985年までは総農家数の数値、1990年以降は販売農家のみの数値である。1戸当たり果樹園面積は、1980年は総農家の数値であり、1985年以降は販売農家の数値である。

表4-補-13　果樹農家の専兼別農家数の変化（果樹園面積0.1ha以上）

年次	実数（戸）						割合（%）			
	合計	専業	男子生産年齢人口のいる	I兼	II兼		専業	男子生産年齢人口のいる	I兼	II兼
1980年	606,331	128,093	99,005	187,681	290,557		21.1	16.3	31.0	47.9
1985年	555,492	116,393	82,929	152,778	286,321		21.0	14.9	27.5	51.5
1990年	435,805	96,221	68,176	110,200	229,382		22.1	15.6	25.3	52.6
1995年	395,451	86,547	51,050	106,446	202,458		21.9	12.9	26.9	51.2
2000年	336,455	80,764	39,990	75,956	179,735		24.0	11.9	22.6	53.4

資料：農林水産省『農業センサス』
注：1990年以降については販売農家のみの数値である。

表 4-補-14　果樹農家の農業労働力保有状態別農家数の変化
（果樹園面積 0.1ha 以上）

年次	実数（戸）					割合（%）			
	合計	農業専従者なし	農業専従者女子のみ	男子農業専従者あり	うち60歳未満専従者あり	農業専従者なし	農業専従者女子のみ	男子農業専従者あり	うち60歳未満専従者あり
1980 年	606,331	218,052	82,164	306,115	229,127	36.0	13.6	50.5	37.8
1985 年	555,492	208,001	68,727	278,764	188,850	37.4	12.4	50.2	34.0
1990 年	435,805	147,684	49,942	238,179	147,383	33.9	11.5	54.7	33.8
1995 年	395,451	138,823	42,794	213,834	97,470	35.1	10.8	54.1	24.6
2000 年	336,455	102,774	37,735	195,946	75,538	30.5	11.2	58.2	22.5

資料：農林水産省『農業センサス』
注：1990 年以降については販売農家のみの数値である。

のに対し、果樹農家では 50％台で推移している。果樹農家では全農家よりも 20％ほど上回っている。一方、農業専従者のいない農家の割合は、当然、果樹農家で低い。全農家では常に 50％を超えているが、果樹農家では 30％台で推移している。

　果樹農家では男子農業専従者のいる農家の割合が高いのみでなく、その割合は増加傾向にある。1985～90 年の上昇は総農家から販売農家に換わったことの影響が大きいが、1990～95 年はわずかの減少、1995～2000 年は 4.1％上昇している。全農家でも 1990～95 年の減少から 1995～2000 年には横ばいと、果樹農家と同じような変化はみられるが、増加傾向はみられない。農業労働力保有状態別でも、果樹園規模別にみた場合と同じように、果樹農家経済が好転した 1990 年代前半には農業労働力が弱体な専従者のいない農家の離脱が抑制され、その結果として労働力が弱体な農家の割合が高まっている。果樹農家経済が悪化した 1990 年代後半には農業専従者のいない農家の離脱が進み、農業労働力の弱体な農家の割合は低下している。果樹農家経済の変化は、農業労働力の状態からみても農業労働力の弱体な農家の変動に最も影響を及ぼしている。

　果樹農家は男子農業専従者のいる農家の割合が高く、しかもその割合は上昇傾向にあるが、男子農業専従者のいる農家の中でも 60 歳未満の専従者がいる農家に限れば、その数は果樹農家でも大きく減少しており、割合も低下している。1990～2000 年でほぼ半減し、割合では 33.8％から 22.5％に 10％以上も低下している。そのため、2000 年には男子農業専従者がいる農家の中でも、60

歳未満の専従者がいない農家が多数を占め、農家全体に対する割合で35.8％と3分の1を超えている。果樹農家では高齢労働力に依存することで男子農業専従者を確保しているのである。

　表4-補-15は男子農業専従者のいる農家の割合を果樹園規模別に示したものである。0.1〜0.3ha層で1985年と90年の間で、数値が総農家から販売農家に変更されたことによるとみられる変化があるが、それ以外はどの規模でも男子農業専従者のいる農家の割合は驚くほど変化がない。1.0ha以上では80％を超え、1.5ha以上ではほぼ90％を超えている。果樹園面積の大きい農家のほとんどは男子農業専従者を抱えている。労働集約性の高い果樹農業では、果樹園規模に応じた農業労働力の確保が、経営規模を維持する上で不可欠の条件となっていることを示すものである。逆に言えば農業労働力が弱体化すると、経営規模の縮小、果樹農業からの離脱が余儀なくなると言える。今後、高齢労働力の引退等による農業労働力の弱体化は、果樹農家数の大きな減少につながることが危惧される。

　果樹農業における農業労働力の重要性は、表4-補-16に示した農業従事者数の変化からもうかがえる。農業従事者の総数は果樹農家そのものが減少しているため、大きく減少している。しかし果樹農家1戸当たりでみると、驚くほど変化がない。農業従事者全体では男子が約1.5人、女子が約1.4人で安定して

表4-補-15　果樹園面積規模別男子農業専従者のいる農家数の変化
（果樹園面積0.1ha以上）

（単位：戸、％）

	年次	0.1〜0.3ha	0.3〜0.5ha	0.5〜1.0ha	1.0〜1.5ha	1.5〜2.0ha	2.0ha〜	合計
実数	1980年	90,112	60,580	87,613	36,987	16,213	14,610	306,115
	1985年	81,733	53,459	78,073	35,047	15,905	14,547	278,764
	1990年	64,277	46,247	67,313	31,168	14,877	14,297	238,179
	1995年	57,617	40,195	58,947	28,540	14,042	14,493	213,834
	2000年	52,499	37,387	52,905	25,461	12,915	14,779	195,946
割合	1980年	32.9	49.1	67.6	81.9	88.2	91.0	50.5
	1985年	32.4	48.3	67.1	83.2	89.1	92.3	50.2
	1990年	40.2	47.3	65.7	82.9	90.1	93.1	54.7
	1995年	37.6	46.6	65.3	82.9	90.3	93.1	54.1
	2000年	42.1	50.8	67.7	84.0	91.0	94.4	58.2

資料：農林水産省『農業センサス』
　注：1990年以降については販売農家のみの数値である。

いる。農業従事日数別にみても農業従事日数150日以上の者は男子が約0.6人、女子が約0.55人で変化は小さく、むしろわずかながらも増加傾向がみられる。他の農業従事日数についても人数の変化は小さい。ただ年齢別では総数でも青壮年層が減少し、高齢者が増えており、果樹農家1戸当たりでは青壮年層の減

表4-補-16 果樹農家の農業従事者数の変化(果樹園面積0.1ha以上)

(単位:人)

		合計	男子								
			年齢別					農業従事日数別			
			16〜29歳	30〜49歳	50〜59歳	60〜64歳	65歳以上	59日未満	60〜99日	100〜149日	150日以上
総数	1980年	890,171	153,264	312,884	195,880	71,529	156,614	339,894	105,926	83,088	361,263
	1985年	809,489	106,848	274,331	190,271	80,610	157,429	312,747	97,701	72,737	326,304
	1990年	664,926	72,410	225,608	132,928	84,096	149,884	249,849	78,869	60,056	276,152
			15〜39歳	40〜59歳							
	1995年	597,978	134,573	218,164		70,547	174,694	229,041	71,682	51,974	245,281
	2000年	527,541	110,352	187,791		49,302	180,096	197,027	61,103	44,893	224,518
果樹農家1戸当たり	1980年	1.47	0.25	0.52	0.32	0.12	0.26	0.56	0.17	0.14	0.60
	1985年	1.46	0.19	0.49	0.34	0.15	0.28	0.56	0.18	0.13	0.59
	1990年	1.53	0.17	0.52	0.31	0.19	0.34	0.57	0.18	0.14	0.63
			15〜39歳	40〜59歳							
	1995年	1.51	0.34	0.55		0.18	0.44	0.58	0.18	0.13	0.62
	2000年	1.57	0.33	0.56		0.15	0.54	0.59	0.18	0.13	0.67

		合計	女子								
			年齢別					農業従事日数別			
			16〜29歳	30〜49歳	50〜59歳	60〜64歳	65歳以上	59日未満	60〜99日	100〜149日	150日以上
総数	1980年	856,974	114,045	320,999	207,584	75,170	139,176	309,138	104,682	104,557	338,597
	1985年	766,725	75,230	263,753	196,977	86,791	143,974	287,022	93,594	89,290	296,819
	1990年	626,071	51,346	205,310	144,681	84,572	140,162	234,581	72,504	70,133	248,853
			15〜39歳	40〜59歳							
	1995年	544,671	101,197	209,166		73,612	160,696	207,926	60,416	58,609	217,720
	2000年	485,042	80,357	174,769		55,518	174,398	188,826	48,371	47,747	200,098
果樹農家1戸当たり	1980年	1.41	0.19	0.53	0.34	0.12	0.23	0.51	0.17	0.17	0.56
	1985年	1.38	0.14	0.47	0.35	0.16	0.26	0.52	0.17	0.16	0.53
	1990年	1.44	0.12	0.47	0.33	0.19	0.32	0.54	0.17	0.16	0.57
			15〜39歳	40〜59歳							
	1995年	1.38	0.26	0.53		0.19	0.41	0.53	0.15	0.15	0.55
	2000年	1.44	0.24	0.52		0.17	0.52	0.56	0.14	0.14	0.59

資料:農林水産省『農業センサス』
注:1990年以降については販売農家のみの数値である。

少を高齢者が補うことで農業従事者数が維持されている。ここにも果樹農業では農業労働力が決定的な要素であることが示されている。

果樹農業における農業労働力の重要性は、後に詳しく述べるが、果樹農業の労働集約的な性格に起因している。労働集約的な果樹農作業を実施していくためには、規模に応じた労働力の確保は不可欠なのである。農業労働力が決定的な要素となっていることが、果樹農業において大規模経営の形成を遅らせている大きな要因となっている。

2) 果樹農家の構造変動の地域性

ここまでみてきた果樹農家の構造変動はわが国全体の集計値である。果樹生産構造は、品目や地域による違いが大きく、全国値だけで果樹生産構造を理解することはできない。次に果樹農家の構造変動の地域性をみていく。なお、果樹農業では品目による違いが大きいが、品目ごとに農業構造変動をみることができるデータは乏しい。しかし果樹農業では品目ごとに生産立地が特化しているので、品目の違いを地域性である程度置き換えることができる。例えば、西日本の柑橘類と東日本の落葉果樹、東日本のなかでも北東北のリンゴ、東山のブドウ、モモ、関東の日本ナシというようにである。地域性には同時に地域ごとの社会経済条件等の違いによりその生産構造の違いは大きい[14]。したがって、地域性とは品目の違いと社会経済条件等の違いが絡み合ったものとしてみていく必要がある。

表4-補-17に地域別の果樹農家数と1戸当たり果樹園面積の変化を示した。1985～2000年でみれば、すべての地域で果樹農家は20％以上の大きな減少となっているが、西日本で特に減少率は高い。九州が46.1％と半減に近い減少であり、中国が41.6％、四国が39.2％とほぼ4割減である。都道府県別にみると、広島県が58.3％で減少が最も激しく、長崎県、佐賀県も減少率が50％を超え、果樹農家は半減している。西日本の特に柑橘類生産県の多くは、半減するほどの激しい果樹農家の減少を国際化時代に経験したのである。東日本は西日本ほどの激しい果樹農家の減少はなく、東北、東山、北陸は約24％の減少にとどまっている。都道府県別にみても半減している都道府県はない。

時期別にみると、1985～90年は東西間の減少率の差は大きく、東海以西ではすべて二桁の減少率であるが、東日本では一桁台の減少率にとどまっている地

表 4-補-17 地域別果樹農家数と 1 戸当たりの果樹園面積の変化

	農家数 (戸)					農家変化率 (%)				農家 1 戸当たり果樹園面積 (a)				
	1980 年	1985 年	1990 年	1995 年	2000 年	85〜90	90〜95	95〜00	85〜00	1980 年	1985 年	1990 年	1995 年	2000 年
北海道	3,010	2,290	2,032	2,061	1,660	▲11.3	1.4	▲19.5	▲27.5	126.2	146.6	146.9	137.0	149.2
東北	100,019	88,397	82,843	78,906	66,750	▲6.3	▲4.8	▲15.4	▲24.5	44.9	51.2	54.7	56.4	61.6
関東	84,402	67,013	58,282	55,609	44,651	▲13.0	▲4.6	▲19.7	▲33.4	28.9	33.6	37.0	36.9	40.5
東山	73,372	64,141	60,490	55,908	48,239	▲5.7	▲7.6	▲13.7	▲24.8	34.3	40.9	44.7	45.0	47.2
北陸	17,948	14,999	13,794	14,909	11,417	▲8.0	8.1	▲23.4	▲23.9	26.1	29.7	31.4	29.8	34.1
東海	84,443	62,010	50,071	47,662	39,999	▲19.3	▲4.8	▲16.1	▲35.5	30.9	34.5	35.8	34.8	37.7
近畿	69,820	53,700	44,227	43,470	37,458	▲17.6	▲1.7	▲13.8	▲30.2	37.1	44.3	50.6	50.7	56.9
中国	97,653	65,674	57,725	54,883	38,351	▲12.1	▲4.9	▲30.1	▲41.6	25.2	30.0	29.8	27.1	30.9
四国	113,210	79,616	65,330	57,797	48,404	▲17.9	▲11.5	▲16.3	▲39.2	43.1	52.1	54.0	53.3	55.9
九州	173,398	119,974	93,967	80,591	64,658	▲21.7	▲14.2	▲19.8	▲46.1	45.0	52.8	54.0	54.1	58.8
沖縄県	3,937	2,775	2,621	2,701	2,040	▲5.5	3.1	▲24.5	▲26.5	84.8	88.1	83.0	75.2	67.5
合計	821,212	620,589	531,382	494,497	403,627	▲14.4	▲6.9	▲18.4	▲35.0	37.7	44.2	46.5	46.0	50.3

資料：農林水産省『農業センサス』
注：果樹農家数は、1980 年のみ総農家で、1985 年以降は販売農家のみの数値である。1 戸当たり果樹園面積も同様である。

域が目立つ。1990〜95 年になると、東山を除いて減少率は低下し、北海道、北陸、沖縄県では増加に転じている。また西日本の中でも近畿では 17.6％ から 1.7％ に減少率を大きく低下させる等、減少率の低下が大きく、四国、九州を除いて東日本との差はなくなった。1995〜2000 年にはすべての地域で減少率は大幅に増加し、すべての地域が二桁台の減少率となっている。また東西間の差もほとんどなくなっている。1985〜90 年には柑橘園地転換事業の影響で柑橘類が主体の西日本で果樹農家の減少は大きいが、1995〜2000 年には既述のようにほぼすべての果実品目で生産は減少しているために、果樹農家もすべての地域で高い減少率となっている。

　果樹農家 1 戸当たり果樹園面積では、1985 年には北海道、沖縄県が大きく、九州、四国、東北が約 50a でそれに続いている。1 戸当たり面積が最も小さい北陸、中国と比べると九州等は 1.7 倍であり、地域間の差は比較的大きい。2000 年においても地域性に大きな変化はないが、この間の変化は西日本よりも東日本で増加率が高く、また関東、近畿というわが国の経済的中核地域で増加率は高い。特に近畿の増加率は高く、2000 年には九州、四国と並ぶ規模となっている。この変化は生産立地の変化、すなわち西から東への比重の移動と経済的中核地域の比重拡大と軌を一にする変化である。

　果樹農家の減少と 1 戸当たりの面積の増加の間では、果樹農家の減少率が高い地域で 1 戸当たり面積の増加が大きいという関係はみられず、逆に果樹農家の減少率が高い地域ほど 1 戸当たり面積の増加率が低いという関係がみられる。すなわち果樹農家の減少率が高い地域で、離脱した農家の果樹園を残存農家が集積して規模拡大が進むという現象はなく、果樹農家が衰退している地域では、担い手農家による果樹園の集積は進まず、離脱した農家の果樹園はそのまま廃園化し、果樹園面積も減少してしまっていると考えられる。まさに国際化時代の果樹農業が直面している厳しい現実を示すものである。

　構造変動の地域性をより詳細にみるため、代表的な果樹生産県を取り上げ、比較検討する。取り上げる県は表 4-補-18 に示した 5 県である。青森県は東北を代表する果樹生産県であり、リンゴの主産県である。長野県はわが国中央部の代表的な果樹生産県であり、青森県に次ぐリンゴの主産県であるとともに、ブドウ、モモ、日本ナシ等の多様な落葉果樹が生産されている。和歌山県は 1990 年代において果実粗生産額が最も大きい県である。柑橘類の古くからの産地で

表 4-補-18　代表的な果樹生産県における果樹園規模別農家数の変化

青森　　　　　　　　　　　　　　　　　　　　　　　　　　　　　　　　　　　（戸、a）

年次	合計 総農家	合計 販売農家	～0.1ha	0.1～0.3ha	0.3～0.5ha	0.5～1.0ha	1.0～1.5ha	1.5～2.0ha	2.0ha～	1戸当たり果樹園面積
1980年	31,431		1,864	7,767	5,844	8,857	4,143	1,669	1,287	65.1
1985年	29,724	28,494	1,669	6,688	5,009	8,100	4,405	2,101	1,765	75.9
1990年	27,338	26,203	1,127	4,881	4,493	7,284	4,260	2,124	2,034	81.3
1995年	25,208	24,063	920	4,158	4,048	6,557	4,041	2,143	2,196	86.3
2000年		21,225	689	3,524	3,392	5,697	3,596	1,976	2,351	92.1

長野

年次	合計 総農家	合計 販売農家	～0.1ha	0.1～0.3ha	0.3～0.5ha	0.5～1.0ha	1.0～1.5ha	1.5～2.0ha	2.0ha～	1戸当たり果樹園面積
1980年	48,019		12,154	17,977	7,897	7,413	2,035	444	99	30.9
1985年	48,564	41,777	12,110	17,501	7,886	7,793	2,482	644	148	37.2
1990年	44,948	39,205	5,710	14,119	7,864	7,777	2,649	829	257	40.9
1995年	42,301	36,187	5,482	12,849	7,201	7,026	2,444	883	302	41.3
2000年		30,808	4,152	10,932	6,312	6,036	2,155	863	358	43.3

和歌山

年次	合計 総農家	合計 販売農家	～0.1ha	0.1～0.3ha	0.3～0.5ha	0.5～1.0ha	1.0～1.5ha	1.5～2.0ha	2.0ha～	1戸当たり果樹園面積
1980年	34,626		5,727	9,504	5,284	7,350	3,617	1,942	1,202	54.2
1985年	32,805	26,702	5,323	8,865	4,929	6,992	3,512	1,936	1,239	66.2
1990年	28,028	23,867	1,839	4,714	4,270	6,373	3,332	1,917	1,422	71.8
1995年	25,963	22,282	1,642	4,287	3,834	5,764	3,170	1,883	1,702	75.9
2000年		20,183	1,266	3,504	3,443	5,267	2,877	1,879	1,947	82.9

愛媛

年次	合計 総農家	合計 販売農家	～0.1ha	0.1～0.3ha	0.3～0.5ha	0.5～1.0ha	1.0～1.5ha	1.5～2.0ha	2.0ha～	1戸当たり果樹園面積
1980年	61,130		9,781	17,144	9,882	12,834	6,003	2,795	2,691	55.1
1985年	55,136	44,340	9,336	15,402	8,284	11,066	5,433	2,769	2,786	67.7
1990年	43,943	36,550	3,350	7,659	6,904	9,066	4,435	2,492	2,644	71.1
1995年	38,201	31,504	3,219	6,734	5,805	7,378	3,708	2,107	2,553	71.6
2000年		26,505	2,467	5,663	4,784	6,278	3,072	1,820	2,421	74.9

大分

年次	合計 総農家	合計 販売農家	～0.1ha	0.1～0.3ha	0.3～0.5ha	0.5～1.0ha	1.0～1.5ha	1.5～2.0ha	2.0ha～	1戸当たり果樹園面積
1980年	26,851		7,625	9,103	3,636	3,723	1,376	704	674	37.6
1985年	23,282	17,402	7,111	7,854	3,075	3,058	1,144	536	476	43.5
1990年	17,536	13,863	3,320	4,418	2,467	2,204	791	340	323	40.1
1995年	15,306	12,145	3,220	4,073	1,988	1,723	635	265	241	36.2
2000年		9,022	2,038	3,180	1,516	1,392	450	209	237	39.2

資料：農林水産省『農業センサス』

注：果樹園規模別農家数は、1985年までは総農家の数値、1990年以降は販売農家のみの数値である。1戸当たり果樹園面積は、1980年は総農家の数値であり、1985年以降は販売農家の数値である。

あるとともに、近年はウメがミカンに匹敵するほどの粗生産額まで成長し、モモ等の生産が拡大しており、県全体でみれば果樹生産の多品目化が進んでいる。愛媛県は最も代表的な柑橘類の主産県である。大分県は同じく柑橘類の主産県であるが、近年果樹生産が最も激しく後退した県である。

表4-補-18で、まず果樹農家1戸当たり果樹園面積をみると、2000年において最も大きい青森県が92.1haで、最も小さい大分県は39.2aであり、県間の差は大きい。そのため果樹園規模別構成比にも県ごとの違いは大きい。2000年において青森県は0.3ha未満の農家は2割に満たないが、長野県ではほぼ5割、大分県では6割近い数値である。一方、2.0ha以上層では青森県は1割を超えているが、長野県は1.2%に過ぎない。

このような果樹園規模構成の違いを念頭に置いて規模別に農家の変化をみると、まず注目すべき点は、青森県、長野県、和歌山県では2.0ha以上の最上層が常に増加しているのに対して、愛媛県、大分県では減少していることである。長野県は農家数は依然少ないが、1985～2000年で2.0ha以上の農家は2.4倍になっている。その一方で大分県では半減している。この5県のみでなく、東日本では多くの都道府県で2.0ha以上層は増加しているが、西日本ではほとんどの府県で2.0ha以上層は減少しており、増加しているのは表示した和歌山県と奈良県、熊本県の3県のみである。先にみた全国の動向はこの二つの動きが合わさった結果なのである。1990年に2.0ha以上層は減少から増加に転じているが、これは西日本での減少が鈍化したためであり、東日本では農家数の増加率は1990年以降むしろ低下している都道県が多い。したがって1990年以降の全国での2.0ha以上の増加は、大規模層の形成が進み始めたとう評価は必ずしも適切ではなく、西日本での大規模層減少の下げ止まりを示すものである。

農家数でも青森県、長野県、和歌山県と比べて愛媛県、大分県の減少率は高い。その差は主に規模の大きい階層での減少率の差によるものである。0.3ha未満層では、5県の間に大きな違いはない。一方、規模の大きい階層では、2.0ha以上層はすでに述べたが、1.5～2.0ha層では1985～2000年で長野県は増加、青森県、和歌山県では10%未満の小幅な減少であるが、愛媛県では34.3%、大分県は61.0%と高い減少率である。0.5～1.0ha層、1.0～1.5ha層でも同様に格差は大きい。農家減少率の激しい大分県は果樹園規模の小さい農家が多く、小規模の離脱が高い農家減少率をもたらしているとも考えられるが、規模別農家の

変化をみるとそれは当てはまらない。大分県ではすべての階層で減少率が高い。1985～2000年では0.3ha～0.5ha層のみが49.3％で唯一減少率が50％を切って最も低く、他の階層はすべて50％を超えている。大分県では小規模層の比重の高さが農家数の激しい減少の要因ではなく、すべての規模階層で農家が大きく減少しているのである。大規模層まで含めて農家が激しく減少していることが、事態をより深刻なものとしている。離脱した農家から大量の果樹園が排出されているが、新たな担い手形成がなされないために、排出された果樹園の受け手がほとんどなく、それがそのまま廃園化し、果樹園面積の激しい減少につながっている。東日本と比較した大分県に代表されるような西日本の深刻さは、1995～2000年においても基本的に変わっていない。この時期には東日本で農家の減少率が高まり、東西の差が縮小したが、内実をみると依然東西間で違いがあり、西日本は東日本と比べて厳しい状況が続いている。

表4-補-19に農業労働力保有状態別農家数を示したが、ここでも果樹園規模別と同様なことが指摘できる。東日本と西日本の比較では、東日本で男子農業専従者のいる農家の割合が高く、その減少率も低い。専従者のいない農家の減少率は男子農業専従者がいる農家の減少率と比べて県間の差は小さく、農家全体の減少率の差は主に男子農業専従者のいる農家の減少率の差によっている。

農業労働力保有状態別農家数では、青森県と長野県と愛媛県、大分県の違いが注目される。青森県と長野県とでは男子農業専従者のいる農家の割合でも差はあるが、より大きな差は60歳未満の男子農業専従者のいる農家でみられる。2000年においても青森県では全体の40.4％で60歳未満の男子農業専従者が確保されているが、長野県ではわずか16.3％である。長野県の数値は大分県よりも低く、表示した5県の中で最低である。また60歳未満男子農業専従者のいる農家の減少率でも、長野県は青森県より高く、愛媛、大分県と同水準である。60歳未満男子農業専従者のいる農家の動向では、長野県は愛媛県、大分県と同じような傾向となっている。しかし男子農業専従者のいる農家全体では、長野県は青森県には及ばないが、愛媛県、大分県よりも割合は高く、減少率も低い。この違いは長野県では高齢の農業専従者に依存した農家が多いことによる。2000年には長野県では男子農業専従者が60歳以上の者のみの農家が全体の46.3％と半数近くを占めており、他県と比べて高い。また長野県では農業専従者が女子のみの農家の割合も他県と比べて高く、そのために専従者のいない

表4-補-19　代表的な果樹生産県における農業労働力保有状態別農家数の変化
（果樹園面積0.1ha以上）

青森	実数（戸）					割合（%）			
	合計	専従者なし	専従者女子のみ	男子専従者あり	60歳未満男子専従者あり	専従者なし	専従者女子のみ	男子専従者あり	60歳未満男子専従者あり
1980年	29,567	7,134	3,434	18,999	16,686	24.1	11.6	64.3	54.6
1985年	28,070	5,822	3,332	18,916	15,728	20.7	11.9	67.4	56.0
1990年	25,082	8,944	2,098	14,040	11,006	35.7	8.4	56.0	43.9
1995年	23,143	4,276	2,473	16,394	10,620	18.5	10.7	70.8	45.9
2000年	20,536	3,135	2,396	15,005	8,296	15.3	11.7	73.1	40.4

長野	実数（戸）					割合（%）			
	合計	専従者なし	専従者女子のみ	男子専従者あり	60歳未満男子専従者あり	専従者なし	専従者女子のみ	男子専従者あり	60歳未満男子専従者あり
1980年	35,865	8,411	7,170	20,254	13,654	23.5	20.0	56.5	38.1
1985年	36,458	9,521	6,772	20,165	11,517	26.1	18.6	55.3	31.6
1990年	33,495	8,402	5,649	19,444	8,538	25.1	16.9	58.1	25.5
1995年	30,705	8,120	4,974	17,611	5,642	26.4	16.2	57.4	18.4
2000年	26,656	5,724	4,394	16,538	4,346	21.5	16.5	62.0	16.3

和歌山	実数（戸）					割合（%）			
	合計	専従者なし	専従者女子のみ	男子専従者あり	60歳未満男子専従者あり	専従者なし	専従者女子のみ	男子専従者あり	60歳未満男子専従者あり
1980年	28,889	9,898	3,163	15,838	12,290	34.3	10.9	54.8	42.5
1985年	27,476	9,638	2,837	15,001	10,765	35.1	10.3	54.6	39.2
1990年	22,028	6,016	2,334	13,678	8,575	27.3	10.6	62.1	38.9
1995年	20,640	5,597	2,251	12,792	6,728	27.1	10.9	62.0	32.6
2000年	18,917	4,490	2,264	12,163	5,737	23.7	12.0	64.3	30.3

愛媛	実数（戸）					割合（%）			
	合計	専従者なし	専従者女子のみ	男子専従者あり	60歳未満男子専従者あり	専従者なし	専従者女子のみ	男子専従者あり	60歳未満男子専従者あり
1980年	51,349	21,099	7,249	23,001	16,151	41.1	14.1	44.8	31.5
1985年	45,751	18,755	5,886	21,110	13,196	41.0	12.9	46.1	28.8
1990年	33,200	11,640	4,050	17,510	9,293	35.1	12.2	52.7	28.0
1995年	28,285	10,058	3,191	15,036	6,319	35.6	11.3	53.2	22.3
2000年	24,038	7,910	2,765	13,363	4,884	32.9	11.5	55.6	20.3

大分	実数（戸）					割合（%）			
	合計	専従者なし	専従者女子のみ	男子専従者あり	60歳未満男子専従者あり	専従者なし	専従者女子のみ	男子専従者あり	60歳未満男子専従者あり
1980年	19,226	8,639	3,167	7,420	5,104	44.9	16.5	38.6	26.5
1985年	16,165	7,356	2,316	6,493	4,043	45.5	14.3	40.2	25.0
1990年	10,543	4,256	1,281	5,006	2,598	40.4	12.2	47.5	24.6
1995年	8,925	4,141	872	3,912	1,504	46.4	9.8	43.8	16.9
2000年	6,984	2,816	632	3,536	1,147	40.3	9.0	50.6	16.4

資料：農林水産省『農業センサス』
注：1990年以降については販売農家のみの数値である。

農家の割合で愛媛県、大分県との差はいっそう広がっている。長野県では高齢者や女性に依存しながら農業労働力を確保している実態を示している。

青森県は60歳未満の農業専従者のいる農家の割合が高く、青壮年の男子労働力によって相対的に充実した農業労働力が維持されている。長野県では青壮年の男子労働力が減少している中で、高齢者や女性によって農業労働力が何とか維持されている。愛媛県、大分県は青壮年の男子労働力の減少がそのまま農家数の激しい減少へとつながっている。愛媛県、大分県を始めとする柑橘類の主産地では、1970年代前半のミカン価格の暴落以降、農業労働力の流出、弱体化が進んだ。その動きは国際化時代にも引き継がれ、時期ごとの経営環境にも影響されながら高い農家減少率が続いている。一方、長野県では、青壮年の男子労働力が減少する中でも、多様な労働力に依存しながら果樹農家は維持されてきた。しかし青壮年の労働力の供給が乏しく、高齢労働力への依存度が高い状況では、いずれは農業労働力の維持が困難となってくる。長野県を含む東山地域では表4-補-17に示したように、果樹経営が好転した1990～95年においても果樹農家減少率は低下せず、次第に農家減少率を高めている。これは農業労働力の高齢化が徐々に進行し、経営環境の変化に関わりなく、労働力面から果樹農業の存続が困難となった農家が次第に増えてきたためと考えられる。国際化時代においては、地域性をともないながらも時期ごとの経営環境とともに、農業労働力の高齢化という内部からの解体が、果樹農家の減少をもたらす重大な要因となっている。この点に果樹生産構造が立ち至っている、これまで以上の厳しさがある。

また、和歌山県は西日本にあり、柑橘類が主要な果実品目であるが、果樹農家の構造変動は東日本に近い変化となっている。近畿地域は西日本の中では果樹農家の減少率が低く、農家1戸当たり果樹園面積の増加率も高いが、これは主に和歌山県の動きによるものである。和歌山県のこの変化の要因は、第1に主要品目の柑橘類で他の主産県と比べて生産の減少が小さく、柑橘類の主産地域においても果樹農家、果樹園面積ともに減少率が相対的に小さいことである。第2に、より注目すべき点として、ウメ、モモ、カキという落葉果樹で栽培面積が拡大し、特にウメではその主産地域で果樹農家はほとんど減少せず、果樹園面積は増加していることである。和歌山県は既述のように1990年代において果実粗生産額が最大の県であるが、国際化時代の果樹農業において最も注目

すべき地域である[15]。

3) 果樹園の流動化

　果樹農業の農家構造変動は、農家数が大きく減少する一方で大規模経営の形成が遅れていることが大きな特徴であり、その点に深刻な問題を抱えている。果樹農業で大規模経営の形成が進まない原因としては、果樹園流動化の困難性と果樹農業の労働集約性がある。次にこの二つの果樹農業の特質が国際化時代にどのように変化したかをみていく。

　まず果樹園の流動化であるが、果樹園で流動化が困難なのは、果樹が永年作物であり、果樹園の流動化では通常、土地のみでなく、そこに植えられている立木も伴うためである。そのため果樹園の流動化には土地の評価とともに立木の評価が必要となる。そして土地市場に供給される果樹園は、土地条件が劣る上に、樹体の状態や品種等の立木の条件でも劣っている場合が多い[16]。また賃貸借の場合、借り手側が改植すること自体が許されない場合もあり、改植できたとしても返還の際の有益費補償が問題となる[17]。このような理由から果樹園は他に地目と比べて流動化には難しさがともなう。特に賃貸借では有益費補償の問題があるのでなおさら難しい。

　農地の流動化には売買と賃貸借の二つの形態があるが、わが国では1970年代以降、北海道を除いて賃貸借が大部分を占めている。しかし果樹園に関しては上のような理由から賃貸借はあまり増加せず、売買の比重が高いとみられてきた[18]。まずこの点を検討したい。わが国全体で果樹園だけを取り出して、その流動化面積を知ることができるデータは残念ながら存在しない。法制度に則った流動化面積は、農林水産省の『農地の移転と転用』でみることができるが、この資料では地目別には記されていない。そこで農地のほとんどが果樹園である代表的な果樹産地の市町村を取り出して、そこでの農地権利移動面積中の所有権有償移転面積と賃借権設定面積を比べることで、果樹園流動化における売買と賃貸借の比重を推測したい。表4-補-20に代表的な果樹産地にある四つの市町村について1985～97年の農地の移動面積を示した。この4市町村はすべて農地の80％以上が果樹園であり、農地移動のほとんどは果樹園とみていいだろう。4市町村の1995年農業センサス上の経営耕地面積に対する1985～94年における年平均の所有権有償移転面積と賃借権設定面積の合計値の割合

は 0.7〜1.2％である。全国合計の値は 4.0％であるので、流動面積自体が少ない。また全移動面積中の賃借権設定面積の比率をみると、4 市町村間で格差はあるが、平均で 50.2％である。全国の農地全体では 78.5％であるので、4 市町村の平均はそれを 30％近く下回って

表 4-補-20　果樹専作市町村における農地権利移動

(ha)

	所有権有償移転面積	賃借権設定面積	経営耕地面積	経営果樹園面積
青森県相馬村	94.3	44.6	1,096	895
山梨県勝沼村	54.7	81.7	848	829
和歌山県有田市	61.8	44.9	1,195	1,138
愛媛県八幡浜市	113.8	156.0	2,141	2,064

資料：農林水産省『農地の移転と転用』、『農業センサス』
注：1) 所有権有償移転面積、賃借権設定面積ともに農地法 3 条および農業経営基盤強化法（農用地利用増進法）によるものの合計値である。
2) 所有権有償移転面積と賃借権設定面積は 1985〜97 年の合計値である。
3) 経営耕地面積、果樹園面積は 1995 年の数値である。
4) 表示している市町村は 2000 年時点のものである。

いる。全国の農地流動化では、法制度に基づくものに限っても、ほぼ 8 割が賃貸借によるものであるが、果樹産地の代表的な市町村ではほぼ半分である。果樹園の流動化では賃貸借の比率は低く、売買による流動化も依然大きな比重を占めていると推測できる。経営耕地面積に対する賃借権面積のみの比重でみると、4 市町村は全国合計値の 7 分の 1 以下であり、果樹園の賃貸借は他の農地と比べてたち遅れており、それが果樹園の流動化の遅れにつながっている。

このように果樹園の流動化では依然売買の比重も大きく、賃貸借のみで果樹園の流動化を分析することには限界がある。しかし、全国の果樹園の売買面積を知ることができるデータが得られないので、限界を承知の上で賃貸借面積で果樹園流動化の動向を検討する。農業センサスでは、賃貸借面積は樹園地としてのみ示され、果樹園だけを取り出しては示されていない。しかし果樹農家に限れば、樹園地の 96.5％は果樹園であるので、果樹農家については、樹園地の数値でもって果樹園の動向をみても大きな誤りはないであろう。

果樹農家の樹園地借入面積の変化を表 4-補-21 に示した。果樹園の賃貸借は立ち後れているとは言え、樹園地借入面積はこの間着実に増加している。1985〜2000 年で 7,375ha から 1 万 2,166ha に 1.6 倍に増加している。借地率も 2.4％から 5.8％に大きく伸びている。国際化時代には果樹園の流動化は停滞していたのではなく、着実に増加していることをまず理解するべきであろう。問題はそのテンポと水準である。同じ期間に全農家の経営耕地全体でみれば、借入面

第4章 岐路に立つ日本農業　149

表4-補-21　果樹農家における樹園地借入面積の変化

	借入面積 (ha)					経営面積 (ha)					借地率 (%)				
	1980年	1985年	1990年	1995年	2000年	1980年	1985年	1990年	1995年	2000年	1980年	1985年	1990年	1995年	2000年
全国	6,211	7,375	8,304	9,820	12,166	316,924	307,270	260,800	23,257	210,415	2.0	2.4	3.2	4.1	5.8
北海道	41	47	51	34	38	3,764	3,380	2,993	2,834	2,495	1.1	1.4	1.7	1.2	1.5
東北	699	1,019	1,247	1,534	2,091	45,511	47,211	46,116	44,999	41,098	1.5	2.2	2.7	3.4	5.1
関東	400	374	443	516	559	26,224	27,310	23,678	21,911	18,916	1.5	1.4	1.9	2.4	3.0
東山	598	957	1,272	1,639	1,999	25,949	29,138	27,966	25,549	22,927	2.3	3.3	4.5	6.4	8.7
北陸	177	243	261	295	366	4,402	4,747	4,408	4,504	3,947	4.0	5.1	5.9	6.5	9.3
東海	475	545	630	863	1,088	29,851	28,673	22,275	20,352	18,255	1.6	1.9	2.8	4.2	6.0
近畿	480	472	622	870	1,166	25,391	25,459	22,815	22,427	21,684	1.9	1.9	2.7	3.9	5.4
中国	734	880	869	849	934	22,881	22,458	17,602	15,129	12,041	3.2	3.9	4.9	5.6	7.8
四国	805	979	1,131	1,305	1,586	49,680	46,030	36,942	31,860	27,762	1.6	2.1	3.1	4.1	5.7
九州	1,353	1,536	1,496	1,641	2,160	79,929	70,325	53,789	45,613	39,651	1.7	2.2	2.8	3.6	5.4
沖縄	449	324	283	275	180	3,341	2,540	2,215	2,077	1,430	13.4	12.8	12.8	13.2	12.6
～0.1ha		355	185	208	155		14,563	7,329	6,582	4,578		2.4	2.5	3.2	3.4
0.1～0.3ha	973	953	728	776	764	52,763	48,001	32,697	28,777	23,289	1.8	2.0	2.2	2.7	3.3
0.3～0.5ha	844	854	920	995	1,038	47,980	42,880	37,472	32,525	27,667	1.8	2.0	2.5	3.1	3.8
0.5～1.0ha	1,696	1,800	2,003	2,244	2,584	89,291	80,311	70,412	61,344	53,108	1.9	2.2	2.8	3.7	4.9
1.0～1.5ha	1,020	1,307	1,630	1,930	2,324	53,082	49,542	44,220	40,247	35,548	1.9	2.6	3.7	4.8	6.5
1.5～2.0ha	587	805	1,064	1,406	1,749	30,518	29,694	27,503	25,812	23,566	1.9	2.7	3.9	5.4	7.4
2.0ha～	1,090	1,300	1,774	2,260	3,553	43,289	42,280	41,166	41,970	42,659	2.5	3.1	4.3	5.4	8.3

資料：農林水産省『農業センサス』
注：1990年以降については販売農家のみの数値である。

積は2.4倍となり、2000年の借地率は16.6％に達している。果樹園の流動化はその水準が低いのみでなく、増加しているとは言え、その増加率が低いことが大きな問題なのである。

樹園地借入面積を果樹園規模別にみると、大規模層ほど借地率は高く、また借入面積の増加率も高い。賃貸借による大規模層への果樹園の集積が徐々に進行している。2.0ha以上層は1985～2000年で、全体平均を大きく上回って2.7倍に樹園地借入面積を増加させている。2000年には農家数で3.9％に過ぎない2.0ha以上層が借入面積の29.2％を占めている。借地率でも8.3％に達しており、小規模層との間でほぼ3倍の差が生じている。果樹園においても借入地の大規模層への集中化が徐々に進行しており、賃貸借の増加が大規模な担い手形成につながっている。しかし果樹園流動化のテンポが遅いため、大規模層への果樹園集積のテンポも他の地目と比べると遅れており、大規模層の形成の遅れにつながっている。やはり果樹園集積のテンポが問題なのである。

果樹園においてもテンポは緩やかであるが、流動化は進展し、大規模層への集積も進んでいる。次に問題となるのは、果樹園の流動化が果樹農業から離脱した農家の果樹園を担い手に移動し、果樹園の維持につながっているかどうかということである。特に果樹農業では農家数の減少が大きく、果樹園面積も大きく減少しており、果樹園の流動化が多少なりとも果樹園減少の歯止めとなったかが問われる。その点をみるために、まず樹園地借入面積の地域性を確認しておく。2000年の借地率では、沖縄県が飛び抜けて高く、北陸、東山、中国が7～9％台で高水準にある。農業全般として兼業化、高齢化が進展している地域で樹園地借地率は高い傾向にある。一方、北海道、東北、関東という東日本で樹園地借地率は低い。樹園地借地面積の増加率では、1985～2000年でみて近畿が2.4倍で最も高く、東北、東山が2倍を超えて高い。この間の果樹園面積の減少が小さい地域で借地増加率は高い傾向にある。一方、借入面積の増加が最も小さかったのは経営面積自体が大きく減少した中国である。果樹園面積の減少が大きい西日本で借地増加率は全般的に低い。このように樹園地の経営面積と借入面積の変化にはある程度の関係があるようにみられる。

この点を図に示したのが図4-補-13である。地域ごとの経営樹園地の減少率と借地の増加をみると、全体としては経営樹園地の減少率が小さい地域ほど借地の増加率は高いという関係がみられる。同時に関東を除いて二つのグループ

図 4-補-13　果樹農家における樹園地の経営面積と借地面積の変化

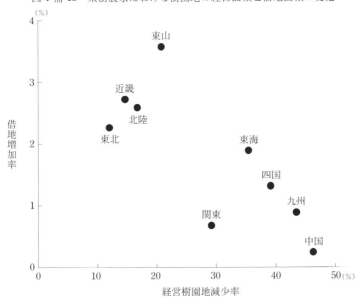

資料：農林水産省『農業センサス』
注：1）経営樹園地減少率、借地増加率ともに 1985～2000 年の数値であり
　　　経営樹園地減少率
　　　　＝（1985 年経営樹園地面積－2000 年経営樹園地面積）／1985 年経営樹園地面積×100
　　　により算出した。
　　　なお、1985 年は総農家、2000 年は販売農家の数値である。
　　2）北海道と沖縄県は全国の動向から大きくはずれているので、除外した。

に分けることができる。一つは経営樹園地減少率の高いグループであり、四国、九州等の柑橘類が主体の地域が属している。このグループでは借地増加率が低く、経営樹園地減少率と借地増加率には負の相関がある。もう一つのグループは経営樹園地減少率の低いグループであり、近畿と関東を除いた東日本が属している。このグループは借地増加率が高く、経営樹園地減少率との間に正の相関がある。全体を一見すれば借地増加率が高い地域で経営樹園地減少率が小さく、賃貸借による流動化が進展することで樹園地の減少が抑えられているようにみえる。しかし借地増加率は高くても 4％に満たないが、経営樹園地の減少率は最も高い中国は 46.3％であり、地域間の差は 30％を超えている。したがって、経営樹園地減少率のうち借地増加率の差で説明しうる部分はわずかである。むしろ経営樹園地の減少率が低い地域で借地増加率は高くなっていると考える

べきであろう。

　経営樹園地の減少が激しい地域は当然果樹農業の経営環境が厳しく、借り手が形成されないために樹園地の流動化が進まないと考えられる。実際、経営樹園地の減少率が高い柑橘類の主産地域では、既述のように大規模層の形成はほとんどみられない。そのため、経営樹園地減少率が高い地域ほど借地増加率は低くなっている。一方、経営樹園地の減少率が低い地域は果樹農業の経営環境が相対的に良好であり、そこでは緩やかながらも大規模層は増加しており、借り手が形成されており、借地増加率も高くなっている。また経営樹園地減少率が高いということは、それだけ樹園地の遊休化が進んでおり、土地市場に供給される樹園地も多いと言える。土地市場に供給される樹園地が大きいほどの流動化の条件は広がっているので、経営樹園地減少率の小さい地域では経営樹園地減少率と借地増加率に正の相関がみられていると考えられる。

　このようにみてくると、果樹園の流動化は、果樹園の減少が緩やかな地域ではその減少にある程度の歯止めとなっているが、減少の激しい地域ではほとんどの歯止めの機能を果たしていないと言える。果樹農家の減少がそのまま果樹園の減少につながっているのである[19]。果樹園の流動化は、その遊休化が進んでいる地域でこそ進展することが求められる。現実にはその逆であることがそのテンポの遅さとともに大きな問題点となっている。

4）果樹生産技術の展開

　果樹生産技術は従来から高い労働集約性によって特徴づけられてきた。その要因として、傾斜地への立地、機械化の遅れ、外観主体の品質重視の生産等が指摘されている[20]。この特徴が国際化時代にどのように変化したのかをみていきたい。

　結論を先に言ってしまえば、表4-補-22に示したように、各品目とも労働時間の大きな減少はみられない。統計の変更の影響もあると考えられるが[21]、リンゴを除いて統計上の労働時間

表4-補-22　果実労働時間の変化（10a当たり）

（単位：hr/10a）

	1985年	1999年
ミカン	164.6	199.7
リンゴ	250.3	237.3
日本ナシ	295.9	307.2
モモ	236.3	315.2

資料：1985年は「果実生産費調査」、1999年は「野菜・果実品目別統計」
注：1）各年とも前後3カ年平均である。
　　2）出荷調製労働は除いている。

はむしろ増加している。果樹生産技術の労働集約的な性格に基本的な変化はみられない。果樹農業は労働集約性が高く、労働力当たりの適正な栽培面積は厳しく制約され、適正な面積を超えた規模拡大は栽培の粗放化につながるために、合理的省力化を実現している中規模層が生産力的に優位に立っている「中規模層優位」の技術構造を有していることが指摘されてきた[22]。このような果樹農業の技術的特性は国際化時代においても基本的に変化がなかったと言える。

果樹生産技術全体としては大きな変化はなかったとして、機械化等の個々の課題についても変化はなかったのであろうか。次に省力化と絡んで機械化の動向、新たな技術の展開として施設栽培とリンゴのわい化栽培の動向、最後に新たな技術的課題として環境保全型農業の取り組み状況についてみていきたい。

機械化については、ミカンとリンゴに絞って動力運動時間とその総労働時間に占める割合の変化を図4-補-14に示した。動力運転時間は統計の変更により1994年までしか得られないので、図にはそこまでしか示していない。リンゴでは1990年代に動力運転時間は増加傾向となっている。しかしその増加は10a

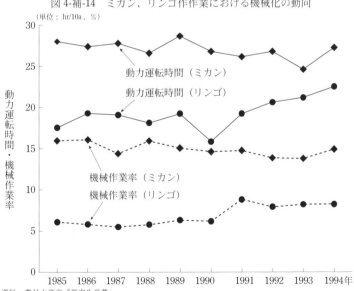

図4-補-14　ミカン、リンゴ作業における機械化の動向

資料：農林水産省『果実生産費』
注：1) 機械作業率は、動力運転時間／総労働時間×100 により算出した。
　　2) リンゴは品種「フジ」のみの数値である。

当たりわずか2～3時間であり、機械作業率では1990年代においても8％程度に過ぎない。リンゴでは機械化が進展したと言っても微々たる進展であり、作業体系の転換とはほど遠い。一方ミカンでは、この間動力運転時間、機械作業率ともにほとんど変化がない。機械化の動向を作業時間からみると、国際化時代にはほとんど進展していない。

　施設栽培に関しては表4-補-23に果樹施設栽培面積の変化を示した。ガラス室とハウスの合計値で1985年の4,575haから1999年の6,937haへと14年間で1.4倍に増加している。施設栽培の中でも面積が増加したのはハウスであり、ガラス室は逆に減少している。いわゆる温室栽培でなく、ハウス栽培が増加したのである。この時期の特徴として従来のブドウ、ミカンという主要な施設栽培果樹と並んで、モモ、オウトウ等の多くの果実品目に施設栽培が広がっていったことが上げられる。

　しかし施設栽培面積の増加は1985年以降よりもそれ以前の方が大きい。1975～85年の10年間で施設栽培面積はほぼ3倍に増加し、増加面積は2,979haで1985年以降の14年間よりも大きい。また果樹栽培面積に対する割合は1999年においても2.39％に過ぎず、依然低い水準である。果樹施設栽培は早期出荷により高価格が実現できることから、果実価格が低迷した1970年代後半から増加してきたが、その面積が増加してくると期待したほどの高価格は望めなくなった。また単位面積当たりの資本集約性と労働集約性がともに高く、水利条件や傾斜度等の立地上の制約も大きいために、その拡大にも自ずと限界がある[24]。国際化時代には、これらの問題から施設栽培の増加は鈍化し、停滞方向へと移行してきた。実際、1997～99年には施設栽培面積は減少している。

　リンゴのわい化栽培については図4-補-15にその面積の変化を示した。リン

表4-補-23　果樹施設栽培面積の変化

(ha、%)

	1975年	1985年	1987年	1989年	1991年	1993年	1995年	1997年	1999年
ガラス室	166	200	200	214	209	195	187	161	144
ハウス	1,430	4,375	4,741	5,196	5,662	6,135	6,563	7,230	6,793
合計	1,596	4,575	4,941	5,410	5,871	6,330	6,750	7,391	6,937
栽培割合	0.37	1.18	1.31	1.53	1.73	1.92	2.14	2.45	2.39

資料：農林水産省農産園芸局『園芸用ガラス室、ハウス等の設置状況』
　注：栽培割合は、施設栽培面積合計の果樹栽培面積（農林水産省『耕地及び作付面積統計』）に対する割合である。

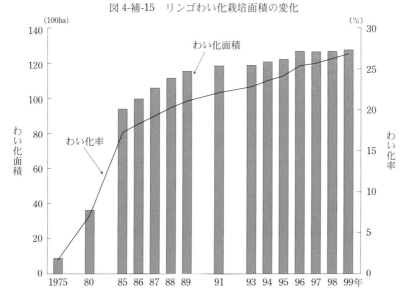

図4-補-15 リンゴわい化栽培面積の変化

資料：農林水産省農産園芸局『果樹農業に関する資料』
注：わい化率はわい化栽培面積がリンゴ栽培面積（農林水産省『耕地及び作付面積統計』）に占める割合である。

ゴのわい化栽培はヨーロッパで広く普及している技術であり、日本では1970年代から普及し始めた。樹高を低くし、並木状に栽植することで、機械化栽培への適応性を高め、省力化・軽労化を図るとともに、果実の品質向上や単収向上の実現も狙ったものである[25]。国際化時代にわい化栽培面積は増加しており、1985～99年で3,296ha増加し、1999年にはリンゴ栽培面積のほぼ4分の1に達している。わい化栽培はリンゴの主要な栽培方式の一つとなったと言える。

しかしわい化栽培も面積の増加は1985年以前の方が大きい。1980～85年の面積増加は5,757haであり、それ以降の14年間よりも大きい。また1990年代後半になると面積の増加はわずかとなっている。リンゴのわい化栽培も施設栽培と同様に国際化時代には面積の増加は鈍化している。わい化栽培は多くの利点があるが、施設栽培と同じように単位面積当たりの資本集約性が高く、地方や傾斜度等の立地上の制約が大きい[26]。さらに日本ではヨーロッパほどの低樹高にはできず、必ずしも省力化・軽労化につながるとは限らず、積雪に弱く、多雪地帯に適さない等も問題点が指摘されている[27]。そのため、国際化時代に

なると農家のわい化栽培に対する情熱も弱まり、面積の増加は鈍化した。しかし、わい化栽培は機械化に適し、省力化を実現する条件も大きく、大規模経営に適した栽培方式であるので、大規模経営を中心として導入されており、わい化栽培を取り入れることで効率的な経営を実現している事例もみられる[28]。しかし大規模経営の形成が遅れている中ではわい化栽培の普及も緩やかなものとなっている。

　1990年代後半からの新たな果樹生産技術の展開として、全国的な普及状況を示すデータはないが、柑橘類でのマルチ栽培の普及がある。マルチ栽培は土壌中の水分を抑えることによる果実糖度の上昇を主な目的としている。柑橘類のマルチ栽培は以前からあったが、この時期に柑橘類でも糖度を測定するセンサーを備えた選果機が導入され始めたことで普及が進んだ。マルチ栽培も施設栽培等と同様に傾斜等の立地制約が大きく、その普及には限界があるとみられる。また糖度センサーの導入が進む中で糖度等の内部品質が果実の価格形成に大きく影響してくると、糖度を上昇させるマルチ栽培が可能か否かが、園地の優劣の決定的な要因となりつつある。したがって、糖度センサーとマルチ栽培の普及は柑橘類の産地序列を組み換える可能性を秘めている。

　ここまで国際化時代における果樹生産技術の展開を、機械化や施設栽培等の具体的な技術を取り上げてみてきた。それらは国際化時代に普及が進んでいるが、そのテンポは緩やかで、それ以前に比べて普及のテンポは鈍化しているものもある。国際化時代の果樹生産技術の展開は、技術体系を転換するような大きな変化がみられなかった点に特徴がある。

　それでは国際化時代に果樹生産技術の研究開発が停滞したかというと、かならずしもそうは言えないであろう。農業労働力の不足が深刻化した中で、省力化・軽労化のための技術開発は、それ以前よりも積極的であったと言える[29]。しかし永年性作物である果樹では、わい化栽培は改植が前提であるし、機械導入、マルチ栽培でも作業道の設置等の園地の改造が必要な場合が多く[30]、初期投資額が大きい。しかも栽培方式や品種では一度転換すると、短期間のうちにさらに別のものに転換することは難しい。そのため、果樹農業では他の作物と比べて技術普及のテンポは遅くならざるを得ない。しかも図4-補-16に示すように、1990年代後半には果樹の新植面積は大きく落ち込んでいる。果樹農家経済の悪化、農業労働力の高齢化が進行している中で、樹体の更新・整備に対す

図 4-補-16　果樹新植面積の変化

資料：農林水産省『耕地及び作付面積統計』

る果樹農家の意欲が低下しているとみられる。そのような中では新たな技術普及のテンポは遅れてくるであろう。果樹農家経済が悪化し、農業労働力が高齢化する一方で生産構造変動のテンポは遅く、大規模経営の形成が弱い中で、その打開の道筋の一つとして技術体系の変革が期待されるが、果樹農業の置かれた状況の厳しさが逆に技術導入のテンポを遅れさせているところに、果樹農業の直面している状況の深刻さが現れている。

　果樹生産技術に関して最後に環境保全型農業への取り組み状況をみておく。2000年農業センサスでは、初めて環境保全型農業への取り組み状況が調査された。果樹農家に関する結果を表4-補-24に示した。環境保全型農業に取り組んでいる農家の割合は26.0％であり、全農家の割合よりもやや高く、野菜農家よりは低い。果樹農家の取り組み状況は取り立てて高くはなく、ほぼ平均的なところである。果樹園規模別にみると、規模が大きいほど取り組んでいる農家の割合は高く、2.0ha以上層では37.1％に達している。地域別にみた場合は北海道が割合が高いが、他の地域では大きな違いなない。化学肥料と農薬に分けてみ

表 4-補-24　果樹農家で環境保全型農業に取り組んでいる農家の割合

(%)

		総数	化学肥料の窒素成分の投入量		農薬の投入回数	
			使用しない	慣行の半分以下	使用しない	慣行の半分以下
全国		26.0	2.2	15.5	1.3	15.6
果樹園規模別	～0.1ha	23.2	1.5	15.4	1.5	16.6
	0.1～0.3ha	23.1	1.7	14.6	1.4	15.5
	0.3～0.5ha	23.9	1.8	14.6	1.3	14.8
	0.5～1.0ha	28.2	2.3	16.1	1.2	15.3
	1.0～1.5ha	33.8	3.5	18.0	1.3	16.0
	1.5～2.0ha	35.8	4.7	17.8	1.3	15.3
	2.0ha～	37.1	5.5	18.7	1.4	16.5
地域別	北海道	42.6	4.4	21.9	2.0	22.0
	東北	26.7	2.0	15.0	0.9	14.0
	関東	28.1	2.2	17.8	2.0	17.9
	東山	31.7	2.1	17.2	0.8	14.5
	北陸	25.0	1.7	14.9	1.1	14.3
	東海	22.8	1.8	13.9	1.2	14.5
	近畿	22.7	3.3	14.2	1.4	15.2
	中国	24.4	1.8	15.2	1.4	16.1
	四国	20.8	1.9	12.6	1.6	13.5
	九州	28.0	2.3	17.4	1.5	18.3
	沖縄県	32.7	6.1	19.9	5.1	22.1

資料：農林水産省『2000年農業センサス』
注：各項目とも果樹農家全体に対する割合である。

ると、取り組んでいる農家の割合は両者に差はなく、しかも両者とも取り組んでいる農家のほとんどは「慣行の半分以下」の農家であり「使用しない」農家はわずかである。特に農薬で「使用しない」農家は少ない。果樹農業は病害虫が発生しやすいために他の作物に比べて農薬散布回数が多いことがその背景にあるのであろう。このように果樹農業でも環境保全型農業への取り組みは進みつつあるが、そのほとんどが「慣行の半分以下」の農家であり、その取り組み内容は必ずしも深くない農家が多い。

5　21世紀に引き継がれた果樹農業の課題

　果樹農業は、果実が供給過剰となり、価格が低迷した1970年代前半以降、厳しい状況が続いてきた。それは「果樹産業危機」[31]とも表現されるほどの厳

しいものであった。その要因としては、60年代における過剰な生産拡大、果実輸入の拡大、果実消費の低迷が上げられる。

　果樹農業は、このような状況が根本的に打開されないまま国際化時代に突入した。国際化時代に入り、果実は他の農産物と同様に輸入が大幅に増加した。1990年代には果実の自給率は50％を割り込み、数量では輸入果実がわが国の果実市場の主役に躍り出てきた。その一方で果実の国内生産は大きく後退した。果実生産は国際化時代以前から減少していたが、国際化時代には減少のテンポが速まった。それまではミカンのみが大きく後退していたが、国際化時代にはあらゆる果実品目で生産が後退した。そのために、果実生産全体として後退のテンポが速まったのである。

　果樹農業にとって、国際化時代は従来以上に厳しい状況にあったが、期間全体を通じて同じような状況が続いていたわけではない。1990年前後のバブル経済期とその前後では異なる状況がみられた。80年代後半から果実輸入は急増し、果実需給率は急速に低下するが、そのような中にあってもバブル経済期に突入した80年代末以降、果実需要の増加、消費の高級化を背景として国産果実の価格は上昇した。そのため、果樹農家経済はこの時期に一時的にではあるが、好転した。70年代以降厳しい状況が続いていた果樹経営に、わずかではあるが陽が差したのである。しかし、バブル経済が崩壊すると、国産果実の価格は低下に転じ、果樹経営に差し込んだ陽も消え失せてしまった。90年代中期以降は、輸入果実が国内市場の半分以上を占めるという市場条件の下で、果実価格の低下、生産の減少、果樹農家経済の悪化が進むという、従来以上に厳しい状況に果樹農業は置かれている。果樹農業では、国際化時代の本当の厳しさは90年代中期以降に現れてきたと言える。

　1990年代中期以降の果樹農業の特徴として、第1に、繰り返しになるが、ほぼすべての品目で価格低下、生産減少が進んだことが上げられる。そのために、地域別にみても、ほとんどの地域で果樹農業は後退している。かつてはミカンを主体とした西日本で果樹農業が大きく後退したが、東日本では大きな後退はみられなかった。それが、この時期には東日本で果樹農業、果樹園面積の減少率が高まり、東西で大きな差はなくなってきた。ほとんどの品目、地域での後退がこの時期の果樹農業の第1の特徴である。

　第2に、果実価格の低下とともに、1970年代以降進んできた担い手の減少、

高齢化による農業労働力の弱体化が、果樹農業の後退の主要な要因となってきたことである。果樹農業も他の農業部門と同様に新たな担い手の確保が難しくなっており、担い手が減少、高齢化し、農業労働力が弱体化している。労働集約性が高い果樹農業にとって、農業労働力の弱体化は他の農業部門以上に深刻な問題である。農業労働力弱体化の影響が端的に現れているのは東日本である。西日本の柑橘地帯では70年代初頭のミカン価格の暴落以降、農業労働力の兼業化、流出が進み、その結果として早い段階から果樹農家は減少していた。それに対して東日本の落葉果樹地帯は、新たな担い手の確保が難しい中でも、高齢労働力で何とか果樹農業は維持され、果樹農家の減少は小さかった。それが90年代に入り、果樹農家の減少率は次第に高まっている。西日本では果実価格が上昇した90年代初頭には果樹農家の減少率は低下しているが、東日本では逆に減少率を高めている。それは、農業労働力の高齢化がいっそう進み、もはや果樹農業を継続することが困難となった農家が増加しているためと考えられる。これまで何とか維持してきた果樹農業の戦線を維持することができなくなり、戦線が後退してきている。このように担い手・労働力問題がこれまで以上に深刻となっており、果樹農業の構造再編は喫緊の課題となってきている。

　第3に、大きな課題となってきた果樹農業の構造再編のテンポが依然きわめて緩やかなことである。果樹農家数が大きく減少する一方で、大規模経営の形成は微弱であり、小規模な果樹農家が大多数を占めるという農業構造に大きな変化は依然みられない。また果樹園の流動化も徐々に進行しつつあるが、そのテンポは他の地目と比べると遅い。しかも果樹農家数の減少が激しく、果樹園流動化が最も要請される地域ほど流動化率は低い。そのため、果樹農家の大きな減少と連動して果樹園面積の減少も大きくなっている。果樹農業での構造再編が遅れている要因としては、永年性作物を対象としているために、立木の有益費補償の問題等があり、円地の流動化には独自の困難性があること、機械化の遅れ等による高い労働集約性が上げられる。1990年代になり、果実生産の省力化は重要な課題として提起されてきたが、現実には果実生産の省力化はほとんど進展していない。永年性作物が対象であるため、新たな技術導入には多額の初期投資が必要であったり、一時的な収益の途絶や減少をともなうことが多く、それが技術普及のテンポを遅らせる要因となっていると考えられる。

　このように20世紀末の果樹農業はきわめて厳しい状況に直面しており、大

きな課題を 21 世紀に持ち越すこととなった。この厳しい状況は、価格対策、需給対策のみでは打開しうるものではなく、本格的な構造対策が求められている。わが国の農業全般が国際化の進展により厳しい状況に直面しているが、果樹農業以外の部門では構造再編が加速しており、企業的経営が散見されるようになってきている。その中で果樹農業は構造再編のテンポが依然緩やかであり、取り残された部門となりつつある。果樹農業においても、構造再編のみで新たな展望が切り開けるとは言えないであろうが、構造再編の加速が必須の課題として求められている。

同時に構造再編を加速する上でも価格問題、需給問題は大きな課題となっている。それは、第1に永年性作物を対象とするがゆえに、構造再編、技術再編を進める上で他の農業部門以上に長期的な展望が大きく影響する。価格問題、需給問題は長期的展望の重要な要素となるからである。第2には、高品質化の追求が果実生産の高い労働集約性を温存する背景の一つとなっているが、高品質な国産果実が依存している高級品需要がバブル経済崩壊以降縮小している。今後の国産果実がどのような需要に対応し、どのような品質の果実を供給するかは、需給および技術再編の両面から大きな課題となっているからである。

複雑に絡み合った構造問題、価格問題、需給問題をいかに打開するかが、果樹農業が21世紀初頭に直面している大きな課題となっている。

注： 1) 本節では、果実需給あるいは果実市場という場合、生食用の生鮮果実とともに果実加工品（原料）を含めており、生食用の生鮮果実のみを差す場合は生食用（果実）市場等と記す。
2) 藤島廣二『リポート 輸入野菜300万トン時代』家の光協会、1997年、p.24。
3) 中国等からの野菜輸入が急増し、価格が大幅に低下したため、2001年4月にはネギが、生シイタケ、畳表とともにわが国で初めてWTO協定の一定セーフガードの暫定措置が発動された。
4) 麻野尚延『国際化時代のみかん産業と農協』豊予社、1997年、pp.25-46。
5) 豊田隆『果樹農業の展望』農林統計協会、1990年、pp.198-200。
6) この時期には、柑橘の中で産地ごとに適地適産化が図られ、その動きは産地の棲み分けとして特徴づけられた。麻野尚延『みかん産業と農協』農林統計協会、1987年、pp.50-63。
7) 果実生産の高品質化の実態に関しては、香月敏孝・高橋克也「温州みかん高品

質化生産の動向」『農業総合研究』49（3）、1995 年、pp.59-102、徳田博美『果実需給構造の変化と産地戦略の再編』農林統計協会、1997年を参照。

8) 木村務「柑橘生産の構造変動と産地間競争」『西九州大学・佐賀短期大学紀要 第21号』1991 年、p.85。

9) 細川允史『変貌する青果物卸売市場』筑波書房、1993 年、pp.87-134。

10) 輸入果実の国内流通ルートに関しては、豊田隆 前掲書5) p.205 を参照。

11) 量販店の青果物仕入れ行動は、坂爪浩史「大型量販店の仕入行動と卸売市場」日本農業市場学会編『現代卸売市場論』筑波書房、1999 年、pp.47-58 を参照。

12) 観光農園を行っている果樹農家は依然少数であるが、経営部門別にみると、実施農家率は果樹部門が最も高く、他の部門とは 2 倍以上の差がある。納口るり子「担い手の構造」生源寺眞一編『21 世紀日本農業の基礎構造』農林統計協会、2002年、p.123。

13) 徳田博美 前掲書7) pp.164-168。

14) 徳田博美 前掲書7) pp.81-84。

15) 和歌山県の近年の果樹農業の展開については、大西敏夫・辻和良・橋本卓爾編著『園芸産地の展開と再編』農林統計協会、2001 年を参照。

16) 桂明宏『果樹園流動化論』農林統計協会、2002 年 pp.106-177。

17) 果樹園の有益費補償に関しては、豊田隆 前掲書 5) p.43、桂明宏 前掲書 16) pp.238-272 を参照。

18) 桂明宏 前掲書16) p.54。

19) 桂明宏 前掲書16) pp.55-58。

20) 豊田隆 前掲書5) pp.20-21。

21) 果樹農業の労働時間は、1994 年までは果実生産費調査の中で調査されていたが、1995 年より農業経営統計調査の中で調査されるようになり、公表される数値が大幅に簡素化された。また果実生産費調査では出荷調製労働は労働時間に含められていなかったが、農業経営統計調査ではそれも含めた労働時間が示されている。

22) 豊田隆 前掲書5) pp.23-25。

23) 桂明宏 前掲書16) p.46。

24) 徳田博美 前掲書7) pp.147-159。

25) 間苧谷徹「わい性台木利用わい化栽培リンゴの整枝・せん定」昭和農業技術発達史編纂委員会編『昭和農業技術発達史』第 5 巻（果樹作編／野菜作編）農林水産技術情報協会、1997 年、pp.150-152。

26) 豊田隆「わい化リンゴの経営経済構造」『リンゴわい化栽培の現状と発展方向に関する研究』弘前大学農学部、1984 年、pp.33-35。

27) 間苧谷徹 前掲書 25) p.152、豊田隆 前掲書 5) pp.46-48。
28) 森尾昭文『果樹農業の国際化』日本の農業－あすへの歩み－193、農政調査委員会、1995 年、pp.50-55。
29) 果樹農業の省力化技術開発の動向については、農林水産技術会議事務局編『果樹栽培の低コスト・省力化技術』農林水産研究文献改題 No.22 を参照。
30) 果樹農業における園地基盤整備と技術再編の関わりについては、豊田隆・徳田博美・森尾昭文「貿易自由化と果樹農業の国際化」筑波大学農林社会経済研究 第 12 号、1994 年、pp.110-120 を参照。
31) 豊田隆「果樹農業生産構造の分析視角」弘前大学農学部学術報告 第 14 号、1984 年、p.114。

(徳田　博美)

第5章　国際化時代の農政展開

第1節　内外価格差問題と農産物価格政策

1　はじめに

　ガット・ウルグアイ・ラウンド（UR）交渉が合意に至ったのは1993年12月であった。この交渉ではとりわけ農業分野での交渉が難航し、多くの時間が費やされた。このことは、農業分野が貿易自由化にとっていかに多くの課題を抱えてきたかを示すものでもある。URの前の東京ラウンド（1973～79年）では、非関税措置に関して初めて本格的な議論がなされ、農業分野を除き、その削減及び撤廃に向けた協定が結ばれた。URでは、東京ラウンドで決裂し、積み残した農業分野の非関税措置、すなわち関税以外のすべての国境措置の削減・撤廃が最大の課題となった。

　結果的には、農業の保護水準の引き下げを、3分野について行うことで合意した。①国境措置、②国内支持、③輸出補助金がそれである。国境措置は、すべての非関税国境措置を、関税相当量を用いて置き換える（関税化する）こととなった。関税相当量は、輸入価格と卸売価格との差で、それがUR農業協定における「内外価格差」である。内外価格差なる語句は、UR農業交渉を機に広く用いられるようになった。貿易は、基本的には内外価格差によって発生し、経済の拡大・発展へとつながる。日本の戦後経済発展も、工業製品を中心とした輸出拡大に大きく依存してきた。その裏側で農産物は、供給が不足する品目から競合する品目を含め、輸入制限品目の削減、関税率の引下げ、輸入枠の拡大等を行い、工業製品の輸出拡大にも寄与してきた。

　内外価格差が問題とされるのは、同一の財・サービスの国内価格が、外国のそれを大きく上回る場合であり、それが国民生活や企業活動に少なからぬ影響を及ぼす場合である。こうした状況が大きな現実的問題となるのは、国際化がかなり進んだ段階である。内外価格差問題は、UR農業交渉が始まる以前に既に物価問題として発現していた。それは、1980年代中頃の円高に始まる不況と

物価高感であった。為替レートの急速な円高は、内外価格差を拡大し農産物輸入の急増にもつながっていった。その後の農産物の内外価格差も次第に拡大し、UR 農業交渉を機に世間の注目を集めることとなった。その意味では、この二つの内外価格差問題は同根の問題でもある。

こうした内外価格差に対し、農業政策としてどのような対応をしてきたのであろうか。対外的には、国境措置を設けて農業を保護してきた。国内的には、米に偏重した価格支持政策を行なってきた。しかし、農産物の輸入圧力は避けられず、食糧管理法や農業基本法をベースとした農業政策も、法規の改正だけでは対応し切れなくなってきた。さらに、UR 農業協定によって、農業政策の抜本的な見直しを余儀なくされることとなった。

本稿の課題は、こうした状況変化の中で、特に日本農業にとって変化の大きかった 1980 年代中頃から 2000 年に至る期間を中心に、主に以下の諸点を考察することである。まず、農産物輸入の急増の経緯と要因を整理すると共に、1980 年代中頃を画期とするその前後の農業の置かれた状況の差異を明らかにする。次いで、農産物の内外価格差とその拡大要因ついて考察し、アメリカとの農産物価格の比較を通して、内外価格差の実態と為替レートの影響を検証する。また、UR 農業協定との関係において、約束事項の履行が農産物価格政策や農業予算編成に及ぼす影響を考察する。さらにそれらを踏まえ、価格・所得政策が内外価格差問題を含め、どのような方向に進んでいるのかを考察する。

2　農産物輸入急増と内外価格差の背景

農産物の内外価格差は、輸入自由化の過程で問題となってくる。換言すれば、輸入自由化が問題となるのは、少なからぬ農産物の内外価格差が存在し、国境措置が機能しなくなった場合である。農産物の内外価格差をもたらす基本的な二大要因は、生産性と為替レートであり、結果的には内外価格差の存在が輸入自由化の圧力を強めることとなる。ここでは、アメリカとの関係を中心に農産物輸入増加の経緯及び要因を整理すると共に、特に 1985 年以降の農業の位置づけと内外価格差の背景について考察する。

日本がガットに加盟したのは、1955 年である。その 5 年後の 1960 年に「貿易・為替自由化計画大綱」が閣議決定され、貿易を基軸として「高度経済成長」の方向へと進み始めた。こうした中、農業と製造業との生産性格差、そして所

得格差が拡大し始めていた 1961 年に、農業基本法が制定された。農林水産物の輸入制限品目数は、1962 年の 103 から 1 年後の 1963 年には 76 にまで減少した。経済発展と共に、ガットは 11 条国へ (1963 年)、そして IMF は 14 条国から 8 条国へ移行 (1964 年) した。農林水産物の輸入自由化が次に大きく進んだ時期は、1960 年代後半から 1970 年代にかけてで、輸入制限品目数は 1966 年の 73 品目から 1971 年には 28 品目にまで減少した。この過程には、ガット・ケネディ・ラウンドの合意による貿易自由化に関する閣議決定 (1968 年) があり、これがその後の輸入制限品目数をさらに減少させていった。

1970 年代初頭までは、工業原料用農産物はじめ国内供給が大きく不足する麦類、大豆、飼料穀物等の輸入割合が高く、アメリカとの農産物貿易は比較的相互依存的であり、大きな貿易摩擦はなかった。もちろんその裏面では、日本の経済発展にとって工業製品の輸出拡大が不可欠であり、こうした点を配慮しての農産物輸入増大がないわけではなかった。農業基本法も、農産物輸入に関しては、当時の状況からしてもそれほど厳しい考え方はしていなかったようにもうかがえる[1]。しかしながら、減少していく輸入制限品目は、日本にとってより重要性の高い農産物であった。自由化した品目でも、その重要性によって関税率の水準も異なる設定がされた。アメリカは輸入制限品目の輸入枠拡大や自由化だけでなく、既に自由化されている品目に対しても関税率の引き下げを強く求めるようになってきた。

農産物輸入が国内農産物と競合し、大きく問題化するのは 1970 年代に入ってからある。この頃になると、農産物の国内需要は頭打ちとなり、国内生産は過剰基調に入り始めた。したがって、それ以降は輸入農産物との競合を含め、構造的過剰を問題とせねばならない段階に入ることとなった[2]。そしてこの段階は、1985 年頃まで続くことになる。

高度経済成長と共に民間消費は順調に伸び、食糧需要も量から質へと転換を始めてきたのが 1970 年代初期である。純食料でみた米の 1 人 1 年当たり供給量は、1970 年には既に 95kg にまで低下し、同時に過剰生産も深刻化していた。また、1 人当たり摂取熱量は 1971 年をピークに下がり始めた。こうした状況下にあっても農産物の輸入は増加を続け、1995 年を 100 とした 1973 年の農産物輸入数量指数は、43 にまで低下していた (図5-1-1)。為替レートも 360 円/ドルの固定相場から、1971 年にはスミソニアン体制下で 308 円/ドル (上下 2.25%の

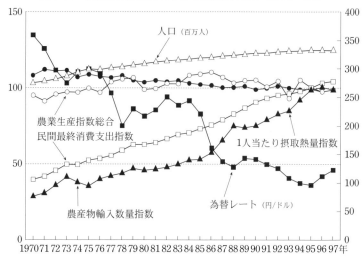

図 5-1-1 農業及び農業を取り巻く諸指標の推移（1995＝100）

資料：農水省『農業白書附属統計表』
注：為替レートのみ右軸目盛である。

変動まで可）となり、そして 1973 年以降変動相場となった。このように、1970 年代初期は、日本経済にとってまた農業にとっての画期をなしていた。

　農産物輸入拡大の経緯を 1975 年以降でみると、同年 8 月には飼料穀物、小麦、大豆について計 1,400 万トンの輸入目標設定で合意した。国内供給が大きく不足するこれら穀物の輸入は、その後もさらに拡大していくことになる。1977 年 8 月にはサクランボの輸入自由化が決まり、その直後の 9 月には牛肉の輸入枠拡大および農産物の関税引き下げの実施を求めてきた。1978 年 12 月の日米農産物交渉においては、牛肉、オレンジ、オレンジジュース、グレープフルーツの輸入自由化の強い要求があったが、当面は輸入枠を拡大することで決着をみた。また、オーストラリアとの交渉も本格化し、1979 年には牛肉やその他農産物貿易の基本的取り組みで合意し、牛肉の 3 年後の輸入量見込みを 13 万 5,000 トンとした。アメリカとの牛肉・オレンジ交渉は、1978 年の輸入枠拡大を決定した後も強い自由化要求があり、二国間協議が続けられることとなった。

　ガット東京ラウンドの最終年に当たる 1979 年 11 月に、第 1 回日米農産物定

期協議が開催された。この時、日本の過剰米輸出について、ダンピング輸出であるとの強い批判があった。日本にとってこの 1979 年前後は、1970 年前後に続く 2 度目の豊作で大きな過剰米を抱えた時期で、その処理として途上国への援助輸出が行われた。アメリカでは、米の生産が増加し輸出も順調に伸びてきたが、この頃になるとタイ[3]をはじめ東南アジア諸国の米生産も急増し、アメリカ産米と国際市場で競合するようになってきた。価格面ではタイ産米よりも高く、1982 年には輸出の減少が始まり、在庫が大きく膨らんでいった。まさにこの時期のアメリカ産米は、「国際市場価格とはかけ離れた特異な輸出価格を形成」[4]していた。この在庫を削減するため、1986 年からダンピング輸出を始め、国際米市場の混乱を引き起こした。

　1980 年代に入ると対日貿易赤字が急増する中で、アメリカ議会における保護主義の台頭もあって、日本市場への強力な輸出策がとられてきた。ドル高に起因するアメリカの貿易赤字の急増は、世界経済にとっても不安材料となってきた。この貿易赤字とドル高を是正するため、G5 による会議が 1985 年 9 月に行われた。いわゆる、プラザ合意である。ドル高是正の協調政策により、これ以降円高が急速に進むと同時に農産物輸入が急増し始め、自給率は大きく低下することとなった（図5-1-2）。この農産物輸入の急増は、後でみるように円高に伴う内外価格差の拡大と深く関わっていた。品目別の食料自給率でみても、1980 年代中頃は日本農業にとって 1970 年代初期に続く次の画期をなすこととなる。

　こうした状況を反映して、国内農業生産の総合指数は 1985 年頃までは輸入が増加する中でも漸増してきたが、それ以降は低下を始めている。米の 1 人当たり年間供給量もこの頃には 75kg を割っていた。こうした変化の中で、食糧需要を少なからず支えてきたのが人口増加である。1960〜75 年の間に 1,860 万人、また 1975〜85 年の間には 910 万人を超える人口増加があった。このように、1970 年代初期から 1980 年代中頃までと、それ以降では日本農業の置かれた状況は明らかに異なってきた。

　こうした中、いわゆる「農産物 12 品目問題」が 1986 年にガット提訴となり、1988 年 2 月にガット裁定で 10 品目が違反とされ、自由化の勧告が出された。この 12 品目問題には前哨戦があった。1983 年 7 月に農産物 13 品目で既にガット提訴が行われていたが、交渉を重ねた末 1984 年 4 月にこの提訴は取り下げられた。しかし、その後における日本の市場開放の対応に対してアメリカ側が

図 5-1-2　品目別及び供給熱量自給率

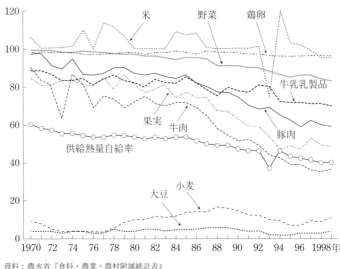

資料：農水省『食料・農業・農村附属統計表』

不満を示し、1986 年 6 月に 1 品目減らした 12 品目について再びガット提訴となった。

　この 12 品目問題は、12 品目だけの問題ではなく、その後の日本における農産物輸入のあり方そのものに関わる重要な意味合いを含んでいた。すなわち、日本がそれまで頑なに維持してきた輸入制限が、ガット規定に違反しているか否かを問う初めてのケースとなった。これはガット条文の第 11 条（数量制限の一般的禁止）、第 17 条（国家貿易）、そして第 20 条（一般的例外）に関係する問題であった。12 品目の提訴は、その法的な根拠を基に、牛肉・オレンジの輸入制限を間接的に問題とし、自由化を迫るという戦略的狙いもあった [5]。この 12 品目問題が決着をみた 4 か月後（1988 年 6 月）に、長い間続けられてきた牛肉・オレンジの二国間協議は、ガット提訴をぎりぎりで避け、自由化することで合意に達した。牛肉、オレンジは 3 年後、果汁は 4 年後からの輸入自由化が決まった。

　牛肉・オレンジ交渉が決着をみたのは、既に UR 交渉が始まり 2 年が経過していた。この間も農産物の輸入は増え続けた。そして奇しくも、UR 農業交渉

の行われていた1986〜93年の間に、自給率の大きな低下が進んでいた。牛肉、豚肉、果実の自給率低下が特に大きい。この7年間の品目別自給率の低下は牛肉25ポイント、果実21ポイント、そして豚肉が13ポイントとなる。なお、豚肉は既に1971年に自由化されていたが、高い関税に護られ1985年頃までの自給率は比較的高い水準を維持してきた。

　以上のように、農産物輸入の経緯からみると、輸入急増の要因となったのは、アメリカの貿易赤字とドル高に端を発する輸入圧力の増強、ドル高是正に伴う円高と内外価格差の拡大、そし牛肉・オレンジ問題や12品目問題にみられるような巧みかつ執拗な交渉戦術、さらにUR農業協定が指摘できよう。

3　内外価格差問題発現の契機

1) 購買力平価と内外価格差

　外国との物価水準を比較する場合、「購買力平価」がしばしば用いられる。内外価格差問題について考察する前にまず、購買力平価、為替レート、内外価格差の関係について簡単に触れておく。

　内外価格差は、同一の財またはサービスの国内価格と外国での価格を、為替レートを用いて比較した時の価格差で、一般的には為替レートに対する購買力平価として定義される。後にみる、UR農業協定における関税化相当量の内外価格差とは、若干内容を異にする。

　円とドルとの関係で定義式を示すと、以下のようになる。

　　購買力平価（円/ドル）＝国内での価格（円）／外国での価格（ドル）

　　内外価格差＝購買力平価（円/ドル）／為替レート（円/ドル）

　あるいは、次のような式で表されることも多い。

　　内外価格差＝国内での価格(円)／為替レートで換算した外国での価格(円)

　購買力平価の意味するところは、ある商品の外国での現地通貨価格に対する国内価格の比で、財貨で計った二国の貨幣間の交換比率を表す。換言すれば、商品の価格で計った一種の交換レートでもある。この購買力平価と為替レートが同じ水準となれば、その値は1で内外価格差は発生していないことになる。このように、財・サービスの内外価格差を分析する場合、内外価格差を単独で扱わず、購買力平価や為替レートとの関係も含めて検討するのが一般的である。

購買力平価は、もともと為替レートの説明要因としての概念である。長期的にみれば、為替レートは購買力平価から大きく乖離することはないとするのが、G. カッセルにより提唱された為替市場の「購買力平価説」[6]である。関数的にみれば、購買力平価が説明変数、為替レートが被説明変数となる。しかし、為替レートの変動要因は、国際経済構造が複雑になるほど様々な要因が絡み合ってくる。

購買力平価や内外価格差を、単一の財を想定して説明したが、購買力平価はもともと多数の財・サービスをウェイトづけし、アグリゲートした形（いわゆる、マーケット・バスケット方式）で計測され、二国あるいは複数国間での物価等の比較を中心に用いられてきた。例えば、対象商品数の多いものでは、GDP、消費財、生計費、投資財、輸入財等がある。以下の式をはじめ、様々な式が目的に応じて作られ使われている。

購買力平価（円/ドル）＝基準時為替レート（円/ドル）×国内の物価指数／外国の物価指数

購買力平価（円/ドル）＝Σ（個別品目の購買力平価×個別品目のウェイト）／Σ（個別品目のウェイト）

内外価格差に関する物価の実態調査には、課題も少なくない。比較する財の選定、あるいは品目数選定、また調査地や調査時期の選定等がそれである。それらが異なれば、当然ながら異なる結果を導くことになる。このように、現実的には完全な同一財での比較、あるいは実態を完全に反映した品目選定による調査・比較は不可能であり、結果に大きな差が出る場合も少なくない。さらに、為替レートの水準によっても、大きく影響を受ける。したがって、算出された内外価格差は絶対的なものではなく、あくまで条件付きの一つの指標として理解し、取り扱うことが重要となる。しばしば、「価格の数だけ内外価格差がある」といわれる所以である。

2）円高と内外価格差問題の端緒

内外価格差が日本でまず注目されるようになったのは、プラザ合意以降の円高を契機とした国内物価の割高感からである。先に述べてように、1980年代に入るとアメリカはドル高による貿易赤字（日本とドイツの対米貿易黒字額が特に大きかった）の累積のため、財政的にも逼迫した状況にあった。先進5か国は、為

替レートの安定のために、協調してドル高是正を進めることになった。日本の農産物価格が国際価格からみて高かったにせよ、それまでは内外価格差として特に問題とされたわけではなかった。農産物の内外価格差問題が大きく関心を集めるようになるのは、UR 農業交渉において非関税国境措置を関税相当量に置き換える議論が始まってからである。

アメリカのドル高是正はその後の円高基調の端緒となり、日本経済に様々な影響を及ぼすことになる。農業もその例外ではなかった。円高はまず一般物価の割高感をもたらし、それが内外価格差として捉えられていくことになる。プラザ合意以降、予想以上にドルが売られたため、当然ながら円高が急速に進むこととなった。この円高に伴い、生活物資の外国との価格差が問題とされるようになってきた。為替レートは、1985 年の 239 円から、プラザ合意の翌 1986 年には 169 円にまで急速な円高が進んだ。この円高は 1988 年の 128 円まで続き、以後幾分円安の方向に戻ったものの、再び円高が進み 1995 年には 94 円を記録した。プラザ合意後の 2～3 年の急速な円高は、輸出産業に大きな打撃を与え、1988 年までの日本経済はいわゆる「円高不況」に陥った。こうした状況の中、外国との物価比較調査や報告書の作成が、1980 年代中頃から経済企画庁で本格的に始められた[7]。その後農水省はじめ他の省庁でも、内外価格差に関する調査が広く行われるようになった。

円高不況は、外国と比較した物価の割高感を一層強めることとなった。海外の商品との内外価格差は、物価をベースとした「生活の豊かさ」の水準を測る指標であると同時に、日本の貿易市場の閉鎖性を示す指標ともなり得た。景気が回復し、バブル景気が一般に感じられるようになるのは、景気循環からみて 1988 年頃とされる。その後 1991 年 2 月までがバブル景気、そしてバブルが弾け、それ以降低成長期に入っていくことになる。

先進 5 か国のプラザ合意によって円高がいかに進んだのかを、OECD の GDP 購買力平価[8]を用いた内外価格差（倍率）でみてみよう。それを示したのが図 5-1-3 である。この表には、プラザ会議に参加したドイツ、イギリス、フランスについても、同様に各国の対ドル為替レートを用いて求めた内外価格差を同時に示しておいた。GDP 購買力平価は、GDP に関係する消費、投資、貿易、政府関係支出等の下に多くの商品群を算定の対象としている。その意味では消費財、貿易財、あるいは後でみる生計費等のグループを扱うよりも、はるかに多

図5-1-3　GDP購買力平価からみた対アメリカ内外価格差

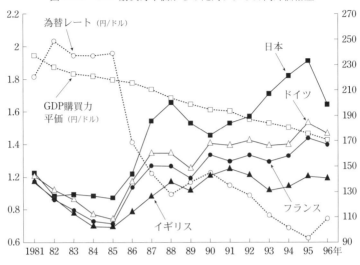

資料：OECD『National Accounts, 1960-1996. Volume 1』1998.
注：1）各国の購買力平価を各国の対ドル為替レートで除した値である。
　　2）GDP購買力平価と為替レート（円/ドル）は右軸目盛で、日本だけ示した。

くの商品（群）が対象となっており、アメリカのドル高是正が経済全体に与えた影響が明らかとなる。

アメリカに対するこの内外価格差は、1985年まではアメリカのドル高により、各国ともほぼ1以下であった。しかし、ドル高是正合意の翌1986年からは、各国のアメリカに対する内外価格差は拡大していった。とりわけ日本は、他の3か国よりも大きく拡大していった。日本の内外価格差は、1985年には0.9倍であったが、円高が進んだ1988年には1.6倍、そして1995年には1.9倍にまで拡大した。この倍率は、ある意味でGDPに関係する商品価格（物価）の総合的な内外価格差ともいえよう。

なお、GDP購買力平価は一貫して低下してきた。GDPを構成する商品群単位当たりの対ドル価格（円）が低下していることは、一般的にはこの商品群の価格の低下すなわち生産性の向上がアメリカ以上にあったことを意味する（逆に、アメリカのこの価格が日本以上に上昇した場合も同じ結果となるが）。日本の企業は、今までも何度となく円高による危機を乗り越え輸出を振興させてきた。

イギリスを除く3国の内外価格差は、結局1の近傍に戻ることはなかった。対ドル為替レートの変動はあるものの、GDP購買力平価からみた内外価格差は、一時的・短期的なものでなく、構造的なものとして位置づけることができよう。換言すれば、日本経済にとってアメリカのドル高是正以降の円高は、多くの商品に程度の差はあれ構造的な内外価格差を内在させることとなった。

3) 二つの内外価格差問題の発現

生活に豊かさが感じられなくなったとされる1986年以降の円高不況により、内外価格差への関心が高まり海外との物価比較も多くなってきた。図5-1-4は、経済企画庁による東京とニューヨークの生計費調査から、購買力平価、為替レート、内外価格差を示したものである。

生計費の内外価格差[9]の推移をみると、先にみたGDPからみた内外価格差と同様な動きを示している。1985年は東京の生計費はニューヨークに対し0.8倍であったが、その後円高が進み1988年には1.39倍と、3年の間に内外価格差は逆転しかつ拡大した。内外価格差は、円高が最も進んだ1995年には1.59

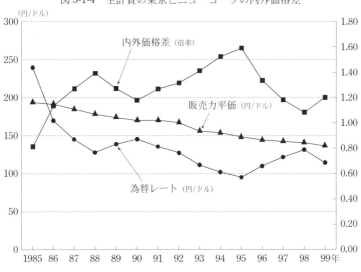

図5-1-4 生計費の東京とニューヨークの内外価格差

資料：経済企画庁『経済要覧』『物価レポート』

倍にまで拡大した。その後円安が進み1998年に至ってようやく1.08倍にまで縮小したものの、その後は再び円高の方向に進んでいる。生計費の内外価格差の倍率は、GDP内外価格差でみたのよりやや低いものの大差はない。

購買力平価は、為替レートに比較して変動もかなり小さく、低下傾向を示している。購買力平価の低下は、生計費レートでみた円高を意味する。購買力平価が、為替レートより高い水準にある状態では、為替レートの円高が進むほど内外価格差は拡大していく。この状況が、まさに1986年以降1988年まで続く円高不況の時期であり、1985年以前と比較して物価高を強く感じた時期であった[10]。先にも指摘したように、1986年以降の為替レートの円高基調はここで確立され、その後も続いていく。この間多くの財・サービスの内外価格差は、変動しつつも拡大の方向に引きずられてきたか、あるいは固定化（内在）した現象を見せている。農産物の場合も例外ではなく、先にみたように、この1985年頃を画期として多くの変化が生起することになる。

プラザ合意による1980年代後半に始まる円高不況と物価高感、これが日本における広く取り上げられた最初の内外価格差問題であった。内外価格差問題を広く印象づけたもう一つの契機は、UR農業交渉である。既に述べたように、1970年代後半からアメリカとの農産物貿易摩擦が増大し、輸入圧力も強まってきた。こうした状況下において、アメリカをはじめその他諸国との農産物価格の比較や、輸入に関する賛否の議論も多くなってきた。しかし、内外価格差問題を名実共に決定づけたのは、1986年に始まるUR農業交渉であった。この交渉が進むにつれて外国農産物との価格差や国内保護の状況、さらに交渉の合意による関税以外の全ての国境措置の関税化、すなわち関税相当量を用いて関税に置き換えると共に、その削減を譲許することとなった。関税相当量は、卸売価格と輸入価格との差であり、これが米（当初MAを適用し1999年から関税化）をはじめとする大きな内外価格差として関心を集めることとなった。

この「関税相当量（内外価格差）＝国内卸売価格－輸入価格」という式は、関税相当量で統一された、国際基準としての内外価格差の定義式ともいえるものである。そして、内外価格差（問題）イコール農産物というイメージさえ作られた。「内外価格差問題は、米国が日本の農産物市場の閉鎖性を批判する上で、日本の農産物価格が割高であることを指摘したことに端を発している。」[11]とする見方もある。そこまで断言しないとしても、まさにそうした状況にあり、

農産物が内外価格差問題の好例として扱われるようになったことは否めない。

図 5-1-5 は、円換算した生産者米価と消費者米価の内外価格差を、アメリカとの比較で示したものである。この内外価格差は関税相当量ではなく、先にみた両国における為替レートで換算したそれぞれの価格比較で示したものであるが、米においてもやはり 1985 年から後に内外価格差が拡大している。しかも、既にみた GDP や生計費の内外価格差が 2 倍以内に収まっていたのと比べると、その価格差ははるかに大きい。米に代表されるこうした大きな内外価格差が、UR 農業交渉によって取り上げられ、注目を集めることとなった。後でさらに詳しく考察するが、少なくとも 1985 年以降の内外価格差の拡大は、為替レートと深い関係を持つ。

4　内外価格差の実態と為替レートの影響

1）米の内外価格差

ここでは、米の内外価格差の実態を購買力平価と為替レートから明らかにす

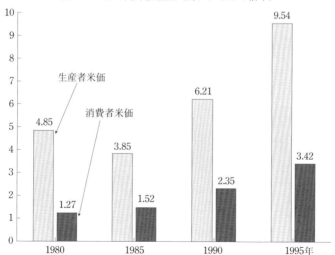

図 5-1-5　米の内外価格差（対アメリカ：倍率）

資料：表 5-1-1 から作成

る。表 5-1-1 は、生産者米価と消費者米価を、アメリカとの比較で示したものである。為替レートの影響をみるため、円表示のアメリカの米価をドルに再換算した価格も併記した。また、内外価格差（購買力平価／為替レート）も算出し掲げておいた。

生産者米価の内外価格差については、他の品目よりはるかに多くその倍率や関税化（率）が議論されてきた。その議論での内外価格差の幅は、3〜10倍程度にまで広がっているように思える。内外価格差は、既に指摘したように、比較する商品・時・場所、そして比較方法等によって、結果は大きく異なってくる。為替レートも日々変化しておりどの時点のレートで換算するかでも結果は大きく異なってくる。

アメリカと比較した生産者米価の内外価格差は、先に図示したように、1980年の4.9倍から1985年には3.9倍と一旦は縮小するものの、円高の影響を受け1985年以降の価格差は拡大し、1990年に6.2倍、1995年には9.5倍となった[12]。他方、消費者米価の内外価格差は、1980年の1.3倍から1995年の3.4倍の範囲にあって、その幅は生産者米価に比べてかなり小さく収まっている。

アメリカの生産者米価を円換算し、トン当たりでみた場合、1985年の6万2,000円から1995年の2万2,000円へと大きな下落を示す。これが今みた内外価格差の拡大要因となっていることは説明するまでもない。しかし、現地ドルでみれば、円換算した時のような大きな下落はみられない。ただ1985年の生産者米価格が1980年に比べて25％ほど上昇しているが、これは1980年代のア

表5-1-1 アメリカとの比較でみた米の内外価格差と為替レートの関係

年	生産者米価（もみ）					消費者米価（精米）					為替レート	参考	
	日本	アメリカ		購買力平価	円換算内外価格差	日本	アメリカ		購買力平価	円換算内外価格差		1kg当たり米価倍率	
	1,000円/t (A)	1,000円/t	ドル/t (B)	(円/ドル)		円/kg (C)	円/kg	ドル/kg (D)	(円/ドル)		(円/ドル)	C/A	D/B
1980	228	47	207	1,101	4.85	325	256	1.13	288	1.27	227	1.4	5.4
1985	239	62	259	923	3.85	376	248	1.04	362	1.52	239	1.6	4.0
1990	211	34	234	902	6.21	372	158	1.09	341	2.35	145	1.8	4.7
1995	210	22	234	897	9.54	372	109	1.16	321	3.42	94	1.8	5.0

資料：経済企画庁『経済要覧』
注：1）消費者価格は、日本は総務庁「小売物価統計」（東京都区部、標準価格米）、アメリカは長粒種。
　　2）生産者価格は日本は政府買入米価格（もみ・合格3類）、アメリカは目標価格。
　　3）為替レートはIMF資料、各年平均レートによる。

メリカ農業不況の一因となった農業内部のコストアップによるものと考えられる[13]。

生産者米価の購買力平価も、現地通貨での価格推移を反映して、1ドル当たり1980年の1,101円から1995年の897円へと比較的スムースに低下している。1995年の為替レートは、1ドル94円と円高に大きく動いた年であるが、為替レートの直接的影響は購買力平価には入ってこない。生産者米価の購買力平価の低下は、もみで計った交換率が円に有利になっていることを示すが、為替レートの円高が購買力平価の低下割合を大きく上回っていたため、内外価格差としては拡大する結果となった。この結果は、既にみた生計費の内外価格差と同じである。

日本では1985年以降、米の行政価格は引き下げられ始めた。消費者米価も同様な推移をみせている。アメリカでも生産者米価（穀物価格）は、政策的に引き下げが始まった[14]。アメリカの消費者米価をドル価格でみると、1985年以降はわずかに上昇した推移をみせている。消費者米価の購買力平価も、1985年には一旦上がるが、その後は生産者米価のそれと同様に緩やかな低下傾向を示している。消費者米価の購買力平価は、生産者米価のそれより低い水準となっている。そのため、消費者米価の内外価格差は、1980年の1.3倍から1995年の3.4倍へと拡大しているが、生産者米価に比べかなり小さくなっている。とはいえ、消費者米価においても生産者米価同様、為替レートの大きな円高は、内外価格差を拡大させることとなった。

消費者米価の内外価格差が、生産者米価のそれよりもかなり低くなっている要因としては、アメリカでは米が輸出品目ではあるがメインの食糧ではないこと、さらに国内での流通及び消費ロットが小さいため小売マージンを含めた流通経費が割高となり、日本に比較して小売価格をかなり押し上げていること等が考えられる。このことは、表の参考欄に掲げた両国の生産者米価と消費者米価の価格差からも、ある程度は説明がつく。これをみると、アメリカではほぼ4～5倍、日本では1.5～2倍と、各年共に比較的安定した幅の中にある。この生産者米価と消費者米価との間に連動性があるとすれば、アメリカでは米の流通経費が相対的に高いこと、そのことが日本と比較した消費者米価の内外価格差を、生産者米価のそれよりも小さくしていることになる。

以上のように、両国の米価が、実態としての国内価格が小さな変動で推移し

ているとしても、為替レートによって内外価格差は大きく影響を受けることになる。したがって、生産性が向上して価格の低下につながったとしても、購買力平価が為替レートの水準に接近できるような大きな生産性の向上がない限り、内外価格差問題は解消しないし、その努力も為替レートの影響を受けた内外価格差によって、覆い隠されてしまうことになる。逆に、生産性の向上がなくとも、購買力平価に接近するような、為替レートの変動があれば、内外価格差はほぼ解消するという、奇妙な現象も起こりかねない。とはいえ、農産物の内外価格差の拡大がたとえ為替レートの変動によるものであったにせよ、それが輸入される場合には、まさにそれが実態としての輸入価格であり内外価格差となる。

　生産者米価に関して整理すれば、内外価格差は1985年頃を境に拡大をしてきた。既に指摘したように、1985年のプラザ合意から円高が急進することによって、様々な面でそれ以前とは異なった様相を呈するようになってきた。1995年までの現地通貨でみた生産者米価の変動は日本、アメリカ共に小さなものであった。1990年及び1995年の内外価格差の拡大が、日本の生産性の低下によるものではなく、またアメリカの生産性の向上によるものでもなかったことは明白である。購買力平価からみれば、この実質的ともいえる内外価格差は僅かではあるが縮小してきた。こうした状況の中で、農産物の内外価格差を縮小させるための為替レートの操作や価格操作はきわめて困難かつ非現実的である。国民経済的観点からすれば、基本はやはり生産性の向上であり、消費者ニーズに支えられた付加価値をもった商品生産である。

　価格比較のための一つの指標として設定された内外価格差の定義式は変えられないとしても、生産性の向上に関する政策や自由貿易の公正・円滑な推進のためには、内外価格差の大きさだけにとらわれず、それぞれの国における実態としての価格水準やその比較、そしてそれらの推移を見極めておくことも重要となる。

　ところで、農産物価格は一般的には生産費に大きく依存する。日本の米価が高く内外価格差が大きいのも、基本的には地形や立地条件からくる高い生産費に起因していることは、誰もが認めるところである[15]。米の生産費を、アメリカとの比較で示したのが表5-1-2である。

　生産費合計（全算入生産費）でみた格差の倍率は全国平均で11倍、10ha以上

表 5-1-2　日米の米生産費比較（1996年産）

費目	生産費実数（千円/10a 当たり）及び構成比（%）						実数値の対アメリカの倍率	
	アメリカ全国平均		日本				全国平均	10ha以上
			全国平均		10ha以上			
	実数	構成比	実数	構成比	実数	構成比		
物財費	10.6	64.2	79.7	47.1	65.9	52.6	7.5	6.2
うち種苗費	0.6	5.7	3.4	4.3	1.9	2.9	5.7	3.2
肥料費	1.5	14.2	8.3	10.4	6.6	10.0	5.5	4.4
農薬費	1.8	17.0	7.5	9.4	5.9	9.0	4.2	3.3
賃借料・料金	1.2	11.3	12.3	15.4	7.6	11.5	10.3	6.3
農機具・建物費	2.4	22.6	31.8	39.9	26.6	40.4	13.3	11.1
労働費	1.7	10.3	57.0	33.7	29.1	23.2	33.8	17.3
資本利子	0.8	4.8	8.9	5.3	6.5	5.2	11.3	8.3
地代	3.4	20.6	26.9	15.9	27.3	21.8	8.0	8.1
全算入生産費	16.5	100.0	169.2	100.0	125.3	100.0	10.3	7.6
60kg当たり全算入生産費	1.8		19.0		14.4		10.6	8.0
10a当たり収量 (kg)	545.0		531.0		521.0		1.0	1.0
1戸当たり作付面積 (ha)	113		1.02		13.3		0.01	0.12

資料：農水省『農業白書附属統計表』
注：1）農水省「米生産費調査」、USDA "Economic Indicators of the Sector"
　　2）アメリカの生産費調査は数年に一度のため、1992年ベースの推計値である。
　　3）為替レートはIMF資料による。
　　4）日本の全算入生産費は、副産物価額で調整されている。また物財費の内訳は一部だけであるので、費目合計は全算入生産費に一致しない（引用者）。

でも8倍と、先の1995年の生産者米価でみたのと大差ない内外価格差（生産費格差）である。生産費も生産者米価と同様に大きな変動がなかったと仮定すれば、1985年当時の内外生産費格差は4倍前後で、その後の為替レートの影響によって拡大してきたことは十分考え得ることである。とはいえ、その生産費格差が歴然としていることは、これまた否定できない。特に構成比で85％以上を占める物財費の中の農機具・建物費、労働費、それに地代において格差が大きい。これら費目は、経営規模と密接な関係にあり、こうした課題が構造改革と共にどこまで解消されていくかが、生産者価格の実質的な内外価格差に関わってくる。

　ここで特にスケールメリットに注目すると、作付面積はアメリカの平均規模に対し、日本の10ha以上はその12％、全国平均は1％にも満たない。ところが、60kg当たりの全算入生産費で比較すると、10ha以上の8.0倍に対し、全国平均

(1ha)は10.6倍と、アメリカとの格差は大きいが、日本の両者の格差は小さい。つまり、10ha以上は全国平均1haに対して面積は10倍以上でも、生産費でみると76％に留まっている。したがって、日本では10倍以上の規模の格差がありながらも、その生産費の削減効果は僅かで、スケールメリットが発揮される規模および生産体系にはなっていないことが明らかとなる。このことは、生産条件の恵まれた地域ではまだまだ生産性追求の余地があることを示している[16]。この点は、構造政策的にも再考を要する課題である。

以上のように、米の生産者価格及び生産費とも、為替レートの円高により、1995年前後でみると8～10倍程の内外価格差（生産費格差）がみられた。日本の場合、高米価政策が長い間採られてきた。その意味では、市場歪曲的で内外価格差を拡大させていた要因の一つである。しかしその行政価格も1985年頃から引き下げが始まり、市場メカニズムも次第に導入されつつある。購買力平価からみれば、僅かではあるが内外価格差は縮小の方向に動いてきた。生産規模からみて生産性改善の余地は残しているものの、為替レートと共に構造的要因としての規模の経済が発揮できないまま硬直的となっているのが実態としての課題である。

2) 食料品の内外価格差

品目別に内外価格差を体系的に捉えるには、米でみたように、生産及び小売段階といった流通過程での比較検討も必要となる。それにより、単一のステージでみるよりも、各流通段階での内外価格差の比較を通して、より多くの情報を得ることができる。

次もアメリカとの比較で、牛肉、鶏卵、トマト、そしてりんごの4品目について、生産者価格、流通経費（中間経費と小売マージン）、小売価格に分けた流通段階別の内外価格差をみていく。これを示したのが、表5-1-3である。このデータは単一年次のため、内外価格差と購買力平価や為替レートとの時系列的関係は示せないが、1995年の円高に進む過程にあることを考慮しておく必要がある。

牛肉は各流通段階とも、内外価格差が大きな品目である。生産者出荷価格（生産者価格）は、4倍近い内外価格差を示している。小売価格はさらに大きく5倍近い価格差となっている。農産物（食料品）の内外価格差は、多くの調査結果からみられるように、一般的には小売価格よりも生産者価格で大きいが、ここで

表 5-1-3 食料品の流通段階別価格差の日米比較（1992～94 年平均）

品目	日本の価格及び対アメリカの倍率	生産者出荷価格 (A)	流通経費 中間経費	流通経費 小売マージン	小売価格 (B)	(B)/(A) 品目の下欄はアメリカ
牛肉	日本の価格（円）	147	72	131	350	2.38
(100g)	対アメリカの倍率	3.77	9.00	5.24	4.86	1.85
鶏卵	日本の価格（円）	156	61	54	271	1.74
(1kg)	対アメリカの倍率	1.88	1.97	1.69	1.86	1.76
トマト	日本の価格（円）	206	168	276	650	3.16
(1kg)	対アメリカの倍率	2.58	2.55	2.17	2.38	3.41
りんご	日本の価格（円）	159	149	238	546	3.43
(1kg)	対アメリカの倍率	3.18	1.89	2.94	2.60	4.28
	小売価格に占める経費の割合（%）					小売価格（円）
牛肉	日本	42.0	20.6	37.4	100.0	350
(100g)	アメリカ	54.2	11.1	34.7	100.0	72
鶏卵	日本	57.6	22.5	19.9	100.0	271
(1kg)	アメリカ	56.8	21.2	21.9	100.0	146
トマト	日本	31.7	25.8	42.5	100.0	650
(1kg)	アメリカ	29.3	21.2	46.5	100.0	273
りんご	日本	29.1	27.3	43.6	100.0	546
(1kg)	アメリカ	23.8	37.6	38.6	100.0	210

資料：農水省「平成 8 年度食料品流通経費調査」『農業白書附属統計表』
注：1）1992～94 年の平均であり、品目は抜粋である。
　　2）日本の数値は、総務省「小売物価統計調査」等、アメリカは USDA 資料等から試算した。
　　3）為替レートは、インターバンク月央平均の 3 カ年（1992～94 年）の単純平均値 113.35 円/ドルである。

の牛肉の場合それが逆転している。しかも 4 品目中で、小売価格の内外価格差が最も大きい。とりわけ、流通経費の内外価格差は特に大きく、小売価格を押し上げる要因となっている。ただ、トマトやりんごと比べると牛肉は生産者価格の割合が高いため、生産者価格に対する小売価格の倍率は特に大きくはない。

　同じ畜産物でも、鶏卵は牛肉と様相を異にしている。この 4 品目の中では、各流通段階において内外価格差は最も小さく、1.5～2 倍の幅の中に納まっている。採卵養鶏はブロイラーと同様、土地利用型の肉牛や酪農と異なり、大規模施設での集約的経営が可能であり、また流通形態も畜肉とは異なっている。日本でもこうした経営が大勢を占めてきている。このことが、生産者価格の段階から内外価格差を小さくしている要因となっている。農地面積規模に左右されない施設型農業は、生産・飼養技術の平準化も早く、生産コストの格差は、国

際化を前提とすれば、最終的には労働費、資材・飼料・肥料等の運賃、地価（地代）等の格差から大きく影響を受けるであろう。

　青果物のトマト及びりんごの生産者出荷価格及び小売価格の内外価格差は、ほぼ2〜3倍の範囲にあり、牛肉ほどではないにしても、やや価格差は大きい。青果物の特徴は、両国ともに小売マージンの割合が高いことである。したがって、それは小売価格に反映され、生産者価格に対する倍率も3〜4倍となり、牛肉より高くなっている。青果物の場合、貯蔵性や鮮度面から、リスクが大きい。このことが小売マージンを高くする要因となっていることは、両国共に同じである。この点は、日本でも青果物流通の特徴として、早くから指摘されてきた。

　内外価格差の要因は、為替レートを別とすれば、生産・流通における低生産性が指摘できよう。流通や小売りに関しては、先にアメリカの米の流通でみたように、流通ロットや消費者の購入数量の大きさにより中間経費や小売マージンにも差が出て、それが小売価格の内外価格差を大きくしていることも考えられる。特に牛肉においてそれは指摘できよう。青果物の場合、土地利用型の品目でない場合は、内外価格差は比較的小さい。小売価格に占める生産者出荷価格は、畜産物はほぼ5割を占めている。これに対して、青果物では小売価格に占める生産者出荷価格の割合は小さく、流通経費が7割程を占めている。青果物には消費者需要の強い選択志向がある。さらに、青果物では輸送性や貯蔵性の面で貿易に不向きな品目もある。こうした点を考慮すれば、全てを内外価格差で片づけられない特質を青果物は有している。しかし、品質差も結果的には価格競争に従属する場合もある[17]。

　次に、東京と海外主要3都市との食料品小売価格の内外価格差の実態をみておく。原資料は農水省の「東京及び海外主要5都市における食料品及び外食の小売価格調査」である。農水省の内外価格差の表示形式のほとんどは、東京（日本）の価格を100とした場合の比較対象都市（外国）の価格比で示されている。これに対し経済企画庁等では、海外都市の価格に対する東京の価格の倍率で表示される場合が多い。表5-1-4は、価格比で示された内外価格差を倍率に換算し直したものである。

　調査時点は1997年で、為替レートは1995年の94円/ドルから、97年の121円/ドルへと円安に向かっている時期で、価格を一定と仮定すれば、先のアメリ

表5-1-4 食料品小売価格の内外価格差（1997年11月）

品目	単位	東京の小売価格（円）	内外価格差（倍率）		
			ニューヨーク	ロンドン	パリ
米	10kg	4,226	2.2	1.0	0.9
牛肉（ロース）	100g	345	1.8	1.2	1.6
豚肉（肩肉）	100g	126	0.9	0.8	1.3
鶏肉（胸肉）	100g	96	0.7	0.5	0.8
牛乳	1,000ml	209	1.9	2.0	1.5
鶏卵	1kg	327	1.2	0.8	0.6
キャベツ	1kg	150	1.3	1.3	1.0
ばれいしょ	1kg	257	2.0	2.3	1.8
たまねぎ	1kg	224	1.4	0.9	1.3
りんご	1kg	428	1.6	1.5	1.3
バナナ	1kg	220	1.2	0.9	1.1

資料：農水省『農業白書附属統計表』
注：1）東京の米については、うるち米（ブレンド米）の価格を、東京のりんごについては、王林を採用した。
　　2）内外価格差は、各都市を1とした時の東京の倍率である。

カとの比較でみた時期よりも内外価格差はやや縮小していることになる。米はニューヨークの2.2倍であるが、ロンドンおよびパリでは価格差はほとんどない。全体的にみると、土地利用型の品目においては日本より生産性が高く、それぞれの都市における小売価格に反映されている。例えば、牛肉、牛乳、ばれいしょ等がそれであるが、りんごも欧米での生産形態からすればややその傾向がみられる。

　他方、畜産物でも中小家畜は、先に指摘したように大規模施設での集約的経営が主流で、大規模な農地面積に依存しない生産が可能なため、生産者価格における内外価格差は一般に小さくなる傾向がある。豚肉、鶏肉、鶏卵等がそれである。なお、バナナはいずれの国も輸入に依存しているため、各都市の価格差は小さくなっている。

　東京と3都市の11品目の小売価格の内外価格差をみてきたが、先の表の牛肉、鶏卵、りんごの小売価格と比較すると、いずれもここでの内外価格差が小さい。比較の諸条件が異なるので何とも言い難いが、経済企画庁の物価レポート等での東京と海外諸都市との小売価格比較における内外価格差も、ここでみたように2倍以内に収まっている品目が多くみられる[18]。このように、小売価格の内外価格差の倍率は総じて生産者価格のそれより小さく、また既にみてき

たGDPや生計費の内外価格差の倍率と比較しても、大差ないことがうかがえる。

以上、内外価格差の実態をみてきた。単年度でみると、為替レートの影響がみえにくくなるため、購買力平価を算出しても、それが格差改善の方向に向かっているのか否かの判断ができない。この意味では、内外価格差から入手する情報量は小さくなる。また、流通段階ごとの内外価格差が検討可能であれば、1ステージでみるよりはるかに多くの情報量が得られる。また、生産者価格の内外価格差は、一般的には小売価格よりも大きく、かつ品目によるばらつきの大きいことも認められる。

5 UR農業協定への対応と価格政策

1) UR農業協定と内外価格差の扱い

UR農業協定の中心となる国境措置、国内支持、そして輸出補助金は、直接・間接に内外価格差と関わりを持つ。先進国は、国内的には市場価格支持や不足払い等の価格支持政策と同時に、輸入品に対しては関税ないし輸入数量制限等の国境措置を採ってきた。価格支持政策が有効であるためには、国境措置が有効に機能していることが前提となるので、このダブルの政策はむしろ当然であった[19]。さらに、国際価格での輸出には輸出補助金で対応してきた。ガットの16条（「補助金」）では、輸出の増加や輸入を減少させるような所得または価格支持の補助を、政府または政府機関が行うことを規制している。この条文は、国内支持と輸出補助金に関わるものである。国内支持の水準は、国境措置や輸出補助金の水準を規定する性格を持つ。こうした各国の国内農業保護政策は、UR農業協定によって大きな見直しを迫られることとなった。

内外価格差が直接関係を持つのは、国境措置と国内支持である。国境措置に関わる品目は、①関税化の特例措置品目（1999年度から関税化品目に切り換える以前の米）、②関税化品目（大麦、小麦、バター、脱脂粉乳、でん粉、雑豆、落花生、こんにゃく芋、生糸・繭、豚肉）、③一般関税率の引き下げ品目（牛肉、生鮮オレンジ、オレンジジュース、大豆・菜種油、その他）、④その他のアクセス改善品目（工業用とうもろこし）に大別される。国境措置は、関税相当量を含め実施期間（1995〜2000年）の6年間に農産物全体で36％、各タリフラインで最低15％の削減を毎

年等比率で行うこととなっている（基準年次は 1986〜88 年）。

　UR 農業協定で扱われる関税相当量としての内外価格差は、上の②の関税化品目（主として輸入数量制限の国境措置を採ってきた品目）及び次にみる国内支持の黄の政策で、AMS を算出する際に関わってくる関税相当量である。しかし、農産物で日常的かつ一般的に使われている「内外価格差」は、この関税相当量に関係する品目に限定したものではない。それ以外の品目についても、しばしば内外価格差の文言が用いられ、計られたりしている。このように、内外価格差はＵＲ農業協定の概念を超え、広い意味合いを持って使われている。価格も卸売価格と輸入価格に拘らず（入手し得るデータの制約もあるが）、既にみてきたように、生産者価格や小売価格について国家間や都市間で内外価格差をみる場合も少なくない。むしろ様々な角度から内外価格差を見つめていくことで、その農産物の置かれた状況がより鮮明になる。

　国内支持は、「緑」の政策、「青」の政策、そして「黄」の政策に分けられる。政府や政府機関からの助成で、生産増に直結しないような政策は削減対象外で、緑と青の政策がそれに該当する。緑となる政策の主なものは、研究・教育等のサービス、農業・農村基盤や市場の整備、食糧安全保障のための備蓄、生産と直接結びつかない所得政策（デカップリング）、所得の大幅減少に対する補償、環境・地域援助、農業共済掛金国庫負担等がある。青の政策は、生産調整を前提とする直接支払のうち、特定の要件を満たすものとされている。日本も米政策の見直しにより、1998 年からこの青の政策対象となる部分が加わった。青の政策は境界も不明確で、EU の支持価格の引き下げに伴う直接支払い制度もそうであるが、黄の政策とすべきとするアメリカやケアンズグループ等の輸出国側の強い主張もある。また、デミニミスについても、同様なことがいえる。

　削減対象となる黄の政策は、市場価格支持や生産に影響する直接支払等の政策で、基準期間における AMS を算出し、これを実施期間の 6 年間にその総額の 20％を毎年等比率で削減するものである。AMS とは、市場価格支持（内外価格差×生産量）と削減対象となる直接支払いや補助金等を加えて計算される保護や支持の「国内助成合計量」のことである。ここでの内外価格差は、主に行政価格と輸入価格の差が用いられる。なお、計算された AMS がその品目生産額の 5％以下の助成については、最小限の政策（デミニミス）として削減対象外とされている。鶏卵、野菜、果実等の価格安定対策は、このデミニミスに該当し

削減対象から外れた。

　黄の政策と内外価格差は、AMS の算出において関係を持つが、特に AMS 総量で大きな割合を占めたのが米である。米は高い水準の行政価格によって保護されていたため、内外価格差が大きかった。この内外価格差に生産量を乗じた額が、関税相当量に基づく米の AMS となる。そのため、基準年次の AMS 総量約 5 兆円のおよそ 9 割を米が占めていた。したがって、米の市場価格支持が削減されれば、AMS 総量は比例的に減少することになる。

2) 内外価格差算出基礎と政策的意義

　UR 農業交渉で取り上げられた内外価格差は、国境措置の関税化品目と国内支持の AMS において、農産物に対する保護や支持の削減量を算出するための手段で、一般的に使われている内外価格差とは、その内容が若干異なっていた。ここでは、まず 1999 年にミニマムアクセス (MA) から関税化に切り替えた米を例に、内外価格差の算出基礎の政策的意義について考察する。

　米の関税化への切り替えに当たって、算出基礎に使われた基準年次 (1986～88 年) の国内精米卸売価格 (上米) の平均は 434 円/kg、また輸入米価格 (CIF) は 32 円/kg であった。したがって、基準年次平均の関税相当量、すなわち内外価格差は 402 円/kg となる。これをベースに、約束された削減率 15％を用いて 6 年の実施期間 (1995～2000 年) において各年等しく削減率が算出される。2000 年の民間貿易に適用される関税率 (二次税率) は 341 円/kg (内訳は納付金 292 円＋暫定税率 49 円) となる。この 341 円/kg は従量税である。従量税は、卸売価格や輸入価格が変わっても、1kg 当たりの税率は変わらないが、これに対し、従価税の場合は輸入価格にかかる税率のため、その価格変動によって支払関税額が大きく変化する場合がある。

　米は従量税であるが、理解のしやすさからしばしば関税率 (関税化率) として換算され、従価税的に示されることが少なくない。ちなみに、基準期間平均の内外価格差を従価税に換算すると、輸入価格に対する税率 (内外価格差／輸入価格) は 1,256％、内外価格差は 12.6 倍となる。ただし、この 12.6 倍という内外価格差は、一般的に使われている内外価格差の倍率ではない。一般的な内外価格差の算出は、例えば卸売価格の比較であれば、購買力平価を使用しない定義式は「国内の卸売価格 (円) ／為替レートで換算した外国での価格 (円)」とな

る。上の場合の輸入価格を外国での卸売価格に読み替えれば、内外価格差は13.6倍となる（この場合の輸入はCIF価格なので、内外価格差は実態より若干低くなる）。

国内卸売価格に比較して、輸入価格（国際価格）は変動が大きい。さらに為替レートの変動が加わり、いつの時点のどのグレードの輸入価格を用いるかによって内外価格差は大きく異なる。例えば、上に記した二次税率の中の292円の納付金は、関税化の特例措置としてMA米を適用する際に算定したマーク・アップである。この時はタイ産もち米の政府買入価格を40円/kg、そして政府国内売渡価格332円/kgから、内外価格差292円/kgがマーク・アップとして算出された[20]。したがって、その時の内外価格差は8.3倍、関税化率は730％となる。このように、その算出基礎に用いる価格によって内外価格差には大きな格差が出てくる。まさに、価格の数だけ内外価格差があるということであり、政策的に使う場合はそれだけ自由度が高いことになるが、他方でどれが実態に近い内外価格差かは国民に伝わりにくくなる。

農水省は、関税化品目について1996～98年の平均輸入価格に対する2000年の二次税率から、新たに「対平均輸入価格比率（2次税率）」を算出している。表5-1-5がそれである。

表5-1-5　UR関税化品目の関税率（2000年協定税率）

品目名	1次税率	2次税率	対平均輸入価格比率（2次税率）	アクセス数量（2000年）
米	無税（292円/kg）	341円/kg	490％	767玄米千t
小麦	無税（45.2円/kg）	55円/kg	210％	5,740千t
大麦	無税（28.6円/kg）	39円/kg	190％	1,369千t
脱脂粉乳	25％（304円/kg）	21.3％＋396円/kg	200％	93千t
バター	35％（806円/kg）	29.8％＋985円/kg	330％	1.9千t
でん粉	25％	119円/kg	290％	157千t
雑豆	10％	354円/kg	460％	120千t
落花生	10％	617円/kg	500％	75千t
こんにゃくいも	40％	2,796円/kg	990％	267t
繭	140円/kg	2,523円/kg	210％	生糸換算
生糸	7.5％	6,978円/kg	190％	798 t
豚肉	差額関税制度を関税化。基準輸入価格は、409.9円/kg（枝肉：2000年）			

資料：農水省資料「WTO農業交渉の課題と論点」2000年。
注：1）当該品目区分に2以上のものがある場合は、代表的なものを示した。
　　2）対平均輸入価格比率は、1996～98年の平均輸入価格から換算。
　　3）米、小麦、大麦、でん粉のアクセス数量については調製品を含む。

これによると、米は490％（いわゆる関税化率と同値）として算出されている。この場合の輸入価格を逆算するとほぼ70円/kgとなり、先の輸入価格よりかなり高くなっている。実態としての輸入価格も多様であるが、WTO農業交渉を見据えた交渉戦術からすると、UR農業交渉の時とは異なり、高い関税化率をアピールすることは必ずしも得策ではない。むしろ、次の交渉の着地点を考慮しつつ、関税率引き下げの努力を内外にアピールすることは、政策的にはますます重要となっている表れともとれる。

　国境措置に関わる関税化品目の2次税率は、乳製品の混合税を除くと従量税であり、厳密には「関税率」の使用は正しくない。このため、先の表では敢えて馴染みのあるパーセンテージ標記の「対平均輸入価格比率（2次税率）」としたものと思われる。この表から、一般的な形で内外価格差をみると米5.9倍、小麦3.1倍、バター4.3倍、落花生6.0倍、こんにゃく芋10.9倍等と、小売価格や生計費で既にみてきた多くが2倍以内に収まる内外価格差と比較すると、かなり大きい品目が目立つ。

　なお、ここで豚肉について若干説明しておく必要がある。豚肉は、1971年には既に自由化品目となった。関税のタイプとしては差額関税と定率関税を組み合わせており、関税額の多い方を採用する仕組みとなっていた。通常の場合、輸入価格は輸入基準価格よりも低いので、差額関税の適用が一般的となる。ところがUR農業交渉において、この差額関税はEUの輸入課徴金と同じであるとアメリカから強い批判が出た。結果的には、差額関税制度は通常の関税制度ではなく、非関税措置の一つである最低輸入価格制度であると認定されることとなった。アメリカの2倍の生産費の台湾の豚肉が、アメリカよりはるかに多く輸入されてきたが、この奇妙な現象はいわゆるゲートプライスの高さからきているので、これを引き下げることがアメリカの狙いであった[21]。

　ところで、UR農業協定における関税化削減率は、交渉の約束事項として決まり削減は進んでいる。新たな内外価格差算出によって、削減率が変わるわけでもないが、実態に近い内外価格差の国民への情報提供は必要となろう。こうした情報を蓄積して実績を作ることや、交渉に際してのより有利な水準を探り出すことも、駆け引きの判断材料として重要性を持つ。UR農業交渉においては、一面では確かに関税相当量は合意を得られる範囲内で大きく設定することが有利であった[22]。スタート時点での関税相当量が大きいほど、同じ削減率を

適用した場合、後に残る関税率を大きく維持し、輸入を抑制する効果が高いからである。しかし、他面では現状維持の拘泥が、逆に次への対応を遅らせることもあり得る。

ただはっきりしてきたことは、ガットからWTO体制になり、より一層の関税率引き下げやアクセス数量の拡大要求が強まっている中で、それらを少しでも回避するための国内支持の黄の政策から緑や青の政策への見直しが多くの国で進められてきたし、さらに進められていることである。UR農業協定による非関税国境措置の関税化や関税率の削減は、国内での価格支持政策を高水準の状態で維持し続けることを困難としている。たとえ生産調整によって価格を維持しようとしても、輸入自由化の下では輸入によって国内価格は押し下げられる。無理に高価格を維持しようとすれば、輸入物にシェアを奪われることになる。このように市場開放下においては、価格支持政策は必然的に形骸化していくことになる[23]。1985年以降の日本の価格政策は、まさにこうした状況を次第に深めていくこととなった。

3) 価格政策の見直しと農業予算

価格支持が米に偏重してきたため、それがAMSを大きく膨らませていたことは既に指摘したとおりである。基準期間にほぼ5兆円あった削減対象のAMS総量は、削減実施期間初年の1995年には既に2000年の約束水準4兆円をクリアしている。さらに1998年には、1兆円を大きく切る水準にまで低下し、基準期間と比較すると4兆円もの削減となっている。他方、削減対象外の緑の政策は、インフラ整備関係を中心に、毎年およそ3兆円の予算が組まれている（表5-1-6）。

AMSの水準、特に市場価格支持は、1998年までに87％という大きな削減がされてきた。直接支払いも43％の削減となっている。市場価格支持は、とりわけ1998年の削減が著しかった。この理由は、以下にみる「新たな米政策（大綱）」の導入等によって、政府は備蓄とMA米以外には価格形成を含め一切の関与がなくなったことによるものである。

米は、「主要食糧の需給および価格の安定に関する法律」（食糧法）に基づき毎年策定される基本計画に沿って、需給・価格の安定を図ってきたが、4年連続の豊作等による供給過剰から自主流通米価格の急激な下落をもたらした。こう

表 5-1-6 国内助成の区分とその推移

(単位:億円)

年度	削減対象の政策 (AMS) 「黄」の政策			削減対象外の政策 「緑」の政策			「青」の政策
	市場価格支持	直接支払い	計	インフラ整備	その他	計	計
基準期間	47,455	2,206	49,661	10,557	11,487	22,044	-
1995年度	32,713	2,362	35,075	19,079	12,612	31,691	-
1996年度	31,256	2,041	33,297	16,808	11,374	28,162	-
1997年度	29,679	2,029	31,708	14,877	11,641	26,519	-
1998年度	6,417	1,248	7,665	18,007	12,011	30,018	502
2000年度	-	-	39,729	-	-	-	-

資料:農水省『農産物貿易レポート』
注:1995〜98年は実績値、2000年は約束水準である。

した状況を打開するため、1997年11月に「新たな米政策大綱」が策定され、米の需給・価格の安定を図り、同時に稲作農家の経営安定を図るために、生産調整推進対策・稲作経営安定対策・計画流通制度の運営改善(備蓄運営ルールの導入等)を基軸とした総合的施策が推進されることとなった。この結果、自主流通米の価格形成は、従来の値幅制限方式に代わり、需給情勢を反映させる入札システムが導入された(1998年6月)。稲作安定対策は、生産調整実施者の拠出金と国の助成金により稲作経営安定資金を作り、自主流通米価格が補てん基準価格を下回った際にその差額の80％を補てんするという仕組みである(青の政策となった)。このように、価格形成への国の関与を断ち市場メカニズムを導入していくこと、経営安定には価格支持から直接支払いの補てん金による助成へという一つの日本的パターンが、遅ればせながらやっとでき上ってきた。

1980年代後半は、奇しくもアメリカ、EU (EC) [24]、日本では、「農政改革」に迫られていた。しかし日本では、中曽根内閣時代の1986年に農政改革の政策提起はなされたものの、具体的な農政システムの変革は進められなかった。1992年になって「新しい食料・農業・農村の方向」という具体性を持った農業政策の方向づけがやっと出されるという状況であった。「そこでは、ウルグアイ・ラウンド交渉と切り結ぶような手段、方法は提起されず、ウルグアイ・ラウンド交渉の結果待ちという点がアメリカ、ECなどと比べて象徴的であったということである。」[25] ともあれ、農政改革の政策提起から10年以上を経過し

たが、ここに至ってようやく最重要農産物である米の価格政策が大きく見直され始めたといえよう。しかしながら、元をただせば、大きな内外価格差にほとんど全てが起因しての農業政策、そして価格政策の見直しであるが、市場メカニズムの導入・経営の安定に主眼が置かれていることは理解できるものの、何か内向的で内外価格差への取り組みや対処策については消極的となっている感は拭えない。

ところで、1997年における AMS の途中実績の通報状況を農業関係予算に対応させて示したのが図5-1-6である。AMS 総量は、上にみたように基準期間のおよそ5兆円から3兆2,000億円にまで削減されている。UR農業協定に関係する内訳は、削減対象の黄の政策が3兆2,000億円、削減対象外の緑の政策が2兆7,000億円、そしてデミニミスが361億円となる。これが農業予算と対応す

図5-1-6　1997年度農業予算と AMS の対応

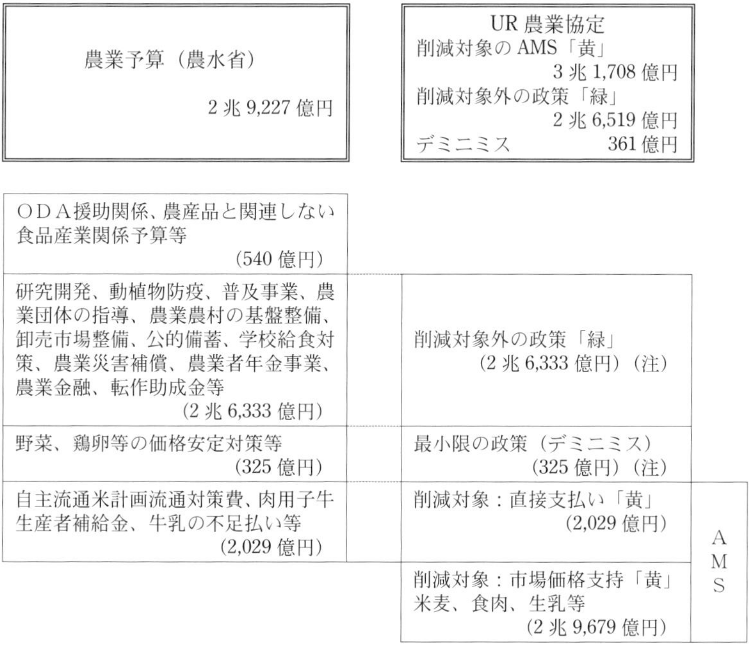

農業予算（農水省） 2兆9,227億円	UR農業協定 削減対象のAMS「黄」　3兆1,708億円 削減対象外の政策「緑」　2兆6,519億円 デミニミス　361億円
ＯＤＡ援助関係、農産品と関連しない食品産業関係予算等 （540億円）	削減対象外の政策「緑」 （2兆6,333億円）（注）
研究開発、動植物防疫、普及事業、農業団体の指導、農業農村の基盤整備、卸売市場整備、公的備蓄、学校給食対策、農業災害補償、農業者年金事業、農業金融、転作助成金等 （2兆6,333億円）	
野菜、鶏卵等の価格安定対策等 （325億円）	最小限の政策（デミニミス） （325億円）（注）
自主流通米計画流通対策費、肉用子牛生産者補給金、牛乳の不足払い等 （2,029億円）	削減対象：直接支払い「黄」 （2,029億円）
	削減対象：市場価格支持「黄」 米麦、食肉、生乳等 （2兆9,679億円）

資料：農水省資料「WTO農業交渉の現状と論点」2000年
注：他に、地方自治体の助成措置として、緑の政策に農業改良資金、災害金融、農業近代化資金の地方負担分（186億円）、黄の政策として野菜価格安定事業のうちの地方負担分（36億円）があるが、デミニミスとして削減対象外となっている。

るのは、緑の政策、デミニミス、それに黄の政策の直接支払いに該当する部分である（緑の政策とデミニミスの一部には地方負担金が入っているが、これは農業予算には含まれない）。

　黄の政策であるAMS 3兆2,000億円に占める米は、市場支持価格関係が2兆3,000億円及び自主流通米奨励金が822億円で、計75％となる。米以外で市場価格支持の主なものは、酪農・乳業1,101億円、麦693億円、砂糖・甘味資源作物538億円等がある。また、直接支払関係では、先に述べた自主流通米奨励金822億円をはじめ、加工原料乳生産者補給金239億円、大豆なたね生産者団体等交付金49億円等トータルでおよそ2,000億円となる（表5-1-10参照）。

　1997年の農業予算2兆9,000億円のおよそ90％に当たる2兆6,000億円は、削減対象外である緑の政策に対応している。しかも緑の政策は、先にみたようにインフラ整備を中心に増加している。次にみる農業予算の推移からも明らかなように、価格・所得支持関係の予算は大きく削減され、農業・農村整備関係の予算が増加している。削減対象である直接支払いや市場価格支持の黄の政策を縮小し、削減対象外の緑の政策を拡大していく方向は、UR農業協定及びWTO交渉をにらみ一層強まってきた。

　農産物価格政策の後退は、農業予算編成の中にも如実に表れている。表5-1-7に掲げたように、一般会計国家予算総額が1985～99年で67％増加している中、農業予算は8％程の伸びに留まっている。国家予算総額に占める農業予算の割合も1985年の5.1％から、1999年には3.3％へと低下した。

　農業関係予算の中で、価格政策に直接関係してきた予算項目は「農産物の価格の安定」である。この価格の安定に関する予算は、米政策の見直しにより大きく減少してきた。農業関係予算総額に対し、1975年の42.9％から米価政策の見直しもあって1999年には12.5％へと、30ポイントもの低下を示している。価格の安定関係の予算に代わって大きく伸びているのが、生産対策の中の農業農村整備関係の予算である。生産対策予算は、もともと価格流通及び所得予算に次いで高い割合を占めていたが、中でも農業農村整備予算は、1985年以降の伸びが目立ち、農業予算のほぼ5割を占めるに至っている。この予算は、従来から農業生産基盤や農村整備、また農地保全等のいわゆるインフラ整備に関わる事業が中心であった。また、このインフラ整備関係の国内助成が緑の政策として大きく増大していることは、既に表5-1-6でみたとおりである。

表 5-1-7 農業予算に占める価格安定関係予算割合の推移（％）

費　目	1975	1980	1985	1990	1995	1997	1999	1999/1985 実額対比
一般会計国家予算総額 (億円)	208,372	436,814	532,229	696,512	780,340	785,332	890,189	167.3
農業関係予算総額 (億円)	20,000	31,080	27,174	25,188	34,230	29,226	29,391	108.2
1. 生産対策	39.8	57.7	56.5	64.4	70.0	67.6	65.7	125.8
うち農業農村整備	19.7	27.7	31.0	39.4	50.2	46.0	46.9	163.7
2. 農業構造の改善	5.1	8.7	11.6	11.4	11.0	10.2	9.3	87.3
3. 価格流通及び所得対策	49.1	27.4	23.3	14.5	10.1	12.1	14.7	68.1
(1) 農産物の価格の安定	42.9	24.9	25.1	12.4	8.3	10.2	12.5	53.8
1) 米麦管理制度の運営等	40.6	21.0	16.8	9.2	5.3	6.0	8.3	53.3
2) 重要農産物の価格安定	0.3	1.3	1.4	0.9	0.6	0.7	0.7	51.3
3) 畜産物の価格安定	1.5	1.6	1.9	1.2	2.1	3.1	3.0	174.5
4) 青果物の価格安定	0.4	0.5	0.4	0.3	0.2	0.2	0.2	66.0
4. その他	6.0	6.2	8.6	9.8	8.9	10.0	10.2	106.2

資料：農水省『農業白書附属統計表』
注：割合は内訳費目を含めすべて農業関係予算総額に対する構成比である。

ところで、米麦管理制度の運営予算は1975年には農業関係予算総額の41％を占めていたが、自主流通米制度の導入や米価政策の見直しをはじめとする米政策の転換によって大きく低下してきた。これに対し、重要農産物、畜産物、それに青果物の価格安定に組まれた予算は、UR農業協定以前からいずれも少ないままであった。この三つの予算項目が農業関係予算総額に占める割合は3～4％で推移してきた。

この中で畜産物、野菜、果実は、農業基本法において重要な政策の一つであった選択的拡大作目として位置づけられていた。この3作目の農業産出額の合計は、1970年には既に米を超え、1980年には総産出額の過半を占めるまでになっていた。しかし、いつしか米偏重の政策構造ができ上がってしまい、農業予算の構造でみても米に比較して十分な価格・所得支持対策は講じられてこなかった。むしろ政策的には、市場整備等流通関係に重点が置かれてきた。とはいえ稲作にしても、期待された大規模化への構造改革は進まず、小規模兼業稲作農家を維持助長する結果となった。

6　農政改革と価格・所得政策の展開

1) 農産物価格政策の後退と農業の縮小

為替レートがその国の経済力をかなりの程度反映するものであるとすれば[26]、内外価格差の拡大は、農産物購買力平価と為替レートとの隔たりの拡大であり、それは製造業等を中心とする輸出産業部門と農業部門との、生産性や所得等の格差の拡大でもある。表5-1-8は、農業と製造業の生産性格差の推移を示したものである。

表 5-1-8　農業と製造業の生産性指数等の推移
（1995年＝100）

年	生産指数		物的労働生産性指数		対製造業1人1日農業所得比率（％）
	農業	製造業	農業	製造業	
1980	99	71	64	75	39
1985	109	83	81	84	43
1990	102	102	87	101	37
1995	100	100	100	100	36
1997	98	106	103	107	30
2000	94	105	108	116	30

資料：農水省『農業白書附属統計表』
注：1) 物的労働生産性指数は生産指数を就業人口指数で除した比率。
　　2) 農業所得と比較した製造業賃金は常用労働者5人以上の平均。

生産指数の低下を上回る農業就業人口指数の低下は、物的労働生産性を上昇させてきたものの製造業には及ばず、さらに製造業従事者の賃金と比較した農業所得の比率は、1985年の43％からそれ以降は低下を続け格差が拡大している。ここでも1985年が一つの画期をなしている。こうした状況をもたらしている主な要因は、行政価格の引き下げであり、輸入農産物の影響による農産物価格の低下である。生産農家にとっての価格低下は、農業所得に直結するだけに厳しいものがある。

図5-1-7は、生産者価格指数の推移を示したものである。畜産物の鶏卵、肉畜、生乳等は、所得向上と消費需要の増加に支えられ、価格は1970年代前半に大きく上昇したものの、その後頭打ちとなり、さらに1985年頃から低下している。米麦も、1985年頃から低下がみられる。これに対して野菜及び果実は、1970年代中頃には過剰基調になりつつあった[27]。このため指数の上昇推移は他の品目に比べると緩やかで、1980年代半ばに一旦低下するものの、1990年代に入ってピークを迎え、その後頭打ちとなっている。このように、日本の農

図 5-1-7 生産者価格指数の推移 (1995＝100)

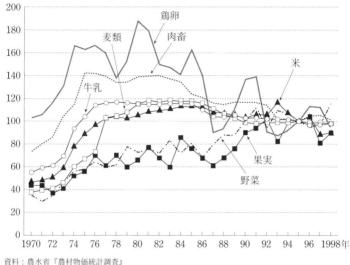

資料：農水省『農村物価統計調査』

産物の需給構造は供給過剰に陥り、それ以前のような輸入農産物と競合しない品目選択の自由度は、大きく狭められることとなった。さらに追い打ちをかけたのが、既に何度か指摘してきた 1985 年以降の円高と農産物輸入の増大である。

　1980 年代中頃を一つの画期とする農産物価格の低下は、輸入増加と共に生産過剰、さらに行政価格の引き下げによるものであった。換言すれば、農産物の需要が停滞する中で、過剰問題が構造的になってきたことと、農業に対する財政的負担の軽減策が強まってきたことである。まず米価政策の大きな転換が契機となり、やがて他の農産物支持価格にも影響を及ぼすこととなる。米は既に 1960 年代末期に過剰となったが、需給調整がうまくいかず、1980 年前後にかけて再び大きな過剰在庫を抱えることとなった。こうした状況の中にあっても、政治米価とまで言われた政府買入価格は上昇を続け、1984〜86 年は 18,668 円/60kg にまで引き上げられた。逆ザヤによる食管会計赤字額も 1 兆円規模にまで膨らんだ。1997 年に政府買入価格が引き下げられ、コスト逆ザヤは残るものの売買価格差はようやく解消した。この米価引き下げは、単に米だけでなく、

農産物価格政策全体に影響を及ぼすこととなった。

日本の農産物価格政策の根幹をなしてきた行政価格の推移を表 5-1-9 でみると、明らかに 1985 年頃を境に押しなべて低下している。価格引き下げの最も大きかったのは、牛肉及び豚肉である。1985～99 年の価格低下率は豚肉が 38％、牛肉が 29％となる。豚肉及び牛肉は、UR 農業交渉で大幅な関税率の引き下げを求められた品目である。豚肉に関しては既に説明したが、牛肉についても若干の説明をしておく。牛肉は、1991 年から輸入を自由化した。関税率は 1991 年が 70％、92 年が 60％、93 年が 50％、そして 94 年以降は UR 農業交渉で決めることとなっていた。したがって、日本は UR 農業協定の先取りという理解であった。しかしアメリカは、50％から更なる引き下げを求めてきた。結果的には 2000 年の関税率は 38.5％とかなり低い水準で押し切られ、特例セーフガードを設定することで決着することとなった[28]。

牛肉、豚肉以外でも、多くの品目で 2 割程度の価格低下を示している。こうした支持価格の引き下げが行われても、皮肉にも内外価格差は全く縮小しなかった。否、むしろ拡大さえしてきた。それは、価格の引き下げ以上に為替レートが円高に進んだためである。牛肉及び豚肉の自給率は、既にみたように 1985 年頃から大きく低下してきた。果実の自給率も大きな低下を示していた。果実

表 5-1-9　農産物行政価格の推移 （1985 年＝100）

品目名	行政価格名	1980	1985	1990	1995	1997	1999	1985 年実数値	
								円	単位
米	政府買入価格	95	100	88	88	87	83	18,668	60kg
小麦	政府買入価格	97	100	83	82	81	80	11,092	50kg
かんしょ	原料基準価格	92	100	89	88	88	88	28,810	1t
ばれいしょ	原料基準価格	97	100	84	82	82	80	17,480	1t
てんさい	最低生産者価格	96	100	87	85	85	83	20,260	1t
さとうきび	最低生産者価格	94	100	96	97	97	96	20,880	1t
大豆	大豆基準価格	98	100	84	83	82	81	17,210	60kg
なたね	なたね基準価格	98	100	84	83	82	81	14,173	60kg
加工原料乳	加工原料乳保証価格	99	100	86	84	83	82	90	1kg
豚肉	豚肉安定基準価格	98	100	67	67	64	62	600	1kg
牛肉	牛肉安定基準価格	99	100	88	75	72	71	1,120	1kg

資料：農水省『ポケット農林水産統計』
注：各農産物価格には、詳細な規格や等級等が対応するが、その記載は省略した。

は行政価格の対象になっていないが、加工原料果実は野菜や鶏卵と同じ安定価格制度により、著しい価格下落時に国・県・生産者の拠出からなる安定基金から補てん金が交付される。

　果実の自給率低下は、牛肉もそうであるが、1988 年に決着した牛肉・オレンジ交渉の影響を大きく受けている。すなわち、かんきつ及びかんきつ果汁、非かんきつ果汁、パインアップル調製品の自由化措置に始まり、UR 農業協定による関税率引き下げによってさらに厳しさを増している。生鮮オレンジ・オレンジジュース及び牛肉は、国境措置の一般税率の引き下げ品目に該当し、実施期間において現行税率からの更なる引き下げとなる。豚肉の場合は、関税化（輸入制限）品目に該当し、定率関税と差額関税が設定されてきたが、これの削減も続いている。

　ともあれ、UR 農業交渉以前からの行政価格の引き下げは、日本における価格支持政策の弱体化を露呈することとなった。米に偏重した価格政策は、米価の引き下げを他の農産物価格にまで強いるかの如くである。結局、米以外の農産物価格政策の体系的是正が図られないまま今日に至った最大の理由が、まさに「日本の農産物価格政策が米とその他に分裂していたのは、コメにおける自給主義、その他における輸入依存主義に分裂した食糧政策に起因」[29] していたためであったといえよう。

　国内総生産に占める農業総生産の割合は、1985 年の 2.3％から 1999 年には 1.1％にまで縮小している。また同年の総就業人口に占める農業就業人口の割合は、7.6％から 4.6％へと減少した。国民経済の中で、農業の相対的縮小は宿命であり、この相対的縮小がない限り十分な経済発展は期待できない側面を持つ。しかし、価格政策の後退は農業生産にも影響し、絶対的縮小の兆しをみせてきた。この時期を農業生産指数から判断すると、1975 年頃から頭打ちとなり 1985 〜86 年を境にその後縮小している。

　以上のように、1980 年代後半は、日本農業はかつてない厳しい状況に直面した時期であった。外からは輸入増加、内では価格支持政策の後退で、農産物価格は低下していった。1990 年代に入っても、その厳しさは続くことになる。UR 農業交渉では、1991 年 11 月に「例外なき関税化」のドンケル案が、ワーキングペーパーとして各国に提示された。既にこの 1 年前にアメリカは、国境措置としては非関税措置を関税に置き換えすべての関税をバインドすること、また

国内支持に関しては貿易歪曲的な国内支持政策はAMSを用いて削減すること、等をUR農業交渉の場で具体的に提案していた[30]。新たな効果的政策が打ち出せないまま、アメリカ主導型ともいえるUR農業交渉の流れの中で、それに対応する政策が模索されてきた。ドンケル提案の一部について、EU等が強く反発し交渉の中断もあったが、その後EUのCAP改革に伴う支持価格引き下げ分の直接支払いを青の政策とすることで、一応の決着をみた。

その意味で、この時期の価格政策に新たな機能が付加されることはなかった。むしろ、価格政策の後退であった。内外の情勢変化は、価格政策よりもその上位の政策である農業政策そのものをいかに位置づけていくかが最大の課題であった。UR農業交渉の行方が次第に定まってくると、価格政策はさらに後退し、代わって所得支持的な意味合いを持った直接支払いへの見直しが進んでいくことになる。

2）市場原理の導入と経営安定化対策

米は1960年代末に始まる過剰問題、そしてそれを契機とした米政策の見直しにより国家管理の比重を次第に低下させてきた。1993年には異常気象による未曽有の米不足から大量の緊急輸入が行われ、またUR農業交渉の開始による輸入自由化圧力の強まり、そして合意による米のMAの適用等は、新たな時代に対応した食糧法制定の必要性を高めてきた。

こうして食糧管理法（食管法）に代わって1995年11月に施行された「主要食糧の需給及び価格の安定に関する法律」（食糧法）は、米の流通に関しては流通規制をさらに緩和し、民間流通を基本とした。また入札によって米取引の指標となる適正な価格形成を図るため、自主流通米価格形成センターが法的位置づけをもって設置された。こうして、政府の役割は備蓄米とMA米の管理・運営に限定されることとなった。この政府の対応は、市場原理の導入を促進し、一層強まるであろう国際競争に備え、農家にその対応を促す狙いがあったともいわれている。

食糧法は、主要な食糧を米穀及び麦とし、その他は政令で定める食糧と規定しているが、主食としての米麦、特に米に比重が置かれている点は食管法と同じである。政府が買い入れる備蓄米以外の一般流通米の価格は、需給を反映した価格形成を図ることとなったが、政府の米価との関わりは、需給均衡を図る

ことによって価格の安定を図ることであり、そのための適正な米の生産調整を図ることに比重が移っていった。直接的な価格政策から間接的な価格政策への転換、これが食管法と食糧法における決定的な違いである。

　また、農業基本法も時代にそぐわないものとされ、新しい法律制定のための準備が進められていた。1992年6月には、農水省から「新しい食料・農業・農村政策の方向」が出された。これが具体化してくるのは1994年10月で、内閣総理大臣を本部長とする緊急農業農村対策本部で決定された「ウルグアイ・ラウンド交渉農業合意関連対策大綱」において、農業基本法に代わる新たな基本法の制定に向けて検討に着手することが明記されてからである。この準備への時期が遅きに失したことは、既に指摘した。1986年の行革審への最重要課題として諮問された「農政改革」の政策提起は、1992年6月の「新しい食料・農業・農村政策の方向」として出てくるが、アメリカやEUに比べ「不明確かつ内容に乏しいものであった」。この基本的理由は「1986年に日米貿易摩擦が先鋭化し、一方では円高が急激に進み、他方では日本の市場開放が米や牛肉を含む農畜産物を中心に、アメリカから強く求められることになったのであるが、それへの対応として（農政改革は）打ち出されたものであり、60年代以降の農業基本法に基づく農政体系とそのシステム全般を包括的、体系的にいかに改革しつつ、国境措置を含む対外政策の方向づけをいかに行うかという内容性に欠けていたからである。」と今村は述べている[31]。

　結局、食糧・農業・農村基本法の制定を含む「農政改革」の方向及び具体的内容が示されるのは、食料・農業・農村基本問題調査会の最終答申が1998年9月に小渕首相に提出され、その後農水省において取りまとめが行われ、同年12月に公表された「農政改革大綱」及び「農政改革プログラム」であった。このように、1986年に政策提起された「農政改革」は、10年以上経過してやっと形を整えることとなったが、農産物輸入圧力や、UR・WTO農業交渉に翻弄された時代でもあった。

　農業基本法に代わり、「食糧・農業・農村基本法」（新農業基本法）は1999年7月に施行された。農政改革大綱をベースとした新農業基本法も食糧法と同様、農産物貿易自由化の圧力が強まる状況下、特にUR交渉の厳しい過程及び合意による約束事項の履行、加えて輸入自由化の圧力がさらに強まると予想されるWTO交渉を見据えての産物となった感が強い。それだけに、それらの対処法

的内容が濃くなり、内外価格差を縮小させる方向での政策的課題へのアプローチが弱くなっている。

　農業基本法における価格政策は、農産物の価格の安定及び所得の確保が重要な課題の一つであった。生産政策や流通政策で価格の安定が図れない場合は、直接的な手段として価格政策が位置づけられていた。すなわち、重要な農産物に対する価格の安定を図るために必要な施策を講じることがまず謳われている。輸入農産物に対しては、他の政策でも回避できない価格下落の場合において、関税率の引上げ及び輸入制限等が規定されていた。また、他産業との生産性及び所得の格差是正は、農業基本法が目指した大きな目標であった。しかし、結果的には目指した方向とは異なり、米価政策に典型的にみられた偏った価格政策が採られてきた。このため、農業基本法でやはり重要な課題の一つであった農業生産の選択的拡大と矛盾することとなった。

　新農業基本法は、基本理念に①食料の安定供給の確保、②多面的機能の発揮、③農業の持続的な発展、④農村の振興を掲げ、これら諸施策の実施についての基本方針、食料自給率の目標、総合的かつ計画的に講ずべき施策等を具体的に明示した「食料・農業・農村基本計画」の策定が規定されている。価格政策に関しては、基本計画で「農産物の価格の形成と経営の安定化に関する施策」として作目ごとに扱われ、基本的には市場評価を反映した価格形成及び経営安定対策が実施されことになっている。この基本計画の実施プログラムは、2000年度から始まるが、本稿の対象期間外なのでその内容についてはこれ以上触れないことにする。

　ところで、先にも述べたように、新農業基本法制定の流れの中で、農政の基本方向を示してきたのは、1998年12月に取りまとめられた「農政改革大綱」と、それを具体的に推進するための「農政改革プログラム」であった。この大綱及びプログラムは、新農業基本法成立のベースとなったが、「農業基本法農政の反省」を強く意識し、さらに価格政策に関しては、当然のことながらUR農業協定及びWTO交渉をにらんだものとなっている。これにより、品目ごとの価格政策の見直しも進むこととなった。国内支持の削減対象である黄の政策（1997年度の通報状況）との関連でそれをみたのが表5-1-10である。

　価格・経営安定対策の側面から米の場合をみると、自主流通米計画流通対策としての助成は削減対象となる黄の政策であったため、1998年から自主流通米

表 5-1-10　UR 農業協定国内支持削減対象「黄」に対する政策的対応

1997 年度通報の状況	最近の主な政策的対応及び計画
1. 主な削減対象直接支払	
①自主流通米奨励金　　　　　(822 億円)	①自主流通米計画流通対策の廃止と、稲作営農安定対策の導入　　　　　　　　　　　　　　　　　　　(1998 年～)
②加工原料乳生産者補給金　　(259 億円)	②現行の加工原料乳生産者補給金制度の見直し　　　　　　　　　　　　　　　　　　　　　　　　　　(2001 年～)
③大豆なたね生産者団体等交付金　(49 億円)	③新たなたね交付金制度と大豆作経営安定対策の導入　　　　　　　　　　　　　　　　　　　　　　　(2000 年～)
④良質生乳安定供給緊急特別対策　(48 億円)	④畜産環境問題に着目した土地利用型酪農推進事業への転換　　　　　　　　　　　　　　　　　　　　(1999 年～)
2. 主な市場価格支持	食糧法の制定　　　　　　　　　　　　　　(1995 年施行)
①米　　　　　　　　(2 兆 3,153 億円)	①政府の役割機能の限定（政府米買入限定）と流通規制の緩和 ・「新たな米政策」の実施　　　　　　　　(1998 年～) ・備蓄米ルールの確立、自主流通米の価格形成における値幅制限の撤廃、稲作経営安定対策の導入等
②麦　　　　　　　　　　　　(693 億円)	②「新たな麦政策」への移行　　　　　　　(1998 年～) ・民間流通への移行と麦作経営安定資金の導入　(2000 年～)
③砂糖・甘味資源作物　　　　(538 億円)	③「新たな砂糖・甘味資源作物」への移行　(1999 年～) ・甘味資源作物の最低生産者価格の維持から市価による価格形成と国内産糖交付金方式への転換　(2000 年～)
④酪農・乳業　　　　　　　(1,101 億円)	④「新たな酪農・乳業対策」への移行　　　(1999 年～) ・安定指標価格、基準取引価格等を廃止　(2001 年～)

資料：全国農業会議所「WTO 農業交渉関係資料」2000 年

計画流通対策を廃止し、価格形成の場としては、値幅制限方式に代わり入札システムを導入、そして新たに稲作経営安定対策を導入した。この新たな政策は、既に AMS 削減との関連で述べたように、自主流通米価格が下落した際に、生産者と政府の拠出で造成された資金によって、一定割合を補てんするシステムである。他の品目も、「新たな政策」を基軸にして、市場メカニズムの漸次導入をはかりつつ、経営安定化対策と交付金制度（大豆や加工原料乳）、交付金制度と安定基金制度（肉用子牛）、安定価格帯制度（豚肉、牛肉）、安定基金制度（野菜、加工原料用果実、鶏卵）最低価格保証制度（てん菜、さとうきび、でん粉原料用甘諸・ばれいしょ）等への見直しと共に政策の具体化が、農政改革大綱・プログラムから新農業法へと引き継がれる形で進められている。

　以上のように、新たな方向は価格・所得政策の一体化である。価格政策との関連からみれば、UR 農業協定以降国が随所で強調しているのが、市場メカニ

ズムに基づく価格形成である。すなわち、価格支持から価格形成への転換である。行政的に取引価格が決められている品目については、市場メカニズムを反映した価格形成が行われるようなシステムを構築していくこと、また生産者と実需者との間で価格形成が行われている品目については、市場メカニズムの一層の導入によって、需要側の評価が生産者側に的確に反映されるような環境整備をすることである。

　市場メカニズムの導入によって懸念されるのは、価格下落時の所得確保であるが、これには生産者も財源を積み立て、補てん金等で対応する経営安定対策が採られる。大綱では「農業経営の安定と発展」の中で、市場メカニズムの導入と、価格政策見直しに伴う所得確保をまず掲げているが、当面は現状での品目別価格政策が行われていくようである。しかし個々の品目ではなく、意欲ある農家の経営体としての安定化を目標とした所得確保の在り方をもっと考慮すべきとする意見も他方にはある。確かに半世紀前と異なり、農家もきわめて多様化しており、画一的かつ平等的な農業政策を行う時代ではなくなっている。

7　むすび

　UR 交渉の中でも、とりわけ農業分野は交渉が難航した。それを突き詰めれば、そこには内外価格差の存在があったからに他ならない。それぞれの国にとって、農業の持つ意義は必ずしも同じでないとしても、その重要性においては大差ない証でもある。輸出国と輸入国との対立だけでなく、輸出国同士での対立にも大きなものがあった。先進国（地域）での農業は、その経済力・財政力をバックに、手厚い農業保護がなされてきた。他方で、発展途上国やケアンズグループにとっては、そうした国の保護政策が農産物輸出の阻害要因となっていた。これは、一面では内外価格差の問題でもある。より有利な輸出をするためには、輸出国の中で、内外価格差においても有利な立場にいなければならないし、また有利な立場を築かなければならない。先進国にとっての農業保護は、次第に財政的負担を増し削減の方向に動いてきた。先進国における農業への補助・支援等の投入と農業からの産出だけを比較すれば、きわめて効率の悪い産業であるが、その保護に力を入れてきた。

　アメリカの農業政策の中で、価格・所得支持政策はその根幹をなすもので、そこには農家直接固定支払制度、価格支持融資（ローンレート）制度、農業保険

制度、乳製品買上による価格支持等がある。農家直接固定支払制度は、それまでの減反計画を条件とした不足払い制度に代わり、1996年の農業法で制定された時限的なものである（WTO農業協定において「緑」の政策とされている）。この農家直接固定支払制度とローンレートによる価格支持融資制度の維持は、アメリカの農業（保護）政策の中で重要な位置を占めている。

それ以前の価格支持融資制度は、価格・所得政策としての目標価格が保証されており（ローンレートとの差額が不足払い額）、過剰生産を招きやすいために減反政策が必要であった。新制度では、目標価格が撤廃されたため、市場価格によって農家自らが生産調整を行うこととなった。また、この制度は、ローンレートより低い国際価格水準の返済単価の設定が可能で、余剰在庫を国際市場で処分しても、農家にはローンレート水準が保証される周到な仕組みとなっている。「このローンレートと返済単価の差額は、まぎれもない輸出補助金である。」[32]。これはまさに、輸出を有利にするための内外価格差の操作でもある。また、従来からの作物保険に加え、価格下落や収量減少による収入減を補てんする制度として、収入保険が1996年農業法で試験的に導入された[33]。

このように、アメリカでも財政的負担を軽減するため、農業協定の黄の政策を考慮しつつ、不足払い制度の見直しや目標価格の撤廃等による一層の市場メカニズムの導入を図ると同時に、価格下落時の対策及び輸出対策が進められている。

EUの場合も域内での共通農業政策（CAP）を通じ、価格支持や所得補償政策を行ってきた。EUで中心となる価格支持政策は、介入機関による買い支えと直接支払制度である。EUは長い間、市場介入による最低価格支持政策が行われてきた。しかし、過剰生産やそれに伴う財政支出の増大がネックとなってきたため、1992年のCAP改革で穀物や牛肉等の支持価格の引き下げを行うと同時に、その引き下げに見合う部分を生産者に直接支払う制度を導入した。これが、直接支払制度で、この受給要件として休耕が義務づけられた。この制度導入の一つの契機は、UR農業交渉における国内支持の黄の政策との関係であった。なお、この直接支払制度は当初黄の政策であるとしてUR農業交渉で議論となったが、最終的には青の政策とすることでUR農業交渉の決着をみることとなった。その他では、地域の立地条件や景観保全を考慮した条件不利地域対策、農業環境対策等に対する補償金制度や助成金制度がある。これらは、価格

支持政策を縮小せざるを得ない国際状況下で、多様な国・地域性を活かしつつ各地域の維持発展を図る上においてますます重要な制度・政策となっている。

EUの従来からの農産物価格政策は、まず域内での実現が望ましいとされる指標価格があり、それとの関係で市場介入価格が決められていた。また、指標価格は境界価格を決め、境界価格は輸入課徴金を決めていた。さらに域内市場価格と国際価格との差額から輸出補助が決まるという、一連の価格体系ができ上がっていた。それだけに、UR農業協定による国内支持、国境措置、輸出補助金に関する保護水準引き下げのダメージは大きかった。

アメリカもEUも農業生産は過剰基調にあり、1980年代以降輸出競争が激化してきた。価格調整のためにも、転作や休耕を条件とした直接支払に切り替える方向に進んできたものの、農産物輸出国にとっては、この方向は一国だけではリスクを伴う懸念もあった。例えば、減反によって生産過剰が解消できれば価格の上昇が見込め、価格補てんや助成額が軽減できる。しかし、一国（地域）だけではそれを実行するには、他国にその果実を利用されるリスクが大きい[34]。こうしたリスクや思惑を避けるには、国際協定の下で、足並みを揃えた約束が前提となる。そして、それは財政負担の軽減にもつながる。その意味で、UR農業協定は、農業保護に大きな財政負担をしている輸出国、特にアメリカにとっては、非常にメリットのある協定であったといえる。

先進国における農業保護は、農家保護であり、所得政策でもあった。国際価格からみて、十分それに対応できる価格での農産物の生産が可能であったとしても、国内的にみた農家の農業所得が他産業従事世帯と十分に釣り合う水準になければ、農業の継続は難しくなる。結果的には、国内農業生産は縮小せざるを得ないことになる。経済発展と共に、農業と非農業との所得格差は（労働力移動のタイムラグから）拡大してきた。国内農業を維持していくとすれば、農家に対する何らかの支援・助成は不可欠となり、そのために価格支持や所得保証政策が行われてきた。こうして経済発展に伴う農業保護の基本的枠組みが、それぞれの国の特性をもって築きあげられてきた。それがUR農業協定によって画一化しつつあり、その裏面では内外価格差の存在が次第に大きくなっているように考えられる。

経済発展段階的にみて、それがまだ低い段階の国では農産物は低価格であり、国内需要を満たす供給を低価格で確保するために輸出税をかけても、国際価格

に対応できた例はいくつもある。かつてのタイの米輸出はそうであった[35]。また、こうした国で輸入される農産物も関税率は概して低い。しかし、経済が発展するにつれ国内農業保護が必要となり、輸入農産物の関税率の引き上げ、あるいは輸入数量が制限される。他方、農家の所得確保のための価格支持政策によって国内農産物価格は引き上げられ、やがて国際価格を上回る。このため、輸出を行うためには輸出補助金が必要となる。しかしながら、国内での農業と他産業の所得格差は拡大し、一層の農業保護政策が必要となる。その結果、財政的負担が増大し、農業保護政策の見直しを迫られることとなる。

　これは経験的一般論であり、食糧生産という農業の持つ宿命でもある。世界的にみても、食糧需給及びその貿易をめぐってはきわめて流動的であり、将来的には大きな変化もあり得る。農産物の内外価格差も、この意味では為替レートを無視して考えても、流動的でありその位置関係は変化していくであろう。アメリカや EU にしても、常に内外価格差問題を抱えてきたし、今も抱えている。

　日本の場合、少なくとも内外価格差を強く意識した政策は、国境措置だけであった。もちろん国内支持は、価格政策の対象農産物であれば、一定の価格は保証され、あるいは輸入増が原因か否かを問わず価格下落に対しての一定の支持はあったが、輸入農産物との競合に重点を置いたものではなかった。価格政策が大きく変わり始めたのは、まず 1980 年代半ばに始まる行政価格の引き下げであり、次いで UR 農業協定と WTO 交渉を強く意識した 1998 年前後に始まる主要品目ごとの、市場メカニズムの一層の導入を強く意識した「新たな政策」や「経営安定対策」の実施であった。こうした価格形成を市場に委ねることと、価格下落時の所得補てん等による経営安定制度は、すでに指摘したように国際的潮流となっている。

　農産物貿易の進展する中で、国内生産を中心とした食料自給率向上政策は、矛盾をはらんでいる。しっかりした輸出政策がない限り、食料自給率の低下は防げない。食料自給率の維持・向上は、今や輸入制限や国内生産の増強だけでは達成できない。輸出の増進に力を入れていくとすれば、輸出入から捉える純輸入割合を指標として低下させていく方向が考えられる。表 5-1-11 は、主要国の農産物輸出入及び純輸入割合を示したものである。

　日本の純輸入割合は、ロシアの 90％を超え 96％にもなっている。日本より

輸入額の多いドイツは、輸出が比較的大きいため41％に留まっている。イタリア、イギリスも35％前後を示している。EUという地域共同体の中での輸出入の容易さはあるものの、輸出入を同時に活発化させるという国際化の中での農産物貿易の一つの方向を示している。

表 5-1-11 主要国の農産物輸出入（1997年）

国	輸入額 A (億ドル)	輸出額 B (億ドル)	純輸入額 C=A-B (億ドル)	純輸入割合 D=C/A (％)
フランス	259	385	-126	-48.6
ドイツ	413	246	167	40.5
イタリア	241	157	84	34.8
イギリス	271	174	97	35.8
ロシア	124	12	112	90.2
カナダ	105	152	-47	-44.5
アメリカ	411	625	-215	-52.3
日本	382	16	366	95.7

資料：農林水産省『ポケット農林水産統計』

相互依存的関係の中での農産物貿易の拡大にも、解消されない内外価格差が常に付きまとうであろう。内外価格差があっても、それを解消しうる付加価値が付けられれば、その時は同質の比較対象ではなくなる。あるいは、内外価格差を縮小しつつ輸出を拡大していく場合もあろう。いずれにせよ、国内農業のあり方を踏まえた農産物輸出政策のさらなる整備強化が必要であり、それは輸入の側面からではなく、輸出の側面から内外価格差を捉えることによって接近がより可能となろう。

注：1）農業基本法第13条は、輸入に対してはまず競争力を強化するための施策を講じ、それでも国内農産物価格が下落する場合は、価格政策で価格安定を図り、さらにそれでも事態の克服ができない場合や緊急性があるときは、関税率や輸入制限の施策を講ずるとしている。
2）梶井（1981年、p.3）は、その時期を1973年以降としている。
3）タイは1980年代前半に米の輸出税を廃止し、さらに輸出補助制度を導入した。生産技術の向上による増産と相まって、その後輸出を急増させていった。辻井（1991年、p.178）は、1984/85年の日本とタイの米価を比較し、その大きな格差の主要因として、「第二次生産費は、日本がタイの13倍で、驚くほど大きい」と生産費格差を指摘している。また、この生産費格差はカリフォルニア米とは8.9倍、テキサス米とは6.8倍としている。

4) 堀口（1993年、p.35）。
5) 佐々木（1992年、p.43）。
6) この説は外国為替相場の決定理論の一つであるが、渡辺（1978年、p.235）はこの説について、便利でしばしば引用されるが、どのような財をどのようなウェイトでもって考慮した物価水準で比率をとるかによって結果が変わり、厳密な理論的基礎が薄い説としている。しかし、他に有効な手法もなく、物価を対象とした内外価格差の実証分析では、この購買力平価と為替レートの動向や乖離実態から、内外価格差の要因分析を行うケースが多くみられる。
7) 『物価レポート』として公表されている。特に1989年版以降、内外価格差問題を詳しくレポートしている。
8) OECDのGDP購買力平価は、もともとECの加盟分担金を算定することを目的に始まったもので、1980年以降のデータが公表されている。
9) 生計費を扱っているので、「内外生計費格差」が妥当かもしれないが、慣用的な用語としの内外価格差を使う（以降の他の用例についても、断りない限り内外価格差を使用する）。
10) 野田（1990年、p.16）は、アメリカと比較した1985年に対する1988年の物価水準の上昇率を73％と推定している。
11) 菅原（1997年、p.5）。
12) 1989/7〜90/6の平均価格を用いた推計では、カリフォルニア米中粒種（精米、FOB価格＋政府売渡までの諸掛）と日本の標準米政府売渡価格の内外価格差は、ほぼ5倍、短粒種の国宝ローズで3倍であった。また、同様に推計したタイ米（1st Grade）との比較では5.5倍で、カリフォルニア米より若干価格差が大きかった。清水（1991年、pp.126-127）。
13) 堀口（1993年、p.30）。
14) フレデリック H バッテル（1992年、p.63）は、穀物や油料種子の農民受取価格は今後とも低落し続けるであろうと指摘している。その理由として次のように述べている。「何故なら、目標価格と融資水準とが、世界市場価格水準に見合ったものにすると同時に、米国農業をますます市場主導型のものに仕立てようとするレーガン政権の目標実現のために、引き下げられているからである。」
15) 山口（1994年、p.207）は、多くの国を対象にした分析から、「内外価格差は農用地率が小であれば大きくなるという関係が証明されている。」としている。
16) 山口（1994年、pp.207-208）は、日本の農業条件に恵まれた地域での最も重要な課題の一つは「農業の労働生産性を高めることであろう。しかも非農業労働生産性以上のスピードで高めることが必要であろう。なぜならば、それにより比較

優位性を高め、農産物の内外価格差や農工間所得格差を減少させることができるかからである。」と述べている。

17) 牛肉では、価格競争力は弱いが、品質競争力では強いという認識が強かった。しかし牛肉の市場開放以降、国産牛の生産が次第に衰退していることから考えると、「価格競争が基礎であり、品質競争は従属的要素であると言えよう。これは、すべての農産物についていえるように思うのである。」と、小野（1996年、p.30）は述べている。

18) 農水省の表 5-1-4 と同じ調査による 30 品目近い食料品総合の東京と海外 3 都市との内外価格差は、1990～99 年の各年においてほぼ 1.5 倍以内、大きくとも 2 倍以内に収まっている。経済企画庁の物価レポートにおいても同様である。

19) 鈴木（1996年、p.240）。

20) 全国農業会議所・全国農業新聞（1994年、p.56）。

21) 畜産物の UR 農業交渉の経緯や内容については、実務者として交渉に立ち会った永村（1994年）に詳しい。

22) 並木（1994年、p.26）によると、関税表の分類による米の関税化は、Hs 4 桁で実施される。つまり、籾、玄米、精米、砕米の分類で、うるち・もち、あるいはジャポニカ・インディカといった分類はない。したがって、タイ米輸入価格と国内卸売価格を精米で比較することは、関税相当量の算出には有利に作用する、と指摘している。

23) 鈴木（1996年、p.240）。

24) EU は 1993 年からであるが、本稿では厳密に区別しないで EU を統一して使う。

25) 今村（1994年、p.343）。

26) 山口（1994年、p.200）は、金利や経常収支が為替レートに与える影響を計量的に推定し、「現在では特に財政政策や金融政策による金利への影響が為替レート、ひいては日本の農業に大きな影響を持つようになっている」と述べているが、結局は経済力が伴わないと金利が高くとも円買いは進まず、経常収支も安定しなければ対外的信用も低くなる。

27) 野菜について武藤（1984年、p.92）は、野菜供給安定基金からの重要野菜に対する交付金が、1976 年以降急増していることを指摘し（稲作からの転作による生産増）、野菜価格補てん制度が第二の食糧管理法となるのではないかという危惧の念も生じたと述べている。

28) 永村（1994年）を参照されたい。

29) 梶井（1981年、p.11）。

30) この時の提案は従価税率で、基準年次平均で日本の米の関税相当量を 684％と推

計していた。なお、アメリカの関税化提案の主たる標的が、EU の輸入課徴金や輸出補助金、さらに日本の米等にあったことは周知の事実である。例えば、佐伯（1990年、p.175）小林（1991年、p.20）を参照。
31) 今村（1994年、p.330）。
32) 鈴木（2000年、p.27）は、こうしたアメリカの価格・所得政策の見直しに対し「したたかな保護システムがあるということ……。価格支持政策がなくなったわけではない。」と指摘している。
33) この収入保険は、農家の収入変動を緩和するもので、収入を一定水準に支持する制度ではない。例えば、吉井（1998年）を参照。
34) アメリカの固定支払制度導入時は、穀物の国際価格は高値であったが、1988年からはアジア経済危機で東南アジアの穀物輸入が減少したため、価格支持水準を割り込んだ。農業所得の減少に対する新たな政策として、市場喪失補償が同年10月から導入され、1999年もこの対策が行われている。こうした状況に対し、服部（2001年、p.60）は、現地調査により、次のようなアメリカ農務省スタッフの本音を掲げている。「生産調整をアメリカが行えば、価格は上昇する。しかし、それに対応して、ブラジル・アルゼンチンなどが生産を伸ばす。あるいは、中国がトウモロコシ在庫を輸出し出す。アメリカの生産調整の果実を採るのは南米や中国であって、アメリカとはならない。そうであるならば、フル生産を続け、現在の輸出シェアを維持した方がいい。市場喪失補償は、そのためのコストであり、それはやむを得ない。」
35) 例えば、森島（1994年、pp.21-22）を参照。

〔引用文献・資料〕
〔1〕今村奈良臣「農政改革の世界史的帰趨」今村奈良臣編著『農政改革の世界史的帰趨』農山漁村文化協会、1994年。
〔2〕小野誠志「農産物市場開放の論理を探る」小野誠志編著『国際化時代における農業の展開方法』筑波書房、1996年。
〔3〕梶井功「農産物過剰の現代的性格」『農産物過剰』明文書房、1981年。
〔4〕小林弘明「農業保護の国際比較」米政策研究会編『コメ輸入自由化の影響予測』富民協会、1991年。
〔5〕佐伯尚美『ガットと日本農業』東京大学出版会、1990年。
〔6〕佐々木敏夫「ガット交渉と牛肉・オレンジ」『農業と経済　臨時増刊』富民協会・毎日新聞社、1992年。
〔7〕清水昂一「コメの輸入価格および内外価格差の推計」米政策研究会編『コメ輸入

自由化の影響予測』（米政策研究会編）、富民協会、1991年。
〔8〕菅原淳「内外価格差について」Working Paper Series Vol.97-03、（財）国際東アジア研究センター、1997年12月。
〔9〕鈴木宣弘「地域間協調による飲用乳価支持方策の効果」『変わる食料・農業政策 －市場の機能と政府の役割－』大明堂、1996年。
〔10〕鈴木宣弘「アメリカにおける新農業法の施行と農産物需給・貿易」農業政策研究会編『国境措置と日本農業』農林統計協会、2000年。
〔11〕全国農業会議所・全国農業新聞『ガット・ウルグアイ・ラウンド農業合意関係資料』1994年。
〔12〕辻井博「アメリカの日本米市場開放要求」『昭和農業史』富民協会、1991年。
〔13〕並木正吉「ウルグアイ・ラウンド農業合意の背景と要点」食料・農業政策センター編『食料白書 ガット農業合意と食料・農業問題』農山漁村文化協会、1994年。
〔14〕永村武美「畜産物 －内外価格差と関税を争点に」食料・農業政策センター編『食料白書 ガット農業合意と食料・農業問題』農山漁村文化協会、1994年。
〔15〕野田孜「経済水準の国際比較と貨幣の購買力」『日本経済研究』No.20、日本経済研究センター、1990年5月。
〔16〕服部信司「各国・地域の食糧安保と食糧貿易政策 －北米－」『国際食料需給と食料安全保障』農林統計協会編集・発行、2001年
〔17〕馬場直彦「内外価格差について －サーベイを通じた考え方の整理－」『金融研究』日銀金融研究所、第14巻第2号、1995年7月。
〔18〕速水佑次郎『農業経済論』岩波書店、1986年。
〔19〕フレデリック H バッテル「米国の農業危機と米国農業の再建」『国際農業危機』日本農業研究所訳、1992年。
〔20〕堀口健治「構造変動化の農産物貿易と日本の食糧」『食料輸入大国への警鐘』農山漁村文化協会、1993年。
〔21〕武藤和夫「野菜の過剰と需給調整」土屋圭造編『農産物の過剰と需給調整』、農林統計協会、1984年。
〔22〕森島賢「米の輸入自由化反対論」『農業構造の計量分析』富民協会、1994年。
〔23〕山口三十四『産業構造の変化と農業』有斐閣、1994年。
〔24〕吉井邦恒「リスク管理手段としての収入保険 －アメリカ収入保険制度の分析－」『農業総合研究』第52巻第1号、1998年。
〔25〕渡部福太郎「国際貿易」福岡正夫・荒憲治郎編『経済学』有斐閣、1978年。

（清水　昂一）

第2節　「新政策」のビジョンと現実

　ガット・ウルグアイ・ラウンド（以下 UR）交渉が決着する1年前の1992年6月10日、農林水産省（以下農水省）は「新しい食料・農業・農村政策の方向」[1]（以下「新政策」）を公表した。「21世紀に向けて思い切った政策展開を図っていくため、10年程度後を見通し、食料・農業・農村政策のとるべき方向について、論点整理と方向づけを行った」[2]とされるこの報告書に盛られた大方の内容は、「食料」を全面に打ち出したユニークな名称とともに、7年後に制定された「食料・農業・農村基本法」（以下「新農基法」）に受け継がれることになった。その意味で「新政策」の策定は、今日からみればあらかじめ「新農基法」の制定を予定した農政転換の枠組みづくりであったかに見える。

　しかし、「新政策」の策定は、「旧農基法」制定後30年を節目に、食料・農業・農村に関する施策のあり方を総合的に見直すことが目的であったにもかかわらず、「旧農基法」の見直しについては、何故か検討の俎上にすら上らなかった。事実上、「新政策」の策定、「旧農基法」の見直し、「新農基法」の制定といった経過をたどったとはいえ、当時としてはこうした方向すら確定していなかった[3]。「今回のとりまとめは『環境保全に資する農業政策』の視点など農業基本法に含まれていない理念や視点を含んでいるが、そのこと自体が直接農業基本法の見直しにつながるものとは考えていない」[4]というのが農水省の半ば公式な見解であった。「新政策」策定から「新農基法」制定へといった農政展開のベクトルは、関係者の希望的観測を別として、明らかに切断されていたのである。

　「新政策」が「新農基法」制定に向けた農政転換の枠組みづくりという連動性をあえて排除する形で策定されたとすれば、その理由を探り出すことを通して、農政史上における「新政策」固有の意義なり限界を検討してみることが必要になろう。そこで1「新政策」策定の経過と背景では、当時の資料や新聞記事等によりながら、「新政策」が「旧農基法」の見直しと切り離される形で策定されるに至ったプロセスについて検証してみたい。

　「新政策」は、また、「効率性追求一辺倒への反省」や「国民的コンセンサス」をキーワードとする「政策展開の考え方」に基づき、「農業」「農村地域」など項目ごとに政策展開の方向づけを行っている。中でも、「個別経営体」「組織経

営体」など新しい「経営体」が大宗を占めるとされた土地利用型農業の将来ビジョンについては、数値目標を含めて具体的に提示されたせいか、当時から広く注目され論議を呼んだ。「環境保全型農業」という言葉が最初に登場したのも「新政策」であった。ただし、UR関連やその動向に影響される食管制度をはじめとする米政策の方向など、当時、最も関心を呼んだ事項に関する検討は先送りされた。したがって、その点に関する「報告書」の内容もまた、歯切れの悪さを残すことになった。2「新政策」のビジョンでは、各政策項目にみられる特徴やねらい、それらに対する評価、さらには政策全体の整合性などについて検討し、「新政策」のビジョン全体を各種論評を交えながら浮き彫りにしてみよう。

その上で3「新政策」の現実的帰結では、土地利用型農業の構造展望や「新政策」が前提とした「農産物の需要と生産の長期見通し」等の現実的帰結について、出来るだけ目標年次とされた2000年度のデータを手掛かりとしながら比較検討し、「新政策」に対する事後評価を試みてみたい。

以上の結果を4農政史上における「新政策」の意義と限界として総括すれば、おそらくその中から「新農基法」下の政策展開に関わる課題についても、抽出することができるに違いない。

1 「新政策」策定の経過と背景

「新政策」の策定は、近藤元次農相（1990年12月29日～91年11月5日）が91年2月5日の閣議後の記者会見で「農業基本法制定から今年で30年、この辺で農基法のあり方も含めて個人的に勉強してみたい」[5]と発言したことがきっかけになったといわれている。農相の発言は当時「農業基本法の見直し」として大きな反響を呼んだ。2月22日の衆院予算委員会でも、農相は、農政の基本方針を定めた「旧農基法」の抜本的な改正に触れ「私自身の考えがまとまった段階で、専門家、学識者など広い範囲で話を聞くことも考えたい」[6]と具体的な見直し策を検討する意向を明らかにした。4月5日の「1990年度農業白書」を報告した閣議後の記者会見でも、「国会が終わり次第農業基本法の改正作業に入りたい」[7]との意向を表明し、「数多くの農業関係者などと会い、協力を得たい」[8]と発言している。さらに4月7日にも「農相は、農政の基本方針を定めた農業基本法の見直しを事務当局に指示した」[9]「農水省は今国会終了後、

具体的な見直し作業に着手する」[10]、ただし、「農業基本法の見直しには農政審議会での審議が必要なため、同省は、早ければ来年度中にも見直し案をまとめ、審議会に諮問するものとみられる」[11]と報じられた。以上の報道からして、少なくとも4月の早い時点までは農相の念頭には「旧農基法の見直し」「抜本改正」といった思いが強くあったと考えてよい。

　それはまた、農相なりの日本農業に対する危機感の反映でもあった。事実、1990年度の農業白書は、「旧農基法」制定以来30年間の日本農業を総括的に検討し、「農産物輸入の急増」「48％まで落ち込んだ食料自給率」「農家の急減と担い手の高齢化」「2,000人程度にまで激減した新規学卒就農者」「22万haにも及ぶ耕作放棄地」等々、日本農業の空洞化現象を洗い出し、「制度、政策の在り方について中長期的展望に立って積極的かつ総合的に見直していくことが重要」[12]だと指摘した。こうした現状に対する危機感が、「この際、部分的な手直しよりは全体を一度見直してみては」[13]という「旧農基法」見直し発言となったのであろう。

　ところが、農水省が「新農業プラン」（当時の仮称）作りに着手する方針を固めた4月末頃から、「旧農基法」の見直しについては一挙にトーンダウンすることになった。ちなみに4月27日には「近藤農相も、農業基本法の見直しに意欲を示していることもあり、平成3年が農業基本法30年に当たる機会をとらえて、新たな農政の方向作りも必要としている」としながらも、「近藤農相が『農業基本法（の見直し）はもっと先のこと』（26日の記者会見）といっているように、ただちに農業基本法の見直しに結びつくものではない」[14]と報じられた。この段階で「旧農基法」の見直しは、「もっと先のこと」として明らかに「新農業プラン」とは一線を画されたのである。

　その後5月24日、農水省は中長期的展望に立って食料・農業・農村政策を総合的に見直すための「新政策本部」を同省内に設置した。ここに至ってそれまでの農相発言等には一切みられなかった「食料・農業・農村政策」という文言がやや唐突に登場したのである[15]。その陰に隠れるように肝心の「旧農基法」の見直しについては、「場合によっては農業基本法の見直しにもつなげる考えだ」[16]というつけ足し的な扱いへと後退した。農相自身の発言も「全体を見て、その結果から（各種制度などを）どうする」[17]という形に修正された。この点について農相退任後近藤氏は「基本法の見直しをやるというと、ああでもないこ

うでもないということになるので、これからの農政の方向づけをしていくということで、新しい食料・農業・農村政策検討本部を設置して看板をあげた」「農業基本法の扱い、食管制度や農地法をどうするか、そういったことは全く後の話。新ラウンドの関係でも、そんなものが無くてもやらなきゃならん仕事だ」[18]と回想している。

「新政策」づくりが農相の手から農水省へとバトン・タッチされた後、5月24日、事務次官を本部長とする「新政策本部」が設置された。併せて、省内に表5-2-1のような六つのプロジェクトチームが作られ、1年後をめどに6項目に

表5-2-1　農水省内に設置されたプロジェクト・チーム名と検討項目

プロジェクトチーム名	農業経営体－多様な担い手・農業経営体の育成（構造改善局農政部長） 生産調整－新たな生産調整政策（農蚕園芸局総括参事官） 生産体制・農業技術－土地利用型農作物等の新たな生産体制・農業技術の確立、環境保全に資する農業の確立（技術総括審査官） 地域政策－新しい地域政策の展開、団体・機関のあり方（構造改善局計画部長） 食料産業・消費者対策－食品産業政策・流通・消費者対策の新たな展開（食品流通局審議官） 行政手法等－行政手法のあり方等（官房文書課長）
検討項目	（1）多様な担い手（農業経営体）の育成 　　農業を魅力ある産業（職業）とするため、従来の家族的農業経営に加え、安定的な経営が可能な多様な担い手（農業経営体）の育成。 （2）土地利用型農作物などの新たな生産体制の確立 　　米、麦などの供給力確保のための適切な国内生産体制の確立及び、新たな生産調整政策と需給管理のあり方。 （3）新しい地域政策の展開 　　国民が身近で豊かな自然を享受できる空間の提供の場としての農村地域の生産・生活基盤の整備と高齢者福祉の向上。 （4）環境保全に資する農業の確立 　　農業の環境保全的機能と物質循環型産業としての環境にやさしい特質を活用するほか、低投入型農法の推進など環境保全的視点に立った農業の普及・定着。 （5）食品産業政策・流通・消費者対策の新たな展開 　　食品産業と国内農林水産業の結びつきを強めるための条件整備と良質で安全な食料の安定的供給のための生産・加工・流通・輸入などの改善。 （6）関係団体・機関の組織のあり方 　　生産構造の変化、新しい地域政策の展開の中で、食料・農業・農村政策にかかわる団体・機関のあり方、役割、機能。

資料：「日本農業新聞」1991年5月25日及び6月6日の記事による。

ついての検討が開始された。プロジェクトチーム名称や検討項目にみれば、「旧農基法」の見直しや UR 交渉関連事項については、検討対象から完全に除外されていることが伺われよう。

加えて、「新政策本部」は、6月18日、学識経験者など12人の「新政策懇談会」(座長　澤邉守)のメンバーを選任し、6月25日の第1回を皮切りに、翌1992年5月29日まで14回の会合が開催された。「懇談会」の初会合には農相も出席し「現在の枠組みにとらわれることなく、全体を見直した上で、今後の農政を方向づける必要がある時期に来ている」[19]と述べている。当初農相の持論であった「旧農基法」の見直しには全く言及されなかった。このため、懇談会も、「農業・農の位置づけという『総論』を固めた上で、……各論(「新政策本部」における6項目－引用者)についての議論を深めていく」[20]こととなった。

こうして、「旧農基法」の見直しについては「新政策本部」にしろ「懇談会」にしろ、審議スタートの時点で検討対象から除外され、「農業基本法の見直しには農政審議会での審議が必要なため、同省は早ければ来年度中にも見直し案をまとめ、審議会に諮問するものとみられる」[21]という4月7日段階の予想は完全に覆されることになった。事実、「新政策」策定後、農政審議会に諮問されたのは、「構造・経営対策」や「農村地域対策」など個々の項目の具体的な検討に必要な事項であり、「旧農基法」の見直しではなかった。

このように、農相発言を受け農水省が取り組み方針を固める時点を転機とし

表5-2-2　新政策懇談会のメンバー

荒井　正義	岐阜県農業会議会長
石原　一子	東邦生命保険(相)顧問
荏開津　典生	東京大学農学部教授
黒川　宣之	朝日新聞社編集委員
佐藤　喜春	全国農業協同組合中央会副会長
澤邉　守	(財)日本穀物検定協会会長(座長)
高丘　季昭	日本チェーンストア協会会長
津田　正	(財)自治体国際化協会理事長
長岡　實	東京証券取引所理事長
宮崎　勇	(株)大和総研理事長
森実　孝郎	(財)食品産業センター理事長
諸井　虔	秩父セメント(株)代表取締役会長

資料：新農政推進研究会編『新政策そこが知りたい』大成出版社、1992年、p.9.

て、「農業基本法の見直し」から「政策の方向」づくりへとチャンネルが切り替えられたのである。それはしかし、必ずしも農相自身が望んだことではなかった。

　ちなみに、近藤農相は、「新農業プラン」(仮称) 策定にあたり、先にも述べたように各界のメンバーとの意見交換を行っている。1991年の4月初め、経団連農政問題委員会との意見交換を皮切りに、5月8日水産業界関係者、9日全国経営者協会、16日食品工業関係者、17日市場 (生鮮食品) 関係者と地球環境関係者、20日スーパー、卸売関係者、24日外食産業関係等々と精力的に意見交換が行われた[22]。また、農相が意欲を示していたむらづくりについては、市町村のリーダー、消費者代表、農産漁村婦人代表とも、率直な意見交換を行う意向であり、「近藤農相の一連の意見交換も、農業基本法の見直しを含めた農政の長期方向づけへの布石となる」[23]とみられていた。こうした一連の意見交換について農相は「自分だけがあまり突出してはいけないと思い、農業関係者、流通加工、消費者などとの意見交換を精力的にやりながら、省内の幹部や次官、OBの意見を聞いた。OBの中からは遅きに失したという意見もあり、意を強くしたわけだ」[24]と回想している。にもかかわらず、同じ記事で「基本法の見直しをやるというと、ああでもないこうでもないということになるので、これからの農政の方向づけをしていくということで、新しい食料・農業・農村政策検討本部を設置して看板をあげた。『新しい』ということ、『食料』『農村』という視点からも考えること、役所自身が考えをまとめていくこと。これが今回のポイント」[25]だと発言している。こうした農相発言からして、「旧農基法」の見直しは「遅きに失した」というOB発言にもかかわらず、おそらく農水省の思惑が強く働いた結果「ああでもないこうでもない」という議論を回避し、役所自身によるいわば省議決定として「農政の方向づけ」を行うというシナリオに転換されたのであろう。

　そもそも農水省は、「農業基本法の見直し」のみならず「新政策」の策定についてすら、当初及び腰であった。その点について懇談会の座長をつとめた澤邉守氏は「『懇談会』のそもそもの起こりは皆さんご承知の通りですけれど、前の近藤農水大臣が、今までの農林業政策、構造改善だとか基盤整備だとか、いろんなことをやってきておるけれども、なかなか成果が上がっておらない。役所としてのそれなりの努力は認めるけれども、現場からの実感からは隔靴搔痒の

感がある。従来の施策の延長ではとても現状を打開できない。しかし、農村なり農業の実態は容易ならざる事態になっておるという認識から、最初は農業基本法を見直すということをいって若干、物議を醸したこともございますが、それはひっこめまして、法律論をどうする、こうするというのは結果の話であって、それよりは今の問題を幅広く洗い直して、10年ないし20年先の展望を描きながら、農家を元気づけるような方向づけはできないだろうか、ということを大臣が提案されたわけです。

　私からいわせれば、どうして農水省の中からそういう意見が出なかったのか。近藤大臣は立派な大臣だと私は思いますけれども、1年か2年半しか農水省にはいらっしゃらない方がいわれて、初めて動き出したというのはどういうことなのか、ということをいったことがあるんです。農水省の中からそういう必要性を求めて、議論が出てきて、燃え上がってこなければこういうことはできないよ、人からいわれてやるようではダメじゃないかといったことがあるんです。その意味では、率直に申し上げて、内発的な動きではなかったということが、最後まで尾を引いているような気がいたします。内部の体制もそこまで熟しておらなくて、生煮えのままで始まったというと酷かもしれませんけれど、私はそういう感じが免れないように思います」[26)] と述べている。

　農水省自身がこういう状態だったとすれば「ああでもないこうでもない」といった議論を避けて通れない「農業基本法の見直し」が「もっと先のこと」として切り離されたこともうなずけよう。あるいはまた、今さら農業基本法を見直したとしても仕様がないという見方もあった。なぜなら、「農業基本法は30年前において将来の社会経済情勢を踏まえて農業政策の基本的方向を定めたものであるが、現実には、その後の情勢の変化により制定時に想定されなかった政策課題が出てきた場合にも、法改正せずに対応してきており、また、実際の政策運営は、個別の法律や予算措置によって実施されており、農業基本法の規定が政策運営の障害となることもなかったからである」[27)]。換言すれば、農業基本法は棚上げにされ、政策展開に対する影響力を完全に喪失していた。面倒な議論をして「農業基本法を見直す」よりは、農水省なりに「新政策」の方向を打ち出し、それに基づいて「予算獲得」を図った方が得策だ、といった判断が働いたとしても不思議ではない。

　それでなくとも当時農水省は窮地に追い込まれつつあった。1985年のプラザ

合意以降急速に進んだ円高による農産物内外価格差の拡大や輸入の急増、米価の政治的据え置きを契機に高まったマスコミ等による「農業過保護論」を振りかざした一連の「農業たたき」、強い調子で国際化時代にふさわしい農業政策の推進を求めた「前川レポート」(86年9月)やその主旨を反映した農政審報告「21世紀に向けた農政の基本方向」(86年11月)等々、わが国農業・農政に対する外圧・内圧が一挙に高まっていたからである。その過程でマスコミ等から悪役のレッテルをはられた農産物価格支持政策は後退を余儀なくされ、その結果、図5-2-1に示したように80年代初頭以降に農業予算も明らかに減額の一途をたどった。一般会計に占める農業関係予算の比率も右肩下がりに落ち込んでいる。このままだと農水省の地盤沈下は避けられない。

急遽失地回復を図るには、何よりもまず「生産性の高い農業構造の確立」を目玉に据えた新たな農政のシナリオが必要となる。「過保護論」を払拭するには農政の枠組み自体を「規制緩和」「市場原理」「効率化」といった「国際化」対応のキーワードでリニューアルしなければならない。中長期的に「懸念される食料不足」など「食」をベースに「国民的コンセンサス」が可能になれば、農

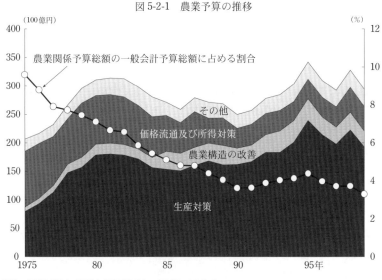

図5-2-1　農業予算の推移

資料：農林統計協会「農業白書附属統計表」各年版により作成

政の基盤を補強することにもつながろう。「農業」「農村」と「環境」をリンクさせたシナリオづくりも時代の要請からして避けられない。

およそ、こうした内容を盛り込んだ「新政策」の方向を急拵えで作成し、農政の失地回復＝予算獲得運動を展開しよう。幸いにして、農相自らアドバルーンをあげてくれた。それに便乗しながらも、面倒かつ予算が増えそうにない「旧農基法」の見直しは、役所の論理からすれば優先度が低い。「円高」と「農業たたき」でぐらついた農政の屋台骨を、取り急ぎ修復し農政の基盤強化を図る方が先決だろう。

状況証拠に若干の推論を交えて整理すれば、およそ以上のような筋書きで「農業基本法の取扱いについては、今後、新たな政策の具体化が進む中で、その見直しを行う必要があるか、また、新たな基本法の制定を行う必要があるかについて、さらに検討・研究を進めていくことになると考えている」[28]として、先送りされたのであろう。事実、当時の関係者によれば、農水省内では「今さら農業基本法を見直したとしても予算が増えるわけではないし」[29]といった空気が支配的であった。

こうして「農業基本法の見直し」という農相なりの危機感を反映した思いは、途中から農水省という役所の自己保存の力学に吸収・翻訳され、「新政策」づくりという名の農政の失地回復＝予算獲得運動に転換された。事実、その効果は「新政策」が策定された1992年以降96年まで、UR関連対策費の影響等も加わり農業予算が増加に転ずるという形で現れている。それはしかし、後にみるように「新政策」ビジョンを実現するという意味での効果とはおよそ無縁であった。

2 「新政策」のビジョン

「新政策」については、策定後間もなく詳細な解説や関連資料を盛り込んだ書籍が公刊された[30]。農水省の関係者によるコンパクトな解説・紹介記事[31]、ジャーナリストや研究者を交えた「座談会」の記録[32]、各界各層の人々の多様な視点からの論評[33]等々についても新聞各紙や雑誌等に数多く掲載された。その意味で「新政策」に対する社会的関心はそれなりに高かったといってよい。

にもかかわらず「『さあ、これで農業、農政は変わる』という期待感、あるいは熱気のようなものが、農村の現場からあまり伝わってこな」[34]かった。「そ

こに 30 年前の農業基本法制定時との違いを感じる」[35] ともいわれた。全面的兼業化の進展や農産物輸入の急増等により「日本経済に占める農業の比重が下がり、意欲的な農業者が減ったことも一因」[36] であったろう。それほどまでにわが国の農業は崩壊のスピードを加速していた。しかし、「それ以上の理由は、『方向』があくまでも『論点整理と方向づけ』(農水省の説明)の範囲を出ず、具体的な肉づけがほとんどなされていな」かったからに違いない。「おいしそうなニンジンはぶら下げたが、そこに到達する道は厚い雲に包まれたまま」[37] であった。

「新政策」が全体として具体性に乏しい内容に留まったのは、「旧農基法」の見直しを切り離した政策策定に至る経過からすれば、ある意味で当然であった。これによって基本法農政 30 年の総括が要らなくなっただけではない。「旧農基法」の見通しが前提だったとすれば、回避できなかったであろう「新政策」の方向を具体的に提示する作業もまた、「論点整理と方向づけ」だけで済ますことができた。

しかし、どのような議論を経て「新政策」の各項目がまとめられたかについては、農水省内に設置された「プロジェクトチーム」の検討経過が公表されてないこともあり、定かでない。唯一手掛かりになるのは、農水省内の検討と併行して開催された「懇談会」での議論である。1991 年 6 月から翌 92 年 5 月まで「懇談会」は表 5-2-3 のようなテーマで 14 回開催され、第 10 回目に「これまでの論議を整理」し、第 12、13 回では「総論」及び「各論」の論点整理が行われている。

「懇談会」それ自体も非公開であり、審議の詳細は必ずしも明らかではないものの、座長の澤邊守氏自身が「『新政策』はどう論議されたか」についてかなり踏み込んで語った記事が雑誌『農業情報』に掲載されている。「懇談会」の意見を取りまとめた、「委員限り」の資料も一部残されている。「論議の整理」「総論・各論の論点整理」については、その概略が新聞記事等でも取り上げられた。農水省関係者の関連発言も雑誌等に一部掲載されている。以下ではこうした資料によりながら、「新政策」のポイントとなる内容がいかなる経過や背景をもとに取りまとめられたかを検討してみたい。

「新政策」は表 5-2-4 の目次にみるように「はじめに」以下、大きく 2 部構成になっている。第 I 部では、「食料」・「農業」・「農村地域」政策及び「国民的

表 5-2-3　「懇談会」の開催状況

回	日付	内容
第1回	6月25日	農業・農村の位置づけについての総論的検討
第2回	7月18日	
第3回	9月12日	
第4回	9月26日	
第5回	10月11日	土地利用型農業の現状と課題についての検討
第6回	10月24日	
第7回	11月14日	新たな地域政策、環境と農業をめぐる現状と課題についての検討
第8回	11月28日	町村長、農業者からの意見聴取
第9回	12月12日	食品産業・流通・消費者対策、団体・機関等のあり方等についての検討
第10回	1月23日	ガット・ウルグアイ・ラウンド農業交渉の現況、これまでの論議の整理等
第11回	2月13日	農産物に関する価格政策等についての検討
第12回	2月27日	総論、論点整理
第13回	3月12日	各論、論点整理
第14回	5月29日	全般についての検討、総括

資料：前掲『新政策そこが知りたい』p.9。

視点に立った政策展開」といった4点について「政策展開の基本的考え方」が述べられ、それを受けて第Ⅱ部では、「農業政策」「農村地域政策」「環境保全に資する農業政策」「食品産業・消費者政策」「研究開発及び主要な関連政策」についてそれぞれ「政策の展開方向」が示されている。

　まず「はじめに」では、「新政策」が「政策検討本部」や「懇談会」等における「論点整理と方向づけ」に関する検討結果を取りまとめたものであり、「直面している事態の緊急性と重要性を踏まえて、広く国民の理解を得つつ……この方向に沿って所要の制度、施策を見直し……、段階的に政策を実現していく」[38]と述べている。「事態の重要性」からすれば当然検討されてよかったに違いない「旧農基法」の見直しは予定通り「はじめに」の文言から完全に消去され、「新政策」は「事態の緊急性」に対応した「制度、施策の段階的な見直し」に向けての「方向づけ」に限定されたことが伺われよう。

　ついで、Ⅰ「政策展開の考え方」では、前文で①世界最大の農産物輸入国となった結果、食料自給率が大幅に低下したこと、②農業就業人口の減少、耕作放棄地や低利用・未利用地の増大、労働力の減少等による国内食料供給力も低下傾向にあること、③兼業化の大幅な進展、高齢化・過疎化の進行、人口流出

表 5-2-4 「新政策」の目次

```
はじめに
Ⅰ  政策展開の考え方
  1  食料政策
  2  農業政策
  3  農村地域政策
  4  国民的視点に立った政策展開
Ⅱ  政策の展開方向
  1  農業政策
    (1) 土地利用型農業の経営の展望
    (2) 経営体の育成と農地の効率的利用
    (3) 米の生産調整と管理
    (4) 価格政策
  2  農村地域政策
    (1) 農村地域の展望
    (2) 適正な土地利用の確保と農村の定住条件の整備
    (3) 中山間地域などに対する取り組み
  3  環境保全に資する農業政策
  4  食品産業・消費者政策
  5  研究開発及び主要な関連政策
    (1) 研究開発
    (2) 国際協力
    (3) 団体・機関・組織など
```

資料：前掲『新政策そこが知りたい』p.271。

等により地域社会の維持が困難な地域も出てきていることなど、わが国の「食料」「農業」「農村」をめぐる厳しい現状について指摘し、効率性追求一辺倒への反省の気運が高まる中、国民のコンセンサスを得て、食料の持つ意味、農業・農村の役割を明確に位置づける必要があると述べている。その上で、森林や農地が持っている国土保全機能の見直しや農林水産業と深い関わりを持つ地球環境問題等、わが国及び世界が直面する新たな事態に対応しうる「食料・農業・農村政策」を展開することが求められていると結んでいる。

こうした「新政策」の現状認識は、「明治以来の農政の中で、これだけの危機というのはあまりないんじゃないか……農業の存在自体が問われておるという時代はあまりないんじゃないか」[39]といった懇談会座長の強い危機感に比べればややトーンダウンしているものの、「効率性追求一辺倒への反省」「国民のコ

ンセンサス」等を踏まえ「森林・農地の国土保全機能」「地球環境問題」など新たな事態にも対応すべく「食料」「農業」「農村」といった三本柱で新たな政策展開の方向を打ち出したという意味では新鮮であった。

　ただし、「効率性の追求」についてはあくまでも「一辺倒への反省」であり、「効率性の追求」そのものを放棄したわけではなかった。「国民のコンセンサス」や「環境重視」にしても「生産者だけに偏ったものではなく、多数派工作として、消費者一般に理解されるような生産・流通・加工の仕組みにしなければいけない」[40]「環境を正面に据えて政策展開する……これがコンセンサスを得られると、農政の範囲が非常に広がっていく」[41]といった当時の農水省関係者の発言から察するに、そこには文字通りの意味のみならず農政の軸足を少数派の農業者から多数派の消費者や環境へと移行させ、結果として農水省の守備範囲を拡大するといった政策意図が込められていたに違いない。1961年の「旧農基法」制定当時問題視された「農工間の所得格差」つまりは「農民の相対的貧困問題」が全面的兼業化＝農業の空洞化を伴いながら半ば解消された以上、「食料」「環境」「地域社会の維持」といった広く国民の関心を呼ぶであろうキーワードを盛り込んだ農政展開の新基軸を打ち出さずしては、わが国農業のみならず農水省本体もまた「地盤沈下」を避けられないような状況に追い込まれていたからである。

　「政策展開の考え方」の冒頭に据えられた「消費者の視点」を重視する「食料政策」については、まず、自給率が47％と先進国の中でも異例に低い水準に低下したことから、その「低下傾向に歯止めをかけていくことが基本」[42]とされた。また、世界食料需給モデルの試算によれば世界の食料需給が逼迫基調で推移することや、経済力にまかせた食料輸入の拡大は国際的批判を惹起するおそれがあることなどから、国内資源の有効利用による安全な食料の安定供給が基本であり、併せて農業の有する多面的機能からして国際分業論を単純にあてはめることには問題があると指摘している。その上で、一定の国境措置と国内政策の必要性について「国民のコンセンサス及び国際的理解を得ていかなければならない」[43]とされた。

　ただし、こうした文脈の随所に、「生産性の一層の向上」「農業技術の革新」「コスト面での改善」「効率的生産」「内外価格差の向上」といった文言がちりばめられた。このため全体としてみれば、あくまでも「効率性の追求」を前提

とし「国民のコンセンサス」や「国際的理解」が得られる限りでの「自給率低下傾向の歯止め」であり「国内食料の安定供給」というニュアンスの方が強かった。

ちなみに、食料自給率問題とからめた食料安保論については、懇談会における議論でも「擁護論」「否定論」「中間的意見」の三つに分かれ[44]、産業としての農業論についても、「農業の特質、多面的役割の存在を強調して農業の保護が必要となる意見と、農業の特質は認めるものの基本的課題はあくまでも農業生産の効率性追求等による産業としての農業の確立であるとする意見に分かれた」[44]という。このため、「安全保障なり、自給率をきちっと書くべきだというところまで論議が集約されなかった」[45]ものの、「大筋の議論としては最低限に来ているという認識」があり「当面、現状以上にするというところは最低限のコンセンサスとして……そう大きな異論はな」[46]かったとのことである。それに比べれば「低下傾向に歯止めをかける」という「新政策」の文言は「懇談会」の認識よりもやや後退したとの感が否めない。

また、「非経済的・公益的な役割というものに対して、農業が寄与しているということは大事」[47]であるものの、それが「規模拡大に水をさすようなことがあっては好ましくない」[48]「両方併進……うまく調和させる……道を探っていかな」[49]ければ、国内外の「理解は得られないんじゃないか」[50]というのが懇談会座長の認識でもあった。しかし、「効率」と「公益」あるいは「環境」をいかにすれば「併進」「調和」させうるかといったシナリオを欠落させたまま、キーワードのみをやや不細工に継ぎ合わせるという形で「新政策」の文章は綴られている。この結果、「新政策」はある項目では「効率」が強調されたかと思えば、別の項目では「公益」や「環境」関連の意味内容が盛り込まれるなど、全体として不整合な面が目立つことになった[51]。とりわけ際立って「効率」が強調されたのは、つぎの「農業政策」であった。

ここでは「農業経営を担う者」に焦点を当て、「農業を職業として選択し得る魅力とやりがいのあるものとするため、10年程度後の効率的・安定的経営体像を提示する」[52]とされた。これを受けてのちに検討する「政策の展開方向」では、「土地利用型農業の経営の展望」で、具体像の提示に相当の紙幅が割かれている。

また、こうした経営体を育成するためには「自主性」「創意・工夫の発揮」「自

己責任の確立」に向けて「市場原理・競争条件の一層の導入を図る政策体系に転換していく……ことが必要」[53]であり、「こうした経営体の実現に向けて、施策の集中化・重点化を図る」[54]べきだとして「効率性の追求」が強調された。「土地持ち非農家、小規模な兼業農家……生きがい農業を行う高齢農家などの役割分担の明確化」[55]や「農地の効率的利用を図るための集団化」[56]が重要だという指摘にしても、多様な担い手の共存のためというよりは「効率的な経営体」に「施策を集中化、重点化」していく戦略上の課題という意味合いの方が強かった。最後に「環境と農業の係わり」について言及しているものの、「農業政策」の方向については「一辺倒」かどうかは別にして「効率性の追求」に力点が置かれていたことだけは確かである。

それがつぎの「農村地域政策」になると、「伝統・文化」「ゆとりや安らぎ」「美しい景観」「共生」「多様な価値観」等々およそ「効率性の追求」とは無縁なキーワードが目立つ癒し系の記述へと文章のトーンが一変した。「農村空間は……人間性豊かな生活を享受し得る国民共有の財産である」[57]とまでいっている。こうした農村空間が活力低下を余儀なくされている以上、これを維持・発展させることが国民的視点からも必要だとの意義づけを与えたかったからであろう。ただし、そこから導かれたのは「地域農業の中心となる経営体を育成し、効率的・安定的な農業構造を作り上げ……ていかなければならない」[58]という「農業政策」同様、効率重視の方向であった。

当時議論を呼んだデカップリング方式による中山間地域対策については、単なる文言としてすらも一切盛り込まれなかった。この点については「懇談会」でも「その効果に問題があり、国民的な合意を得るのが難しいとの意見と、ヨーロッパでは10年以上にわたり実施されている重要な施策であり評価すべきとの意見に分かれたが、定住人口の確保等の視点からの新しい政策分野であり、その導入の可能性につき更に検討を深めるべき」[59]とされたことも影響していよう。

このほか、森林とそれに連なる農地の適切な維持管理や都市部を含めた国土全体の適正な土地利用など、多少目新しい指摘はみられるものの、響きの良い数多くの文言で修飾された「農村空間」のトータルな整備については、不透明なままであった。

「政策展開の考え方」の最後は「国民的視点に立った政策展開」である。「国

民的コンセンサスを得る」という「新政策」の狙いを反映して設けられた項であろう。しかし、そこに記載された内容は、「名称・表示の適正化」を除けば、すでにそれまで言及された「国内供給力や安定輸入」「流通規制緩和」「豊かな農村づくり」「国民の共有財産」等々に関する事項が羅列されているにすぎない。国民的関心が盛り上がりつつあった食料・食品の安全、安心、健康志向に適応する農政の方向を明示的に提示するまでは至らなかった。「多数派工作」として「国民的視点」を頭出しこそしたものの、何故に国民的コンセンサスを得られないのか、あるいは国民的視点に立つというのはどういうことかについて詰めた議論がなされないまま、取り急ぎ看板のみ掲げたとの感が否めなかった[60]。

およそ以上のような4点に渡る「考え方」に基づき、つぎに10年程度後を目標に置いた「政策の展開方向」が提示された。ところが冒頭の項目は「食料政策」ではなしに「農業政策」であった。というよりも「考え方」のトップに掲げられた「食料政策」は「展開方向」から削除され、4番目に「食品産業・消費者政策」という項目が設けられているにすぎない。その点については「農業政策、農村地域政策、食品産業・消費者政策などの政策展開の方向で述べられているものの中に含まれていることから、個別独立に食料政策の展開方向としてまとめていない」[61]と解説されている。換言すれば「食料政策」は、「農業政策」等の展開方向に国民・消費者視点からの補強剤として注入・溶解しうる程度の内容であり、位置づけでしかなかったということであろう。

いずれにしろ、「展開方向」の「農業政策」は「具体的でないと批判される『方向』が、極めて具体的に示した目標がある」[62]といわれるぐらい、最初のところで「土地利用型農業の経営の展望」を提示した。つまり、農業を職業として選択しうる魅力のあるものにするために他産業並みの年間労働時間と生涯所得水準の達成を目標に掲げ、10年後、稲作中心の個別経営体15万戸、組織経営体2万戸で稲作生産の8割程度を占めると展望してみせた。また、稲作の経営規模は個別経営体では10～20ha程度、組織経営体は1ないし数集落程度、コスト水準は現状の大規模の8割程度（全農家平均の5～6割）とされた。以上の内容については、より詳しい数値を盛り込んだ図5-2-2のような形に整理され、雑誌等でも広く紹介された。

また、こうした農業構造の実現に向けての支援措置として農地制度、土地改良制度などの見直しを含め、「地域農業の再編」「経営感覚に優れた経営体育

図5-2-2 稲作を中心とした農業構造及び経営の姿

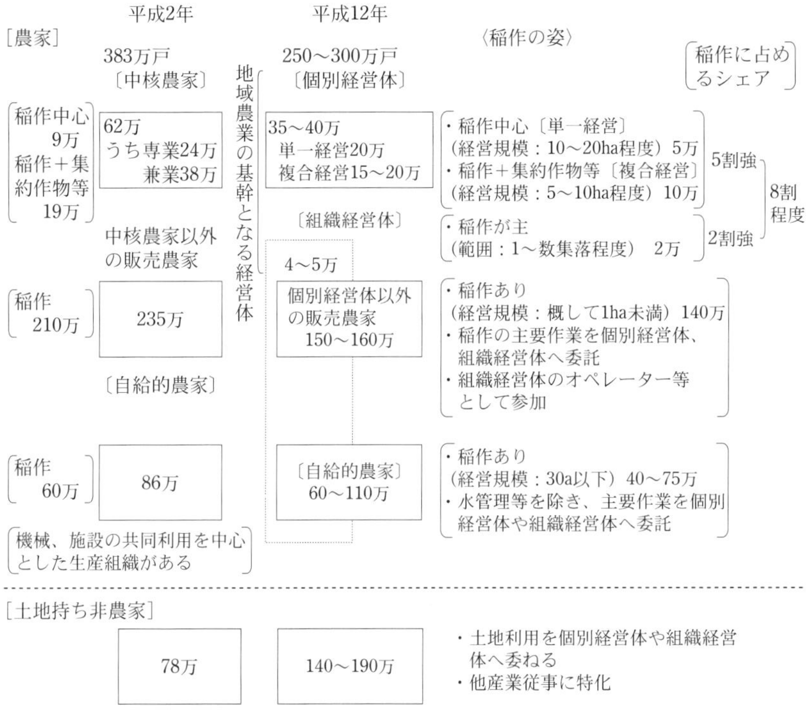

	平成2年		平成12年	〈稲作の姿〉	
[農家]	383万戸		250～300万戸		稲作に占めるシェア
	〔中核農家〕	地域農業の基幹となる経営体	〔個別経営体〕		
稲作中心 9万 稲作+集約作物等 19万	62万 うち専業24万 兼業38万		35～40万 単一経営20万 複合経営15～20万	・稲作中心〔単一経営〕 (経営規模：10～20ha程度)5万 ・稲作+集約作物等〔複合経営〕 (経営規模：5～10ha程度)10万	5割強 8割程度
	中核農家以外の販売農家		〔組織経営体〕 4～5万	・稲作が主 (範囲：1～数集落程度) 2万	2割強
稲作 210万	235万		個別経営体以外の販売農家 150～160万	・稲作あり (経営規模：概して1ha未満)140万 ・稲作の主要作業を個別経営体、組織経営体へ委託 ・組織経営体のオペレーター等として参加	
	〔自給的農家〕				
稲作 60万	86万		〔自給的農家〕 60～110万	・稲作あり (経営規模：30a以下) 40～75万 ・水管理等を除き、主要作業を個別経営体や組織経営体へ委託	
機械、施設の共同利用を中心とした生産組織がある					
[土地持ち非農家]					
	78万		140～190万	・土地利用を個別経営体や組織経営体へ委ねる ・他産業従事に特化	

個別経営体：個人又は一世帯によって農業が営まれている経営体であって、他産業並みの労働時間で地域の他産業従事者と遜色のない生涯所得を確保できる経営を行い得るもの
組織経営体：複数の個人又は世帯が、共同で農業を営むか、又はこれと併せて農作業を行う経営体であって、その主たる従事者が他産業並みの労働時間で地域の他産業従事者と遜色のない生涯所得を確保できる経営を行い得るもの
　(注) 生涯所得は、生涯賃金に退職金、年金を加えたもの

資料：前掲『新政策そこがしりたい』p.98。

成」「経営形態の選択肢の拡大」「新規就農の促進と支援措置」「女性の役割の明確化」「農地及び農業用水の効率的利用と土地改良事業推進手法の整備」等の政策を推進するとされた。様々指摘されている中で、エッセンスと思われる部分は以下のようなことであった。

　まずは集落レベルで経営体育成に向けた面的土地利用集積の枠組みを整備する。加えて国の施策や金融・税制、経営指導面での支援を重点化し、「経営感覚

に優れた経営体」を育成しよう。こうした経営体については、今のところ適当と認められない株式会社を除いて、大いに法人化を推進する。新規学卒就農者「1,800人ショック」(1990年)を緩和するには、農家子弟以外にも就農の門戸を開放した方がいいだろう。「イエ」「ムラ」的慣習、慣行の下でその役割が正当に評価されていない女性に対する支援措置も必要だ。ただし、それらについても、法人化を進めれば新規参入者を雇用できるし、女性の役割を明確化する上でも役に立つ。したがって、最大の課題は経営体の規模拡大であり農地の集団化だ。今後は農地保有合理化事業や圃場整備事業等を活用してそれを推進する手法を整備しよう。農業用水等については、親水利用等公益性への配慮も必要になる。

およそ以上のような内容の支援措置は、集落レベルの土地利用調整を含めて、つまるところ経営体の育成・法人化への誘導措置が中心をなしていた。2000年時点で多数残存すると推計された「個別経営体以外の販売農家」「自給的農家」「土地持ち非農家」等については、作業委託や農地の貸しつけ、あるいは集団的農地利用に対する合意を通して、どちらかといえば経営体の育成を支援するという意味での役割分担が強調された。

「10年先の経営構造なり、生産構造の具体的な目標を示せ」[63]ということについては、懇談会における総論部分の議論でも問われたことであり、「相当思い切った方向づけをしたという意味での評価はあるだろう」[64]と「懇談会」の座長自身も回想している。「懇談会」ではまた、「経営体を育成する場合に、家族経営のほかにどういう経営があり得るかということで、法人化をかなり積極的に促進するということを取り上げた」[65]という。ただし、株式会社論は、「一部の方が非常に熱心にご主張になった」[66]が、「土地利用のゾーニングなり、規制なりというのが相当強化されてくるということがない限りやるべきではない」[67]「頭から将来ともダメだというところまではいえないにしろ、そう簡単に認めるべき問題ではない」[68]ということで先送りされた。さらにまた、ゾーニングにしろ利用規制の強化にしろ「国土全体について全面的にやらないとできない」[69]「社会的な均衡なり、公正という問題があり、一般の土地についても同じようなことがやられない限り、農地にだけ強く出られない」[70]「そうなると株式会社に農業をやらせるというのはそう簡単に日程に上る話ではない」[71]というのが「懇談会」座長の見解でもあった。

いずれにしろ、「土地利用型農業の経営の展望」については、個別経営体、組織経営体という新しいいい回しや具体的数値目標は別にして、そのシナリオの大半に懇談会での議論、とりわけ「規模拡大というのは、土地利用の集積であれ、技術の問題であれ、まだまだ相当な対策に力を抜いちゃいけない」[72)]「環境問題であれ、生活問題であれ調和点をどう見つけていくかということが大事なんで、規模拡大に水をさすようなことがあっては好ましくない」[73)] など盛んに行われたといわれる議論が反映された。

このため懇談会の座長自身「具体策が伴ってないという面は確かにある」[74)] と認めながらも「ああいう出し方は、非常にインパクトを与え」[75)] る、「一般国民に対してインパクトを持っているという意味では、……大変結構なことだ」[76)] と評価している。ただし、経営体の育成に必要だとされた175万haの農地の流動化一つとっても前途多難であり、極めて具体的にビジョンが提示された分、当時からその実現を疑問視する声が強かった。

「ビジョンの現実的帰結」についてはのちに検討するとして、「米の生産調整と管理」は懇談会の議論でも「ウルグアイ・ラウンドと食管は、『聖域』扱いでスタート」[77)] せざるを得なかったという当時の事情を反映し、具体策はもとより、「論点整理と方向づけ」すらも曖昧であった。冒頭で「現行の米の生産調整と管理の仕組みについて検討していく必要がある」[78)] と述べたものの、米の生産調整については、需給調整の一環として必要であるとし、ただし、将来的には経営体の主体的判断により行えるよう条件整備が必要だとして、選択制にも含みをもたせている[79)]。しかし、この場合稲作が集落段階を基礎として面的に展開されていることに留意しなければならないなど、曖昧な形で締め括っている。

「米管理」についても、市場原理・競争条件の一層の導入を進めるといいながら、当面の施策としては「産直ルートの拡充」「自主米価格形成機構への上場数量の増加と地域分割上場」「流通面の規制緩和」等に触れているにすぎない。肝心の食管改革については、「より長期的方向で米管理のあり方を研究していく」[80)] として先送りされた。

つぎの「価格政策」もまた曖昧であった。例えば、「農産物価格の低下は、今後育成すべき経営体に大きな影響を及ぼす面がある」[81)] という。だからといって何らかの価格支援政策が必要だとは述べていない。「価格が需給調整機能を果

たすようにしなければ、非効率な経営が存続し効率的・安定的経営体の育成……が困難となる」[82]ことから、価格はむしろ市場原理に委ねるべきだという趣旨のことが書いてある。それだとしかし、価格低下の及ぼす影響は避けられない。どうするかといえば「効率的・安定的経営体が生産の大宗を占めるような農業構造を実現していくことによりコストの削減に努めながら、このような農業構造の変革を促進するため需給事情を反映させた価格水準としていく必要がある」[83]として明らかに矛盾するようなことを述べている。一方で市場原理の導入による価格低下が経営体の育成ひいてはコスト削減に大きな影響を及ぼすとすれば、他方でそれが懸念される市場原理の導入が構造変革を促進するなどあり得ないはずだからである。したがって、「価格低下と育成すべき経営体の規模拡大などによるコスト削減にタイム・ラグが生じないように努める必要がある」[84]という、およそ無理筋な内容の文章を最後に挿入せざるを得なかったのであろう。

むしろ価格政策を市場原理に委ねるとすれば、育成すべき経営体にターゲットを絞り込んだセーフティネットとしての経営所得安定対策にこそ言及すべきであった。しかしこの点については、「現在の農業生産構造の具体的かつ大幅な改善の見直しのないままに、いわゆる所得政策の導入の可否の論議を安易に進めていくことは、適切でない」[85]として見送られた。この結果、「価格政策」の項では、市場原理の導入による効率性の追求のみが際立つことになった。

およそ以上のような「農業政策」のつぎに展開しているのは「農村地域政策」である。ここでは前段の「考え方」で触れられなかった地域区分が行われ、「中山間地域などに対する取り組み」[86]にも言及している。例えば「効率的・安定的な農業が展開しうる地域」では、土地利用区分により育成すべき経営体に対する農業生産区域の設定、生産基盤と生活環境の一体的整備、都市と農村の連携強化など、それまで指摘されてきたようなことが繰り返されている。

中山間地域に関しては、立地条件を生かした労働集約型、高付加価値型等の農業振興、加工・観光振興、定住条件の整備等を図るとされてはいるものの、「考え方」同様、直接支払制度の導入など条件不利地域対策には特に言及していない。若干目新しいのは、「地域資源の維持管理」に関連して、「農林地を一体的に経営・管理するため、農協と森林組合の業務の相互乗り入れ」[87]を指摘している点であろう。ただし、解説本によれば、「その際、農業協同組合法、森

林組合法の改正を伴うため、……その仕組みのあり方を検討する」[88]として、具体策は先送りされた。わざわざ「中山間地域」問題を取り上げるなら、山振法、過疎法など既存の条件不利地域立法を整備・統合し、所得政策を含めて、総合的な条件不利地域振興法等を制定するぐらいの方向性が提示されてもよかったであったろう。それがないため「新政策」の目玉の一つであった「農村地域政策」は、とりあえず項目として頭出しをしたという域に留まった。

つづいて「環境保全に資する農業政策」という項目が設けられ、「『環境保全型農業』の確立をわが国農業全体として目括されなければならない」[89]と指摘している。このため、環境への負荷軽減に配慮した施肥基準や病害虫防除要否の判断基準の見直し、産・学・官連携による環境保全型技術開発、地力の維持増進と未利用有機物資源のリサイクル利用などを推進するほか、計量的評価手法の確立による国土・環境保全機能の明確化を行うとされた。「国民的視点」を強調する以上、「環境保全型農業」は、「国土・環境保全」に資するのみならず、国民・消費者に対する安全・安心な「食」供給に資するといった位置づけがなされてもよかったに違いない。そういう意味での「環境保全型農業」を「わが国農業全体として目指す」のなら、国民的合意を促す上でも有益だったはずだからである。そこまで踏み込めなかったのは、おそらく「規模拡大の足を引っ張る」ことが懸念されたからではないか。環境保全型農業とはいえ、それはあくまでも「生産性の向上を図りつつ環境への負荷の軽減に配慮した持続的農業」[90]であった。換言すれば「効率性の追求」を犠牲にしない範囲での「環境保全型農業」でしかなかったのである。

食の安全性確保等については、食品産業の育成と併せてつぎの「食品産業・消費者政策」の項に記載されている。このうち、「食品産業の育成」については、「研究開発」「国産素材の新商品開発」「農業者との事業提携」「マーケティング活動」「国産農産物の安定利用」「総合的物流システムの整備」等々への支援に加え、環境保全の視点から食品廃棄物の減量化・再資源化などへの支援にも触れている。しかしながらこの項は、消費者あるいは国民的視点からどのような支援が必要かという理念を欠落させたまま、取り急ぎ食品産業の直面している様々な問題への対策を羅列的に記載しているにすぎない。どこまでが農政の守備範囲なのかも不確かであった。

ついで「安全性の確保と表示の適正化」については生産から消費に至る各段

階でのモニタリング体制の整備や検査分析能力の向上、輸入食品の安全性確保、有機農産物などの名称の表示の適正化や品質表示を義務づける対象食品の範囲の拡大等に言及しているものの、国として有機農産物・食品等の表示・認証制度を確立するとまでは述べていない。「有機農産物等の表示について、定義を明確にしたガイドラインを策定し、普及状況等を見ながら、認証制度の導入を検討していく」[91]として、これまた先送りされた。

最後に「研究開発及び主要な関連政策」として「研究開発」「国際協力」「団体・機関・組織など」について様々言及しているが、末尾で「補助、融資、税制、統計情報の収集・提供などについては、効率的・安定的な経営体の育成と農村地域の活性化などに資するよう、そのあり方を見直す」[92]と述べていることだけを確認しておこう。こうした締めの文言からしても「新政策」は「効率性の追求」による「経営体の育成」こそが政策全体の要をなすものであったといってよい。

3　「新政策」の現実的帰結

「新政策」が公表された2ヶ月後、1992年8月7日に第68回農政審議会が開催され、企画部会の二つの小委員会で政策の具体化に向けた検討が開始された[93]。

第1小委員会では「構造・経営対策」、第2小委員会では「農村地域対策」についての検討が行われ、それを受けて93年6月8日の参議院本会議で「新政策」関連二法が可決、成立した。このうち「農業経営基盤強化のための関係法律の整備に関する法律」（以下「強化関連法」）は同年8月2日、「特定農山村地域における農林業等の活性化のための基盤整備の促進に関する法律」（以下「特定農山村法」）は同年9月28日、それぞれ施行された。

「強化関連法」の目的は、「新政策」が展望した経営体の育成であった。具体的には、「農用地利用増進法」を一部改正し、経営体の育成に焦点を据えた「農業経営基盤強化促進法」（以下「経営基盤強化法」）に名称変更し、併せて、農業経営の法人化の推進等に関連して「農地法」「農業協同組合法」「土地改良法」なども一括改正された。

「強化関連法」の中心は「経営基盤強化法」であり、その内容は図5-2-3に示したようなものであった[94]。

図5-2-3　農業経営基盤強化促進法のあらまし

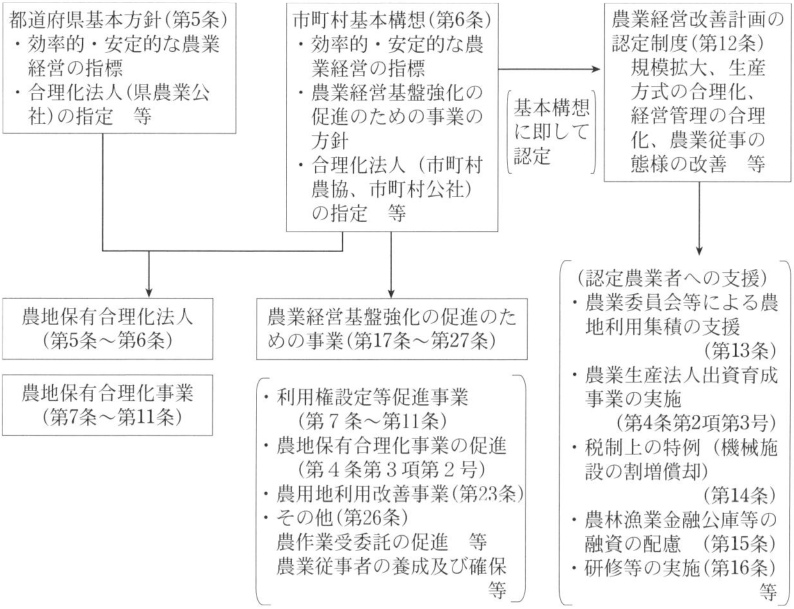

```
┌──────────────────┐        ┌──────────────────┐              ┌──────────────────┐
│都道府県基本方針(第5条)│        │市町村基本構想(第6条)│              │農業経営改善計画の │
│・効率的・安定的な農業│        │・効率的・安定的な農│              │認定制度(第12条)   │
│ 経営の指標       │        │ 業経営の指標     │   基本構想   │ 規模拡大、生産   │
│・合理化法人(県農業公│        │・農業経営基盤強化の│   に即して   │ 方式の合理化、   │
│ 社)の指定   等   │        │ 促進のための事業の│    認定      │ 経営管理の合理   │
│                  │        │ 方針             │─────────────→│ 化、農業従事の   │
│                  │        │・合理化法人（市町村│              │ 態様の改善   等 │
│                  │        │ 農協、市町村公社）│              │                  │
│                  │        │ の指定   等      │              └──────────────────┘
└─────┬────────────┘        └──────────────────┘                       │
      │                                                                 │
      ↓                                                                 ↓
┌──────────────────┐        ┌──────────────────────────┐    ┌──────────────────┐
│農地保有合理化法人 │        │農業経営基盤強化の促進のた │    │(認定農業者への支援)│
│(第5条～第6条)    │        │めの事業(第17条～第27条)   │    │・農業委員会等による農│
└──────────────────┘        └──────────────────────────┘    │ 地利用集積の支援  │
┌──────────────────┐        ┌──────────────────────────┐    │         (第13条)  │
│農地保有合理化事業 │        │・利用権設定等促進事業     │    │・農業生産法人出資育成│
│(第7条～第11条)   │        │ (第7条～第11条)           │    │ 事業の実施        │
└──────────────────┘        │・農地保有合理化事業の促進 │    │    (第4条第2項第3号)│
                             │ (第4条第3項第2号)         │    │・税制上の特例(機械施│
                             │・農用地利用改善事業(第23条)│    │ 設の割増償却)     │
                             │・その他(第26条)           │    │         (第14条)  │
                             │ 農作業受委託の促進   等   │    │・農林漁業金融公庫等の│
                             │ 農業従事者の養成及び確保  │    │ 融資の配慮(第15条)│
                             │                     等   │    │・研修等の実施(第16条)│
                             └──────────────────────────┘    │              等   │
                                                              └──────────────────┘
```

資料：『新政策二法のあらまし』全国農業会議所

　かいつまんでいえば、まずは都道府県が定めた「基本計画」に即して市町村が経営体の育成目標などを盛り込んだ「基本方針」を定め、これに基づき認定された「認定農業者」に対して、「農用地の利用集積」等の支援をする。このため、農地保有合理化法人を「農地法」から「経営基盤強化法」に位置づけ、農用地の売買、賃貸借のみならず農地信託事業や農業生産法人出資育成事業、さらには新規就農希望者等に対する研修事業等も行えるようにした。加えて保有合理化事業と利用権設定や農作業受委託の促進事業を一体化することで、経営基盤の強化を促進する仕組みを整備した。これに基づき、県・市町村が認定農業者に対する農地流動化施策を集中的に推進すれば、効率的・安定的な経営体の育成にもつながろう。ただし、農用地の受け手がない地域の受け皿として、新たに「特定農業生産法人」制度を創設する。およそこういう形で、経営体の育成に向けた法的枠組みが整備されたのである。

　さらに、農地法については事業要件が見直され、法人以外で生産された農畜

産物を含めて加工、貯蔵、運搬、販売、農業生産に必要な資材の製造、農作業の受託などが行えるようになった。法人の構成員についても、現物出資する農地保有合理化法人、農協、農協連合会、産直契約や農作業委託を行っている個人、さらには農業生産法人に特許の供与を行っている者等が加わることができるようになった。株式会社に対する門戸は開放されなかったものの、「新政策」でいう法人化の推進に寄与すべく事業要件、構成員要件が見直されたのである。

同様の要件緩和は農事組合法人にも適用されるため、関連して農協法の一部も改正された。育成すべき経営体が一人でも土地改良事業の事業主体となれるよう、土地改良法の一部も改正された。農林漁業金融公庫法なども一部改正され、土地改良区等に対して農地利用集積に必要な無利子の資金を貸しつけることができるようになった。以上のように、農用地利用増進法など関連7法を一括改正した「強化関連法」のねらいは、「新政策」が掲げた効率的・安定的経営体の育成であった。

これに対して、「特定農山村法」は「新政策」でいう「農村地域政策」のうち「中山間地域などに対する取り組み」に対応したものであった。この法律の適用対象は、地理的条件や農業条件が不利な農林業主体の市町村が原則とされ、具体的な要件は政令で定めることとされた。対象地域についても旧市町村をどうするかを含めて主務大臣がのちに公示するとした。法律の内容は概略つぎのようなものであった。

まず、対象市町村が「農林業等活性化基盤計画」を作成する。農業者で組織する団体がそれに基づき地域ぐるみで新規作物の導入や生産方式の改善等計画を作成し、それを市町村が認定する。認定した団体に対しては、計画の実施に必要な資金の確保に努めるほか、目標収入を1割以上下回った場合、その差額分を限度として、営農活動の継続に必要な経営費を低利で融資する。また、認定を受けた計画にかかわる施設については、特別償却など税制上の特例措置も講じる。

こうした支援措置と併せて、農林業上の適正な土地利用や活性化基盤施設を整備するため農林地所有権移転等促進事業を展開する。これにより、市町村が所有権移転促進計画を定めて公告した場合、農地法等の適用を除外し、農林地の所有権移転や賃借権・地上権の設定・移転が一括して行えるようにする。ただし、農地の転用や市街化調整区域内の開発行為に係わる権利移動については、

都道府県知事の承認を義務づける。とりわけ農地転用については知事に対して都道府県農業会議の意見聴取も義務づける。

　こういう縛りを課しながら開発に歯止めをかけ、「新政策」でいう「農林地を一体的に経営管理するため」、農林地の所得権移転等を一括してできるようにする。同様の措置は農用地利用増進事業でこれまでも実施されてきた。「利用集積」と「移転促進」ではやや意味が異なるものの、権利移動を一括して行うということではさほど違わない。農林業の活性化等にかこつけて施設用地への転用が乱開発を助長しかねないとの批判はあるが、ソフト中心の地域振興法ゆえ、このくらいの目玉があってもいいだろうとされた[95]。

　森林組合法の特例として、森林組合が農作業委託を行うことも認可する。こうすれば「新政策」でいう「農協と森林組合の業務の相互乗り入れ」も可能になる。国会審議でも取り上げられた中山間地域等への直接支払制度の導入は「新政策」同様、見送った。したがって、基本はあくまでも立地条件を生かした農林産物の振興や特産品の開発あるいは体験交流、就労機会の増大等による地域振興である。

　なお、こうした「活性化基盤整備計画」は、知事承認を課しているものの、基本的に市町村が独自につくることになる。「経営基盤強化法」のように、県の「基本方針」が示されるわけではない。過疎法や山振法など既存の地域振興立法と連携させ、どの程度うまく活用できるかは市町村の力量次第ということになろう。およそ以上が「特定農山村法」の概略であった。

　「新政策」はこうした関連二法に基づく具体策を仕組みながら展開されることになった。以下では、その現実的帰結について、可能な限り目標年度の数値を手掛かりとしながら事後評価を試みてみよう。

　表5-2-5は、「新政策」が目標として掲げた効率的・安定的経営体の育成による農業構造の再編がどの程度達成されたかをみたものである。これによれば、2000年に35〜40万戸程度になると「意欲的に展望」してみせた個別経営体の実績値は、90年と同じ10万戸程度というのが農水省の試算値である。つまりこの間、個別経営体数は全く増加しなかった。稲作単一経営で5万戸程度と推計された個別経営体も、認定農業者がいる稲作単一経営というラフなデータでも2.3万戸と半分にも達していない。もっとも認定農業者がいるからといって個別経営体の基準をクリアしているとは限らないゆえ、実際の数値はこれより

表 5-2-5 新政策時における稲作を中心とした農業構造の展望と実績

	平成2年実績	新政策策定時における平成12年度の見通し	平成12年度実績
基幹的農業従事者	313万人	210万人	240万人[1]
65歳未満の場合	71%	54%	49%[1]
総農家戸数	383万戸	250〜300万戸	312万戸[1]
個別経営体数	10万戸程度（試算値）	35〜40万戸	10万戸程度（試算値）[2]
組織経営体数	—	2万（稲作が主）	0.4万戸[3]
（稲作の姿）	〈中核農家〉	〈個別経営体〉	〈認定農業者がいる農家〉[1]
	単一経営9万戸	単一経営5万戸（経営規模10〜20ha）	単一経営2.3万戸
	複合経営19万戸	複合経営10万戸（経営規模5〜10ha）	複合経営5.1万戸
稲作生産における個別経営体の生産シェア	5.0ha以上の稲作付面積[4] 8.2%（1990年産米）	5割	5.0ha以上の稲作付面積[4] 12.6%（1999年産米）
自給的農家	86万戸	60〜110万戸	78万戸[1]
土地持ち非農家	78万戸	140〜190万戸	110万戸[1]

資料：農水省「新政策における農業構造の見通しとその達成状況」、農水省統計情報部「農林業センサス」2000年、食糧庁「米麦データブック」1992年、2001年版

注：1）数字は2000年センサスによる。ただし、認定農業者がいる農家のうち複合経営農家の中には稲作以外のものも含まれる。
2）農水省「新政策における農業構造の見通しとその達成状況」の試算値である。
3）組織経営体については、2000年センサスにより稲作1位の農家以外の事業1,312のうち販売金額1,000万円以上の689事業体と水稲作サービス事業体13,471のうちの受託料収入1,000万円以上の3,655事業体を加算した値である。金額を3,000万円以上に引き上げれば、事業体数は1,440である。
4）1990年産米と1999年産米に関する米麦データブックの数字である。資料の制約上5.0ha以上のデータしかとれないが、これでも「新政策」が目標とした数字には遠く及ばない。

も下回ろう。10万戸程度と推計された複合経営体にしても多く見積もって5.1万戸である。ただし、5.1万戸の中にはデータの制約から稲作以外の経営体も含まれている。しかも、単一経営同様、認定農業者がいるからといって基準を満たしているとは限らない。これまた、実際の数値はもっと下回ろう。

　組織経営については比較に耐えるデータが見当たらない。仮に販売金額1,000万円以上の稲作第1位の農家以外の事業体と受託料収入1,000万円以上の水稲サービス事業体を合計しても、その数は3,655事業体である。金額を3,000万円以上に引き上げれば、事業体数は両者合計で1,440に激減する。稲作が主の組織経営体2万という目標は、達成率にしてせいぜい1〜2割程度見込めればいい方であろう。

この結果、5.0ha 以上の稲作作付面積シェアにしても、1990 年度末の 8.2％から 99 年度末の 12.6％と少しは伸びているものの、目標とした個別経営体の生産シェア 5 割には遠く及ばない。この中から基準をクリアする経営体を抽出できるとすれば、そのシェアはさらに下回ろう。

　農地流動化の実績もまた、175 万 ha という目標数値からかけ離れていた。表 5-2-6 にみるように、1990 年から 9 年間の耕作目的の権利移動面積を単純に加算しても約 103 万 ha と目標面積の 6 割近くである。とりわけ 99 年実績のうち経営体への成長が期待される 5.0ha 層への流動化面積は、27％と 3 割以下に留まっている。正確を期するとすれば過去 10 年間耕作目的で流動化したストック面積のうち、何 ha、何割が 5.0ha へ移動したかを確認しなければならないが、ラフな推計でも目標に遠く及ばないことだけは確かである。

　いずれにしろ、「新政策」が意欲的に描いてみせた効率的・安定的経営体が大宗をなすという展望は、ことごとく破綻したといっても過言でない。個別経営体が増えなかったことについて、農水省は「さらに検討する必要がある」といいながらも「見込んでいたほどの高齢者のリタイアがなかったこと」や「農地の資産的保有傾向が続く中で零細経営を含むすべての生産者に効果が一律に及ぶ価格政策が維持されたこと」などが背景にあると述べている[96]。確かに表 5-2-5 にみるように、農家戸数は見通しより減らなかったし、土地持ち非農家も見通しほどには増えていない。自給的農家は見通しの範囲内に収まっているものの、基幹的農業従事者は見通しを 30 万人も上回っている。それに占める 65 歳未満比率も期待したほどには高まっていない。その意味で、見込んだほど高齢者のリタイアがないまま、従来の農業構造が維持される傾向が強かった。しかしそれは、「価格政策が維持されたこと」によるものかどうかは疑わしい。

　図 5-2-4 に示したように、1995 年以降、米価暴落の歯止め措置なき「食糧法」の施行も手伝って、米の生産者価格指数は、経営規模 5.0ha 以上どころか 10.0ha 以上の生産費指数の低下をも、はるかに下回っている。これを見る限り「需給事情を反映させた価格水準」となった結果、「価格低下と育成すべき経営体の規模拡大などによるコスト削減にタイム・ラグが生じないように努める」という「新政策」の歯止め措置は事実上効力を発揮しなかった。「価格政策が維持されたから」ではなしに、価格政策に代わって市場原理が導入されたことにより、価格低下とコスト削減にタイム・ラグが生じ、稲作を主とする経営体の成長力

図 5-2-4 米価指数、生産費指数、作付面積・販売数量比率の推移

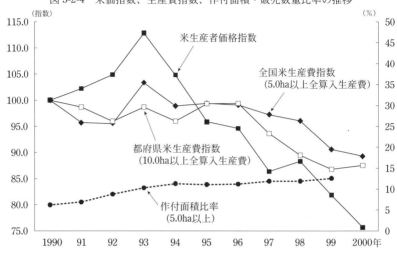

資料：農水省統計情報部「米及び麦類の生産費」各年版、食糧庁「米データブック」各年版、農林統計協会「食料、農業、農村白書参考統計表」2000年度により作成

が大幅に減殺されたとみてよいであろう。この結果、90年代前半に多少伸びる傾向にあった5.0ha以上の稲作付面積比率にしても、90年代後半は停滞的に推移した。

さらに「新政策」では「農業生産を維持し、国内供給力を確保するためには、一定の国境措置と国内農業政策が必要であることにつき、国民のコンセンサス及び国際的理解を得ていかなければならない」とされたにもかかわらず、結果は図5-2-5にみるように農産物輸入の増大であり国内生産の衰退であった。1985年のプラザ合意以降急速に進んだ円高の下で、農産物の輸入価格指数は若干の起伏を伴いながらも急落し、それに伴って70年代半ば以降やや停滞的に推移してきた輸入数量指数は60年代を上回るほどの勢いで増加に転じている。とりわけ輸入の増加が目立ったのは、鳥獣肉類及びその調整品や卸業及びその調整品であり、加工度別にみれば、加工品・半加工品であった。この間、わが国食品製造業は競争力強化に向けて海外投資を拡大し、現地で行った調整・加工・半加工品を開発輸入するという傾向も強まった[97]。わが国の農産物輸入は、品目、加工度、輸入形態等々の構造変化を伴いながら80年代半ば以降再び急増したのである。

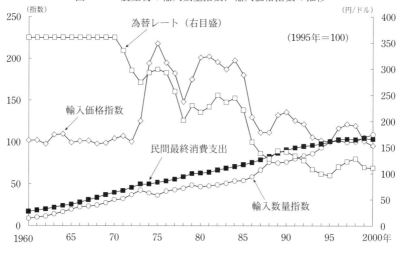

図 5-2-5 農産物の輸入数量指数、輸入価格指数の推移

資料：農水省「農林水産物輸出入の数量・価格指数」、経済企画庁「国民経済計算」
注：為替レートは、インターバンク直物中心レート（ただし、70年までは固定レート360円/ドルとした）。

仮に世界の食料需給が「逼迫基調で推移」したとすれば、「経済力にまかせた食料輸入の拡大」に対する「国際的批判」も高まったかもしれないし、「自らの国土資源を有効に利用することによって食料を安定的に供給する」といった食料政策の基本に対する「国民のコンセンサス」や「国際的理解」なども得られやすかったに違いない。

ところが食料需給予測からすれば「生産制約シナリオ」はむろん「現状維持シナリオ」ですら穀物価格の上昇は避けられないと推計されたにもかかわらず、結果は図 5-2-6 に示したようにそれに反するものであった。1992 年以降 96 年にかけて生産制約シナリオに近い推移をみせた穀物価格指数は、その後下落に転じ、2000 年の水準はいずれも 100 を下回っている。

このうち、とうもろこし、米、大豆については、図 5-2-7 に示したように 2000 年の世界の生産量の実績がいずれも現状維持・生産制約シナリオの数値を上回っている。とうもろこしのみ先進国地域の実績値が推計値を下回っているものの、米、大豆については両地域とも実績値が推計値を上回り、とりわけ途上国地域における生産量の増大が目立っている。理由はともかく推計値以上に生産量が増大したわけだから、差し当たり単純な需給バランスからして価格低下

図 5-2-6 世界食料需給モデルによる穀物、大豆の国際価格の予測値と実績値

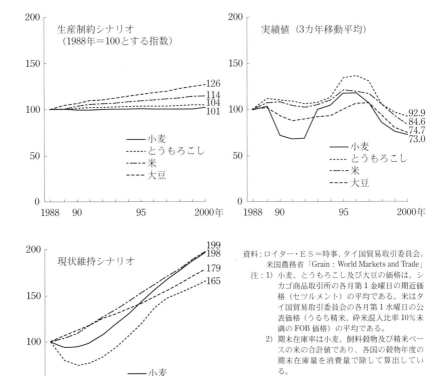

資料:農水省「世界食料需給モデルによる予測結果について」1992年6月、p.5.

が引き起こされたとしても不思議でない。

　ただし、小麦の場合は同様の理由が当てはまらない。先進・開発途上国地域ともに生産量の実績値は現状維持シナリオどころか生産制約シナリオすらも下回っている。需給モデルからすれば2倍以上に価格が高騰してもいいはずなのに、価格指数の実績値は73.0と他の品目以上に落ち込んでいる。単純な需給バ

図 5-2-7　世界需給モデルによる推計値と実績値の比較

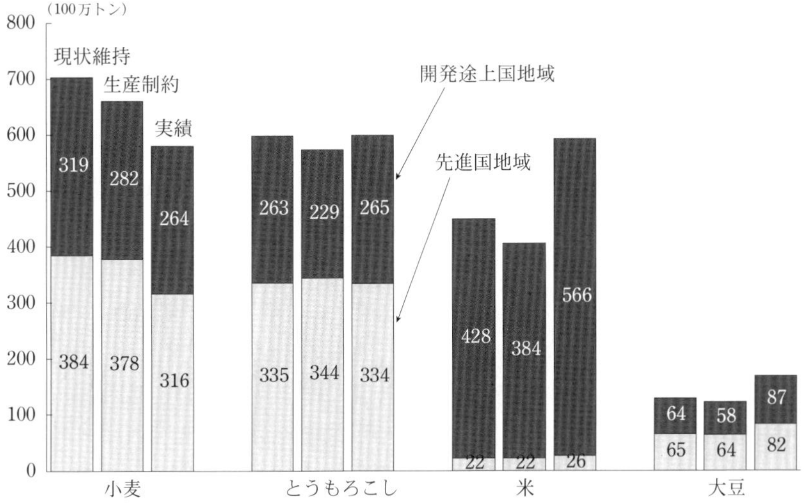

（100万トン）

小麦　現状維持：319 / 384
小麦　生産制約：282 / 378
小麦　実績：264 / 316

とうもろこし：263 / 335、229 / 344、265 / 334

米：428 / 22、384 / 22、566 / 26

大豆：64 / 65、58 / 64、87 / 82

開発途上国地域
先進国地域

資料：農水省「世界食料需給モデルによる予測結果」1992年、FAO「FAOSTAT」
注：実績値は、2000年と2001年の平均値である。

ランスでは、どうにも説明できない現象が起きたとしかいいようがない。
　おそらく中国やロシアが小麦の輸入量を激減させたことがからんでいよう。とりわけ、中国の小麦輸入量は、1990年代半ば以降からの食料増産政策も手伝って、91年の1,237万トンから99年にはわずか45万トンに落ち込んでいる[98]。巨大な小麦輸入国が突如として国際小麦市場から離脱した。穀物全体の輸入量も、95年の2,885万トンをピークに99年には1,016万トンと3分の1程度にまで落ち込んだ[99]。90年に1,186万トンの穀物を輸入していたロシアにしても、99年の輸入量は195万トンにまで激減し、うち小麦及び小麦粉の輸入量も90年の243万トンから99年には38万トンと6分の1にまで落ち込んでいる。詳細な検討は別として世界有数の小麦輸入国がともに90年代半ば以降輸入量を大幅に減少させるといった事情が重なって、小麦については生産量の実績が推計を下回ったにもかかわらず価格指数が低下するという現象から引き起こされたのであろう。そこにはまた、米を増産したアジア地域が、97年のタイのバーツ暴落を契機とするアジア経済危機の下で小麦から米へと消費需要をシフトさせ、小麦に対する需要を減少させるといった事情がからんでいるのかもしれな

い[100]。

　いずれにしろ、「逼迫基調で推移する」と見られた世界の食料需給展望は、90年代半ば以降顕著になった有効需要に対する穀物過剰基調の下でその見通しにくるいが生じ、食料政策の基本に対する「国民的コンセンサス」や「国際的理解」を得る上での要たる役割を失墜させた。将来的にはともかく、差し当たり食料危機が遠のき、しかも国内生産を担うはずの効率的・安定的経営体の育成が破綻を来したとすれば、「国内生産、輸入及び備蓄を適切に組み合わせる」という食料供給シナリオは、当然の帰結として「市場原理の導入」による農産物の輸入増へシフトせざるを得なかった。この結果、「長期見通し」が掲げた各種の数値目標は、大幅に現実と乖離したものになったのである。

　ちなみに、当時の農水相関係者は、1990年に閣議決定された「『長期見通し』の生産水準を『新政策の方向』によって実現しようということであります。『長期見通し』ではカロリー自給率が50％、穀物自給率は31％という目標を掲げているわけであります。まず、その生産水準を「新政策」によって実現していこうということでございます。まさに歯止めかけるということの大前提としては『長期見通し』があるということを理解いただきたいと思います」[101]と述べている。ところが図5-2-8に示したように、農業生産指数は、総合・耕種・畜産ともに80年代後半から90年頃を境に100以下に落ち込み、99年時点ですでに長期見通しの2000年目標値から大幅に乖離した。品目別に自給率見通しと実績を比較した図5-2-9を見ても、自給率の実績が見通しを上回った品目は皆無である。この結果、各種食料自給率は図5-2-10のように「見通し」目標の達成はおろか、歯止めすらもかからなかった。

　農業生産が衰退傾向を強める中、食料生産の基盤である耕地面積も都市的かい廃や耕作放棄を伴いながら減少し、耕地利用率も1990年の102％から99年の94.4％にまで落ち込んだ。農林産物の振興を目指した「特定農山村法」にしても、効果の程は疑わしい。中山間地域に特定したデータは入手できないが、表5-2-7に示した地域活性化を目的とした組織の状況を見れば大方の見当をつけるぐらいは可能であろう。

　青年層から複数の世代まで、組織がある実農業集落数を基準にした活動内容項目別比率をみると、農産物の生産・加工・直販などに取り組んでいる集落の比率は、多くても1割程度とイベントの企画やボランティア活動に比べていか

第5章　国際化時代の農政展開　245

図 5-2-8　農業生産指数の推移

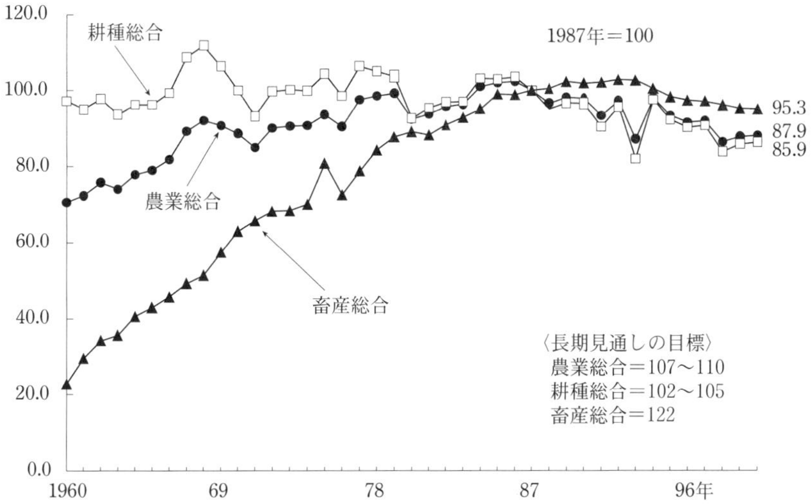

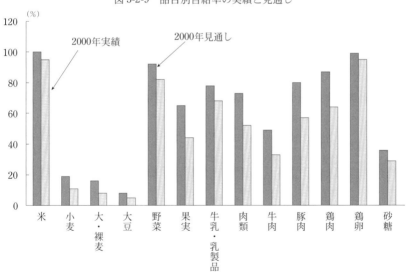

資料：農水省統計情報部「農林水産業生産指数」2000年、により作成

図 5-2-9　品目別自給率の実績と見通し

資料：農林統計協会「21世紀農業へのシナリオ－農産物の需要と生産の長期見通し」1990年、農林統計協会「食料需給表－2000年度」2002年
注：小麦、大・裸麦、大豆など自給率見通しに幅があるものについては、上位の数値を採用した。

図 5-2-10　食料自給率の推移と見通し

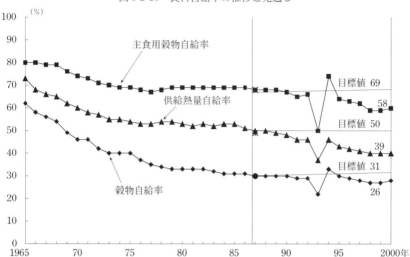

資料：農林統計協会「21世紀農業へのシナリオ―農産物の需要と生産の長期見通し」1990、農林統計協会「食料需給表-2000年度」2002年

表 5-2-7　地域活性化を目的とした組織の状況

単位（実数：集落、比率：％）

区　分		組織がある実農業集落数	活動内容（複数回答）					
			農　業			各種イベントの企画・開催	ボランティア活動	自然動植物の保護
			農産物の生産	農産加工品の生産	農産物の直販			
実数	青年層中心の組織	33,632	1,967	249	1,285	20,044	13,351	465
	女性中心の組織	59,062	2,043	6,424	5,727	19,949	33,760	1,005
	高齢者中心の組織	70,079	1,250	541	1,148	13,085	49,065	2,612
	複数の世代の組織	35,857	3,684	1,453	3,989	20,343	12,316	1,655
	計	198,630	8,944	8,667	12,149	73,421	108,492	5,737
構成比	青年層中心の組織	100.0	5.8	0.7	3.8	59.6	39.7	1.4
	女性中心の組織	100.0	3.5	10.9	9.7	33.8	57.2	1.7
	高齢者中心の組織	100.0	1.8	0.8	1.6	18.7	70.0	3.7
	複数の世代の組織	100.0	10.3	4.1	11.1	56.7	34.3	4.6
	計	100.0	4.5	4.4	6.1	37.0	54.6	2.9
備考	〈交流事業に取り組んでいる農業集落数とその割合〉 農林漁業の体験を介した交流 2,233（2.1％）、産地直送を介した交流 4,670（4.4％） 農山漁村留学受け入れ 456（0.4％）、伝統芸能・工芸を介した交流 3,501（3.3％） 祭り等のイベントを介した交流 11,741（11.1％）－調査対象集落数 105,820 に対する比率							

資料：農水省統計情報部「2000年世界農林業センサス結果概要」Ⅱ

にも低い。ここから農林業の活性化による地域振興効果を読みとるのは土台無理である。だからといって体験交流など交流事業が広く展開しているわけでもない。表 5-2-7 の備考欄に示したように、最も多い祭りやイベントを通した交流でも 11.1％、産直や体験交流などはそれぞれ 4.4％、2.1％と限られている。「特定農山村法」の効果は、あったとしても極めて限られた地域のものでしかなかったといってよい。

地域振興がままならない中、1990 年から 2000 年にかけて全国で約 5,000 もの集落が減少した。減少率は都市的地域が 6.7％と最も高いものの、ついで山間農業地域が 4.4％、中間農業地域が 3.1％と続いている。地域活性化どころか条件不利地域の多くの集落は、文字通り崩壊の危機に直面しているというのが

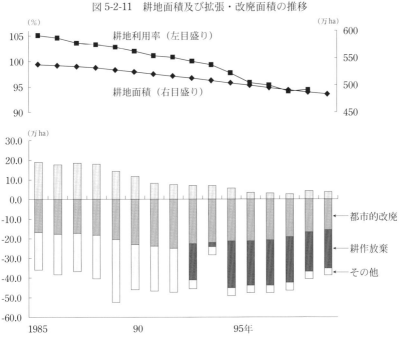

図 5-2-11　耕地面積及び拡張・改廃面積の推移

資料：農水省「耕地及び作付面積調査」2001 年
注：1）改廃面積は自然災害を除く人為的改廃面積である。
　　2）都市的改廃面積には、工場用地、道路鉄道用地、宅地等が含まれる。
　　3）その他には、農林道等、植林、その他が含まれる。
　　4）耕作放棄面積は、その他の内訳であるが、1992 年以前は調査が行われていない。

現実であろう。

「新政策」が「意欲的」に描いてみせた 10 年後の展望は、食料・農業・農村関連のどんな指標を取り上げて検討してみても、ことごとく破綻したというのが事後評価の結論である。こうした「新政策」の現実的帰結を踏まえながら、最後に農政史上における「新政策」の意義と限界について検討してみたい。

4　農政史上における「新政策」の意義と限界

「新政策」の策定作業が開始された 1991 年末、社会主義ソ連は独立国家共同体へ移行し消滅した。以来、戦後長らく続いた冷戦構造は崩壊し、資本主義の世界化、グローバル化が農業をも席巻しながら一挙に進展した。その前兆は、1985 年、ゴルバチョフがペレストロイカに取り組んだ頃から始まった。いみじくも、同年、わが国はプラザ合意により円高や内需拡大を迫られるなど、半ば強制的にグローバル化の洗礼を受けることになる。膨大な貿易黒字の下で、農業に対しても、牛肉、オレンジに代表される農産物 12 品目の自由化のみならず、RMA が米輸入制限撤廃を USTR に提訴するなど、一段と市場開放圧力が高まった。

目を国内に転ずれば、「農業たたき」の嵐が吹き荒れていた。「規制緩和」「市場原理の導入」「過保護農政の撤廃」等々、農業に仕向けられた一連の「外圧」「内圧」は、グローバル化に移行する暴力的ともいえる地均しでもあった。

時あたかも、1986 年から、アメリカを中心に農産物のあらゆる貿易制限措置の撤廃を求める UR 交渉が始まっていた。その決着を待つまでもなく、わが国の農産物輸入は急増し、内需拡大の帰結であるバブル経済が 91 年に崩壊したのちも、その勢いは止まるところを知らなかった。「新政策」を取り巻く時代状況は、「旧農基法」が制定・施行された 1960 年代からみれば、明らかに一変してしまっていたのである。

ちなみに、「旧農基法」は高度経済成長の下で拡大した農工間所得格差の是正や消費の伸びに対応した作目の選択的拡大など、どちらかといえば国内的な構造調整に力点が置かれていた。対する「新政策」は、「規制緩和」「市場原理」の導入等々を梃子として「内外価格差の是正」を促すなど、明らかにグローバル化に対応した構造調整のシナリオであった。

確かに、自立経営農家を個別経営体に、協業の助長を組織経営体にそれぞれ

読みかえれば、「新政策」の展望も「旧農基法」が敷設したレールの延長線上にあるかに見える。とはいえ意味するところはそれぞれ異なっていた。自立経営農家の育成は所得格差の是正を目指す国内的な構造調整であり、価格政策等の支援措置も法律の中に仕組まれていた。経営体の育成は、価格政策を市場原理に委ね、「自主性」「創意・工夫の発揮」など「自己責任」により内外価格差を圧縮するという、国際化に対応した構造調整に重点が置かれていた。「国際化時代に対応した産業としての農業の確立」を標榜する経営体の育成であり法人化の推進であるという意味で、国内的な構造調整という「旧農基法」の軌道からは明らかに逸脱していたのである。

　他産業並みの労働時間や生涯所得の実現にしても、所得格差の是正というよりは、職業として選択しうる経営体の到達目標として提示されたにすぎなかった。「旧農基法」が掲げた所得格差の是正は、全面的兼業化の下で、大方のところ解消されていたからである。特定の担い手層に焦点を当てたという意味でやや共通性が認められるとはいえ、グローバル化に対応した「新政策」の構造展望は、「旧農基法」時代のそれとは別物であった。

　「食料」・「環境」・「農村地域」政策に言及したことも、「旧農基法」には見られない「新政策」の特徴であった。こうした一連の問題についても、経済・金融・情報通信のグローバル化・ボーダレス化とは違う意味で、1980年代半ば以降、急速に国際的関心が高まり始めていた。

　「世界食料需給モデル」の結果を待つまでもなく、途上国を中心とする人口の急増により、やがて世界の食料需給は逼迫するに違いないと見られていた。すでに飽食の時代を通り越した先進各国では、食の安全性に対する関心や健康志向が高まっていた。農政のシナリオに「食」関連の施策を取り込む状況もまた、国際的な広がりを見せていたのである。

　「環境」や「農村地域政策」についても例外ではなかった。1992年のリオの地球環境サミット以降、世界的な注目を集めた地球環境問題のみならず、農業の環境に対する負荷軽減や環境に対する便益としての多面的機能をめぐる論議が、西欧諸国を中心に高まっていた。こうした中、EC（当時）では85年から環境保全に配慮した農業を行った者に対する補償金交付や環境等への配慮を重視した条件不利地域対策の拡充・強化が始まった。アメリカでも90年農業法に低投入持続型農業（LISA）への支援措置が盛り込まれた。「食料」のみならず「環

境」「農村地域」対策もまた、国際的な潮流になっていた。

　「新政策」がやや不整合ながらも食料、環境、農村地域政策をシナリオの中に取り込んだのは、単に国民・消費者向けの「多数派工作」や農政領域の拡大といった国内的な対応のみならず、すでにこうした動向が国際的にも一般化し始めていたからに違いない。冷戦構造の崩壊以降、一挙に進展した国際化の波に乗り遅れたのでは、わが国農政もまた地盤沈下を避け難いような状況に追い込まれていたからである。

　もっとも、本来であれば農政がその命脈を保つ上でも、国際化に適応しうる農政シナリオの抜本的な軌道修正が必要であった。半ば迎合的に国際化に対応するのではなしに、新たな外部状況に意識的に働きかけながら、わが国の農業・農村が存続するにふさわしい新たな状況を切り開いていくという意味での「適応するシナリオ」である。それだとしかし、半ば空洞化していたとはいえ「旧農基法」の見直しを回避できなかったであろうし、場合によっては「新農基法」の制定といった事態にすらなりかねなかった。

　事が急を要する以上、当然予想される「ああでもないこうでもない」という議論に時間をかけているゆとりはなさそうだった。しかも、UR 交渉が未だ決着を見ていなかったため、食管法など必要な法律・制度の改革にしろ、具体策の提示にしろ、農政当局の判断からすれば、すぐさま着手することは難しかった。残された選択肢は、取り急ぎ国際化・グローバル化に対応する農政の方向だけでも大胆に打ち出すことにより、差し当たり急場をしのぐためのシナリオの策定であった。

　大胆な方向提示の役割を一身に担ったのは、個別経営体、組織経営体など「効率的、安定的経営体」の育成を中軸とする土地利用型農業の構造展望であった。「食料」「環境」「農村地域」政策もそれなりに取り込まれたものの、確固たる食の安全性確保措置や中山間地域等に対する直接支払い等などは盛り込まれていなかった。それらは差し当たり国民的視点や国際的視点から「新政策」に彩りを添える脇役でしかなかった。主役はあくまでも「効率性の追求」や「自己責任」を基本とし、価格政策はもとより所得政策などセーフティネットすら取り払った、職業として選択しうる経営体の育成であった。

　こうしてみると、「新政策」の農政史上における意義は、すでに空洞化が進んでいた「旧農基法」体制下における農政展開の法的・制度的枠組みを段階的に

精算し、市場原理の導入を梃子として、戦後農政をグローバル化対応農政に組み換えていく露払い的役割を果たしたことにあったといってよい。それはまた、農業・農村の起死回生策を謳いながらも、どちらかといえば高まる「外圧」「内圧」で地盤沈下しつつあった農政当局の起死回生策という意味合いの方が強かった。

　事実、「新政策」が提示した食料・農業・農村改革のビジョンにしろシナリオにしろ、主役たる役割を期待された経営体の育成をはじめとして、ことごとくといっていいほど破綻した。農政体系組み替えに向けての「新政策」は、結果的に農業・農村を解体・空洞化へと導く上での「露払い的役割」をも果たすことになった。市場志向型「新政策」というメダルの表側がグローバル化に対応した構造改革の推進を掲げることで農政の命脈を保つシナリオだったとすれば、その裏側には結果的にわが国の農業・農村を解体・空洞化へと導くシナリオが組み込まれていた。国内・外対策ともにセーフティネットを取り外し、およそ無防備としかいいようのない市場志向型「新政策」の限界は、わが国農業・農村のさらなる解体・空洞化という、不幸な結果とともに露呈することになった。いわば、グローバル化に対応するはずの「新政策」のシナリオは、世界食料需給見通しにくるいが生じたことも手伝って、逆にグローバル化の波に押しつぶされてしまったのである。

　「食」の安全性確保にしろ表示の適正化にしろ、「新政策」でいう食料政策が単なる脇役でしかなかったことは、およそ10年後、杜撰なBSE対策や偽装表示の横行など、これまた不幸な結果とともに露呈した。

　「BSE問題に関する調査検討委員会」の最終報告は、1990年にイギリスから肉骨粉使用禁止の情報が書面で農水省に提供されたにもかかわらず、対応策につき説明がなされなかったと指摘した。96年にWHOから肉骨粉禁止勧告を受けながら行政指導で済ませたことに対しては、「重大な失政だったといわざるを得ない」と、強い調子で批判した。翌97年には、アメリカ、オーストラリアが肉骨粉を法律で禁止したにもかかわらず、2000年までの3年間、農水省はこれといった対策をとらなかったという[102]。

　一連の問題の発生は、まさしく「新政策」が展開されていた頃のことである。消費者・国民の視点といいながら、肝心の「新政策」の食料政策が、単なる脇役として、いかに杜撰に扱われたかはこれでもって判明した。この結果、「国民

の合意を得る」という「新政策」戦略がもろくも破綻を来し、農水省もまた存亡の危機へと追い込まれたばかりではない。グローバル化の荒波にもまれながら、生き残りをかけ、「自己責任」で取り組んできた畜産農家の多くが破綻した。「消費者重視」どころか「生産者重視」もまた、なおざりにされていたのである。

　育成すべき経営体に「自己責任」という厳しい試練を課した以上、農政当局もまた「自己責任」を問われていたはずである。にもかかわらずBSE対策を見る限り、「自己責任」は始めから放棄されていた。育成すべき経営体が突如として破綻の危機へと追い込まれたのは、農政のモラルハザードこそが原因の大半をなしていた。

　市場志向型「新政策」がことごとく破綻した以上、改めて農業・農村の起死回生を図るとすれば、少なくとも「新政策」の軌道上から外れたところで抜本的に農政体系を組み替える作業が必要とされていた。にもかかわらず、農業構造の展望にしろ全体のシナリオにしろ「新農基法」体制下の農政は、露払い的役割を果たした「新政策」の軌道上にあるかに見える。

　もっとも、更地に近い状態になるまで農業・農村を徹底的に解体し、その上で資本力のある農外企業等にそれを明け渡すことが、生き残りをかけたわが国農政の本意だったとすれば、「新政策」にしろそれを踏襲した「新農基法」にしろ途中評価の点数はすこぶる高い。

　その功罪については、ややほころびが見え始めたグローバル化の成り行きや[103]、世界の食料需給動向等を見極めながら「新農基法」の帰結とでも銘打って、別途検討する機会がやがて訪れよう。

注： 1)「新しい食料・農業・農村政策の方向」の全文は、新農政推進研究会〔1〕の巻末に（参考1）として掲載されている。以下、「新政策」からの引用は、上記出版物の（参考1）による。

　　 2) 山口〔2〕、p.14。当時山口氏は、農水省大臣官房企画室、新政策本部事務局企画官である。

　　 3) 年代順にいえば、「新政策」公表（1992年6月10日）、UR農業合意（93年12月14日）農政審報告（94年8月12日－農業基本法については、国際化の進展等の社会情勢の変化等を踏まえ、改正の要否を含め、検討すべき）、「UR合意関連対

策大綱」決定（94年10月25日）、「農業基本法に関する研究会」設置（95年9月22日）、「農業基本法に関する研究会」報告（96年9月10日）、「食料・農業・農村基本問題調査会」初会合（97年4月18日）、「基本問題調査会」首相に最終答申（98年9月17日）、「食料・農業・農村基本法」公布・施行（99年7月16日）、「食料・農業・農村基本計画」首相に答申（2000年3月16日）、「基本計画」閣議決定（2000年3月24日）という経過をたどった。

4) 山口〔3〕、p.19。
5) 日本農業新聞〔4〕
6) 東京読売新聞朝刊〔5〕
7) 日本経済新聞〔6〕
8) 日本経済新聞〔6〕
9) 日本経済新聞〔7〕
10) 日本経済新聞〔7〕
11) 日本経済新聞〔7〕
12) 農林統計協会〔8〕、p.55。
13) 日本農業新聞〔4〕
14) 日本農業新聞〔9〕
15) 食料・農業・農村政策という名称については、農水省の検討過程でつけられたのではないか。少なくとも「新政策懇談会」の記録にはこうした表現が見られない。なお、浜口義曠氏は、食料を一番上に置いた理由として、①日本農業が綿花など軽工業品の原料供給などから食料にシフトしていること②基本的スタンスとして世界の食料需給動向が「新政策」のスタート台の一番の要石になっていること、などを指摘している。日本農業新聞編〔41〕、p.5参照。
16) 日本農業新聞〔10〕
17) 日本農業新聞〔10〕
18) 日本農業新聞〔4〕
19) 日本農業新聞〔11〕
20) 日本農業新聞〔11〕
21) 日本経済新聞〔7〕
22) 意見交換の具体的な内容については、記録が残されていない。
23) 日本農業新聞〔12〕
24) 日本農業新聞〔4〕
25) 日本農業新聞〔4〕
26) 澤邊〔13〕、pp.6-7。

27) 山口〔3〕、p.19。
28) 山口〔3〕、p.19。
29) 当時の農水省関係者からの聴き取りによる。
30) 代表的なものとしては、新農政推進研究会〔1〕、新政策研究会編〔14〕、日本農業新聞編〔15〕がある。
31) 関係者による解説・紹介記事については山口〔1〕〔2〕のほか、白川〔16〕、永岡〔17〕、矢野〔18〕、上林〔19〕、入澤〔20〕、坂路〔21〕、小林〔22〕などがある。
32) 座談会の記録は〔15〕、〔23〕、〔24〕、〔25〕に収録されている。
33) 各種論評については〔15〕、〔23〕、〔24〕、〔25〕などに収録されている。
34) 岸〔27〕、p.12。
35) 岸〔27〕、p.12。
36) 岸〔27〕、p.12。
37) 岸〔27〕、p.12。
38) 新農政推進研究会〔1〕、p.272。
39) 澤邊〔13〕、p.11。
40) 入澤〔28〕、p.19。
41) 入澤〔28〕、p.20。
42) 新農政推進研究会〔1〕、p.273。
43) 新農政推進研究会〔1〕、p.274。
44) 〔29〕、p.2。このうち擁護論は、①これ以上日本の自給率は低下させるべきではない。食料の最小限の国内生産は独立国のコスト、②過去の経験、今後の食料需給等からみれば外国への安易な依存は危険、③1品目だけでなく総合的な自給率を守るという視点が必要など。否定論は相互依存が進んでいる今日、食料安保は説得力を持たないなど。中間論は①日本農業の維持発展のためには担い手が重要で食料安保論はあまり意味がない、②国際化時代労働力不足時代での食料安保の論理構成が必要など、であったという。なお、懇談会で意見を聴取した学識経験者からは、食料安全保障論を一歩進めて、穀物の自給率が5割を割った国は生存権を主張して輸入制限できるとのルールを主張すべしといった意見も出されたという。
45) 澤邊〔13〕、p.26。
46) 澤邊〔13〕、p.27。
47) 澤邊〔13〕、p.20。
48) 澤邊〔13〕、p.20。
49) 澤邊〔13〕、p.19。

50) 澤邊〔13〕、p.19。
51) この点に関連して、今村奈良臣氏は「効率主義・環境主義・地球主義の三つをめぐるそれぞれの関係ならびに優先順位をいかに考えるべきかという点において明確さを欠いているといわざるを得ない」と批判している。今村〔30〕、p.9。
52) 新農政推進研究会〔1〕、p.275。
53) 新農政推進研究会〔1〕、p.275。
54) 新農政推進研究会〔1〕、p.275。
55) 新農政推進研究会〔1〕、p.275。
56) 新農政推進研究会〔1〕、p.275。
57) 新農政推進研究会〔1〕、p.276。
58) 新農政推進研究会〔1〕、p.277。
59) 新政策懇談会〔31〕、p.6。なお、EC型の条件不利地域対策（直接所得方式）の導入を見送った理由については、①対象地域農家の限定を一律的に行うのは難しく、実施するとなればバラマキになってしまうこと、②規模拡大が進んでいるECとわが国では条件が違うこと、③福祉・社会保障的側面が強くなれば、農家の労働意欲を減退させること、④職業人たる農業者を対象とすることについて国民的コンセンサスが得られないこと、⑤従来の政策体系と異なり、関係方面の理解を得られにくいことなどが指摘されている。新農政推進研究会〔1〕、p.212参照。
60) この点について林信彰氏は「国民のコンセンサスを確立することが重要であるとして、あれこれの改革は、国民的合意が得られないものについて改革しなくちゃならないんだといういい方をしているわけですが、合意が得られない原因の追及が不足しているんではないかということであります。あるいはまた国民的合意というものを誤って理解している点もあるんじゃないかということです」と述べたあと「特に問題なのは『新政策』が一貫して農業の非経済性を問題に取り上げ……農業は効率が悪いので財政負担や消費者負担が生じるのであり、そのことが国民的合意を得られにくくしていると考えているようですが、そうではないんではないか。経済行為を優先させる考えそのものに問題があったのではないかという点が一つ大きな論点になるんではないかと思います」と指摘している。林〔32〕、p.73。
61) 新農政推進研究会〔1〕、p.38。
62) 岸〔27〕、p.13。
63) 澤邊〔13〕、p.24。
64) 澤邊〔13〕、p.25。
65) 澤邊〔13〕、p.30。

66) 澤邊〔13〕、p.33。
67) 澤邊〔13〕、p.34。
68) 澤邊〔13〕、p.34。
69) 澤邊〔13〕、p.35。
70) 澤邊〔13〕、p.35。
71) 澤邊〔13〕、p.35。
72) 澤邊〔13〕、p.19。
73) 澤邊〔13〕、p.20。
74) 澤邊〔13〕、p.25。
75) 澤邊〔13〕、p.25。
76) 澤邊〔13〕、p.25。
77) 澤邊〔13〕、p.10。
78) 新農政推進研究会〔1〕、p.281。
79) 米の生産調整については懇談会の座長である澤邊守氏も「生産調整は必要だと思いますが、任意で選択的な制度でいいのであって、アメリカなんか正にそうなんです。……それは割当て的・強制的なものではないはずだと思います。今の規模拡大なり、農家の意欲に対してそれがえらく水をさしている。あるいは主産地形成に対する支障になっているということは明らかですね」と述べている。澤邊〔13〕、p.23。
80) 新農政推進研究会〔1〕、p.282。
81) 新農政推進研究会〔1〕、p.282。
82) 新農政推進研究会〔1〕、pp.282-283。
83) 新農政推進研究会〔1〕、p.83。この点については今村奈良臣氏は「前半では価格引き下げは新しい経営体の形成を困難ならしめ、後半では価格引き下げをおこなわないと新しい経営体の育成は困難だといっているが、結論的には『農業構造の変革を推進するため需給事情を反映させた価格水準としていく必要』があるとしている。これが『新政策』の本音ではなかろうか」と述べている。今村〔30〕、pp.14-15。
84) 新農政推進研究会〔1〕、p.275。この点について澤邊守氏は梶井功氏との対談で「ここには『タイム・ラグが生じるから、そこには何らかの手当てをすべき』と書けば良かったと思います。それには価格政策と所得政策を分ける。価格政策は需給調整と大きなフレを防止する安定機能に純化する。そして、今後大きく育てるべき担い手農家、経営体に対しては所得確保のための不足払いしたらいい」と述べている。農業共済新聞〔33〕
85) 新農政推進研究会〔1〕、p.173。

86) 新農政推進研究会〔1〕、p.284。
87) 新農政推進研究会〔1〕、p.284。
88) 新農政推進研究会〔1〕、p.284。
89) 新農政推進研究会〔1〕、p.285。
90) 新農政推進研究会〔1〕、p.285。
91) 新農政推進研究会〔1〕、p.286。食料政策のあり方に関して梶井功氏は「いま国民に食料政策のあり方について序列をつけさせるなら、……何よりもまず"安全"が求められ、次いで"安定"であり、そしてそれが"効率的"にできればそれにこしたことはないというところであろう。そしてその序列こそが環境保全型農法の確立と整合性をもつ序列なのである。状況の認識は的確であり正しい。が、とろうとしている政策方向はその認識との整合性を著しく欠いているといわなければならない」と批判している。梶井〔34〕、p.61。
92) 新農政推進研究会〔1〕、p.287。
93) 農政審の中間とりまとめの内容については、〔35〕に全文が掲載されている。
94) 「農業経営基盤強化促進法」等新政策関連二法の成立の経緯については、〔36〕が詳しい。これによれば、国会審議の過程で「法案が目的とする農用地の流動化面積175万haは全農地面積の35％にも及び、過去10年間の流動化実績71万haの2倍以上であることから、その実現性を疑問視する意見が出された」という。〔36〕p.33。なお、新政策関連二法の内容については主として〔37〕の佐藤一雄稿及び佐藤速水稿によっている。
95) この点について、梶井功氏は、「現実を直視している市町村当局が新法に期待しているのは、この農林地権利移動の一括承認制度である。むろん農林地の転用がやりやすくなるという期待からである」と述べ「農業経営基盤強化促進法では同じ手法を農用地利用集積計画といい、特定農山村活性化法では所有権移転等促進計画といっている。"集積"を強調するのと"移転等促進"をいうのとでは、だいぶ趣を異にしよう。この名称の違いは案外この移転等促進計画がもたらすであろう事態を暗示しているのかもしれない」と注意を喚起している。梶井〔34〕、p.72。
96) 農水省〔38〕p.2。
97) 以上について詳しくは農水省〔39〕p.31を参照。
98) 数字は農水省〔39〕p.15、表1-5の「中国通関統計」の数字による。ちなみに「FAOSTAT」の中国の小麦及び小麦粉の輸入量は、90年1,381万トン、95年1,299万トン、98年285万トン、99年180万トンと激減している。
99) 以上の数字は「FAOSTAT」による。
100) 例えば「FAOSTAT」によればアジア地域（インド、インドネシア、韓国、マレー

シア、パキスタン、フィリピン、タイ、トルコ、ベトナム、の合計）の穀物の輸入量は、1990年4,871万トン、95年6,707万トン、98年7,038万トン、99年7,964万トンと通貨危機以降も量的には減っていない。米、小麦及び小麦粉、とうもろこしなど品目別にみても同様に伸びている。従って、通貨危機以降におけるアジア地域の輸入量の減退がどの程度穀物価格下落の要因であるといえるかは疑問が残る。影響があったとすれば、小麦から米への消費需要がシフトした事が関係しているのかもしれない。96年以降のインド、マレーシア、インドネシア等でそうした傾向が伺われるからである。

101) 座談会における高木勇樹氏の発言、〔23〕p.25。
102) BSE調査検討委員会の報告要旨については、日本農業新聞〔40〕による。
103) 例えば農産物貿易について極端なグローバル化＝自由貿易主義を主張した当のアメリカにおいても、不足払いを含めたセーフティネットを求める政策志向が議会を中心に有力になりつつあるという。この点について詳しくは小澤〔41〕を参照。

〔引用・参考文献〕
〔1〕新農政推進研究会『新政策 そこが知りたい』大成出版社、1992年、p.38、p.173、p.212、pp.272-277、pp.281-287。
〔2〕山口英彰「『新しい食料・農業・農村政策の方向』について(1)」『農業構造改善』全国農業構造改善協会、1992年、p.14。
〔3〕山口英彰「『新しい食料・農業・農村政策の方向』について(2)」『農業構造改善』全国農業構造改善協会、1992年、p.19。
〔4〕日本農業新聞「『ざっくばらん』農相回顧」1991年12月10日
〔5〕東京読売新聞朝刊「農基法改正、本格作業へ近藤農相答弁」1991年2月23日
〔6〕日本経済新聞「農相が意向、農業基本法の改正作業着手」1991年4月5日
〔7〕日本経済新聞「農業基本法、保護一辺倒から脱却－30年ぶり見直しへ、土地活用、価格差縮小盛る」1991年4月7日
〔8〕農林統計協会『図説農業白書』農林統計協会、1990年、p.55。
〔9〕日本農業新聞「『新農業プラン』に着手、農基法見直しも」1991年4月27日
〔10〕日本農業新聞「農政見直しへ新政策本部、担い手や地域振興、来春めどにビジョン」1991年5月25日
〔11〕日本農業新聞「農政は国民の手で、農水省新政策本部、初懇談で意見活発」1991年6月26日
〔12〕日本農業新聞「新農業プランの布石、農相が各界と懇談へ」1991年5月6日

〔13〕澤邊守「『新政策』はどう論議されたか」『農業情報 No.300』農業情報研究所、1992年、pp.6-7、pp.10-11、pp.19-20、pp.23-27、p.30、pp.33-35。
〔14〕新政策研究会編『新しい食料・農業・農村政策を考える』地球社、1992年。
〔15〕日本農業新聞編『農政大改革-「新しい食料・農業・農村政策の方向」を徹底分析』日本農業新聞、1992年、p.5。
〔16〕白川俊信「『新しい食料・農業・農村政策の方向』について」『公庫月報』農林漁業金融公庫、1992年7月。
〔17〕永岡洋治「21世紀に向けた新しい農業・農村政策の展望」『月刊 地域開発』(財)日本地域開発センター、1992年11月。
〔18〕矢野哲男「『新しい食料・農業・農村政策の方向』について」『輸入食糧協議会会報』526号、1992年7月。
〔19〕上林篤幸「世界の食料事情の認識とわが国の食料政策」『農業と経済』富民協会・毎日新聞社、1992年8月。
〔20〕入澤肇「新政策元年の豊富と期待-スタートする新政策関連法-」(基調講演記録)『農政調査時報』全国農業会議所、第446号、1993年11月。
〔21〕坂路誠「新しい食料・農業・農村政策の方向」『農業観測と情報』農林統計協会、1992年、7月。
〔22〕小林一久「新政策の考え方」『日本農業年鑑』家の光協会、1994年。
〔23〕『農業と経済 別冊』富民協会・毎日新聞社、1992年11月、p.25。
〔24〕『新農政を斬る』日本農業年報39、農林統計協会、1993年、p.9。
〔25〕農政ジャーナリストの会「『新政策』の徹底検討」『日本農業の動き』No.103、農林統計協会、1993年1月。
〔26〕『月刊 食糧』全国食糧事業協同組合連合会、1992年11月。
〔27〕岸康彦「『方向』をどう肉づけするか-新政策と米の生産・流通」『月刊 食糧』全国食糧事業協同組合連合会、1992年10月、pp.12-13。
〔28〕入澤肇「新農政の視点と戦略目標-キーワードは効率・環境・地域」農政ジャーナリストの会〔25〕、pp.19-20。
〔29〕新政策懇談会における「論議の概要」1992年1月、p.2。
〔30〕今村奈良臣「総論『新政策の理念を問う』」〔24〕、p.9、pp.14-15。
〔31〕新政策懇談会「各論(座長メモ)」1992年2月27日、p.6。
〔32〕林信彰「21世紀に向けた日本農業の進路～農林水産省『新政策』の論点整理～」『農業情報 No.300』農業情報研究所、1992年、p.73。
〔33〕日本農業共済新聞「対談 農村対策、集団の法人化、市場原理の強化、環境問題」1992年7月1日。

〔34〕梶井功「新農政の検討」『日本農業年鑑』家の光協会、1993年、p.61、p.72。
〔35〕「(資料)農政審中間とりまとめ(新政策)」『農政調査時報』全国農業会議所、第437号、1993年2月。
〔36〕「新政策関連二法成立の経緯」『農政調査時報』全国農業会議所、第447号、1993年12月、p.33。
〔37〕「特集1『新政策』と日本の農業」『日本農業年鑑』家の光協会、1993年。
〔38〕農水省「新政策における農業構造の見通しとその達成情況」2001年3月、p.2。
〔39〕農水省『農林水産物貿易レポート』2001年、p.15、p.31。
〔40〕日本農業新聞「BSE調査検討委報告の要旨」2002年4月3日。
〔41〕小澤健二「1990年代のアメリカの農産物輸入動向と1996年農業法の運用－農産物の国際需要動向などと関連させて－」九州大学経済学会『経済学研究』第68巻、第203合併号、2001年12月。

（工藤　昭彦）

第3節　農業環境問題への取り組み

1　はじめに

　農業環境問題およびその対策としての農業環境政策という概念の内包と外延を明確にすることは意外と難しい。そこに含まれるべき内容、また、政策設計において考慮されるべき所有権の内容等に関する社会的規範が国によって、あるいは同じ国であっても時代によって必ずしも同じではないからである。

　そこで本稿では、OECD において農業環境問題を論じる場合に対象とすべきものとされている以下の 3 点[1] をとりあえず外延と理解して、それらに関連していると考えられるわが国農業政策を時系列的にたどることを通して、農業環境政策という視点から見た、本巻が対象としている時期の歴史的意義を明らかにすることにしたい。三つとは、土壌、水、空気、野生生物などの自然環境資源（natural environmental endowment）、景観、人工林、草地などの人為的生産物（man-made outputs）、歴史学・考古学的に貴重な水車、水路などの歴史的遺産（heritage goods）である。つまり、食料供給基盤に関わる問題に限定せず、広く文化も含めた人間の生活空間に関わる問題も含めて環境を捉えるということである。

　もっとも OECD においても、農業環境問題がその発足当初から議論されてきたわけではない。そこでまず、わが国において農業環境問題なるものの存在が広範に認識され、それゆえに政策課題とされねばならなくなった背景および実態について振り返ることから始めよう。

2　農業環境問題の背景

　農業環境問題とは、環境に対する負の外部経済効果（あるいは、本来持っていた正の外部効果の減少）を通して、農業生産行為が安全で快適な人間生活に無視できない悪影響を及ぼすに至ったことで生じる一連の問題群を指す。

　きわめて巨視的に見るならば、その淵源を第 2 次世界大戦後 1970 年代前半に至る長期・持続的経済成長に求めることができる。細かい議論は他に譲って、ここでは二つの事実だけを確認しておけば十分であろう。一つは、世界各国の

国別経済成長率と高度経済成長の始発点における農業就業者比率の高さとの間に明確な正相関が認められることである。これは、豊富な農業労働力のプールこそが持続的経済成長の大きな源泉であったことを意味している。そしていま一つは、所得上昇がもたらした動物性食品への需要増加を反映した、同期間の世界農産物貿易における飼料穀物の比重の高まりである[2]。

戦後、各国農業部門は労働力を非農業部門に排出しつつ、同時に急速に増大・高度化する食料需要にも応える必要があった。一見矛盾する二つの課題を十分すぎるほどに解決してきたのが、技術的進歩に支えられた農業生産性上昇である。わが国の1960年から1994年に至る物的農業労働生産性は年率にして4.8%という高い増加を示したが[3]、それは、低原油価格という条件下で実現された化学肥料や農薬などの非農業起源投入財の投入増加や農業保護政策を前提とした旺盛な機械化投資によって可能となった。このような非農業起源投入財への依存、農業内物質循環の分断を特徴とするいわゆる近代農法の普及は、農業による環境への負荷を着実に拡大せずにはおかなかったのである。

それでは、近代農法普及という視点から1985年以降の時代をどの様に位置づけることができるのであろうか。それを考える手がかりとして、大雑把に稲作の生産構造と経営環境の変化を示したのが表5-3-1である[4]。これによれば、1950年代後半から肥培管理における資本集約化が進展したことが判る。さらに、

表5-3-1 稲作における主要指標の推移

		1955年	1965	1975	1985	1995
投入	成分換算化学肥料投入量 (kg/10a)	1.90	8.33	9.99	10.85	8.71
	堆肥投入量 (kg/10a)	654	545	268	198	76
	10戸当乗用トラクター所有台数 (台)	ー	0.1	1.7	6.0	8.3
	労働時間 (hr/10a)	194	141	81	55	39
産出	単位収量 (kg/10a)	379	449	496	536	519
	単位収量 (kg/hr)	2.0	3.2	6.1	9.7	13.2
価格	政府買い入れ価格 (1,000円/60kg)	4.1	6.5	15.6	18.7	16.4
	製造業雇用賃金 (1,000円/月)	9.6	23.6	96.8	174.7	277.8
	化学肥料(無機質)価格指数 (1995=100)	43.8	38	83.7	110.0	100.0

資料：米生産費調査、日本農業基礎統計（改訂）、ポケット肥料要覧、労働統計要覧
注：化学肥料投入量は窒素に関するもの
1965年のトラクターは「センサス」10ps以上牽引型を利用
単位収量は3ヶ月移動平均値
製造業賃金は5〜29人事業所の定まって支給される額。但し、1955年は平均賃金から推計

ここでは示していないが農薬投入量も増加し、とりわけ除草剤による労働代替効果は極めて大きかった。特に 1960 年代に進んだ粒剤化技術は薬害を軽減させただけでなく、著しく操作性を改善し除草労働の減少に大きく寄与したのである。農外賃金水準も上昇していたが、追加的投入増加分に限ってみる限り反収増、価格上昇がもたらす所得効果は十分それに対抗し得ていたことがわかる。60 年代後半に入ると著しい米価上昇基調に機械化による省力効果も加わり始め、対抗力はより一層強まったことがわかる。加えて、堆肥導入が大きく減少し始めたにもかかわらず反収は増加を続け、近代農法の普及には最も適した条件が形成されたのである。

　しかし、1970 年代後半に入ると反収増加傾向にかげりが現れ始め、米価の抑制基調への転化と相まって、上昇を続ける農外賃金に対する追加的投入による所得効果の抵抗力はもはや失われていった。それでも中型機械化一貫体系の完成による省力効果は、地価上昇傾向の下での農地資産保全効果なども考慮すればそれなりに農業への執着力を維持させる条件たり得たと想定することができる。ところが 80 年代後半以降になると、以上のような関係は根底から覆される。米価切り下げは、農業における資本集約化の合理性を著しく毀損し、肥料投入量は減少に向かったのである[5]。それでもその水準は、やや後のデータになるが 1993 年に実施された総務庁「農業環境保全監察」によれば、後述のように都道府県が定めている当時の施肥基準が高位安定生産の実現を目的とするもので、まだ環境保全を目的としたものに変更されていなかったにもかかわらず、この基準すらオーバーしている施用例がまだ無視できない大きさを占めるというような状況にあったのである。

　以上のように、いわゆる近代農法の普及・定着過程を基本的に市場メカニズムのみから理解することも十分可能であるが、制度的要因による影響も無視し得ない。旧基本法農政の下で、いわゆる主産地形成に見られるようなスケールメリット追求政策が一環として実施されてきたことは周知の通りであり、それは当然、経営を専作化に向かわせるドライブとなった。「センサス」によれば、1960 年まではむしろ商品的農業普及効果の方が強く表れ、市場出荷を目的に経営を複合化していく動きの方が強かった。しかし、それ以降は一貫して単作化傾向が強まっていった。同様に、兼業の深化による適期作業の困難化と農薬の予防的散布なども制度的要因に挙げることができよう。近代的農法は投入構造

のみではなく、経営組織をも大きく変えながら普及・定着していったのである。

また、農協整促運動[6]や農業災害補償法との関係を指摘する声もある。つまり、整促運動で科学的投入財が農協購買事業を支える柱として位置づけられてきたことがそれらの多投を招き[7]、加えて、農業災害補償法が病害虫減収補償の要件として適切な損害防止を求めていたことが、農薬の過剰散布を必然化したというのである[8]。

それはともかくとして、農法面から見れば1985年以降の時期は支持価格の削減によって、戦後日本農業の基底となってきた近代農法の経営的合理性が一つの矛盾に逢着せざるを得なくなった時代としてとらえることができるのである。

3　農業環境問題の発生相

一般的に、わが国の農業関連環境問題は、1960年代から70年代にかけて畜産公害、農薬による魚の斃死など因果関係の明瞭なかたちの問題として発生し、1970年代以降は非点源汚染あるいは低濃度長期曝露型、複合型環境問題としての性質を強めていったと考えられている。すでに、『昭和45年度農業白書』は、農村環境の汚染、公害問題を「緊急に解決しなければならない社会問題になった」との認識を表明していた。

以上のような問題発生相の推移は、表5-3-2に示した典型的農業環境問題とされている畜産公害発生の実態からも裏づけられる。農業公害に対する総苦情発生件数は、1973年をピークに減少してくが、これらは畜産農家数の絶対的減少によるもので、苦情発生率ではむしろ増加している。この間、飼養頭数自体は増加していることを考慮すれば、非点源型に移行しながら畜産公害はむしろ拡大していったと推測されるのである[9]。苦情の内容変化は、ある程度問題の性質変化を物語っていると考えることができる。統計作成方法が異なるので単純

表5-3-2　畜産経営に起因する苦情発生の実態

		1973年	1992年
豚	苦情発生件数（件）	5,549	1,210
	苦情発生率　（％）	1.7	4.0
鶏	苦情発生件数（件）	2,502	669
	苦情発生率　（％）	0.3	4.6
乳牛	苦情発生件数（件）	2,401	875
	苦情発生率　（％）	1.1	1.6
肉牛	苦情発生件数（件）	1,196	260
	苦情発生率　（％）	0.2	0.1

資料：『平成11年度食料・農業・農村白書付属統計表』

な比較はできないが、1968年と1998年を比較すると、苦情に占める悪臭の比率は約80％から60％に減少しているのに対し、水質汚濁は34％から38％へと増加している[10]のである。

　水質汚濁問題は公共用水域問題と地下水問題の2種類に分けられる。非点源汚染による公共用水域水質問題は、1960年代末期から湖沼の富栄養化による「臭い水」問題として表面化するようになったが、旧公害対策基本法以来、水質に関しては、人体の健康に影響を与える危険物質に関わる健康基準、およびCOD等生活環境の保全に関わる環境基準の両面から維持すべき基準が設けられ、一定の対策が講じられてきた。その結果、前者については70年代を通じて著しい改善が見られた。しかし、環境庁水質保全局監修『全国公共用水域水質年鑑』によれば、環境項目については改善が見られないばかりか、河川については悪化の傾向にすらあったことがわかる。

　農業と関係する地下水汚染としては硝酸態窒素が問題であるが、わが国でも1970年代半ばから一部で顕在化し始め[11]、その後も警告を発する事例研究が多く現れるようになった。農林水産省もようやく1991年になって組織的調査を実施しているが、それによれば基準値を超える地点が調査対象地全体の15.4％におよび、なかでも畑地帯ではそれが36.0％におよんでいることが明らかにされている[12]。その後、硝酸態窒素は1994年から水質汚濁防止法に基づく要監視項目とされ（監視主体は都道府県知事で、1999年からは監視項目に格上げされた。なお、水質汚濁防止法に基づき知事に地下水汚濁状況を常時監視することが義務づけられるようになったのは1989年である）、継続的監視が行われるようになったが、その結果によれば基準値超過地点率は他の監視項目に比べて圧倒的に高くなっている[13]。

　もちろん、これらの原因の全てが集約的農業に帰せられるべきではない。特に公共用水域問題については、むしろ生活系汚染によるものの方がはるかに大きいとすら言える。例えば、琵琶湖に流入する窒素の約1/4は生活系によるものであり、農業系は15％程度と推定されている[14]。農村混住化、農家ライフスタイルの変化に下水道整備が追いついていないために、不完全屎尿処理水、未処理生活雑排水が原因となっていることの方が多いのである。これらは、非灌漑期の集落内水路水質問題を抱えている農村が多いことからも推測できる。

　しかし、農業による環境負荷も無視できない。わが国の単位農用地面積当た

り窒素負荷量が世界最高水準にあることは周知の通りである[15]。1960 年には畜産廃棄物や農作物残さいに含まれる窒素分の 7 割近くが循環しており、それらは作物吸収率を考慮した場合、農地に還元し得る可能量としてのリサイクル容量以下であったので、700N 千トンの窒素肥料が投入されたにもかかわらず、環境への排出量は 967N 千トンにとどまっていた。しかし、1982 年には循環率が 35％に低下するとともに廃棄物中の窒素はリサイクル容量を超えるものとなり、さらに投入肥料分を加えた環境への排出量は 1,728N 千トンに達するようになったと推計されている。[16]

地球温暖化問題に関わるエネルギー利用についても、農業による環境負荷は高まっている。資源エネルギー庁『総合エネルギー統計』によれば、農林業による光熱動力関連エネルギー利用量は、1955 年には原油換算で 24.5 万 kl であったが 1990 年には 795.5 万 kl へと飛躍的に増加している。2 度にわたる石油ショックを受けて、1979 年には農業における資源の循環的利用を推奨した「施設園芸の省エネルギー対策の推進について」「省エネルギー・省資源農業推進のための技術指導について」という二つの通達が矢継ぎ早に発せられたが、その後石油価格が下落したこともあって、皮肉なことに 1980 年代には施設面積の増加や高付加価値農業の提唱などを背景にしてエネルギー利用の増加テンポは逆に速まっていった。かくて、非農業起源エネルギーの多用は表 5-3-3 にみるように、間接投入分が考慮されていない推計で見ても、農業におけるエネルギー利用効率を著しく低下させることになったのである[17]。

化石燃料への依存がもたらした影響としては、資源の遊休化についても触れておく必要があろう。薪炭需要の減少[18]による里山の劣化に加えて、プラスチックの発明がもたらした竹加工品への需要減退は竹林の拡大をもたらし、今や農山村の景観や生態系に大きな影響を与えている。

また、近代農法導入の物理的基盤を形成した農業基盤整備による自然生態系の破壊を問題視する声も大きい。環境

表 5-3-3　農業生産のエネルギー利用効率の推移

(単位：kcal)

	米	野菜	酪農
昭和 35 年	0.30	1.16	1.82
40	0.49	2.24	1.92
45	0.70	3.37	2.19
50	0.68	5.11	2.43

資料：農林水産省大臣官房技術審議官室『明日の農業技術』
注：1) 利用効率＝産出エネルギー1kcal 当たり投入エネルギー
　　2) 機械、施設など固定資本形成に関わる間接投入エネルギーは考慮されていない。

省『レッド・データブック』によれば、湿田やため池に付随した湧水性低湿地の消失[19]および基盤整備による野生生物生息圏の破壊によって、今や水田生態系に生息する魚類の約3割は絶滅危惧種とされるに至っており、これらに対する批判は無視し得ないものとなっている。

以上のように、本巻が対象とする時期は農業起源非点源汚染問題に対する社会的認識が本格的に高まっていった時代としてとらえることができる。監視体制の整備や様々な研究成果の公刊は、それらを雄弁に物語っている。これらは後述する国際的環境意識の高揚と通底するものであり、今日の国際化問題が単なる貿易問題にとどまるものではなく、制度や規範といった面にまで及ぶものであることを示す一例として理解されるべきものであることは言をまたないであろう。

4　わが国農政における環境関連農業対策の展開

5で紹介するように、1990年代に入るとわが国においても農業環境政策と呼び得るような政策が登場する。しかし当然、それ以前においても農業起源環境問題に対する環境関連農業対策が全く存在しなかったわけではない。政府公害対策の一環として農業部門で実施されてきた畜産公害対策、農薬規制などである。また、地域活力を維持するための定住条件整備を目的に進められた広義の農村アメニティー政策、生産力視点に基づく農業環境保全政策なども環境関連農業対策と見ることができるであろう。本巻で取り上げる時期の歴史的意義を明らかにするためには、それ以前の時期に実施されてきたこれら対策の時代的限界性について確認しておくことが不可欠である。

1）公害対策の進展と畜産、農薬公害問題

わが国政府が公害問題に対する対症療法的対応の限界を認め、それを体系的・総合的な行政課題として認めたのは1967年の公害対策基本法の制定においてであった。にもかかわらず、公害は深刻の度を深める一方であったことから、対策の抜本的強化が不可避とされ、「公害国会」と呼ばれた1970年の第64国会において、公害対策基本法の一部改正も含め、公害関係14法案の改正、制定が一挙に行われた。これがわが国公害政策の本格的出発点となったことは周知の通りであるが、その象徴が、「公害対策と経済発展との調和」を求めたい

わゆる調和条項が基本法から削除されたことであった。また、内閣に各省庁が実施する公害対策の調整組織として専属スタッフを有する公害対策本部（翌年に環境庁として独立）が設置され、農林水産省にもそのカウンターパートとして大臣官房内に公害対策室が設置された。さらに、1972年に制定された自然環境保全法を加えて、一応、環境問題に対するわが国の政策は体系化されることとなった[20]。従って農業関連環境対策についても、これをもって実質的出発点と考えることができる。

なお、14法案中特異な位置を占めたものに農用地土壌汚染防止法がある。これは、農業を公害の被害者視点から採り上げたもので、農業関連環境対策とは逆の意味合いを持つものであるが、土壌汚染が公害範疇に明確に位置づけられたという点でその意味は小さくない。カドミウムや水銀等微量重金属による土壌汚染はそれ以前から問題とされてきたが、本法はそれらに対する監視体制の整備、発生源に対する指導などを盛り込むと共に、政令で定めた要件に従って、「農用地土壌汚染対策地域」の指定とそこにおける「対策計画」を策定することを都道府県知事に義務づけるものであった。

農業関連環境対策の嚆矢となったのが、農薬取締法一部改正による農薬に対する規制強化である。1948年制定の農薬取締法は、その立法目的をもっぱら粗悪品の排除＝品質確保に置き、環境汚染問題を想定したものではなかったため、農薬の不適正使用がもたらす環境問題については関連法規の運用や行政指導による対応しかできず、その限界は誰の目にも明らかとなっていた。

農薬取締法の主要改正点は三つに要約できるが、それは、新たに目的規定（第1条）を設け、従来の品質保持だけではなく、「生活環境の保全に寄与する」ことを明記し、併せて登録要件、使用規制の強化を行ったことである。これによって、農薬による魚の斃死などはほぼ一掃された。

登録要件に関しては、農薬による環境汚染を削減すべく、旧来の急性毒性（これが強い場合には、毒物もしくは劇物として指定され、「毒物及び劇物取締法」による使用上の規制も受ける）および魚毒性に関する要件に加えて、作物残留性、土壌残留性、水質汚濁可能性の3点についても新たに「登録保留基準」をクリアーすることが求められるようになったことである。また既登録農薬であっても、被害の発生が生じる恐れが新たに予測されるに至った場合には、登録の取り消し、販売の禁止措置も行えるよう改められた。

使用規制については 1963 年改正において水産動植物に被害を与える恐れがある場合についての規定が作られていたが、三つの登録要件の追加が行われたのに伴い、不適切に使用されるとせっかく登録要件を強化したことが意味をなさなくなると予想される農薬を政令で指定すると同時に、その使用基準を省令で定め、違反に対する罰則規定が設けられたことである。特に水質汚濁性農薬に指定されたものについては、知事が規則により地域を限定し、使用を許可制とすることとされた[21]。

　次に、廃棄物処理法（厚生省所管）によって、農業用使用済みプラスチックが産業廃棄物として適正処理を求められるようになったことがある。ただ、当時は施設園芸の発展水準も低く、少規模施設での焼却処分等は自由であったので、これによる実際的意味はほとんどなかった。1976 年に処理体制の整備（適正処理対策協議会の設置）を促す次官通達が発せられたが「適正処理基本方針」が策定（食品流通局長通達）されたのはようやく 1983 年になってからのことである。

　最後に、畜産公害と関わって最も重要な意味を持ったのが水質汚濁防止法および悪臭防止法（ただし、後者は 1971 年制定）の制定である。水質汚濁防止法は、政令に定める「特定施設」に対して、公共用水域への BOD、COD 等に係る排水基準[22]に達しない排出水の排水を禁じ、基準に定められた事項の測定記録の 3 年間保存義務、それらの違反に対する罰則を規定したものである。同時に、「特定施設」の設置や変更に対しては、汚水処理方法などを明記した知事宛届け出を提出することも義務づけた。そして、この「特定施設」に 50m^2 以上の豚房施設、200m^2 以上の牛房施設（いずれも通路や飼料場はカウントから除外）が含まれたのである。これが、政府法律レベルで農業生産が環境負荷源として位置づけられた最初であった。

　ただし、一定規模以下の畜産施設および圃場散布のような排水行為を伴わない糞尿処理については規制対象外とされたという意味ではかなり不完全なものであった。それ故に、都道府県はより厳しい「上乗せ排水基準」を設定してきた[23]のであるが、前述の通り公共用水域における水質の飛躍的改善は見られなかったのである。

　こうした不完全性に一石を投じたのが、1984 年の湖沼水質保全特別措置法制定であった。ひどくなる一方の湖沼富栄養化現象を前にして、琵琶湖、霞ヶ浦という大湖沼を抱える滋賀、茨城県が 1979、81 年と相次いで排水中の窒素、

リンを規制する条例を制定した（琵琶湖の富栄養化の防止に関する条例、霞ヶ浦栄養化防止条例）ことが、その契機となった[24]。この法律は水質汚濁防止法を前提にしたものであったが、二つの点で画期的な内容を含むものであった。第1は、水質保全行政への計画的手法の導入である。すなわち、総理大臣が閣議決定を経て、水質環境基準が確保されていないか、もしくは確保されない恐れが著しい湖沼で、水質保全に関する施策を総合的に講ずる必要があると認められるものを「指定湖沼」とし、その水質に関与していると認められる地域を「指定地域」として指定すること、そして知事はそれを受けて「湖沼水質保全計画」を定めなければならないとしたのである。

第2は、「指定地域」における規制の強化である。まず対象については、水質汚濁防止法上の「特定施設」に該当しない施設であっても、政令の定めにより同法の規定を適用できる「みなし特定施設」の規定ができ、さらに「特定施設」に該当しながら排水量が少ないなどの理由で排水基準の適用から除外されてきた施設についても「準用指定施設」とし、その設置、変更について知事への届け出、知事が定める構造および使用方法に関する基準の遵守を義務づけたことである。そして、それまで基準項目に含まれていなかった窒素、リンについても、畜産については若干緩やかな暫定基準となったが、環境庁告示に基づき排水基準が設定された。つまり「指定地域」に限ってであるが、小規模畜産や排水行為を伴わない家畜糞尿の野積みなどに対しても一定程度の網が掛けられたのである。

本法は点源汚染対策という枠内ではあれ、問題の面的認識に基づく立法化に一歩踏み込んだ。加えて、この年には汚染の地下浸透規制を促進するための行政指導も開始されている（義務化されたのは前述のように1989年）。環境汚染問題に対する面的取り組みは非点源汚染問題への対応と問題意識を共有するものであり、後述するように、その政策の具体的展開は90年代に待たなければならなかったにしても、1984年の特別措置法はその嚆矢となったと見なし得るものであり、わが国環境政策史において記憶にとどめられるべき意味を持つものであったと評価できよう。

悪臭防止法は、住居が集合しているなど、生活環境を保全するために知事が悪臭を防止する必要があると認めた「規制地域」において、規模や種類を問わず地域内の事業場に対して、設定された規制基準（総理府令で定められた悪臭物質

の敷地境界線での許容濃度)の遵守を求め、違反した場合には知事はその改善の勧告、命令を発することができるとするものである。

　以上のように個別法による規制が強化されていく中で、農政側の対応はそれに正面から向き合うと言うよりは回避的なものであったと言える。家畜糞尿の「処理指導指針」の策定補助や巡回指導、および糞尿処理に関する先駆的技術普及を助成するソフト事業、家畜糞尿処理施設設置に対する補助（主産地については受益面積要件を満たせば草地基盤整備と合わせることも可能）等も行われたが、あくまでもその中心は畜産経営の移転促進政策であった。具体的には、公庫を通じた経営移転に対する融資事業である。融資事業は1970年に畜産経営移転施設資金として創設され、その後、72年に移転を伴わない処理施設設置も対象に加えたり、翌年には名称変更（畜産経営環境保全資金）も行われたが、後述する1999年の家畜排泄物法に基づく畜産経営環境調和推進資金に継承されている。なお、『農林水産省年報』によれば1970年から95年までの融資実績は延べ2,144件、総融資額340億2,000万円であるが、件数、融資額のピークはそれぞれ1977年、79年である。また1982年以降は、移転を伴わない処理施設設置への融資の方が上回るようになっている。

　ただし処理施設設置補助事業において、1985年度から規格化された良質堆肥生産が補助メニューに加えられたことは注目される。糞尿問題の根本的解決には、堆肥流通の促進＝循環が政策上不可欠な課題であることが政策レベルで認識されるようになったことを意味するからである。ここにも、我々は特別措置法の制定に至った問題認識の社会的深化（それは環境問題深化の裏面でもあるが）を見ることができる。つまり1985年前後はわが国においても、後述する地球サミットの開催に至る世界的規模での環境意識高揚の影響が顕在化してくるターニングポイントとなっていると考えられるのである。

2) 農村アメニティー政策

　農村アメニティーを定義することは容易ではないし、水質汚濁問題を見ればわかるように、農村社会資本整備におけるシビルミニマム実現と積極的な自然環境の維持培養は本来分離しがたい。そこで以下では、広く農村アメニティーに関係していると考えられる政策の展開過程をその目的に則して跡づけることにしたい。

第1に、農村における生活環境基盤整備を目的に実施された一連の政策がある。農林水産省において、農村環境整備の必要性が認識され始めたのは1965年頃とされている。農山村過疎化の原因として、経済格差だけでなく生活環境格差も問題とされ始めたからである。そして、1970年の「総合農政の推進について」は、農村の生活環境整備を始めて農政上の課題の一つに掲げた。しかし、生活環境整備を公共事業として実施することには制度的問題も多かったため、この種の事業は立法措置によらない要綱に基づく補助事業として創設されることになった[25]。その結果生まれたのが、1973年から実施されてきた農村総合整備モデル事業である。これは、農村が生産と生活の一体化した空間であることに鑑み、市町村が策定した「農村総合整備計画」（ただし、計画策定の所管は旧国土庁）を前提に、土地改良法に基づく農業の基盤整備と要綱に基づく生活環境整備を一体的に行える事業であった。

これとほぼ同様の事業に農村基盤総合整備事業がある。これは、旧市町村程度の空間を対象とした農村基盤総合整備パイロット事業（総パ）と、数集落を対象とした農村基盤総合整備事業（ミニ総パ）に分けられるが、これらは、1972年に始まり76年をもって新規着工が打ち切られた総パに替わって76年に創設されたのがミニ総パという関係にある。農村総合整備モデル事業と農村基盤総合整備事業の違いは、前者がいわゆるメニュー事業方式（多様な事業種目から地域のニーズに照らして種目を選んで実施）であったのに対して、後者は基幹となる必須事業種目を中心にこれと関連する事業が実施できるという複合事業方式として運用された点である。事業方式の違いは、前者が「農村総合整備計画」を前提としているのに対して、後者は農業生産基盤整備に主眼を置き、それに関連する範囲で生活環境整備を行うことを建前としていたことによる。ちなみに、1972年には、総パ事業を想定して、創設換地や異種目間換地が一体的に行えるよう土地改良法の改正も行われた[26]。

受益者側からすると農村総合整備モデル事業の方が使い勝手がよかったので、事業実績ではこちらの方が遙かに多く、1990年までの事業実施市町村は1,219[27]に及んでいる。他方、農村基盤総合整備事業では、1977年から特例として実施してきた農業集落排水事業を83年から分離独立して実施できるように改めたほか、後述する集落地域整備法の制定に伴って、87年からは換地による農振白地農用地からの非農用地の創設も含めて必要な事業が可能な集落土地

基盤整備事業が追加された。1990年には、この事業の中山間版として中山間地域農村活性化総合整備事業が創設されている。

これらは公共用水域水質改善などに裨益した部分は大きかったが、基本的には集落道路の整備や集落排水施設整備など農村社会資本整備におけるシビルミニマム実現の域を出るものではなかった。事業種目に農村公園整備等も含まれてはいたが、わが国農村に空間としての広場という伝統がなかったために、それらはゲートボール場などの整備に終わってしまった場合が圧倒的に多かったといってよいであろう。

第2は、農村の多面的機能の一つとされている保健休養機能促進を目的とした整備事業である。その嚆矢は、1972年の「日本列島改造論」を契機に発生した大規模な土地買い漁りに対処すべく、74年から第2次構造改善事業の一環として実施されてきた自然休養村事業である。本事業は、自然環境の保全、農山村生活文化の継承を図る社会教育施設（研修館や体験農園地）整備などを通して、農山村を健全なレクレーションの場として活用するために必要な措置を講ずることを目的として謳っている限りにおいて、農村アメニティーの積極的向上に繋がる潜在的可能性を有するものであった。しかし実際は、直売所、特産品加工展示施設、学童農園施設、野営場等林間休養施設などの計画的整備に必要な経費を政府が助成または融資を行うというものでしかなく、国際化の中でわが国農業が次第に困難さを深めていく裏面として、農山村での就業機会の増大や活力維持策として実施された側面が強かった。したがって、72年の世界的大凶作、翌年のオイルショック等を背景ににわかに世界食糧市場が逼迫基調で推移するようになるや、結局、観光農業の育成といったものに矮小化されていった[28]。

農村アメニティーに再び注目が集まるのは、日本経済に貿易黒字体質が構造化した1980年代になってからである。1982年農政審報告『『80年代の農政の基本方向』の推進について』第7章「緑資源の維持培養－ゆとりとやすらぎの国土空間の形成－」は、「緑資源の機能がより高度に発揮されるよう農林業の施策の展開に十分考慮していくことが重要な課題となっている」と述べ、農業生産やあるいはそれに支えられたコミュニティーとしての農村が本来持っている国土保全や保健休養機能を正常に発揮させる条件整備を政策課題として挙げた。『農業白書』でも、この年始めて公益的機能という言葉が登場している[29]。そ

して 1985 年には、構造改善局長通達により排水被害軽減効果、レクレーション資源開発効果など公益的効果 8 項目が、土地改良投資効果として増分参入が認められることになった。

しかしこの時の農村アメニティー論の特徴は、時あたかも強まった農業・農政批判への反論として位置づけられた側面が強かったことである[30]。こうした配慮をさらに一歩進めたのが、いわゆる「前川レポート」の半年後に発表された 1986 年農政審報告「21 世紀に向けての農政の基本方向」であった。本報告は、「農業保護のあり方等につき国民各界各層の強い関心を生じている」との認識に立って、農政課題の 4 番目にこれまで通り「食料供給力の確保」を挙げてはいたが、「基本的供給力を確保するため、コストを際限なくかけるということでは必ずしも国民の支持は得られない」として、食糧自給についてこれまでにない認識を示した。そして、構造政策強化による内外価格差縮小の見返りに、「農業構造の改善などに伴う地方の就業問題に対処するため、国民のニーズに応じて地方における多面的な投資の促進と農村社会の多用な構成員の間における適切な役割分担を通じて、所得機会の確保及び地域社会の活性化を図る必要がある」とした。換言すれば、一段と市場開放が求められる中で、農村アメニティー問題はより一層雇用創出手段としての位置づけを強められたのである。結局、自然休養村事業も、その後新農構の「自然活用型」、農業農村活性化農構の「緑の農村空間型」、地域農業基盤確立農構の「農村資源活用型」事業というように名称を変えつつ継承され、この事業によって認定を受けた地区は、前掲『辞典』によれば、1994 年度までに 550 か所に上っている。

要するに、ここでもアメニティー政策は目標というより手段視され、政策的には、リゾート施設の点的整備助成やその前提としての農地転用規制緩和の域を出るものではなかったということである。1986 年に、沿道など特別な立地を要する非農業的土地利用、農村での就業機会の拡大に資する非農業的土地利用等に配慮した農地転用許可基準の改訂がなされたのを皮切りに、1989 年には、農振法に基づく「農業振興地域整備計画」に非農業的土地利用の計画的誘導を含みうるとする「農村活性化土地利用構想」(次官通達) のような新制度も創設された。そして、それはさらに 1994 年の「農業集落地域土地利用構想」へとつながっていった[31]。もちろん、農林水産省も共管官庁の一つとなった 1987 年の「総合保養地域整備法」[32]もこれらの一環としてあったことは言うまでも

ない。なお、融資事業としては、1990年に農林漁業金融公庫中山間地域活性化資金が創設されている。公庫「業務資料」によれば、1994年までの融資実績は943件、1,745億円となっているが、農産加工施設のためのものがほとんどである。

ちなみに、このような政策展開に大きな影響を与えたのが1989年の第4次国土庁農村整備問題研究会報告であると言われている。この報告書はタイトルを「農村地域の居住選好性の向上と活性化をめざして」としていたが、「居住選好性」とは「国民をして農村地域に行きたい、住みたいと思わせるもの」と定義されているように、農村整備の理念を都市・農村格差を埋める「自己防衛的」なものから、国民が農村に期待するものに応えるべく「積極的」なそれへと転換すべきであることを提言したものであった。こうした方向性は1991年にやや具体的なかたちで姿を表すことになるが、これについては後述する。

以上のように、農村アメニティー政策は時代の要請に翻弄され続けてきた。別言すると、広域的空間としての農村景観保全という根本的問題に関心が向けられることはついぞ無かったのである。従来、土地利用調整と言えば都市化によるスプロール防止を意味するものであったが、国際化農政が不可避とした農村活性化という課題は、農村アメニティーを考慮した農村地域内における土地利用調整という新たな枠組みの問題を発生させた。しかしながら、景観保全に不可欠な厳格な土地利用調整フレームは、今もって存在しない。土地利用調整フレームとしては、周知のように用途区域制を包含した法律である1969年の都市計画法および74年の農振法、そして転用を許可制としている農地法が存在する。しかし、これらはいずれも個別案件ごとに法に定められた基準（実際は施行令、施行規則などが複雑で通達、通知などによる場合が多い）に照らして農地転用や農地開発の妥当性を審査するものでしかなく、予め定められた望ましい即地的土地利用計画に基づいて開発許可の判断を行い得るようにはなっていない。

唯一の例外が、市街化区域を除く都市計画区域と農業振興地域の重複指定地にのみ適用されるという限定付きであるが、1987年に制定された集落地域整備法である[33]この法では、知事が定める「集落地域整備基本方針」に基づき、市町村は道路、公園などの施設整備計画と併せて土地利用計画を定めた「集落地区計画」を策定できるとされ、この中で非農業的開発のコントロールに係わ

る事項を計画した場合には、市町村は建築条例によって担保できるものとされている。しかし、この法は全農村地域を対象としたものではない上に、実際に本法の適用を受けた地域は少なく、前掲『辞典』によれば1992年末現在でわずか8地域、855haにとどまっている。

3) 農業資源保全政策

　この観点から実施されてきた政策としては、地力保全あるいは施肥合理化対策が唯一のものである。これは、明治以来一貫して重要な農政課題とされてきたが、その目的は時々の肥料供給事情や食料事情などを反映して変化してきた。戦後1980年代までのわが国地力保全政策の展開は、地域農政への転換を境にして二つの時期に分けることができる。

　前期における目的は、主として食糧供給基盤の強化に置かれた[34]。戦後食糧難の中で、生産力増進という観点から自然的な土壌属性を改善する事がまず何よりも重要とされたのである。

　そのためには、わが国農地の5割を占める酸性土壌、水田の2割を占めると言われてきた秋落水田対策が重要であり、1952年に改良資材に対する国庫補助を規定した耕土培養法が制定された。この制度は56年に無利子の農業改良資金融資に切り替えられたが、71年まで継続され、その延べ実施面積は46万haとなった。

　そして、その基礎となったのが土壌データの収集である。政府は、1947年から人件費補助を行い各都道府県試験場に低位生産地調査職員を配置し、適切な土壌管理対策や土地利用方式などを明らかにするのに必要な基礎的土壌データの収集にいち早く着手した。この事業は途中で調査員の位置づけ見直し、事業名変更等が行われたが、結局1978年まで継続された[35]。その結果、わが国農地は320の土壌統によって分類される47,000土壌区に区分できることが明らかにされるとともに、その成果は日本全土を覆う5万分の1土壌図約1,100枚と各県ごとにまとめられた総合成績書として残ったのである。またその過程で、都道府県農業試験場が中心となり、普及組織の協力を得ながら土壌に応じた施肥基準を設定する副産物も残した。ちなみに、1977年の第2次臨調によって国からの人件費補助は廃止されたが、土壌調査事業自体はその後も今日に至るまで、時代的要請の変化に合わせて目的や手法を変えつつ継続的に行われてきて

いる。

　このような食料の安定供給を意識した地力政策は、1975年から始まる「土づくり運動推進指導事業」で一つの頂点に達する。この政策の背景には、前述の世界的な食糧危機を契機とするわが国食料自給率に対する危惧の高まりがあった。本事業は、有機質の耕地への還元などに努めること等を「土づくり運動推進要綱」(次官通達)として定め、これに基づき都道府県単位で「土づくり運動協議会」を設置し普及啓蒙活動を行うというものであった。そして、農産園芸局長通達に基づき新たに自治体レベルで施肥基準の策定も行われた。

　しかし、いわゆる地域農政の登場によって、地力政策は転換を迎える。農政のフレームが、米生産調整拡大の必要性、成長作物と位置づけられた畜産物や果実への輸入圧力増大対応という政策的課題に対して、地域の合意形成システムを活用することで、構造政策の徹底化を計り(担い手への農地流動化)、同時に転作を定着させることに主眼を置くものとなったからである。ここに、増産にむけた生産力基盤強化を目的とした土壌保全対策は第一義的優先性を失い、替わって、転作定着と連動した合理的土地利用の確立と言う課題に応えることにその主たる目的は転換された。1979年の「地域農業生産総合振興対策基本要綱の制定について」(次官通達)は、市町村長が策定する「重点作物等生産振興計画」の認定要件として「合理的な作付け体系・土地利用方式の確立」を挙げた。また、土地利用型作物としての飼料作物の重要性に鑑み、従来の作物別縦割り生産政策を改め、地力保全政策は農産園芸局と畜産局(畜産総合対策)との連携体制で進めるべきものとされ、政策推進体制として省内に農産園芸局長を座長とする推進会議(メンバーは畜産局長、構造改善局長、食品流通局長および大臣官房から3人の審議官と企画室長)も設置された。加えて、土地基盤整備においても、田畑輪換等水田の高度利用を計る整備が重視されるようになった。

　後期の特徴が最も明確に現れているのが、1987年から始まる「農業生産体質強化総合推進対策」である。新たに「地域輪作農法確立対策」事業が創設され、そこでは「地力蓄積型の地力対策の後退」が明確に問題視され、地域輪作農法とは「集団的な田畑輪換等の合理的な土地利用を行うこととあわせて、堆きゅう肥の投入等適切な土壌管理対策を講じることにより、水田の持つ高い生産力を発揮して、水稲および畑作物の生産性を向上させる農法」[36]を意味するものとされた。そして、マニュアスプレッダー等機械導入補助と土壌簡易診断機器

導入補助等が飛躍的に強化されただけでなく、堆きゅう肥の広域的流通を目指した有機物資源活用センター整備事業、地域的な施肥の合理化を図る地力培養施肥改善推進地区設置事業など、新たな事業メニューも追加されていった。

また、1984年には耕土培養法に替わる地力増進法の制定も行われている。本法は、①国による土壌の改善目標とそれを実現するのに必要な営農技術を示した「地力増進基本指針」の策定義務づけ（第3条）、②都道府県知事が重点的に対策を講じるべき不良農地が広く分布する地域を指定する「地力増進地域」制度（4～10条）、③土壌改良資材品質表示制度に関する規定（第11～25条）の三つの部分から構成されるものであった。

2番目の部分は耕土培養法を継承するものであるが、第3条は、国が「基本指針」の中で土壌改善目標およびその達成に必要な営農技術を定めるという体系になっており、後述の持続農業法で定めている政策手法と同様の構造となっている点が興味深い。しかし、より注目されるのは、法案検討過程で交わされた議論の内容である。まず、土壌改良の概念を化学的性質の改善から、物理的、生物学的性質を含むものへと拡張して解すべきであることが明確にされていた[37]。さらに、私的最適性では地力収奪が不可避になるので、地力対策は世代を超えた超長期視点から実施されるべきものと考えられる以上、それは公共政策として位置づけられるという論理で法を根拠づけようとしていたことである[38]。これらは、それ以前の地力対策と完全に一線を画する認識と言うべきであろう。

なお表示制度は、1950年制定の肥料取締法では対象とされていなかった土壌改良材について、内容物に関する表示事項と遵守事項を合わせて「表示の基準」として国が定め、表示者に対する指導措置、強制措置を規定したものである。これは、農法に起因する地力問題の顕在化に合わせて堆きゅう肥などに替わる土壌改良材使用が普及してきたにもかかわらず、その品質を担保する制度がなく、品質を巡るトラブルが増加してきたことに対処するためのものであった。

以上のように、ここでも1985年前後を境として地力保全や循環といった視点がより強く表れてきていることを確認できる。その点で一部先駆的な側面もうかがわれるのであるが、それは具体的政策として結実することはまだ少なかった。地域農政下の地力保全政策の基調は、基本的に構造政策の強化に伴って予想される非農業起源投入財への依存増大を補完することにあったと理解さ

れるのである。別言すれば、構造改革視点に立った政策志向の奔流の前に、環境視点は押し流されてしまったと総括できる。

5　農業環境関連政策の転換とその背景

1）農業環境政策の登場

　以上のように、その後半期においていくつかの点で転換の萌芽が確認できるものの、1980年代までの農業環境関連施策は少なくとも政策レベルにおいては、基本的に終末処理的対策の域を出ていなかったと言ってよい。前述の86年「農政審報告」は、環境保全問題を第7番目の政策課題「バランスのとれた国土経営に資する活力ある農村社会」建設との関連で言及していたに過ぎなかったのである。

　しかし1990年代に入ると、とりわけ1994年以降農業環境関連政策は大きな進展を遂げることになる。『平成2年度農業白書』は、白書としては始めて「地球環境問題」を採り上げ、欧米農政における環境問題への取り組み状況を紹介するとともに、環境との調和の重要性を謳った。続く『平成3年度農業白書』では「農業と環境問題」という項立てが行われ、環境負荷の発生源としての農業という認識が示されるとともに、初めて、環境保全型農業に関する事例調査結果や化学投入財削減技術の紹介がなされ、「環境に与える負荷を極力少なくすることが重要」とされた。そして、1992年度の重点施策の第1として、高生産性・高品質農業の育成を挙げ、その一貫として「農業が持つ環境保全機能の一層の向上」に言及した。また、「環境保全型農業の総合的な推進」に向けて技術の開発・普及、リサイクルの促進、環境保全機能の発揮に配慮した農業農村整備なども課題として挙げた。これは、それまで真っ先に構造政策が挙げられてきたことに比べると大きな変化であった。

　組織的にも、1991年には後述する地球サミットに合わせて旧公害対策室が環境対策室に改組され、引き続き各部局が実施する環境保全、農林水産業に係わる公害防止、自然環境保全に関する施策の連絡調整機能を果たしていくことになった。また、翌年には有機農業対策室を新たに環境保全型農業対策室（専任5名）として再編強化している。

　以上のような方向性は、旧基本法農からの決別を事実上意味した、1992年6

月公表の「新しい食糧・農業・農村政策の方向」(いわゆる新政策) において公式的に位置づけを与えられた。ここでは、「農業は、最も環境と調和した産業であるが、環境に悪影響を及ぼす面も持っている。したがって、適切な農業生産活動を通じて国土・環境保全に資するという観点から、農業の有する物質循環機能などを生かし、生産性の向上を図りつつ環境への負荷の軽減に配慮した持続的な農業(『環境保全型農業』)の確立をわが国農業全体として目指さなければならない」とされ、農業の持つ環境負荷に関する認識が明確に表明されると同時に、「農地、水路などの親水・修景機能や自然生態系に配慮した土地改良事業の整備手法を導入し、美しい景観に配慮した農村整備を推進する」とされた[39]。

しかしながら、新政策における農業環境政策への言及は、新基本法のように「多面的機能の発揮」を食料の安定供給と並ぶ基本理念と位置づけた上で構築する論理構造にまではなっていないし、ボリューム的にも少ない印象を免れない。

新基本法につながっていく論理は、1994年4月から発足した、官房長を本部長とする環境保全型農業推進本部が公表した「環境保全型農業推進の基本的考え方」において始めて登場するのである。すなわち、食料の安定供給と国土保全への貢献を農業の国民への責務と位置づけ、それを担保することが農政の役割とされたのである。そして、①推進本部を頂点とした実施体制整備、②投入低減、投入財改良による環境負荷の軽減、③新技術開発や政策的支援による新たな農法推進、④廃棄物のリサイクルシステム構築、⑤啓発・啓蒙を通した消費者側の環境保全型農業受容基盤の醸成、という五つの対策骨子が示された。同時に、環境保全型農業についても「農業の持つ物質循環機能を生かし、生産性との調和などに留意しつつ、土づくりなどを通じて化学肥料、農薬の使用などによる環境負荷の軽減に配慮した持続的な農業」との定義を与え、有機農業に対しても公式的にその1形態としての位置づけを与えた。また、本部発足に合わせて環境保全型農業推進に必要な施設整備補助、農林漁業金融公庫における特利資金「環境保全型農業導入資金」の創設など、予算、金融措置の大幅な拡充が行われたのである[40]。なお、推進本部発足に併せて全国農業協同組合中央会を事務局に学識経験者などからなる「全国環境保全型農業推進会議」が組織され、翌年から優良事例表彰事業も始まった。さらに、この組織は1997年に「環境保全型農業推進憲章」も策定している。

このように1991年を転機としつつ、1994年に至ってわが国農業環境政策は新たな段階を迎えたのである。その転換に対して理論的裏づけを与えたのが、1994年8月の農政審報告「新たな国際環境に対応した農政の展開方向」である。本報告書では、「新政策」の公表以降「情勢にめまぐるしい変化が生じている」との認識を前提に、農政の課題として多面的機能を有する「農業・農村に対する国民の期待」に応えることが主柱の一つに据えられるべきとされている。このような、「国民の期待」という視点はこれまでにはなかったものである。この新たな理念に基づく農政の目標は、『平成6年度農業白書』「平成7年度において講じようとする農業施策」中の「施策の背景」に明確に表明されている。すなわち、食料の安定供給などの多面的な役割を果たしている農業、多面的機能を有する「国民共通の財産」である農村、これらの保全・発展を図ることこそがその役割とされているのである。以下では、本書の対象とする時期を超えることになるが、1991年以降の農業環境政策の展開を簡単に概観しておこう。

　まず、単純に従来の公害関連対策の延長線上に位置づけられるものとしては、農業用廃プラスティック処理に関する進展がある。1991年における農林水産省共管のいわゆる「リサイクル法」制定に伴って、農業用塩ビの回収率を50％とするガイドラインが示され、野焼きも原則禁止とされた。なお、小型焼却炉による処分も禁止されたのは2002年であるが、農業用廃プラ排出量自体は長期展長性フィルムの普及などにより、既に1993年頃をピークに減少傾向に転じている。

　しかし、最も重要なのは「持続性の高い農業生産方式の導入に関する法律」（以下、持続農業法）、「家畜排泄物の管理の適正化及び利用の促進に関する法律」（以下、家畜排泄物法）の制定および「肥料取締法」の改正である[41]。これらは新基本法と同一国会で成立したものであるが、これらこそは1991年から始まる農業環境政策転換の到達点と位置づけられるべきである。

　農業・環境3法の成立は、水質保全規制が一段と厳しくなってきていたことを考慮すれば、一面公害関連対策の延長線上にあると解せなくもない。すなわち、90年代にはいると前述のように地下水中の硝酸性窒素に対する監視が開始され、窒素、リンに関する公共用水域への排水基準についても、特定海域への流入域に限ってであるが1993年環境庁告示によって設定されるというように、順次強化されてきていたからである[42]。

しかし、特に持続農業法に顕著に表れているが、これらは農業の持つ自然循環機能の発揮を通して、環境負荷の低減と農業資源保全政策を一体的に進めるものとして構想されているというように、従来見られなかった政策理念に立脚している点において、わが国における農業環境政策の展開を告げるものであったと言うべきである。そして、両者をリンクさせているのが「持続」という概念である。換言すれば、農業環境問題は持続＝循環に包摂される問題として位置づけられているのである。これは、食料・農業・農村基本問題調査会答申が、「土づくりを基本として、化学肥料や農薬の使用量の低減などを併せて行う持続的な農法への転換の全国的な推進」を求めたことに対応している。

　持続農業法は、都道府県に対して、省令によって定められた「持続性の高い農業生産方式導入に関する指針」（自然条件に応じて定められた区域ごとに、主要農産物ごとに定める）の策定を義務づけ、この指針に沿って「生産方式導入計画」を作成し知事の認定を受けた農業者に対する金融（前述の環境保全型農業導入資金における償還期間延長及び貸付限度額緩和の特典）、税制上の支援措置（機械の特別償却または初年度税額控除）を行うことを規定したものである。認定は指針に照らして行われることになっているが、導入される生産方式による作付け面積が、当該作物の作付け総面積の5割以上を占めることが要件となっている。また、知事は認定農業者に対して認定を受けた「導入計画」の実施状況について報告を求めることができるものとされ、併せて、不履行、虚偽報告に対する罰則規定も定められた。

　そして、「持続性の高い農業生産方式」の内容については、省令に基づき、土壌の性質を改善する技術（土壌診断結果に基づき設計されること）、化学合成肥料の施用を減少させる技術、化学農薬の使用を減少させる技術の3点から定義されることになっている。なお、「指針」が目指すべき水準については、農産園芸局長通達によって、肥料については化学肥料の施用を3割程度減少させることが期待できること、農薬については通常行われる防除と比較して有意にその使用を減少させることが期待されること、とされている。

　このように、持続農業法が規制ではなく誘導的手法を採ったこと、特に「指針」が認定を受けない大多数の農家にとってはとりあえず努力目標としての意味しか持たず、技術普及政策的色彩の濃い農業環境政策となった背景には、当然の事ながら経営的配慮があった。法制定の前年、農林水産省は稲作について

「環境保全型農業推進農家の経営分析調査」を実施しているが、それによれば、慣行農法に比べて単位面積当たり所得こそ 16％上回るものの、単位労働時間当たりの所得では 6％の減となる結果となったのである[43]。

　ちなみに地力増進法に関わっては、既に 1991 年 1 月に農蚕園芸局長、食品流通局長名で「適正な施肥の指導の徹底について」という通達が発せられ、地力保全対策の目的に、外部不経済発生の抑制という視点が付加されていたが、さらに 1994 年 9 月には、地力増進法に基づく枠組みに関する限界性認識を背景に、各課で実施されてきた土づくり関連事業の連携を図る目的で、官房審議官を座長とする「土づくり推進省内連絡会議」が設置された。そして、翌年 4 月の農産園芸局長通達では「環境保全に配慮した施肥基準の見直し」を求めた。続けて 1997 年には、環境負荷軽減を不良土壌の改善と並ぶ 2 大目標とするべく「地力増進基本指針」改正がなされている。

　他方、家畜排泄物法は家畜排泄物管理の適正化を図る規定と、その利用促進措置に関する規定の二つの部分から構成されている。前者については、野積み、素掘りを 2004 年までの猶予期間（ただし、排泄物の発生量および処理方法別数量の記録保持については 2002 年から実施）をおいたうえで一掃することを目的とするもので、省令に基づく家畜排泄物に係る必要最低限の施設構造および管理方法に関する「管理基準」の策定、そして農業者の遵守義務[44]、県による指導・助言と違反者に対する勧告・命令、命令に従わなかった場合の罰則という法執行の手順を規定したものである。畜産公害に対する罰則を含む点で、本法は持続農業法とは異なって規制的性格を持つものとなっている。

　ただし、利用促進措置に関する部分については、ほぼ持続農業法同様の構造となっている。すなわち、国による「排泄物利用促進に関する基本方針」の策定、それに即した都道府県による「家畜糞尿処理施設整備計画」の作成、そしてそれに基づき県によって認定を受けた畜産業者の処理高度化施設整備に対する新たな公庫融資（畜産経営環境調和推進資金）の創設、および税制上の優遇措置（特別償却及び固定資産税の特例措置）を定めている。本法は排泄物利用促進を計画制度として位置づけたのみならず、利用促進に不可欠な研究開発、普及に関する事項についても計画に定めることとしており、ソフト面での対策を法的に位置づけた点でも従来にはないより強化された内容のものとなっている。

　最後に、肥料法改正は準備期間を想定してその施行は 2000 年からとされた

が、循環型農業が実現されれば当然不可避となってくる、堆肥や廃棄物を原料とした肥料の流通促進に欠かせない成分、原料種類などの品質表示基準の統一化や一部肥料の届け出制から登録制への移行措置を規定したものである。

　さらに農業・環境 3 法の制定だけでなく、広義のアメニティー関連政策についても一定の転換が確認される。まず 1991 年には、農業土木事業の予算名称が「農業基盤整備事業費」から「農業農村整備事業費」に改められ、1993 年 4 月に策定された「第 4 次土地改良長期計画」においては景観形成や環境保全への配慮の必要性が明記された。

　公共事業によるアメニティー施設整備は前述したように既にミニ総パ事業における工種の追加として可能となっていたし、1988 年の農業水利施設高度利用事業というかたちでの頭出しも行われていたのであるが、1991 年に農村活性化住環境整備事業が新しく要綱事業として創設されるとともに、自然環境保全という点についても、水利施設を活用した「親水・景観空間の創出」を目的とした水環境整備事業が創設されたのを皮切りに、その後いくつかの事業が生まれた。前掲『辞典』によれば、水環境整備事業の採択地区数は 1991 年から 95 年までに 725 となっている。これらは、親水空間という考え方に配慮した水利施設の保全や都市農村交流基盤の整備など、都市住民が望む新たな農村像にも応えられるような農村整備を目指したものであった。その後も、生物多様性条約の批准などを背景に、相次いでエコビレッジやビオトープ、生態系回廊といった新しい概念に対応する事業も創設され、後に 1995 年の農村自然環境整備事業の総合型、ビオトープ型、魚道整備型として統合されていった。それらは、溜池や農業用水路などの農業生産施設を生産効率性だけではなく生態系の保全という視点から見直した整備を行う、あるいは自然そのものを対象としている点で、農村整備事業への新しい視点の導入を企図したものであったと評価できる。

　また、農業の多面的機能や景観への関心の高まりに併せて、1986 年から旧国土庁（2001 年から農水省に移管）によって農村アメニティー・コンクールが実施されてきたが、1993 年には「中山間ふるさと・水と土保全対策事業」が創設されている。これは、国と県が 5 ヶ年をかけ各県に基金を造成（1/3 が国負担、また都道府県負担分についても交付税措置がなされた）し、その運用益を簡易な保全事業や調査・研修などのソフト事業に当てようとするものであった。ただし、残

念ながら低金利時代と重なったために今日までのところほどんど活動できず、事業の社会的認知すら得られていないのが実態である。

ソフト事業としては、市町村単位に保全すべきエリア、環境に配慮して整備すべきエリア、生産性向上に配慮して整備すべきエリアを色分けして示す「市町村農業農村整備環境対策計画」の策定を助成する制度が1994年から創設されている。そして、その前提となる都道府県レベルの「指針」づくりは、1996年までにほぼ終了している。

以上のように、1990年代に入って農村整備事業は矢継ぎ早にその領域を広げていったという点で、農村アメニティー政策でも新しい時代の要請に応えようとした努力の跡はうかがえる。しかし、依然として農村計画法のような一元的上位計画（農村振興総合整備実施計画費補助はこれを補おうとするもの）とそれに基づく即地的計画を欠いたまま各種事業が実施されるという体系に構造的転換が図られていないという点で、農業環境政策としては80年代の限界性を大きく超えるものにはなっていないと評価せざるを得ないのである。

2) 農業環境政策展開の背景

それでは、以上のような1990年代以降の政策転換をもたらした要因は何だったのであろうか。

その第1は、1992年6月の「環境と開発に関する国連会議（UNCED：地球サミット）」開催に至る国際的環境意識の高揚であろう[45]。地球サミットにおいては、「持続可能な農業・農村開発の促進」を含む全40章500頁からなる、21世紀に向けた地球環境保全への行動計画を定めた「アジェンダ21」[46]が採択されると当時に、国別の「ナショナル・アジェンダ21」の策定が求められ、わが国も翌1993年11月にこれを公表し、それを担保すべく環境基本法を制定した。そして翌年12月には環境基本法に基づき、循環、共生、参加、国際的取り組みをキーワードとする「環境基本計画」が閣議決定され、各省庁はこの計画に沿った政策への取り組みを求められることになった。「基本計画」では各所で環境保全型農業という言葉が散見されるが、本「計画」は農業生産者の役割として、「環境への影響に配慮した施肥基準、防除要否の判断基準の見直しなどによる農薬や化学肥料の節減、家畜ふん尿などのリサイクルなどを基礎とする環境保全型農業、農地周辺の生態系保全等を進める」ことを求めている。前述のよ

うに 1994 年が基本的な転換期となったことは基本計画と連動するものであることは言うまでもない。また、1995 年には総務庁から「農業における環境保全対策に関する行政観察結果に基づく勧告」も受けている。

農業環境問題に関する見直しがこれよりもう少し早くから進んだことについては、リオ会議開催の決定が 1989 年 12 月であり、1990 年になるとこれに向けて日本としてのあるべき環境政策についての議論が具体化していったことを考慮すれば当然の動きであったと理解できよう[47]。

また、「地球サミット」へと収斂していく動きの影響は、後述する国際的農政改革にも当然反映されている。持続的農業という概念が世界的に広く受容されるようになったのである。例えば、FAO は『1989 年世界農業白書』の中で持続可能な農業を、①農業資源や遺伝資源を劣化させないこと、②技術的に適切で経済的に実行可能であること、③社会的に受け容れ可能であることの3点から定義づけしている。また OECD も 1992 年環境委員会レポートにおいて、厳密な定義はかえって誤解を生むと断りながら、「持続可能な農業」概念に関する一応のコンセンサスとして以下の5点を挙げている。すなわち、第1に生態系への負荷をできるだけ減らすこと。第2に、状況に応じた弾力的な農法であること。第3に生物多様性や景観などの非金銭的価値をも保全するものであること。第4に、長期的に見て生産者にとって収益的であること。第5に、社会的に見て費用対効果が妥当であること[48]である。

「持続性」概念の農業への浸透において重要な役割を果たしたと思われるのが、1985 年アメリカ農業法の LISA (Low Input Sustainable Agriculture) 研究への予算措置である。それは農薬や化学肥料の使用を全て否定するのではなく、収量を落とすことなくその使用をできるだけ削減できる技術の開発、普及を政策的に推進することで、経営としての持続性と環境に対する負荷の軽減を両立させる新しい経営の支援を企図したものであった[49]。経営としての持続性に配慮した農法改革が農政課題とされたことについては、80 年代アメリカ農業不況の影響もあったであろうが、環境への配慮と経営という、ともすれば二律背反的にとらえられがちな問題について、新しい方向を示したことの意義は大きかったと考えられる。それは、後述するわが国の減農薬運動と一脈通じるものである。

第2は、国際的な農政改革の流れである。これについては他の箇所で詳しく触れられているので、ここでは農業環境政策に関連する部分についてのみ確認

しておこう。

国際的農政改革の起点となった 1987 年 OECD 農業大臣会議において、価格支持政策を中心とした農業保護政策を見直し、いわゆるデカップリング手法の適用を目指すことを確認したことが農業サイドから積極的に環境問題を採り上げるターニングポイントとなったとされているが、その背景には環境負荷源としての農業への見方が厳しくなってきたことがあった[50]。そして 1991 年理事会コミュニケでは「改革は、できる限り貿易の自由化と環境上の目的を同時に達成していくもの」とされた。後の行論との関係でここで注目しておくべきは、「人口が増加し所得水準が上がるにつれて、人々が農村地域に求めるサービスの中身も変化してきている。……生産に関与しないサービスの社会的価値が、これまでの価値の主体である食料や繊維生産がもたらす価値に比べて相対的に増大してきている」[51]、つまり環境を所得弾力性の高い上級財と位置づける議論が展開されていることである。この論理の淵源は 1985 年の EC 委員会による『共通農業政策の展望』[52]に求められるが、この論理は、戦後世界経済成長と戦後世界貿易拡大がパラレルであったという事実を、自由貿易による経済厚生水準の上昇が上級財としての環境への配慮を高めることを示すというように解釈し、貿易自由化と環境問題は矛盾しないとした GATT の主張と通底するものである[53]。

このような流れの延長線上にあったのが UR 合意であるが、それは 1992 年のブレア・ハウス合意を契機に 93 年末の合意に向けて急展開したことは周知の通りである。そして、94 年農政審報告は、UR 合意を受けて策定された当面の「基本方針」が閣議了解された際、中長期的視点からの検討が必要との示唆を受けた事に対する回答という位置づけにある。加えて WTO 農業協定では、次期交渉は「食糧安全保障、環境保護の必要その他」を意味する「非貿易的関心事項」を考慮に入れて交渉を継続してくこと（農業協定前文、及び 20 条）で妥協が図られた。したがって、新基本法成立に至るスピードそのものも UR 合意においてセットされた次期交渉へのタイムテーブルによって規定されていたと言えるだろう。

ただし、農業環境政策の展開が国際的要因によって大きく規定されたものであったにしても、それを受容する国内的要因が皆無であったわけではないことにも留意しておくべきである。1980 年代後半以降、資本集約化の経営的合理性

が失われたことについては既に述べた通りであるが、それだけではなく、1980年代における有機農業への認知と減農薬運動の広がりを要因として挙げることができるであろう。これらは、いずれかと言えば食品安全性との関係で政策としての重要性を増してきたものであるが、土づくりの考え方など農業環境政策と重なる部分を有していたからである。

わが国で最初に有機農業と言う言葉が使われたのは、1971年の「有機農業研究会」の結成においてであった[54]が、これと相呼応するように1972年に農協全国連や全国農業会議所などによって「土を守る運動会議」が結成され、この団体は74年に内閣総理大臣宛「国土の培養と地力の増強に関する建議」を提出している。

しかしながら1970年代においては、有機農業は篤農家技術を必要とする特殊な農業のあり方として受け止められ、その広がりが一部農家に限られるという限界があった。けだし、有機農業論は農家経営の持続性を無視していたわけではないが、暗黙裡に有機農業と経済性を序列的に捉え、後者以上に前者を重要視するような考え方を持っていたからである。例えば「有機農業研究会」結成趣意書は、「人間の健康や民族の存亡という観点が、経済的見地に優先しなければならない」と述べている。

しかし1980年代に入ると、輸入農産物の急増に伴うポスト・ハーベスト農薬への危惧を契機とする消費者側における農産物安全性に対する関心の高まりや、生産者側における輸入品に対する競争戦略としての差別化意識の高まりを背景として、産直や生協運動の発展に見られるように有機農業は一定の市民権を得るようになっていった。1982年に京都生協によって提唱されたいわゆる「産直三原則」において、2番目に生産方法の明確性が挙げられていたが、それは後に農薬使用基準などに発展していった[55]。また、1988年12月の第18回全国農協大会議案「21世紀を展望する農協の基本戦略」では、自然環境の保全、都市との交流および農用地の公益的機能の維持・向上といった点に先だって、真っ先に低コスト化と並んで国内農業の優位性を活かした3H農業の展開が謳われたが、Hの1つはHealthyを意味するものであった。

このように、食品安全性との関係で次第に農法問題は無視できない政策課題となっていったのである。そして、1987年には旧食管法に特別栽培米制度が導入され、『63年度農業白書』は有機農業について、「今後組織的な取組が増加し

ていく可能性がある……一部から表示の信頼性への疑問が指摘されるケースもみられる」と始めて言及した。同『白書』収載の、1988 年に全国農業協同組合中央会によって全国 4,000 余の農協を対象に実施された「『有機』、『無農薬』等農産物供給状況調査」によれば、この時点で、回答を寄せた 1,010 農協のうち、農協の販売事業として有機農業に取り組んでいるとするものが 13.5％、取り組んでいないが関心があるとするものが 66.1％を占めるに及んでいたのである。

行政組織的にも、1989 年 5 月に農蚕園芸局農産課内に有機農業対策室が設置され、様々な検討調査、生産流通実態調査等が実施され、1991 年からは、有機農業に取り組もうとする農業者を後押しする目的で、生産技術に関する有機農業情報データベース事業も始められた[56]。

また、かねてより消費者からの要望が強かった表示問題についても 1991 年 5 月に農林水産省は青果物など特別表示検討委員会を設置し、有機農産物表示基準作りに着手し、1993 年には「有機農産物及び特別栽培農産物に関わるガイドライン」が通達として実施される運びとなった。この問題については、すでに、1988 年 9 月に公正取引委員会が小売業界団体に、不当表示を行うことがないよう会員事業者を指導するべく要請しており、放置し得ない社会問題にまでなっていた。また、国際的にも 1990 年からコーデックス食品表示部会で有機農産物基準の検討が始まっていた（1999 年に「有機農産物表示ガイドライン」採択）という事情もあった。そして、これらは後に 1999 年の JAS 法改正へと収斂していった。

しかし環境保全型農業のもっと大きな基盤となったと考えられるのが、全く異なった論理を背景に広がってきた減農薬運動であろう。1981 年から始まったこの運動は、農薬散布時の事故などを契機として普通の農民から生まれたこともあって、その特徴は農法転換の面的広がりを重視する点にあり、一気に農法転換を目指すのではなく、化学的投入財利用に関する現実的基準を農法の基礎に据えたところにあった[57]。換言すれば、特殊な技術を要する有機農業運動が持つ閉塞性を打破できる視点を有していた点で、運動の広がりという点では地域的なものであったかもしれないが、その理念は受容基盤として有機農業運動以上に大きな影響を与えたと思われる。

6 おわりに

　固有の意味でのわが国農業環境政策への取り組みは 1990 年代に入ってスタートすることになったが、同時にそれは制度設計の基盤を多面的機能論に置くものとなった。別言すれば、わが国農業環境政策は欧米諸国に約 10 年ほど後れをとっただけでなく、かなり異なった理念の上に構成されることになったと言える。それは、農業環境政策が農業生産と環境の関係を競合的関係ではなく、補完的関係とみなした上で設計されることになったからである。環境＝上級財という考え方は前者であり、多面的機能の発揮を担保するという新基本法の考え方は後者に立つ。もちろん、西欧諸国においても農業環境政策は一方向に向けて直線的に進んできたわけではないし、環境＝上級財的にとらえる考え方は沿岸国に強くても、内陸国では固有の文化と結合させて、循環的視点から農業環境問題が論じられることが多いとも言われている[58]。しかし、彼我の特徴を際立たせるために、より対比的に特徴づけることが許されるならばこのような2分法も決して無理では無かろう。

　通常、わが国の特異性は水田農業と畑作農業の差異から説明されている場合が多いが[59]、食料自給率の差異から理解することも可能であろう。ここでは理由の是非を論ずるつもりはないが、基盤となる政策理念がもたらさざるを得ない制度設計上の制約ということについては、歴史的評価を行う上で触れておかざるを得ないであろう。

　その第1は、多面的機能論が機能を問題としている限り、共生や参加といった理念と独立に政策が完結し得ることである。換言すると、機能論は、農業環境政策が他の農業政策や地域政策と結合されなければならない論理的必然性を内包していないのである。実際、日本の農業環境政策は未だ国の環境基本法行政への農政側の適応の域を基本的に出ていないといっても過言ではない。環境基本法は、環境政策の対象を「環境の自然的構成要素及びそれらにより構成されるシステム」の保護・保全に限定し、歴史・産業景観や文化遺産の保全を包含していない[60]。新基本法第4条が農業資源の保全という意味で「農業の持続的な発展」を謳っているに過ぎないのも当然といわなければならない。立法者の意図としては、公益的機能ではなく多面的機能としたことで文化の伝承なども含む概念に拡張しているということらしいが[61]、機能の範囲を拡張したとこ

ろで論理的構造は変わらない。機能論に立脚する限り、環境への配慮を農家所得の直接的支持根拠として位置づけるにはかなり困難な理由づけを強いられることは避けられないであろう。

しかも、多面的機能として掲げられている事項は、洪水防止機能などその多くが水田の容器性に依存していることが問題である。けだし、そうである限り農法転換の意味が投入削減、資源の循環的利用に矮小化されるとしても決しておかしくないし、粗放的農業への転換は単なる手抜きを意味するものにもなりかねないからである。実際、洪水防止機能の経済評価においては、畦高の高い整備済み水田の方が高くなるものと推計されている場合が多い。いずれにせよ、野生生物も含めた生態系全体の循環と保全を射程に入れない限り、生産過程とは切り離された容器性に対して補償の対価性を見い出し難いと言うべきであろう。言い換えると、政策目的を達成すべく政策手段が国民に受容されるには、面的な土地利用計画を前提とした土地利用方式の義務づけが不可欠となり、強いクロス・コンプライアンスが求められるということである。これはまた、一部の先進的農家を支援する柔軟性にも欠けることを意味する。

第2は第1の点とも関連するが、多面的機能論の中には現象として発現する自然破壊と社会システムの歪みの総体性への眼差しが存在し得ない[62]ことである。本来、農業環境政策は、生産、流通における人と人の関係性、都市と農村との関係性転換をも射程に入れて設計されるべきものであろう。西欧諸国の農業環境政策が理想的なものであると言うつもりは全くないが、景観や野生生物問題が重要な位置を占めて論じられているという点[63]での彼我の差異は軽視されるべきではない。景観こそは、私的所有に基礎を置く社会における公共的コミュニケーションの質的水準を表象するものであり、貧困な景観は、自然と人間、人間と人間の関係性の歪みの象徴に他ならないからである。農村アメニティーに関わって刮目すべき政策転換が見られないことは、この点と決して無縁ではないであろう。

資源循環や食品安全性への配慮だけであれば、それは1970年代の認識を一歩も出ていないと言わなければならない。残念ながらその成果は「その後の農林水産業の研究にあまり反映され」[64]なかったけれども、既に1973年から農林水産技術会議によって「農林漁業における環境保全的技術に関する総合的研究」という5カ年の大型プロジェクト研究がスタートさせられていたのである。

わが国農業環境関連政策 30 年の歴史を振り返ってみるとき、農業環境政策の展開はまさに国際化対応として求められてきた側面を有するだけでなく、後の WTO 交渉において日本側主張の根拠として水田に基礎を置いた農業の多面的機能論が前面化させられていったプロセスを考慮するならば、その設計においても国際化対応からの規定性を色濃く受けるものとなったと総括できるであろう。ただし国際化対応とは、彼我の格差水準や国内農業の現状に規定された制約から自由ではないとしても、基本的には目標としての国内農業に関する長期的構想およびそれを実現するにふさわしい政策理念を反映したものとならざるを得ないとすれば、農業環境政策もまた国内農政を根底で支えている理念に規定されていることになる。

注： 1) OECD, Agricultural Policy Reform, 1994 年、Raris、第 5 章。
2) 詳しくは馬場宏二編『国際的連関』お茶の水書房、1886 年、第 1 章、第 5 章。
3)『農業基本法に関する研究会報告付属参考資料』1996 年。
4) 以下の解釈は、市場条件と農法転換の関係を単純化して整理したものであって、環境問題との関わりにおける農業保護政策の評価を企図するものではないことを断っておく。これらを論じるには要素投入弾力性や外部経済性の大小などについてのもっと詳しい実証的研究が不可欠である。
5) もっともこれについては、緩効性肥料の普及や農薬の施用有効成分量の大きな低下等技術革新も無視できない。なお、農業技術の長期的変化を概観するには川嶋良一監修『百年をみつめ 21 世紀を考える』農山漁村文化協会、1993 年が便利である。
6) 整促運動とは昭和 20～30 年代にかけて政策的支援の下に推進された農協の経営改善への取り組みのことである。
7) 荷見武敬、鈴木博、河野直哉『有機農業』家の光協会、1988 年、p.47。
8) 日本弁護士連合会編『脱・農薬社会のすすめ』日本評論社、1991 年、p.130。
9) ちなみに公害等調整委員会事務局『全国の公害苦情の実態－平成 13 年版－』によれば、地方公共団体に寄せられた公害苦情に占める農業起源公害の割合は近年約 5,000 件前後で推移しており、総苦情件数の 7％程度を占めている。農業の対 GDP 比率からすると、これはかなり高いとしなければならない。
10) 1968 年の数値は『昭和 45 年度農業白書付属統計表』農林統計協会、1971 年。なお、比率はいずれも複数の苦情が重複している場合を含めて算出したものである。

11）代表的なのは人参産地として有名な岐阜県各務原市の例である。ここでは1974年に人口増加に伴う水道水源調査で問題が表面化した。その後の顚末については全国農業協同組合連合会、全国農業協同組合中央会『環境保全と農・林・漁・消の提携』1999年、家の光協会、p.63以下に詳しい。
12）小川吉雄『地下水の硝酸汚染と農法転換』農山漁村文化協会、2000年、p.25以下。
13）環境省水環境部『硝酸性窒素による地下水汚染対策の手引き』公害研究対策センター、2002年。
14）滋賀県『滋賀県の環境－水質編－』1997年。
15）例えば環境庁地球環境企画課、外務省経済局国際機関第二課『OECDレポート 日本の環境政策』中央法規出版、1994年、p.58等を参照されたい。
16）三輪叡太郎、岩本昭久「我が国の食飼料供給に伴う養分の動態」日本土壌肥料学会編『土の健康と物質循環』博友社、1988年。
17）宇田川武俊「農業分野のエネルギー使用の実態」農林水産省大臣官房技術審議官室『明日の農業技術』地球社、1980年、pp.11-64による。米の場合は間接エネルギー投入中にしめる機械の割合が47％と高いと推定されること、酪農は養鶏や養豚等に比べてエネルギー効率の高い部門であることを付記しておく。
18）日本林業技術協会『里山を考える101のヒント』東京書籍、2000年によれば、1950年代前半における木炭生産量は200万トンであり、民生用エネルギーの40％をまかなっていた。
19）浜島繁隆他『ため池の自然』信山社サイテック、1999年を参照。
20）この間の経緯については環境庁企画調整局企画調整課編著『環境基本法の解説』ぎょうせい、1994年を参照されたい。
21）なお、ゴルフ場の芝については同法の適用除外とされてきたが、社会問題化したことに伴い、1988年にその使用の適正化を図る農蚕園芸局長通達が発せられている。ただし、駐車場など非農耕地専用除草剤については農薬登録を義務づけられていない。
22）排水基準は、CODのような生活環境保全に関わる基準と人の健康の保護（＝有害物質）に関わる基準の両面から設定されている点では基本法に基づき設定される前述の環境基準と同じである。しかし、環境基準があくまで行政上の目標でしかないのに対して、実施法である水質汚濁防止法が規定する排水基準は具体的規制値としての意味を持つ。
23）国の公害行政史において、「公害国会」以降の70年代はむしろ後退期と位置づけられる。70年代が「地方の時代」と呼ばれたのに呼応するように、公害行政に

おいても地方自治体の方がむしろ先導的であった。わらの野焼きを禁止した 1974 年の秋田県公害防止条例など自治体レベルでの対策は活発に行われた。

24) 詳しくは小沢典夫「湖沼水質保全特別措置法の概要」『かんきょう』Vol.9, No.5, 1984 年を参照。なお、その後 82 年には湖沼に関する窒素、リンの環境基準が設定されている。

25) 農村計画法や農村整備法の検討も行われたようであるが、この間の経緯について詳しくは「農村整備事業の歴史」研究委員会編纂『豊かな田園の創造』1999 年、農山漁村文化協会を参照されたい。ちなみに、要綱事業とは予算措置に基づく事業という意味で、法による事業との差異は、起債措置や事業費補正などの地方財政措置がない点である。

26) 換地は土地利用の秩序化を図る上で有力な手段であるが、限界は、その時点での需要量、換地取得者が決定していなければならない点である。言い換えると、将来の非農業的土地需要までを見込んで計画化することができない。

27) (財)農村開発企画委員会『改訂版 農村整備用語辞典』2001 年による。

28) 農林水産省は 1974 年に、80 年代を食料不足期と予測した「世界食料需給についての中長期予測」を発表し、翌年には「総合的食糧政策の展開」を公表している。

29) 農林業の公益的機能に最初に言及したのは 1965 年山村振興法の第 1 条である。

30) 田代洋一『日本に農業はいらないか』大月書店、1987 年を参照。

31) 活性化土地利用構想は市町村のイニシアチブで活性化施設の農用地除外を行うものであるのに対して、集落地域土地利用構想は集落住民の話し合いで、集落周辺で生じる非農業用土地需要を一定の区域に誘導するもの。

32) 農山漁村リゾート政策の展開過程について、詳しくは拙稿「農山漁村リゾート振興と社会経済変動」(財)農村開発企画委員会『平成 13 年度 農村総合開発整備調査報告書』、2002 年所収を参照されたい。

33) 当時、重複指定地域は農振地域面積の約 3 割を占めていた。なお、本法について詳しく解説したものに地域計画課監修『集落地域整備マニュアル』(財)農村開発企画委員会、1991 年がある。

34) 詳しくは野村博久「農林省における地力培養関係事業」大内力、小倉武一監修『日本の地力』お茶の水書房、1976 年参照。

35) 1970 年の農用地土壌汚染防止法に基づく土壌汚染防止対策事業もこの中で実施された。

36) 農林水産省農産園芸局農産課『昭和 62〜平成 2 年度農産年報』1993 年、p.30.

37) 近代農法に起因する地力問題に対する認識は、既に「土づくり運動推進指導事業」の中にもあったが、目的を異にしているという点で両者を連続的に理解する

38）農林水産省農蚕園芸局農産課『昭和58・59年度農産年報』1988年、p.552以下。
39）農協も同年に開催された全国農協第20回大会議案で三つの基本方向の第1に「食料の安定供給と国土・環境保全をはかる日本農業の再建と農村の活性化」を謳い、環境保全を方針の柱の一つに位置づけた。
40）この間の経緯について詳しくは環境保全型農業研究会編『環境保全型農業の展開に向けて』1995年、地球社を参照されたい。
41）これらは併せて農業・環境3法と呼ばれているが、詳しくは『農業・環境三法の解説』大成出版社、2001年。
42）ちなみに、硝酸性および亜硝酸性窒素の環境基準が設定（10mg/l）されたのは1999年であり、排水基準（1ℓ当たりアンモニア性窒素に0.4を乗じたものと亜硝酸性窒素および硝酸性窒素の合計が100mgを超えてはならない）が設定されたのは、もっと後の2001年7月の水質汚濁防止施行令一部改正によってである。なお、1996年に埼玉県で集団感染事例が報告されたのを契機に、最近ではクリプトスポリジウム原虫による水道水源の汚染と畜産との関係も問題視されている。
43）調査について詳しくは、「農林水産統計速報」11-150参照。
44）ただし、牛で10頭、豚で100頭、鶏で2,000羽未満飼養農家は遵守義務の適用対象外とされており、農林水産省畜産環境対策室による取りまとめでは猶予期間内に対応を要する農家戸数は4万戸と推計されている。
45）この背景については松本泰子「国際環境NGOと国際環境協定」長谷川公一編『環境運動と政策のダイナミズム』有斐閣、2001年等を見よ。
46）外務省国際連合局監修『国連環境開発会議・資料集』大蔵省印刷局、1993年。
47）詳しい経緯については環境庁企画調整局企画調整課編著『前掲書』p.72以下参照。1990年6月策定の「公共投資基本計画」には、早くも「我が国の優れた自然環境等を次世代に引き継ぐ」ことが謳われている。
48）OECD, Agricultural and Environmental Policy Integration、1992年、Paris、農林水産省国際部監訳『環境と農業の政策統合』農山漁村文化協会、1993年、pp.148-149.
49）詳しくは、服部信司『先進国の環境問題と農業』富民協会、1992年、p.109以下。
50）例えばOECD, Water Pollution by Fertilizer and Pesticides、1986年、Paris。
51）農林水産省国際部監訳『前掲書』農山漁村文化協会、1993年、p.46。
52）農政調査委員会『のびゆく農業』705号、1986年。
53）GATT, International Trade 90-91, Vol.1, 1992年、Geneva。なお、農業貿易の自由化と環境に関する国際機関における議論については坪田邦夫「環境と農産物貿易」嘉田良平、西尾道徳監修『農業と環境問題』農林統計協会、1999年、p.102以下に

要領よくまとめられている。また、OECD『貿易と環境』環境庁地球環境部監訳、中央法規、1994 年に付された解説も有益である。

54) 荷見武敬、鈴木博、河野直践『前掲書』p.15、および p.61 以下参照。

55) 日本生活協同組合連合会安全政策推進室企画・編集『「環境保全型農業」の展開条件を探る』コープ出版、1993 年。

56) 有機農業に対する取り組みでは、1988 年の岡山県「有機無農薬農業推進要綱」、1989 年の熊本県「熊本型有機農業推進協議会」など、一部の地方自治体の方が国に先行していたが、自治体の動向については全国農業協同組合中央会・全国農業協同組合連合会編『環境保全型農業と自治体』農林統計協会、2000 年等を参照されたい。

57) 詳しくは、祖田修、大原興太郎、加古敏之編著『持続的農村の形成』富民協会、1966 年、p.33 以下。

58) 楜澤能生編『環境問題と自然保護』成文堂、1999 年、pp.178-179.

59) 例えば嘉田良平『世界各国の環境保全型農業』農山漁村文化協会、1998 年等を見よ。

60) 環境基本法では環境とは「対象化された自然」を意味するものとして限定的に理解されていることについては環境庁企画調整局企画調整課編著『前掲書』p.119 参照。

61) 食料・農業・農村基本政策研究会『食料・農業・農村基本法解説』大成出版社、2000 年、p.34。

62) この様な認識の甘さを鋭く平易に衝いた著作として、内山節『自然と人間の哲学』岩波書店、1899 年がある。政策論のベースになることを自ら峻拒しているかにさえ見える内山説のラジカルさにはややとまどいを禁じ得ないが、傾聴に値する。

63) 例えば、ハワード・ニュービー『英国のカントリーサイド』生源寺眞一監訳、楽游書房、1999 年等と比べて見よ。

64) 農林中金研究センター『環境保全型農業の展望』農山漁村文化協会、1989 年、p.188。

(向井　清史)

第4節　条件不利地域問題と地域立法

1　はじめに

「条件不利地域」の定義は簡単ではない。その類型論的整理については、生源寺による「農業条件不利地域」に関する簡潔かつ本質的な論考、あるいは拙著における各種データの組換集計による「条件不利地域」に関する量的分析などを参照されたい[1]。

本稿では、まず高度経済成長期以降の条件不利地域政策を現代に至るまで整理するとともに、本格的政策の嚆矢となった「過疎法」の成立過程とそこでの問題点を明らかにする。つぎに本題である「国際化時代」の本格的な条件不利農業地域政策である中山間地域等直接支払制度の成立過程の検討を経ながら本制度の意義と限界および今後の展望について論ずる。

以下ではまず、戦後日本の条件不利地域政策の概観を整理する。

2　条件不利地域問題と地域立法の概観

1）全国総合開発計画と条件不利地域振興問題

大都市と農山村地域を含む地方との格差是正を課題とした戦後の本格的な地域開発計画が1962年にはじまる全国総合開発計画（一全総）である。それに2年先立つ国民所得倍増計画では、太平洋ベルト地帯への重化学工業の集中が掲げられ、その周辺地域以外の後進的な遠隔地域の振興は後回しとされた。これに対する地方の自治体や財界からの大きな批判のなかで登場したのが、太平洋ベルト地帯からの工業分散を図ろうとする一全総であった。

拠点開発方式を標榜する同計画では15の新産業都市と6の工業整備特別地域が指定された。こうした開発方式のロジックは、アジアやアメリカなどの海外等における膨大な重化学工業製品の需要の存在を前提とする移出基盤成長論に求められよう。これは、まず第1に地域外に財を移出する基盤産業の創出と成長を起点として、つぎにその「川上」「川下」関連産業部門の成長を促す。第2は、基盤産業により地域に生じた利潤と所得を背景とした地域内市場に財・

サービスを供給する非基盤産業の連鎖的展開であり、地域乗数効果への期待である。第3は、それらの展開（＝税収増）にともなう公共部門の拡充（生産・生活インフラ）である。これらの螺旋的展開に期待するのがアメリカの地域経済発展の経験をベースとしたノース（North,D.C.）流の古典的ともいえる地域経済成長論である。

　わが国一全総の拠点開発方式では、いかにして条件不利な過疎地域問題の解決を図ろうとしたのか。宮本は、①産業基盤の公共投資集中、②素材供給型重化学工業の工場誘致、③関連産業の発展、④都市化・食生活など生活様式の変化（米食中心から肉類・魚類・酪農製品・果実など食生活の多様化）、⑤周辺農村の農漁業改善（稲作から多角経営、養殖漁業）、⑥地域全体の財産（土地）価値・所得水準の上昇、⑦財政収入増大、⑧生活基盤への公共投資・社会政策による住民福祉の向上、そして最後に⑧過密・過疎問題の解決という構想の存在を指摘した[2]。移出基盤成長論のロジックと符合する。そこでは、当時のリーディング・インダストリーである素材型重化学工業およびその前方・後方連関産業を、太平洋ベルト地帯以外の全国計21の拠点開発地域において誘致、展開させ、その波及効果としての地方都市部における食生活等の質的・量的変化を要因として周辺農山村に経済効果をもたらし、同時に地方税収増を通した生活インフラ整備も達成されることで過疎問題の解決を図ろうとする国の構想がみてとれる。

　しかし、この拠点開発方式の波及効果を通した過疎問題の解決という図式は以下の二つのルートをもって破綻する。第1は、素材型重化学工業誘致のための産業インフラの先行投資は集中的になされたものの、多くの計画地域では重化学工業の誘致は成功しなかったことである。これは公的先行投資のインセンティブや大都市部での集積の不利益に対して集積の利益の方が大きかったことによる。この場合の集積の利益とは、規模の内部経済の追求の必要性とともに、局地的産業特化による地域レベルでの規模の経済や、逆に多様な産業が集積する都市の特性のなかで範囲の経済が発生するといういわば地域的外部経済から構成される。こうしたなかで多くの当該産業企業は工場の地方分散行動をとらなかったのである。その結果残ったのは自治体の財政危機である。そして波及効果である非基盤産業の展開は実現せず、周辺農山村の経済活性化も生活インフラ整備も進まず、拠点開発方式による過疎問題の解決は画餅に帰すことになった。

第2は、一部の誘致成功地域においても期待された効果は得られなかったことである。行動論的立地論などで明らかにされているように重化学工業を担う大企業では企業内空間分業が一般化していく[3]。企業組織内部の機能分化が、各機能に応じた最適立地を選択しようとするからである。こうした企業内の空間分業が全国的な企業立地システムを形成していく。こうしたなかで、地方都市は自律性のないブランチエコノミーの地位に甘んじざるをえず、生じた企業利潤も地元への再投資へつながる保証はない。雇用や税収に一定の効果はあっても地域乗数効果は期待したほど発生しなかった。さらに縁辺部に位置する多くの農山村周辺地域や小都市においては、末端部品工場程度の立地しか実現しなかった。加えて公害、自然破壊問題や産業インフラ偏重による自治体財政のゆがみが地方自治の危機を生み出したことも重大であった[4]。以上のように、拠点開発方式での波及効果による過疎地域問題解決はその第1歩から破綻したのである。

　一全総の失敗、すなわち大都市圏への重化学工業偏在と人口集中、公害の深刻化、過疎問題激化のなかで、1969年に第二次全国総合開発計画（二全総）が発足した。一全総の基本方向を、より全国広範に国家主導での高速交通・通信ネットワーク整備によって追求しようとする「大規模プロジェクト構想」を掲げたのが二全総であった。しかし上記ネットワーク整備は進展したものの、一全総失敗と同様の論理の下で地域経済振興、農山村地域活性化が達成されることはなかった。また、二全総ではナショナル・ミニマム確保のために建設省、自治省等を中心に広域生活圏構想が掲げられた。生活インフラ整備の効率化をめざす当該構想の下、農山村地域では集落再編関連諸事業が進められた。その第1は1970年の集落再編モデル事業である。その理念として「交通、通信網の整備、集落の移転等を総合的に実施することによって住民の生活条件の向上を図る」ことが掲げられ、山間部の分散小集落の移転や統合が3年間にわたり10道県10町村でなされた。当該事業に1年遅れて、自治省による過疎地域集落整備事業が「基幹集落の整備及び適正規模集落の育成を図ることにより、地域社会の再編成を促進する」との理念の下に開始された。当該事業は、1999年の過疎地域集落再編整備事業として引き続けられている。この他、山村振興法においても1973年から山村地域農林漁業特別対策事業として実施されてきた。

　こうした集落移転事業では、山間辺地や豪雪地帯の縁辺集落部を主たる対象とし遠隔地域に就業と生活の場を完全に移転する「放棄型」、第2に近隣の中

心的集落部に移転して他産業に従事しつつ通勤耕作を行う「通勤耕作型」、第3に工場誘致などがなされた地域の周辺に集落移転し就業機会を得る「開発地域移転型」などに大別される。しかし、農林地資源管理も果たされるはずだった第2のタイプに関しては多くのケースでは持続が困難であり、当該事業開始時期から耕作放棄地の増大が進行した[5]。

　以上、一全総と二全総の性格と農山村地域振興施策との関係をみてきた。対アジア・対米貿易をはじめとする旺盛な重化学工業に対する需要の存在を前提とした移出基盤成長方式に依拠し、地方分散されるであろう基盤産業の波及効果に期待する地方経済振興、農山村地域活性化路線は冒頭から頓挫し、広域生活圏構想下に開始された集落再編事業も、たんに縁辺部集落での定住と地域資源管理の放棄を促進する機能に終始したといえる。農山村地域の過疎問題激化は1960年代後半に議員立法による「過疎法」を生みだすことになった。他方、全国総合開発計画はその後、第三次から第五次まで続くが、過疎化する農山村地域それ自体に焦点を当て本格的な振興対策を講じようとするものは基本的に登場しなかったといってよい[6]。

2) 条件不利地域を対象とした地域立法

　1960年代初頭から登場する全国総合開発計画が「地域格差の縮小」を図り過密・過疎問題の解決を図ることに失敗する一方で、農山村などの条件不利地域に対する施策は各種の地域立法により講じられることとなった。地域開発関係諸立法を整理したのが表5-4-1である。

(1) 第1および第2局面

　戦後の主な条件不利地域あるいは後進的地域対象の立法の流れを見ると、大きく四つの局面に分けられる。

　第1局面は、産業構造変動を背景とした地域立法というよりも、むしろ時代背景に関わらず特殊な自然条件あるいは政治状況を背景とした諸立法から構成される。1950年代前半を中心に制定された特殊土じょう地帯火災防除及び振興臨時措置法 (1952年)、離島振興法 (1953年)、奄美群島振興開発特別措置法 (1954年) などである。これらは当時の交通体系下、本土と隔絶した特殊な社会・経済条件、あるいは特殊土壌下での防災等の特別措置の必要性などから設けられたものである。さらに時期は隔たるが小笠原諸島振興開発特別措置法 (1969年)

表 5-4-1　戦後の条件不利・後進的地域開発のための地域立法・施策の諸局面

	背景と性格	主な事例
第1局面 (1950～60年代初頭)	特殊な自然条件や当時の政治状況を背景として成立。	特殊土じょう地帯火災防除及び振興臨時措置法（1952）、離島振興法（1953）、豪雪地帯対策特別措置法（1962）、小笠原諸島振興開発特別措置法（1969）
第2局面 (1960年代)	一全総を促進するために成立。工業地方分散による移出基盤成長論的地方都市発展促進による農山村地域への波及効果を期待。	低開発地域工業開発促進法（1961）、新産業都市建設促進法（1962）、工業整備特別地域整備促進法（1964）
第3局面 (1960～70年代)	工業化社会への移行にともなう急激な産業構造の変化の中で衰退する地域を支援するために成立	山村振興法（1965）、過疎地域対策緊急措置法（1970）
第4局面 (1980年代末以降)	「第2次過疎化」の到来、米価下落、GATTウルグアイ・ラウンド農業交渉開始などを背景に農山村農業の存続問題が深刻化。農政サイドによる条件不利地域（農業）問題への取組みが開始。	特定農山村地域における農林業等の活性化のための基盤整備の促進に関する法律（1992）、中山間地域等直接支払制度（2000）

も「旧島民の帰島促進」など特殊な条件下での特別立法である点でこのタイプに入る。また、豪雪地帯対策特別措置法（1962年）も産業・生活両面の条件不利性を理由に制定されたものでありこのタイプに入る。

　第2局面は、一全総を促進するための諸立法から構成される。低開発地域工業開発促進法（1961年）、および新産業都市建設促進法（1962年）、工業整備特別地域整備促進法（1964年）などがあり、その「波及効果依存型」の性格については前述の通りである。

(2)　第3局面

　第3局面は、工業化社会への急激な移行にともなう産業構造変化のなかで衰退してゆく地域に焦点を絞りその支援をするための諸立法から構成される。高度経済成長が進むなかで挙家離村や人口流出が止まらず、一全総が喧伝する"成果"をもはや待てない山村や採炭地域などの支援を目的とした議員立法要請に基づくものである。山村振興法（山振法：1965年）と過疎地域対策緊急措置法（過疎法：1970年）がその代表である。この第3のタイプ、とりわけ過疎法が予算措置においても本格的なわが国条件不利地域立法であるといえる。その立法過程

や当該法の意義と限界については次節で述べる。以下では第3タイプの嚆矢ともいえる山振法の推移についてみておく。

山振法成立の淵源は国土総合開発法（1950年）の理念と結果の大きな乖離に求められる。国土総合開発法の目的は特定地域対象の河川総合開発にあった。その理念はアメリカの TVA（テネシー川流域開発公社）による開発を範とするものであり、当時の緊急課題であった電力開発とともに山村開発と流域の産業、生活にわたる総合的発展を図るものとしてデザインされた。しかし、こうした理念は、その後、政府内部の政治力学変化、地方政財界からの圧力、そして国際戦略上日本の重化学工業推進体制確立を急ぐ目的での GHQ の指令による電力事業再編成（1952年）と電源開発促進法（同年）といった諸要因によって大きく歪曲され崩れ去った[7]。こうしたなかで、特定地域開発は、電源開発のみが突出し、農畜産業や林業振興は取り残された。たんなる電力供給基地化した流域山村の振興はなされえず、集落や農林地の水没と人口流出をもたらすのみであった。これに対抗して現場山村サイドでは、全国奥地山村振興協会を結成（1958年）して特別立法を要請するようになる。さらに、外材依存と燃料革命の進行によって存立の危機に立たされた山村自治体は立法要請のために全国山村振興連盟（1963年）を結成し、1965年に議員立法による山振法が成立した。

10年間の時限立法である山振法は、その後3度の延長を経て現在第6期（2015〜2025年）にあたる。山振法では山村の定義（同法第2条）を、旧村単位に林野率 0.75 以上、人口密度（1km^2 当たり）1.16 人未満であり、産業基盤や生活関連施設等の整備が不十分な地域としている。その中から、都道府県知事の申請に基づき内閣総理大臣が関係機関の長と協議し、かつ国土審議会の答申を受けた上で「振興山村」が決定される。事業別内容としては産業生産基盤施設整備、国土保全施策、交通体系整備、社会生活環境整備などが中心であるが、時代とともに内容は拡充され、第3期（1985〜94年）中途の1991年3月の法改正においては、森林や農用地の保全事業等を行う第三セクターに対する税制・財政上の優遇措置が創設された（同法第12〜15条）。また、山村振興対策の第1期対策（1965〜72年）では「地域格差（産業基盤、生活基盤整備水準の遅れ）の是正」、第2期対策（1972〜79年）では「地域格差是正に加えて緑地空間の利用開発」が、第3期対策（1979〜90年）では「定住条件の総合的整備により若年層の山村定住を図る」ことが、そして法改正を背景とした新対策（1991〜98年）では「地域資

源を活用し豊かで安全・快適なゆとりある美しい山村創造」が眼目として掲げられてきた[8]。このように、山振法は元来そして久しくハード整備が中心であったが、徐々に内容は多様化し、認定法人（第三セクター）の役割重視（1991年法改正）と山振法第4期における「認定法人の事業範囲拡大」「情報・流通の円滑化」(18条追加)、「高齢者の福祉増進」(20条追加)、「地域文化の振興」(21条追加)などソフト対策重視傾向がみられるようになった。

(3) 第4局面

第4局面は、米価引下げ(1987年)と1960～70年代の農家後継層の急激な離村転出の結果残された親世代のリタイヤと人口自然減少が深刻化する「第2次過疎化」の到来を背景に、農山村地域農業の太宗を占める稲作の存続問題が急浮上し、「中山間地域」という政策用語が登場した段階からの諸立法・政策から構成される。1950年代から農業試験場をはじめ一部の研究者などが使用していた「中山間」という用語が農政の場で浮上したのは1986年の農政審議会報告「21世紀に向けての農政の基本方向」からである[9]。同報告では、大規模階層に焦点を当てた米価算定基準変更を掲げると同時に、その補完として、「中山間部等生産性向上が困難な地域の稲作の位置づけ」について言及し、そこでの所得確保や水田保全のために価格政策とは別途の対応が必要であることを提起している。これは、今後のウルグアイ・ラウンド農業交渉を控え、従来、国土庁・自治省あるいは建設省で主に担ってきた農山村過疎地域振興政策に農政サイドが本格的に乗り出さざるを得なくなったことを示す報告として銘記されてよい。

こうした流れのなかで、中山間地域限定の支援措置としては、1990年に施設整備に重点をおいた中山間地域活性化資金、また「新しい食料・農業・農村政策の方向（新政策）」(1992年)が公表された1992年には基盤整備に重点をおいた農地環境整備事業が、さらに新政策において農村地域政策が農政の主柱の一つに加えられていることを受けて、翌93年の農政審議会報告（1月）「今後の中山間地域対策の方向」での審議を経てソフト事業を重視した特定農山村地域における農林業等の活性化のための基盤整備の促進に関する法律（特定農山村法）が制定された(1993年)。従来の山振法や過疎法がハード面の、どちらかといえば生活インフラ整備に偏っていたのに対して中山間地域農業政策の嚆矢となった特定農山村法は、農業経営支援というソフト対策に重点を置いていた。その後、ウルグアイ・ラウンド農業合意関連対策の下に、山振法改正（認定法人によ

る保全事業の範囲の拡大等)、中山間・都市交流拠点整備事業 (農業経営)、高付加価値型農業等育成事業 (農業経営)、地域特産物発掘・導入促進事業 (農業経営)、条件不利地域農業生産体制整備 (農業経営)、中山間地域畜産活性化対策事業 (農業経営)、中山間地域山村総合整備対策事業 (生産基盤)、中山間林業活性化モデル事業 (生産基盤)、中山間低利用地特用林産活用事業 (生産基盤)、緑とふれあいの里整備特別対策事業 (就業機会)、遊休農地活用推進事業 (国土保全)、中山間農地保全対策事業 (国土保全) が同年に成立する。ここで留意すべきは全13事業中7事業がソフト中心事業であり、うち5事業は農業経営関連事業であることである。しかし、中山間地域農業の「条件不利性」認定と支援の論拠の明確化、そして本格的財政措置のない中で、本格的対策とされる直接支払制度の登場までにはさらに5年間の時間を費やすこととなった。当該制度については第4項で述べる。

次項では、重化学工業を軸とした工業化社会の急激な到来にともなう人口流出問題を契機として成立した日本の本格的な条件不利地域政策の嚆矢といえる過疎法の立法過程を通して、産業立地構造、農業構造、村落社会構造などに関する地域的多様性を背景とした日本の人口流出地域問題の複雑さと、地域性を無視した条件不利地域対策の困難さを明らかにしていく。

3 過疎法の立法過程と過疎問題の構図

1)「過疎問題」の位置づけに関する論争

中国、四国、九州の農山村地域では1960年代から若年層を中心とした人口流出と、それに続く挙家離村が進行した。これらを基本法農政の理念に沿った農業構造変革の端緒とみる楽観論に対して、構造変革にはつながらず、それはたんに村落社会の崩壊、農林地の荒廃、そして中高年移住者の不安定な生活をもたらすのみであり、それが過疎問題の本質であると最初に指摘したのは中国地域をはじめとする地方紙、地方放送局などのジャーナリストであった[10]。

一部の研究者やジャーナリズムに注目されていたこうした現象が各方面から問題視されるようになるのは、1965年国勢調査によって過去5年間の異常な人口動態が発表されてからである。1960年代後半から過密に対比して「過疎」の用語が広く用いられるようになり、その性格をめぐる議論が盛り上がった。その

時期の主要な論調の一つが、過疎化の経済合理主義的な理解である。これは経済企画庁をはじめとする中央官庁や関係する経済専門家らによって提起された論議であり、代表的論者として並木正吉、伊藤善一、佐貫利雄、川野重任氏らをあげえる。並木らによる以下の引用文はその論調を端的に物語っており貴重な資料である。

「過密と過疎がタテの両輪である。過疎は過密とともに、長期的には都市化に伴う社会・人間定住（ヒューマン・セツルメント）の様式の再編成の過程に伴うトラブル・フリクションである。トラブル・フリクションはできるだけ少なくしたほうがよいし、また防ぐべきである。しかし、ヒューマン・セツルメントの方向そのものを否定する立場はとらない。近年の地域人口の激しい流出は、経済・社会近代化に不可避的な動きであって、過疎・過密現象は、人口の集中、分散運動が『一定の速度と仕方』の限度をこえたとき生ずるものとの理解をとっている。過疎に示される人口移動は、『経済社会の発展を実現させていくエネルギー源』であるという理解をもっている。極端な表現をすれば、いわゆる過密・過疎現象は、『若気の過ち』であって、その底にひそむエネルギーは高く評価すべき」[11]。

このように、過疎化は人間の合理的判断による所得均衡過程において生じ、都市部・工業部門への労働力再配分のための合理的過程であるという典型的な新古典派的理解が、当時の中央政府サイドにおける主要論調であったことがわかる。そこでの過疎対策とは、人口流出における「一定の速度と仕方」をキープさせるといういわば暴走制御であればよく、人口移動自体は望ましいとの姿勢である。

これに対して、現場の自治体サイドでは人口流出にそのような調整ではなく歯止めをかけるべきであり、ナショナル・ミニマムの充足をはじめとする強力な地域振興政策の導入を要請した。中国地方など現場のジャーナリストや研究者の多くがこうした立場をとり、経済合理主義的過疎論への反発をもって農山村衰退メカニズムの解明と社会・経済の双領域にわたる地域再生方策を模索し提起してきた[12]。これらが当時の第2の論調であり、多くの実態分析が中国地方をはじめとする地域の研究者らによってなされてきた。ただし、これら二つの論調は方法論の相違もあり、真正面からの議論が十分に交わされたとはいい難く、相互にすれ違い平行線のまま次第に立ち消えとなった。

こうしたなかで 1960 年代後半、中央政府は過疎問題をどのように位置づけていたであろうか。「過疎」というジャーナリスティックな用語が行政用語として最初に使用されたのは、1967 年 3 月 13 日閣議決定による経済社会発展計画である。そこでは以下のような過疎問題への認識が示されている。
　「近年人口流出の激しい地域では、人口の稀薄化と老齢化に伴い、たとえば医療活動、教育、防災等の地域社会の基礎的生活条件の維持に支障をきたすような、いわゆる過疎現象は、――（中略）――次第に広まる可能性がある」
　また、同年 11 月 15 日の経済審議会地域部会の報告では以下のように定義された。
　「人口減少地域における問題を『過密問題』に対する意味で『過疎問題』と呼び、『過疎』を人口減少のために一定の生活水準を維持することが困難になった状態、たとえば防災、教育、保健などの地域社会の基礎的条件の維持が困難となり、それとともに、資源の合理的利用が困難となって地域の生産機能が著しく低下することと理解すれば、人口減少の結果、人口密度が低下し、年齢構成の老齢化が進み、従来の生活パターンの維持が困難となりつつある地域では、過疎問題が生じ、また生じつつあると思われる」
　以上の政府見解で留意すべき点は、人口減少自体を問題視しているのではなく、その結果引き起こされる社会的、資源管理的なマイナスの影響を過疎問題と位置づけていることである。あくまでも「人口減少地域における問題」なのである。これは前述のような経済合理主義的過疎論に基づく見解であり、人口減少を積極的に押し止めようとする姿勢はみられない。それにともなうフリクションが問題にされているのである。こうした視座から登場した中央政府の過疎地域対策は、おりから策定された新全国総合開発計画 (1969 年 5 月) との整合性を確保しながら立案されていった。交通・通信ネットワーク整備による広域生活圏、広域市町村圏構想をベースに、そこでの中核都市に教育・文化、医療等の広域機関・施設を集積し、辺地集落部をはじめとした過疎地域の住民を積極的に移転させようとする発想である。
　これに対し、自治体サイドにとっては人口減少そのものの阻止による地域維持こそが死活問題であり、そのためのナショナル・ミニマム充足と地域産業振興のための強力な救援措置を国に要請するようになった。

2）過疎法案の性格

　自治体の要請は特別地域立法制定の要求となって表れた。市町村や県議会の動きが県知事を巻き込み、全国過疎地域連盟が結成され議員立法化への道が開かれた。こうした自治体サイドからの一連の要請過程を整理しておく。

　1968年5月、全国都道府県議長会に過疎対策協議会が設置され立法化推進の拠点となった。同年11月には、全国知事会などの地方団体関係全国組織から「過疎地域振興法要綱案」が政府・与党に提出された。この要綱案で留意すべきは過疎地域の指定要件である。主要な要件を、最近5年間の国勢調査人口の減少率が全国平均以上としているものの、「過疎地域の要件については、政令で別に定めるところにより、自然条件、交通条件、人口密度その他特別の事情により緩和することができる」とその弾力性を明記している。この弾力的計らいのあり方をめぐって国会の審議過程では"過疎自治体の東西対決"が発生し波乱を呼んだ。これは学問的にも大きな問題提起をすることになる。

　こうした自治体の要請を受けて国会では、1968年から69年にかけて日本社会党の過疎対策特別委員会（足鹿覚委員長）、公明党の過疎対策小委員会（広沢直樹委員長）、民社党の過疎対策特別委員会（小沢貞孝委員長）など野党でも検討が進められた。そして自由民主党の過疎対策特別委員会（小川平二委員長）の立法関係小委員会（山中貞則委員長）において立案された過疎地域対策特別措置法案が第61回国会に提出された。第61回国会では衆議院地方行政委員会で6月26日から8月1日まで4回にわたって論議がなされたが審議未了、第62回国会では同年11月29日に審議が再開したが未了に終わった。第62回国会においてようやく各党の合意がなされ、自民、社会、公明、民社各党の共同提案として衆院地方行政委員会（菅太郎委員長）が「過疎地域対策緊急措置法案」をまとめた。その第1章・総則の第1条（目的）をみていく。

　「第1条　この法律は、最近における人口の急激な減少により地域社会の基盤が変動し、生活水準及び生産機能の維持が困難となっている地域について、緊急に、生活環境、産業基盤等の整備に関する総合的かつ計画的な対策を実施するために必要な特別措置を講ずることにより、人口の過度の減少を防止するとともに地域社会の基盤を強化し、住民福祉の向上と地域格差の是正に寄与することを目的とする」

そこでは、まず当時の急激な人口減少を原因とする地域社会の生活と生産維持の困難化が問題視されている。そのためにインフラ整備を緊急に行い「人口の過度の減少」を防止することが目的とされている。そこから読みとれるのは、当時の経済専門家らによる経済合理主義的過疎論の影である。前述の並木らの論述によれば、そこでの問題とは「人口激減にともなうトラブル・フリクションであり、それ自体最小化あるいは防止すべきであるが、ヒューマン・セツルメントの方向自体は否定しない」、そしてトラブル・フリクションは「人口の集中、分散運動が『一定の速度と仕方』の限度をこえたときに生ずる」と理解されている。その理解に立てば過疎対策とは、緊急に即効性のあるインフラ整備等を行い目下発生中の人口減少が「一定の速度と仕方の限度」を超えないように制御する、すなわち上述の法案の目的に記された「人口の過度の減少の防止」によって並木らが提起した「トラブル・フリクション」の最小化あるいは防止をもたらすことがその本質となる。法案にある「地域格差の是正」もこうした「人口の過度の減少防止」の枠内で位置づけられるものではなかったか。過疎地域自治体サイドの強い要請による議員立法化であるため地域間格差是正と人口減少防止が文言に盛り込まれているものの、その本質は前述の1967年3月13日閣議決定の経済社会発展計画や、同年11月15日の経済審議会地域部会報告などにみられるような政府・中央官庁サイドの過疎問題に対する認識が色濃く反映されていたものと考えられる。その結果、過疎法による対策は、同時期に策定された新全総との整合性確保もあって、交通通信ネットワーク整備に大きく偏向したものであった。事業費構成をみると、第1期（1970～79年）の場合「交通通信体系の整備」が49.6％を占め、これに生活環境整備や医療確保などを加えると生活インフラ関係で74.3％に達する[13]。交通体系の整備は通勤範囲拡大を通して所得拡大に一定程度寄与しうるとしても、地域間格差是正策の根幹である地域就業機会拡大の切り札となる「産業の振興」は22.2％に過ぎなかった。こうした傾向はその後も大勢としては継続される。

　以上、過疎法立法への動きと法案の性格についてみてきた。3）では、学問的にも興味深い論争のなされた国会での審議過程についてみていく。

3) 国会での法案審議過程

　第61回から第63回までの国会において、衆議院地方行政委員会を中心に多

くの議論がなされてきた[14]。主要な論点は、①過疎地域問題の定義、②東北地方を中心とした出稼ぎ型人口流出の位置づけ、③過疎地域指定要件、④各種地域開発立法との整合性、⑤全国総合開発計画との関連、⑥集落移転等の再編対策、⑦過疎債および国の予算措置などである。これらの中で大きな議論を引き起こしたのは、①から③にかけての論点であった。これは出稼ぎという回帰的な人口流出によって引き起こされる農村社会の諸問題を、過疎法での救済対象とするか否かをめぐる論争であった。

　回帰的人口流出と過疎地域問題との関係が集中的に論じられたのは、1969年7月23日の衆院地方行政委員会（鹿野彦吉委員長）である。まず、議論の端緒を開いた山口鶴男委員（社会党）による過疎地域問題の定義や把握の仕方に関する質疑からみることにする。

　「……過疎とは何かということだと思うのですが、私は単に人口の流出それ自体が過疎ということじゃないと思います。もちろん人口流出というのは大きな要素であり、人口流出によって要するに従来の地域社会のパターンが維持できなくなる、いわばコミュニティが崩壊する、共同社会生活というものが崩壊していく、これが過疎現象ではないかと私は思います──（中略）──そういう意味では、現在の自民党さんの用意された法律というのは、そういった東日本と西日本のパターンの相違、歴史的な相違、地理的な相違というものを無視しているのではないか……」

　山口委員の「人口の流出のそれ自体が過疎ではなく、地域社会の疲弊が問題」とする見解は、もちろん前述の経済合理主義的過疎論を是認しているのではなく、出稼ぎ地帯の地域疲弊問題にも光を当てるべきという提起にほかならない。この質疑は、過疎法による支援範囲の東西均衡を図ろうとする政治的配慮に基づくものともいえるが、他方で歴史的、地理的相違を考慮するなかでの過疎地域問題の東西類型差について提起した点は特記されるべきである。山口委員の質疑を受けて、出稼ぎ地帯にある東北山村の立場から、安孫子藤吉山形県知事と柴田嗣郎岩手県町村議会議長会会長が参考人として意見陳述した。

　安孫子知事は、まず出稼ぎという回帰的人口流出が東北山村部にもたらしてきた「非常にやかましい社会的問題」を説明する。一般に出稼ぎ兼業は、冬期就農が困難で地域労働市場未展開な東北地方などにおける農家経済維持において一定の評価がなされる場合もある。しかしながら、約半年間にわたり家族の

みならず地域社会の"大黒柱"が大挙して一斉に不在化するという異常事態がもたらす農村地域社会と家族・本人への多様かつ深刻な悪影響が 1960 年代から 70 年代にかけて各方面から深刻に憂慮され、関連行政機関の報告書や学術論文等においてその問題が多数提起されていたことを忘れてはならない。そこでの問題とは、子弟の教育問題や婦人等の冬期間の過重負担をはじめとする家族と地域社会の問題、農村地方行政問題、出稼ぎ者の心身の健康問題、農業経営・農作業計画上の悪影響など多岐にわたる[15]。安孫子知事はこうした出稼ぎ問題に関する当時の論調や地元の実態をふまえながら、法案の地域指定において東北山村地域がほとんどカバーされていなかった点に強い疑義を呈し、指定要件の変更を強く要請した。こうして出稼ぎ型の人口流出による地域疲弊問題が国会の場で大きくクローズアップされたのである。

　出稼ぎ地帯の山村地域を代表した安孫子知事の陳述に対して、島根県選出の細田吉蔵委員（自民党）は、以下のように反駁した。「……人口流出の状況というものが、東北については少し中国山地やあるいは四国の南、九州の南よりもおくれているのではなかろうか……」、そして次期（1970 年）国勢調査の発表結果によって東北地方も「かなり救われるのではなかろうか」と述べたのである。こうした細田委員の主張は地元島根大学の安達生恒らが従来から主張していた過疎のタイム・ラグ説に依拠していると考えられる。1966 年 4 月に安達は、過疎問題の西日本と東日本との差について、「……結局それは現在日本農村の変化速度に照らしてみると、段階的、時間的な遅れにしかすぎず、やがて間もなく、東北の山村にも挙家離農が多発し、西日本的過疎状況にさらされる」という過疎の「段階論」「二段階説」を提起した[16]。

　こうした段階論的主張に対して安孫子知事は、東北地方の自然、社会・経済的条件を列挙しながら、「……（人口減少ではなく）やはり出稼ぎという形において一種の人口流出、これが相当続くのだろう──（中略）──次の国勢調査まで待てということではなくて、そういうもの（出稼ぎ型人口流出による山村問題）をも吸収するような、そうした基準」をこの際定めておくべきだと要請した（カッコ内筆者が加筆）。段階論の否定である。こうした出稼ぎ型過疎論を主張する山口委員の質疑を受けた内藤正中参考人（島根大学文理学部教授）も「ただ単に人口減少で一律に縛るよりも、そういった面についてのご配慮があって当然しかるべき」と同委員会において陳述した。

こうしたなかで結局、国会の場では東北型（出稼ぎ型）の農山村疲弊問題も過疎地域問題の一局面として取り込む必要性が認められるに至った。しかし、つぎにそうした回帰的人口流出による農山村問題の把握の方法が問題となった。同委員会において折小野良一委員（民社党）は、過疎地域問題において多様なパターンを認めることは妥当であり、その典型が「東北型人口流出」による農村衰退であるとしながらも、以下のようにその把握が技術的に困難であることを指摘した。

「……東北の一つの代表的な形で、いわゆる出稼ぎという問題があるわけなんでありますが、この出稼ぎのつかみ方というのは非常に難しい──（中略）──挙家離村型の人口流出と、それから出稼ぎという形のものと、これをどういうように把握したらいいのかあるいは人口がそのまま出て行くやつは、これははっきりその数でつかまえられるわけでありますが、出稼ぎというものをどういうように評価したらいいのか……」

これは出稼ぎ者数の統計的把握の困難さと同時に、出稼ぎがもたらす農山村社会疲弊の度合いの把握法、またそれと西日本型過疎という人口減少による地域衰退とをどのように相互比較して評価しえるかという難点をも指摘したものであった。これに対して内藤参考人は、以下のようにその解決は容易ではないことを指摘した。

「……出稼ぎの場合にも一定の意味、一定の影響があることは確か──（中略）──そのことをどういうふうに地域指定の場合に反映させるかというところは、今後の大きな研究課題になっていく」

こうした議論を経るなかで、同年7月31日の同委員会においても古屋亨委員（自民党）が法案提出代表者の山中貞則委員に対して、地域指定要件が人口減少率と財政力指数のみとされることは、地域指定の西日本への偏りが著しく、それはタイム・ラグで容易に平準化される性格のものではないため、東北地方などの出稼ぎ多発地帯への特段の配慮が必要なことをあらためて指摘した。しかし山中委員長の答弁は、「東北型過疎問題」の重要性と地域指定制度の欠点を認めつつも、折小野委員と同様にその把握が困難であるため指定方法の変更は困難であるとするものであった。これをもって、過疎問題の多様な地域的多様性を指定要件に反映させようとする議論は終了したが、それは煮え切れぬままの立ち消え状態にとどまり、問題は先送りされたといえる。

以上、衆院地方行政委員会での審議過程をみてきた。そこでは、過疎問題における段階論と地域類型論との対立が鮮明に浮き彫りとなった。これはとりわけ東北地方代表者らが現場の実態認識を適切に踏まえながら、多様な要請を行ったことに端を発した。しかしそれは同時に、当時すでに定説化されようとしていた段階論に対する反論を、出稼ぎ地帯の広範な社会・経済的実態や歴史的・地理的考察を論拠に提起したものでもあった。審議過程では過疎地域問題の段階論と地域類型論の対立に結論を出さぬまま、類型論者の要請に対してはその必要性は認めたといえる。しかし、非回帰、回帰を問わず異常な人口流出に起因する地域社会の衰退を客観的に評価する術をもたないために、主に西日本型の問題を引き起こす要因である計測可能な人口減少を主たる全国統一的指標とせざるをえないという結論が下されたのであった。

4）過疎法の意義と限界 ―分権的対応の必要性―

山村振興法と同様、議員立法による過疎法はその予算規模などからして日本初の本格的条件不利地域立法といえる。その立法過程においては二つの対立軸がみられた。第1は、経済合理主義的理解をベースとした当時の中央政府サイドと、地域自体の発展を基本方向とする過疎地域自治体サイドとの対立である。過疎対策の内容は前者のスタンスが反映されたものと考えられる。過疎対策の開始以来、交通通信体系の整備を筆頭とする生活インフラ整備が施策の中心であり続け、地域振興の要諦である内発的産業振興に関わる事業費構成（「産業の振興」）は一貫して20％台に留まり続けている[17]。自治体サイドの要請を契機とした立法化とはいえ、おりから交通・通信ネットワーク化と広域生活圏構想を掲げた新全総との整合性を配慮して策定された過疎法の基本的な性格は、その後一定の修正と装いの変化をともないながらも継承されてきたものと考えられる。従来の枠組みから脱皮し、地域再生にむけての将来投資的視座をもつ内発的産業振興政策への転換が求められている。

第2は、西日本と東北を中心とする東日本との対立であり、過疎問題の段階論と地域類型論の対立である。立法過程でクローズアップされたこの論点は、研究者サイドにも大きな課題として残された。これは1970年代に入り、議論の中心舞台となった山形県をはじめとする東北地方の農村労働市場研究者らを中心として本格的研究が進められた[18]。それは段階論に対する類型論的視座か

らの地域比較研究であり、挙家離村型（中四国山村）と出稼ぎ型（東北山村）の差異をもたらす地域社会・経済構造の解明が理論的にも実証的にも大きく進められた。しかし、経済低成長期への移行にともなう人口減少緩和や出稼ぎの減少などを背景にこうした研究も下火となった。とはいえ、この論点は現在に至るまで十分に解明されてはおらず、今後に残された研究課題は多い。

　他方で政策論的視座からは、こうした地域類型論の存在は、全国一律の基準による条件不利地域問題への対処が困難であり、地方分権的対応が必要であることを裏づけているともいえる。後述のように、国の政策である中山間地域等直接支払制度の見直し時期（2004年）に来て、全国知事会では制度の効果を評価しつつも、支援制度の権限と財源の委譲を要求した。過疎地域対策、中山間地域農業対策を問わず、こうした地域政策を国の画一的施策に委ねることの限界を示すものといえる。

4　「第4局面」における諸政策Ⅰ　—中山間地域等直接支払制度成立前の動向—

1）特定農山村法の意義と限界

　「第2次過疎化」の到来と米価引下げ（1987年）を背景に、「中山間地域」という政策用語が登場し、ウルグアイ・ラウンド農業交渉を控え、従来他省庁が主に担ってきた農山村地域振興に対して農林水産省が動き始める第4局面に関して、まず中山間地域等直接支払制度が制定される前の同省の施策の動向をみていく。米価の抑制を盛り込んだ1986年農政審報告「21世紀に向けての農政の基本方針」を受けて、2年後の米価審議会小委員会報告で、中山間地域対策が農政の主要課題の一つとして浮上した[19]。その後、新政策、93年農政審報告「今後の中山間地域対策の方向」などを経るなかで中山間地域問題の重要性が漸次強調されてきたにもかかわらず、当該地農業・農村を守る根本的理念と、EC（当時）で大きな政策効果をあげてきた直接所得補償制度の日本への導入については依然と検討を要する事項のままにとどめられてきた。生源寺はその理由を「WHYのHOWの混同した議論」に求めている[20]。HOWに関しては、農業構造や社会意識の異なるEC型直接所得補償方式を零細農耕のわが国中山間地域に適用することの困難さ、対象とする地域や農業の限定に関わる諸問題、ポスト農業構造問題段階にあるEC農業と日本との差（わが国における構造政策との

表 5-4-2 「第 4 局面」における農山村地域施策の動向(中山間地域等直接支払制度策定以前の状況)

(年)	1992	1993	1994	1995	1996
背景	「新政策」の登場	①農政審報告(1月)「今後の中山間地域対策の方向」 ②「ガット・ウルグアイ・ラウンド農業実施に伴う農政の実施策に関する基本方針」(12月閣議了解)	①ウルグアイ・ラウンド農業合意関連対策大綱(緊急農業農村対策本部報告) ②「新食糧法」制定 ③農政審報告(8月)「新たな国際環境に対応した農政の展開方向」	ウルグアイ・ラウンド農業合意関連対策	農業基本法見直し作業の開始 農業基本法研究会報告(9月)
主な施策	農地環境整備事業(基盤対策)	「特定農山村法」制定(経営対策ほか+ソフト中心)	①中山間地域経営改善・安定資金(経営対策) ②特定地域新部門導入資金(経営対策)	①山村振興法改正(ソフト対策の追加) ・有効期限10年延長 ・認定法人の事業範囲拡充 ・地方債の配慮規定追加 ・情報・流通の円滑化の追加 ・高齢者福祉増進の追加 ・地域文化振興の追加 ②中山間・都市・農村交流拠点整備事業(経営対策) ③高付加価値型農業育成事業(経営対策) ④地域特産物発掘・導入事業(経営対策) ⑤条件不利地域農政水制整備事業(経営対策) ⑥中山間地域畜産活性化対策事業(基盤対策) ⑦中山間地域林業総合化モデル事業(基盤対策) ⑧中山間林業活性化推進事業(基盤対策) ⑨中山間低利用地林産活用推進事業(基盤対策) ⑩遊休農地活用推進事業(国土保全) ⑪中山間農地保全対策事業(国土保全) ⑫緑とふれあいの里整備特別対策事業(就業機会)	①中山間地域広域支援活動推進事業(経営対策) ②中山間地域広域連携整備推進対策(経営対策) ③特定野菜等供給産地育成価格差補給事業に中山間産地育成型を追加(経営対策) ④「林野三法」成立 ⑤鳥獣被害対策(農水、環境庁:基盤対策) ⑥ふるさと交流拠点(農水、建設省:経営対策) ⑦高齢者生きがい発揮(農水、厚生、文部省:福祉) ⑧高齢障害アメニティの里づくり(農水、厚生省:福祉)

整合性)、農家の労働意欲減退の懸念、個人給付システムの各方面における理解醸成や国民的合意形成に関わる諸問題などが新政策段階から提起されてきた。そしてこのHOWに関する問題解決についてはその後数年間にわたって農政の表舞台からは消え、稲作脱却と収益的作目への経営重点化を掲げる方法が推進されていった。

表5-4-2に整理したように、中山間地域を念頭においた農村地域政策が柱の一つとされた新政策(1992年)の登場から中山間地域等直接支払制度が導入される2000年までの間、前述のように多数のソフト対策が農政サイドによって打ち出されてきた。

新政策登場の翌1993年にはその流れを継承した前掲の93年農政審報告を受けて、ソフト事業を重視した特定農山村法が制定された。山振法や過疎法が、どちらかといえば生活インフラ整備に偏っていたのに対して、特定農山村法が当該地の農業経営支援に重点をおいたことに関しては新味がある。

1995年にはウルグアイ・ラウンド農業合意関連対策の下に11の事業が導入され、山振法改正もなされた。翌1996年には基本法の本格的な見直しが開始されるなかで中山間地域広域支援活動推進事業など二つの農業経営関連事業と一つの生産基盤関連事業(中山間地域広域連携整備促進事業)が発足する。その他、他省庁との共管で、ふるさと交流拠点関連事業(農水省、建設省)、高齢者生きがい発揮関連事業(農水省、厚生省、文部省)、高齢障害者アメニティの里づくり事業(農水省、厚生省)など農業経営支援および二つの福祉対策事業が、また生産基盤対策として鳥獣被害対策事業(農水省、環境庁)が発足した。それ以降も、ウルグアイ・ラウンド農業合意関連対策大綱に基づき、生産基盤対策を中心とした事業が打ち出されるが、特定農山村法もこれを受けて拡充された。しかし、農業経営支援などソフト事業に関しては、中山間地域農業の絶対的条件不利性と支援の論拠にもとづいた本格的予算措置のないまま、直接支払制度登場までにさらに時間を費やすこととなった。

中山間地域等直接支払制度登場以前の代表的ソフト事業である特定農山村法の性格を整理する。法に定められている特定農山村地域とは、「地勢等の地理的条件が悪く、農業の生産条件が不利な条件であり、かつ、土地利用の状況、農林業従事者数等からみて農林業が重要な産業である地域」とされる。その指定要件は市町村単位での認定の場合、①地勢条件に関しては、急傾斜耕地面積比

率条件(傾斜 1/20 以上田面積や同 15 度以上畑地面積などが過半を占めるなど)または林野率 75% 以上のいずれかを満たす必要がある。②農林業が重要な産業である条件に関しては、農林業従事者比率 10% 以上あるいは農林地率が 81% のいずれかを満たす必要がある。さらに、③ 3 大都市圏の既成市街地等でないこと、④人口 10 万人未満という条件が加わる。他方、旧市町村単位での指定要件は、市町村単位で上記②(農林業重要産業条件)を満たし、旧市町村単位で①(地勢条件)および④(人口条件)を満たす必要がある。公示された市町村数は 1,730 市町村、うち一部地域のみが対象となる市町村は 491 であった。この制度は、その指定要件に示されるように農業生産条件の不利性が第 1 に掲げられており、それに対する支援が目的であると明記されている。しかし、問題は施策内容である。その要点は、国の目標にそった整備計画を立てた市町村を対象として、第1に稲作から他の収益的な作目生産へと転換する際に必要な資金の低利融資、第 2 に、農地を比較的条件のよい場所に集積するために市町村が一括して土地の所有権や利用権を移動できるようにすることなどである。

　こうした内容の仕組みを整理しておく。特定農山村地域では市町村が農林業等活性化基盤整備計画を策定することができる。まず同法の第 1 の柱から述べる。そこでは、①「新規作物の導入等による農業経営の改善・安定」、②「地域特産物の生産・販売の促進」、③「農用地・森林の保全等」、④「都市との交流促進」、⑤「就業機会の増大」、⑥「人材の育成等」が掲げられており、その重点は①と③とされる。①(新規作物の導入等による農業経営の改善・安定)を行う場合は、農業経営安定改善計画を農業者の組織する団体が策定し、市町村がそれを認定する。こうした認定団体参加農業者に対して低利での経営資金が融通される(貸付金利1.3%、融資枠 280 億円)。また上記①～⑥の促進のために、土地改良法の特例と、活性化基盤施設設置事業計画のなかで第 3 セクターへの支援措置が受けられる。前者(土地改良法特例)は、林業用施設について土地改良事業の実施に伴う共同減歩による用地創設である。後者(第 3 セクター支援)は、①農林業体験施設に関わる特別償却や農林業体験施設の家屋に供する土地に対する非課税措置などからなる税制上の特例措置、②地方交付税による減収補塡、③地方債の特例である。1992 年の農地法施行令一部改正や新政策が登場するまで農地管理主体として正式な位置づけを与えられてこなかった第 3 セクターに対して支援措置を打ち出したことには意義がある。しかし、大きな経常赤字に

苦しむ直接耕作型の第3セクターにとってこうした支援はどの程度の効果がありえるかは疑問である。

　第2の柱は、こうした内容をもつ農林業等活性化基盤整備計画を土地利用の面からより円滑にしようとする目的をもつ農林地所有権移転等促進事業である。これは、耕作放棄地の地目変更をともなう権利移動をおこなうことによる農林業一体的な利用回復、そして農林地の活性化施設用地への転換などを内容とする。第2の柱は、耕作放棄地の増大に対する農林一体的な土地利用による対応や施設用地への転換といった土地利用の規制緩和措置である。前述の第1の柱が同法の中心であることがわかる。

　特定農山村法は1992年9月施行（6月公布）であるが、同年1月に農政審議会は「今後の中山間地域対策の方向」を提起している。そこでは、中山間地域農業の振興は「標高差等中山間地域の特性を生かし、加工等も積極的に取り入れた複合的な形態のなかで、生産基盤の整備をすすめつつ、花きや特産品など労働集約型作物を中心に、高付加価値型・高収益型農業への多様な展開を目指していく」という方針が示された。これはたしかに中山間地域における絶対優位作目を追求することによる農業振興ビジョンであり、また逆に同地域の条件不利性を覆い隠すことになる[21]。そして、このビジョンを政策化したものが特定農山村法にほかならない。第1の柱の最初に掲げられた「新規作物の導入等による農業経営の改善・安定」がその本質部分である。前述のように当該地域の定義に「地勢等の地理的条件が悪く、農業の生産条件が不利」と冒頭から明示されているが、これは稲作等穀作の条件不利性を公認したものであり、それがゆえに稲作からの脱却と「絶対優位」作目の模索とそこへの経営のシフトが同法のバックボーンとなっていた。

　特定農山村法の効果はどうであったのか。表5-4-3は農林業等活性化基盤整備計画承認市町村数と、農業経営改善安定計画策定数とを示している。前者に関してその作成率は92％に達するが、その実質的成果を示す農業経営改善安定計画作成状況は5年以上経過した時点でみてもきわめて少ない。関東で2団体、北陸8団体、東海6団体などであり、全国総計で268団体に過ぎない。団体に属する農家総数は把握できないが、優良事例集（農林水産省調べ）をみると1団体2戸〜34戸と差があるが、全9団体中、6団体が5戸未満の小規模組織である。その内容は野菜、花卉、果樹などの新規導入である。農家への誘因は低利

表 5-4-3　特定農山村法の事業進展状況

(1998年12月末)

地方	特定農山村指定地域	農林業等活性化基盤整備計画		農業経営改善安定計画 団体数、カッコ内は計画数					
		承認市町村数	作成率(％)	認定		作成中		計	
北海道	110	91	82.72	24	(24)	5	(5)	29	(29)
東北	233	230	98.71	81	(91)	40	(40)	121	(131)
関東	284	241	84.85	2	(5)	0	(0)	2	(5)
北陸	143	134	93.70	6	(6)	2	(2)	8	(8)
東海	127	113	88.97	6	(6)	0	(0)	6	(6)
近畿	176	157	89.20	18	(45)	0	(0)	18	(45)
中国・四国	385	360	93.50	37	(39)	7	(7)	44	(46)
九州	265	261	98.49	36	(40)	4	(4)	40	(44)
沖縄	7	3	42.85	0	(0)	0	(0)	0	(0)
総計	1,730	1,590	91.90	210	(256)	58	(58)	268	(314)

資料：農林水産省資料より作成。

の経営資金融資のみで、本格的な予算措置を欠く同法の活用はほとんど進展をみなかった。

　特定農山村法のかかえる本質的問題を2点指摘しておく。第1は、中山間地域農業の条件不利性を曖昧にしたままの同法が、その目的に対して実効性をもたらしうるような予算措置を備えた政策としては設計されていないことである。標高差等の有利に作用しうる有利性をはるかに超えて現実の不利性は多様かつ深刻である。産業立地上のハンディキャップのために比較的安定した兼業も困難であり労働力高齢化が進行し、また集落や圃場は広範な地域に散在しており集出荷コストも高い。それをサポートすべき農協の経営基盤は脆弱であり、多くの場合、その広域合併はこうした地域へのサポートの切捨てにつながった。また「絶対的優位な作目」とはニッチ市場対応型のそれであり、こうした方向で全国農地の40％を占める中山間地域における農業振興が可能であると考えることはできない。さらに労働集約型作目への担い手のシフトが耕作放棄を促進する問題もある。

　第2は、そもそも労働力が希少化した中山間地域において労働集約型作目に活路を求める方法に限界がある。農業労働力脆弱化が1960年代以降概ね不可逆的に進行し高齢者単一世代化が進行している中山間地域においては、労働集

約型作目による面的な"ひろがり"をもった地域農業振興は一般化することが難しい。

　特定農山村法は、直接支払いの当面の回避を前提として、条件不利な稲作からの脱却とそれに替わる新たな労働集約型作目へのシフトを支援しようとしたが、上記の2大問題を抱えるなかで限界に直面した。1980年代後半から農政の主要課題の一つとして浮上し検討されてきた中山間地域対策の最初の具体的施策がこの特定農山村法であった。しかし、中山間地域の抱える困難な諸条件を勘案した条件不利地域政策としての根本的な理念や方法と、相応の財政措置を欠いた同法では期待される政策効果がもたらされなかった。こうしたなかで直接支払い制度の検討が再度本格化した。

2) EU条件不利地域政策と日本の中山間地域問題

　EC・EUの条件不利地域直接支払い方式を日本に導入することは容易ではないとされてきたことについて考えておく[22]。

　ECでの条件不利地域 (Less-Favoured Areas) 直接支払い政策は、イギリスのEC加盟を契機に1975年にはじまった。しかし、それ以前からいくつかの主要加盟国ではCAP成立以前から独自の条件不利地域政策をもっていた。そのさきがけは西ドイツであり、1961年から構造政策の一環として条件不利地域に対しては予算配分や補助率等での優遇などの事業がなされてきた。フランスでは1972年に、山岳農業の多面的機能を保全する目的で畜産農家への直接支払いが導入された。そこでは現行制度のように生産条件のノーマルな地域と山岳地域での畜産農業のコスト差が単価設定の基準とされた。こうした状況下でイギリスがEC加盟の際に戦中以来の伝統をもつ丘陵地家畜補償金 (Hill Livestock Compensatory Allowances : HLCA) の継続をCAPのなかに求めたことを契機に、それまでの各国の条件不利地域政策をECの条件不利地域政策として統一したものといえる。加盟各国に残されている一定の自由裁量権はそのときの名残といえる。

　EUの条件不利地域地域は、こうした経緯を引きずり「山岳地域」「普通条件不利地域」「特別ハンディキャップ地域」からなってきた。まず、フランスなどで用いられてきた山岳地域を条件不利地域として無条件で規定し、その後にいくつかの要件をみたすものを普通条件不利地域、特別ハンディキャップ地域と

して規定していった。イギリスの丘陵地域が含まれる普通条件不利地域とは、①生産性が低く耕作不適の土地の存在、②自然環境に起因して農業の経済活動を示す主要指標に関して生産が平均より相当低いこと、③人口の加速度的減少により地域の活力が低下し定住維持が危殆に瀕しているという3条件を満たす地域と定義されている。特別ハンディキャップ地域とは、洪水が定期的に発生する等の小地域を意味する。対象農家は保有農地3ha以上（イタリア南部、ギリシャ、ポルトガル、スペイン等においては2ha以上）で5年間以上農業活動を継続するものである。補償金額は、最低補償額が20.3エキュー（約2,800円）/家畜単位（またはha）である。他方で最高補償額に関しては、一般の条件不利地域は150エキュー（約21,000円）/家畜単位（またはha）以下、恒久的に条件不利性が著しく高い地域は180エキュー（25,000円）/家畜単位（またはha）まで引上げ可能、家畜支払いの場合の補償金は飼料畑1ha当たり1.4家畜単位を上限として支給（飼養密度制限）するとされている。この飼養密度制限は、過集約による環境負荷増大と過剰生産という頭数支払いの副作用に歯止めをかけるために1992年共通農業政策（CAP）改革の際に設けれらた。なお、国別に1戸当たり支給上限額がもうけられている[23]。

表5-4-4は条件不利地域に関するEUと日本との比較を示したものである。畜産中心の北西ヨーロッパ諸国と樹園地農業等の多い南部ヨーロッパ諸国、そして当該地農地の過半を水田が占め水田農家率の圧倒的に高い日本という差違を念頭に入れてこの表をみる必要がある。なお、申請条件を満たす地域の農家に占める受給農家率に関しても、最低規模制限というよりも農業年金受給問題等との関連でみなおす必要を指摘しておく。表で明らかなのは、EUと日本との条件不利地域農家の平均経営規模の圧倒的な差である。零細水田農耕の日本と、一部南欧諸国を除いて北西ヨーロッパ諸国に顕著なように構造改革が進み少数の担い手が主として放牧畜産という粗放的な形態で大量の農地を管理する欧州条件不利地域における土地集約型農業との根本的な差がここにみられる。

アジェンダ2000CAP改革の下で条件不利地域政策の再検討がなされたが、直接支払いにおいても1992年改革でなされた上記の環境負荷と過剰生産への配慮をより徹底する方向がとられた。飼養密度制限の強化から面積支払いへの移行がその中心である。イギリスにおいても伝統的な丘陵地家畜補償金がCAP第2の主柱（second pillar）の中核である農村開発規則（Rural Development Regulation,

表5-4-4 EU諸国と日本の条件不利地域における経営規模の差

	条件不利地域内の農家数*	条件不利地域農用地の量 (単位：1,000ha)		条件不利地域農家の平均経営規模 (ha)	申請条件を満たす農家に占める受給農家率(%)	大家畜単位当たり平均補償額(ecu)
		条件不利地域農用地総面積	農用地総面積			
ベルギー	7,992	273	1,357	34.2	86	85
ギリシャ	288,276	5,280	6,408	18.3	66	61
スペイン	550,174	19,546	26,330	35.5	34	36
フランス	258,213	13,897	30,011	53.9	54	70
アイルランド	106,686	3,468	4,892	32.5	99	88
イタリア	433,956	8,841	16,496	20.4	9	57
ルクセンブルグ	2,994	124	127	41.4	84	113
オランダ	3,981	111	2,011	27.9	98	104
ポルトガル	168,887	3,433	3,998	20.3	53	54
イギリス	64,118	8,342	18,658	130.1	95	47
日本	1,354,000	2,004　　1,022**	4,794　　2,624**	1.5　0.8**	—	

資料：Kashiwagi,M. ("Direct Payment Policies for the Regeneration of Less-Favoured Areas: A Comparative Study of the EU and Japan", *International Journal of Agricultural Resources, Governance and Ecology*, 2004.)から作成。
原資料：European Commission(DGVI) "Rural Developments" 1997. 2000年世界農林業センサス(日本)。
注：*はここで「条件不利地域」とはEUの場合、山間地域、その他条件不利地域特別ハンディキャップ地域など3種類からなる「LFAs」を、日本の場合「中山間地域」を意味する。
　　**は水田経営耕地面積を示す。

RDR）を作成するなかで丘陵地営農支払計画（Hill Farm Allowance Scheme, HFA）においては面積支払いへと転換した。このように頭数支払いから面積支払いへの移行が進められた。面積支払いでみた場合、EUの支払い単価基準は1ha当たり最低2,800円〜最高21,000円（特別地域は25,000円）である（1ECU=138円で換算）。日本の傾斜水田への支払い単価（傾斜1/20以上の水田）と比較すると1/10から1/100の低水準である。しかし大面積を保有するために農家当たり支給総額は大きくなる。とはいえ、その総額は生計を維持するに十分な額ではない。頭数支払いや面積支払いの混在した値であるが、1995年時点でのEU条件不利地域の受給農家の1戸当たり平均支給額はEU15カ国平均で19万円、ドイツ27万円、フランス30万円、イギリス29万円、イタリア4万円、スペイン5万円、ポルトガル5万円、オーストリア23万円にすぎない（1エキュー=123円で換算：95年IMF平均）[24]であった。

しかしながら、これに加えてCAPにおいてはEU全域に適用される家畜補償

金の存在があった。繁殖牛奨励金（Suckler Cow Premium, SCP）、年次雌羊奨励金（Annual Premium on Ewes, APE）、肉牛特別奨励金（Beef Special Premium, BSP）である。一部南欧諸国を除けば放牧畜産主体のEU条件不利地域においてこうした家畜種目への補助金は実質的に条件不利地域農家への直接支払い的性格を帯びていた。そして大面積保有のために飼養頭数と支払額は大きい[25]。このように、EUの条件不利地域対策は、その中心である放牧畜産で考えるならば、生産性格差補填の直接支払い金と、EU全域対象だが条件不利地域において支払い対象の多い家畜補償金との二重構造に実質的にはなっているのである。これら全てを合計した場合、EUの直接支払い金は条件不利地域農家の存続に所得面から大きな役割を果たしてきたのである。

ソーンダース（C.）はイギリスの1980年代初頭から90年代初頭までの期間を対象に作目ごとの比較をとおしてこうした補助金の大きな意義を指摘した[26]。しかし後段で示すように、その後WTO体制へ移行するなかで、欧州委員会も新たな条件不利地域対策のあり方を模索し始めていったことには留意する必要がある。

以上のように、基本的に少数の農家が大面積を保有する土地集約型農業が成立しているEUの条件不利地域直接支払い方式を、棚田を中心とする零細農耕のわが国中山間地域に導入することに農政サイドが躊躇したことには十分な根拠があった。EUの当該制度は支払い対象者への集中支援によって、これまで"所得補償"としての成果をもたらしえてきた。他方で、零細水田農耕のわが国中山間地域の場合には単価をWTOの制約内で最大に設定しても1戸当たり受給額は"所得補償"の名には値しえず、予算のばらまきとなり、膨大な財政支出はいつかサンクコスト化するという最悪のシナリオが農政サイドの脳裏にあったと考えられる。しかし、こうしたEU制度の検討は、"HOW"をめぐる議論、すなわちEU型制度の日本型システムへの本格的な翻訳の重要性を関係者に認識させ、本質的な議論の端緒にもなりえた。

他方、こうした本質的な議論とは異なる、どちらかといえば的外れで矛盾含みの論点提起による議論の混乱と時間の空費をもたらされたことも指摘する必要がある。EUと日本との農業構造の差に起因する根本的問題の解決と日本型モデルの創出という本質的議論とは異なる的外れな論点は1990年代に少なからず提起された。以下にその一例を示す。「EU型の直接所得補償措置をそのま

ま導入すること」は、「零細な農業構造の温存」「農業者の生産意欲喪失」につながるという反対論である。新政策の登場時に示されたこうした論点が、1997年12月の食料・農業・農村基本問題調査会「中間取りまとめ」に至ってもまた繰り返し提起され、制度導入は遅れることになった。こうした論点を再検討してみる。当該制度導入の提起がなされた新政策の登場から5年を経た時点で、なおもEU型方式を「そのまま導入すること」という表現を繰返すことに、「日本型」の模索をめぐる論議を真剣にやってこなかったという時間の空費を感ずる。つぎに、直接支払い導入が果たして「零細な農業構造を温存」させるのか。いや、させる力をもつのか。逆説的にいうならば、仮に「温存」させることが可能で、中山間地域の農家存続や多面的機能の維持がなされるならば、それはそれで一定の成果ではないのか。1986年農政審議会報告において、大規模階層に照準を当てた米価算定基準の転換とともに、平地農村とは異なり「中山間部等生産性の向上が困難な地域の稲作の位置づけ」が「別途検討される必要がある」とされ、中山間地域政策の原点が示された。この考えは新政策以降にも引き継がれていったはずである。しかるに平地農村とは異なり今後加速される構造変革路線に追従できないと認定された中山間地域水田農業においても「零細な農業構造の温存」が1997年時点においても問題とされたこと自体に違和感を覚える。むしろ問題は、前段で縷々述べてきたように、零細水田農耕のわが国中山間地域ではEU流の直接支払い方式では、「温存」すらもたらしえないところにある。また、一時的効果があったとしてもそれが一定の持続性をもたねば意味はない。つぎに、「生産意欲喪失」に関しては、果たして農家にそう感じさせるほどの支払い金が給付されるのかに関わる。こうした意味で1997年「中間取りまとめ」における反対論の論拠は理解に苦しむ。

　他方、もし「零細な農業構造からの脱却」が零細農家の消失と農地流動化による大規模経営成立を意味するのではなく、たとえば高齢単一世代化が進行するなかで従来の高地代・低賃金型の集落営農から脱皮し、新たな経営構造をもった新たな地域営農の器を用意し、そこに若い担い手を組み込み、それが地域農業のコア組織となり、さらに高齢化した地権者集団がコア組織の"外皮"として一定かつ不可欠の作業役割分担と団地的な土地利用調整を図るような重層的な地域営農システムを創出しようとするようなことを意味するのであれば話は別である。今こそ、こうした、より持続的な新たな地域営農システムを計画的

に創出していく地域経営こそが中山間地域では望まれているからである。これに直接支払い制度が寄与しえるなら政策効果は認められよう。しかしながら、1997年「中間取りまとめ」での反対論にこうした視座はみられない。こうしたなかでEU方式の日本型への本格的な翻訳作業は立ち遅れたと考えられる。

しかしこの時期、国が観念的な議論を繰り返しているなか深刻な実態に直面している現場サイドでは、県を中心にいわゆる自治体版デカップリングとよばれるような条件不利地域対策の動きが急速に進行した。

3) 自治体による条件不利地域政策の進展—福島県、鳥取県、新潟県の事例をとおして—

国の政策が特定農山村法の制定で当面の方向を示したもののその限界が露呈し、しかもそれにかわる本格的な条件不利地域政策の理念と方法が速やかに打ち出されないなかで、その政策的空白を埋めるように1990年代に自治体レベルでの支援事業が各地で施行された。まず市町村レベルでは、1980年代末から中国地域を中心に直接耕作型の第3セクター（市町村農業公社）の設立が各地で自然発生的に相次いだ。第3セクター特有の高コスト体質や中長期的視座を含む土地利用計画の欠如など多様な経営的諸問題をかかえながらも、耕作放棄激化に対する当面の緊急避難措置としてはこの選択肢しかないという市町村レベルでの認識がこの傾向に拍車をかけた。他方、県レベルの条件不利地域政策もこの時期に比較的大きな財政支出をともない多様な展開をとげた。本稿では、地域農業の特性に対応して打ち出されてきた福島県、鳥取県、新潟県の事例を示す。

(1) コメ生産調整の地域的リアロケーションの促進 —福島県の中山間地水田活性化事業の意義と限界—

(ア) 事業の意義と懸念

新食糧法に対応した福島県の中山間地域水田農業対策は、1995年発足の中山間地域米生産推進モデル事業に大きな特徴をみいだせる。この事業の目的は、「地域の特色ある稲作生産を推進し、その担い手となる中核農家の育成を図るとともに、冷涼な気象条件を活かした転作作物の作付け誘導をはかり経営の転換と水田の維持・保全を推進」することにある。これは、県内中山間地域を、稲作振興地域と、稲作条件不利ゆえの稲作離脱地域とに区分し、前者の地域に

おいては「高付加価値米産地育成事業」によって付加価値米生産やモチ加工などに必要なハード施設整備を行い、後者地域においては「中山間地水田活性化事業」によって集落・地区単位で全面的な転作を促進しようとしたものであった。後者地域の稲作離脱は、県内での地域間調整によって進められる。これは県内レベルで稲作の地域的リストラを図ろうとする施策であり、「振興」と「離脱促進」がセットとなった事業であった。ただし、転作の地域間調整において肩代わりさせる地域は必ずしも高付加価値米産地育成事業対象地域であるとは限らず、通常の平坦地域であってもよいとされた。

　こうした振興と離脱促進のためのゾーニングの基準は標高とされ、600m がラインとされた。福島県の稲作は新潟コシヒカリとならんで銘柄米としての市場評価を得ていたが、この標高基準はこうした良質米生産の技術的視座から設定された。福島県では標高 300m 未満がコシヒカリなどのブランド良質米地帯と評価されており、そこでの同米作付面積率は 70％近くに達していた。他方、標高 500m 以上の地帯は初星、ひとめぼれを含めた銘柄米の作付けは不適であり（作付面積率 10％未満、会津地域は 20％弱）、とりわけ 600m 以上は冷害常襲的地帯であった。また、これらの中間地帯（標高 300～500m）はコシヒカリ不適地であり、今後の稲作存続には付加価値米生産が必要と考えられた。こうしたなかで標高 600m 以上地帯が稲作撤退促進候補地とされたのである。ただしこれは面積的には 2％弱である。以下では高付加価値米産地育成事業と中山間地水田活性化事業の概要をみていく。高付加価値米産地育成事業は、標高で概ね 400～600m の中山間地域を対象とする。福島県の稲作は標高 300～500m が品種的においては存続可能か否かの境界になると判断されていた。こうしたなかで、境界地帯においてより条件不利な 400～500m 地帯、および銘柄米生産は困難だが所得補填による稲作離脱促進を行う後述の中山間地水田活性化事業の対象とはならなかった 500～600m 地帯が高付加価値米生産育成事業の対象とされた。この事業は、「特色ある米の産地を育成するための共同利用施設、集団営農用機械の導入・整備の補助」であり、ハード中心の事業である。共同利用施設としてのミニライスセンター、産地精米施設、モチ加工施設、さらに集団営農の支援としてコンバインの補助などがあった。事業費は 1 地区 3,000 万円、補助率は 1/3 以内であった。これは単年度事業であり年間 3 ヶ所が想定された。

　つぎに、標高 600m 以上地帯を対象に稲作離脱を促進するのが中山間地水田

活性化事業であった。これは転作による減収分を補填するものであった。減収分補填金の算定根拠は以下のとおりであった。政府米価格（1995年）と平均単収（455kg/10a）から平均稲作収入を123,880円、生産費調査（1992年産米）から経営費を57,200円と定め、差引稲作所得分67,000円を「他作物への経営転換経費」とよび、これから転作助成補助金17,000円（加算金10,000円を含む）と肩代わり料（とも補償金）30,000円とを差引いた20,000円を所得補填金とするものであった。この補填金は県と市町村とが各々15,000円、5,000円を負担した。なお、とも補償金に関しては農協の取りまとめによるものであり、行政は関与しないが上記程度の金額が期待されていた。ただし実際の事業取組み事例をみるとゼロから42,000円まで幅広い。この事業は、一定の"ひろがり"をもった集落・地区単位での転作を推進しようとするものであった。そのため補助金対象面積は1地区15haとされた。年間7地区、計105haが事業予定面積とされた。採用要件として3戸以上の営農集団であること、転作目標面積の達成などがあった。営農集団の要件化は、その後の転作定着の実効性確保を考慮したためであった。

　補助期間は3年間であった。稲作所得分を「他作物への経営転換経費」と表現しているように、補助金は「集落等での経営転換に要する経費」とよばれた。これは補助期間を3年間に限定する根拠となるものであり、その限定は県単独事業であるための財源的限界によるものであった。こうしたなかで県はいくつかの懸念をもった。第1は期限が到来すれば稲作のために復田する可能性、第2は逆に高齢化とともに転作や復田のいずれもが放棄され農地が荒廃する可能性、第3は3年間という期限ゆえに事業への応募者が稀少である（転作肩代わりを受けたがらない）可能性であった。とくに、第1、第3の可能性が大きく懸念された。その他、①農地の面的管理問題、②稲作離脱にともなう定住の意義喪失や社会的紐帯の希薄化による集落存続問題なども懸念された。

　転作する場合、集約的作目か粗放的作目かの選択肢がある。集約的作目への転換は労働力の脆弱化した地域では困難である。この事業で集約的作目選択による採用本数が少ないのはこうした理由からであった。また、集約的作目では農地の面的管理においてデメリットがある。他方、粗放的作目への転換ではその懸念は比較的に少なく、また後述のように、新作目（ソバ等）を軸として新たに「生活結合型」ともいえるような集落営農を構築したケースもある。しかし、

その低価格を勘案するならば、所得補填のための継続的な補助金交付が成立条件となる。こうした粗放的作目による件数が伸び悩んだのは県補助金が期限付きであったことが大きな原因であったといえる。財源の限られた「自治体版条件不利地域対策」の限界といえる。

(イ) 市町村における実態

福島県中山間地水田活性化事業における粗放的作目導入による稲作離脱の実態をみていく。地域は優良事例とされた西白河郡大信村の山間地である赤仁多地区である。そこでは地区レベルでの全面的な転換がみられた。

大信村では、県の同事業の原型ともいうべき転作の地域間調整を1980年代から開始していた。転作配分の「二階建て方式」と称されたものであり、この名称は高冷山間地区と準平坦地区間での転作面積調整を意味した。むしろ大信村のこうした方式を県が手本としたとも考えられる。大信村では水田利用再編対策下での転作率増大を契機に、長野県宮田村で開始された先駆的なとも補償方式を導入した。集落間での配分調整は農協と役場が担当し、大信村全22集落が全て参加した。その背景となったのが、村内水田の標高差による単収差と品種差である。とも補償金は30,000円であった。しかしこうした全村での調整システムは1994年の冷害明けの復田認可によって危機に陥った。これに対して村は15,000円(10a)の補助金を交付し、全村調整システムの回復を図った。この町補助金はその後、県の中山間地水田活性化事業発足とともに、これに合流し解消された。

県事業における地域間調整の実態を赤仁多地区を事例にみていく。赤仁多地区は事業発足当時農家数8戸、水田8haであった。農家あとつぎの同居する農家戸数は5戸であり、他の3戸の農家あとつぎは福島市、郡山市、仙台市に転出していた。標高500mの赤仁多地区と、村内準平坦部の上新城地区との地域間調整は1980年以来続けられてきた。開始当初は少頭飼養の肉用牛用飼料作であったが、飼養農家減少とともに県の当該事業が発足した1995年からソバに変更された。

赤仁多地区ではコシヒカリはほとんど栽培不可能であり、初星の場合の単収は360kg程度にとどまった。準平坦部ではコシヒカリ(1996年産米価格22,000円/60kg)で単収は540kg程度であり、両地区間の稲作収益差は大きい。新食糧法の施行は、コシヒカリで95年産米より1,000円程度価格が上昇した標高の低い

準平坦部と、価格低下の非銘柄米産の高冷山間部との稲作収益の格差をより鮮明としたのであった。こうした今後の趨勢を先読みした赤仁多地区では中山間地水田活性化事業の開始を契機に全面的な稲作撤退に踏み切ったのであった。事業導入初年度で全 8 戸、8ha の全水田においてソバへの転換がなされた。ソバは気象に左右され年次の単収差が大きいのが難点であるが、単収 90kg を確保すれば平均所得は 20,000 円 (/10a) と当時評価された。事業導入時の補助金は以下のとおりであった。国の一般作物補助金 7,000 円、同じくとも補償金助成金 20,000 円、県の中山間地水田活性化事業補助金が計 20,000 円、村単独の全面転作補助金ととも補償加算金の合計 6,000 円、さらに準平坦部地区（上新城地区）からのとも補償金が 24,100 円であり、補助金合計は 77,000 円に達した。これに上記ソバの予想所得を加えると合計 97,000 円となる。国の転作助成金に加えて、当該事業の補助金がある限り稲作所得よりも有利な状況が実現したのである。

　転作の実態と懸念される集落の社会的紐帯問題についてみていく。赤仁多地区では県の指導のとおりソバ栽培は集団対応によるものであった。事業導入時に受け皿である集落全戸加入の任意団体「赤仁多ソバ生産組合」が設立された。村と県の補助金によるリース制の汎用コンバイン（所有者は村）のオペレータは若年男子 3 名が担当した。その後、春作業も共同化された。こうしたなかで地区内には新たな社会的連帯感が生じてきたと関係者は指摘した。若年層を中軸とする全戸加入の組織をベースとしたソバ作の集団的対応は、集落の社会的紐帯をむしろ強化したとの評価である。それはたとえば集団が中心となって企画した「蕎麦祭り」をはじめ多様な活性化のための取組みなどにみられたという。永田恵十郎らが指摘した「生活結合型」の集落営農と類似の性格をそこに見出せる[27]。他方で、リンドウやトマトなど個人単位での集約型作目への転換であれば、紐帯は逆に弱まったであろうと現場関係者らは指摘した。適切な転換作目と集団的営農方式のあり方によっては、稲作撤退にともない懸念される社会的紐帯の弱体化は防止可能であり、回復すら可能であることをこの事例は示した。水田など地域資源の管理も粗放的作目であれば比較的問題は少ない。多面的機能に関しては水源涵養機能などの喪失はあるが、これも対応措置がないわけではない。たとえば熊本県白川流域でなされているように、転作田での作目不在期間の湛水はその一例である[28]。また、作目選択によってはソバなどのよ

うに景観機能においても比較的優れた効果を期待しえる。

　福島県型条件不利地域対策の意義と限界をみてきた。問題は補助金の継続性にある。ソバの単収増や営農集団の経営多角化など営農主体による努力には一定の限界があり、3年間の補助金期限の設定はいかにも厳しい。こうした限界を乗り越えるためには国の予算措置が必要であることをあらためて物語る。福島県の事例は、地域実態に応じた自治体型条件不利地域の意義とその限界とを如実に物語っている。

(2) 直接耕作型第3セクターへの生産費格差の補填
　　―「鳥取県型デカップリング」の意義と限界―

(ア) 直接耕作型第3セクターの意義と限界

　中山間地域では1980年代末から高齢単一世代化を背景とする個別経営や集落営農の限界に対応して、家族経営の耕作を代行する直接耕作型第3セクター（市町村農業公社）が自然発生的に登場してきた。畦畔管理等の多労な管理作業や複雑な水利慣行下での水管理を回避するために作業受託を中心とするものも多いが、新政策以降こうした第3セクターは「最後の農地の受け皿」として急速に設立件数が増加してきた。そこでの問題は耕作にともなう経常赤字である。多くの事例に共通する「赤字体質」にはいくつかの要因がある。第1の要因は、急傾斜・狭隘な圃場までも当該地ではすでに実態を反映していない標準小作料水準（あるいは標準作業料金）による稲作で維持することのコスト負担である。その背景には、担い手の不在化した水田に関して、どのような条件の水田にどのレベルの管理サービスを供給することが地域にとって最適なのかを明確にしてこなかったことがある（土地利用計画の不在）。しかしそれは結果的に評価すれば、高齢化によって自ら耕作することができなくなった農家が、第3セクターによるそうした小作料水準・作業料金での稲作維持サービスを介して「迂回的な農家所得補償」を実質的には市町村財政負担（「赤字」補填）の下で受けてきたとも解釈しえる[29]。これは公社の稲作維持サービスなかりせば耕作放棄となった水田から得られた所得である。赤字体質の第2の要因は、公社の「第2役場」的な体質である。これについては本稿では詳述しない[30]。

　農水省は1980年代をとおして第3セクターによる直接耕作を農地法に抵触するものと批判してきたが、1990年代に入ると92年の農地法施行令一部改正による「追認」、そしてコスト補償はないものの特定農山村法等にみられるよう

な「推奨」へと路線を転換した。中山間地域の高齢化と耕作放棄問題の進行に対して、農政サイドは「多様な担い手」としての第3セクターに一定の期待をおかざるをえなくなったのである。2000年度からの中山間地域等直接支払制度では、第3セクターをコスト支援対象にすることも可能となった。こうした中で直接耕作型の第3セクターは、広域レベルでの合意形成を基に地域営農の担い手として直接支払金の集中配分をはじめとする多様なメリットを当該制度から受けることも可能となったのである[31]。

　ここではこうした国の制度に先行して実施された鳥取県による直接耕作型第3セクターへの画期的なコスト差額補填事業の経験をみていく。1990年代鳥取県農政は集落営農の限界がゆえに第3セクターの役割に期待をかけてきた。これは、中山間地域で水稲作業を受託する第3セクターに対して県が平坦地域とのコスト差額を補填する方式であり、その後の京都府、兵庫県、高知県などにおける同様の県単事業の先駆けとなったものである。

　（イ）鳥取県型デカップリングの理念と方法

　国の政策的な立遅れを背景に登場した自治体版条件不利地域政策は、問題の地域的多様性を反映した独自色の強いものであり、その点において大きく評価されるべきである。福島県の事例では、中山間地域においても高齢単一世代化の進行が西日本と比較して緩やかであり、少なくとも福島県型条件不利地域政策が登場した1990年代中頃においては一部地域を除いて担い手空洞化への対応が焦眉の政策課題となるには至っていなかった。これに対して中国、四国、九州など西日本の中山間地域では1980年代末以降、長期にわたる過疎化の進行が担い手不在化対策を喫緊の課題とさせていた。こうしたなかで登場したのが鳥取県による第3セクターへのランニングコスト補填事業である。これが「鳥取県型デカップリング」の主要部分である。

　鳥取県型デカップリングの理念は、「中山間地域の果たす公益的機能の重要性に着目し、これを維持する担い手（個人、集落、集団等）が、これまで負担すべきものとされてきた費用について、行政がその一部を肩代わりする」ところにある。その施策体系は定住条件整備まで含めて多岐にわたるが、こうした理念が最も具体化されていたのが「ふるさと農地保全組織育成支援事業」である。これは、中山間地域の第3セクターが直接耕作を行う場合の諸コストを補うものであり、第3セクターの機械等初期投資におけるイニシャルコストを支援す

る受託体制確立機械等整備事業と、作業受託にともなうランニングコストを支援する中山間農作業受託支援事業とからなる。ここで注目するのは後者 (以下、「受託支援事業」とよぶ) であり、支払い対象を中山間地域の直接耕作型第 3 セクターに特定し、その作業コストの平坦地域のそれとの差額を補填する事業である。国の直接支払い制度の一部を 4 年間先取りしたこの事業は、それ自体大きな意義をもつとともに、第 3 セクターへのコスト差額補填施策の効果と限界についても示唆を与えた。実施期間は 1995 年から 99 年である。

　集落営農や個別経営ではなく、あえて支払い対象を第 3 セクターにしぼった理由は何であったのか。中山間地域水田農業の担い手としての集落営農や個別経営には少なからぬ限界があると立案当時の県農政が判断したからである。既存の耕作主体の限界を強く認識した鳥取県は、中山間地域水田農業の新たな耕作主体として第 3 セクターに期待したのであった。

　支払い単価の設定は以下のような経緯であった。1980 年代から鳥取県では担い手不在化地域において農協が農家に対して直接作業受託を行ってきた。当初、県はこうした農協直営型作業受託事業における赤字実績額を補助金の単価設定のベースに考えた[32]。しかし、この算出方式では算出の理念が必ずしも明確化されず、各農協の経営努力差が赤字額に反映されるため、算出根拠に合理性が見出しがたいという理由で不採択となった。その後、「一般性をもつ算出方式」として登場したのが平坦地域と中山間地域との稲作作業受託コストの差額を補助金単価とするものであった。県は県内の平坦地域と中山間地域との作業コスト差を両地域における作業効率等の綿密な実態データをもとに算出し、補助金額を以下のように設定した[33]。耕起 1,500 円、代かき 1,371 円、田植 2,398 円、刈取 7,345 円である (10a 当たり)。

　こうした単価設定によって、鳥取県は県内中山間地域水田の大宗を占める整形区画で機械化可能な相対的優良地の維持に関しては責任をもつという姿勢を示したのである。これをコスト論的にみると、中山間地域での差額算出基準となる条件圃場 (20a 整形区画圃場) までの耕作なら、第 3 セクターのコストカーブの下方スライドによって補助金交付前のマイナス利潤は消失し、プラス利潤が発生する可能性すらあった。実際、その結果、第 3 セクターの農作業受託事業の収支は事業対象となった 11 法人のうち、約半数の 5 法人が黒字となり、残りの 6 法人も赤字は大幅に縮小した (県資料とヒアリングによる)。

しかしその補助期間は3年間であり、この期間中に第3セクターが収益部門の導入等を含む経営努力によって全体収益を改善することを県は期待するという姿勢であった。しかし第3セクターのその後の実態をみてわかるように、こうした短期間でのコスト支援で経営改善を果たすことは困難である。むしろ県の本音は、国による直接支払い制度検討の推移を見守り、それに接続を期待していたところにあった[34]。

(3) インキュベータ型農業公社の設立による担い手創出
　　―「新潟県型デカップリング」の意義と限界―

「新潟県型デカップリング」の内容は多岐にわたるが、その中核がインキュベータ型市町村農業公社の設立を促進するために1992年から開始された地域農業担い手公社支援事業である。そこでは、公社は短期的には直接耕作による稲作維持を行い、中長期的にはオペレータを順次独立させることによって私的担い手の創出を図ることを目標としている。こうした背景には、西日本を中心に1980年代末から増加傾向にあった直接耕作型第3セクターの実態に対する疑問があった。緊急避難的な意義はあっても「崩壊先延ばし」の「延命機能」しかもたないという懸念に対する解決を、インキュベーション事業の組込みによって図ろうとしたところに新潟県農政の狙いがあった。当時、新潟県内の中山間市町村においても高まりつつあった第3セクターの設立機運に対して県農政サイドが、そのあるべき役割や方向性を示し誘導しようとしたのである。新潟県はこの事業をとおして、市町村農業公社の果たすべき役割としてインキュベーションの担い手であることを明確に掲げ、そのイニシャルコストを支援しようとした。公社にはインキュベータとしての役割が明確に与えられたのである。補助金額（1公社当たり）は、県が指定した法人形態である財団法人への出捐金助成が800万円（単年度）、機械等施設整備事業が6,000万円（3ヵ年）である。

事業実施要領では、まず実施方針に「中山間地域等において個別経営等の取組みでは次代の担い手を生み出していくことが困難になっている場合に、市町村が出資して設立する地域農業担い手公社が――（中略）――自立経営を志向する者についての研修を実施することにより、地域農業の担い手の育成を図ることを支援することをその実施方針とする」とある。行政主導による中山間土地利用型農業の私的担い手育成が打ち出され、その手段として担い手農業公社が

位置づけられている。事業対象となる公社の要件とは何か。それは、「自立経営を志向するものについてオペレータとして雇用し、農作業の受託、畦畔・農道・水路等の管理受託、農地の保全管理等の事業に従事させることを通じ、大規模農作業の実践、農業技術の修得等の研修を実施することにより地域農業の担い手の育成を図る事業」を実施することと明示されている。

実施基準には、以下のようなオペレータ要件が定められている（③は省略）。①「オペレータの過半は採用時点で40歳未満の農業者（将来農業経営を継承する青年及び離職就農青年であって、既に農業に従事しているか又は今後農業に従事することが確実と見込まれる者を含む）とするものとする」、②「公社はあらかじめ雇用するオペレータに、農業を主とした自立経営を確立するための営農改善計画を作成させるとともに、この計画を実現するための研修及び農用地についての利用権又は所有権、受託農作業等のあっせんを行うものとする」である。このように、当該事業の眼目が私的担い手をインキュベーションすることにあることが実に明確である。短期的には直接耕作による農地保全を、中長期的には私的担い手を創出するという担い手再建システムが明確なビジョンとして掲げられたのである。

本事業ではインキュベーションという主目的（中長期的目標）を受けて、以下のような法人規定を設けた。法人形態は財団法人に限定された。なぜなら、営利法人では公益性を果たす担い手としては懸念があり、さらに1人1票制の社団法人ではこうした公益性を担保するはずの市町村の主導権が不安定になると県が判断したからであった。ただし公益法人であるにも関わらず収益事業の導入に関しては、インキュベーションにともなう採算悪化への対応措置として県は推奨した。県は、企業形態に関する指定までも丁寧に行なったのである。本事業は1992〜94年度までを第1期、95〜97年度までを第2期とした。各年度とも2〜3個の市町村が事業導入してきた。農政部は将来的にこうした公社を27〜28個程度にまで増大させたい意向をもっていた。

しかし、その後年数を経過しても事業対象となった比較的多くの公社では短期的目標（＝当面の農地管理）の段階に止まっており、中長期的目標（インキュベーション）への歩みは鈍く、さらに関心すら薄いものも多かった。その理由は以下のように考えられる。第1は、母体となるべき公社自体の経営基盤確立が未達成だったことである。これは、まだ十分な受託作業規模にまで達していない

公社の存在や、水田管理計画不在の「稲作全面防衛」路線がゆえに高コストでの耕作を行なっていること等を要因とする。公社はインキュベーションを行うための経営的余力をもちえていなかったのである。第2は、公社がインキュベーションを行う場合のノウハウの欠如や経営者能力に関わる問題であった。現場でのインキュベーションは、ノウハウの蓄積も行政によるガイドラインも不在のなかで暗中模索していくことが求められた。パイオニアとして先陣を切る公社は労苦の多い試行錯誤を繰り返しながら前進するしかなかった。第3は、母体である公社に対するインキュベーション・コストの発生の可能性であった[35]。

　新潟県の地域農業担い手公社支援事業をみてきた。空洞化する中山間地域水田農業の担い手を計画的に創出していくことに第3セクターの本質的役割を見いだし、それを支援しようとした本事業の理念は高く評価されるべきである。しかし、その推進手法には課題や限界もみられ、一部のケースを除いて県が期待したような進捗状況とはならなかった[36]。その課題には、工夫によって改善可能なものと困難なものとがある。第3セクターの経営パフォーマンスに問題があるのならば人事、組織、経営管理、評価に関わるシステム変革をもって改善は可能である。しかし実効性のあるインキュベーションをきちんと実施することによって発生しうる多様なコストを公社に負担させ続けることは公社に限界を与えることになる。しかし県が持続的にランニングコストを負担し続けることは、地域農業の担い手再建という視座から一定の合理性はもちえたとしても財政的に困難であった。

（4）自治体版条件不利地域政策の意義と限界

　国の政策的立遅れを補うために、1980年代末から直接耕作型第3セクターの自然発生的な設立に代表されるように、まず市町村レベルでの動きがあり、これに続いて県レベルでの自治体版条件不利地域政策が1990年代前半から各地で開始された。本稿では福島県、鳥取県、新潟県の事例をみてきた。

　前述のように1990年代中頃時点において中山間地域農家の高齢単一世代化が西日本と比較して緩やかだった東北の福島県では担い手不在化自体はまだ焦眉の課題ではなかった。むしろ銘柄米生産の可否が標高等の自然条件によって規定されるという状況が問題化していた。こうした中で、一部の市町村で萌芽的に行われていた地域間でのとも補償を、県が助成金を導入することでより円滑化させ、コメの銘柄を基準とした中山間地域稲作の地域リアロケーションを

おこなった。稲作離脱地域では営農集団組織化を採択要件とし、多様な事業も組み合わせて新たな品目を中心とした地区再活性化をも焦点に入れた施策パッケージを設計した。他方で高齢者単一世代の進行した西日本（鳥取県）では、中山間地域において担い手代行機能をもつ直接耕作型第3セクターの重要性に着目し、それを採算面から支援すべく、平地地域とのコスト格差を補填する施策を設計した。両者とも地域実態に応じた施策設計という点で評価しえるが、共通する問題は数年間という支援の期限設定であった。福島、鳥取両県の事例も期限後の展望については不透明であった。地域性に対応した県の施策もその財源問題が隘路となり大きな限界となっていたのである。

　新潟県の事例も直接耕作型第3セクターのあり方を検討するなかで、インキュベーションという新たな機能を第3セクターに導入しようとした。しかし、限定された予算内ではこうした画期的理念をもつ優れた計画も、その実施段階で失速する可能性があった。

　こうした自治体版条件不利地域政策にみられるように、地域実態をふまえて地域が独創性をもって生み出した優れた理念と地域農業の展望を持続的に実現していくには、国の妥当な財政的支援がきわめて重要な意味をもつ。「妥当」とは支援額の正当な論拠、施策の透明性、政策評価等がきちんと説明されえることを意味する。しかし、国は地域から生まれた全国各地の多様な自治体版条件不利地域政策を本格的財政支出によって支援する方向ではなく、従来から検討されてきた直接支払い制度の導入を選択した。自治体版条件不利地域政策は予算の制約と限られた期間であったため十分な政策効果をあげるには至らなかったケースが多い。しかし、1960年代の過疎法制定のための国会での審議過程で過疎問題の地域的多様性が大きな論点となったように、過疎化の進行する中山間地域の農業問題も多様である。こうした多様性に応じようとした自治体版条件不利地域政策の意義は大きい。短い期間ではあったが、そこで得られた知見や諸課題を再検討しておくことは、今後のわが国条件不利地域政策のあり方を考える上で大きな意味をもつ。

5　中山間地域等直接支払制度の成立過程と性格

1）中山間地域等直接支払制度登場の経緯

（1）制度導入反対論

　1980年代後半に中山間地域問題が登場した背景、その後の新政策や93年農政審報告「今後の中山間地域対策の方向」などにみられる中山間地域対策に関する検討経緯については前項でみたとおりである。この間、くすぶり続けてきた直接支払いの導入への反対論のポイントをあらためて整理しておく。

　第1の論点は、画一的対象指定に関する問題である。中山間地域を包含する日本農業における多様な地域性の存在は、画一的な対象地域や対象農業者の指定の妥当性に問題をなげかけるという点である。

　第2の論点は、表5-4-4で示したように、日欧とりわけEU北西部諸国などと比較した場合の条件不利地域農業の大きな規模格差である。比較的少数の農業者が大面積を管理する粗放的な土地集約型農業を中心とするEUと、大量の零細農家によって傾斜地水田農業が維持されているわが国との相違であった。EUにおいては実質的に当該地に関連するCAPの畜産関連補助金を合算すると受益者への助成金集中が所得維持効果をもたらしてきた。他方、日本ではバラマキとなり政策効果がもたらされないという懸念があった。これは、財務当局が指摘する「零細農家の温存」「構造政策の阻害」問題とも関連する。財務サイドは、概ねポスト構造政策段階にあるEU（条件不利地域）農業と、未達成のわが国水田農業（とりわけ中山間地域）との相違を大きく問題視したのであった。その他、直接支払いが積極的な農業者の労働意欲を減退させること、農業者への所得補償が国民コンセンサスを得られ難いことなども指摘されてきた。

　まず第1の論点であるが、おりしもアジェンダ2000CAP改革において欧州委員会農業総局が、従来のEU条件不利地域政策において画一的な地域指定や支払方法を続けてきたことを反省し、加盟国・地域への権限委譲を進めるべきとした見解と類似する[37]。これは日本においても今後も十分な検討を要する重要な論点である。県レベルの自治体版条件不利地域政策がコメの作付構成や労働力賦存状況などの地域性を反映した多様な施策手法を独自に開発してきたことを考量するとその重要さは増大する。都道府県への直接支払い予算の委譲を求

める全国知事会の見解もこうした地域的多様性の重視がその背景にあると考えられる。第1の論点をどう考えるべきであろうか。問題の地域的多様性を重視すべきと考えるならば全国画一的な直接支払いを排して、県レベルの自治体版条件不利地域政策を国が本格的に支援する方式を導入することが妥当のように思える。しかし、2000年代以降のEUの農業・農村政策改革の流れをみるならば、生産条件格差補填のための直接支払いは環境要件を強めながらも存続させ、その上に権限委譲をベースとした地域独自の農業・農村振興施策を重ねていく重層的な政策システムが検討され導入されてきた[38]。こうした中で、第1の論点は重要ではあるが、日本においても格差是正のための基礎的支援は全国レベルの制度として用意しつつ、さらに地域性を重視した自治体主導（県レベル）の政策を国の財政支援を基に積み重ねる方式を検討することが妥当ではないかと考える（多段型政策システム）。また全国レベルの直接支払いの場合も知事特認等の地域裁量幅の拡大によって柔軟に対応することは一定程度可能である。

　つぎに第2の論点である。これも重い論点である。しかし、財政当局が問題視する「構造政策の阻害」は中山間地域の実態を無視した論点である。日本で論ずべき重要課題は、傾斜地水田農業と資源管理を担う新たな地域営農システムの構築である。平地農業地域とは異なりこうしたシステムの創出にはより大きな困難をともなう。こうした中で、直接支払い制度の導入と支払金の現場レベルでの戦略的運用が必要となるのである。では「零細農家の温存」はどうか。前段で述べたように、耕作あるいは最低限の資源管理が可能な零細農家の「温存」がもし可能ならば、逆説的だが一定の政策効果はあったといえる。仮に「温存」ができてもそれがごく一時的でしかないであろうことが問題なのである。そこでは、持続性を一定程度期待しえる新たな地域営農システムを本格的財政支援のもとに創出することこそが重要な論点となるべきであった。直接支払い制度の設計を担当した地域振興課長は、「零細農家温存」「構造政策の阻害」といった財政サイドの論理が1990年代勝っており、直接支払いの主張は必ずはね返されるというあきらめムードが農政サイドを支配していたと指摘した[39]。この第2の論点は「HOW」に対する常套的反対論拠であり続けたが、その内容は中山間地域水田農業の実態を正確にふまえたものではなかった。

　また、1990年代の財政サイドの姿勢に関して上記の地域振興課長は、「いくらかかるかわからない"所得補償"という言葉が財政当局に検討する前にNO

という答えを用意させた」と指摘する[40]。非常にわかりやすい説明である。しかしこれは、日本の財務サイドや農政サイドにとって1992年CAP改革（マクシャリー改革）における価格支持後退による所得減少の補償という新たな政策手法のイメージが強烈であり、条件不利地域受益農家に対する"compensatory allowances"を「直接所得補償」と翻訳し、これをマクシャリー改革の直接所得補償と混同してきたことが背景にはある。EUの上記用語はあくまで条件不利性による生産性格差是正を意味するものであり、これで十分な農業所得が確保されるとは限らないものであった。したがって、コスト格差の範囲内での直接支払い政策が「いくらかかるかわからない"所得補償"」となる必然性はなかった。その意味においてわが国財政サイドの認識は誤っていた。ただし、こうした限定された支払額が中山間地域の農業維持に効果をもたらすかは別の話である。だからこそ、日本においては支払い金のバラマキを回避し、新たな担い手システムを集落・地区単位で創出するために支払金を使用する有効な方法を開発することに早期から論点を集中させるべきであった。

(2) 制度導入への転機・背景

直接支払い政策の可能性が一転して大きく提起されたのは、食料・農業・農村基本問題調査会答申（1998年9月）である。そこでは、「従来から様々な施策が講じられてきたものの、市場経済が進展していく中で、農業生産活動や地域社会の維持がますます困難となっている」との現状認識に続き、「担い手農家等が継続的に適切な農業生産活動等を行うことに対して直接支払いを行う政策については、真に政策支援が必要な主体に焦点を当てた運用がなされ、施策の透明性が確保されるならば、その点でメリットがあり、新たな公的支援策として有効な手法の一つ」と提起されている。頑なな財政当局の姿勢が変わり、この時期に直接支払い導入への道が開かれた理由を3点指摘する。

第1は、答申の上記引用文の冒頭にみられるように、特定農山村法に代表される新政策以降の中山間地域諸政策が見るべき効果をあげえず、この間、高齢者単一世代化による耕作放棄や集落消滅など、事態がますます深刻化してきたことへの危機感である。

第2に、EU式の条件不利地域直接支払い政策がWTOの緑の政策に組み込まれたことである。また、EUの条件不利地域直接支払いの論拠である農業の多面的機能は景観保全と最低限の人口維持であるが、わが国においてはとくに傾

斜地水田の国土保全機能ということで各方面に理解され浸透してきたこともあげられる。

第3に、1998年9月の基本問題調査会答申に先立つ第9回農村部会（同年7月）で従来の「直接所得補償」の用語を「直接支払い」に変更したことが財務当局の姿勢軟化を促したことである。他方で農業サイドは「直接所得補償」に過大な期待をもった。しかし、EUの政策を正確に検討するなかで、"compensatory allowances"を「直接支払い」と翻訳する方が妥当性をもつことが農政サイドの共通認識となり、財務サイドに対する農政サイドの懇切な説明もあって、彼らの姿勢軟化につながったと考えられる。そもそも"compensatory allowances"を青の政策とされるマクシャリー改革の「所得補償」概念で捉える必然性はない。あくまでもそれは条件不利地域とノーマル地域との生産性格差是正の範囲にとどまるものである。そのためEUの条件不利地域直接支払い自体の給付額は想像以上に低い。前述のように、受給者の平均受給額はEU15カ国平均で19万円にすぎない（1995年）。こうしたなかにあって条件不利地域農家の農業所得を押し上げて「所得補償」の名に相応しい支払額をもたらしてきたのは、条件不利地域農家に実質的に多くのメリットをもたらすことになる多様な家畜（雌羊、繁殖牛、肉用牛）対象の個人給付金であった。日欧の条件不利地域直接支払い政策の差異を考える上でこのことを忘れてはならない。

こうした状況変化は条件不利地域直接支払いの導入を促進したが、他方で中山間地域における定住＝所得問題は視座から外れたことを意味する。

直接支払いの戦略的利用を通して地域農業・資源管理の担い手システムを構築しうる可能性が与えられた一方で、定住のための本格的な所得政策をどうするかという困難な問題が浮彫りになるのである。支払い対象者の存続問題である。こうした中で、中山間地域では「人口論的限界」が進行し、直接支払い制度の活用による努力の賜物（地域農業の担い手システム再建）の存続を不安定化させるのである。畦畔・法面の草刈りや水管理をはじめとする資源管理問題の深刻化はその一例である。中山間地域直接支払いに所得効果がないのであれば、そうした効果のある内発的アグリビジネス振興などの所得政策が追加的に欠かせない。所得政策による支援のない直接支払い政策は、援軍なき籠城戦のようなものである。直接支払い政策を孤軍化させてはならない。EUの農村政策の

ように、農業支援と内発的農村振興のための施策を重層化させた政策パッケージを構築すべきであったといえる。

1998年9月の基本問題調査会答申では、「真に政策支援が必要な主体に焦点を当てた運用」と「施策の透明性の確保」が保証されれば「多面的機能低減に資するための継続的で適切な農業生産活動等を行うことに対する直接支払い」にメリットがあること、そのために「対象地域、対象者、対象行為、財源等」の検討が必要であることを提起した。これを受けて同年12月に公表された農政改革大綱では、①対象地域として、特定農山村法等の指定地域のうち、傾斜等により生産条件が不利で、耕作放棄地の発生の懸念大きい農用地区域の一団の農地とすること、②対象行為として、耕作放棄の防止等を内容とする集落協定又は第3セクター等が耕作放棄される農地を引き受ける場合の個別協定に基づき、5年以上継続される農業生産活動等とすること、③対象者として、協定に基づく農業生産活動等を行う農業者等とすること、④単価として、中山間地域等と平地地域との生産条件の格差の範囲内で設定すること、⑤実施においては、国と地方公共団体との協同と緊密な連携がなされること、⑥期間については、農業収益の向上等により対象地域での農業生産活動等の継続が可能であると認められるまで実施することなどが明示された。このように、調査会答申以降3ヶ月間で現制度を構成する重要部分が一気に提起されたのである。その特徴は、①「農用地区域の一団の農地」、②冒頭に掲げられたように集落協定の重視と、第3セクターを含む個別協定の存在、③対象者は所有者ではなく実際の活動を担う農業者等であること、④EUの制度やWTOで国際的に望ましい貿易ルールとして認知された条件不利地域直接支払いの単価設定方式への準拠などである。また「農業収益の向上等により、農業生産活動等の継続が可能であると認められるまで実施」との条項も、中山間地域の実態を注視すればその実現可能性には難点があり理念と実態との乖離を感じさせるが、他方で事業実施期間に限定がなく継続性が示されたことの意義は大きい。自治体版条件不利地域政策の大きな限界の一つが事業期限の限定であった。

この大綱で示された制度案の根幹部分は、多様な視座から白熱した議論がなされたその後の制度検討会においても変わることはなかった。

(3) 中山間地域等直接支払制度検討会での主な議論

農政改革大綱を受けて、1999年1月から第3者による審議の場としての直接

支払制度検討委員会(祖田修委員長)が同年8月までにかけて合計9回開催され、大綱でのスケルトンを叩き台として集中審議が行われた。表5-4-5に示すように審議内容は対象地域、対象行為、対象者、交付単価、地方公共団体の役割、期間等に関する具体的事項であった。

10名の検討委員と自治体首長を中心とした8名の専門委員からなる検討会は地域振興課原案をベースに序盤から白熱した論議がなされたが、一貫して議論され続けたのは「一団の農地」をめぐる解釈と「コメ生産調整との整合性」問題であった。特に困難な論点であった後者に関しては、コメ政策が固まった後にあらためて整合性もたせるということで、生産調整緩和か促進かという議論に対する確たる結論は得られなかった。また、財務当局サイドを意識した「構造政策との整合性」についても、零細農家の取扱いや単価設定に関連して終始論点となった。一方、中盤以降に大きな論点となったのは、①緩傾斜水田(傾斜1/100～1/20)、②耕作放棄進行農地、③採草放牧地、④前述の「一団の農地」、⑤多面的機能増進活動の必須事項化、⑥集落協定のめざすもの、⑦規模拡大の上乗せ助成、⑧支払金の上限設定、⑨地方公共団体の役割分担などに関する諸問題であった。以下、各検討会での主な議論を実質的議論が開始された第2回検討会から簡潔に整理する。なお、委員および専門委員名のアルファベットは発言順に附したものであり、姓の頭文字とは一切無関係である。

(ア) 第2回検討会

各論に入る前段でいくつかの議論があった。農業環境問題に通じたA委員からの制度の方向性に関わる質問に対して地域振興課長は、折からのアジェンダ2000CAP改革の方向を背景に、次期WTO農業交渉のためにEUが条件不利地域対策においても「より環境の要素を強化」する方針であることを説明し、本制度においても検討課題となりうることを示した。この論点は当日の「対象行為」に関わる議論で再浮上した。

つぎに、基本問題調査会で盛り込まれていたはずの食料政策との関連が見当たらなくなっていることへの疑義が呈された。疑義の背景には中山間地域の稲作の全面的防衛の主張があったと考えられる。この論点は、コメ過剰下における条件不利地域での水田農業のあり方を根本から再検討することにつながる。これは質問者の意図に反して急傾斜・狭隘区画といった当該地での稲作の撤退も視座に入れてこざるを得ない。中山間地域稲作の計画的撤退であり[41]、また

表 5-4-5 中山間地域等直接支払制度検討会での論点

検討会	主 な 検 討 内 容
第1回 (1月29日)	構造改善局からの概況説明：(1)中山間地域問題の現況と直接支払い原案に関する概要の経緯、(3)マスコミの論調
第2回 (2月17日)	(1)基本問題調査会での議論の整理、(2)対象地域、農地・農業の定義、限界農地の林地化問題、(2)対象行為(集落協定の内容、集落協定の実行) 、(3)対象地域(一団の農地の一定の仕組みで、生産組織化の重要性、不可抗力の場合の措置、コメ生産調整との整合性問題)、(3)実施に向けた検討事項(担い手としての農業者、生産組織、地域営農管理における非農家や土地改良区の扱い)
第3回 (3月15日)	(1)対象者（零細農家、高額所得者の取扱い）、(2)農業者格差の考え方、「構造改革促進型」単価設定の模索、(3)地方公共団体の役割（支払の役割）と市町村の役割、(4)期間（卒業）判断の基準、収益向上指向の方々と規模拡大の誘因問題、モラルハザード問題、判断は個別農家単位か集落単位か
第4回 (4月5日)	関係団体意見陳述（全国農業会議所、全国土地改良事業団体連合会、経済団体連合会、三井物産、全国消費者団体連合会）
第5回 (4月23日)	主要論点に関する委員の意見陳述
第6回 (5月24日)	現地調査報告（高知、宮崎、熊本、新潟、山形、兵庫 各県）
第7回 (6月21日)	(1)中間とりまとめ案報告（北海道、沖縄県） (2)現地調査報告
第8回 (7月28日)	(1)対象地域（地域振興立法範囲に関する再検討、採草放牧地の対象化と生産費格差問題、緩傾斜水田の取扱いの再検討、地域実態に応じた柔軟な地域指定の必要性、「一団の農地」の下限面積再検討、(2)対象行為（「適正な農業生産活動」の定義：多面的機能をめぐる議論、(3)対象者（構造政策との関係：生産費格差への全ての担い手ベース／規模拡大加算か、農法転換までも踏み込んだ環境保全型生産活動かないか、農業政策における零細農家の取扱いか否か、平地農業への悪影響回避問題、規模拡大加算の是非）、(4)単価（構造改革助成か否か）、(5)地方公共団体の役割（国との財政分担問題、財政逼迫自治体への特例措置問題、(6)中間とりまとめ案とパブリックコメント概要
第8回 (7月28日)	(1)対象地域および耕作放牧作業農地（採草放牧地の対象化における条件不利性、緩傾斜水田助成基準の全国一律化か市町村等により裁量化か、高齢化、耕作放棄進行農地の取扱い問題、地域実態に応じた地域指定の全国一律の下限面積再検討、(2)対象行為（集落協定に必須すべき活動行為）と選択可能な公益的機能増進活動の2分割、コメ生産調整との整合性の問題、(3)対象者（集落型／担い手／農業者）と規模拡大加算助成金の整合性、規模拡大加算助成金の是非、生産性格差の適正把握の円滑化のために零細農家・平地農業への悪影響回避、(4)単価（構造改革助成の是非、わが国独自の大規模作業受託型地域営農集団や第3セクターの存在をどう考えるか、支払額の上限設定問題、EU型の規模低減型支払い、(5)多面的機能の波及範囲と補助額の支払、財政力脆弱自治体の役割（多面的機能の便益と補助金分担問題、(6)地方公共団体の役割い
第9回 (8月5日)	中山間地域等直接支払制度検討会報告原案の検討

稲作の地域的なリアロケーション問題でもある。山地畜産などの地目転換も含めた総合的な水田利用再編である。稲作品種の視座に限定されているが、福島県の中山間地水田活性化事業の趣旨はリアロケーションであった。しかし、この点は条件不利地域直接支払いにおいて支払額は生産の形態や量に基づいてはならない旨のWTOの規定のため、時間をかけた議論とはならなかった。

　その他、他の委員からも本制度に先駆けて実施されてきた自治体版条件不利地域政策の成果に関する質問があった。つぎに主な検討項目である「対象地域」についてみていく。

　第2回委員会で特筆すべきは、「一団の農地」の指定方法をめぐる議論であった。自治体出身の専門委員を含む複数の委員から類似する以下のような発言があった。「一団の農地」の把握に関しては傾斜度等の指標によって機械的に決めるべきではなく、集落単位の指定、いわゆる「集落（地域）支払い」を考慮すべきとの見解である。第3回検討会でも自治体首長の委員から、地元農家の意向調査の結果バラマキとなる個人支払いを望む声はなかったこと、そのため集落支払い方式を導入すべきであるとの意見がだされた。B委員をはじめ数名の自治体関係者以外の委員からも同じ意見が出された。集落支払いについては次項で説明を加える。

　他方、農地（水田と畑）指定は傾斜度で機械的に決めるべきとの意見もC委員からだされた。こうした委員会の議論をみてわるように、議論は原案の設計どおり傾斜水田農業の存続をめぐる論議にほぼ集中した。「一団の農用地が決まり、これに対応して集団の範囲も決まるという論理的な関係」が制度に示されており、そうであるからこそ「畜産的な土地利用をめぐって既存の集落とは別に協定上の集落を設定し、直接支払いを受けるという柔軟な対応」の可能性など[40]、コメ過剰問題や加工型畜産問題を含む総合的な食料問題の視座はこの検討会においてはなかった。

　なお、北海道を代表する専門委員からは、気象条件から作目選択の幅に乏しい北海道については、関連5法から外れる多くの地域を救済しえるような仕組みを追加すべきとの要望が出された。

　第2に「対象行為」に関しては環境要件について議論が集中した。D専門委員は、都市部市民の理解を得るためにも環境保全要件の追加を主張し、その内容は県レベルで十分地元の実態を踏まえて策定できると述べた。C委員も次期

WTO交渉やアジェンダ2000CAP改革の内容などとの関係から日本においても条件不利地域対策と環境保全との結合を図るべきであり、環境要件をもっとメインに出すべきだと述べた。これに対してA委員は、本制度は環境保全型農業実施のための超過コスト補償がないにもかかわらず環境要件を追加すると、将来全農業地域で環境支払い制度を検討する際に中山間地域ではその支払制度のなかで環境要件がすでに組み込まれており、環境支払いの対象外になるのではないかとの懸念を述べた。しかし、E、F、J、B各委員の意見にみられるように委員会の大勢はA委員の主張に一定の理解を示しつつも、環境要件は重視すべきとなった。

「米の生産調整との整合性」に関しては、事務局から①「本直接支払いの対象から水田を除外する等の措置を講ずるべき」、②「逆にハンディキャップを有する中山間地域では過大な要求は行うべきではなく転作等を緩和すべき」、③「生産調整は直接支払いとは別個の政策目的を有していることから、あくまで無関係に両者の施策を講ずるべき」、④「全体としての農政の整合性・効率性を保つ観点からWTOの規定も踏まえつつ、双方の助成に何らかの調整措置を講ずるべき」の4選択肢が提起され、その妥当性の判断を委員は求められた。そこでは、"稲作全面防衛"的視座から②案を主張する委員が多かったが、E委員は③案を強く主張し、議論は収束しなかった。というよりも、短期的、中長期的なコメ需給の展望、食料自給問題や環境問題を含めた大局的視座からの議論は検討会でほとんどなされなかったといえる。事務局サイドから③案の意義の説明もあり、結局その方向に大勢は傾いた。

(イ) 第3回検討会 (3月15日)

本検討会では、「対象者の考え方」「単価設定の考え方」「地方公共団体の役割」が検討課題であった。

「対象者の考え方」においては、C委員から、日本の零細水田農業の場合、EUのように規模下限や支払額上限を設ける必要はないとの発言があった。H委員から、支払対象者として集落を認めるべき、また、新規参入を促進するために面積支払いの直接支払いではなく直接所得支援をとるべきとの発言があった。B委員からは、集落営農のコア部分再構築の重要性とそこへの重点配分および高齢農家・零細農家の任務分担に応じた分配の必要性の提起があった。またメリハリなしでのバラマキでは次代の新たな受け皿が見出せず農業・資源

管理システムは崩壊してしまうとの発言もあった。なお、この B 委員（筆者）のやや詳しい見解と制度への反映については次項で述べる。H 委員の後半部分の意見についてのコメントを付しておく。そこでは新規参入者の多くが労働集約型作目を志向しているため面積支払い方式では所得維持効果がほとんどないことを指摘している。そうした実態はある。しかし農地を適正に管理することで多面的機能を維持することが制度の趣旨であった。その点において H 委員の上述の見解には難点がある。

「単価設定」においては、単価格差の生ずる急傾斜と緩傾斜との区分の妥当性に関して議論が集中した。事務局の説明資料では、生産性格差について「区画が小さく機械の大型化が困難である等のため、労働時間が長くなり労働生産性が低くなっている」と説明されている。これは、追加費用か収入損失かの論点について事務局（山下地域振興課長談話）は前者が基本であるとの見解を示していたように、本制度の設計においては工学的条件不利性のみが念頭におかれていたとみてよく、収量要因の地域差は捨象されていたことを意味する[41]。こうしたなかで検討会で論点となった急傾斜と緩傾斜との境界区分（各々傾斜 1/20 以上、傾斜 1/100〜1/20）であるが、説明資料では両者間に存在する労働生産性格差が提示され、また各傾斜区分の水田賦存量も 19.3 万 ha（急傾斜）、18.5ha（緩傾斜）とほぼ均衡しており国民にわかり易いことが記されていた。しかし、説明資料の労働生産性指標（農業労働時間 1 時間当たり農業純生産額）をみると、傾斜 1/100 未満が 845 円であるのに対して、傾斜 1/100〜1/20 では 537 円、傾斜 1/20 以上では 451 円である。傾斜 1/100 未満（平坦部・準平坦部）を 100 とした場合、各々の傾斜区分では 63 と 53 である。平坦部・準平坦部と傾斜部との格差は比較的明瞭だが、傾斜水田における労働生産性にさほど差があるわけではない。前者は後者の 1.19 倍にすぎない。なお、これに対する単価の差は結果的に 2.6 倍になった。事務局がこのような境界区分を行った判断材料は、結果指標（労働生産性格差）にではなく以下の原因指標にあったと考えられる。事務局も技術的視座を強調した（山下課長）。説明資料には傾斜 1/100 以上の場合 1ha 区画の圃場整備が困難、傾斜 1/20 以上では 30a 区画以上の圃場整備が困難という解説が記されていた。

なお、そこでは単価設定とは直接関係ない意見もだされた。I 専門委員は、支払い対象者問題に関して市内 50 戸へのヒアリングの結果、個人配分を求め

る声は皆無でありバラマキにしないために集落へ支払うことが圧倒的多数の意見だったこと、さらに林野も含めた集落土地利用マスタープラン作成の必要性と集落営農形成を誘導する必要性とを述べた。H委員は、条件不利性を自然条件に限定せず高齢化指標を入れるべきであると述べた。

「地方公共団体の役割」については、自治体の財政分担（「裏負担」）が大きな論点となった。多くの自治体関係者の委員から、厳しい地方財政状況や本制度にともなう行政コストの増大などを理由に反対意見が相次いだ。自治体関係者以外の委員（A委員）からも裏負担を無くして、その代わりに土地改良など条件不利性改善につながる事業を自治体が行うべきであるとの意見があった。これに対しE委員は、本制度は地元市町村の意向を尊重し弾力的にやらせるべきであり、支払い金の使途に関する自由度確保のためには地元負担もある程度必要であると主張した。

「期間」については、多くの委員が5年後にチェック、そして成果が見られれば継続という方式が妥当であると指摘した。また、チェックに関しては、C委員からは、評価項目を耕作放棄防止の一点に絞り込むべきであるとの意見が出された。

(ウ) 第4回検討会 ―関係団体の意見陳述― (4月5日)

関係団体として全国農業会議所(田中榮事務局長)、全国農業協同組合中央会(山田俊男常務理事)、全国土地改良事業団体連合会（森本茂俊専務理事）、経済団体連合会（井上洋産業本部・産業基盤グループ長）、三井物産株式会社（園田正彦新産業・技術室・国土・地域振興チーム）、全国消費者団体連合会（日和佐信子事務局長）からの意見陳述がなされた。

全国農業会議所は、組織的な悉皆調査結果にもとづく遊休農地問題への見解を述べ、その発生要因は土地要因（条件不利性）よりもむしろ人的要因（過疎化・高齢化）によるとのことから人材確保の重要性を訴えた。

全国土地改良事業団体連合会は、地域条件に即した弾力的な基盤整備の推進、直接支払いを契機とした土地改良区の機能拡充、施設管理にかかる直接支払いの対象者を土地改良区等とすること、構造政策推進の観点から基盤整備への誘因確保のために一定の基盤整備がなされた農地をベースとした単価設定の必要性などを訴えた。

経済団体連合会（経団連農政問題委員会）は、本制度導入の前提として、①政

策効果を数量的に証明すること、②財源は農林水産予算全般の見直しを図ることで捻出すること、③国民的合意の確保をあげた。検討事項に関しては、①対象行為は原則として農業生産活動とすること、②対象者に所得制限は不要なこと、③単価設定においては農家一戸当たりの交付金に上限を設ける必要性（ただし、生産性の高い担い手としての法人経営が少数で農地を耕作しなければならない場合は例外とする）を述べた。また地方公共団体の役割としては、耕作放棄の防止による国土保全等は"まず第1に"地域に便益をもたらすものであるから、本制度導入にあたっては便益に応じた（地方公共団体の）負担が前提となると述べた。そして制度運用は自治体が中心となって進めるべきだと述べた。

　三井物産株式会社（国土・地域振興チーム）は、4年間にわたる岡山県赤坂町での地域経済循環構造調査の結果をベースに、農業の地域経済循環に与える影響の大きさを示し、中山間地域農業を起点とした地域内発型産業を川中産業等との連携のなかで開発することの重要さを訴えた。これは中山間地域等直接支払制度が現状維持については一定の効果を見込めるが、中山間地域活性化（所得確保）にまでは効果をもたないと考えられることによる。また、対象行為に循環・環境保全型農業の視座も盛り込むべきとの意見も述べられた。

　最後に重要な論点を提起した全国農業協同組合中央会の陳述内容をみていく。中央会が提出した意見陳述書のポイントは3点ある。

　第1は、地方裁量権拡大に対する強い要請である。①5法指定地域以外の条件不利地域に対する道府県知事の特認。②不利性基準を傾斜等の工学的条件不利性に限定せず、標高・土壌条件、気温、積雪等に規定される作目選択自由度や収量などに関わる多様な条件不利性を考慮し、道府県がその実態を踏まえて基準設定を行うこと。③地域指定に関しては、全国基準（大枠）にもとづき道府県が客観基準を設定し、市町村が具体的指定を行うべきこと。④こうしたなかで費用負担に関しても自治体の厳しい財政状況は理解すべきだが、自治体が負担することで地域の特性や実態をふまえた運用が可能となること[42]。以上のように、道府県と市町村への自由裁量権拡大を大きく提起した点は評価される。こうした自由裁量権の拡大は、アジェンダ2000CAP改革の農村開発においても大きな課題となった。条件不利地域政策などにおいて従来の画一的な手法が限界に来ているという欧州委員会の認識がその背景にはある。そこでは地域マネジメント問題など新たな問題が生じているが、農村開発政策における地方への

自由裁量権拡大の方向は EU では規定路線化したといってよい[43]。

　第2は、助成単価設定に関してである。①第3回検討会でも論点となったように、傾斜1/20から傾斜1/100という緩傾斜の設定は範囲が広い。広い範囲内での条件不利性に関するより詳しい内容を把握し、より細かな段階的単価設定にすべきであること。②「生産条件の格差の範囲内」が示されているが、「農地を維持する上で最低限必要な費用は支払うべき」こと。③交付金額の上限設定問題については、「高齢化がすすんで担い手がいない集落等の場合、一戸の担い手農家や組織が相当の農地について受け持つという場合も考えられることから、農家一戸当たり上限は設定すべきでない」こと。この点は、経団連の「上限を設ける必要はある」との陳述と逆であるが、経団連の「ただし少数の生産性の高い担い手法人などが地域農業維持を行わねばならない場合は例外」とした付加説明を勘案すると両者の意見はきわめて類似する。いずれも、農家・農村人口の急速な高齢化が、多数の農家で地域農業を維持してきた従来のシステムを困難とする場合を想定し、少数の担い手（組織）が大量の農地を何らかの方法で利用・管理しなければならないことを勘案した主張といえる。

　第3は、米の生産調整との整合性問題である。「米の需給と価格に応じた生産を進めるとの観点から、相互に影響を与えないよう、別個の政策として考える方が妥当」と、他の論点でメリハリの利いた陳述を行っていたのとは対照的にこの問題に関しては歯切れが悪い。後述のように、これは平地農村とのコメ生産をめぐる難しい調整が中央会内部でなされていないことを物語る。

　この中央会の意見陳述に対する検討会での主な論議を述べる。「農地を維持する上で最低限必要な費用とは何か」（C委員）に対して、山田専務は「稲作維持が前提であり、最低2～3万円は要請したいとの意見が内部にある」と回答した。担い手不足に対する対応（G委員）については、「JA出資法人をつくるなどをはじめたような働きかけを中央会が全国的規模で推進したい」と回答した。中央会の陳述内容にある「極度に条件が厳しい地域で努力にも限界がある地域では地域合意を前提とした林地化対応もある」ことに対する質問（F委員）については、林地化のみならずミティゲーション的な土地管理対応の可能性が提起され、その支援充実を求めた。つぎに、中央会で調整できなかった系統組織内での意見対立についてみていく。第1は対象地域に関してである。支払いは急傾斜圃場（傾斜1/20以上）に限定すべきと、緩傾斜圃場（傾斜1/20～1/100）も含

めるべきだという各県系統組織間での対立である。第2はより深刻な対立である。「中山間地域では稲作をやめるべき」と「中山間地域こそ水張りをやらねばだめだ」との対立である。後者は水張り管理（稲不作付け）を意味するのではなく稲作存続を意味する主張とみてよい。系統組織内にはこの二つの対立があり、「調整は困難」（山田専務）という状況にあることが述べられた。後者は「全国一律ではなく弾力的な生産調整対応の必要性」という見解の背景をなすものである。

以上のように、全国農協中央会は、地方裁量権の大幅な拡大、支払い単価に関する木目細かな設定、支払い上限額に関しては急激な農村・農家人口高齢化への対応を考量した上限額撤廃など重要かつその後の審議に影響を与える提言を行ったが、他方で平地農村部との稲作をめぐる対立という厳しい実態も提起した。

（エ）第5回検討会（4月23日）

そこでは主要論点整理と現地調査報告がテーマであった。これまでの各委員から出された意見を整理した資料をもとに論議がなされた。

対象地域については、第4回検討会で全国農協中央会が主張した対象地域指定に関する都道府県等自治体の権限拡大や、都道府県による付加的な地域指定の必要性などと関連して意見が交わされた。まず、地域指定条件は単純化すべきであり、自然条件の不利性にとどめておくべき（A委員）との意見が出された。これに対して、日本では多様な自然と作目構成が特徴であって、傾斜条件という画一的な基準のみでなく多様な指定要件・指標を用いるべきである（E委員）、（単純な指標で）対象地の絞り込みは行ったとしてもそれに漏れる地域は知事特認で救うべき（H委員）などの意見が出された。全国農協中央会が意見陳情した5法指定地域以外の必要地域に関しては事務局の論点整理表において、「国庫補助率の引下げ等の歯止め策を講じた上で、都道府県知事が管内の一定割合を知事特認として指定できる」と記されていたが、これについて「都道府県では『自ら負担してでも守りたい』と思う地域でないとだめ」（地域振興課長）とのコメントがだされた。「対象該当地域と非該当地域が混在することでコミュニティを壊すことのない配慮が必要で」に関しては、集落レベルでの指定が有効だが、指定は実情を知っている市町村が決めるべき（J委員）との発言があった。

対象行為については以下のようであった。C委員から、従来の生産に加えて

なんらかの公益的機能増進をさせる方が国民同意のためのみではなく次期WTO対策上きわめて有効であり、その場合、たとえば耕作放棄地域の復旧が有意義との発言があった。これに対して地域振興課長は構造改革とリンクさせるときには20％ぐらいプレミアムを出してもよいと言ったが、それよりも耕作放棄地の復旧にはコストがかかるので一定のプラス・アルファを出すべきであるとの見解が示された。G委員からは新規就農者対策の重要性が提起された。H委員からは、この制度を"守り"と"攻め"に分けて最初は当面の耕作放棄防止、つぎは担い手育成という2段階で検討すべきとの提起がなされた。B委員は、同様の考え方を新潟県が独自の自治体版条件不利地域対策としてやろうとしたが、当面の課題としての耕作放棄防止は比較的効果は上がったものの、中長期的課題としての担い手育成は困難だったとの発言があった。したがって担い手育成のためのプレミアムが必要であるとB委員は提起した。

　対象者に関しては、「規模拡大者への上乗せ助成など構造改革を助長するような仕組みの検討の必要性」に対して、地域振興課長からEUの環境プログラムで一定の行為をした場合に20％のプレミアムを出してインセンティブとしていることや中山間地域の規模拡大は不利であることから何らかの追加的措置が必要であるとの見解が示された。

　交付単価に関しては、B委員から「生産費」とは何を意味するのかとの質問があった。これに対して地域振興課長は、まだ決まってはいないが、中山間地域と平地地域との費用合計の格差では過大となるため、地代が前者で低く後者で高いことを考量して、全算入生産費を採用する方向であるとの回答があった。

　地方公共団体の役割に関しては、多くの委員から、市町村が集落協定のガイドラインを作成することが必要であるとの発言があった。

　最後にその他の議論において、中山間地域対策は総合対策であるため、中山間地域等直接支払制度も含めた総合的な体系化が重要であり、省庁間のみならず農水省内での諸施策の統合化が必要であるとの意見に対して、構造改善局長は「中山間地域対策の一本化に向けた再編は不可欠。『オール霞ヶ関プラン』ということで総合的企画立案・調整をすでにやろうとしている。『省内プラン』に関しても『農村振興局』でできるし一本化していきたい。直接支払制度とハード整備は柱でありこれを太くしていきたいが、これは耕作放棄対策という短期的施策として重要性をもつものである。中長期的施策としての担い手育成につ

いても他の施策と組み合わせてしっかりとやっていく」旨の回答があった。
　（オ）第7回検討会
　第6回検討会（5月24日）に中間とりまとめ案が事務局から提起され、それをベースに第7回検討会では白熱した議論がなされた。
　第1は対象地域に関してである。I専門委員から自治体首長による「地域特認」の要請、K専門委員から本制度を地域振興立法の「5法指定地域」に限定せず、沖縄、奄美、小笠原等島嶼部対象の特別法指定地域を加えることの要請があった。G委員からは採草放牧地への支払いは粗飼料自給率向上につながるため評価しえるとの発言があり、またE委員もその重要性を指摘した。対してC委員からは、採草放牧地のコスト格差に関する論拠の明確化が必要であるとの意見があった。L専門委員からは、北海道の実態を考慮するなかで畑地に対する緩傾斜指定がなされるべきであるとの要請があった。H委員からは高齢化率と耕作放棄率が共に高い地域の指定が必要であるとの要請があった。これに対してA委員からは、そうなると耕作放棄防止に努めている、あるいは努めてきたことの成果が反映されず、モラルハザードが起きうる。あくまでも自然条件に限定すべきとの反論があった。また、H委員は対象地の指定単位を農地指定にすべきか集落指定にするかを早急に決定すべきであるとの要請があった。
　第2は対象行為である。ある委員から、復田の際に稲作が困難なことは問題であり、復田の分は転作率を緩和すべきで、こうしたことは「成果のシンボル」とみるべきだとの意見があった。これに対して構造改善局長は、「復田には費用がかかる。むしろこれ以上耕作放棄が発生しないようにすることに意義がある。したがって復田を成果や目的としてみるべきではない」との回答があった。また、地域振興課長は、復田農地の位置づけに関して「コメ需給の点からして復田農地をコメ生産地としてみることは適切ではない。しかし草地的利用などからすれば大事にすべきである」との回答があった。これに関連して同委員は、復田に関しては地域振興課長に賛成であるが、復田がなされることは理想であり、この理想にいささかでもマイナスイメージを与えることはまずいと発言した。これに対して構造改善局長は、「復田農地の稲作化は集落内の転作率確保が困難となるので問題である」との見解を示した。
　次にK専門委員から、「集落協定を頭からもちだしたのは適切ではない。個別協定が中心であるべきで、その手段として集落協定があってもよい。集落協

定は条件化されるべきではない」との発言があった。これに対して地域振興課長から、EUにおける成果確保措置としての最低規模制限制の説明がなされ、それと対比して日本の零細水田農業の場合EU方式が実態に合わないために集落協定が重要性をもつことが説明された。他方で個別経営の強いところではそれが活かせるように、また第3セクターなどの役割を考慮して個別協定が用意されたとの説明がなされた。

第3は対象者である。M委員から、規模拡大の上乗せ金は別の制度でおこなうべきとの発言があった。またI専門委員は、「この制度ができると集落営農システムに移行すると思う。したがって規模拡大加算金は必要ない」との発言があった。

（カ）第8回検討会（7月28日）

実質最後の審議となったのが本検討会である。「対象地域及び対象農地」に関しては、緩傾斜農地の扱いが焦点となった。C委員から、地元の市町村長の判断に委ねることは納得がいき、地元の事情に応じて傾斜1/50までにするか1/100にするのかを首長が決定すればよいとの発言があった。これに対してI専門委員からは、それでは財源の大きさによって不平等が生ずるとの発言があった。その他、指定の判断を市町村に委ねた場合の負担の懸念（M委員）、判断のためのいくつかの分かりやすい指標を組み合わせた一定のガイドライン作成の必要性（B委員）、8法（5法に沖縄振興開発措置法、奄美群島振興開発特別措置法、小笠原諸島振興開発特別措置法を加味したもの）指定地域内の全農地を傾斜に関わらず対象とすべき（K専門委員）などの発言があった。

対象行為については、活動に関してハードルを低くすべき（H委員）などの発言があった。

対象者については、H委員とA委員から規模拡大の上乗せ助成はすべきでないとの意見があった。これに対してE委員は「『規模拡大の上乗せ助成』という表現の仕方が悪い。たんなる規模拡大ではなく担い手が条件不利な圃場も切り捨てずに担い、耕作放棄を防ぐために必要な措置として考えるべき」との発言があった。B委員も事務局に対して、こうした誤解を防ぎ意義を正しく認識してもらえるように資料の表現のあり方に修正を随所で要求した。「構造改革の助長」などはその一例であった。

地方公共団体の役割については、一定の地元負担は必要であるとの発言が相

次いだ。E委員は「本制度は地方分権的な施策であるがゆえに地元負担をともなうべきであり、全額国負担だと小さなことまで全て国の基準を完全に遵守せねばならないのでかえって大変になる。ただし、事務経費的なコスト助成はやるべき」と述べた。またB委員も同様に、「地域の自主性や地域的差異を取り込んだ分権的施策を組み込むために地元負担は必要」と述べた。またC委員は、「最初は全額国負担だと思っていたが、自治体でのデカップリング対策を見て意見は変わった。こうした自治体の対策を後方から強く支援するのが国の役割ではないか。したがって地元負担は必要である」と述べた。これに対する評価は後述する。

その他の論点に関しては、H委員は、せっかく集落主義を掲げたにもかかわらず「一筆管理主義」を採ろうとしており絶対反対であると述べ、また生産調整問題に関して復田を「蟻の一穴」とみるのか「政策シンボル」とみるのかと質問をし、本制度で復田があったとすればこれは政策シンボルとしてきわめて大きな意義があると述べた。これに対してJ委員は政策の透明性確保のためには「一筆管理主義」は重要であり、そのための行政コストもやむをえないと反論した。

2）論点ごとの整理とレビュー

検討会で審議されたいくつかの論点について整理しレビューする。
(1)「一団の農地」問題

第1は「一団の農地」に関してである。そこでの下限面積（1ha）設定が論点となった。この要件を機械的に適応することは、中山間地域集落の複雑な地形、集落内で対象内となる部分とそうでない部分とが分断される可能性、営農の一体性喪失などの視座から適切ではないという現場サイド代表者を中心とした反論であった。これに対し事務局は、「連坦性のみならず営農活動の一体性に配慮し、市町村の判断によって集落単位での指定も可能とする」方向を提起することで議論を収束させた。

またこの問題に関連して、団地指定方式よりも集落指定による集落支払い方式のメリットを主張する意見が筆者も含めて幾人かの委員から提起された。筆者は1ないし数集落単位での地区支払い制にすべきと考えており、2003年8月25日開催の中山間地域等直接支払制度次期対策勉強会（農村振興局長主催）でその意義を提起し、一つの論点となった。これを重視する理由は以下のとおりで

ある。水田でみるとわが国中山間地域集落の賦存面積は、都府県平均で9.4ha、中国中山間地域の場合は6.7haにすぎない。山間地域に限定するとさらに小さくなる[44]。そこには急峻傾斜圃場から緩傾斜、準平坦あるいは平坦圃場まで多様な条件の圃場が存在する。中山間地域集落の水田賦存面積は小さく、かつ多様な条件の圃場が混在しているのである。これを1ha以上かつ営農上の一体性があるとはいえ集落の農地規模以下の細切れな団地単位での指定のもとに協定をつくらせても持続的な地域営農システムが形成されるとは思えない。

　本検討において集落支払い論の論拠としてよく指摘されたのが、集落内に指定・非指定農地が混在することで生ずる社会的摩擦回避の必要性であった。それは正しい。しかし、地域営農システム形成の視座も大いに重視する必要がある。集落、できれば山口県福栄村などで実施されている「農区」のように、水利・農道など自然的条件とともに社会的条件をも加味して複数集落を連合させて新たな農地利用単位を用意し、その土台の上に合理的な営農システムを形成することを検討すべきであろう。技術的な問題点として、傾斜農地賦存量に大小がある各集落に対してどのように該当集落を指定し支払額を決めるかがある。集落指定は比較的多くをカバーしえるようにし、他方で支払い額に関しては地域内における傾斜等条件不利度別の各農地の賦存量で算出しメリハリのある濃淡差をもたせればよいであろう。

　こうした一定の広がりを持った領域内で、全農家参加の協定のもとに多様な条件の圃場を一体的にマネジメントし有効に利用管理する地域営農システムを形成することが重要だと考える。後述のように、山口県阿東町では平坦な水田も集落協定に組み込むことで集落内に畑作転作団地を形成するなど多様なメリットを生み出した。また、準平坦や緩傾斜の水田を含む一定の農地の広がりは、そこで営農集団が経営的持続性をもつ可能性を与えうる。急峻傾斜圃場に関しては、稲作に拘泥されず事務局提案の林地化のみならず採草放牧地などへの地目転換も含めた新たな利用管理のあり方を協定策定のなかで検討すればよい。その際には地目転換にともなう単価のあり方を再検討する必要がある。たとえば採草放牧地化して山地放牧畜産をやることは循環型農法への転換という大きな意義をもつため優遇（単価引下げの緩和）されてもよい。

(2) 多面的機能増進活動問題

　第2は、多面的機能増進活動の必須事項化に関してである。EUたとえばイ

ギリスでは、頭数割りで支給されてきた補助金が過放牧を生み環境負荷と生産過剰を引き起こしてきたことの反省から、マクシャリー改革においてはまず家畜飼養密度制限を実施し、今後の施策方向として面積割り支給と環境要件を課するクロス・コンプライアンス原理を条件不利地域補助金にも適用することが提起された。これはアジェンダ 2000 改革において実現した。伝統ある頭数割りの HLCA（丘陵地家畜補償金）は、面積割りの HFS（丘陵地農業計画）へと名称が変わり、環境要件も強化された[45]。こうした直接支払いにおいては国民の支持が何よりも重要だからである。わが国農政サイドも、直接支払いという初めての政策手法に対する国民の理解を深めたいと考え、当初こうしたクロス・コンプライアンスの導入も考えた。多面的機能増進活動の要件化である。これは大半の委員、専門委員の同意を得たが、A 委員からこの制度に環境要件を付加することは、将来平地農村も対象とした環境支払いを実施する際に適用の障害になるとの強い反論があった。結局、事務局はこの少数意見に合理性を見出すこととなり、任意活動事項にとどめられた。

なお、ここでのクロス・コンプライアンス導入に関しては、EU と日本の条件不利地域を含めた農業の相違を考える必要がある。畑作畜産中心の EU 農業の場合、環境負荷を抑えて環境便益を得るためには集約度の抑制が必要である。しかし、水田農業の場合はこうした配慮の必要性は小さい。したがって EU ではクロス・コンプライアンス導入に大きな意義があるが、日本の水田農業中心の条件不利地域での直接支払いにおいてはその重要性に大きな違いがある。

(3) 集落協定のめざすもの

第 3 は集落協定のめざすものである。農水省が、EU の政策システムを日本型に"翻訳"した中心的な仕組みが集落協定である。事務局はその説明の冒頭部分おいて生産組織化の進行が耕作放棄の抑止要因となることを指摘した。農水省は、担い手としての集落営農を本制度をとおして形成させることの重要性を十分認識していた。1999 年 4 月 23 日の検討会では各委員の意見陳述が行われた。筆者は集落協定の意義とめざすべき方向について同年 7 月刊行の専門誌に依頼論文を著したが[48]、そのベースとなった検討会での発言を以下に示しておく[49]。

「集落を媒介としてダイレクトペイメントを考えることは賛成である。そういう中で生産組織の意義等をもう一度見直されていることにも賛成である。従

来、集落営農は中山間地域の資源管理を行ううえでかなり有望であるといわれてきた。しかし、その継承がうまくいかなかった。当初のリーダー的な存在がなくなると、その後継者がいなくて、集落営農が崩壊してしまうケースが多い。その理由としては、リーダーとか中軸的なオペレータに対しての無償性原理が強く働いているためである。旧来的な集落営農を再編していくようなきっかけにこの直接支払いの原資を活用できないかと期待している。旧来的な集落営農を新たに継続性、継承性のある近代的な収益分配システムを持った新たな器として集落営農を再編させていく方向に誘導できるように、ダイレクトペイメントを活用していけばおもしろいと思う。集落営農を単に生産的な機能だけに限らず、集落営農の持つ多面的機能（例：環境機能を増進させる、集落の活性化効果、都市との交流）を引き出せるような方向に誘導するためにダイレクトペイメントを活用できないかと考えている」。

　最終的な制度検討会報告では以下の内容が盛り込まれた（「中山間地域等直接支払制度検討会報告」1999年8月13日）。「集落協定の重要性」においては、「その際、構成員の役割分担やこれに対する正当な報酬の分配等が明確化された協定の策定に向けての集落内部の合意形成とその実行を支援するものとして、自治体のリーダーシップが要請される。また特定のオペレータ等に負担がかかりすぎるとの批判がある従来型の集落営農とは異なる新たな集落営農を発展させていくためには、集落のリーダー等担い手の育成、構成員の役割分担に応じた収益分配システムの確立、集落内外からの新規就農者の導入等による集落営農組織の新たな再編・構築が集落機能の強化とともに必要である」。

　「『対象者』の基本的考え」においては冒頭に、「本制度は対症療法的に耕作放棄を防止するという短期的、防御的なものにとどまるのではなく、持続的な農業生産を確保するという観点から青年が地域に残り、新規就農者も参入し、世代交代もできる永続的な集落営農の実現という長期的、積極的、体質改善的なものを目指すべきであろう。したがって、他の施策も活用しつつ、第3セクター等を通じた集落のコアとなる担い手の育成、さらには、集落営農を発展させた特定農業法人化などを積極的に推進すべきである」と述べられた。検討会での筆者の見解は反映されたと考える。

　「高地代・低労賃」「長期的平等性」「無償性原理」に彩られた旧来型の集落営農に次代の担い手は生まれてこない。こうしたシステムの存立条件は高齢単

一世代化の急速な進行とともに消滅しつつあるからである。直接支払いがこうした旧いタイプの地主組合的な集落営農を支援する効果をもったとしても、そこに新たなコア的部分が生まれなければその存続は難しくなる。もちろん集落営農サイドも高齢単一世代という環境変化に対応して多様な再編を行うなどの努力をしてきた[50]。しかし、上記引用文にあるような変革、すなわち新たな収益分配構造をもった近代的な経営としての「器」に生まれ変わり、そこに何らかの手法でコア的人材を組み込んだ地域営農システムを形成する必要がある。それほど中山間地域における過疎・高齢化の進行は危機的なのである。その理解なくして直接支払いに有効性をもたせることはできない。近代的なコア組織と、地域資源管理や土地利用調整の面でそれをサポートする「外皮」としての地権者組織とから成るシステムは、ここでもモデルの一つである。コア組織は、基幹作業を一定のエリア（1集落あるいは複数集落）で担うと同時に、生活関連サービスの供給も含めた多角的な経営展開が期待される。また、器はできてもコア的人材の確保はとりわけ中山間地域では容易ではない。これに対しては、直接支払いとは別に、公的投資としてのインキュベーションも検討していくべきである。これらは第3セクター（市町村農業公社）やJA出資型農業法人などが受け皿として期待されうる。また高齢化による集落機能脆弱化によって集落営農など集落レベルでの対応が困難な地域も増加している。こうした地域は、旧村や戦後合併市町村レベル程度の広域をカバーする社会的事業体が別途必要であり、集落営農との重層的な主体間関係の構築が課題となっていく[51]。

(4)「規模拡大上乗せ」助成金問題

第4は規模拡大の上乗せ助成に関してである。事務局はこの提起は「構造政策との整合性」を主張する財政当局に対応するために用意したものであり、規模拡大加算は転作における団地化加算制度にヒントを得たものと説明した[52]。これに対しては、直接支払いに構造政策という要素を組み入れるべきではないとの強い反論が少なからぬ委員からなされた。「構造政策＝農家選別・借地規模拡大」という平地農村での一般的な論理を中山間地域においても当てはめればこうした反論は当然でてくる。しかし、ここでは中山間地域農業の実態を踏まえる中で規模拡大加算の意義を再検討すべきである。過疎・高齢化が急速に進行する中で、集落営農法人などの担い手には大量の機械作業や経営の委託要請が急増していく。中山間地域では規模の経済は早い段階で消失し、担い手は規

模の不経済との闘いに直面する。ミッションである地域内での耕作放棄の防止のため、こうした担い手は利潤が減少する規模に至っても増加する委託要請に応じて経営持続性が保たれる限界内で耕作を拡大していこうとする。中山間地域での規模拡大加算とは、地域にとって掛け替えのないこうした経営体が規模の不経済と闘いながらミッションを果たしていこうとする努力を支援する施策であると位置づけなければならない。規模拡大加算を、平地農村を念頭においた通常の構造政策の文脈でとらえるべきではない。財務当局の要請があったとするならば、それを逆手にとってでも導入を検討すべきである。以下の二つの引用は、これに関する検討会での筆者の発言である[53]。

「(導入に)賛成である。『構造政策』と表現すると誤解を招きやすい。中国地方のように過疎化が進んでいる場合(大量の農地の耕作を)少数の担い手でやらざるをえない。機械作業での技術的な問題を考えると一定の上乗せが必要。また、地域の基幹作業を行う場合は条件の良い農地と悪い農地をパックでやらなければならないという状況がある。そういうところの(作業)規模拡大はどうしてもコストの逓増域が早く来てしまう。平場に比べてスケールメリットが早く汲み尽くされてしまう。費用逓増域に入っても、農地を担って耕作していかねばならないという不利性をカバーする必要がある」。

「担い手部分が不利な条件に立ち向かいながら集落の中の基幹的な作業を進めさせるためには、規模拡大のインセンティブが必要。平場の構造政策とは違うと考えるべき。排除の論理とか大規模農家を作ろうとかではない。構造政策とのつじつま合わせではない」。

結局、制度検討会報告書では、「担い手の育成・定着を通じて持続的な農業生産の確保を図るという長期的な目標を視野に入れるべきであるとの観点からは、集落のコアとなる担い手を育成することができるよう、新規就農の場合や担い手が耕作放棄を生じさせないようにするため条件不利な農地を引き受けて規模拡大する(一定期間以上行われている定着的な作業受委託を含む)場合においては、直接支払いの上乗せ助成を検討すべきである」(前掲「中山間地域等直接支払制度検討会報告」)と結論づけられた。この加算助成金は制度化されたが、その助成額は水田で1,500円に止まっている。たんなる「上乗せ」よりも、作業受託規模に対する逓増的な加算金制度が望ましいと考えられる。しかしこうした概念が報告書にきちんと取り込まれたことは一定の成果といえる。他方EUの場合、

逆に支払い金の規模に対する逓減システムがある。しかし、日本との相違に留意が必要である。EU条件不利地域の場合、多くは丘陵地等での放牧畜産である。規模の不経済が問題となるのではない。収益的な経営に必要な作目選択の幅が狭められているに過ぎない。これに対して日本の中山間地域の太宗は傾斜水田農業である。そこでは規模の経済が働きにくく、平地水田農業との格差の要因となっている。動態的条件不利性である。そのためEUとは逆に規模に対する逓増型助成金が必要なのである。EUの規模に対する逓減型支払い方式は「生産要素に関連する支払いは、当該要素が一定の水準を超える場合は逓減的に行う」というWTO農業協定に沿うものであり、支払い額の上限に関わるものである。日本の規模拡大上乗せ助成とはその意味において切り離して考える必要がある。

(5) 支払額上限設定問題

第5は支払額上限に関してである。上記WTO農業合意において支払額上限に関わる条項が設けられていることや、高額所得者の問題に関連した論点である。ここで主に問題とされるのは北海道の草地酪農のように大面積経営者である。これに対して事務局は都府県との不平等感回避の意味も含めて1戸当たり上限100万円を想定しており、検討会では当初とくに反論はなかった。しかし前述のように全国農協中央会は、高齢化で担い手が不在化した集落等では担い手農家や組織が大量の農地を担うこともあるとの理由で上限設定に反対し、また経団連も同様の状況下で少数の担い手法人等が耕作しなければならない場合は例外的に上限設定ははずすべきとの見解を示した。

たしかに、たとえば都府県の傾斜水田農業において重要な位置を占める集落営農法人や第3セクター（市町村農業公社）については除外することが適当である。集落営農法人の除外は地域農業の担い手再建のための重要なポイントである。第3セクターに関しても、集落営農法人がカバーしえない地区における「農地の最後の受け皿」としての意義のみならず、インキュベータとしての機能も今後期待されるため、支払い額上限設定からの除外は重要なポイントである。こうした中でそれらの上限設定の除外が結論づけられた（前掲「中山間地域等直接支払制度検討会報告書」）。

なお、上記検討報告書には上限設定の論拠の一つとしてEUの直接支払いにおいて1戸当たりの受給総額上限が記されている。しかし前述のように、少

数の担い手が粗放的に大量の農地利用を行うEUでの状況と比較するならばこれは論拠としては適切ではない。また前述のようにEU条件不利地域農家の場合、CAPによる他の畜産関係の直接支払いの存在を忘れてはならない。また北海道を考える場合には、環境支払いの早急な導入により、本制度との重層的な直接支払い方式での補償を検討すべきではないか。

(6) 地方公共団体の費用分担問題

第6は地方公共団体の役割に関してである。国と自治体との費用分担問題が論点であった。多くの自治体代表の専門委員の見解は、農地の一筆調査から確認行為まで含めた自治体にかかる行政コストの大きさ、地方財政逼迫のなかで地方交付税のなかでの財源措置なくして自治体の費用分担は重荷であり、全額国庫負担を望むというものであった。しかしその場合、制度の細かい縛りがかけられると分権化の方向が損なわれる。"金は出しても口は出さない"方式を自治体サイドは願った。しかし後藤委員から分権化を推進するに当たっては自治体の費用分担は避けられない旨の強い意見が数度にわたり出された。事務局も、EUの補完性（サブシディアリティ）原則の例を引き合いとするなかで自治体代表の専門委員らへの説得をおこなった。結局、後藤委員の見解によって論議の大勢は決まったといえる。しかし、同委員も指摘したように、財政負担力のない多くの中山間地域自治体の実態を考量するならば、地方交付税の要求をすべきであるとの結論に至った。農水省は自治省に対してEUの補完性原則を例に交渉をしたが難航した。しかし自治体が実施主体となり、国が全額負担を行う方式は自治省サイドから国の責任の所在に難点があると判断され、結局、地方分担金とそれに対する地方交付税措置が自治省によって認められた。

当時としてこうした結論は妥当なものであったといえよう。第8回検討会である委員が発言したように、「こうした自治体の対策（「自治体版条件不利地域対策」）を後方から強く支援するのが国の役割ではないか。したがって地元負担は必要」という見解は当を得ている。ただし、地方分権化の潮流が強まるなかで、地方裁量の余地を残しつつも国が本制度を管轄する方式は後に疑問を招いた。第2期目に入る議論（2004年）のなかで、全国知事会が本制度を都道府県に完全移管せよとの意見はその典型であった。国の制度に先立って1990年代に実施されてきた自治体版条件不利地域対策における地域実態に即した創意溢れるユニークな施策システムを顧みるたびに、こうした地域性に即したボトムアッ

プの多様な施策を国が強い財源措置をもって責任をもって支援し、第3者委員会を組織してこれら自治体版条件不利地域対策の成果を評価し、国は次期の支援の濃淡を決めればよいのであろう。こうしたなかで自治体間競争を喚起すべきである。対策内容に関しては、国はラフな大枠を用意すればよいであろう。

最後にいくつかの残された論点について簡潔に触れておく。

（7）その他の論点整理

（ア）緩傾斜農地問題

第7は緩傾斜水田問題である。まず逆に傾斜 1/5 あるいは 1/2 といった急峻傾斜水田管理に関して事務局からは、こうした「限界的農地」に関しては林地化なども視野に入れ集落レベルでのボトムアップ型計画策定のなかで対応する方向が出され、とくに反対意見はなかった。これに対して緩傾斜水田に関しては委員の間で意見が分かれた。緩傾斜といえどもコスト格差がある以上排除すべきでないという賛成論に対して、限定された財源をより危殆に濁し支援を必要としている急傾斜水田支援に集中すべきとの反対論である。これに対して事務局は賛成論に合理性ありとする強い見解を示した。その理由として事務局の地域振興課長は、緩傾斜水田に条件不利性を認めないという解釈を与える議論は、単価設定において大蔵省（当時）から急傾斜水田と平地水田との格差ではなく、急傾斜水田と緩傾斜水田とのコスト格差で決定される可能性を説明した[54]。結論として前項でも述べたように、傾斜 1/100 以上 1/20 未満の緩傾斜水田に関しては、地方分権化の方向にも沿って、いくつかの付帯条件（国のガイドライン）の下に地域の実態をよりよく把握しうる立場にある市町村の判断において支援対象になりえることとなった。

（イ）高齢化・耕作放棄進行農地問題

第8は高齢化・耕作放棄進行農地の問題である。耕作放棄者が得をするというモラルハザード、結果指標を基準化することの矛盾、基準を単純化すべきなどが反対論として提起された。しかし、「耕作放棄が耕作放棄をよぶ」外部不経済の実態や、最劣等地から順序良く耕作放棄されるとは必ずしも限らない「粗放的スプロール」の実態の主張によってこうした農地の支援対象化も、実態を知る市町村の判断に委ねるかたちで可能となった[55]。

（ウ）採草放牧地問題

第9は採草放牧地の扱いである。これは、EU の普通条件不利地域の定義に

みられるように、年間積算気温や土壌等の問題で作目選択の余地がきわめて限定され、主として放牧にしか適さない地域を念頭に置いたものといえる。日本においては牧草しか適さない北海道の道東や道北をイメージしたものである。これも対象となった。

6 中山間地域等直接支払制度の課題と展望

1) 中山間地域直接支払政策の意義と限界

　本制度は本来一定の農家人口賦存状況を前提としたなかで有効な政策である。それは、本制度で対応できない部分を大きく補完する政策の必要性を意味する。本制度は、今後に続く本格的中山間地域対策の一環であり、魁（さきがけ）的な存在として位置づけられるべきである。その補完的政策とは内発的産業振興を中心とした所得対策である。そこでは6次産業や食料産業クラスターなどの視座に止まらず、知識集約型産業社会の到来を見据えた振興施策が必要である。そのためには省庁内外横断的な総合的政策システムの発動が必要となる。以上が重要なポイントであるが、それ以外にも、食料問題との整合性をとるためにはコメ以外の作目の振興、たとえば山地畜産などを可能とするような他の直接支払いの検討もなされてよい。今回の中山間地域等直接支払制度のみに、従来の政策的空白を一挙に埋め尽くそうとする全面突破的な期待をすることは困難であり、また混乱を招く。本制度を今後進化させていくことは必要であるが、本制度を"孤立"させないためにもこれを大きく補完する根本的な政策が追加される必要がある。

(1) 本制度の意義

　本制度は、日本農政が中山間地域農業の条件不利性を公式に認め、その公的支援の根拠を多面的機能に求めたものである。それゆえ、耕作放棄防止が主たる目的とされている。他方で、同地域での定住のための所得問題は視座から除かれている。これが「直接所得補償」ではなく「直接支払い」とされた所以である。こうしたことは、本制度の意義と限界との起点になっている。本制度の意義を整理する。

　本制度はWTO農業協定の緑の政策を強く意識している。緑の政策は生産中立的もしくは影響最小限を掲げてはいるが、WTO協定で認知されている施策

のほとんどは増産効果をもつものである。そこでの実質的な制限とは、価格支持による増産効果の排除である。価格支持による増産効果と、市場の失敗是正や構造調整を内容とする緑の政策による増産効果とでは質的に異なると認識されているからである。その意味において、厳密な生産中立性は要求されない。こうしたなかで、本制度はEUの場合と同様にその多面的機能を根拠に中山間地域農業の維持を目的に掲げた点は、EUに四半世紀遅れたものの妥当である。そして、わが国自治体（県レベル）での先行的な経験、すなわち生産を介したわが国独自の支援施策である自治体版条件不利地域対策[56]をも一定程度検討した上で、生産に結びついた直接支払いとなっている点も妥当である。

第2の意義は、集落協定の重視にみられるように農業維持における集落の役割重視という独自の手法である。それは水田農業を面的・一体的に保全しなければ技術的外部不経済が大量に発生するため、耕作放棄の拡がりを抑制しえない、またその面的・一体的な保全においては集落の協調、協同が欠かせないという認識に基づく。こうしたなかで集落を農業維持に不可欠の要素として積極的位置づけを与えようとした。本制度は生産活動に着目した助成制度であり、成果を保証する措置が必要である。CAPの条件不利地域政策にみられる当該措置としての支払い対象者の最低規模制限（原則3ha以上）は、零細農家中心のわが国中山間地域の実情には合わない。

日本の中山間地域の場合、零細規模で高齢化した多数の農家による相対的（対EU）集約作目である稲作が中心である。これは直接支払いの予算総額は大きくても個人配分額は少額になることを意味し、所得補償たりえず、定住維持には結びつかない。水田農業という集落ぐるみで資源管理されてきた特殊性とともに、上述の状況をも勘案して集落協定が日本型の方式として制度化されたといえる。個人単位では少額の支払金を、集落単位にまとめて効果的・戦略的に利用できるようにして農業・資源管理の実効性を確保しようとしたのである。これはEUとは異なるわが国水田農業の特性を踏まえた制度設計であり、着想と施策の出発点としては十分評価しえる。問題は集落協定の内実をどう確立し、どう実行させえるかである。これは地域マネジメント問題にほかならない。

(2) 本制度の限界

つぎに、限界を2点指摘しておく。第1は、食料問題との関連が不透明だった点である。WTO農業協定の条件不利地域直接支払いによる規定では、支払

額を生産の形態や量などに関連することは禁じられている。したがって、制度設計上は食料政策との関連が主要論点になることはなかった。しかし、農産物過剰下にあった EU の場合と、食料自給率が低く不揃いな状況にある日本の場合とでは異なる対応が必要であった。食料・農業・農村基本問題調査会答申（平成 10 年 9 月）の「中山間地域等への直接支払い」の項に「国民の必要とする、多様な食料生産」に資するようにとの文言は、日本の食料自給状況と中山間地域の少なからぬ農地面積シェア（40％）とを勘案して挿入されたものと理解しえる。こうしたなかで WTO 農業合意下で策定される本制度ではあるが、こうした食料自給構造を考量した全体構想の下で、中山間地域の中長期的な食料生産の方向に関する枠組みを明示するなかで各論が整理されていくべきであったと考える。

こうした枠組みが示されないなかで、本制度は急峻傾斜水田に至るまで稲作全面維持の視座が色濃いものとなった。日本のコメ需給問題、あるいは国際的にみた農産物としてのコメの特殊性に起因して長期的に不安定化する可能性などをふまえた水田の適正利用問題などはほとんど議論されず「限界的農地における林地化などの可能性」にふれられた程度であった[57]。

生産調整をめぐる平坦地域との調整問題は本制度策定過程における最も困難な論点の一つであった。しかしその審議は十分ではなかった。農政改革全体の進展を見極めそれとの整合性を重視するという理由で、最終的に明快な姿勢は打ち出されず、今後に積み残された課題とされた。関係団体の意見陳述においても、JA 系統組織は明確な意思表示をしておらず、この問題を契機とした生産調整の地域配分をめぐる平地農村と中山間地域間での組織内対立の存在が明らかとなった。この問題に関しては研究者サイドでも大きく見解は分かれていた[58]。第 1 は、クォーター方式の応用などによる稲作条件不利地域への生産調整集中・誘導論であり、稲作の適地適作論といえる。第 2 は中山間地域での生産調整緩和論であった。いずれも留意すべき論点が残されていた。こうしたなか、「稲作中心農政からの脱却」が進みつつあった本制度検討段階において、上記両論を十分踏まえたうえで、日本の食料自給の実態を俯瞰しつつ一歩先を睨んだ多様な可能性についてより深い議論がなされるべきであった[59]。

第 2 は、所得効果が乏しいなかでの地域農業・資源管理の維持に関する限界である。これは本制度の第 2 の意義と関わる問題である。中山間地域問題とは、

そこでの農業・資源管理問題と定住問題（所得・定住環境）とから構成される[60]。両者は共通領域をもつが、固有の領域も大きい。また、前者は後者の改善なくして長期的展望をもち難い。したがって、両対策は併進が不可欠である。とくに前者の改善のみをもっての全面改善は困難である。今回の制度が耕作放棄防止等に焦点を当てたこと（＝短期的、戦術的な目標設定）は制度の意義を明確化したが、所得対策（＝長期的、戦略的な目標）は基本的には用意されていない。

前段でも述べたように、条件不利地域対策に関して日本とEUとでは状況が決定的に異なる。EUの場合、この対策によって所得が確保されて営農・資源管理が継続されてきた。他方で日本の場合は所得確保の効果は基本的にない。しかし共同取組み活動によっては農業維持・資源管理は当面可能となる。それは、少数の人間で多くの農地を利用管理できるEU条件不利地域と、そうではない日本の中山間地域農業との差を反映したものである。他方、所得確保が困難な日本の場合は、多くの中山間地域において定住人口の継続は困難であり、せっかく集落営農などが形成されても、人口規模の大幅な縮小とともにその持続性も限界を迎えることになりかねない。その意味において所得確保の視座が薄い中山間地域等直接支払制度は、一定の農家人口賦存状況を前提としたなかで有効な政策だといえよう。こうした前提をおいたうえで地域の工夫や努力によって素晴らしい効果を期待しえるが、その前提を保持できない可能性が高いために制度の中長期的展望は不透明とならざるをえない。

では、所得確保が可能であれば中山間地域において直接支払制度を利用して形成された営農システムは持続しえるのか。基本的にはその可能性は大きく高まる。しかし、経済のボーダーレス化が進行し、ポスト重化学工業化社会の到来を迎えつつあるなかでは6次産業化や食料産業クラスターの形成などの内発的な地域開発を進めていかなくてはならない。ただし、その成功は決して容易ではない。

こうした実情を勘案するならば、内発的地域開発と同時に、多数の農家と農業者が維持してきた地域農業・資源管理のあり方から、少数化した農村人口のなかでも多くの地域資源管理が可能となる新たな地域営農システムの創出を検討していく必要がある。さもなくば中長期的には人口的な限界によって、中山間地域水田の荒廃とサンクコストの山が残されることになる。

農村・農家人口の減少に耐えうる新たな地域営農システムづくりと、農村・

農家人口の減少に歯止めをかけるための内発的地域開発との両者を、車の両輪のように併行して政策的に進めていかねばならない。

2) 本制度の運用上の留意点

上述のような新たな地域営農システムを創出するためには本制度（2000年度導入版）の枠内における運用においていかなる点に留意すべきであろうか。

(1) 集落協定による新たな担い手システム形成の誘導

本制度は耕作放棄防止といった戦術的目標を中心に担うものである。しかし、それがごく一時的、表面的な効果しか保証せず、ごく短期的な崩壊先延ばし効果しかもたない防衛的施策に止まっていてはならない。本制度は少なくとも当面の農地管理を保証すると同時に、短期から内発的地域開発をベースとした定住対策が機能し始める中長期にかけての中継ぎ的機能をも有する必要がある。そのために、本制度は今後の中長期的視座に耐えうる農業維持・資源管理の受け皿づくりを誘導する必要がある。集落協定の役割がそこにある。そして、人口減少に一定程度耐えうるような新たな地域農業・資源管理の担い手システムを形成するための契機となりうるように、その原資として直接支払い金は用いられるべきである。こうした点に留意しなければ、この制度は単なる延命効果しかもたらさない。

誘導されるべき新たな担い手システムは地域性に応じて多様であろう。営農類型や担い手の賦存様態には地域性があるからである。ただし水田農業の場合、重要な選択肢として検討すべき基本型は、旧来型の集落営農から脱皮し、質的に転換した新たな受け皿としての集落営農の創出をベースとした地域営農システムといえる[61]。ただし、集落ごとにその人口様態と社会的活力には大きな差異があるので、多様な集落営農のあり方や展開動向を見守ることが現実的ともいえる。ここで注意しなければならないのは、中山間地域では過疎・高齢化によって集落営農を形成する基礎体力の衰えた集落が相当存在することである。たとえば1975年の「新島根方式」以降40年間にわたり集落営農推進を進めてきた島根県でも、集落営農法人の存在しない地域は公民館単位で71％にも達し、また任意組織を含めた集落営農組織数全体も2000年代末からほとんど増加していない[62]。同様に30年以上推進施策を進めてきた広島県でも、集落営農法人による水田面積カバー率は15％に止まっている[63]。振興施策によっても解

消困難な集落営農の空白域の広範な存在である。こうしたなかで、旧村や戦後合併市町村域などの広域エリアをカバーして地域営農を担う事業主体が必要とされつつある。集落営農の限界（空白域）を補完する意義をもつ広域経営法人である。今後は集落営農のみならず、こうした広域の主体形成も視野に入れていく必要がある。中山間地域では規模の不経済が働くためにこうした広域経営は経営が困難となる場合が少なくなかった。経営持続性確保のためには何らかのイノベーションが必要である。その一つとして、本制度の広域集落協定によって支払い金をこうした広域経営法人に集中配分させるケースが 2000 年代以降各地でみられるようになっていった[64]。これらは、市町村自治体などがリードしてシステムづくりをしたものであるが、本制度を戦略的に運用して効果をあげている端的なケースであるといえる。

(2) 協定面積の規模問題

つぎに、こうした新たな担い手の経営持続性を考慮するならば山村集落の過小規模に留意する必要がある。前述のように中山間地域全体でみたとしても、1 集落当たりの平均水田賦存面積は都府県平均で 9.4ha、中国地域の場合は 6.7ha に過ぎず、山間地域に限定すればより過小となる。

このなかには、中型機械が適用不可能な急峻傾斜水田あるいは孤立点在した未整備水田が少なからず含まれる。それらを除いた部分に中型機械が利用可能な水田領域が含まれる。最低 10a 区画以上に整備された団地的圃場であればその利用は可能であろう。緩傾斜で 20～30a 区画の団地的圃場であれば中大型機械も利用可能であろう。このように中山間地域では機械利用が可能な圃場とそうでない圃場とが混在している。ただでさえ過少水田規模の中山間地域集落において機械利用可能な水田面積はさらに少なくなる。

前述のように、地域条件に応じて集落営農のあり方は多様であってよい。非専従者によって担われる小規模な組織も状況によっては大きな意義をもつ場合がある。ただし、機械の効率的利用と集落営農の専従者として生活できる報酬確保を考える場合にはこうした過少規模では難しい。こうしたなかで複数集落による広域協定が重要となってくる。集落を越えた協定作りが容易ではない。自治体などによるリードが重要であり、地域マネジメント能力が問われてくる。

(3) 人材の創出問題

本制度の第 1 期から各地で多様な取り組みがみられるようになった。農水省

における第三者機関である中山間地域等総合対策検討会でもいくつかの優良事例を視察した。いずれも自治体等の指導によって優れた地域システムづくりがなされていた[65]。こうした優良事例を訪れるたびに感じたことは、現場のリーダーやオペレータの高齢化であった。全国農村に共通する問題ではあるが、中山間地域において著しく深刻であることは言を俟たない。そこでは集落営農法人などの地域営農・資源管理のための「器」づくりと同時に、そこでコアとなる人材の創出が何よりも重要となる。中山間地域ではU・Iターンなどの新規農業参入希望者にとって参入コストが平地農村と比較して大きい。参入コストは農地の団地的集積、技術・経営管理習得をはじめとする諸コストからなる。人材創出にはインキュベーションが有効であるが、それは多様な参入コストを軽減してやることである。しかしその実施主体となるインキュベータにはインキュベーション・コストが発生する[66]。インキュベータとしてはJA出資型法人、第3セクター、集落営農法人など多様な主体が考えられる。しかしイノベーション・コストは重荷となる。前述のように、広域集落協定を締結して、旧村レベルの広域をカバーする第3セクターやJA出資型等の営農法人に対して直接支払い金の集中配分を行う事例が少なからず成立してきた。インキュベータに対してもこうした集中配分などの措置をとおして、担い手の計画的な創出を検討していく必要があろう。良質なインキュベーションのためには支援が必要である。創出するのは地域営農・資源管理の「器」の担い手のみならず、園芸等をはじめとする多様な営農と定住の担い手も含まれてよい。

7　条件不利地域再生の論理と政策の展望

1) 広域で考えることの重要性

　条件不利地域政策を考える場合、当面のケア的な施策と、将来のリターンを生み出す投資的な施策とに分けて検討する必要がある。どちらも必要ではあるが、後者を明確に掲げた実効性のある施策システムはまだ十分になされてきたとはいえない。では投資的な条件不利地域政策をどのように考えるのか。中長期的視座から必要な施策としては、6次産業化や食料産業クラスター形成などの地域内発的アグリビジネス振興などがあげられる。これは所得と定住の問題に関わる施策であり、省庁横断的な政策システムであることが必要である。他

方、短期的に効果をあげることが強く要請される施策がある。それは、人口規模の大幅な縮小に耐えうる地域営農・資源管理システム構築を主たる目的とする施策である。ここでは、この焦眉の問題について考えていく。そこでのポイントは、旧村など広域レベルでの地域経営とその経営主体としての日本農山村型の社会的企業であり、そうした地域経営システムに対する公的支援である。

　広域で考える必要があるのはなぜか。過疎化が進行するなかで、集落レベルでの問題解決には限界があるからである。前述のように、集落営農育成を長年にわたって県農政として推進してきた「先進県」である島根県も広島県も、大きな成果をあげたとともに困難な状況にも直面している。集落営農の空白域が依然多いことである。その大きな要因として過疎・高齢化による集落活力の脆弱化が考えられる。集落営農によって地域営農・資源管理が安定的になされる集落と、なされない集落とが存在するのである。そして前述のように、島根県や広島県の場合をみても後者の方が多い。こうした空白域を埋め、カバーするために広域経営主体が必要となる。地域営農は集落営農と広域経営主体との重層的な担い手システムによって維持されていく必要がある。ただし、集落営農増加率の鈍化や空白域の大きさを考えれば、広域経営主体の重要性は今後より大きくなる。人口規模縮小に対抗するためには、こうした重層的な地域営農システムを構築することがまず第1歩として必要である。

　それ以外にも、担い手の創出、生活関連サービスの供給、6次産業化の支援などを考える場合も集落レベルでは対応困難な場合が多く、広域レベルでの対応が必要である。さらに生産資材一括購入、生産物共同販売や効率的な転作対応などのメリットを得たい場合も広域レベルでの対応が適切である。

　では広域とはどの程度の大きさを考えればよいのか。広範囲に小規模な水田団地が広がっている中山間地域の特性や、弱いとはいえ一定の社会的まとまりの存在などを考量すると旧村が適当であると考えられるが、小規模であれば戦後合併市町村でもかまわない。

2）広域経営法人を軸とした地域維持システム

（1）市町村農業公社の限界と新たな広域経営法人の登場

　従来、担い手が不在化した中山間地域において広域レベルでの耕作を担おうとしてきた事業体としては市町村農業公社（第3セクター）があげられる。これ

は1980年代末から中国地域を皮切りに自治体主導で設立されたものである。1992年の農地法施行令改正で事実上の農業経営が可能となり、同年の「新しい食料・農業・農村政策の方向」(新政策)では「多様な担い手」の一角と位置づけられ推奨の対象となった。市町村農業公社は政府のお墨付きを得て1990年代前半に急増した。しかしその多くは首長の形式的トップ体制や自治体からの出向職員による事務局体制などのもとに権限や経営責任の所在が曖昧であり、効果・効率性のインセンティブに欠けており、経営管理は未熟な状態から脱しえず高コスト体質であった。その結果、それらの多くは事業規模が増大するなかで規模の不経済に抗しえず赤字経営となり、自治体の補助金で損失を埋める状態に陥ることとなった。その後、自治体財政が逼迫してくるとブームは去り、事業停止や解散するものが相次いだ。自治体の広域合併はそれに拍車をかけた。中山間地域の自治体がJAを巻き込み市町村農業公社という広域営農を担う社会的事業体をつくったことは画期的であり、一定の意義をもつ。しかし経営持続性に対する認識の甘さや、公・民の役割分担と連携のあり方が不明確であったこと(ローカル・ガバナンスの不在)などによってその限界が露呈した。

　他方、こうした経営持続性に対する甘さへの反省から、その改良を意識して中山間地域等直接支払制度が導入された2000年頃から、自治体やJAによって広域営農を担う経営体が再度つくられるようになった。中山間地域等直接支払制度はその追い風となった面がある。これらと1990年代型の市町村農業公社との相違は何か。それは、独立採算による経営持続性を強く志向することである。これらの大半は自治体やJAが設立に強く関与するが、設立後は展望の見えない経営損失の補填はせず、その原則下で法人は経営される。かつての自治体財政依存はありえない。そのためには広域を担うためのイノベーションが不可欠である。いくつかの例を紹介する[67]。第1は、広域集落協定のもとで中山間地域等直接支払制度の支払金をこうした広域営農の担い手に集中配分する方式である。第2は、広域営農の担い手がいくつかの拠点集落部に集落営農法人を設立支援しネットワークを形成する方式である。第3は、自治体のリードで域内の全集落に農用地利用改善団体を設立させ広域営農の担い手に貸し出すときは3ha程度の団地化をさせる方式である。

　筆者は、このように広域を担当エリアとして、規模の不経済に対抗する経営管理を行いながら経営の持続性を追求する経営体を広域経営法人とよんでい

る[68]）。仮にそれが集落営農の名を称していても、こうした特性をもつ経営体は広域経営法人である[69]）。上述のように、その大半は自治体やJAの出資を含めた強力な関与のもとに成立しているが、その関与の時点で広域エリア内の耕作維持というミッションを帯びることになる。

(2) 広域レベルでの農業・農村維持システムの重要性

図5-4-1は、広域レベルでの農業・農村維持システムのモデルを示している。太い点線で囲まれた部分が広域経営エリアであり、広域経営法人に要請される諸機能が示される。エリア内には集落営農の存在する地域と、存在しない地域とが混在しているとする。

広域経営法人に要請される2大機能は、①農地利用管理機能と、②インキュベータ機能である。前者は、集落営農等の担い手が不在な地域において借地や作業受託による利用管理を行う機能である。エリア内における集落営農の補完をなすといってよいが、カバーすべき対象となる集落数や水田面積は決して少なくないであろう。機械利用可能な圃場では直接耕作がなされ、未整備田等の機械利用困難な圃場では耕作以外の粗放的利用も射程においた利用管理が検討される。後者（インキュベータ機能）とは、集落営農のコアとなる人材をOJT方式等で育成し集落営農法人等の「器」に送り込む、あるいは園芸等の多様な営農の担い手を育成し独立させる機能である。地域資源管理のためにもできるだけ多くの営農主体が必要である。インキュベータ機能は、広域経営法人がUターンやIターン就農希望者の受け皿になることを意味する。

その他、生産資材一括購入、生産物共同販売、転作機械の所有と貸出しや、エリア内の集落営農のネットワーク化などの地域農業調整・組織化機能も期待される。また、6次産業化の支援機能、さらには行政からの事業委託としての生活関連サービス供給機能（日常品販売、交通支援、福祉業務等）も期待される。こうした地域営農や農村生活維持のためのサービス供給のみならず、広域経営法人自体が存続するための収益部門も必要となる。

また図の下方に示したように、集落営農法人のみならず広域経営法人に対しても農家や生活関連サービス供給のメリットを受ける非農家も含めた住民の出資や経営資源の提供があってよい。

(3) 広域経営システムを支援する政策の論理

図5-4-1の上方に示したように、政策はこうした地域営農・生活維持システ

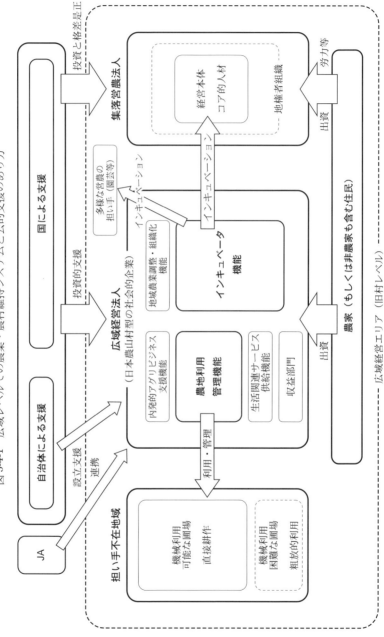

図5-4-1 広域レベルでの農業・農村維持システムと公的支援のあり方

ムの担い手を支援すべきである。とくに国は一定の基準を満たした広域経営法人への投資的支援をすべきである。この論拠について価値財の概念を用いて明らかにする。

　現行の制度では、広域集落協定の下に中山間地域等直接支払制度の支払金をこうした特定の広域経営法人に対して集中配分することが可能であり、前述のようにそうした事例が各地でみられるようになった。これは、コミュニティの合意（広域集落協定）の下で国から農家への支払金を、国から広域経営法人への固定額タイプの補助金へと実質的に転換することを意味する[70]。ここで稲作作業受託を行う広域経営法人を例として説明する。固定額タイプの補助金と同様の効果をもたらす直接支払金の集中配分を受けると、法人の平均収入（価格＋平均固定収入）は反比例曲線となり上方へ移動する。平均固定収入とは法人への集中配分額を生産量で除したものである。これによって広域経営法人は、急増する高齢農家からの要請に応じたサービス生産量（作業受託量）を拡大することが可能となる。

　しかし、この手法にも限界がある。上方移動した平均収入曲線は反比例曲線であるため、生産量拡大とともにその効果は大きく減少するからである。これでは急増する作業委託要請に広域経営法人は生産量拡大で応じられなくなる。こうした限界を乗り越えるためには公的支援が必要となる。たとえば広域経営法人に対する生産比例補助金がその典型である。生産比例補助金の給付は、広域経営法人のサービス供給価格の上昇と同じ効果をもたらし、作業受託量の拡大が可能となる。

　広域経営法人にこうした補助金を支払うことの合理的論拠を、価値財（merit goods）の概念を用いて説明する[71]。マスグレイブの定義した価値財とは、社会的目的を実現するための欲求（価値欲求）を充足するものであり、ある人々がより多く消費すべきでそれによって社会にメリットが生ずる財である[72]。そこでは限界私的便益と限界社会的便益とが乖離しているため、政府の補助金によって過少消費・生産を是正することが必要となる。広域経営法人による直接耕作サービスの生産・供給は、それによって高齢農家の農地が耕作され中山間地域農業の多面的機能が維持されることで広く社会にメリットがもたらされる。したがって、広域経営法人の直接耕作サービスは価値財であり、耕作困難となった高齢農家はこれをより多く消費することが望ましい。しかし、規模の不経済

に晒されがちな広域経営法人は自らの存続のために生産拡大の停止や作業料金の大幅な引き上げに踏み込まざるをえなくなり、高齢農家は過少消費に追い込まれる。そこで政府の補助金の妥当性が浮上する。価値財の補助金は消費すべき人々に支払われるのが一般的であるが、生産・供給者に支払うことによって安価な作業料金でより多くのサービス生産を可能とすることができ、消費拡大につながる。広域経営法人が担うべき生活関連サービス供給機能に関しても、そのサービス消費が多面的機能の生産者である農家の存続につながるため、同様の論理で補助金の支出が合理化される。

他方、自治体は広域経営法人の設立を、出資も含めた強力な措置で支援することが望まれる。

3) 日本農山村型の社会的企業

(1) 社会的企業としての広域経営法人

集落営農法人や、とりわけ広域経営法人は、日本農山村で独自に育ってきた社会的企業と考えることができる。欧米で展開する社会的企業であるが、とくに欧州では1990年代に大きな脚光を浴びて急展開し、各国政府もそれを重視してきた[73]。欧州で一般的な社会的企業の定義では、①コミュニティへの貢献という明確な目的（社会的ミッション）と、②そのためのビジネスの経営持続性の存在が主要な要件とされている。欧州でのそれは、第1は非営利組織がより事業性を高める経路、第2は協同組合が組合員のための共益から地域社会全体の公益を求める事業展開を行うようになる経路という二つの流れの中から登場したと考えられている[74]。

他方、集落営農法人の場合は、家産（農地）管理を目的とした自作農の防衛的な協業組織が、経営持続性を追求する中で専従オペレータ確保のためにビジネスサイズ拡大等の工夫をしながら展開してきたと考えられる。その意味で、これは上記の第1の経路にやや類似した流れの中で展開したと位置づけられる。広域経営法人の場合、その性格はより鮮明である。それは、社会的ミッション（地域営農の維持）と経営持続性の両立が求められる事業体として自治体やJAの強い関与で設立されたからである。最初から社会的企業の性格を濃厚にもつ経営体として設立されたといえる。また、集落営農法人や広域経営法人のいずれも事業内容が生活関連サービスの供給にまで拡張する場合は、地域社会全体

の利益を求める方向に踏み出したものと考えることができる。

　これに対して、2000年代以降の農業構造改革の中で喧伝されるのがダイナミズムにあふれた「スーパー農企業」である。南北に長く、また標高差をもった日本の特性を活かしたダイナミックな経営展開例が紹介されてきた。全国に散在する農業生産法人をネットワーク化し機械と従業員を南から北へと移動させ労働の平準化と機械の稼働率を向上させる農企業などはその一例である。これらは市場の論理で利潤最大化をめざして力強く展開する経営像を示している。しかしこうしたスーパー農企業が地域営農・農地の面的な担い手足りえるかは別問題である。とくに条件不利な中山間地域では問題が大きい。それは彼らが市場の論理で動く経営体であり、中山間地域でのやっかいな社会的ミッションを負うことから自由な存在だからである。そのミッションとは地域営農・資源管理の面的ひろがりをもった維持である。彼らにとって農地や地域資源とは、コミュニティでの生活維持のための、コミュニティにとって他に掛け替えのないそれとは異なるものである。中山間地域の貴重な多面的機能の源泉を守り地域を守るためには、地域に根ざし、そこでの課題解決をミッションとして刻印づけられた持続可能な主体形成が必要である。過疎化の下で集落営農法人には一定の限界がある。したがって集落営農法人を大幅に補完し、さらにそれらには望めない大きな機能を期待するがために社会的企業としての広域経営法人に筆者は注目している。

　広域経営法人等が社会的企業であることは、財生産の論理においても強みをもつ。ここで財とは、広域経営法人等による農作業受託をはじめとする農業支援サービスや生活関連サービスなどである。社会的ミッションに加えてこの行動論理があることで、こうした経営体は条件不利な環境下での事業展開がより可能になると考えられる。今後、過疎・高齢化が進行するにつれて、中山間地域の高齢農家は広域経営法人に対してより多くの直接耕作サービスの生産・供給を望むようになる。ここで問題となるのは、広域経営法人がどこまでその要望に応じてサービスの生産・供給を拡大しえるかである。

　非営利企業経済学では、彼らが「売り上げ最大化を目的とするかのように行動する」と説明する[75]。そこでは、経営者の威信や昇進可能性が組織規模と正の関係にあると考えられ、収支均衡制約下で可能な限り顧客の要望に応えるために生産量増大をすることが経営者の効用最大化になるとされる[76]。利潤最大

化とは異なる非営利企業の売り上げ最大化の論理である。地域が直面する困難な課題に対処することをミッションとし、目的とする事業体ならではの論理といえる。広域経営法人の場合、作業受託等のサービスを高齢化した農家の要望に応じて可能な限り多く生産・供給し、社会的ミッションを果たすことが経営者の効用最大化になる。こうした行動論理のもとで、広域経営法人は、その限界収入が限界費用ではなく平均費用と交わる点を生産均衡とすべく生産を拡大する。条件不利な中山間地域農業の担い手としての社会的企業の有利性である。

(2) 公民パートナーシップの必要性

本稿では、価値財の概念を用いて広域経営法人に対する公的支援の必要性を説明した。また、こうした経営体を社会的企業とみる視座からその意義と行動論理を示してきた。筆者は、地域における困難な課題に挑戦する社会的企業とそれに対する政府の支援という公民パートナーシップの重要性を指摘してきた[77]。ここではイギリスの経験についてみておく。

イギリスでは、労働党政権下の2000年代に社会的排除に直面する人々や衰退地域に対する支援のための混合財のより良い生産・供給主体として、地方政府の直接供給でも営利企業への民間開放でもなく社会的企業を重視してきた[78]。社会的企業に対する政府の役割の明確化[79]、地域開発庁(Regional Development Agency: RDA)による支援[80]、また社会的企業のための法人格(「コミュニティ利益会社」Community Interest Company: CIC)の新設(2004年)などはその一例である。

農業・農村を管轄するDEFRA(環境食料農村省)は2005年に、①農村コミュニティへの財・サービス供給、②地域のフードシステム再編、③生態系保護と地域振興、④農村代替エネルギー促進などの分野で社会的企業に期待し、パートナーとして支援することを公表した[81]。なお、労働党から保守・自由連立政権に変わり「大きな社会」が掲げられたが、社会的企業を中心とするボランタリー・コミュニティセクターの重視は継承された[82]。

イギリスの経験から学びえることは、地域への社会的ミッションと高いビジネス能力とを有し、コミュニティを巻き込んで活動する社会的企業に対して政府は期待するのみならず、その支援を本格的な地域再生戦略の中に組み込んだことである。公民パートナーシップにみられるローカル・ガバナンスが制度的に整えられ妥当な支援を受けられる中でこそ、難しい課題に取り組む社会的企

業は大きな力を安定的に発揮できるという考えは重要である。2001〜2003年にかけてB.Evansを代表として行われたEUの支援研究「都市の持続性のための制度的・社会的能力の向上 (Developing Institutional and Social Capacities for Urban Sustainability: DISCUS)」の結果は、こうした公民パートナーシップの重要性を大きく支持するものであった[83]。そこでは高い力量(「社会的能力」)をもつ地域主体も、成熟した支援制度(「制度的能力」)があってはじめて高い成功率をもたらすことができ、両者のうち制度的能力が相対的に重要であることが明らかとされたのである。

8　おわりに　−EU・イギリスの衰退地域政策の経験から学びえるもの−

　現代日本の条件不利地域政策は、焦眉の課題である地域営農・資源管理システムの形成と中長期的課題である内発的発展の促進という二つの課題を抱えている。前者も、今後はとくに本稿で強調してきた広域レベルでの主体形成が重要となってくる。中山間地域等直接支払制度は、広域集落協定という手法でこの課題へのアプローチを可能とはしている。そうした萌芽的事例は少なからず見られるようになった。しかし、もっと速やかに広範にこうした地域システムを形成するには、それに向けてよりダイレクトに働きかける政策が必要となってくる。では、どのようなイメージであろうか。まず、地域の多様なステークホルダーを市町村自治体が中心となって束ねてその諸力を結集しながら、上記2課題に対応する地域戦略としての広域経営システムをデザインする。そしてその戦略の実行部隊としての広域経営法人を形成する。その一連の流れと広域経営法人の活動とを国が包括的な予算システムできちんと支援する。こうした素描が考えられる。これは、筆者がEU・イギリスの衰退地域政策の経験を踏まえた日本型の政策システムとして描いたものである。

　EUでは共通市場をめざす中で生ずる地域間格差を緩和するために、欧州地域開発基金 (ERDF) と欧州社会基金 (ESF) からなる構造基金による共通地域政策がなされてきた。構造基金は南欧諸国のEC(当時)加盟を契機に1988年に大きな改革がなされ、その前後から内発的発展の概念が欧州委員会の文書に登場するようになった[84]。そこでは内発的発展を進めるうえで、工業化時代には物的インフラ整備などで一定の意味をもったトップダウン型の施策システムはもはや限界であり、新たな仕組みづくりが必要となっていくとの認識が浮上

してきた。地方への権限委譲と、その受け皿として効果的な成果をもたらしえる新たな地域主体と施策システムの創出が大きな課題となったのである。農村ガバナンスの構築に向けたうねりが静かに始まったといえる。これを受けて、EU 内では実験事業としての LEADER 事業が 1992 年から 2006 年までの 3 期にわたって実施され、そのあり方が模索されてきた[85]。そこで重視されたのが行政、民間営利、市民・ボランタリーなどの諸セクターから構成される公民混合のパートナーシップ型地域経営主体（「地域活動集団」Local Action Group: LAG）である。実験事業を経て、LEADER 事業は 2007 年から共通農業政策（CAP）に移行されて農村振興政策の 4 基軸の一つとしてメイン・ストリームとなった（LEADER Axis）。
そして 2014 年からは財源を大幅に複線化させながら展開している[86]。

イギリスでは、こうした EU の政策の流れとは別個に地域開発のための独自の公民パートナーシップの潮流があった[87]。それは、サッチャー時代の多様な「分断」の修復をめざしたメジャー政権下におけるシティ・チャレンジ(1991)、ルーラル・チャレンジ(1994) や単一再生予算 (Single Regeneration Budge: SRB, 1994) などの一連の施策に始まったといえる。この流れを批判的に継承し体系的に発展させたのがその後の労働党政権であった。そこでは、包括的予算システムの拡大（「単一プログラム」等）がいっそう進められ、また地域開発資金の獲得に関する競争原理の見直しと計画原理の導入が 2001 年からの地域戦略パートナーシップ (Local Strategic Partnership: LSP) や 2005 年からの地域合意契約 (Local Area Agreement: LAA) などのもとに進められた。そして、2009 年からはイングランド各地 9 か所に地域開発庁 (Regional Development Agency: RDA) が設置され、LSP での地域戦略策定の支援などこうした施策展開を現場で支援する仕組みが構築された。この時期の労働党政権の地域再生政策から学ぶべきものは多い。またこうした公民パートナーシップ方式と並行して、現場が直面する諸問題を解決する地域主体として社会的企業が重視され、政府の施策に組み込まれたことは前項で述べたとおりである。

EU やイギリスのこうした衰退地域政策から日本が学びえるものは何か。第 1 は、内発的発展に必要なソーシャル・キャピタル形成に向けた自立能力構築 (capacity building) やコミュニティ開発などベーシックな事業活動を含む現場での戦略構築や支援のためには、自治体や政府関連機関を含めた地域の多様なス

テークホルダーからなる責任主体（countable body）としての公民パートナーシップ型地域経営体の形成と、それに対する国やEUの確実な資金供給が重要なことである。欧州では、農村における「ガバメントからガバナンスへの移行」として論じられてきた[88]。第2は、イギリスにおける社会的企業と政府との公民パートナーシップである。これは上記第1の文脈の中に位置づけることができるが、特定の社会的企業を現場での課題解決の優れた実行部隊として国が連携して支援するというシンプルな関係でみることもできる。

こうした中で、今後の日本の条件不利地域政策をどう考えるべきか。中長期的には上記第1の視座から、日本型農村ガバナンスの構築を模索し行う必要があろう。ただし、これは大掛かりな仕事である。そして過疎・高齢化に抗しうる地域営農・資源管理システムの構築という焦眉の課題を考える場合には時間がかかりすぎる。この場合、図5-4-1に示したように、課題対応への一定の要件を満たす社会的企業の自治体やJA主導による創出と、これとの契約に基づく国による直接支援体制の構築が望ましいと考えられる。その社会的企業とは主として広域経営法人である。その役割には、生活関連サービスの供給や6次産業化を含めてよい。国との連携によるこうした地域維持のための「堡塁」をまず構築すること、そして中長期的視座からは日本型農村ガバナンスのあり方を模索し構築していくこと、この二つが必要である。

注： 1) 生源寺眞一『現代農業の経済分析』（東京大学出版会、1998年）および柏 雅之『条件不利地域再生の論理と政策』（農林統計協会、2002年）を参照。なお本稿では、農業条件不利地域と過疎地域とを共に条件不利地域に含めるとともに、地域問題を分けて論ずる。両者は固有の問題領域を有すると同時に、密接に関連する面も有する。
2) 宮本憲一『昭和の歴史・経済大国』小学館、1989年。
3) たとえば、富樫幸一（「グローバル化のなかの地域経済」岡田、川瀬ら著『国際化時代の地域経済学』有斐閣、1997年）などを参照。
4) 宮本憲一『地方自治の歴史と展望』（自治体研究社、1986年）などを参照。
5) 当時の集落移転の実態については、新潟県津南町を事例とした柏 雅之（過疎対策と集落再編事業の展開『津南町史（通史編下巻）』1985年）などを参照されたい。
6) たとえば、鈴木誠「地域開発政策の検証」前掲『国際化時代の地域経済学』などを参照。

7) こうした実態に関しては、たとえば前掲・鈴木「地域開発政策の検証」を参照。
8) 山村振興対策の画期は、10年ごとの山振法の画期とはズレがある。
9) 「中山間地域」という用語の登場というより、厳密には復活である。「中山間」という用語は少なくとも 1950 年代には登場しており、1960 年代中頃に登場した「過疎地域」よりも古くから使用されてきた。「傾斜地農業」という用語はさらに古くから存在したが、「中山間」とはこの傾斜地農業の類型区分において使用されていた。その代表的事例として、伊藤健次『傾斜地農業』(地球出版、1958 年) をあげえる。こうした詳しい経緯に関しては、柏 雅之『現代中山間地域農業論』(御茶の水書房、1994 年) を参照されたい。
10) 当時のいわゆる楽観論としては並木正吉『農村は変わる』(岩波新書、1960 年)、他方で悲観論を整理したものとして中国新聞社編『中国山地 (上・下)』(未来社、1967、1968 年)、今井幸彦編著『日本の過疎地帯』(岩波新書、1968 年) などがあげられる。
11) 並木正吉・渡辺兵力『過疎地帯問題報告書』過疎地域問題調査委員会、1968 年。
12) 安達生恒などがその代表的論者の一人である。
13) 国土庁過疎対策室『過疎対策の現況』1995 年。
14) 国会での審議過程に関しては、第 61 回から 63 回までの衆議院・地方行政委員会議録を基にした。
15) 過疎法制定をめぐる議論がなされていた 1960 年代後半や、その後の 70 年代の報告や論文等を以下に整理しておく。出稼ぎが地域社会へ及ぼす問題に関する政府関係の報告書としては、労働省婦人少年局『農村出稼者の妻の生活と意識―出稼留守家庭に関する調査結果報告書―』(1966 年)、同『農村出稼家庭の実情と問題点―昭和 41 年出稼家庭問題懇談会から―』(1967 年)、総理府青少年局『出稼ぎの実態と子供への影響に関する研究』(1967 年)、また研究論文・著書として、新潟大学社会教育研究室『出稼ぎ農民とその家族の生活』(1966 年)、羽田新、渡辺栄編『出稼ぎ労働と農村の生活』(東京大学出版会、1977 年) などを参照。出稼ぎ労働に対する社会医学的見地からは、天明佳臣『都市の断面―出稼ぎの社会医学―』(三省堂新書、1969 年)、若月俊一『農村医学』(頸草書房、1971 年)、五十嵐卓「出稼ぎと健康」(農村保険事業・農村医学研究年報、1971 年) を参照。出稼ぎがもたらす農業経営上の問題を分析したものとして、斎藤典生・菅野俊作「水稲単作地帯における出稼問題の分析」(『研究年報・経済学』第 36 巻・第 4 号、東北大学経済学会、1975 年) を参照。その他、概括的な問題整理としては、大川健嗣「東北地方の一山村における『人口流出』の性格について」(『山形大学紀要・社会科学』第 4 号、第 1 号、1972 年) などを参照されたい。

16）安達生恒「過疎地の生態」『地上』家の光協会、1966年。
17）1990年代末までの状況である。なお、事業費構成は1990年代に入り高齢者対策がわずかであるが加わり、構成比においても交通通信体系整備費の縮小と産業振興費の若干の増加(70年代平均の22％から90年代後半の28％へ)がみられるが、全体のバランスは制度発足当初から大きな変化はない。
18）斎藤晴造や大川健嗣などによる集団的労作がその代表である。たとえば、斎藤晴造編『過疎の実証分析』(法政大学出版局、1976年)、大川健嗣『出稼ぎの経済学』(紀伊国屋書店、1978年)などを参照。
19）山下一仁氏は、30年ぶりの米価引き下げを行った後藤康夫食糧庁長官（当時）が、稲作条件不利地域に対する対策の必要性を当時から強く持ち続け、1992年に直接支払い導入の必要性を提起した経緯を紹介している（山下一仁『制度の設計者が語るわかりやすい中山間地域等直接支払制度の解説』大成出版社、2001年）。
20）前掲・生源寺『現代農業政策の経済分析』
21）同上書
22）条件不利地域直接支払い政策の日本とEUとの比較分析に関しては、Kashiwagi,M.,"Direct Payment Policies for the Regeneration of Less-Favoured Areas: A Comparative Study of the EU and Japan", (*International Journal of Agricultural Resources,Governance and Ecology*, 2004.)などを参照。
23）EUの条件不利地域補償金制度の概要は農林水産省構造改善局「中山間地域等直接支払制度検討会資料集」(1999年)に簡潔に整理されている。なお、1ECU＝138円（1996年）での換算である。
24）欧州委員会資料（1995年）による。
25）ただし、たとえばイギリスでは、丘陵地家畜補償金が面積支払いに移行したにもかかわらず、これらの家畜補償金が未だに環境負荷増大と生産過剰を招く頭数支払いを維持し続けたことに対して、CPREなどの環境団体から強い批判がだされた。
26）ソーンダース（C.）「英国の条件不利地域政策」農村開発企画委員会、1996年。
27）たとえば、永田恵十郎『地域資源の国民的利用』(農山漁業文化協会、1988年)「地域農業の現局面と集落営農の新動向」(『土地と農業』農地保有合理化協会、1993年)などを参照。
28）白川流域では民間企業（ソニー）が地下水利用（工場敷地内からの地下水採取）の恩恵を社会還元するために、転作田の不栽培期間における湛水に対して助成金を企業フィランソロピーの一環として行っている。自治体もこうした動きに連動して独自の補助金を検討中である（2003年現在）。

29) たとえば1993年の調査によると、広島県の財団法人向原町農業公社の場合、水と畦畔の管理を除く全作業（乾燥調整まで含む）の受託料金合計（一切の資材代金も含む）は99,800円、他方で委託農家側の平均稲作販売額（単収530kg、中生新千本）は148,608円である。委託農家は僅かな管理作業のみで51,698円の差額を得、租税公課や水利費そして土地改良償還金（平均約2万円）を支払った後も一定の所得が確保されたのである（1992年度実績）。
30) 前掲・柏『条件不利地域再生の論理と政策』を参照。
31) 柏 雅之「条件不利地域直接支払政策と農業再建の論理」『農業法研究』46号、2011年。
32) 当時、県は若桜町農協受託センターの事例をベースに、そこでの赤字実績分を既存受託料金に上乗せ反映させた受託料金を算出し、そこから委託農家が「経営成立しうる」支払い料金の上限額を差引いた残額を助成単価とした。
33) コストの差額算定は県農業試験場による。コスト差の算定基準は、中山間地域の場合20a整形区画圃場とされた。その理由は、鳥取県中山間地域の水田の大半が当該区画圃場だという地域事情による。
34) 鳥取県庁事業担当者へのヒアリングによる。
35) インキュベーション事業にともなうインキュベーション・コストの発生可能性と計測についての詳細は、前掲・柏『条件不利地域再生の論理と政策』を参照。
36) 少ない優良事例の一つが、財団法人清里村農業担い手公社であった。その意義と限界に関する詳細については、同上書を参照されたい。
37) こうした欧州委員会農業総局の見解に関しては、The European Commision, *Rural Developments,* (1997) を参照。
38) こうした共通農政改革の流れに関しては、前掲・柏『条件不利地域再生の論理と政策』、および柏 雅之「EUにおける直接支払制度の受給権取引と農業構造問題－イングランドとスコットランドでの単一支払制度の権利取引をめぐって－」（堀口健治編著『再生可能資源と役立つ市場取引』御茶の水書房、2014年）
39) 前掲・山下『制度の設計者が語るわかりやすい中山間地域等直接支払制度の解説』
40) 同上書。
41) 中山間地域稲作の「計画的後退」に関しては、柏 雅之「中山間地域農業の地域性と再編課題」（『農業経営研究』Vol.33, No4, 1996年）を参照。
42) 生源寺眞一「中山間地域等直接支払制度の枠組みと畜産経営」『畜産に係わる直接支払制度調査研究事業報告書』農政調査委員会、2003年。
43) 同上書。

44）ただしその場合にも地方交付税での配慮を提起している。
45）詳細は、柏 雅之「EU の農村開発政策」（村田武編『再編下の世界農業市場』筑波書房、2004 年）を参照。
46）作物統計 1998 年度をベースとした組替え集計による。
47）こうした経緯については、前掲・柏『条件不利地域再生の論理と政策』を参照。
48）柏 雅之「中山間地域直接支払い制度の論理と方法」『農林統計調査』第 48 巻第 7 号、1999 年。
49）筆者の発言は、前掲・山下『制度の設計者が語るわかりやすい中山間地域等直接支払制度の解説』pp.121〜126 を参照されたい。
50）髙橋明広『多様な農家・組織間の連携と集落営農の発展－重層的主体間関係構築の視点から－』農林統計協会、2003 年。
51）後述のように、広域集落協定の中でこうした広域経営法人を主要な担い手と認定し、当該法人に直接支払金を集中配分する仕組みで広域レベルでの営農維持を確保しているケースは少なくない。詳細は、柏 雅之「条件不利地域直接支払政策と農業再建の論理」（『農業法研究』No.46、2011 年）を参照。
52）前掲・山下『制度の設計者が語るわかりやすい中山間地域等直接支払制度の解説』
53）同上書、pp.126〜128 を参照されたい。
54）財務当局との交渉をふまえて山下は、「財源が限られているから 20 分の 1 以上に限定すべきであるという主張は、20 分の 1 以上の単価を引き下げることとなる主張に他ならなかった」と理解していた。（同上書）
55）こうした「粗放的スプロール」の要因や実態については、前掲・柏『条件不利地域再生の論理と政策』を参照。
56）自治体版条件不利地域政策はしばしば「自治体版デカップリング」とよばれるが、その事業内容は WTO の原則的概念とは必ずしも一致しないケースが多い。こうした生産と結合した「自治体版デカップリング」の諸形態については、柏「自治体における『デカップリング政策』の意義と限界」（『農政の展開が中山間地域の農業に与える影響についての調査研究報告書 8』農政調査委員会、1997 年）を参照。
57）コメの農産物としての特殊性すなわち「薄い貿易構造」あるいはその「政治財的性格」などについては、辻井 博「小沢報告へのコメント」（『農業経済研究』Vol.69, No.2, 1997 年）などを、また、短期的視座と長期的視座とからみた耕境外農地の管理の理念、管理主体、管理方法、費用分担方式などに関しては、前掲・柏『条件不利地域再生の論理と政策』を参照。
58）生産調整をめぐる平地農村と中山間地域農村との配分問題をめぐっては、研究

者にも二つの論調があった。第1は、中山間地域をはじめとする稲作条件不利地域への生産調整集中論であった。当時、代表的論者の一人であったのが石田正昭である。石田は、「効率原則と公平原則」に基づいた中山間地域への集中論を展開した（石田正昭「価格・所得政策の課題と方向－産業政策と社会政策の峻別を－」『農業と経済』10月号別冊、1995年、pp.99-105）。生源寺眞一も生産調整の地域的アロケーション問題や、中山間地域での比較優位に裏づけられた戦略作目導入に関連して同様の展望を示した（生源寺眞一「堀口報告へのコメント」『農業経済研究』Vol.69, No.2, 1998年、pp.106-107）。両者に共通した誘導手法はクォータ方式の応用であった。また中安定子も「稲作条件不利地域でより多くの調整面積を負担」する必要性を述べた（中安定子「話し合いによる土地利用調整と担い手づくり」『JA』Vol.490, 1995年12月, p.27）。第2は、中山間地域での生産調整緩和論であった。そこでの生産調整は水田潰廃のドミノ的な増大を招くことや、平坦地域の方が技術的には転作に適するという認識がこの論調の背景にはあった。これに関しては、村田武（「直接所得補償政策をどう実現するか」『農業と経済』臨時増刊号、1998年、p.375）などを参照。

59)「稲作中心農政からの脱却」と中山間地域水田利用の問題に関しては、生源寺眞一「ポスト・ウルグアイラウンドの農業・農村政策」（農村計画学会誌、Vol.13, No.4, 1995年）を参照。

60) この指摘は、前掲・柏「中山間地域農業の地域性と再編課題」を参照。

61) 本稿において旧来型の集落営農とは、家産（農地）管理を目的とした無償性原理の漂う自作農の協業組織であって、後継担い手をつくりだし難く、兼業農家組織であるため経営発展が困難な性格をもつ組織を意味している。

62) 島根県農業経営課『島根県における今後の集落営農の展開方向』2013年。

63) 広島県農林水産局『ひろしまの集落法人』2011年。

64) 詳細は、前掲・柏「条件不利地域直接支払政策と農業再建の論理」（2011年）を参照。

65) 柏 雅之「棚田農業・景観の保全と中山間地域等直接支払制度運用の新たな方向」『景観評価法の高度化に関する調査』（2004年度・農林水産省委託研究）三菱総合研究所、2005年。

66) 前掲・柏『条件不利地域再生の論理と政策』

67) 詳細は、前掲・柏「条件不利地域直接支払政策と農業再建の論理」（2011年）を参照。

68) 詳細は、柏 雅之「農山村地域における日本型社会的企業の意義と政策課題」（『共生社会システム研究』Vol.10, No.1, 2016年）、柏 雅之「共生型地域経営と社会的

企業」(古沢広祐・津谷好人・岡野一郎編『共生社会Ⅱ－共生社会をつくる－』農林統計出版、2016 年)を参照。
69) たとえば京都府農政が推進してきた「集落型農業法人」には有限会社タナセン(旧美山町)などのように旧村レベルを担うものが少なくない。
70) こうした論理についての詳細は、前掲・柏「共生型地域経営と社会的企業」を参照。
71) 同上。また、堀場勇夫「国と地方の行財政関係」(堀場勇夫・望月正光編著『第3セクター』東洋経済新報社、2007 年)も参照。
72) マスグレイブ(木下和夫監修・大阪大学財政研究会訳)『財政理論』有斐閣、1961 年。
73) Borzaga, C. and J. Defourny, (eds.), 2004, *The Emergence of Social Enterprise*, Routledge(内山哲郎・石塚秀雄・柳沢尚武訳『社会的企業 －雇用・福祉の EU サードセクター－』日本評論社、2004 年)
74) 白石克孝「社会的企業について議論する」前掲・柏ら『地域の生存と社会的企業』
75) James, E. and S. Rose-Ackerman, 1986, *The Nonprofit Enterprise in Market Economies*, Harwood Academic Publishers(田中敬文訳『非営利団体の経済分析』多賀出版、1993 年)
76) 堀場勇夫・望月正光編著『第三セクター』東洋経済新報社、2007 年。
77) 柏 雅之ら編著『地域の生存と社会的企業』公人の友社、2007 年。
78) 柏 雅之「社会的企業と農村－欧州・イギリスでの展開から学びえるもの－」『農村計画学会誌』Vol.29, No.1, 2010 年。
79) Department of Trade and Industry, 2002, Social Enterprise: a Strategy for Success, London, DTI.
80) Cabinet Office, 2006, Office of the Third Sector, 2006, Social Enterprise Action Plan: Scaling New Height, London, OTS.
81) Department of Environment, Food and Rural Affaires, 2005, Social Enterprise: Securing the Future, London, DEFRA.
82) Cabinet Office, 2010, Building the Big Society, 18 May 2010, London.
83) Evance, B., M.Joas, S.Sundback and K.Theobald, 2005, *Coverning Sustainable Cities*, Taylor & Francis.
84) たとえば、ヨーロッパ共同体委員会(EC 委員会)が、EC 理事会と EC 議会にあてたコミュニケーションペーパーである以下の文献を参照されたい。Commission of The European Communities, 1988, *The Future of Rural Society*,

Commission Communication to the Council and to Parliament, COM(88)501 final, Brussels.

85) 前掲・柏『条件不利地域再生の論理と政策』
86) 2013年のCAP改革では2007年以来の農村政策を担ってきた欧州農業農村振興基金（EAFRD）は共通地域政策を担ってきた構造基金や結束基金等と合流し、新規の欧州海洋漁業基金（EMFF）とともに欧州構造投資基金へと一本化され、LEADERは新たにコミュニティ主導地域振興事業（Community-led local development: CLLD) として財源をこのように大きく複線化させて展開することになった。
87) 前掲・柏『条件不利地域再生の論理と政策』を参照。また地域戦略パートナーシップ（LSP）などについては、柏 雅之、2008年「イギリスの地域再生政策とローカル・ガバナンス」（『AFCフォーラム』農林漁業金融公庫）を参照。
88) イギリスにおける農村のガバメントからガバナンスへの転換に関しては、マースダン（Marsden, T.）とマルドフ（Murdoch, J.）を編者とする『農村研究』のルーラル・ガバナンス特集号（Journal of Rural Studies, Vol.14, Iss.1, 1998）を参照。また、前掲・柏『条件不利地域再生の論理と政策』にも詳述してある。

（柏　雅之）

第6章　各界の農業・農政論

第1節　農業団体の農業・農政論

　本節では、農業委員会系統組織と農業協同組合系統組織（JAグループ）を対象に、これらのわが国における二大農業団体が、1986年以降の開放体制期に、どのような農業・農政論を構築し、いかなる行動をとったのかを中心に整理する。

1　農産物貿易摩擦の強まりと農業団体

　1984年からの10年間は、日本農業にとって、まさに自由化の嵐の真っ只中にさらされた時期だった。同年4月初めには、日米間の牛肉とかんきつの交渉が合意された。4月末には、米国が前年7月にガットに提訴したトマト加工品など農産物12品目についても、事務レベル協議により、その一部を自由化および枠拡大することで一応の合意をみた。88年には日米牛肉・オレンジ協定の期限切れに伴い交渉を再開、同年6月には自由化することで合意に達した。また、12品目については、すでに87年10月、ガットが雑豆、落花生を除く10品目についてガット違反の裁定を下し、わが国は厳しい立場に立っていた。そして、88年7月、すでに自由化措置が決定している牛肉調製品を除くプロセスチーズ、トマト加工品など7品目についても自由化、他の品目についても輸入枠を拡大することで合意された。

　このようにガット合意は、農業に「例外なき関税化」の原則を貫くものであり、わが国農業も歴史的な転換期を迎えることとなった。この間、農業団体は、国内農業を守り、発展させる取り組みを重ねた。

1）農業委員会系統組織の取り組み

（1）牛肉・かんきつ等の日米農産物交渉の経緯

　牛肉・かんきつ協定が期限切れとなる直前の1988年2月、日米農産物非公式会議において、牛肉・かんきつ協定についてわが国は交渉再開を提案した。

これにより、3月には米国通商代表部との協議が再開された。しかし、協定期限切れ後は、完全自由化が原則であるとする米国の強硬な姿勢は崩せず、交渉は難航を極めた。このような状況に対し、農業委員会系統組織は、5月の佐藤農相とヤイター通商代表部代表との会談が平行線をたどり、ガット理事会にパネル設置を求めた米国の高圧的な要求に対し、「毅然たる態度を貫くべき」とする「談話」を発表した（資料1）。

(資料1)　談話

昭和63年5月6日
全国農業会議所
会長　桧垣徳太郎

1. 今回の日米牛肉およびオレンジ・果汁貿易交渉は、米国側の高圧的かつ現実的でない要求によって、結論を得ることが出来なかった。
2. 佐藤農林水産大臣をはじめ、交渉に当たられた方々が、一貫して、わが国農業を守るため、「譲れないものがある」との態度を堅持して、精魂をかたむけて努力されたことに敬意を表するものである。
3. 今後、この問題はガットのパネルを中心に交渉が行われることとなり、複雑かつ多面化することが考えられるが、ウルグアイ・ラウンドが進行中であり、ここで日本側が提起した「農産物貿易の原則」に立脚し、わが国の牛肉、カンキツ生産を守り、発展させるため、毅然とした態度をつらぬくべきである。
4. なお、かかる厳しい国際環境に対応して、わが国農業の体質の強化を図るべき諸対策について、早急に検討を深められんことを要請する。

最終的には、同年6月20日、佐藤農相とヤイター通商代表部代表との会談で、牛肉・オレンジ果汁については4年後に自由化することで合意に達し、正式に調印された。これを受け、6月21日には「万全の対策」と「国際化に向けて一層の体質強化に奮闘を期待」とする「声明」を発表した（資料2）。

(資料2) 声明

昭和63年6月21日
全国農業会議所

1. 今回の牛肉・オレンジの輸入自由化決定は、わが国の農業者に強い衝撃を与えている。この阻止を強く訴えてきたものとして、今回の決定はやむを得なかったものとしてもはなはだ無念である。

2. この日米両国政府の合意について、わが国政府は、「牛肉・かんきつの生産を守り得るぎりぎりの線である」と判断して取り決めたものであるとしている。
最低限、この合意の厳正かつ適切な運用を確保すると同時に、本年4月26日の政府・与党の申し合わせ等にもとづき、牛肉・かんきつの国内生産を守り発展させるため、従来以上の強力かつ万全の対策を講じなければならない。

3. 今後、国際環境はいよいよ厳しさを加えることが予想され、この中で国内農業を守り育てる強力な努力が必要となっている。
今回の日米交渉にあたられた佐藤農林水産大臣をはじめ、関係の方々の精魂をかたむけたご苦労をねぎらうとともに、さらにウルグアイ・ラウンドにおける農業の特性にもとづく農産物の貿易ルールづくりをはじめ、国際化に立ち向かう足腰の強いわが国農業の体質強化のため、一層の奮闘を強く期待するものである。

　一方、1983年7月に米国がガットに提訴したトマト加工品など12品目についても、農業委員会系統組織は、12品目交渉が大詰めに入った87年11月19日に、「農産物12品目輸入自由化阻止等に関する緊急要望」、翌88年2月15日には、「牛肉・かんきつ等農産物の輸入自由化等に関する要望」を決定し、自由化阻止運動を展開した。

(2) ガット・ウルグアイ・ラウンド農業交渉
　1993年12月14日未明、細川総理の「ガットという自由貿易体制の恩恵を受けてきた日本は、ウルグアイ・ラウンドを成功させることが国益であり、そのためにはコメの部分開放もやむを得ない」とする記者発表によって、米の部分開放、小麦・乳製品等の輸入制限品目の関税化、牛肉・オレンジ等の関税率引き下げを受け入れた。
　しかし、この合意は、実態的にみて輸入大国主導であり、各国の農業構造の格差を認めず、市場原理ルールのみで農産物貿易を律しようとするもので、わ

が国のような農産物輸入国にとっては厳しいものといえよう。

　この間、農業委員会系統組織も全力を挙げて「例外なき関税化」阻止と、新たな世界農産物貿易ルールの確立に取り組んできた。全国農業会議所では、ガット農業交渉が終結したその日、「断じて容認できない」「今回の決定により生ずる諸問題は政府が責任を持って対処するべき」とする「談話」を発表した。

　政府は、ガット農業合意受け入れに際し、閣議で「緊急農業農村対策本部」の設置を決定、同時に、「ガット・ウルグアイ・ラウンド農業合意の実施に伴う農業施策に関する基本方針」を閣議了解し、94年8月12日には報告をとりまとめた。これに対して、全国農業会議所は、同年6月8日の役員会ならびに都道府県農業会議会長会議で、「食料・農業・農村基本政策確立対策本部」の設置を決定した。さらに、10月4日には、政府の緊急農業農村対策本部が、「ウルグアイ・ラウンド農業合意関連対策大綱骨子」を決定したことを受け、農業委員会系統組織は10月12日～13日にかけて、都道府県農業会議会長による「食料・農業・農村基本政策確立に関する緊急要望」の実行運動を行った。

　政府は、10月21日にWTO設立協定を閣議了承、国会に提出し、翌22日には、政府・連立与党は、ウルグアイ・ラウンド農業合意関連対策費として、6年間の総事業費6兆100億円と地方単独施策1兆2,000億円を決定した。

　政府・連立与党のガット関連対策費決定について、全国農業会議所は、10月22日に「談話」を発表、「組織の要請を真摯に受け止め、政府・与党の極めて高度な政治的判断を含めて関係者の尽力の結果であり、経緯と感謝を表する」と評価するとともに、対策を実効あるものとする予算編成、税制改正等総合的な対策が不可欠であるとした。

　同月24日には、新食糧法などガット関連7法案が閣議了承、国会に提出された。衆議院で12月2日、参議院では、8日にそれぞれ可決し、WTOの受入が決定された。

　全国農業会議所では、これを受け、12月8日に会長名で「談話」を発表、ガット関連対策の実効ある推進と、新たな農産物ルールの確立に向けた取り組み、わが国農業の再構築と農村活性化に、組織をあげて取り組む決意を明らかにした。

(資料3)　談話

平成6年12月8日
全国農業会議所
会長　桧垣徳太郎

　本日、世界貿易機関（WTO）設立協定と新食糧法など関連7法が、国会において可決、成立した。これによって、いよいよわが国の農業・農村は、新たな厳しい国際化のもとで、重大な岐路に立たされることになった。

　この歴史的な難局を克服するためには、構造政策の加速をはじめ食料・農業・農村についての新たな農政が確立されねばならない。このため、国会審議における村山首相の総括的な答弁や国内対策の確立等に関する国会決議をもふまえた予算措置はもとより、税制改正や関連法制の整備をふくむ万全の国内対策を講じ、先に政府が明らかにした「関連対策大綱」を真に実効あるものにすることが必要である。

　また、中長期的な視点に立った食料・農業・農村に関する基本法の制定や21世紀に想定される世界的な人口・食料問題等をふまえた新たな農産物の貿易ルールの確立に向けた取り組みも重要な課題である。

　われわれは、国民各層の理解と協力を得つつ、引き続きこれに関連する政策の実現に向けて取り組むとともに、自らも構造政策を柱としたわが国農業の再構築と農村の活性化に組織をあげて全力を傾注するよう努めるものである。

2）JAグループの取り組み

　全中は、1987年8月から88年3月にかけ「日本の食糧と国土を守る国民署名運動」を展開した。署名運動への支援は、生協、消費者組織、婦人団体、経済団体、労働組合等へ幅広く求められ、最終的には3,000万人強の署名が集められた。この中には、36名の知事、38名の県議会議長、および6,786名の市町村長・議長の署名が含まれている。こうした署名運動と並行して、漁協・森林組合などとの連携のもとに、「農産物12品目ガット裁定反対全国農林漁業代表者総決起大会」など、4回の大会を東京で開催し、政府・国会に対しガット裁定拒否を求める要請活動を波状的に展開した。

　しかし、ガットのパネル（紛争処理小委員会）は87年12月にアメリカ側の主張を基本的に認める裁定案をガット総会へ報告した。そして88年2月2日のガット理事会は雑豆・ラッカセイを除く10品目をガット違反とするパネル裁

定を採択した。これに対し、堀内巳次全中会長は「パネル裁定案の採択は極めて遺憾である。関係生産者の不安を払拭するため、必要な国境措置などを行うよう」、政府・国会へ強く求める談話を発表した。

こうした交渉結果を受け、全中は、乳製品、果実加工品等、関連 10 品目の輸入数量割当措置の撤廃に十分な猶予期間を設定するとともに、国内生産と農家経営を守るために必要な措置の早急な確立を政府・国会に求めた。これに対し、政府は 88 年 7 月 29 日に農産物 12 品目関連対策を発表した。その内容は非かんきつ、加工用トマトの作付け転換補助、関連品目の需要拡大対策および加工施設の近代化等を中心とするものであった。

また、全中を中心にわが国農業団体は 12 品目および牛肉・かんきつ市場の自由化阻止の全国運動を、漁協や森林組合、消費者団体等の支援のもと、粘り強く展開した。1988 年 3 月の「牛肉・オレンジ等農産物輸入自由化・畜産・酪農政策・政策価格要求実現全国農林漁業者総決起大会」を含め、数次にわたる大会および要請活動が行われた。

牛肉に関しては、88 年度から 90 年度に総輸入枠を毎年 6 万トン増加した後に、91 年 4 月 1 日に輸入枠を撤廃し、輸入関税を 91 年度の 70％から 92 年度 60％、93 年度 50％へ削減して、94 年度以降についてはラウンド交渉結果をベースにするというものとなった。かんきつ関係については、生鮮オレンジとオレンジ果汁の輸入枠を拡大する移行期間をそれぞれ 3 年間、4 年間設定した後、91 年 4 月および 92 年 4 月から自由化することで合意に達した。

これに対し堀内全中会長は、1988 年 6 月 20 日、「交渉結果は自由化絶対阻止を訴えたわれわれの要望とかけ離れたものであり、かつアメリカ政府の強圧的態度に基づくもので、強い憤りを禁じ得ない」との談話を発表するとともに、必要な国内措置の実現を求めた。そしてその直後から全中は、国内措置を求める特別運動を展開した。その結果、種々の国内措置の実施が決定された。

また米に関しては、全米精米業者協会（RMA）が、わが国の米市場の自由化を求めて、1986 年 9 月と 88 年 9 月の 2 度にわたり通商法 301 条に基づきアメリカ通商代表部に提訴した。全中は 88 年 10 月 22 日、「米市場開放阻止農業者緊急中央集会」を開催した。さらに、全国 100 万人総行動を提起して全国的な反対運動に取り組んだ。こうしたなかで、RMA の 2 度にわたる提訴は却下されたが、アメリカ通商代表部は却下の条件として、米問題をウルグアイ・ラウン

ドで決着させるとの方針を明確に示した。これを契機に、農協組織は、米市場開放阻止を統一スローガンに、わが国の農業および農産物の国境措置を守るため、ウルグアイ・ラウンド対策の運動を本格的に展開することになった。

　本格的に開始された米市場開放阻止を統一目標とするガット対応の運動では、農業者と農協役職員による学習活動の積極的な展開が当初から重視され、さまざまな工夫がなされた。各種の統一学習資材として、農業交渉の背景から解き明かしたパンフレット「ウルグアイ・ラウンドと農業交渉」をはじめ、「そこが知りたいガット農業交渉」のビデオスライド、「まんがで知るガット農業交渉＝祭りの日は忘れない」「組織内外用のリーフレットなどが、全国各地の研修会などで継続的に活用された。さらに、全中ワシントン連絡事務所や海外農業団体等を通じて独自に入手した情報をもとに「ワシントン・レポート」（1985年6月から91年5月）、「ガット関連情報」（1990年11月より適宜発行）や農協機関誌用「ガット関連全国統一特集」（90年9月より毎月1回発行）も学習活動の推進に利用された。

　これらの取り組みと同時並行的に、わが国農業者の主張を、組織の内外に適宜明らかにしていった。1990年夏に公表された「われわれの主張について」では、農業者の基本的な見解として、次の三点を強調した。

①各国の農業がもつさまざまな機能が公正に評価されるべきである。
②各国国民の食生活にとって重要な基礎的食糧については、それぞれの国で国内自給を確保しようとする努力がガット協定上明確に認められるべきである。
③農業と工業等の産業が均衡を保ちながら健全に発展することは、各国の社会的・政治的な安定にとって重要である。そのため、食糧の輸入国と輸出国の農業が共存できる道を農業交渉は追求すべきである。

　また全中と米市場開放阻止対策中央本部が、交渉の節目において行った具体的な全国運動は次のように整理される。

①政府・国会、地方自治体に対する要請
②大会・集会の開催
③国会議員の署名獲得運動
④国民各層の支持を求める運動の展開
　（ア）国民署名運動などの展開
　（イ）都市住民への働きかけ

（ウ）農業市民会議の結成
⑤ガット事務局長への要請
　さらに、次のような海外農業団体との連携強化にも積極的に取り組んだ。
①モントリオール憲章の採択（1988年12月、カナダ・モントリオールにて）
②ガット国際シンポジウムの開催（1989年11月、東京にて）
③農業者の国際大会・デモ等への参加（例えば、92年12月1日、フランスのストラスブールで開催された8万人のデモおよび世界農業者決起大会）
④史上初の農業者サミット「ガット・ウルグアイ・ラウンド交渉に関する家族農業者東京サミット」の開催（93年7月4～5日、東京にて）

　以上のような阻止行動にもかかわらず、1993年12月7日、市場アクセス交渉グループのドゥニー議長（カナダ政府代表）が、「特別な条件を満たす品目の関税化は6年間猶予し、ミニマム・アクセスを初年度国内消費量の4％、6年目は8％に拡大する」との案を含む最終調整案を示した。このような状況変化をふまえ、前述のように細川首相は米のミニマム・アクセスを含むドゥニー調整案の受入を決断した。首相は、「交渉の成功と世界経済の発展、自由貿易体制の維持強化によってもたらされる国民的利益という観点から、断腸の思いでぎりぎりの決断を下さざるを得なかった」と述べるとともに、「私（首相）を本部長とする関係閣僚による緊急農業農村対策本部を設置し、今後の農政の推進に全力を尽くす」との考えを明らかにした。
　これに対し、全中と全国農政協（長倉孫三会長）は、「満腔の怒りをもって断固抗議する」との共同声明を発表した。

2　新たな構造政策の推進への関わり

　市場開放要求という外圧、他方食料自給率の低下や担い手の減少など、内憂外患の状況下において、当時の近藤元次農林水産大臣は、1991年2月5日の閣議後の記者会見で、個人的見解と断りながらも、わが国農政は、大きな転換期に差しかかっており、農業基本法の見直しを含めた農政のあり方について勉強してみたい、と発言した。これがきっかけとなり、いわゆる新政策の検討が始まった。

1) 農業委員会系統組織の取り組み

(1) 新政策の策定

　農林水産省は、1991年5月24日、農業・農村をめぐる制度や施策のあり方について、総合的な見直しを行うため「新しい食料・農業・農村政策検討本部」を、6月には、各界の有識者12名で構成する「新しい食料・農業・農村政策に関する懇談会」を設置し、検討に着手した。農業委員会系統組織からは、岐阜県農業会議の荒井会長が委員として出席し、農業委員会系統組織としての意見を反映させた。新農政ビジョンの検討で、大きな問題になった一つは、農業の担い手不足を背景に、株式会社を農業の担い手として位置づけ、株式会社に農地の取得を認めるべきではないか、という意見が強く出されたことである。

　全国農業会議所は、株式会社に農地を取得させることは、農地取得が投機・資産保有目的や、農業以外の利用目的で行われる危険性が強く、しかも、経営の好不況により資産としての処分が優先され、無秩序な土地利用や土地価格形成につながること、また、株式会社と家族経営を基本とする農業経営を比べた場合、その資本力からも、家族経営は太刀打ちできず、わが国農業は壊滅状態になること、さらに、農業の担い手は、地域の農地・資源の活用に責任を持ち、地域農業を継続して、主体的に担い得る「近代的な家族経営、およびこれを基礎とする農業生産法人」を基本にすべきである。したがって、株式会社の農地取得は認めるべきではないと強く主張した。

　1年余にわたる検討を経て、1992年6月10日、「新しい食料・農業・農村政策の方向」（いわゆる新政策）が取りまとめられ公表された。

(2) 農業経営基盤強化促進法等の制定

　全国農業会議所は、農業委員会系統組織をあげて取り組んだ農林水産大臣諮問答申の内容が、新政策において相当取り入れられたことから、担い手に焦点を当てた構造政策の第一歩と評価し、その具体化を早急に実現するよう農水省に強く求めた。政府・農水省は、農政審議会の検討を受けて、その具体化のための法案づくりに取り組み、「農業経営基盤強化のための関係法律の整備に関する法律案」と、「特定農山村地域における農林業等の活性化のための基盤整備の促進に関する法律案」など、新政策関連法案を93年中に施行の運びとなった。

全国農業会議所が、同年1月25日に出した「農業経営基盤強化関係法案に対する見解（メモ）」では、同法律案を新政策具体化の第一歩として、特に、経営改善計画の認定制度、農業生産法人の条件整備について評価する一方、次の点についてさらなる検討を求めた。

　第1点は、今回の法律が実効あるものになるためには、農業委員会系統組織のあり方を含めて、農地対策や経営確立対策を柱とした構造政策の推進機関の再編・整備を早急に検討するよう求めたことである。その結果、参議院の付帯決議の冒頭には、「本法の実効をあげるため、農地対策と経営対策とを一体とした推進体制の整備を図ること」の1項目が加えられた。

　第2点は、選別的な意味を持つと指摘のある認定農業者制度を農村社会に定着させるため、市町村長が経営改善計画を認定するにあたって、農業委員会の推薦等を受けて行うなどの工夫を講ずるよう提案したことである。農林水産省は、経営改善計画の作成にあたり、農業委員会が積極的な協力を行うとする考えを示した。衆議院修正により、法第12条に、「承認市町村は……地域の関係者の理解と協力を得るように努めるものとする」の1項が加えられた。「地域の関係者」については、通達で農業委員会、農業協同組合、農業改良普及所等が示されている。

　第3点は、農業委員会法において、農業会議等における経営確立対策など、構造政策推進の役割を明確にするよう求めたことである。農林水産省は、農業経営の指標の作成等についての農業会議の役割を法案に新たに規定する考えを示した。法第22条には「都道府県農業会議は……広域の見地から農用地の利用関係の調整をおこなう必要があると認められる場合には、関係農業委員会に対し……効率的・安定的な農業経営の指標等に関する資料及び情報の提供その他の協力を行うように努めるものとする」と明記された。

　第4点は、市町村段階の農用地の利用調整について、関係機関・団体の積極的な取り組みと併せて、農業委員会による総合的な調整機能、特に、農地保有合理化促進事業と農業委員会のあっせんや利用権設定等促進事業との一体的な推進体制の整備を求めたことである。農林水産省は、農業委員会が農用地に関する情報の収集提供活動の一環として、認定農業者からの申し出に基づき必要な情報提供、助言、あっせんを、農地保有合理化法人と連携しつつ行う考えを示した。法第13条2項には「農業委員会は、……農地保有合理化事業の実施

が必要であると認めるときは、農地保有合理化法人の合意を得て、当該農地保有合理化法人を含めて当該調整を行うものとする」と明記された。

　第5点は、農業生産法人の要件緩和にあたって、農外資本等による農業経営支配の危惧があることから、定款変更等に関して、農業委員会によるチェックシステム機能の充実・強化を求めたことである。農林水産省は、事業内容、構成員の状況等を定期的に報告させる等により、農業委員会によるチェックシステムを強化する考えを示した。通達には、「農業委員会又は都道府県知事は……許可を取り消す旨及び許可後一定期間、例えば、10年間は毎年当該農業生産法人の経営の状況（事業の内容、構成員の状況、業務執行役員の状況を含む。）を許可権者に報告する旨の条件を付けるものとする」と、明記された。

　第6点は、農地保有合理化法人が行う農地取得についての農地法第三条の届け出制については、例えば農業委員会のあっせんや利用権設定等促進事業によるものに限定するなど、農地制度上の整合性を確保するよう求めたことである。

　農林水産省は「農地保有合理化事業規定において都道府県公社と農業委員会とが十分連携、調整を図る旨規定」するとの考え方を示した。

(3) 特定農山村法案

　全国農業会議所が1993年2月5日に出した「特定農山村法案に対する見解（メモ）」では、同法案を農林、国土、自治の3省庁による中山間地域の支援立法の第一歩として評価する一方、以下の点について不安・疑念があるとして、必要な措置を求めた。

　第1点は、法案の対象地域がわが国農地の4割程度となり、広範な地域で転用規制が緩和されると、新政策の「食料自給率の低下傾向に歯止め」という政策目標が画餅になりかねず、優良農地の転用が促進される恐れが強いとして、強い疑念を示したことである。農林水産省は、特定農山村地域を急傾斜耕地面積の比率、林野率、農林業従事者の割合等により限定するとともに、市町村の基本方針で、特定農山村地域の中山間地域で重点的に実施されるよう措置するとしたほか、単なる相対取引は対象とせず、農地の適正な利用の促進と併せ行うものを対象としているため、対象となる土地も、自ら限定されるとする考え方を示した。この結果、特定農山村法第8条2項二には、所有権移転等促進計画における所有権移転等の条件が示され、単なる相対取引は対象外とされた。

　第2点は、所有権移転等促進計画制度の創設にあたり、農業委員会による促

進計画の決定などの必要な措置を講ずるよう求めるとともに、地域限定が行われずに実施されれば、現在の利用権設定等促進事業の推進の障害となる恐れがあると主張したことである。農林水産省は、本事業が農地転用制度の緩和として機能することなく、本来の目的に沿って推進されるよう、計画の作成、法定過程において、農業委員会および農業会議が農地法と同じように関与するよう、法令上措置するとの考え方を示した。この結果、法第8条1項に「計画作成市町村は……農業委員会の決定を経て、所有権移転等促進計画を定めるものとする」、同条5項には「都道府県知事は……あらかじめ、都道府県農業会議の意見を聞かなければならない」と明記された。

　第3点は、農業委員会法において、農業会議に対する国からの負担金の根拠は、農地法に基づく転用知事諮問のみであり、転用制度のあり方いかんによっては、財政上組織不安を引き起こす恐れがあるとしたことである。農林水産省は、農林地所有権移転等促進事業の性格、および市町村が許可を受けて行う転用の実態からみて、影響を及ぼすことはないとの考えを示した。

(4) 農地流動化・農業経営基盤強化促進対策

　農業委員会系統組織は、1980年の農地三法施行後も、構造政策の中心的推進機関として、積極的に農地の流動化に取り組んできた。89年6月22日に「農用地利用増進法の一部を改正する法律」、並びに「特定農地貸し付けに関する農地法等の特例に関する法律」(いわゆる農地二法)が成立した。特に、「農用地利用増進法の一部を改正する法律」においてはじめて、農業委員会組織における法令事務としての農用地の利用調整の機能・権限が、法律で明記されたことになり、画期的なことと位置づけている。また、都道府県農業会議においても、限定的とは言え、系統組織として、はじめて、農業委員会法の6条1項の農地業務への協力規定が整備された。このほか、遊休農地の有効利用のための措置も盛り込まれた。遊休農地所有者等に対する農業委員会の指導、市町村長による勧告、農地保有合理化法人(県農業公社)による買い入れ、借り受けの協議の三段階の措置がとられることとなった。

　また地域レベルで、農地保有合理化促進事業の中間保有機能を活用していくことが適当であり、地域のニーズに応じて、機動的に農地保有合理化事業を実施する体制を整備することが必要とされたことから、1992年5月に農地法施行令の改正が行われた。それにより、市町村公社も農地保有合理化法人となれる

よう措置された。この経過において、全国農業会議所の要望等により、市町村公社が行う農地等の貸借は、農業委員会による農地等の権利移動のあっせんの事業による農用地利用調整活動と、十分な連携を図りつつ行うこととされた。さらに、担い手との競合を避けるため、市町村公社が自ら農作業受託を行い、または、管理のための耕作を行うのは、農業委員会による農地等の利用関係についての、あっせんの事業、農協の農作業受委託のあっせんの事業による農用地利用調整活動によっても、なお当面農地または農作業の受け手がいない場合とされた。

　1993年6月8日に成立した「農業経営基盤強化のための関係法律の整備に関する法律」、および「特定農山村地域における農林業等の活性化のための基盤整備の促進に関する法律」は、農林水産省が前年6月に公表した「新しい食料・農業・農村政策の方向」（新政策）を法制面から具体化したものである。新政策の検討過程において、農業の担い手不足を背景に、株式会社にも農地の権利取得を認めるべきとする、「株式会社の農地取得論」が出された。くり返しになるが全国農業会議所は、農林水産大臣諮問答申（92年3月12日）などで、農地の投機・資産保有的な取得を招き、優良農地を守ることが出きなくなるとして、この考えを明確に否定した。その上で、農業の担い手像として地域の農地・資源の活用に責任を持ち、地域農業を継続して、主体的に担い得る「近代的な家族経営およびこれを基礎とする農業生産法人」を基本にすべきであると主張した。なお最終的には、「投機および資産保有目的での農地取得を行う恐れがあることから適当ではない」と表現された。

　新政策の農業構造・経営対策には、①経営体の育成に焦点を当てた構造政策の考え方、②規模拡大計画の認定制度から、経営改善計画の認定制度への発展、③法人化の促進とそのための条件整備、④農地保有合理化法人の機能強化など、全国農業会議所が、農業委員会系統組織をあげて検討した農林水産大臣諮問答申の内容が、相当程度取り入れられた。したがって、農業委員会系統組織としては、担い手に焦点を当てた構造政策推進の第一歩として評価するとともに、その具体化を早急に実現するよう求めた。

　その一方で、わが国農業の将来展望、農地制度や構造政策の推進体制、さらに、農業委員会系統組織のあり方に重大な関わりを持つとの認識に立ち、農村現場・系統組織の意見を積極的に反映させていくこととし、要望活動を行うと

ともに、法案の早期成立に向けて強力な運動を展開した。

2) JA グループの取り組み

新政策に対して全中は、「『新政策』の展開と JA グループの対策」という組織討議案（以下、「対策」と略す）を示し、1993 年 5 月に理事会で決定した。

「対策」は、その序文において、「新政策」の主に、「Ⅰ　政策展開の考え方」に示された基本的な認識を評価したうえで、「このような認識や方向づけが具体化されるために政府・地方自治体や農業者・団体等の積極的な対応が不可欠」として、具体策の必要性を主張した。そして、政策としての総合的な枠組みの必要性を説き、ジュネーブ宣言（これは、1990 年にジュネーブで開かれた、ガット世界民間人会議で採択されたもので、各国が自国が適切と考える食料自給の水準を達成できる権利の保有、輸出補助金の廃止、関税化提案の棄却などを内容とする）に沿った国境措置の強化と、農業法（これは、アメリカのそれにならった農業政策の具体化法で、おおよそ 5 年間の農業政策の目標、枠組みや価格・所得政策のあり方、貿易政策などを法律に明記するというもの。農業の担い手からの、「政策の将来方向を明示せよ」との要求にこたえることを最大の目標とした法制度のあり方）の制定による農業政策の展開を主張した。

また「対策」では、農業の担い手として、改めて家族経営重視を打ちだし、組織経営体もまた家族経営の安定の上に成り立つ、と主張した。「新政策」が経営体の目標を掲げたことを評価しつつも、地域の実情に応じた目標設定が重要であると主張し、自治体の目標設定に対して積極的に関わるとともに、系統農協自らも各地で目標を設定する必要があるとした。そして、個別経営体であれ、組織経営体であれ、それだけで経営を完結することは困難あるいは合理的でないとの考え方から、農協が農作業の補完機能を積極的に果たすべきであるとした。また、法人化については、その意義を認めるとともに、現場でこれを指導する人材が必要なことから、農協自らが人材育成に努めるべきとした。その後、全中は、「農業法人運営大全」をまとめるなど、積極的な取り組み姿勢をとっている。

新規就農者支援として、「インターン制度」も提唱している。これは、就農希望者を農協の臨時職員等として一定期間雇用し、この間に農業生産施設などで働きつつ、農業技術や経営管理に必要な知識を習得してもらう制度である。

農地・土地政策については、政府に対して、農地政策にとどまらない、土地政策全般の見直しがなければ農地の効率的な利用は見込めない、との立場から政策提案するとともに、農地保有合理化事業等により、効率的な耕地利用の実現への貢献を目指した。

価格・所得政策については、前述の農業法による運用を主張した。すなわち、需給均衡価格ではなく、国として必要とする生産量を確保しうる価格、5年先まで見通せる価格、地域で目標とする経営のあり方が実現しうる価格を実現せよ、という主張である。

また「新政策」関連法として、農業経営基盤強化関連法や特定農山村法などが施行されたことは前述したが、これによって、従来の認定制度が拡充強化され、農地保有合理化事業の促進条件が整備された。さらに、農地法・農協法の改正に伴う農業法人の要件緩和による法人化の方向と相まって、担い手の育成を農業対策の基軸にすえた新たな段階を迎えるに至った。

農地保有合理化法人の資格取得手続きは、市町村基本構想で指定され、県知事の承認が必要となり、これまで順調に伸びてきた農協の合理化法人資格の取得は切替を余儀なくされることとなった。しかしこのことが、市町村基本構想の策定に併せた農協の資格取得運動を促進させることとなり、市町村公社を模索する一部市町村を除けば、農協の農地保有合理化事業の拡大に弾みをつけた。また、農業法人の育成についても、家族経営を基盤とした経営体の育成を基本としつつ、農協としての法人化へ向けた指導体制や支援対策の検討をすすめることとなり、北陸等の地域では一定の成果が現れた。

3　新食糧法とJAグループ

1）新法成立の過程とJAの役割拡大

ウルグアイ・ラウンド農業合意によってミニマム・アクセスによる米の輸入が決まり、価格支持政策の継続が不可能となり、食管制度による米の全面的管理が困難となった。

1994年2月1日、農政審議会は「今後の新たな国境措置の下での農産物の価格流通政策のあり方および中長期的な観点に立った農業施策の展開方向」について検討を着手し、ウルグアイ・ラウンド対策の一環として食管制度の見直し

をはじめた。そして早くも 8 月には、「新たな国際環境に対応した農政の展開方向」を明らかにした。

これに対し、全中水田農業対策中央本部は、9 月 12 日に「食管制度改革に関する要請」を出し、制度や内容に関する修正を迫った。具体的には、「制度改正にあたっては、基礎的食糧である米は国内自給を基本として、生産者・消費者双方のニーズに対応し、将来にわたり安定供給できるよう、生産調整、備蓄、価格、流通を通じて、国が責任をもって需給と価格の安定を図ることを基本とするシステムの構築」を求めており、以下のような事項からなっている。

①生産調整：法律に明記すること。生産者全員参加。行政と集荷業者・生産者団体が一体となった推進体制。助成金等の充実・強化。

②価格安定政策：政府買入価格は米価全体の下支えとして再生産コストに設定。政府による備蓄操作や市場隔離等、需給操作を通じた自主流通米の価格安定対策。自主流通米の価格形成機構の役割は、指標価格の形成にとどめ、価格安定のため、値幅制限の設定等を行う。

③流通規制の緩和：集荷については新規参入の要件緩和を進めるにしても、集荷業者は生産対策と集荷を一体的に担うものとする。生産者の販売業者への直接販売、集荷への販売業者の参入等を行わないこと。

④備蓄：国による実施と負担。生産者団体、流通業者の在庫保有についてのコスト助成。

⑤ミニマム・アクセスの取扱い：主食用への売却は慎重に行う。輸入米の売却価格の設定・売却方法は国産米に影響を与えないよう措置。

⑥安定供給対策：流通量確保、加工需要、物流コスト低減等のための助成措置。

⑦表示制度：国産、輸入米の区分、年産、産地、銘柄区分、特別の栽培法等の表示を強化すること。

つまり、米の管理における国の役割を減ずることのない、従来の食糧管理に準じたシステムを描いた要請内容である。以後、全中など JA グループにおいては、この内容を基本として連立与党や政府に働きかけを行った。政府は、この要請を受け、「新たな米管理システムの検討」を出し、論点整理を行ったが、生産調整、備蓄、価格政策、流通規制緩和など、制度的仕組みが明らかにされたに過ぎなかった、という評価もなされている。

「主要食糧の需給及び価格の安定に関する法律」（いわゆる、新食糧法）は、1994

年12月14日に公布され、翌年11月1日に施行された。その内容は、基本的には連立与党の合意案に基づくもので、政府の役割の縮小、自主流通米中心の流通と自主流通米価格形成センターによる入札制度に基づく価格形成、小売・卸を中心にした従来の許可制から登録への変更による流通規制の大幅な緩和等、大幅な改革である。これによって、政府にかわりJAグループが、生産調整をはじめ備蓄と調整保管の一部を担い、市場流通を基本とした自主流通米の価格維持を、生産者のため確保する役割を担うことになった。

2) 農業再建とRICE戦略

1994年9月の第20回JA全国大会において、「21世紀への農業再建とJA改革」が決議された。大会は、ガット・ウルグアイ・ラウンド農業合意の国会批准直前であり、批准阻止への動きもあったものの、阻止運動にまではいたらなかった。決議における第一の柱が「日本農業の再建と農村の活性化」と題された農業再建策である。しかし、「緑豊かな田園社会の維持に向けた国民合意の確立」「食糧供給の安全保障と国内農業の持続的発展をかはる政策の確立」「国内農業の維持発展に向けた農産物貿易の国際ルールの確立」など、具体策に乏しく、92年の新政策を前提として、これを多面的に展開していくことを謳ったものと位置づけられている。特に、農業再編を唱えながら、新政策の枠組みの中で、これまでのJAグループにおける営農関連事業を総花的に展開しただけにとどまっており、取り組み方向を不鮮明としている、という厳しい評価もなされている。

また同年12月には、JAグループの米戦略についてのプロジェクトチームが編成され、検討が着手された。その成果は、翌年4月に「JAグループの米生産・販売対策方針について」としてまとめられ、6月に組織決定された。「再構築」「農協らしさ」「結集」「効率化」の英語の頭文字をとって「RICE戦略」と銘打たれたが、具体的には次のような内容となっている。

①R＝リストラクチャリング（再構築）

　競争原理の導入、規制緩和の推進という政策が進められるなかで、新たな米生産・販売戦略を構築し、新しい米流通に対応した米事業の「再構築」をはかる。

②I＝アイデンティティ（農協らしさ）

米の生産から出荷までの過程を通じて、協同組合としての「農協らしさ」を追求し、農家の営農と生活を守るという本来の使命と、食料の安定供給という社会的使命を、系統農協の事業展開のなかで実現していく。

③C＝コンセントレーション（結集）

米の需給と価格、流通の安定をはかるためには、生産調整の確実な実施、計画流通米の確保と販売調整が必要であり、生産者、産地、農協の「自主・自立」を基本とした全国的な生産調整・販売調整への「結集」を呼びかけるとともに、全国的に「結集」できるシステムを構築する。

④E＝エフィシェンシィ（効率化）

ミニマム・アクセスの実施による外国産米の輸入、流通規制の緩和による競争激化に打ち勝つうえで、生産者には「生産の効率化」が、系統農協には「事業の効率化」が最大の課題である。そのため、各段階における「効率化」を実践しながら、系統農協全体の競争力の強化を図ることを目指した。

以上のようにRICE戦略は、各都道府県のJAがそれぞれ独自の生産・販売事情をふまえ、具体化を進めるうえでの指針というものであったが、課題の中心は全員参加の生産調整をどのようにクリアするか、計画流通米・計画外流通米をどのように処理し、他業者との競争で集荷と販売をどのように進め、効果を上げるかにあった。

これらの動きは、視角を変えれば、当該戦略は、体制的にも実質的にも、食管における国の役割をJAが肩代わりするという性格を持っている点を最大の特徴とするものといえよう。

4　食料・農業・農村基本法の成立と農業団体

食料・農業・農村基本法は、1999年7月12日に可決・成立し、16日に公布・施行された。1961年に制定された農業基本法の時代は名実ともに終焉し、21世紀日本農政の新たな基本指針が確定された。農業基本法にとってかわる農政の実質的な総合的軌道修正は、92年6月の「新しい食料・農業・農村政策」において開始されたが、新基本法自体の制定が示唆されたのはそれから2年後のウルグアイ・ラウンド農業合意関連対策大綱においてであった。95年9月に設置された「農業基本法に関する研究会」は、行政レベルでの新基本法制定へ向

けた検討の第一歩となった。

1）農業委員会系統組織の取り組み

　全国農業会議所は、1995年3月9日開催の第41回通常総会において、農林水産大臣から、「転機に直面するわが国経済社会における農業・農村の対応方向」について、以下の諮問を受けた。

（諮問）
　わが国の経済社会は、現在、大きな転機に直面するとともに、将来にわたって創造的で活力ある経済社会を構築していくため、解決すべき多くの課題を抱えている。
　すなわち、最近の円高等を背景とした国内産業の空洞化、21世紀に向けての高齢化の急速な進展、人口及び経済社会機能の都市への過度の集中等の諸問題への対応、また一方で、規制緩和、地方分権の推進等が大きな課題となっている。
　このような我が国経済社会が抱える課題及び構造政策の推進という農業自体の課題に対し、農業及び農村はいかに対応していくべきか。

　その内容は長期的かつ幅広い視点を要する基本的な課題であり、「食料・農業・農村基本問題調査会」で議論されている食料・農業・農村に関する新たな基本法にかかわるテーマである。
　翌年9月に行った中間答申「農業・農村の多面的機能の発揮による国民生活の質的充実をめざして」は、大きな時代変化の中で、わが国農業・農村・農政の対応方向を検討する場合の基本的な視点と論点および検討課題について、①21世紀に向けた我が国経済社会をめぐる変化と課題、②食料・農業・農村をめぐる基本課題と対応方向、③新たな農政の理念と目標および政策の方向、の三項目にわけて言及している。特に、第三項目については、「新たな基本法の制定に向けて」という副題が付されており、食料・農業・農村に関する新たな基本法を早急に制定することの必要性と、そのポイントが提示されている。
　まず食料政策については、①食料自給力の維持・向上を基本とした食料安全保障、②食料の安全性管理と食品産業の振興、③食料・農業協力による国際貢献、の三点。構造政策については、①新たな視点での「食糧供給基地」の再構

築、②地域農業の再編成、③市場対応力の強い農業経営の確立、④新たな農地管理・保全システムの構築、⑤土地基盤整備の推進、⑥土地・農地政策の確立と農地の確保・保全、の6点。経営政策については、①家族経営の近代化と法人化、②経営環境の変化に対応し得る資本蓄積力の強化、③高付加価値農業の推進、④農業部門への就職・雇用の促進と青年の就農自立化支援、⑤経営者マインドの向上と自主的な経営者活動の支援、の5点。価格・所得政策については、一方においては、新しい農業構造の確立と農業経営の安定、国内農業の維持、他方では、内外価格差の縮小や消費者価格の大幅な変動の防止、という課題への対応をめざし、新たな価格・所得政策のあり方についての総合的な検討が必要であるとしてる。さらに、条件不利地域を含む農村地域政策の方向としては、人口定住の促進とともに、農地や山林、農村景観、水などを「緑の環境資源」として積極的に保全・整備する必要性を強調し、地域農業と農村地域社会の維持、農林業資源などの維持・保全に基本的な政策目標をおいた、地域構造政策が必要であるとしている。さらに中山間地域対策においては、直接所得補償の検討が必要であるとしている。

また中間答申の最後では、規制緩和と地方分権への対応を言及している点には注目しておかねばならない。そこでは、自由競争による市場経済の活力が発揮されるよう規制緩和を推進する一方で、国民生活の安全性の確保や土地利用などの公共性を確保する社会的規制の必要性は十分認識することが重要であること。また、農業者の自主性や創意工夫の発揮における農業経営の確立・発展に向けた規制緩和などについての検討が必要である、としている。その上で、食料・農業および土地・農地制度にかかわる規制緩和・地方分権については、21世紀のわが国経済社会と農業・農村の将来ビジョンを見通した新たな農政理念を確立したうえで、適切に対応する必要があるとしている。

本答申では、中間答申の内容を深め、21世紀のわが国経済社会における農業・農村の役割を明らかにしている。「食料の安全保障と豊かな国民生活」を確保するためには、農業・農村の再構築が不可欠であるとの認識から、その基本となる、①農業の人材確保と経営者の養成、農業経営の安定、②農地の確保・保全と流動化の推進、有効利用、③「国民共有の空間」としての農村の総合的・計画的な整備、などについて提言している。さらに、食料の量と質の両面にわたる安全保障については、農業・農村を再構築するうえで重要な枠組みをなす

ものであることから、食料政策の基本についても言及している。

　まず、農業を担う人材の確保と経営者の育成に関しては、新規就農支援対策の強化と農業への就農あっせん等の体制整備、そして農業経営者の養成体制の整備を指摘している。特に体質の強い農業経営を広範に確保・育成するためには、認定農業者をはじめとする農業の担い手を施策の対象として明確にし、経営確立のための施策を強化することが不可欠としている。

　農地の確保と有効利用に関しては、あくまでも農業生産に効率的に利用（耕作）する者に農地の権利取得を認めることが農地制度の根幹をなしており、この点を将来とも堅持すべき、としている。そのうえで、農地（制度）をめぐる今日的な新しい事態に対するためには、（ア）農地の転用・利用規制のあり方、（イ）総合的・計画的な土地利用のあり方、（ウ）農地の保全・確保のあり方、（エ）担い手への農地利用集積の強化方策、（オ）農地の有効利用・耕作に向けた積極的な誘導にかかる方策、（カ）市民農園やいきがい農業などを目的とした農地利用の位置づけ、などの検討が必要であることを指摘している。

　農地流動化の推進については、認定農業者や農業生産法人、経営者として自立をめざす若者等に農地利用を集積し、一定の経営基盤を持った効率的かつ安定的な農業経営の確保・育成を急ぐことが強く求められているとし、強力な推進体制を整備しながら、さらなる政策努力が不可欠としている。また、零細で分散した農地をできる限りまとまりのある形で担い手に集積するためには、市町村農業委員会や農地保有合理化法人、JA、土地改良区などの機能、集落機能等を総合的に活用し、農地流動化を強力に推進する体制の整備が不可欠としている。そのためには、農業関係団体・機関の役割分担や連携のあり方を明確にしながら、農業委員会系統組織のあり方についても見直す必要がある、としている。さらに農地の有効利用と保全に関しては、担い手への利用集積をはじめ農地の多面的・公益的機能の維持や資源管理、地力の維持・増進などの視点になった農地の保全・管理対策の必要性を指摘している。

　「国民共有の空間」としての農村の再構築に関しては、平場地域や都市地域、そして中山間地域という地域別の対応が重要とし、それぞれのポイントを次のように指摘している。

　まず平場地域では、土地の都市的利用と農業的利用の激しい競合関係によって、都市の膨張による農地の蚕食傾向に歯止めをかけ、美しい農村空間が維持

できるよう総合的・一体的な整備の必要性をあげている。

都市地域では、生鮮野菜の生産をはじめ、市民農園など都市住民に開かれた農地利用や農地保全に努め、都市生活における快適性、安全性に配慮した土地利用として、農業・農地を計画的に位置づけるべきとしている。

中山間地域では、所得機会の確保を図るため、農林業活動を維持・強化するとともに、地場産業の振興や企業誘致、農林業を基盤とした新たな産業創出が重要であることを指摘するとともに、農地・山林の維持・管理や自然環境と国土の保全、水資源の涵養といった諸機能が、その地域に住む人々の農林業活動によって維持されていることから、彼らの農林業活動に対する制度的支援について、検討が深められねばならないとしている。

そして、これらの農業・農村の再構築に加えて、食料に関する量的な安全保障と質的な安全保障、この両面にわたる基本政策の確立が必要であることを指摘し、本答申を結んでいる。

2) 新基本法へのJAグループの取り組み

ウルグアイ・ラウンドが最終合意に達した1993年12月15日、全中理事会は7年有余にわたる米市場開放阻止運動の総括に関する組織討議の実施を決定した。そして、翌94年2月から3月にかけて組織討議を行った。

そこでは、①要請活動の限界により米の部分自由化受入などの政府の決断を阻止できなかったこと、②1993年8月に細川連立政権が発足したが、こうした政治体制の変革に対し適切に対応できなかったこと、③「従来方針堅持」の首相発言等の真偽を十分に追及しきれなかったこと、④財界、報道機関等による徹底した世論誘導に抗しきれなかったこと、⑤米以外の農産物の自由化阻止運動を十分強化できなかったこと、⑥世界の家族農業を守るための統一的な考えを農業交渉へ反映させることができなかったこと等、米市場開放阻止運動の残した課題について率直に反省するとともに、農業再建・農村活性化を中心とした今後の取り組むべき課題と運動方向について検討した。

この過程において、農業基本法にかわり、食料自給率の強化、農業所得補償を含めた農業再建政策、農村活性化の基本理念を示した新たな食料・農業・農村に関する立法措置を求めることや、生産調整や備蓄制度、流通の各制度を通じた総合的な制度としての食管制度の改革、土地基盤整備と農村生活環境整備

の早急な実施、農業を担う多様な形態の人・組織の育成と体質強化、中山間地域農業に対する抜本的な対策などを中心とする、農業再建・農村活性化を強力に進めるべきだとする意見が多くの県から出された。また、政府の「新しい食料・農業・農村政策の方向」(新政策)の見直しを求めるとともに、農業再建・農村活性化に関する、国民各層の理解と支持を目指す国民運動の重視や、農業者の意思反映を推進するための農政運動の再構築を求める主張も強く出された。

これらの観点から、農業再建と農村活性化を進めるための基本的対応方針として、三点に整理されているが、その概要は以下の通りである。

①新たな貿易ルールの確立

輸入農産物と対抗していくため、農業者はさらなるコスト削減を求められるが、規模拡大の可能な地域は限られており、その削減には限界がある。また、地球規模でみれば、人口・食料・環境問題等、今回の農業合意をはかった論理とは異なる課題が生じており、各国の農業の持続的発展を可能とする新たな貿易ルールの確立に向けた運動を国民各層の理解と支持のもとに開始していかねばならない。

②食料・農業・農村に関する新たな基本法の制定推進

1961年に制定された農業基本法は、「生産の選択的拡大」「自立経営の育成」「農業構造の改善」を柱とする農政の根幹とされてきたが、農業をめぐる環境は大きく変わっており、その役割は終わったとの認識が広まっている。このため、新たな状況の下で農業・農村の役割に関する国民的合意の形成を背景にして、日本農業の持続的発展、食料供給の安全保障、地域社会の活性化に向け、諸政策を総合的に展開するための新たな基本法の制定推進に取り組んでいかねばならない。

③農業の持続的発展を可能にする政策展開の枠組みの確立

わが国農業の持続的な発展を実現していくためには、これ以上の食料自給率の低下と耕地面積の減少に歯止めをかけ、将来的に改善をはかることをめざして、農業の多面的な役割を確認することを前提に、国内農業の持続的発展、食料供給の安全保障、一極集中を是正した均衡ある国土発展をめざす地域社会の活性化を、政策展開の基本目標として明示させていかねばならない。

そのうえで、戦略的作目の生産目標の確立とこれに必要な生産基盤の確保、農業者の生産性向上の努力や生産意欲を阻害しない価格政策の安定化、環境

保全型農業の振興等により安全な農産物の安定的供給の確保、および中山間地域など条件不利地域に対する抜本的な財政支援など、具体的な政策の実現に向けた取り組みを展開していくことが求められている。

このような見解にもとづきJAグループでは、国内農業生産を基本とする国民食料の供給確保、持続可能な農業、多面的機能発揮の農村づくりをめざして、食料・農業・農村に関する「新たな基本法」の制定を求める運動を、1994年の第20回JA全国大会において提起した。以降、組織内部だけでなく、国民各層ともさまざまな議論を重ねるとともに、1,000万人署名を展開するなどした。さらに、食料・農業・農村基本問題調査会が98年9月に答申を出した後には、政策の策定・推進に関する要請に向けた議論などと並行して、幅広い国民合意づくりのために、①次世代、②消費者、③アジア、との「三つの共生運動」と、

①地域農業の多様な担い手の確保・育成と支援対策

②農地の不作付け解消・有効利用対策

③環境保全型農業の推進とフード・フロム・JA運動

④水田営農振興計画の策定・実践運動

⑤日本型食生活の推進運動

を柱とする「自給率向上に向けた地域農業振興・再編運動」とを結びつけ、発展させた「国土・環境保全・国民食料安定供給、自給率向上に向けた国民共生運動～Joint Action!～」に自らの運動として取り組んだ。

〔参考・引用文献〕

〔1〕全国農業会議所「農業委員会等制度史」1995年。

〔2〕農業協同組合制度史編纂委員会「新・農業協同組合制度史 第3巻」「新・農業協同組合制度史 第6巻（資料編Ⅲ）」財団法人 協同組合経営研究所、1997年。

（小松　泰信）

第2節　経済界の農業・農政論

1　はじめに

　農業政策をめぐる意思決定において、官僚組織たる農林水産省と農協系統に代表される農業団体、それに自由民主党農林関係議員のパワーが際立っている点に異論はあるまい。ときとして微妙な緊張関係を孕みながらではあるものの、三者の連係プレーが戦後農政の骨格を形成してきた事実を否定することはできない。ときにジャーナリズムが用いる政官業のトライアングルという表現にも、それなりの根拠がある。

　けれども、農業や農政に関心を寄せているのは、農林水産官僚や農業団体だけではない。政治家の世界にあっても、いわゆる農林族だけが農政をめぐる発言を独占しているわけではない。農業や農政に利害を有する社会集団としては、なによりも毎日食料を購入している消費者があり、その意思を代表するための組織として消費者団体が存在する。産業界も農業と農政のありかたに無関心でいることはできない。例えば食品産業にとって、農産物の貿易政策や価格政策は事業の収益性を直接に左右する問題である。あるいは、労働組合が実質賃金を確保する観点から農産物や食品の価格に関心を抱くことは自然であるし、同じ勤労者として農業者に共鳴する部分もあるだろう。

　消費者団体や経済団体は、おりに触れて農業・農政に対する見解を公表してきた。労働団体による提言もある。問題は、それが農業と農政のあり方にどれほどのインパクトをもたらしているかである。これは研究問題として興味深い設問である。しかしながら、このテーマに本格的に取り組むとすれば、なによりもこうした団体の農業・農政論がどのように発信され、どのような内容を含んでいるかについて、正確で、しかもトータルな理解を得ておく必要がある。こうした基礎的な作業があってはじめて、発言のインパクトについての評価も可能になると言わなければならない。

　この節では、経済団体による農業・農政論をできるだけ一次資料に即してトレースし、その特徴を浮き彫りにする。ここで言う一次資料とは、主として政策提言のオリジナルの文書を指す。むろんこのほかにも、幹部による発言など

といったかたちで見解が示されることもあるが、内容の正確な記録が系統的に保存されている点を考慮して、資料を公表された提言に限定することにした。もっとも、限定するとは述べたが、経済団体による農業・農政に関する提言はけっして少なくない。とくに土地問題や貿易問題のように、より広い領域のテーマを扱いながら、しかも農業・農政に関連の深い分野の提言をカバーするならば、その数はぐんと増える。節末におさめた提言の一覧によって、これを確認することができる。

『戦後農業発達史』の企画のなかで、『国際化時代の農業と農政』と題されたこの第5巻は、牛肉・オレンジの自由化問題がクローズアップされた1986年以降を守備範囲にしている。けれども、農業・農政に関する経済界の提言を整理する作業が過去にほとんど手掛けられていないことを考慮して、本節では1986年以前の時代についても、資料の収集と分析の網を広げることにする[1]。具体的には1946年までさかのぼる。この年の4月に経済同友会の設立総会が、同じく8月には経済団体連合会の設立総会が開催されているからである[2]。すぐあとで触れるとおり、経済団体の農業・農政論の大半はこの二つの団体によるものである。また、経済界に比較的近い見解を有していると考えられるシンクタンクの提言なども調査研究の視野に含めることにする。

以下では、提言を団体の略称と発行年の下二桁表示によって引用する。(同じ年に複数の提言が行われている場合には、発表順にアルファベットで識別)。例えば経団連87aという引用は、節末のリストのうえでは経済団体連合会「食品工業の実情に関する報告書」(1987年)を意味している。また、人名については所属する団体等を示す場合を除いて、敬称を略した。

2 調査研究のカバレッジ

1) 団体と組織

全国レベルの経済団体には経済団体連合会、経済同友会、日本経営者団体連盟、日本商工会議所の四つがある[3]。いわゆる経済4団体である。このうち農業・農政に関する提言に実績があるのは、経済団体連合会(以下、経団連)と経済同友会(以下、同友会)である。したがって以下では、この二つの団体の提言が主たる素材となる。経団連と同友会の性格や活動については注2に掲げた文

献などを参照していただきたいが、同友会は企業経営者の個人参加を原則としている点で、他の3団体とは組織の性格がやや異なっている[4]。

　日本経済調査協議会（以下、日経調）も、農業・農政の分野で重要な提言を公表している。これも本節の調査研究の対象に含めることにする。日経調は1962年に経団連・日本商工会議所・同友会・日本貿易会の協賛によって任意団体としてスタートし、1967年に社団法人格を取得している。三つの経済団体が協賛していることから、経済界の農業・農政論にも相通じる面があるとみるのは自然であろう。ただし、日経調自身はみずからについて、「設立以来、今日に至るまで中立的な民間調査研究機関として、独自の調査研究に基づく研究成果を発表すると共に、数々の提言を行っています」と表現している（日本経済調査協議会〔6〕）。また、提言のベースとなる調査研究を実施する調査専門委員会のメンバーには大学所属の研究者などの専門家が参加しており、主査を担当している場合も少なくない。したがって、日経調の提言をそのまま経済界の見解と同一視することは避けるべきであろう[5]。提言のそれぞれの内容に即して、その位置づけを行っておく必要がある。

　同じことは、やはり農業・農政に関して積極的な提言活動を展開してきた政策構想フォーラム（以下、フォーラム）についてもあてはまる。組織の成り立ちという点では、経済界とのあいだには日経調以上に距離があるとみてよい。すなわち、フォーラムは「日本の経済社会の改革に強い関心をもつ社会科学系研究者を「研究会員」とし、本フォーラムの基本的姿勢に賛同する「法人会員」の協力をうる研究組織」（政策構想フォーラムのホームページによる）であると自己規定している。この点もあって、本節ではフォーラムの提言についてはごく簡単に触れるにとどめたい。もちろん、こうした扱いは提言のインパクトが小さいことを意味しているわけではない。

　ここで、「国際化に対応した農業問題懇談会」について触れておきたい。この懇談会（以下、国際懇）は1970年9月に農業界と経済界のトップを中心とする18名をメンバーとして発足した。初会合の開かれた9月29日付の文書「「国際化に対応した農業問題懇談会」の設置について」には、次の一文がある。すなわち、「内外の要請に適切に対処するため、ここに、農業関係者と産業関係者が「国際化に対応した農業問題懇談会」（略称農業問題懇談会）を設け、国際化時代における日本経済の将来の在り方に照らして、広い見地から日本農業の在り方

を検討し、相互の理解と認識を深め、これがために夫々の分野においてなしうる方策の大綱を掴み、これを関係方面に提言しようとするものである」と述べられている[6]。発足当初の時点で、農業界からは鍋島直紹全国農業会議所会長、宮脇朝男全国農協中央会会長らが参加し、経済界からは植村甲午郎経団連会長、木川田一隆同友会代表幹事、永野重雄日本商工会議所会頭らが名を連ねている。文字どおり両陣営のトップの集まりであった。初代の会長には東畑精一が就任し、鍋島直紹と植村甲午郎が世話人となっている。

国際懇はむろん経済界そのものではない。農業界と経済界のトップのあいだで合意をみた内容が提言として発表されたわけである。けれども、経済界の農業・農政提言活動に国際懇の提言がある程度代替する役割を果たしていたとみられる時期がある。そこで、本節を準備する過程においても、国際懇の活動を調査研究の対象とする方針で臨んだ。ただ、これまでのところ、活動の記録や提言のテキストを完全なかたちで入手するには至っていない。国際懇の活動については、判明した資料から可能な範囲において、また、ことがらの重要性を勘案しながら、必要に応じて言及することにしたい。なお、経団連が毎年度発行している『経団連事業報告書』をみると、懇談会の活動記録が掲載されているのは1970年度版から1988年度版までである。また、1983年の東畑精一の死去にともない、川野重任が会長に就任している。

2) 農業・農政論のジャンル

いま紹介した経済団体やシンクタンクなどの提言等を概観すると、経済界の農業・農政論のジャンルをおよそ次のように整理することができる。

①総論 ②米をめぐる諸問題 ③食料安全保障 ④食品工業
⑤構造政策と農地制度 ⑥農産物貿易 ⑦規制緩和

もちろん、節末に掲載した提言のタイトルからも分かるように、この分類にあてはまらない分野の提言も少なくない。けれども、農業・農政の在り方をめぐる基本問題という意味では、主要な提言はこれら七つのジャンルによってほぼカバーされるものと思われる。また、ジャンル区分には相互にオーバーラップする部分もある。なかでも①の総論的な提言には、提言の性格から当然ではあるが、②以下の各論にわたる主張が盛り込まれていることも多い。また、⑦

の規制緩和をめぐる論点も非常に多岐にわたっているから、②や④や⑤に関わる内容が含まれているはずである。さらに⑥の農産物貿易に関しては、とくにウルグアイ・ラウンドの終盤に多くの提言が行われており、農業・農政論にも深い関わりがある。これらの点を考慮して、小論ではいま述べたジャンルの中からおもに②③④⑤⑥を取り上げて検討することにしたい。⑦の規制緩和に関する提言にも、いま述べたように農業に関係する内容が盛り込まれているが、②や④や⑤の中に基本的な主張は反映されていると判断される。

3　提言活動の団体別の概観

ここでは、前項で取り上げた経済団体やシンクタンクのそれぞれについて、農業・農政提言活動の系譜を概観しておく。

1) 経済団体連合会

農業・農政に関する経団連の提言は 1950 年前後にも散発的に公表されたが（経団連49、経団連52 など）[7]、本格的な提言活動は1980年の「農政問題懇談会中間報告」（経団連80）からスタートする[8]。したがって、提言の発信という点では、かなり長い空白期間があったと言ってよい。けれども、1970年代までの経団連に農政に関わる活動がなかったわけではない。『経団連事業報告書』によれば、1967年度には常設の農業問題懇談会の活動を確認することができる[9]。この懇談会の当時の委員長は植村甲午郎副会長であった。その後、河合良成や土光敏夫が委員長を歴任する。

農業問題懇談会の活動は、比較的短期間のあいだに休眠状態に入ったと考えられる。『経団連事業報告書』においても、1973年度を最後に農業問題懇談会に関する記述は行われなくなる。ただし、すぐあとで述べるとおり、農政活動そのものは 1970年 9月に発足した国際懇への協力というかたちで継続する。なお、『経団連事業報告書』によれば、農業問題懇談会が発議した提言として「農村地域への工業導入対策について」（1971年1月）があるが、本節で底本としている経済団体連合会〔3〕には収録されていない。

ここで国際懇の活動について紹介する。国際懇は1971年から1976年にかけて、年平均二つ以上のハイペースで提言を発表する。ただし、国際懇の会合はその後も継続するものの、農業・農政についての提言というかたちで見解が公

表されることはなかった。国際懇の最後の提言である国際懇 84 は林業・林政に関するものである。少なくとも農業問題に関する限り、初期の提言活動の時期を過ぎると、国際懇は農業界と経済界の情報交換の場という性格を強めていったと考えられる[10]。

国際懇の趣旨については前項でも触れたところであるが、最初の提言である国際懇 71 には「とりあえず緊要な問題を全員の合意に基づいて下記のとおり提言する」とうたわれており、農業界と経済界は息のあったところをみせる。内容的にも、農業・農村に対する好意的な配慮が強くにじんでいる。例えば「国民全体に必要な基幹的食糧はナショナル・セキュリティを考慮して原則として自給する体制を整えるべき」であるとされ、「農業人口は減少しても一定の農村人口は社会の安定基盤として維持する必要がある」とも述べられている。さらに「高密度経済化する社会において健全な労働力を確保し、過密、過疎、公害等に対する人間環境を改善するため、農業の保有している一面の役割を重視すべき」であり、「国内各部門の均衡ある発展をはかるという見地から農業・農村の振興」を重視するなどの理念が掲げられている。

利害の調整が難しいと考えられる農業保護政策の問題についても、「農業に対する保護については、他の先進国においても実施されている実情にかんがみ、国際的な農業保護水準は維持されるべき」であるとされている。「今後、農畜産物の輸入緩和措置を講ずる際は、戦略的基幹作目の自給体制の確立をはかり、不足する作目の輸入にあたってはその国内農業に与える影響を考慮しつつ、適切な措置を講ずるべき」などといった表現もあり、取りようによっては微妙なところもあるものの、単純な国際分業論とは明らかに異なるスタンスが、農業界と経済界の双方が同意できる内容として打ち出されている。両陣営の蜜月時代と表現してよいであろう。なお、国際懇が提言を公表している時期には、経団連と同友会はいずれも農業・農政に関する提言を行っていない。

さて、ここで経団連の農政活動に戻ることにしよう。経団連としての本格的な農政活動は、1980 年 1 月 17 日の農政問題懇談会の発足とともにスタートする。この懇談会による最初の提言である経団連 80 には、「既に経団連ではここ 10 年ほど、「国際化に対応した農業問題懇談会」などの場で、農政問題について農業界と意見交換を続け、相互理解のための努力を払ってきている。しかしながら、国民生活の安定・向上の面に於ても、また国際的な経済交流の場に於

ても、食糧ないし農業の問題がますます重要になってきたことから、(中略) 本年1月に農政問題懇談会が正式に発足するに至った」と述べられている。経済界として独自の活動が必要だとの認識である。初代委員長には味の素社長の渡辺文蔵が就任した。発足当初の懇談会では食品工業の問題の検討に精力が注がれている。食品工業の問題、とりわけ、いわゆる原料問題の存在が経済界独自の発言を促したことがうかがわれて興味深い。また1981年には、食品工業部会に加えて懇談会のもとに農政部会が設けられる。農政部会が設置されて以降は、名称に変更はあるものの、基本的には二つの部会を擁するかたちで活動が展開されている。農政問題懇談会自体も1989年に農政問題委員会に改組されている。

　1980年に実質的にスタートした経団連の提言で先行したのは、いまも触れたように、食品工業の原料問題に関するものであった。経団連初の本格的な提言(経団連80)も、中身の中心は原料問題であった。そして、このジャンルに関する提言はその後もコンスタントに公表されることになる。他方で、食料安全保障の問題や稲作農業と米経済の問題を扱った各論的な提言と、いくつかの総論的な提言も発表されている。ただし、後者の総論の数はそれほど多いわけではない(経団連82a、経団連92b、経団連97d)。

　経団連のみならず経済界の農政活動全般に少なからぬ影響を与えたのが、1984年に発生した北海道における不買運動の展開であった。経団連〔3〕はこの事件のあらましを次のように述べている。すなわち、「専門委員会(農政部会のもとに設置されていた－引用者)は84年2月3日の第1回会合を皮切りに食料安全保障問題の検討を開始した。ところが、こうした動きに反発した北海道農民連盟が3月に札幌で開かれた農民春闘決起集会でソニー、ダイエー、味の素の3社の製品に対する不買運動を決議し行動に移した。3社の首脳が「農業切り捨て論」的な発言をしたというのがその理由であった」とされている。不買運動を契機として、1984年10月に農政問題懇談会の委員長は、渡辺文蔵(味の素相談役)から水上達三(三井物産相談役)に交代する。これ以降、農政問題懇談会(1989年以降は農政問題委員会)の委員長に最終消費財を製造する企業のトップが就任することはなくなった。

2) 経済同友会

　しばしば同友会 60 が経済界による戦後初の農政提言だとされている[11]。たしかに、農業や農政をトータルに取り上げたものとしては、この提言をもって嚆矢とする。けれども、すでに触れたとおり、個別の問題に関する提言という意味では、これ以前にも経団連による短い提言がある。また、同友会からも 1950 年代に、米価や麦価の問題を中心とする食糧管理制度に関する提言がいくつか公表されている。のちに吟味することになるが、激動の時代にありながら、一連の提言には振れの小さい比較的安定したスタンスを読み取ることができる。

　同友会 60 以降の提言は、総論的な提言と米の問題を取り上げた各論的な提言からなっている。このうち総論的な提言の系列としては、同友会 60、同友会 64、同友会 67 があり、その後 1970 年代の空白期間を経て、同友会 81 によって提言が再開される。しかしながら、同友会 83 や同友会 84 にあっては、「生命系の産業複合体」や「バイオサイエンス」といったキーワードのもとで、当面の政策提言というよりも、産業としての長期的なビジョンの提案という色彩が強まっていく。当時の農産物問題プロジェクト・チームの委員長であった小島慶三の信念が色濃く滲み出ていると言ってよい。この点を考慮するならば、同友会による総括的で具体的な政策提言は、同友会 82 をもって事実上、休止状態に入ったとみることができる。

　ところで、同友会の提言活動と経団連の提言活動のあいだに直接の連携関係はない。ただし、同友会の提言の作成に携わった人物が、その後の経団連の農政活動に深く関わっているケースが少なからず存在する。確認できただけでも、同友会 55a、同友会 55b、同友会 67、同友会 68a、同友会 68b の取りまとめ責任者であった水上達三は、1984 年から 1989 年にかけて経団連農政問題懇談会委員長であり、同友会 91 の取りまとめ責任者の伊藤助成は 1995 年から 1996 年に同じく農政問題委員会委員長をつとめた。さらに、同友会 95 の取りまとめ責任者であった山崎誠三は 1988 年以降、経団連において農政問題懇談会米問題部会会長、同農政部会会長などをつとめているのである[12]。この点に関連して、同友会には「「財界人養成所」との異名をもつ」面があるとの指摘がある[13]。経済界の農政活動のキーパーソンについても、同様の要素が働いていたのかもしれない。

3) その他

　農業・農政に関する日経調の提言は日経調 65 にはじまる。全体として食品工業と食品流通の問題に関する提言のウェイトが高い点に、日経調による提言活動の一つの特徴がある。農業・農政全体を対象とする総論的な提言としては、日経調 65 と日経調 76a が公表されている。いずれも研究会の委員長は東畑精一がつとめている。日経調による一連の提言のなかで特に注目されたのは、食管制度の改革を提言した日経調 80 である。委員長には岩佐凱実、副委員長には東畑精一があたり、主査は内村良英がつとめた。なお、多くの場合、日経調の提言は提言そのものと提言の裏づけとなる調査研究報告のパートからなっている。

　フォーラムの農業・農政に関する最初の提言はフォーラム 78a である。フォーラムの多様な提言活動のなかでも、比較的早い時期のものに属している[14]。その後、とくに活発に提言が行われたのは 1990 年代の前半であり、6 回にわたって提言が公表されている。1990 年代を通してみても、フォーラムの提言 15 のうち六つが農業・農政に関するものであった。また、提言とは別のかたちで公刊されている研究報告についても、これまでの 15 編のうち 7 編は農業・農政問題を対象としている。フォーラム 83 をはじめとして、フォーラムの提言や研究報告は、経済界の農業・農政論にかなりの影響力を持っていたと考えられる。

　日経調やフォーラムによるもの以外にも経済界の農業・農政論と関係の深い提言がある。なかでもインパクトの大きさという意味では、総合開発研究機構〔9〕をあげておかなければならない。研究開発の役割を強調するなどの点で、その後の経団連や同友会の提言のなかにも影響を読み取ることができる。

4　ジャンル別にみた経済界の農業・農政論

　第 2 項では農業・農政問題のジャンルを区分した。本項ではこの区分に従いながら、主として経団連と同友会の提言を取り上げて、その特徴を時代の流れに沿うかたちで吟味してみたい。

1) 米をめぐる諸問題

　すでに触れたとおり、1950 年代には経団連、同友会の双方が食糧管理制度に

関する提言を公表している。いずれも短い提言である。とくに経団連のものが短文であるが（注7参照）、同友会の提言も簡潔である点に変わりはない。提言のテーマが狭い分野に絞られていたためであろう。

そこで具体的な内容であるが、食料難と外資不足という時代背景を反映して、1950年代初頭の提言には、輸入食糧を米から麦に転換することの提案（同友会51、経団連53）や、消費者負担や栄養問題への配慮の要請（同友会51、経団連52）などが盛られている。統制の撤廃については、どちらかと言えば慎重な姿勢が表明されている（経団連52）。もっとも、1954年から1955年にかけて論調が大きく変化し、米価と麦価の決定に対する批判を強めていくことになる。

とくに同友会にその傾向が顕著であった。「全体を忘れた安易なるヒロポン的高米価対策」「事実上、政治的に価格を決定し、その後において算定方式の裏付けを行わんとする極めて不合理かつ便宜的なもの」（同友会55a）といった厳しい指摘が目につく。このような批判的な見解の延長線上にあるのが、食管制度の改正を提案した同友会55bである。同友会55bによる提案のポイントは、下限支持価格と上限価格にもとづく間接統制方式への移行という点にあった。短い提言ではあるが、端々から専門的な知識・情報の蓄積がうかがわれる点も興味深い。さらに経団連55も、「将来の統制撤廃に備えて、必要量の操作米を確保する」ことを第1段階の準備とする改革をとなえている。ここで高米価に対する批判が、もっぱら物価問題と財政問題に対する懸念という観点から提起されている点は注意されてよい。そして周知のとおり、1955年をターニングポイントに、日本経済は高度成長期に移行する。実質国民所得の趨勢的な上昇によって、物価と財政の問題は政策上の重点課題とは言えなくなる。このこともあってであろう。高度経済成長期に移行してしばらくのあいだ、食管制度に関する経済界からの本格的な提言は行われていない。

提言が再開されるのは、同友会67によってである。同友会67は、「米に関して一部を政府が管理し、他を漸次市場経済に任せるという、いわゆる間接管理方式への移行」を提案している[15]。こうした提案の背景にある認識として、「米価の引き上げは農民による所得再配分の要請といえないことはない」としながらも、「高米価による消費者負担はそろそろ限界にきつつあり、食糧需要構造の変化に即応しつつ生産性の高い自立的経営農家の確立を図るという、農業構造改善政策の本来の趣旨にもそぐわなくなってきている」との指摘がなされ

ている。あるいは、構造政策の失敗が所得確保をもっぱら価格支持に依存する結果をもたらしたといった趣旨の分析も提示される。さらに、「将来とも米の需給実勢は緩和の方向にあることは間違いない」とも指摘する。1967年と言えば、1970年に本格的に開始される米の生産調整のまさに前夜であった。なお、同友会67の取りまとめにあたった水上達三は、早い時期に米の間接統制への移行を提唱した同友会55の取りまとめ責任者でもあった。

このように、食管制度に関する本格的な提案は同友会67によって再開されたわけであるが、これに先だって公表された一連の総論的提言である同友会60、同友会64、同友会66のなかにも食管制度に言及している部分がある。とくに同友会66では、「価格水準を需給の実勢から離れた高水準に人為的に維持すること」の問題点を指摘しつつ、食管制度についても、「支持価格制によって一定量の買入れを保証する間接統制方式への移行は、市場経済の長所を生かすことになる」といったかたちで、やや踏み込んだ記述が行われている。したがって、同友会67は総論である同友会66の中から米の問題に絞って、さらに論点を深めた提言であるとみることもできる。なお、同友会による三つの総論的提言の内容は基本的に同じ趣旨で貫かれているが、同友会66の完成度が高いとの印象を受ける。

1980年には日経調80が公表される。タイトルにもあるように、食管制度の改革に論点を絞った提言である。冒頭に、総論的提言である日経調65、食料の安定供給に関する提言である日経調76に続く第3の農政提言であることがうたわれている。日経調80の背景にある問題意識として特徴的なのは、第1に「今日農地の流動化が進まない要因として、(中略)食管制度で米の市場および価格が安定しているという現実もその一つ」としている点である。構造政策と価格政策の因果関係について、一つの判断が下されているわけである。特徴的な点の第2は、食管制度そのものについての認識であり、「昭和52年以降、米の過剰基調が定着するとともに制度は形骸化し、法律と現実の米流通の態様との乖離は、社会的にも耐え難い姿」だとし、「過剰米発生防止の観点から食管制度の手直しが要請される事態となっている」としている。

こうした認識に立ったうえで、具体的な提案としては「直ちに食管制度を廃止し、何等かの形で間接統制に移行することは、社会的コンセンサスを得ることに困難がある」としつつ、一種の部分管理への移行が提唱されている。すな

わち、「クーポン制にもとづいて流通する政府管理米」「クーポン制の価格に準拠して政府が生産者の申し入れに応じて買い入れる米」「その他の自由流通米」の3種類の米からなる部分管理方式の提唱である。流通規制に関しては、自由流通米についても指定卸売業者のみに扱いを認めるとするなど、性急な改革にはむしろ慎重な姿勢を打ち出している。また、過剰米対策と構造政策に関しては、「一定規模以上の農家が借り受けた水田に米以外の作物を作付けた場合」の奨励金や、「兼業農家の稲作断念を進めるため」の離稲作交付金などが提唱されている。このほか、日経調80は提言の性格について、「極力現実的に、状況によっては政府案作成の一つの「たたき台」となり得ることを念頭に」作成したとしている[16]。

経団連の米問題に対する本格的な提言は1982年にスタートする(経団連82a)[17]。もちろん、四半世紀以上前に公表された経団連55とのあいだに内容面での連続性はない。この経団連82aは、経団連としては初の総論的な農政提言として公表された。そのなかで、米経済と稲作農業の問題にもかなりのスペースが割かれていた。すなわち第1に、生産調整の問題点がさまざまな観点から指摘されている。なかでも「最も基本的問題は、それが価格政策によってではなく、半強制的に生産を割り当てる結果、個々の農業者の自主的営農努力を大きく束縛している点にある」とする。第2に、食管制度の問題点にも言及する。ただし、当面は改正食管法の枠内で制度の運用改善をはかるべきだとしている。なお、この提言が臨調第1次答申によって提案された麦価のコストプール方式の導入に反対を表明している点も注目される。

ほぼ同じ時期に公表された同友会81も、「食糧管理制度の根本的改廃について衆知を集め、議論を尽くすべき段階に来ている」と主張している[18]。ただし、具体的な提案の中身にはややあいまいな部分があり、間接統制論を軸としたかつての同友会提案の歯切れの良さは影を潜めたとの印象を与える。反面、同友会81においては、農業機械の零細農業温存効果を指摘し、価格支持が一部大規模化への意欲を刺激したとの評価にも触れるなど、稲作の構造問題について多角的な認識が提示されている。本項4)も参照されたい。

経団連87aと経団連87bは、経団連による米問題に関する包括的な提言である。この二つの提言が経済界の過去の提言と異なる点は、全米精米業者協会(RMA)の米国通商法301条を根拠とする通商代表部への提訴(1986年9月)や、

GATT をはじめとする国際的な場における農業問題の論議を強く意識しているところにある[19]。まさに国際化時代の米問題というわけである。また、食管制度の見直しについては、全体で5年の年限のもとで2段階の改革を進め、政府米を備蓄に必要な量に限定する部分管理方式への移行を図るとしている。生産調整に関しても、転作奨励金を廃止し、生産者の自己責任による自主的な転作の定着を図るべきであるとの提案がなされている。

なお、経団連87bについては、公表直後に農政問題懇談会委員長（水上達三）の名前で「経団連「米問題に関する提言」の眼目」と題された文書が発表された。この文書には、提言の本体と同趣旨の記述とともに、「米の輸入問題については、経済界の中においても様々な意見がある」とか、「私はこの提言が農政・農業者サイドにおいて、日本農業の改革のための一つの叩き台として真剣に議論されることを希望している」といった率直な表現が含まれていて興味深い。その後の経団連の米問題をめぐる提言には経団連95dがあるが、選択的な減反を提唱した部分に新味が認められるものの、全体としては新食糧法の政省令の策定をにらんだ要望の整理という性格が濃厚であった。

同友会88は、5年後までに政府米を回転備蓄用100万トンに限定する部分管理方式に移行することを骨格とする提案であり、経団連87aとほぼ同じスタンスに立つ。同友会88の特徴の一つは、構造改善とコストダウンの目標を具体的な数値として提示した点にある。すなわち、「5年後に生産コストを2分の1に低減」し、稲作の規模については「現状の1ha弱から、平均15ha程度への拡大を目指す」としている。経団連95と同様に、同友会も食糧法の施行後に提言を公表している（同友会95）。このなかで同友会は、「従前どおりコメの政府管理という基本姿勢に大きな変化は見られない。今後、コメ関税化に向かうなか、新食糧法が有効に機能していくことは、現状においては考えにくい」として、食糧法を厳しく評価している。

2) 食料安全保障

経済界は食料の安全保障のあり方についても、いくつかの見解を公表している。まず同友会が、同友会66の「わが国食糧自給度について」と題されたセクションにおいて、さまざまな「食糧自給度向上の主張」を整理しながら、食料安全保障の問題を「食糧消費パターンの変化」「農業生産についての社会的経

済的条件」「国際的食糧需給の動向」の三つの観点から考察している。その後の経済界の食料安全保障をめぐるスタンスのかなりの部分は、すでにこの提言に盛られていたと言ってよい。具体的には、畜産物からの熱量摂取の増大が自給率の低下につながるといった指摘など、当時としては先見の明のある考察が展開されている。ちなみに1965年における食料自給率は、供給熱量ベースで73%であった。

　日経調76aは「総合食糧政策の樹立」と銘打った提言であり、1972年から1973年にかけて生じた世界の食料需給の逼迫をきっかけとして組織された調査研究にもとづいている。提言は、まず世界の食料需給の基調について、1970年代はじめの事態にも関わらず、「当面食糧問題についての不安はない」との認識を提示し、「経済ベースを大きく逸脱した自給率の向上は、国政一般から考えてとるべき策ではない」とする。そのうえで、「米・麦の備蓄在庫についての食管制度の重要性の認識と運用の改善が図られるべき」であり、食管物資以外の食料の備蓄や農業用資材の備蓄についても検討の必要性を指摘している。さらに、輸入の安定化や国際的な備蓄システムへの積極的な参加を提唱しつつ、かなりのスペースを「自給率向上のための高生産性農業の育成」の提案に割いている。その骨子は、「プロの農業者が十分にその能力を発揮すれば高生産性農業は実現する」という点にある。

　日経調76aの一つの特色は、食品産業の重要性を強調し、総合食糧政策のもとで「食糧資源政策と食糧産業政策の調和ある発展」を提唱している点にある。食品産業の重要性は、「食糧の質の改善と多様化」「新食糧資源の開発」「食糧貯蔵」の3点にまとめられている。このうち「食糧貯蔵」については、「食品産業は生産・在庫・流通の各過程において、それ自体が備蓄の役割を果たしている」とも指摘している。さらに、この提言のベースとなっている研究報告には、食品産業に対して「これ以上の食糧摂取の量的拡大を防止すること、また量的拡大がなされた場合、その国民の健康に及ぼす弊害を最小限にとどめること」を期待すると述べるなど、栄養政策の観点からも興味深い記述が含まれている。

　経団連85cも食料安全保障の問題を取り上げた本格的な提言である。提言の背景には1980年4月に衆参両院で自給力強化に関する決議が行われたこと、同年10月に公表された農政審議会答申「80年代の農政の基本方向」で食料安

全保障の重要性が強調されたことがある。すでに経団連は、「ナショナル・セキュリティをそのまま食糧の自給率向上に結びつけるのは、いささか短絡的」とする問題提起（経団連 80）や、「安全保障を考えるに当たっては「何を」「どのような危害から」「どのようにして」守るかをはっきりさせる必要がある」との提案（経団連 82a）を発信しており、経団連 85c はこれらの延長線上において、食料安全保障論を体系的に展開した提言となっている。その内容をみると、いま触れた過去の経団連の提言のみならず、同友会 66 や日経調 76a とも重なるところが多い。言い換えれば、経済界の食料安全保障論は比較的ブレの小さい主張として展開されてきたとみることができる。参考までに経団連 85c の目次を示すならば、以下のとおりである。

　はじめに
　自給率の向上について
　諸外国における食料安全保障のあり方
　わが国における食料安全保障のあり方
　　平時における対策
　　　営農規模の拡大／土地基盤の整備／研究開発／対外政策＜多国間または二国間穀物協定の促進／開発途上国に対する農業協力の推進／輸入ソースの分散化／国際備蓄体制確立への協力＞
　　不測時における食料安全保障のあり方
　　　短期の食料不足に対する対策のあり方と課題／長期の食料不足に対する対策のあり方と課題

　なお、経団連は経団連 85c からほぼ 10 年後の経団連 97c においても、食料安全保障の問題を取り上げている。すなわち、三つの類型（局地的な天候不順やスト等の流通障害などによる短期的な食料危機、海外からの供給が継続的に途絶えてしまう有事の際の食料危機、世界の食料需給が長期的には逼迫するとの見通しに立つ食料危機）に分けて、それぞれに想定される危機に応じた対策が議論されるべきだとしている。つまり、基本的には経団連 85c などと同じスタンスに立つものと言ってよい。
　一方、早くから先見性に富んだ問題提起を行ってきた同友会であるが、1980

年代の提言にはややリアリティに欠ける主張が含まれている。例えば、同友会82では「農産物一般の生産性、生産力を高めることが基本になる」としたうえで、「米と野菜は原則として100％自給する」「飼料対策としては、ライフ・サイエンスを含め、科学的・生物学的対策を導入する」「五大供給国との長期輸入協定を締結する」などの提案が行われている。また、同友会83にも食料安全保障を論じたパートがある。基本的には同友会82の主張を踏襲しているが、食料安全保障の観点からも食品加工や食品流通と農業の関係が問われるとしている点が目を引く。

3）食品工業

経団連80を皮切りに本格化した経団連の農政提言活動は、食品工業の原料問題への取り組みとともにスタートしたと言ってよい。ただし、食品工業に関連の深い経済界からの政策提言としては、ほぼ15年前に公表された日経調66をもって嚆矢とする。この提言は日本経済の開放体制への移行のなかで、とくに資本自由化を目前に控えた時点で食品工業の国際競争力の向上策を検討したものであり[20]、二つの政策提案が含まれている。第1に、「食品原料価格の正常化のために現行制度を改善すべき」だとして、「主要な海外原料については極力自由化を促進」することや、「抜本的な農業の構造改善」や「従来の生産者価格支持政策に代えて当面不足払方式を採用」することなどを提唱している。第2に、「食品行政の改善・強化が必要である」と強調する。これらの提案の背景には、「食品工業に関する行政は、農政・水産行政からの圧力によっていわば食品工業が抑圧される形で存在」しているとの認識がある。

なお、日経調66と相前後するタイミングで、政府の側からも食品工業をめぐる報告書が公表される。すなわち、食糧庁長官の委嘱によって作成された食品工業改善合理化研究会〔10〕と、農林経済局のもとに設置された食品工業対策懇談会による食品工業対策懇談会〔11〕である。食品工業改善合理化研究会は日経調66を準備した研究会よりもいくぶん早くスタートしている。食品工業改善合理化研究会の会長をつとめた渡部伍良は、日経調66の研究会の主査でもある。

さて、「農政問題懇談会中間報告」と題された経団連80は、実質的な内容は食品工業問題、なかでも原料問題の検討と提言である。部分的に食料安全保障

の問題も取り上げられているが、これも食品工業の果たすべき役割に光を当てるという文脈においてである。中間報告とされてはいるものの、「食品工業の現状は、国内農業保護のための価格支持政策、食品工業に対する割高な国内農畜産物の割当あるいは引取義務、安い海外原料の輸入制限等々により、輸出競争力はおろか、輸入防圧力までも失いつつある」との基本認識のもとで、その後の経団連による提言の基調をなす主張がほぼ出揃っている。特徴的な主張を列挙するならば、食品工業の衰微や海外立地が国内農業にとっても深刻な問題となること、米の過剰のもとで強力に推進されている他作物への転作が農政の矛盾を食品工業に転嫁する結果となっていること、例えば不足払い制度を活用することで国内農業に対する政策を輸入制限に結びつかない方式に変えること、特定地域に偏在する国内農産物（例えばサトウキビ）については、地域振興政策で対処すべきこと、食品工業向け農産物の品質改善が課題であること、農協の食品製造と一般企業の食品製造のあいだにある競争条件の不均衡を是正すること、などである。

　この提言には「食品工業各分野の現状と問題点」と題された付録が添えられており、11の業界について、産業の現状とともに価格支持制度や取引規制などの問題点を整理している[21]。業界別に現状と要望を整理するこの方式は、これ以降の食品工業に関する経団連の提言にも共通するスタイルである。なお、農政問題懇談会によって作成された本報告である経団連82aは、中間報告の経団連80に言及しながら、「食品工業の現状は中長期の解決を待てない切迫した状況」にあることや、農畜産物に関連する審議会や事業団の運営に食品工業や消費者の声が公平に反映されるべきことを強調している。さらに「単に農業部門のみならず、第二次、第三次産業、消費者の立場、海外との関係に配慮し、また生産の現場から流通段階を経て消費者の食卓に至る全過程をにらんだ施策の確立が強く望まれる」とある点も目を引く。

　食品工業に関する経団連の見解は、その後に公表された総論的提言にも盛り込まれているが、他方で食品工業の問題に的を絞った提言活動も精力的に展開されている。この一連の提言を通じて食品工業問題なかでも原料問題に関する発言は、経団連の専売特許となった感がある。まず、経団連80を直接受けるかたちで経団連81aが公表される。内容的には経団連80をほぼ踏襲しているが、同時に「国内農業維持のための負担が、国民経済的にみてどの程度になってい

るのか極めてわかり難くなって」おり、「たとえば不足払い制度の採用などにより財政というかたちで負担を一元化することは、農政に対する国民の認識を高め、農政を合理的にしていく上で極めて有効である」といった興味深い見解も提示されている。不足払いといった政策を導入する場合、問題はその財源であるが、日経調 80 のデータを引用しながら、食管制度の改革によって充分、捻出可能であるとみる。さらには、食品産業に関する審議会の設置や、農林水産省の食料省への再編といった提案も含まれている。なお、この経団連 81a には農政審議会答申「80 年代の農政の基本方向」(1980 年) に対するコメントが付されている。価格による日本型食生活への誘導といった手法に対する警戒感などが盛られていて興味深い。また、業種別の問題の整理は前回同様 10 の業種について行われている。

　1980 年代は、政府の側においても食品産業の問題が活発に議論された時期であった。まず「80 年代の農政の基本方向」作成の過程で、農政審議会のなかに食品産業の問題を検討する場として流通・加工部会が設けられた。この答申は、農業と食品産業を車の両輪にたとえたことでよく知られている。検討の内容や関連資料は、審議会の事務局によって農林水産省食品流通局〔12〕として公刊されているが、冒頭には「食品加工、外食、流通、惣菜という互いに入り組み流動する産業分野を解析し、その動向を展望し、政策の方向を見出していくというのは、なにぶんはじめてといってよい大作業であった」と述べられている。その後、答申を受けて大臣の諮問機関として食品産業各部門の有識者からなる食品産業政策協議会が設けられる。同協議会の産業部会の報告は食品産業政策研究会〔13〕としてまとめられた。また、1985 年には食品流通局のもとに食品産業問題研究会が組織され、やはり食品産業の課題について検討が深められている。食品産業政策研究会〔14〕はその報告書である。食品産業に関する政府側の検討は、外食や流通を視野に含んでおり、全体としてカバーする領域が広い。食品工業をめぐるテーマも原料問題に限定されているわけではない。なお、食品流通の問題に的を絞った研究会として 1988 年に食品流通問題研究会が食品流通局に設置され、その報告書である食品流通政策研究会〔15〕も公刊されている。

　経団連 83a は経団連 80 と経団連 81a に続く第 3 弾の提言である。内容の基調という点では前の 2 回の提言と大きな差はなく、業種別の問題と要望の整理と

いうスタイルも踏襲されている（取り上げられたのは12業種）。ただし、全体として提案のトーンが強くなったとの印象が残る。例えば、「市場開放スケジュールを作り」「段階的に自由化を進めるよう努力をすべきである」といったかたちの踏み込んだ表現が含まれている。あるいは、畜肉加工、牛乳・乳製品、配合飼料の3業種を具体的にあげて、農協との競争条件の不均衡を訴えている点や、不足払い制度の導入についても、期間や支持水準といった面で釘を刺している点などが目を引く。

なお、こうした点もあってのことと考えられるが、経団連83aについては、公表される前に全国農業協同組合中央会からの申し入れが行われる。申し入れは「その内容については、多岐にわたって事実誤認、ならびに見解の相違の箇所があり、これが公表されると、内外にいたずらに誤解を生ぜしめる危惧がある」として、協議に応じるよう要求するとともに、協議が整うまでの公表の中止を求めている。また、経団連83aの普及版として、経済広報センターによる『日本の食料事情を考える』というパンフレットも出版された。全中の申し入れは、このパンフレットについても、「内容に誤解があり、品位を欠く面がある」として、厳重に抗議すると述べている。

1986年に経団連は大部の報告書、経団連87aを公表する。経団連83aのときと同じように、普及版として経済広報センターから『食品工業と農業は車の両輪です』も公刊された。今回の提言は全部で23の業種を取り上げており、当面それほど問題がないとされた分野を含めて、食品産業をほぼ網羅するものとなっている[22]。原料問題が主要な検討テーマであることは言うまでもないが、そのほかにそれぞれの業種を取り巻く環境についても詳しい記述が行われている。この点で、経団連87aを食品産業のデータブックとして読むこともできる。また、「「食品工業の実情に関する報告書」の概要」と題した要約版には、経団連87aが「「具体的な事実・データをして問題点を語らしめる」という形で広く国民の適切な理解を得る」ことをねらったと述べられている。

主張の中身という点では、従来の提言から大きく変わったわけではない。ただ、農産物価格関係予算と食品産業対策予算の対比を行い、円高が昂進するなかで、食品工業が原料の高価格と安価な二次製品による狭撃のもとにあると表現するなど、提言に説得力を増すための工夫が講じられている。なお、「高米価支持を中心とする農業政策が、農産物全般の高価格をもたらしている」との認

識があらためて提起されている。この点は従来からも強調されてきたわけであるが、当時の経済界が食管制度のありかたに強い関心を寄せた背景事情としても注目される。

経団連では、経団連 87a を別名民間版『食品工業白書』と称している。そして、同じ系列の提言である経団連 88c、経団連 91a、経団連 96b においては、正式のタイトルに「食品工業白書」という表現が使われている。すなわち順に、『食品工業白書 (62 年版)』『第 3 回食品工業白書』『第 4 回食品工業白書』である。経団連 88c には、食品産業と生産農家の協力体制の事例を紹介するといった新機軸が盛られている。ただし他方において、農業側に契約意識が希薄であるとも指摘されている。また、不足払い制度の導入については慎重なトーンに転じたことや EU の補助金付き輸出を問題として指摘している点など、新たな要素も目につく。

経団連 88f は経団連 88c を踏まえつつ、その後の環境の変化を織り込みながら作成された提言であり、「国内農業の構造改革を待っている時間的余裕がない」ことを改めて強調している。続く経団連 91a で取り上げられたのは 19 の業種である[23]。ただし、全体を通観してみると、それぞれの業界から寄せられた要望をほぼそのまま纏めたとの印象を受ける。その後の経団連 96b では、従来の不足払いという表現に代わって、直接所得補償の導入が提唱されている点が目を引く。また、消費者負担型農政の負担構造がわかりにくいとして、6 品目について保護費用の試算を行っている点も、新しい試みとして注目される。なお、経団連 91a と経団連 96b については、対応する政策提言を別途作成することは行われていない。

4) 構造政策と農地問題

農業に対して産業としての競争力の確立をもとめる論調は、同友会 60 にはじまる経済界の提言活動のなかで一貫している。けれども一貫した論調のなかにも、時代の変遷とともにアクセントの変化を読みとることができる。以下、年代を追うかたちで、構造政策に関する提言の特徴的な部分をピックアップする。また、構造政策と密接に関連する重要なテーマである農地問題についても、どのような主張がどのようなかたちで展開されてきたかを確認しておきたい。

直接的に構造政策に言及した部分は少ないものの、同友会 60 は新しい日本

農業に「協同化、共同化、資本主義農業をもち込む必要」があることを指摘し、「そのためには、農地法のようなものもその線にそって改正を要することが起り得よう」と述べている。一方、同友会による提言の5年後に発表された日経調65は、「法人組織であると個人経営たるとは問わない」が、「企業的農業経営が主体となるべき」であると主張すると同時に、「大規模機械化農業に適応する大圃場の整備を急ぐ」ことを提唱している。日経調65による規模拡大のビジョンは、アメリカ農業を想起させるほどのスケールのものであり、「近代的大型機械1セットが効率的に作業できるように、少なくとも60〜80ヘクタールの集団化された大圃場 (1区画は1ヘクタール以上) が一般化することを目標とすべきだ」だと述べられている。

日経調65の提案については、規模拡大にさいして「土地所有権の移転は必ずしも必要」ではなく、「耕地の集団化を促進するために、農地の貸借を容易に」する必要があるとしている点も、この時期の提言として注目されてよい。さらに、「農地の遊休化等を防ぐため土地私有権に対する制限を強める立法措置をとるべきである」とも主張している。この点に関しては、少し前に発表された同友会64も、農地の流動化や協業経営の促進を強調しながら、あわせて「熟成農地が無計画に潰され、あるいは荒廃化している事実、造成農地が日ならずして他に転用されている事実に眼を覆うことは許されない」として、「総合的な土地計画」の再検討を提唱している。これらの主張は、のちにみる近年の株式会社の農業参入問題をめぐる経済界の基本スタンスにもつながっていく。なお、1962年の農地法改正によって農業生産法人制度がスタートし、同じく1970年の改正では、自作農主義一本やりではなく、借地による規模拡大を後押しする方向に農地制度の転換がはかられている。

同友会64は1961年の農業基本法を画期的な立法として評価している。しかしながら同時に、高度経済成長が「農業の近代化に絶好の機会を与え」たにもかかわらず、「事実は必ずしも期待にそうことにはならなかった」とも述べている。問題は、なぜ期待に沿うことにならなかったかである。この点について同友会64は、「最大の障害は農地の移動が円滑を欠いている」ことにあったとみる。さらにその要因としては、同友会64に続く同友会66が、「(1)農地価格の騰貴とその資産価値としての保有、(2)他産業における雇用条件の制約、(3)社会保障の不備、(4)飯米自給による生活安定など農地を離し難い社会的経済的条件

によるところも少なくない」と指摘している。農地法上の制約を問題点と指摘しながらも、それだけではないとみるところに分析の深さがうかがわれる。こうした点を含めて同友会 66 は、この時期の同友会による提言のクライマックスであるとしてよい。なお、すでに触れた点であるが、同友会 66 から時を経ること 15 年後に発表された同友会 81 では、構造政策が成果をあげることができなかった要因として、「所得補償＝価格支持の方式が、一部大規模化への意欲を刺激したものの、反面、流動性を欠く農地制度や機械化の進展に支えられて、2 兼農家の脱農家に歯止めをかけ、零細経営を温存するという結果をもたらした」ことを指摘している。

近年の株式会社の農業参入をめぐる論争のなかで、参入が農地の投機的な取得と無秩序な転用につながるという主張に対して、経団連は「株式会社の農地取得の解禁如何にかかわらず、農地の転用期待をなくす方向で、土地利用計画の厳格化並びに転用規制の強化により、農地を保全」すべきだとの見解を対置している（経団連 97c）。いま確認したとおり、経済界のこうした主張は比較的早い時期から展開されていた（同友会 64、日経調 65）。この点に関連して興味深いのは日経調 76a である。すなわち日経調 76a の調査報告の要約のパートには、「農地のスプロール化をもたらさないためには」「土地の公共的性格を強調して、農地の集団化と永久農地化を図ること」と、「土地投機を防止するために、低利用の土地の強制的利用指定とキャピタル・ゲインに対する課税の強化を図ること」が必要であると述べられているのである。経済界や経済界に比較的近いとみられるシンクタンクの提言のなかで、永久農地というフレーズが使われたのはこれがはじめである。また、キャピタル・ゲインに対する課税の強化をはっきり主張している点も、特筆に値しよう。ただし、これ以降の経済界の農政提言において、この種の課税強化論が明示的に提唱されたことはない。

経団連の提言が永久農地といったフレーズを使用したのは、経団連 87b とこれにもとづく政策提案である経団連 87c においてである。すなわち、経団連 87b には「耕地基盤整備を円滑に進めるには、国土利用計画を各定住圏ごとに示し、30～50 年の半永久農地を明確化することが大切である」と述べられている。半永久農地という表現は経団連 92b でも使用される。具体的には、「計画的な土地利用の下に優良農用地を確保・保全することが極めて重要」であるとしたうえで、「地方が自主的・自発的に 21 世紀を展望した地域農業・農村の再編・整

備計画を策定し、(中略) かかる再編・整備計画においては、農業生産の場は効率的な生産単位を目指して規模拡大・連坦化をはかるとともに、半永久農地として保全すべきである」とされている。また、経団連 92b においては、1992 年 6 月に農林水産省が公表した「新しい食料・農業・農村政策の方向」の検討作業を意識してであろうか、「農業経営体の育成」(傍点は引用者) というフレーズが用いられている。あるいは、新規参入の支援策の重要性を強調している点も目につく。なお、同友会の農政提言においては、永久農地や半永久農地といった表現が使用されたことはない。

　経団連 87b では、半永久農地の明確化を論じたすぐあとに、「農地を所有するものはそれを最大限、農地として有効に活用する社会的責務を負うという理念が確立されなければならない」と述べられている。この主張のルーツは、経団連による最初の総括的な農政提言である経団連 82a に見出される。すなわち経団連 82a では、「農地についても「農業者は、保有農地を農業のために合理的・効率的に利用する社会的責任がある」という理念を確立する必要がある」とされているのである。そして、このセンテンスに含まれている引用の部分は、経団連 92b でも再確認されている。

　経済界の農政提言にみられる特徴の一つに、農業基盤整備を重視する姿勢がある。日経調 65 が 1 区画 1ha 以上の圃場という、当時としては大胆な提言を行っていることはすでに紹介した。その後、本格的に基盤整備の問題を取り上げた提言には経団連 82a がある。すなわち経団連 82a は、「農業の体質強化」と名づけた節のなかで、「土地基盤の整備」を「経営規模拡大のための構造政策」「農地政策」「研究・技術開発および農業教育」と並ぶ重要な項目として特記し、かなりのスペースを割いて議論を展開している。とくに注目されるのは、「たとえ個人財産に帰するものであったとしても、優良農地の確保という食料安全保障上の観点および土地生産性の向上により、国民に対して安価な食料を安定して供給することが可能になるとの観点から、財政的措置を引き続き行なう必要があろう」としている点である。

　無条件に財政措置を支持しているわけではない。事業の優先順位を明確にすること、工事費単価を切り下げること、整備のあとの「集落内における営農のあり方についての合意形成」の必要性が提唱されているのである。このうち第 3 の点については、「事業の採択に当っては、こうした合意形成の有無を重視す

べき」であるとの踏み込んだ表現が行われている。食料安全保障の問題を検討した経団連 85c においても、基盤整備重視の姿勢は変わらない。この提言では、基盤整備と並んで「地力の維持・培養」が「自給力強化の上からきわめて重要な課題である」としている点が目を引く。こうした農業基盤整備を重視するスタンスは経団連 87b や経団連 97c にも引き継がれている。経団連 87b は、「平坦地では可能な限り 1～2ha の区画に整備すること」や「食管制度の改革によって捻出した財源を重点的に投入すること」の必要性を指摘している。さらに経団連 97c では、「土地改良に係わる費用対効果分析に関して、その見積もり方法を適正化する」ことや「事後評価の結果を今後の事業実施に反映させる」ことが提唱されている。

　株式会社形態による農業の問題が経済界の農政提言のなかで明示的に取り上げられたのは、経団連 97c においてである。すなわち経団連 97c は、「農業生産法人制度の充実の一環として、営農形態の選択肢の一つに株式会社形態を加えるべきである」と主張している。あわせて農地の転用規制の強化が提唱されていることは、すでに指摘したとおりである。いま引用した経団連の主張は 2001 年 3 月に施行された改正農地法によって、一定程度実現したとみることができる。ただし、あくまでも部分的な実現であって、経団連 97c の提言はさらに踏み込んだ提案を行っている。すなわち「例えば」と断りながらも、「第一段階として、農業生産法人への株式会社の出資要件を大幅に緩和し、第二段階として、借地方式による株式会社の営農を認める。その上で最終的に、一定の条件の下で株式会社の農地取得を認める方式が考えられる」としている。論争が激化したことは周知のとおりである。

　経団連 97c は、農政の目標を「①農業の担い手を確保しうる「魅力ある職業としての農業の確立」と、②国際競争にも耐え得る「産業としての農業の確立」に重点化していくことが必要」だとしたうえで、農家の定義についても「いわゆるプロの農家に限定」する方向で見直すことを主張している。農家の定義をめぐる経団連の最初の問題提起は、経団連 87b において「従来の農家の定義を見直し、ある一定規模以上の中核農家に的を絞って施策を講ずる必要がある」というかたちで行われている。ただし同時に、経団連 87b の農協の役割を論じた部分においては、「規模を拡大しえた一部の農業者だけで農村集落が成立しえないことも事実」だという認識も示される。そのうえで、プロ農家と自給的

農家の共存が提唱されているのである。加えて、経団連 87b は「都市化と過疎化が著しく進展した状況の下で、農山村の多面的機能、特に社会厚生的機能が重視されてきている」とも述べている。多面的機能という表現が経済界の農政提言で用いられたのは、この提言がはじめてであった[24]。いずれにせよ、経団連 87b は経済界の農村ビジョンを提示したものとしても興味深い内容を含んでいる。

5) 農産物貿易

最後に農産物貿易をめぐる経済界の提言に触れておきたい。ただし、経済界の提言活動において、貿易政策を真正面から取り上げたものは意外に少ない。しかも事実上、経団連による 1980 年代以降の提言に限定される。もっとも、フォーラムの農政提言には貿易問題をテーマとするものが多い。設立から間もない時期の提言には牛肉問題が取り上げられており、ウルグアイ・ラウンドの進展とともに、米の関税化問題が繰り返し提言のテーマとして登場する。しかしながら、すでに述べたとおり、フォーラム自体は経済界の見解を代表する性格の組織ではない。また、米の関税化をめぐって激しく戦わされた論争は他の文献で紹介されていることもあり[25]、その内容をあらためて吟味することは控えたい。

さて、経団連 83b はタイトルにもあるように、自由貿易体制の維持・強化という観点から、貿易政策に対する経団連としての基本姿勢を明らかにしたものである。この時期に見解が表明された背景には、「わが国と欧米諸国との通商摩擦は政治問題と化しつつあり、早急に対応策をとらねば自由貿易体制の根幹を揺るがすおそれなしとしない」との懸念があり、各国が「安易に保護主義的措置を講ずるようになれば、世界経済は縮小均衡の方向へ進む」という危機感があった。そして、日本は「あらゆる関税の撤廃を最終目標とする新しい GATT 交渉を提案すべきである」としている。提言の具体的な内容は、「市場開放の徹底」「秩序ある貿易」「国際協力の推進」「相互理解・人的交流の促進」の四つのパートからなる。このうち「市場開放の徹底」のパートは、農産物貿易にも触れている。注目されるのは、「牛肉・オレンジ等の残存輸入制限品目については、期間を定めて完全自由化をめざして努力すべきである」と述べる一方で、「日本国民の基本食料としての米麦は、自由化対象品目からはず」すことを認めてい

る点である。経団連 85a もニューラウンドの開始を唱導するなど、経団連 83b とほぼ同趣旨の提言であるが、「もはや米国一国に円滑な自由貿易推進のリーダーを期待することはむずかしい状況にある」と述べている。プラザ合意を控えたこの時期の経済界の空気をうかがい知ることができる。

　ウルグアイ・ラウンドが開始されると、経団連の提言は、交渉成功に向けて内外に自らの主張をアピールする論調になる。まず、経団連 88e は 1988 年 12 月に予定されていたラウンドの中間レビューを前にして公表された提言である。ごく短い提言ではあるものの、農業・農政にも関わる領域で、いくつかの興味深い論点が打ち出されている。一つは、「EC 域内市場統合や米加自由貿易協定の成立に見られる地域主義の傾向」について、「多角的自由貿易体制の維持・発展にとり大きな問題を投げかけている」として、強い警戒感を表明している点である。経団連 83a や経団連 85a では保護主義の強まりに対する懸念が述べられていたが、今回はこれに加えて地域主義が「極力減殺していかなければならない」傾向とされている。

　もう一つは、同時に、保護主義や地域主義を生みだしているのが貿易の不均衡であるとしたうえで、「最大の貿易黒字国であるわが国の責任は大きく」「引き続き内需拡大に努力する必要がある」としている点である。こうした内需拡大をめざす経済政策の舵取りがその後の日本経済の進路に大きく影響を与えたことは、あらためて指摘するまでもない。さらに第 3 に、「生活の実態を他の先進諸国と比較してみれば、国民は真に豊かな生活を享受しているとは言い難い」とされている。目を引くのはその要因に関する指摘であり、「食料、流通、土地利用等に対する様々な規制や保護措置から生じる内外価格差が主因である」とされている。農業や食品をめぐる多くの問題が、この指摘に深く関係していることは言うまでもない。経団連の農業・農政論の整合性という意味では、例えば経団連 87b に始まる「半永久農地を明確化する」という主張と、土地利用に対する規制を問題視する指摘とが、どのように両立しうるかが問われることになる。

　周知のとおり、ウルグアイ・ラウンドの日本国内における争点は米の関税化の是非であった。国論が二分されたと言ってもよいこの点について、経団連はどのような見解を表明しているであろうか。ひとことで言うならば、品目として米を特定したかたちの提言は慎重に避けられている。たしかに、総論ないし

は原則論においては、農産物の市場開放を支持する姿勢が打ち出されている。例えば経団連 90e は、「農産物に関する輸入規制措置については、農業の生産性向上のための国内対策を十分に講じつつ削減・撤廃していくことが基本的な方向である」とし、「農業については、その議論の帰趨が全体の交渉の成否の決め手となっていることから、新しいルール作りに積極的に対応すべきである」とも述べられている。しかしながら、米の関税化の問題に直接言及しているわけではない。

ウルグアイ・ラウンド大詰めの段階で発表された経団連 92a についても同様であって、米の関税化問題に対する具体的な賛否の意思表明はない。ただし、1991 年 12 月のいわゆるダンケル・ペーパーを「全体として、自由貿易を推進する現実的内容となっている」と評価している点は、関税化の特例措置が表面化していないこの時期の見解としては、間接的に米の関税化を促したものとみることもできる。また、「ウルグアイ・ラウンドが失敗に終われば、わが国が市場開放を頑なに拒んだ分野についても、GATT パネル裁定や米国通商法 301 条に基づく二国間交渉により国内関係者がより大きな痛みを受ける恐れが大きい」とも述べられている。一種の変化球による攻めと言ってよいであろう。しかしながら、これも米の問題をダイレクトに取り上げた主張ではない。ただ、ウルグアイ・ラウンドの実質合意後に公表され、ラウンドの評価と今後の課題を述べた経団連 94b には、米の問題に触れた部分がある。すなわち、「わが国は世界第二位の経済大国として国際的役割の責任ある遂行を指摘されて久しい。しかし、ウルグアイ・ラウンド交渉においては、国内の政治的関心は専らコメ問題に集中し、関税化を回避するという受け身の対応に終始したことは極めて残念である」とされている。

ウルグアイ・ラウンド後の世界経済の焦点として、新たな WTO 交渉の問題とともに、地域内あるいは 2 国間の自由貿易協定 (FTA) の問題が急浮上している。FTA の動向が農政と密接に関係していることは言うまでもない。注目されるのは、この問題に関する経団連の主張に微妙な変化が認められることである。すでに紹介したとおり、経団連 88e では地域主義の台頭について強い警戒感が表明されていた。ところが経団連 94b には、「地域主義の動きについて、多角的自由貿易制度および機関との整合性を図っていく」とあり、「今後はこうした試みが開かれた地域の枠組みとして実質的に機能するよう WTO などの活動を

通じて監視していく必要がある」と述べられている。「地域主義や孤立主義への傾斜を背景とした保護主義への流れをくい止める最後の砦は、ウルグアイ・ラウンドである」（経団連92a）といった従来の厳しい論調に比して、いくぶんトーンダウンした点は否めない。

このような変化の背景には、FTA締結などの動きを現実の問題として認めざるを得なくなった状況がある[26]。そして、現実を認めると同時に、WTOに対してチェック機能の発揮を求める姿勢は、経団連96cにおいても踏襲される。すなわち、「EU、NAFTAなど関税同盟、自由貿易地域等のいわゆる地域経済統合は、WTOに整合的であってこそ世界経済に利するものとなる。そのため、WTOの場での地域経済統合に対する審査規律ならびに審査機能を強化し、多角的自由貿易体制の精神に反する面があれば、その改善を求めるべきである」と述べられている。地域経済統合を排除するわけではないが、WTOの多角的自由貿易の理念が優先されるべきだというわけである。けれども、加速化する地域経済統合の動きに取り残されることへの危機感が強まることも避けがたいように思われる。既成事実が積み重ねられていくなかで、日本の経済界に対してもFTAへの積極的な対応を促す力学が働くことになる。経団連96cは、「残念ながら、わが国企業ならびに地域経済統合加盟国以外の企業の活動が、地域経済統合等によって歪められている実例も多い」と指摘している。

5　むすび

一次資料に即して経済界の農業・農政論の全体像を正確に把握すること、これが本節の目的であった。完全に網羅したとは言い難い点も残されてはいるものの、経済団体誕生の時期から食料・農業・農村基本法制定の時期に至る半世紀について、全体像の把握という所期の目的の過半は達せられたように思う。

把握された中身をどのように評価するか。これは今後の課題である。とくに提言の農業政策形成に対するインパクトや、農業・農村のあり方に与えた影響については、農業・農政の動向と照らし合わせて、丹念に吟味しなければならない。できるだけ先入観を排しながら、農業・農政の展開と経済界の提言活動のあいだに働いている相互作用を把握する必要がある。本節の作業はそのための準備にほかならない。

経済界の提言活動に限られることではないが、農業・農政論の評価にさいし

ては、二つの基本的な観点に留意する必要がある。一つは、提言の前提となっている事実認識の精度と深度の問題である。論じる立場は異なっていても、現に存在する客観的な事実については、共通認識を形成する努力が払われてしかるべきであり、また、誤った理解があるならば、率直なコミュニケーションを通じて正していかなければならない。とくに共通の認識を醸成する場という意味では、国際懇の意義を改めて評価しておく必要があるように思われる。

　もう一つの基本的な観点は、その組織の社会的なポジションに由来する提言の立場に留意することである。いま述べた事実認識に関しても、そもそも事実の取り上げかた自体に経済界の立場が反映されているとみなければならない。もっとも、農業・農政論をめぐる経済界の立場とは何かとなると、自明のようでいて、それほど簡単に割り切ることができない面もある。むろん、経済団体は一種の利益集団である[27]。しかしながら提言の立論のなかに、しばしばより広い視野に立った分析や提案が含まれていることも事実である。すなわち、国民全体の福祉に配慮した指摘や、経済政策としての合理性を問う議論は、本節で検討した農業・農政論のなかにも少なからず認められた。自らの利益のみを追い求める姿が露骨に現れるとすれば、それだけでも社会の共感を得るにはマイナスである。この点も経済界の提言活動に限られるわけではない。

　食品工業の原料問題に鋭く言及する場面では、どちらかと言えば利益集団としての経済界の顔が前面に出ることになる。一方、食料安全保障をめぐる提案においては、経済界の局所的な利害関心からと言うよりも、国民に対する食料供給体制のありかた如何という問題意識が濃厚に滲み出る。この例に示されるように、経済界の農業・農政論には利益集団としてのローカルな利害の主張と国民全体のいわば大局的な利益に配慮した主張というかたちで、二つの要素が同居していると言ってよい。もちろん、この二つの立場は常に截然と区別できるものではない。あるいは時間の経過とともに、そのウェイトが変化するケースも考えられる。いくぶんディメンションは異なるものの、地域経済統合をめぐる見解に見られた論調の変化は、多角的自由貿易の擁護という大局的な利益の主張が後退し、日本経済という個別的でローカルな利害の防衛をはかる立場のウェイトが高まるプロセスであったと考えることもできる。

[付記]

　本節執筆の準備にさいしては、各団体の事務局から資料の提供をはじめとする種々の協力を得た。とくに経団連事務局の井上洋氏と同友会事務局の藤巻正志氏のお二人については、お名前を記して深甚なる謝意を表したい。

注：1）経済界の農業・農政論に関するまとまった論述としては、『農業と経済』の1981年8月号の特集「「財界農業論」を検討する」におさめられた論文が目につく程度である。これはこれで興味深い記述を含んでいるが、カバーされている提言は時期的にごく限られている。

2）経済同友会〔1〕や経済団体連合会〔2〕〔3〕による。なお、二つの経済団体の歴史や活動を論じた文献は少なくない。代表的なものとして岡崎哲二ほか〔4〕と内田公三〔5〕をあげておく。

3）経済団体連合会と日本経営者団体連盟は2002年5月に統合され、日本経済団体連合会が発足した。本節で検討した提言はすべて統合前に公表されたものであるため、以下では統合前の名称を用いることにする。

4）「同友会は企業経営者の個人参加を原則とし、そのため同友会の提言やその背後で展開された会員によるさまざまな議論は経営者の率直な見解を反映していると考えられる」（岡崎ほか〔4〕）。

5）日経調による農業関係の調査報告書には、川野重任（東京大学）や逸見謙三（同）が主査をつとめたものがある。また、研究者ではないが、農林事務次官の経験者である渡部伍良や内村良英も主査を担当している。

6）全国農業会議所では、この懇談会の発足と並行して1970年度から国際農業問題検討事業に着手する。この検討事業の一環として会議所から創刊された雑誌『70年代の農業』の第1号には、懇談会の設立に至った経緯が詳細に述べられている。なお、「創刊にあたって」と題された鍋島直紹のあいさつには、「全国農業会議所の関係者と経済団体の関係者が、共通の話合いの場として」懇談会を設置したと述べられている。

7）1950年前後の提言はいずれも短文である。経団連49から経団連55までの六つの提言のうち、もっとも長い経団連52で45字×52行（経団連53cもほぼ同じ分量）、もっとも短い経団連53bで43字×34行であった。その後の提言が一般にかなりのボリュームの文書になるのとは対照的である。例えば経団連87aは、シリーズとなった食品工業白書の第1回であるが、全体で239ページに達している。

8）経団連の提言については、経済団体連合会〔3〕（CD-ROM版）に収録されてい

るものを底本とした。設立以来 1997 年までの提言が収められている。なお、節末のリストには参考のため、林業に関わる提言も含めた。
9) 1967 年度版の『経団連事業報告書』の「農業問題懇談会」の項には、「食管会計の赤字逓増傾向、農産物輸入の急増、農家労働力の減少等、種々の困難な問題に直面して、わが国農業政策は今や根本的再検討を要する時期にきていると考えられるが、41 年 12 月、42 年 8 月の 2 回にわたって北海道開発審議会（会長 黒沢酉蔵氏）の行った寒地農業開発に関する提言は、かかる見地から種々興味ある示唆を含んでいるので、当会（農業問題懇談会のこと－引用者）では 43 年 4 月 19 日、同審議会 黒沢会長より、寒地における国土開発と農業政策のあり方についての見解を聴取し、隔意ない意見交換を行った」とある。なお、経済団体連合会〔2〕〔3〕はこの懇談会については触れていない。
10) 国際懇の提言の公表については、各年度の『経団連事業報告書』によって、そのタイトルを知ることができる。節末のリストはこの情報源に依拠している。また、筆者の手元には、いくつかの提言のテキストも含めて、国際懇の会合に関する断片的な記録がある。これらを概観すると、活発な公表活動を展開してのちの国際懇においては、農林水産大臣や農林水産省の幹部を招いて意見交換を行ったり、農業の現場におもむいて新しい動きを視察するといった活動にウェイトが置かれていたようである。
11) 例えば岸〔7〕の巻末年表には「財界として戦後初」とある。なお、同友会から公表された提言のタイトルは同友会『経済同友会 50 年のあゆみ』（資料集）に収録されている。それぞれの内容の検討は、同友会事務局に保存されている提言のテキストによる。
12) 経済同友会〔1〕の資料集ならびに各年度『経団連報告書』による。
13) 古賀〔8〕による。
14) フォーラムの提言活動は、1976 年 3 月に公表された「新しい経済社会建設の合意をめざして」に始まる。
15) 同友会 68 は同じ主張を盛り込んだ簡潔な声明である。
16) 提言の作成にあたった研究委員会の主査であった内村良英は農林事務次官をつとめた。
17) 経団連 81b は、タイトルに「米麦の流通合理化の方向と講ずべき対策」とあるが、食管制度の基本的な枠組みに関する提案ではない。1974 年に経団連に設置された流通委員会で発議された提言で、1977 年 1 月に施行された改正食管法の運用改善の要望について整理したものである。食管制度そのものについては、「当会においても関係委員会で検討中」であると述べられている。その成果が経団連 82a

に反映されているわけである。
18) 同友会 82 は同友会 81 を基礎に作成・提出した臨時行政調査会への意見書であり、米経済と稲作農業については同友会 81 と同じ趣旨の内容が盛られている。
19) RMA の提訴は通商代表部によって却下される。ただし、「RMA には同情するが、301 条の適用は日本市場の開放に必ずしも最善の道ではなく、むしろウルグアイ・ラウンドでの解決をはかりたい、という理由」からであった（岸〔7〕）。ウルグアイ・ラウンドは 1986 年の 9 月にスタートしている。
20) 資本の自由化は 1967 年から 1973 年にかけて 5 次にわたって実施された。
21) 取り上げられている業種は、製菓、製粉、精糖、製油、乳業、畜肉加工、配合飼料、水産、ビール・洋酒、清涼飲料、清酒。
22) 取り上げられている業種は、製粉業、パン、めん、精糖、でんぷん・ぶとう糖、乳業、製油、食肉加工、水産加工・缶詰、冷凍食品、伝統・洋風調味料、うまみ調味料、菓子、米菓、ビール、ウイスキー、焼酎、清酒、清涼飲料、醗酵乳・乳酸菌飲料、コーヒー・紅茶、配合飼料、精米。
23) 取り上げられている業種は、製粉・パン・麺、精糖、でん粉・ぶとう糖、乳業、食肉加工、冷凍食品、菓子、米菓・米関連製品、ビール、ウイスキー、清酒、焼酎、清涼飲料、配合飼料、精米、うまみ調味料、醗酵乳・乳酸菌飲料、水産加工・缶詰、製油。
24) 多面的機能については経団連 92b でも言及されている。また、経団連 97c では多面的機能に代わって、公益的機能という表現が用いられている。
25) 例えば「コメ関税化徹底討論」と題された『農業と経済』増刊号、1993 年をあげておく。
26) 経団連 94b には「ウルグアイ・ラウンド合意と世界経済」と題された情勢分析の補論が付されている。ここには「APEC を多角的枠組みの中でどのように運営していくかが今後、問題になる。開かれた地域統合という要請に応えつつ、グローバルルールと地域の発展を目指したリージョナルルールの整合を図っていかねばならない」とある。
27) 利益集団は一方で社会変化や社会集団の利益を国家に伝え、他方で国家の意思や情報を社会へと流し、統制してゆく媒介項である（辻中〔16〕）。

〔参考・引用文献〕
〔1〕経済同友会『経済同友会 50 年の歩み』1997 年。
〔2〕経済団体連合会『経済団体連合会三十年史』1978 年。
〔3〕経済団体連合会『経済団体連合会五十年史』1999 年。

〔4〕岡崎哲二・菅山真次・西沢保・米倉誠一郎『戦後日本経済と経済同友会』岩波書店、1996年。
〔5〕内田公三『経団連と日本経済の50年』日本経済新聞社、1996年。
〔6〕日本経済調査協議会『日経調』(事業概要の冊子)、2002年。
〔7〕岸康彦『食と農の戦後史』日本経済新聞社、1996年。
〔8〕古賀純一郎『経団連』新潮社、2000年。
〔9〕総合開発研究機構『農業自立戦略の研究』1981年。
〔10〕食品工業改善合理化研究会『食品工業白書』大成出版社、1967年。
〔11〕食品工業対策懇談会『食品工業の近代化』地球出版、1969年。
〔12〕農林水産省食品流通局監修『80年代の食品産業：その展望と課題』地球社、1980年。
〔13〕食品産業政策研究会編『食品市場にみる競争の現状と課題』地球社、1984年。
〔14〕食品産業政策研究会編『21世紀の食品産業』地球社、1987年。
〔15〕食品流通政策研究会『食品流通新時代』地球社、1988年。
〔16〕辻中豊『利益集団』東京大学出版会、1988年。

提言一覧

経済団体連合会

1949　購繭資金ならびに生糸金融対策に関する意見
1952　麦類統制撤廃問題に関する要望意見
1953a　輸入食糧の転換に関する意見－外米輸入の小麦への転換を提唱す－
1953b　農村における「かまど」の改善にかんする意見
1953c　生糸の輸出振興策に関する要望意見
1955　備蓄用外米輸入の推進に関する意見
1968　土地税制に関する意見
1975　住宅・土地問題に関する見解
1976　生鮮食品の流通近代化・合理化の方向（中間報告）
1977　今後の国土利用・開発に関する基本的見解－第三次全国総合開発計画の策定に当たって－
1978　宅地対策に関する見解
1980　農政問題懇談会中間報告
1981a　食品工業からみた農政上の諸問題

1981b	米麦の流通合理化の方向と講ずべき対策－消費者ニーズの一層の反映を－
1981c	土地・住宅行政の効率化に関する要望
1982a	わが国農業・農政の今後のあり方
1982b	土地政策に関する意見
1983a	国際的に開かれた経済社会における食品工業政策のあり方－原料対策の推進を中心として－
1983b	自由貿易体制の維持・強化に関する見解と提言
1985a	自由貿易体制の再建・強化に関する基本的考え方
1985c	食料安全保障について（検討結果の中間取りまとめ）
1985d	流水占用料・水源税創設構想に反対する
1985e	規制緩和についての意見
1986a	21世紀をめざした国土開発の課題－四全総に望む－
1986b	「森林・河川緊急整備税」の創設に断固反対する
1986c	民間活力発揮についての緊急提言－当面の住宅対策を中心に－
1987a	食品工業の実情に関する報告書
1987b	米をめぐる問題についての報告－国際化時代にふさわしい、新しい日本型農業を－
1987c	米問題に対する提言
1987d	首都圏の土地対策に関する意見
1987e	組換えDNA技術関連指針の運用に関する要望
1987f	住宅対策の一層の充実を要望する
1988a	世界経済活性化に貢献する日本の役割とわれわれの決意
1988b	規制緩和に関する要望（中間とりまとめ）
1988c	食品工業白書（62年版）
1988d	農林水産分野等における組換体の利用のための指針（改定案）
1988e	多角的自由貿易体制の強化を目指して
1988f	食品工業の原料対策と農政に関する見解
1989a	アメリカ・タイからの米のありうべき輸入価格の試算結果（暫定）について
1989b	自由貿易体制の危機に対処する我々の決意

1989c	規制緩和に関する実施状況の評価と要望（意見メモ）
1989d	土地の利用・開発に関わる諸規制の見直しを求める
1989e	大都市圏における住宅対策の一層の拡充を求める
1990a	食品工業用原料の調達に係る公的規制と内外価格差
1990b	土地・住宅問題に関する考え方－日米構造問題協議に関連して－
1990c	土地税制に関する基本的な考え方
1990d	一層の市場開放に向けて
1990e	ウルグアイ・ラウンドの成功を望む
1990f	当面の土地税制に関する具体的提言
1990g	総合的な土地・住宅対策の実行を望む
1990h	バイオテクノロジーに関する環境庁の法規制導入についてのわれわれの考え方
1991a	第3回食品工業白書
1991b	UPOV条約の改正に伴う植物新品種等の法的保護のありかたに関する意見
1992a	ウルグアイ・ラウンド成功のための決断を求める
1992b	21世紀に向けての農業政策のあり方
1992c	日米欧経済団体はウルグアイ・ラウンド成功のための政治決断を求める（ウルグアイ・ラウンドに関する日米欧共同声明）
1992d	自由・透明・公正な市場経済を目指して－規制緩和のための提言－
1992e	住宅対策に関する緊急要望
1994a	住宅・宅地供給の拡大と住宅の質的向上のための規制合理化を求める
1994b	ウルグアイ・ラウンド合意に関する評価・今後の課題および提言
1994c	マラケシュ閣僚会合に望む
1994d	農業・食品産業関連の規制緩和等を求める
1994e	住宅対策に関する関係資料
1994f	住宅対策の拡充を求める
1994g	規制緩和の実現に向けて村山総理大臣の一層の指導力発揮を求める
1995a	実行ある規制緩和推進計画の策定に向け行政改革委員会の積極的活動を期待する
1995b	WTOとさらなる貿易の自由化は引き続きわれわれの主要関心事

1995c　内外から評価される規制緩和推進計画の策定を要望する
1995d　新食糧法の運用に望む
1995e　消費者・生活者の望む規制緩和について
1995f　『規制緩和推進計画の改訂に望む』について
1995g　『規制緩和推進計画』の改訂に向けて行政改革委員会の大胆な提言を望む
1995h　土地・住宅政策の再構築を求める
1996a　新しい全国総合開発計画に関する提言－「新たな創造のシステム」による国土・地域づくりを目指して－
1996b　第4回食品工業白書
1996c　多角的自由貿易体制のさらなる促進を目指して～世界貿易機関（WTO）シンガポール閣僚会議に望む～
1996d　WTOシンガポール閣僚会議（1996年12月9日～13日）に関する経団連と欧州産業連盟の共同声明
1997a　97年3月末の規制緩和推進計画の改訂において実現頂きたい事項
1997b　土地の有効利用に向けた土地・住宅政策のあり方
1997c　農業基本法見直しに関する提言
1997d　21世紀に向け新しい規制緩和推進体制の整備を望む

経済同友会

1950　肥料公団廃止に伴う配給機構並びに金融措置に関する意見
1951　主食の統制緩和について
1954a　昭和29年度国内産麦購入価格に関する見解
1954b　昭和29年産米価格に対する見解
1955a　昭和30年度産米価格に対する見解
1955b　食糧管理制度の改正について
1960　日本農業に対する見解
1964　農業近代化への提言
1966　明日の農業への展望－農業近代化への第三次提言
1967　当面の米価対策と食管制度改善への提言
1968a　当面の米価問題に関する声明
1968b　本年度米価に関する要請

1981　日本農業の活力化のために－コメと米作りを中心として
1982　これからの農業および農政のあり方
1983　日本農業の再発見－生命系の産業複合体に向かって
1984　バイオ革新と地域・農村の活路－もう一つの資源を手がかりに
1988　コメ改革の目標と方策
1991　内外価格差の解消に向けて－政府規制関連価格の引き下げを望む
1995　21世紀にむけて日本農業が進むべき方向－産業としてのコメ農業のあり方

日本経済調査協議会
1965　国際的観点からみた農業問題－わが国農業の未来像－
1966　わが国産業の国際競争力－食品工業の国際競争力強化のために－
1969a　金融機構の再編整備－農業金融分科会報告－
1969b　金融機構の再編整備－提言「農業金融再編の方向」－
1973　生鮮食品流通近代化の課題（付：第１部水産物流通の課題資料編）
1976a　総合食糧政策の樹立
1976b　大消費都市地域における食品流通市場の現状と問題点
1977a　生鮮食品流通近代化のための規格および検査制度の現状と課題
1977b　厨芥類の飼料化
1978　国民経済における食品工業の役割
1979　生鮮食品物流の現状と問題点－輸送問題を中心として－
1980　食管制度の抜本的改正
1981　食料消費形態の変化と食品の流通問題－生鮮食品を中心として－
1983　土地・住宅問題についてのアンケート調査結果
1984　首都圏を中心とする住宅問題
1985　生活・産業構造と国土利用（付：海外調査報告／西独、仏、スイスの地域政策）

国際化に対応した農業問題懇談会
1971　農政推進上の重要施策に関する提言
1972a　日中貿易問題について

1972b　田中新内閣に対する要望
1972c　農業・農村近代化基本構想
1973a　農産物の物価安定施策について
1973b　農業承継者の教育について
1973c　穀物備蓄体制の確立についての提言
1973d　10年後のわが国農業のあり方（農業・農村整備近代化構想）についての提言
1974a　海外農林業開発協力について
1974b　世界食糧会議開催にあたっての意見
1974c　三木新内閣に対する農政転換についての要望
1975　　国民食料の安定供給に関する提言
1976a　国民の蛋白質食料の安定確保についての提言
1976b　若い農林漁業者の育成確保に関する提言
1984　　わが国森林資源の活性化と森林の公益的機能の強化に関する緊急提言

政策構想フォーラム
1978a　牛肉輸入自由化案－国際協調と国内農業発展の両立を目指して
1978b　牛肉自由化案批判に答える
1983　　国際比較からみた日本農業の保護水準（研究報告）
1986a　牛乳不足払い制度の改革案－日本農業の自立的発展をめざして
1986b　加工原料乳不足払い制度の諸問題（研究報告）
1987a　日本の農業と財政構造（研究報告）
1987b　農業政策の再検討（研究報告）
1989　　ガット新ラウンド農業交渉の問題点（研究報告）
1990　　関税化によるコメの市場開放を－国際協調と国内農業の発展を求めて
1992a　緊急提言　ガット・ウルグアイ・ラウンドの成功に向けて
1992b　コメ関税化の影響について－ドンケル案の正しい理解のために
1993a　コメ市場開放と財政負担－国際協調と国内農業の発展を求めて
1993b　緊急提言　関税化は日本のコメを破滅させるか
1994a　米政策研究会のコメ関税化シミュレーション・モデルの特徴（研究報告）
1994b　農業の活性化と土地利用の効率化を目指して－農地規制・税制の抜本的

見直しを
1994c　農地規制・農地税制の問題点と改善方向（研究報告）

（生源寺　眞一）

第3節　労働団体の農業・農政論

1　はじめに

　本稿では、わが国労働組合が農業政策に対してどのような対応をとってきたのかを、主としてナショナル・センターの動きを中心にみておく。わが国労働組合運動は、総評と同盟という2大組織を中心に展開してきたが、前者が社会党、後者が民社党の支持基盤をなしてきたように、その運動方針、政治方針はきわめて対照的であった。以下では、農業基本法の成立、食管改革、農産物市場開放問題を中心に、労働組合の農業政策の特徴を検討することとする。

2　農業基本法の成立（1960年代）

　農地改革以後、ほぼ10年間にわたって、農業問題は農民一般の利益擁護のために、少なくとも議会政治のうえでは、表面上の連携がなされてきた観があった。しかしながら、農業をとりまく環境変化と農業構造の変化は、そうした「超党派的びほう策」は限界を迎え、政党をはじめとする関係団体には、農業問題をどう考えるかという基本的な「思想」が問われることになった。論争の論点は多岐にわたるが、ここでは自立経営の確立と農業構造改善についてみておく。
　農業基本法の基本的な思想は、農業の生産性を高めて農業所得で他産業従事者と均衡する農業所得を実現できる経営（自立経営）を育成し、他方、生産性の低い零細農は他産業の拡大によって吸収し、農業に滞留する低所得者層の解消をはかるというものである。
　これに対して、社会党はこれを「貧農切り捨て政策」と真っ向から批判した。構造政策は兼業農や零細農を農外に排除して、その農地を農業に残る自立経営農家へ集積させることを目的としており、実質上、農民の「首切り政策」だというわけである。当然、首切りされた農民は、労働市場に放出されるわけであり、十分な吸収力が用意されない場合、農業の低所得と地域労働市場の低賃金とが相互規定し合う可能性も否定できないからである。
　社会党は、基本問題調査会の答申段階から、これを「農業破壊の構想」と批判した。上記のような視点から、答申が示す所得目標について、自立経営の所

得目標は都市的要素を除いた町村地域の勤労者家計をもとにしており、「町村地域の勤労者家計は、農業の低所得水準の影響をもっとも強く受けており、この部分を基準として農業所得を均衡させるということは、農業の低所得と停滞を永久化する」[1] というわけである。

事実、1950年代においては、炭坑の閉山、国鉄の首切り、繊維産業の不振などで労働争議が多発しており、農村からのいっそうの労働力流入が労働市場の不安定化といっそうの低賃金をもたらす可能性は大いに存在した。農村から流出する労働力は日本経済の二重構造の底辺を支え、「大企業労働者の賃金をくぎづけにするか、さらに引き下げる役割を果たし、大企業労働者の賃金の6割に満たない中小零細企業労働者の賃金をさらにひくめる結果をまねくことは明らか」[2] との批判も、あながちまとはずれではない。

農村から流出したものの大部分は臨時工などの不安定な労働条件しか与えられない。それに対する防衛手段として、現実には他産業に流出した者も零細兼業農家として滞留している。その解決策として、社会党は全国一律最低賃金制や労基法の厳正実施を主張した。

こうした主張は、いわゆる「低米価・低賃金論」すなわち農業の低所得と他産業の低労賃とが相互依存関係にあるとの認識に立つもので、その観点から「労農提携」論が打ち出されることになる。

実際に、農業基本法反対運動の中でも労農提携が指向され、全農林は、「危機に立つ日本農業」（1961年改訂版）を出して、農基法自体を「反農民的」と位置づけて、地方に労農会議を結成、労農提携による法案「粉砕」をめざした。また総評は、全日農とともに、61年2月には「中央労農会議」を結成し、「中央労農会議・結成総決起集会」では「農基法粉砕」が決議された。

中央労農会議は、その後も全農林が中心になって、食管、米価問題を軸に運動が重ねられた。運動は春闘と米価闘争がリンクする形で取り組まれ、「春闘で労働者の獲得した賃金水準が米価の基礎になり、夏の生産者米価闘争が『農民の春闘』という様相を呈した」「高度経済成長下の賃金上昇が米価に跳ね返って、生産者米価は急速に引き上げられた」[3]。しかしながら、1960年代の中央労農会議や食管連の運動は、「『反動農政粉砕』という勇ましいかけ声とは裏腹に、農民不在の運動、職場での活動と結びつかない運動に流れがちであった」と『全農林50年史』は総括している[4]。

3 食管制度改革と労働組合（1970年代）

1) 米過剰と食管制度改革論

1968年7月、当時の西村直巳農相は「総合農政の展開について」と題して所信表明を行い、食管制度の見直しを含めた農政のあり方についての検討を指示した。いわゆる総合農政のはじまりである。

その背景には、1967年、68年における大豊作と他方での米需要の停滞による大量の古米在庫の発生が存在した。米価が引き上げられたこともあって、米の生産力は1,400万トン台に増えた反面で、需要は1,225万トンと予想以上に落ち込んだ。そして69年10月末には560万トンの古米在庫をみるに至ったのである。

総合農政の下で、1969年には稲作転換対策がはじまり、5月には食糧管理法施行令の改正によって自主流通米が発足した。また、69年産買入価格の据置が決められた。

1970年2月に、農相報告「総合農政の推進について」を閣議決定、その内容は、①米の減産を進める、②経営規模の拡大、③農産物価格は国民の合意が得られるようにする、④離農を促進する、などからなっていた。

米価問題は、農民だけでなく消費者にとっても重要な問題であった。当時生産者米価は再生産を償う価格、消費者米価は家計米価としてそれぞれ別個の算定基準を用いて価格が決められていた。1960年から68年までの8年間に、生産者米価が合計71.9％引き上げられたのに対し、消費者米価は51％の引き上げであった。この差は食管赤字として積み上げられ、財政圧迫の要因となっていた。

総評、全日農、生協連、総評主婦の会、婦人会議、全農林、農協労、社会党などは「食管制度を守る全国連絡会議（全国食管連）」を組織して、消費者米価引き上げ反対を中心に運動を行ってきたが、上記のような自主流通米制度の創設の動きを「間接統制への移行」ととらえて、盛んな反対運動を組織した[5]。また、消費者米価は1972年4月から物価統制令の適用除外となって標準価格米制度に移行した。これに対しても、全国食管連をはじめとする反対運動が取り組まれた。

財界の側からは、米過剰をふまえた農政の見直しを求める提言があらわれた。1976年9月には日本経済調査協議会（日経調）が「総合食糧政策の樹立に関する提言」を発表し、食料自給率向上のための高生産性農業の育成、食料資源政策と食料産業政策の調和の確立等の主張を行った。

2）低成長への移行と政策推進労組会議の農政要求

　第1次石油危機とそれにともなう狂乱物価と賃金の高騰、それに続く低成長へのわが国経済の移行は、労働運動にも大きな影響を与えた。

　1974年春闘は春闘史上最大規模のストライキによって、32.9％の大幅賃上げが実現されたが、日経連をはじめ財界はこれに危機感をもち、75年移行の賃上げのガイドラインを示すなど、賃金抑制に積極的に乗り出した。

　これと呼応する形で、労働組合陣営では鉄鋼労連、ゼンセン同盟等が構成する民間労組共同行動会議（政策推進労組会議の前身）が「現代インフレと労働組合」と題するシンポジウムを開催するなどして、賃上げよりも「実質賃金」重視を打ち出した。いわゆる「経済との整合性」論である。

　それら労働組合は、インフレの克服には賃上げ、一時金などの生活防衛闘争だけでは不十分だとして、「政府並びに産業、企業の政策決定過程に労働者が参加して、現行の政策体系を転換する行動を強化しなければならない」[6]と、「政策・制度闘争」を強めることとなった。

　1976年10月に発足した政策推進労組会議は、民間労組の有力16単産（総評2、同盟6、中立労連3、新産別2、純中立3）と1組織（全国民労協）が加わった。この組織は政策制度に限定して共同行動をすることを目的として、当面、「経済政策」「雇用」「物価」「税制」の四つを重点項目に共同行動を推進した。

　政策推進労組会議は、物価対策として農産物価格問題を取り上げ、農産物輸入自由化を提言、1978年11月には農水省に対して牛肉の自由化、果実の季節自由化を申し入れた。ちょうど日米農産物交渉の最終盤を迎えており、同年12月にはオレンジ、オレンジジュース、グレープフルーツジュース、牛肉の輸入枠拡大が決着している。

　その後、1978年から79年にかけて、財界および政策推進労組会議を中心とする労組による農政批判、提言が相次いだ。1978年11月には日本経済調査協議会が「国民経済における食品工業」を発表、その中でわが国食品価格が非常

に高い原因として食品原料の価格を上げ、食管制度の運用改善（小麦）、でんぷん原料の輸入割当制の廃止、砂糖消費税廃止と関税引き下げ、加工用牛肉に対する特別輸入枠の設定等を提案した。また79年の経済同友会「新たな社会のダイナミズムの追求」では、「今や農業保護政策は国民経済的に大きな負担」として大幅な農産物輸入拡大を要求した。

上記のような政策推進労農会議による「政策・制度闘争」は、労働戦線再編後の連合の闘争路線に引き継がれていくことになる。

3) 食管制度改革への総評の対応

これに対して総評は、1975年春闘に際して「国民春闘」を打ち出し、その中に労農提携を位置づけた。75年の中央労農会議の基調報告は、労農提携の必要性を主に食糧問題に求め、「食糧問題を、もはや農民問題、農業問題の枠の中だけで解決することはできなくなってきた」「食糧問題は労働者・消費者側も含めたものでなくては解決できない」として国民春闘によって農民の生活水準の向上、低農産物価格の改善を行う方向を打ち出した[7]。

具体的な活動としては、①出身地における出稼ぎ者の組織化と全国出稼組合連合会の強化、②単位農協労働者の組織化と地評・地区加盟の促進、③林政共闘、葉たばこ共闘など業態別労農共闘の組織強化、④「農民春闘」との連帯、農畜産物価格闘争における労農共闘の推進、⑤国民春闘における労農共闘の推進と労農会議の強化、等である[8]。

だが、食料・農業問題が国民的争点となる中で、総評としても、それに対する包括的な態度表明が迫られていたことも事実である。1979年9月の総評第1回拡大評議委員会では、「総評の行政民主化、エネルギー、食糧・農業問題についての態度」を決定して、整理を行っている。基本的な姿勢として、「財界や一部の労働組合が主張しているような、安易な自由化論に立つものではないが、同時に無制限な保護政策に同意するものでもない」として、①食糧・農業政策の出発点として長期的に食料自給率をどう考えるかが重要で、自給率37％という世界に例のない低さを中期的には60％程度まで引き上げることを前提に具体的政策を考えるべき、②現在日本は輸出依存型重工業からの転換が迫られており、調和のある産業構造を追求する視点から農業問題を考える必要がある、③しかし将来の保障というだけで日々高い食糧や過剰米処理のコストを負担し

続けることは国民の利益ではなく、一定の自給率の達成と食糧コストの引き下げを中期的にいかに達成するかが重要、④そのためには農家個々ではなく集団としての農家の組織化とそれをバックアップする農業政策が必要、というものであった。総評としても、日本農業の高コスト体質を考慮せざるをえないとの認識に立つことを表明しつつ、その解決を中期的な目標設定と政策支援に求めるところに特徴があるといって良い。

いずれにせよ、財界の保護農政批判を契機に、労働組合の対応方向は明瞭に二つの方向に分化したといってよい。

4　経済構造調整と労働組合（1980年代）

1）臨調・行革をめぐって

1980年6月、鈴木内閣が発足し、行政管理庁長官に中曽根康弘が就任して、行財政改革がはじまった。81年3月には土光敏夫を会長とする第二臨調が発足した。ここに、レーガン、サッチャー路線と並ぶ財政緊縮と市場原理優先の新保守主義的改革がはじまることになった。

臨調・行革路線が公務員労働者を基盤とする総評の基盤を揺るがすものであっただけに、これへの総評の対応は迅速であった。

1982年7月には臨調第3次答申がなされた。農業については、①土地利用型農業の生産性が国際水準より相当低く、農業者の所得確保等のため、多くの財政負担を要している、②主要作物である米の需給が構造的に不均衡など需要に見合った農業生産体制が確立していない、とした上で、生産性向上を図り、内外価格差を縮小し、産業としての農業を確立する、水田転作における転作奨励金依存の脱却、食管制度の運営にあたっていっそう市場原理を導入するとともに財政の縮減合理化を図る、などが上げられている。

総評はこれに対して、わが国農業の産業としての自立、内外価格差の縮小などの課題達成のためには「まず中期的な農業の到達目標を明らかにし、そのための政策手段を検討すべきで」、臨調については「財政削減の見地から農業政策の打ち切りの方向での検討に終わったことはいかん」とこれを批判した[9]。

2) 日米農産物交渉と労働組合の対応

　1986年に前川レポート（国際協調のための経済構造調整研究会報告）、87年の新前川レポートが発表され、農産物の内外価格差解消、米の市場開放を求める財界からの農業・農政批判がいっそう強まった。また米流通については、85年の複数卸制度の解禁、87年の特別栽培米制度の導入、90年の自主流通米価格形成機構の設立と、着実に自由化が図られてきた。

　また、1986年にはアメリカ政府が農産物残存輸入制限12品目をガット違反として提訴、同じく全米精米業者協会（RMA）が日本の米輸入制限撤廃をアメリカ通商代表部（USTR）に提訴、さらに同年にはガット・ウルグアイ・ラウンド交渉が開始され、米市場開放が具体的に論じられるようになった。

　農政審議会は「21世紀へ向けての農政の基本方向」をとりまとめ、自由化をにらんだ農政転換を模索しだした。

　1988年6月には日米牛肉・オレンジ交渉が決着し、牛肉・オレンジは3年後、果汁は4年後の自由化が決定された。また農産物12品目の自由化合意を正式に閣議決定、さらなる自由化が進められることとなった。

　1986年には、総評、社会党、中央労農会議などが「国民の食糧を守り、農業を再建する行動委員会」を結成し、「コメ自由化阻止、食管制度の根幹維持、国民の食糧の安全・安定供給、食糧自給率の向上、日本農業の再建」をスローガンに、対話集会や署名運動、地方議会意見書採択などの運動を展開した。この運動の中心的な課題は米輸入反対であった。87年5月には東京でコメの輸入・自由化に反対する中央行動を展開、政府、政党、経済団体、アメリカ大使館などへの要請行動や集会を行った。

　1988年の総評秋期年末闘争方針には、米自由化反対・農業再建が盛り込まれた。これは同年の連合（民間連合）が政策・制度要求で「過度な輸入制限措置の見直し」「食管制度の見直し」を掲げて、政党、政府、関係諸団体への要請行動を行ったのと対照的であった。

　ただ、貿易摩擦、円高が激化する中で、コメ・食管、農産物価格、補助政策、市場解放問題など日本農業の全面的見直しが迫られる中、総評としてもあらためて、食料農業政策の全体像を示すことが求められた。

　総評の主張にはそれまでと大きな変化はないが、「産業としての農業」という

考え方が強調されるようになったところにやや違いがある。基本認識としては、これまでの日本農業は、政府・自民党の農業縮小化政策の下で、自給率、生産性の両面で構造的改善を実現するに至らず、産業としての農業は衰退の一途を余儀なくされてきた、そして、いまこそ「日本農業の構造を基本的に改革し、産業としての農業によみがえらせていくための農業生産構造の条件整備を含めたより広い視点に立った中長期的政策がもとめられている」というものである。そのために、①国民食料であるコメを安定かつ安全に供給するため全量国家管理とすること、②生産に対して再生産を保障し、消費者には、安価で安定供給を図ること、③基本食料は国境保護措置をもうけること、等である。また、農業が食料生産の場だけでなく国土と環境の保全に大きな役割を果たしていることも併せて強調されている[10]。

その後、食管制度の形骸化の中で 1989 年には全国食管連は解散、また中央労農会議も 1989 年には総評解散にともなって組織を改編して、「食とみどり、水を守る中央労農市民会議」として再発足した。

3) 連合の結成と農業政策

労働組合運動は、全民労協を経て 1987 年 11 月に民間連合が発足し、89 年 11 月には官民を含めた連合（日本労働組合総連合）が正式に発足した。連合は友好組織を含めて 78 組織、約 800 万人を組織するナショナル・センターとなった。他方、それまで統一労組懇に結集していた組合は全労連（全国労働組合総連合、約 140 万人）を結成した。

連合の前身である全日本民間労働組合連合会は、1989 年 11 月に「豊かさを実感できる高度福祉社会を—21 世紀高齢社会への総合福祉ビジョン」をまとめている。これは、日本が世界でトップクラスの「経済大国」になったにもかかわらず、「国民の多くは、一人当たり GNP の大きさの割には豊かさとゆとりを実感しえていない」として、社会保障を中心に政策課題を提起したものである。

この中で、豊かさとゆとりを実感できない理由として「がまんできない高物価」をあげて、「市場開放を通じて安い輸入品を増やして国内価格の引き下げに努力することや公共料金、農産物など政府の価格規制を撤廃して史上の自由競争に委ねることも求められている」というように、輸入による国内物価の引き下げ、規制緩和による物価引き下げが主張された。

発足した連合は同盟路線を受け継いで各省庁との直接交渉を行うなど、政策・制度要求に取り組んだ。物価問題はその重要な柱であった。連合の物価対策は、①内外価格差の抜本解消（国内物価の引き下げ、購買力平価の毎年公表）、②流通の規制緩和、独占禁止法の厳格適用による競争条件の整備、③輸入促進策、生産性向上への支援強化、④公共料金の引き下げ（電気・ガス、航空運賃、電話、郵便、砂糖などの農産物）、⑤地価の適正化、⑥物価上昇率目標の設定、⑦消費税導入の便乗値上げの監視強化、⑧輸入制限措置の見直し、⑨物価対策実行機関の設置、などであった[11]。

物価対策については対政府行動を強めるだけでなく、財界との共同の取り組みもなされた。1990年1月には日経連との定期懇談会で「連合・日経連物価問題共同プロジェクト」の設置を決め、「内外価格差」の実状調査を行い、連合・日経連共同で指針を発表した。また90年7月には連合、日経連共同で海部総理および労働大臣に対して「内外価格差是正・物価引き下げに関する要望」を提出した。

たとえば、連合の「政策・制度要求と提言 ―平成2年～3年度」では、食料・農林水産業政策として、「農業の将来展望を確立しつつ保護政策の見直し、支持価格制度の改善、農産物の残存輸入制限の計画的削減など構造的な改革をはからなければならない」として、それがもたらす農業者への影響について「わが国の農業維持と農業関係者の雇用・生活に特段の配意しつつ、産業として成り立つ競争力のあるものとしていくことが大事」としている。

また、巨額な貿易黒字へのアメリカ等からの批判をふまえて、「巨額な貿易黒字の存在は、国内産業保護の単純な継続を許さない状況にある。そのため、国際社会における強調や自由化へ対応する農業政策の見直しをはかりつつ、国際競争力をもつ農業へと転換をはからなければならない」

具体的には、食料基本法の制定、食料自給力の維持と自給率の向上を掲げつつも、食管制度については「安定供給・需給調整機能を主体とする新たな制度に改革、保護政策の見直しをはかって国際競争力ある農業にする、食管特別会計における円高差益の全面的還元」、等が盛り込まれた。コメは内外価格差の最たるものであるが、米輸入についてはふれていない。

他方、1991年4月に全面自由化されることとなった牛肉については、複雑な流通機構の改善、市場取引の自由化などによって、割高な国内価格を引き下げ、

内外価格差の解消をはかることが主張されている。

　ただ、基本的には「食料自給率引き上げ」よりも「食料自給力向上」が連合のスローガンであった。食料自給力については、「わが国は高度資源の制約等からすべての食料を100％自給することは困難であるが、国民に各種食料を安定供給するため、わが国の総合的な食料自給力を維持していかなければならない」として、食料の自給については「自給品目を限定選別し」、(1) 完全自給するものおよび自給率を一定目標に保持するもの、(2) 国内生産と輸入を並行するもの、(3) 原則として輸入に依存せざるを得ないもの、の三つに区分することを求めている[12]。

　食管制度についても、厳しい批判を投げかける。「米・麦価に代表されるように、日本国民は国際価格と比較して相当割高な食料品を消費させられている」「その背景には、農業部門の低生産性、農業保護のための支持価格政策などがある、そのツケは、とりわけ給与所得者に高い税負担と食料価格となって回ってきている」と農産物価格、税金を通じた給与所得者と農業者との利害対立を主要問題として描き出している。それに続く「アメリカの2〜3倍と言われる消費者物価を可及的速やかに国民が納得する価格水準まで引き下げることとし、その具体化のための施策・実施期限を明らかにし実現すること」など、ほとんど恫喝に近い。

5　新たな基本法成立とその後の展開（1990年代以降）

1) コメ市場開放と労働組合

　1993年8月に細川内閣が発足したが、天候不順による米不作にともなって、11月には90万トンの米緊急輸入を発表、さらに12月には80万トン、翌年3月には75万トンと輸入総量は265万トンにも達した。93年12月には細川首相が米部分開放受入を発表、ウルグアイ・ラウンド交渉が決着した。

　その後、1994年8月に農政審議会が中間報告「新たな国際環境に対応した農政の展開方向」を答申、95年には新食糧法が成立し、農政への市場原理の導入が着実に進められた。さらに、95年9月には農水省が農業基本法に関する研究会を設置、97年4月には食料・農業・農村基本問題調査会が発足。農業基本法に代わる食料・農業・農村基本法は99年7月に公布施行された。この間に、

95年の農協系統金融機関を対象にした住専処理、輸入豚肉に対するセーフガードの発動、米輸入制度の数量割り当てから関税措置への切り替え (98年) など、農政をめぐるいくつかの問題が発生した。

すでにみたように、新たに発足した連合と全労連の農業政策はきわめて対照的であった。連合は1990年に日経連とともに「連合・日経連物価問題共同プロジェクト」を設置し、9月に最終報告をおこなった。その中で米は日常生活の衣食住を代表する品目として取り上げられ、「消費者価格で比較すると、日本の米はアメリカで一般に作られている長粒種の2倍強の値段で、価格差が非常に大きい」として、その理由を1戸当たり作付面積の小ささ、肥料価格の高さ、コストの高い兼業農家が農業から離脱しないことなどをあげた。ただ、米についての市場開放には慎重で、「当面、生産コストの引き下げのための基盤整備、経営規模の拡大や、農協の高いシェアとなっている農薬、肥料、農機具などの販売にも自由な参入などの対策を進め、農家の生産への高い意欲と合理化への努力をはぐくみ、生産性の向上を図るべき」[13]と述べている。

また、1992年度政策・制度要求と提言では、「コメの輸入自由化問題については、消費拡大をはかるとともに、農業基盤の整備・強化、生産性の高いコメ作り、品質・価格の両面で国際競争力のあるコメ作りに向けて全力をあげることとし、当面、自給を原則として対処すること」[14]としている。

これに対して、全労連の基本的方針は「コメ農畜産物輸入自由化反対」であった。全労連の主張は、食料自給率を国民生活上の重要問題ととらえる点で、旧総評と同様の立場に立っている。すなわち、食料自給率が50％を割り込み、それがさらに進行しようとしている事態は、「国民の生存が外国に左右されようとしていることを示すもの」であり、「民族主権問題にもかかわる」問題であるとして、食料自給率の低下に歯止めをかけ、それを向上させ農民が人間らしく働き生活できるようにすることは、「農民の問題という限定された範囲のものではなく、日本の国民全体の生存、生活の確保にかかわるもの」ととらえている[15]。

また、食とみどり、水を守る中央労農市民会議も、組織をあげて米自由化反対運動に取り組んだ。しかしながら、コメの部分開放がなされて、運動は方向転換を余儀なくされることとなった。

2）食料・農業・農村基本法をめぐって

　食料・農業・農村基本法をめぐっては、国内農業生産を基本とする考え方と国内生産と同様に輸入の役割も重要であるとする見解の対立、食料自給率を政策目標として設定する意見とそうすべきでないとする意見の対立等、いくつかの対立が存在した。

　食とみどり、水を守る中央労農市民会議は、国内農業を基本とし、食料自給率を政策目標とすべきとの立場から、これへの要請行動を行った。同会議の要請項目は以下のようなものであった。①食料自給率と主要な農畜産物の生産、およびそれに必要な農地面積の目標を明示すること。当面、カロリーベースの食料自給率50％、コメ100％、小麦15％、豆類10％、飼料35％の自給率を目標とすること。そのための、国の責任を明確にすること。②コメを中心にした日本型食生活の推進を図ること。③不測の事態に対応して、主要食料の3カ月分程度の備蓄体制を進めること。④食料の検査体制や品質表示政策を充実し、安全性を確立すること。

注： 1）「農業基本法の背景と問題点」『日本農業年鑑 1961 年度』家の光協会、1960 年。
　　 2）水野正男（全農林）「自由化政策と産業別問題点について（その 3）―日本農業関係―」『月刊総評』1960 年 6 月。
　　 3）小関高志『労働組合研究集会活動の分析』一橋大学院社会学研究科学位論文、1999 年。
　　 4）全農林 50 年史編纂委員会『全農林 50 年史』1997 年。
　　 5）福田勝（食管制度を守る全国連絡会議事務局次長）「食管・安保は背中合わせの攻撃」『月刊総評』1969 年 2 月。
　　 6）同盟「参加経済体制の実現のために ―中間報告―」1975 年 1 月。
　　 7）小関前掲書
　　 8）「国民生活闘争と労農共闘」『総評 30 年資料集』下巻、日本労働組合総評議会、1986 年。
　　 9）『最近の臨調の動向についての総評の態度』1982 年 4 月 27 日。
　　10）真柄栄吉「21 世紀をめざした農業政策を考える」『月刊総評』1987 年 7 月、『総評政策集』1987 年 2 月、『総評調査月報』243 号、1987 年 3 月。
　　11）『「力と政策」から「力と行動」へ ―連合　政策・制度 10 年の歩み―』

12)「平成元～2年度政策・制度要求 —結論と動向—」『れんごう』第99号、1990年4月。
13) 連合・日経連物価問題共同プロジェクト「内外価格差解消・物価引き下げについて —真の豊かさの実現のために—」1990年9月13日、「連合政策資料 No.17」1990年10月。
14)「1992年度予算概算要求の重点施策等と連合『政策・制度要求と提言』連合政策資料、No.44、1991年11月。
15) 全国労働組合総連合『1994国民春闘白書』学習の友社、1994年。

(増田　佳昭)

第4節　消費者団体における農政論の形成と展開

1　1970年代以降の消費者団体における農政論構築の概観

　消費者団体の農政主張としては、かつての米価審議会において、低米価を主張する消費者委員と高米価を主張する生産者委員の対立が象徴するようなものとしてあったが、1970年代後半期ころから、消費者団体の一部に新しい農政論構築の動きが芽生え始める。それは従来の安価な農産物の安定供給という消費者主張を越えて、生活者の立場から、安全性、環境、食と農の文化、地域自給、総合的食料政策等を軸に論を展開しようとするもので、新時代の農政論としても先進性をもつ問題提起として評価できるものであった。

　1990年代頃になると、国の農業政策の組み立て過程で、農業者、農業関係者の意思だけでなく、幅広い国民の意思の在りかが重要視されるようになる。WTOなどの国際機関における農政論義の場でも「市民社会の意思」あるいは「市民社会の関心」が重要なこととして意識されるようになり、NGOの活動や主張が無視できないこととして位置づけられるようになってくる。そして、国内的には、「国民の意思」の代表例として消費者団体の発言が位置づけられるようになる。

　本節では、消費者団体の中でも、この時期に組織規模、事業規模が共に大きく発展し、食料、農業分野でも積極的な社会的発言をするようになった地域生協を取り上げ、そこでの農政論構築の様子を紹介することにしたい。

　地域生協における農政議論の構築は、ナショナルセンター等の主導で進められたわけではなく、個別の生協組織が独自に取り組んできたものである。そのため、それぞれ個別性が強いが、全体として振り返って概観すれば、内容的には共通する点も少なくない。この点を時期別に見ると、1970年代は、それぞれの地域生協が、生産者組織と提携して固有の運動的事業方式として「産直」を作り上げ、その活動のなかから、農政についても発言を始める。1980年代頃には、地域生協の主張は次第にまとまったものになり、内容面でも日本農業の擁護、日本農業との連携、食料自給の重視、安全な農産物生産の推進等々の方向でおおよそ一致したものとなっていた。ところが1990年代以降になると、グ

ローバル化圧力の高まりの中で、安い農産物供給への消費者の要求を根拠として、グローバル化を前提とした国の政策との協調を主張する動きも現れ始め、消費者団体の新しい農政論にはいくつかの分岐が見られるようになる。

本稿では、代表的な地域生協として4生協と、ナショナルセンターとしての日本生協連、そして、有機農業を推進する消費者団体1団体の活動概要と農政論の概要を紹介し、併せてそれぞれの団体の基本的政策文書の抜粋を資料として添付したい。

2 地域生協等における農政論の形成と展開

1) ＜生活クラブ連合会＞
　　消費のあり方の見直しから農と繋がる新しい市民社会を模索

生活クラブ生協は独自の主張に基づく産直事業に最も早い時期から取り組んできた地域生協であり、独自の商品論を踏まえた政策論も一貫している。そこで本節での紹介は生活クラブ生協から始めたい。

生活クラブ事業連合（加藤好一理事長・主として関東、東北エリア・29単協：2007年執筆時）は1965年に「生活クラブ」として出発した。「生活クラブ」は、その名の通り新しい生活を模索し、創ることで新しい社会を形成していきたいとする社会運動のクラブ（「市民社会の中に社会運動の核をつくる」）で、それはパーティ（政党）の前駆的段階とも意識されていた。スタートとなった中心的活動は、牛乳の共同購入で、そこから「班別予約制共同購入」という運動的な事業方式が案出され、1968年に「生活クラブ生協」（東京）となり、この取り組みは関東各県に広がり、1978年に都県の生活クラブ生協が連合し「生活クラブ生協連合」が設立されている。

生活クラブ生協の運動論と政策論の原点（資料①：後掲）は、商品経済社会に巻き込まれ、受け身で従属的位置に縛りつけられている消費者という社会存在を、市民社会の中心的主体者として再定置し、そこから新しい市民社会を創っていこうという認識にある。生活クラブの言葉としては「生活者」という用語は1979年頃からとのことであるが、上述の認識は端的には「消費者から生活者への自己展開と社会展開」ということになろう。

そこでのキーワードは「班別予約制共同購入」と「消費材」の二つだった。

組合員が地域で班を組織し、班を単位に予約制の共同購入を行うのが「班別予約制共同購入」であり、ここに生活者の地域での協同が実現していくと位置づけられていた。この方式は地域生協の無店舗事業方式としては一般的なもので、他の地域生協でもほぼ同様な取り組みがされていた。生活クラブの独自性は、そこで何を共同購入するのかという点にあった。生活クラブでは、共同購入するものは「商品」ではなく「消費材」であると主張する。

　生活クラブの創設者である岩根邦雄は「消費材」について次のように述べている。

　「商品は一つの材であるが、材が持っている本質と商品の持っている目的とは一致するものではない。それを明らかにすることを通じて私たちは争点を明確にし、自分たちは何を選び取っていくのかを考え続けてきた。これは別の言い方をすると、私たちの尺度、物差しを持たなければいけない、ということである。企業の物差し、一方的に流されてくる情報によって与えられた知識の物差しではなく、自分たちが調査し学習する中から得られた物差しによってものを選び取る。そういう能力を私たちは身につけなければいけない、ということである」

　生活クラブ生協連合会は、1993年に生協の新しい展開方向として「食の専門生協」構想を打ち出した（資料②：後掲）。これは「食料という消費の根源的課題を他者に委ねるのではなく、主体的に考え、今日と未来に向けての生命維持とその過程の位置づけ、事業（運動と経営）化を図ろうとする壮大な試み」と位置づけられた構想であった。その内容の骨格は次のようになっている。

（1）自給システムの構築と共同購入

　これまでの産直活動を「持続可能な生産と持続的な消費」の視点から再構築する

（2）生産者との直接提携を主軸とする共同購入運動の連帯機構の形成

　各地で「国内自給」を基本に共同購入事業活動を進める生協や、共同購入事業体に呼びかけ、食料問題と国の食料政策にアプローチするための「連帯機構」の構想化を準備する

（3）運動課題と展望

　今日の危機的な国内農業と食料問題の解決に向けた市民的運動の創出と産直運動の再構築をすすめる

(4)「食の専門生協」構想の具体化と実務課題

　自給システムの計画策定、第一次産業への組合員の計画的労働参加、農業専任職員の配置、自主監査制度の構築

　また、「食の専門生協」構想を踏まえた個別政策として、消費材開発の視点として次の5点が挙げられている。また、消費材の開発政策のポイントが農産、畜産、漁業、加工食品、非食品、交易の諸部門について整理されている。また、価格政策に関しては「生産原価保障方式」（生産費積上方式）を基本とすることが確認されている。

(1) 使用価値の追求
(2) 国内生産物の追求
(3) 内食の豊富化の追求
(4) 多様化への対応と機能性の追求
(5) 生活者のブランド、ベストクオリティの追求

　1996年からの遺伝子組み換え作物の認可という事態を踏まえて、生活クラブ連合会はいち早く厳しい拒否と排除の政策を提起し、幅広い運動を展開している（資料③：後掲）。

　消費の本来のあり方を具体的に追求する事を踏まえて、食と農の連携を再構築し、日本農業の発展に消費者組織として主体的に参画していくという姿勢が一貫している。

2) ＜東都生協＞
　産直・民主・協同を設立理念に掲げ、地域農業との連携を追求

　東都生協（庭野吉也理事長・東京）は1973年6月に、東京の消費者グループと千葉北部酪農協との提携による「天然牛乳を守る運動」の発展として設立された。同生協は生産者グループとの農畜産物の産直の推進を主な事業課題として設立されており、設立時の政策認識は「設立趣意書」に記されている（資料④：後掲）。端的な自己表現としては「産直」「協同」「民主」の3点であり、より具体的には次の諸点が指摘されている。

(1) 高度経済成長のなかで、自然破壊、公害のバラまき、物価高、ごまかし食品や有害食品の横行など消費者の生活は危機に瀕している。
(2) 農漁民も減反、生産物価格の下落、資材高等の下におかれている。

（3）いのちと暮らしを守るために人々が力を合わせて立ち上がることは、消費者も農漁民も共通した課題である。

（4）消費者と農漁民が手を握り、大資本の支配下にある流通機構を通さずに、より安全ですぐれたものを、より安く手に入れるために生協を設立する。

（5）設立にあたって掲げる目標は、「産直事業の推進」「消費者運動への参加」「民主主義ルールを尊重した生協運営」の3点である。

東都生協はこうした状況認識と運動目標に基づいて産直事業活動を進めるなかで、農業生産現場に一歩踏み込み、生協事業体として生産支援策を講じていくために1986年12月に「土づくり宣言」運動を提唱した（資料⑤：後掲）。これは、質の良い安定した食料生産の基本には土づくりがあり、それは「村を興し国土をつくり、町を興して人をつくることにつながる、人類の崇高な営みと考える」という認識から、生協と産直産地が次の三点について認識し提携していくという運動である。当初は「土づくり契約」という枠組みが考えられたが、生産の具体的あり方については産地の自主性を尊重すべきだとの判断から、共同宣言運動という形となった。

（1）私たちは、日本農業の力強い前進と国民の生活安定のため、土をつくり、地力を不断に高める運動をすすめます。

（2）私たちは、この生産物を自らの生活に活かし、またそれを多くの都民に広めていく運動をすすめます。

（3）私たちは、相互の組織を尊重し、交流し、話し合って運動をすすめていきます。

また、「土づくり宣言」活動を支援していくために、1987年から生協組合員から資金を募り「土づくり基金」を創設している。一口5,000円、40口20万円まで、利息2％で組合員に公募し、産地への貸し付けは利率3％で、1％は事務費とするという内容で、運用は理事会内の基金運用委員会があたることにした。

1988年度末の段階で、「土づくり宣言」については28の産直産地との締結され、「土づくり基金」については3,298名の組合員が参加し、5,401万円の基金が積み上げられ、7団体に4,950万円の貸し付けがされている。

さらに「土づくり宣言」の政策方向を発展させる取り組みとして「地域総合産直」が提起され、茨城県の玉川農協、八郷町農協との多面的提携を広げ、産直事業が地域農業の発展に寄与していくことが目指された。生協側からのこう

した事業政策提案を八郷町農協は積極的に受け止め、組合長の下に総合産直委員会を組織し、多品目産直による地域農業の活性化に取り組んだ。その成果はJAやさと産直20周年記念誌『産直農業新たな発展をめざして』(1995年、コモンズ刊) に整理されている。この取り組みが土台となってJAやさとは茨城県内ではもっとも充実した優良農協として知られるようになっている。同記念誌にはJAやさとの産直農業の今後について次の5項目の政策提言がされている。(資料⑥：後掲)。

(1) 豊かな自然環境を活かして、環境保全・環境創造型農業の発展をめざす
(2) 八郷町農業の良さのアピールやマーケティングの多元化など、社会への能動的働きかけを強める
(3) 担い手の裾野をさらに広げ、女性が主役として活躍する場を広げ、さまざまなタイプの中核的担い手や若い担い手を育てる
(4) 地域内有畜多品目農業体制を資源活用型のリサイクル農業へと発展させ、農産加工等の付加価値型の取り組みを強める
(5) 産直農業が町づくりに積極的な役割を果たせるように、地域全体に目を向けて、活動範囲を拡げる

1980年代から90年代にかけて取り組まれた東都生協のこうした産直農業政策は、その後の生協商品の多様化と構築化の流れの中で、こうした産直政策によって産み出された商品を特別仕様の高品質商品として位置づけていく事業政策の構築へと進んでいった。2001年に「土づくり宣言21 エコプラン」がまとめられ、エコプラン商品という概念と認定とラベリングの制度が創設された。

このように、東都生協では、農産物の産直事業を単なる相対の商品取引事業に終わらせるのではなく、生協＝都市生活者と産直組織＝農業者が連携し、地域農業の発展と消費者の生活向上が共に追求されていくという政策協働的な事業運動を構築していった。都市と農村が隔絶され、生産と消費の連携が薄れ、食料自給率が低下するという時代状況のなかで、都市と農村、生産者と消費者が交流し、連携し合う関係性が構築されていった意味は大きい。

3) ＜パルシステム生協連合会＞
　産地組織との対等提携を踏まえた食べもの流通の事業システムと、それに対応する農業政策の構築

　パルシステム生協連合会（若森資朗理事長・主として関東エリア：2007年執筆時）は、1977年に首都圏の20の単協が事業面での連携を図るために任意組織の事業連合を発足させたのをスタートとし、1990年には18単協加盟の参加で法人化し「首都圏コープ事業連合」となり、さらに2005年に9単協の参加で「パルシステム生協連合会」へと改称・改組されて今日にいたっている。その間、単協は都県ごとに統合合併が進み、現在は1都8県10単協参加の事業連合会となっている。この間、最終的には39単協がこれに参加し、うち2生協が中途脱退、2生協が中途解散している。グリーンコープ生協と同様に、日本生協連とは一線を画して組織を広げてきた。

　参加単協はそれぞれ個性的な産直事業を進めてきた経緯があり、パルシステムにおいても当初はそれぞれの単協の歴史的経緯は極力尊重するという方針がとられてきた。しかし、1990年の法人化以降になると事業方式と商品の統一化への取り組みが進み、90年には個人別宅配（個配）方式が考案され、これがパルシステム独自の代表的な事業システムとなっていく。青果物については92年に子会社の（株）ジーピーエスが設立され、企画・仕入れ・仕分け物流業務を一括担当することになり、多様で複雑だった農産・青果部門においても統一的な事業システムが確立されていった。

　パルシステムの産直政策、農業政策の形成史にににおける際だった特徴は「生産者・消費者協議会（生消協）」の設立（1989年）である。

　生消協は生産者と消費者が対等に話し合い、事業と運動を進めていく組織であり、生協と産地組織がそれぞれ事業高に応じて会費を出し合い、独自の事務局をもつ組織である。生産者が代表となり、副代表を生協代表が務めることになっている。パルシステムグループにおける生産者と消費者の連携交流については1983年に第1回生産者消費者交流集会が開催され、以後毎年1回の全体交流会がもたれてきていた。その取り組み過程で恒常的組織体が必要だという認識が生産者側から示され、生消協の設立へと進んでいった。第8回生産者消費者交流会の場が、生消協の設立総会となった。初代代表には伊藤幸吉氏（米

沢郷牧場）が就任した。

　設立総会で承認された「生消協が目指すもの」は資料⑦（後掲）のようである。

　ここでの特色は生消協の組織活動を通じて生産者の連携と生産技術の向上等、総じて言えば産地連携による生産者力の強化が位置づけられている点である。生消協活動の総括としては10年目の総会でのまとめがある（資料⑧：後掲）。ここでは「生産者と消費者が対等に話し合える場としての生消協」「生産者ネットワークと技術交流」「生産基準作り」「新しい生産者と消費者の交流のかたちを求めて」が指摘されている。

　パルシステムの産直事業の展開において、生消協による生産者と消費者の連携と併せて、生協と産地の協働による産地の生産現場に踏み込んだ生産水準の向上への取り組みの意味は大きかった。この点では「農薬削減プログラム」の策定（1998年）と「公開確認会」の開催（1999年から開催）が重要な役割を果たした（資料⑨：後掲）。

　「農薬削減プログラム」は、生協が農薬使用を一方的に制限していくのではなく、産地生産者と生協が農薬毒性情報を共有し、一歩ずつ農薬使用の削減を進めていくというもので、6項目のプログラム（「産地への情報提供」「栽培実験の拡大」「産地間の技術交流および生産者の研修」「個人別栽培管理と情報公開」「農薬残留検査」「消費者の理解」）が設定されている。農薬に関する事業政策としては、農薬使用量の総量削減、危険農薬の排除、農薬残留分析の系統的実施などが位置づけられている。

　このプログラムの実施によって、生協と産地組織の双方で農薬問題への認識が高まり、農薬使用の実態把握、記録の作成、今日的言葉で言えばトレーサビリティ体制の確立が進められた。また、生協側には農薬の分析調査の体制が整えられ、残留農薬の管理の適切に実施されるようになった。

　「公開確認会」は、産直産地組織と生協による産地組織の生産内容に関する二者認証システムである。消費者代表、産地組織、地元行政関係者、専門家などが草の根的に公開で確認活動を実施している。確認の内容は「産地組織の体制等の概要」「生産基準」「栽培・出荷記録」「圃場台帳」「圃場現地確認」等であり、「産地組織は全ての圃場、生産者の生産状況を正確に把握しているか」「産地の栽培管理は機能しているか」「基準や取り決めの実行について内部チェック体制が確立しているか」「格付け表示等が正しく実行されているか」

「各種書類が正しく記載されているか」等である。「公開確認会」の開催を契機に産地組織の内部体制は整備され、農法のレベルアップが図られ、産地の生産努力が消費者に評価され、生産者と消費者の信頼関係が向上していく等の効果を生んでいる。

こうした取り組みを踏まえてパルシステムの食料・農業政策は「首都圏コープグループの食料・農業政策」として2000年に理事会決定されている（資料⑩：後掲）。これは1999年に「食料・農業・農村基本法」が制定されたことに呼応するもので「食料の自給と安定を求めます」「食の安全保障をめざします」「食の安全を追及します」「持続可能な農業をめざします」「公正な貿易の原則を遵守した輸入を進めます」「フードシステムの確立をめざします」等の政策課題が掲げられている。

4) ＜グリーンコープ＞
　　産直方式の強化で安定した農業生産基盤を構築し、その立場からの農業論の提起

グリーンコープ連合会（吉田文子理事長・主として九州エリア：2007年執筆時）は1988年に九州・山口の25の生協による広域事業連合として設立された。食べものの安全性と生産者組織との提携産直へのこだわりを基本にした中・小規模の生協の結集であり、九州・山口地区ではFコープ生協（福岡）などの日本生協連の政策路線を支持する生協群とは一線を画す生協連合として活動し、発展してきた。設立当初から農産物産直事業はグリーンコープの最重要事業分野であった。事業連合に参加した単協はそれぞれ、独自の産直事業、産直運動の蓄積があった。事業連合設立当初は、それらの取り組みをすべて尊重し、それを大切に発展させつつ、事業政策や事業システムの統合、整理が進められ、設立5年後の93年に「グリーンコープの農業政策」をまとめた（資料⑪：後掲）。
　その構成は次のようになっている。
　　Ⅰ．農業をとりまく状況とグリーンコープの農業政策
　　Ⅱ．青果政策
　　Ⅲ．米政策
　　Ⅳ．青果・米事業の地方化と事務局形成について
　内容としては、農業政策と産直事業政策の二部構成で、特徴としては後者の

整理を踏まえて、前者の農業政策を構想し、また前者の農業政策を踏まえて後者の事業政策の展開方向を見定めるというものとなっている。生協として自らの事業や運動を踏まえてまとまった農業論、農業政策が提示されたことの意義は大きい。ここでは前者の農業政策（Ⅰ．農業をとりまく状況とグリーンコープの農業政策）について紹介することにしたい。

　まず、前半で戦後日本農業は危機に陥っているとの認識を示し、危機構造の様相を次のように整理している。

　1960年代までの日本農業は、日本の風土的条件を活かした、水田基盤の複合農業として安定した歩みを続けてきた。ところが社会全体の高度経済成長に農業も対応させるために、1961年に農業基本法が制定され、そうした安定的な農業体制が壊されてしまった。農業基本法の基本的考え方は次の2点にあったとされている。

（1）伝統的な小農複合経営をやめて、大規模な機械化単作経営に変える（いわゆる農業近代化論）

（2）安くて良質な農産物なら、国内で生産するよりも外国から輸入する（いわゆる国際分業論）

　その結果、大量の飼料輸入を前提とした土から離れた大量密飼いの工業型畜産が広がり、麦、豆、雑穀、イモなど各地に展開していた多種多様な伝統的畑作物生産を激減させ、農業の機械化、化学化、施設化が進み、農業はお金のかかるものとなり、単作化によって農家の生活も自給主体から商品消費主体へと変容してしまい、農家は生産・生活両面で工業や都市に依存しなければ成り立たない構造が作られてしまった。そうした中で、生産構造は画一化され、中央卸売市場を軸とした特産地形成が進み、農業労働力は減少し、高齢化し、耕作放棄地が増加するという危機が進行している。

　他方、世界の農業はアメリカの圧倒的優位の体制が作られ、途上国の食料自給の体制は壊され、世界的な食料危機は深刻化の構造の中にあるとされている。

　後半の「農業政策」はこうした現状分析を踏まえて構成されている。その項目構成と概要は次のようである。

（1）農業に対する評価をする

　①農業を評価する

　人類の文明は農業を基盤に築かされてきた。工業社会において農業が工業に

支配されたら社会の未来はない。私たちの社会は農業を基盤として成り立っている。

②農業を再評価する

農業には環境保全、国土保全などさまざまな効用、機能がある。

③農業を誇りのもてるものにする

高度経済成長政策以降、農業は相対的価値のないものとして位置づけられてきた。

しかし、農業には効率だけでは語れない価値があり、それが正当に評価され、誇りのもてるものにする必要がある。

(2) 農業が継続できる政策をすすめる

①農業・農家が継続できる政策を確立する

農業には食糧生産と環境保全の二つの機能があり、そのコストはこの両面の機能をまかなうものでなければならない。しかし、環境保全機能についての対価は支払われていない。環境保全型農業活動にはそれ相応の対価が支払われるべきである。

②グリーンコープとして産直生産者が農業を継続できるようにする

グリーンコープの産直生産者のなかには将来にわたって農業を継続的に行なう生産者が数多くいる。グリーンコープとの取引が継続的であり、単品だけでなく複数品目の取引となり、そこから一定の収入が得られることがその条件となっている。グリーンコープとして先ず、取引の産直生産者が農業を継続できるようにする必要がある。

(3) 食糧の国内自給の確保をはかる

(4) 世界各国、各地の気候・風土に合った農業をめざす

(5) 複合農業、地域複合型農業をめざす

日本農業の再生のためには大規模単作農業から複合農業へと切り替えていくことが必要である。そのためには単作を前提とした流通、消費機構全般にわたって変革が必要である。

1998年4月の理事会（第五期第15回理事会）では、「グリーンコープの農業政策」の5年後の到達点と課題について整理している。そこでは農業政策の前提には「農業――私たちの生産――が継続できる」条件を事業システムとして整えることが必要だとの認識があったとし、その具体的内容として「青果政策」

で次の5点を確認したとされている。
　①総合的な取引であること
　②地域複合型農業をめざす
　③グリーンコープは引き取り責任を負う（生産者のリスクは価格に織り込む）
　④再生産を保証する価格を原則とする
　⑤農薬の使用はできるだけ減らして生産する
　こうした認識を踏まえて、政策の到達点として次のように評価している。
　「私たちは振り返って、以上5点の「政策」に関し、当時の状況において、それは全く適切かつ妥当なものであった、と総括することができます。事実、その成果という意味では、グリーンコープの青果物は、いくつかの例外を除けば、すべて除草剤を使用しておらず、また土壌殺菌を実施せずに生産されています。気候・風土条件に恵まれた面はありますが、こうしたレベルの生産者・産地を有しているのは、日本の生協の中では恐らく、グリーンコープだけだと言えます。」
　また、今後への課題としては次のように指摘している。
　「しかし同時に、私たちは上述したように、今、その「産直」の閉鎖性、自己完結性にともなう大きな壁に直面しています。すなわち、グリーンコープに閉鎖した、もしくはグリーンコープに自己完結する「産直」運動から解放されて、開かれた「産直」運動に脱皮することが、私たちに求められています。」

5）＜日本生協連＞　農政批判者から農政伴走者への移行

　日本生協連（山下俊史理事長・全国：2007年執筆時）は日本の生協のナショナルセンターである。生協組織の全国連合会であると同時に、コープ商品の名で親しまれている共同開発商品の全国事業体でもある。1970年代以降の全国各地での地域生協の広がりの中で、連合会としての日本生協連も拡大し、現在では会員生協の組合員数総計は2,427万人名（2006年）を擁する巨大な国民的組織に成長している。
　その成長プロセスで、日本生協連はさまざまな分野で政策的発言をしてきたが、1980年代頃までは「革新派」消費者とでも言おうか、各地で展開する産直事業等を踏まえつつ、生産者との連携を重視し、政府の政策には概して批判的スタンスに立とうとしていた。しかし、1990年代頃からは、多数派あるいは主

権者としての消費者という自己認識が前面に出るようになり、その責任という認識を踏まえてか、産地生産者とはやや距離をおくという姿勢が見られるようになり、政策対応は概して現実主義的な、あるいは政府の政策を基本的に支持する対応が目立つようになっている。2000年代には、さらに政府の政策対応の先を行くような提言がされるようになっている。

　日本生協連ではこれまで農業政策についての意見のとりまとめを3回行っている。以下、この3文書の内容と特徴を紹介したい。

　「生協の食料・農業政策の確立に向けて－米・食管問題を中心に－」（食糧農業問題小委員会答申）1987年12月（1987年答申）資料⑫（後掲）

　「食料・農業・農村政策に関する生協の提言－新基本法の検討によせて－」（食料・農業政策検討小委員会）1998年7月（1998年答申）資料⑬（後掲）

　「日本生協連『農業・食生活への提言』検討委員会答申」2005年4月（2005年答申）資料⑭（後掲）

　＜1987年答申＞

　この時期は、貿易自由化論が強く主張されるようになった時期であり、新聞等でも特に米の輸入自由化の是非が厳しく論じられていた。1985年プラザ合意、86年GATTウルグアイ・ラウンド交渉スタート、前川レポート公表、88年牛肉・オレンジ輸入自由化決定と大きな変化が続いた時期でもあった。

　生協陣営においても、1970年代からの地域生協の広がりがあり、地域生協の特徴ある事業として「産直」が多彩に取り組まれ、生産者と消費者の連携が展開し、また、自主流通米制度の広がりの中で、米も生協の重要な事業分野となっていった時期でもあった。こうしたなかで、生協陣営内部でも、事業的なあるいは運動的な当事者性を踏まえて、農政に関してさまざまな論議が巻き起こりつつある時期でもあった。

　こうした時代的背景をのなかで、この答申では、「食管制度の現状評価と消費者としての視点」「生協のコメ取扱いの実態と方向」「他の農産物についての消費者の視点」「農協（生産者）への要望」等が検討され、以下のように生協陣営としての意見をとりまとめている。

（1）消費者の「おいしくて安い安全な食料・農産物の安定供給」という要求が基本である。

(2) 消費者の要求を実現できる国内農業の発展をめざす。そのために産地生産者との連携を強める。

(3) 主食である米については国内自給を維持しつつ、コスト削減をはかりながら、消費者の要求に沿った生産と流通をめざす。そのためには生協としては組合員活動を強めながら、米の取扱いを強化する。

(4) その他の農作物や加工食品原材料については国内生産者との産直・提携を強めるとともに、一定の基本的視点に基づいて輸入のとりくみをすすめる。

多様な意見の取りまとめであるから、論旨が十分に一貫し、具体的な政策論が展開できているとはいえない面もあるが、産直事業の展開等を踏まえて、国内農業への支持・支援、農業陣営との連携強化の姿勢が明確にされていた。

＜1998年答申＞

この政策検討は1961年に制定された農業基本法を廃止し、新しい基本法を制定するための国レベルでの審議に対応して、生協としての食料・農業に関する提言をしていくことを狙いとして行われた。効率的農業生産の確立、食品産業への対応、食料自給率の向上、消費者利益の確保、農業の多面的機能への積極的評価、環境保全型農業の推進等が、当時、新基本法審議の焦点となっていた。1987年答申では、生協事業の当事者としての政策提言という性格が強かったが、この答申では、多数者である消費者の利益確保という視点からの食料・農業・農村政策への全般的提言が意図されている。

答申は次の3部構成となっている。
 Ⅰ. 食料問題と生協のねがい
 Ⅱ. 農業・農村への生協のねがい
 Ⅲ. 今こそ農政の転換を

農政への政策提言は「Ⅲ 今こそ農政の転換を」の「5 農政に対する生協の具体的要求」に整理されており、それは資料⑭に収録しておいた。

こうした政策提言の基になる生協としての状況認識は「Ⅰ 食料問題と生協のねがい」に示されている。以下にはその要点を採録しておきたい。

(1) 食の安全確保と安全な農作物

私たち消費者が食料に強く求めるものは安全性です。食の安全確保を消費者の権利として確立し、安全性確保のための国内の法体系や体制の整備、国際的

な安全水準の確立が必要です。
(2) 品質の向上
　私たち消費者は、良い品質の食品を求めます。安全性は品質の問題として最も重要です。しかし、栄養・鮮度・おいしさも食品に求められる大切な品質であり、その向上をめざして食料供給システム全体を見直す事が必要です。
(3) 納得できる農産物・食料価格の実現
　私たち消費者は、良品質を確保した上で価格の安さも求めます。日本では食料の生産・流通段階のコスト引き下げの条件は様々に存在し、長期的な視点でコスト構造を見直していくことが必要です。農業では、構造改善をすすめ農産物価格引き下げへの努力を強めることを望みます。食品産業や流通業では、効率的な生産・流通システムを築きあげ、コスト引き下げへの取り組みを強めることが必要です。また、透明な納得できる価格形成メカニズムを確立していくことも必要です。
(4) 選択性の保証
　経済・社会構造の変化のなかで、食へのニーズは多様化しています。消費者のくらしを支えられる多様な食の供給がなされ、くらしのニーズに対応した消費者の選択が保証されねばなりません。国内農業が、そうした消費者のくらしの要求に応えるために一層その役割を高めることが期待されます。表示制度の充実や情報へのアクセスの保証は、消費者の選択性の保障の前提です。
(5) 食料の安定供給
　食料の安定供給は、私たち消費者の大切な要求です。そのためには、自給力の維持・向上、農地の確保と保全、力強い農業経営の育成が大切です。安定した輸入と備蓄のシステムを確立していくことも求められています。
　ここに示されているように、消費者利益の確保という主張は鮮明になっているが、1987年答申には色濃くあった消費者の自己反省、消費者の責任や役割、生産者との協働で何かを作り出そうとする姿勢はほとんど見えなくなっている。

＜2005年答申＞
　この答申は、小泉元首相が主導した「構造改革」の只中に行われた。
　当時、農政面ではWTOのドーハラウンド交渉は交渉妥結への山場にさしかかっており、多様な農業の共存とそれを保証する国際ルールの設定という日本

の主張が受け入れられず、農業分野でも重要品目数の削減、関税のいっそうの引き下げが迫られる事態を想定せざるを得ないという雰囲気が濃厚であった。こうしたなかで、政府は農政面では「農政改革」を提唱し、農業の担い手を絞り込み、絞り込まれた担い手に政策支援を集中し、国際化時代における日本農業の生き残りを図るという方向を提起していた。また、財界に近い一部の学者からは、「農業ビックバン論」が提唱され、農地改革以来の戦後日本農業・農政の基本的枠組みをすべて壊すことが必要だといった乱暴な議論も提起されていた。

　生協陣営の動向としては、コープとうきょうとさいたまコープの事業連携を軸として関東圏でのコープネット事業連合が組織され、そこが日本生協連と強く連携するという体制が作られた時期でもあった。

　こうした時代状況を背景として、この答申は従来の生協の政策主張とはかなり異なった提言が盛り込まれている。

　この答申の「はじめに」には次のように記されている。

　「一方、『日本の農業に関する提言』は、日本農業の変化と現状を確認し、日本農業に求める課題を整理したものです。本委員会では、食料・農業・農村政策審議会企画部で検討がすすめられた、財政によって農業経営を支持する品目横断型直接支払制度に対しては、WTOの国際規律に沿いつつ日本農業を産業として支える担い手を守る視点から早期に導入を図る必要があると考え、その内容を支持しました。導入にあたっては、国民合意を図るために、農業者への支援が消費者メリットにつながるよい循環を形成すること、具体的には高関税の逓減による内外価格差の縮小を求めました。また、農業を自立した産業として活性化させる施策として、農地制度の見直しや新たな人材が農業へ参入しやすくする環境整備を求めるとともに、中小農業者も含めた多様な担い手にあった多様な施策を展開する農政の推進を要望しました。」

　政策提言本文には、上記まえがきに対応してさらに踏み込んだ記述がされている。

　「高い品質の農産物がリーズナブルな価格で提供されることは消費者の共通した願いです。主食である米をはじめ、日本の農産物の内外価格差は依然として小さくありません。高関税を輸入農産物にかける国境措置により、消費者は国際的にみて高い価格で農産物を購入しています。

　日本国民は摂取カロリーの6割を輸入食料に頼っています。現在の食生活を

維持したまま日本の全人口を養う農地はありません。自給率を高める努力を継続すると同時に、国産農作物だけでは食料をまかなえない現状を踏まえて、世界的な規模での食料調達について考えることも必要です。」

「同時に、国際環境の変化に対応した国内の農業政策の確立も必要です。日本の国益に沿った貿易交渉を行うとともに、いかなる事態になっても対応できるように備えておく必要があります。高関税の低減は、自由貿易体制のもと、もはや避けられない国際的な潮流といえます。現状の関税が削減され米を始めとする重要な農作物についても国際競争にさらされることを想定して、日本農業を産業として支えていける主要な担い手が農業経営を継続し、さらに農業生産を充実していける体制を作り上げなければなりません。そのために、品目別の生産支援ではなく、WTOでも認められている、財源を農業経営に投入する経営支援へとシフトしていく必要があります。食料・農業・農村政策審議会企画部会で議論されている品目横断型直接支払の制度を早期に実現する必要があります。」

「財源の投入より農業者を支援する施策の展開にあたっては、高関税の低減による内外価格差の縮小を求めます。国民的な合意形成を図る上でも内外価格差が縮小するという目に見える形での成果が求められます。また、農作物の価格低下を農産物出荷価格の低下だけにとどめず、加工食品を含めた小売価格の低下に確実に結びつけることも必要です。私たち生協も食品を扱う事業者としての役割を発揮していきます。」

この答申に盛り込まれた「高関税の引き下げ」「それによる農産物価格の引き下げ」という主張は、当時は財界筋でさえ明言はされていなかったものであり、そうした主張を日本生協連が正式政策文書で表明したことは、きわめて特異なことであった。上記の最後に記された「私たち生協も食品を扱う事業者としての役割を発揮していきます」という記述については、日本生協連やコープネットの商品開発戦略が、低価格製品の開発を目標として、国内の大メーカーとの連携、主力生産地を中国にシフトさせ、中国現地企業との合弁等の追求という方向にシフトしていることを踏まえたものとなっていた。

6) ＜たまごの会＞
　　安全な食べものの共同購入運動から有機農業による消費者自給農場

　1970年代は、有機農業が組織的な社会運動として展開を始めた時代でもあった。1971年に日本有機農業研究会が設立され、生産者と消費者が連携して進める運動として有機農業が提起された（資料⑮：後掲）。この運動は本章で取り上げた地域生協の産直活動とは少し距離をおいたものであったが、当時から消費者運動に大きな影響を与え続けてきた。消費者側からの有機農業運動の代表的事例として「たまごの会」があるので、ここでは「たまごの会」のスタート頃の自己主張の一端を紹介することにしたい。

　「たまごの会」（石岡市・旧八郷町）は1973年に東京の消費者たちの有機農業自給農場として出発した。1982年に農場を中心として自給を重視する「たまごの会」と周辺の有機農業農家との提携を重視する「食と農を結ぶこれからの会」に分かれ、さらに2007年に「たまごの会」は「Organic Farm 暮らしの実験室」と名称を変えて現在に至っている。

　日本経済の高度経済成長は広範囲に深刻な公害問題を引き起こしていった。農業分野では農薬問題、畜産薬品問題、食品産業分野では食品添加物問題が次々に起こっていった。そうしたなかで消費者のあいだでは、食べものの安全性への不安感が広がり、安全な食べもの、確かな食べものを求めて、草の根での勉強会や共同購入が広がっていった。

　「たまごの会」を作ったのはそうした消費者たちの一群であった。無農薬の野菜、安全な卵、安全な牛乳を求めて共同購入に取り組んでいた都内6地区175世帯の消費者が連携し、安全食品の共同購入から消費者自給農場の建設に踏み出したのである。そこでは農業生産を農家にまかせ、流通加工を関連業者にまかせ、消費者は食べるだけという従来のあり方を止めて、消費者自身が「作り、運び、食べ、循環させる」という全過程を主体的に担うことが基本理念とされていた。

　また、「たまごの会」は日本有機農業研究会の呼びかけに賛同し、消費者の自給農業という立場から、日本の有機農業運動の重要な担い手となっていった。当時の「たまごの会」の発言資料として、会の中心メンバーだった高松修氏の論考を採録しておく（資料⑯：後掲）。

3　消費者団体の農政論の特徴と意味

　以上、六つの消費者団体が 1970 年代以降に構築、展開してきた農政論について紹介した。それぞれの団体の取り組みと主張の特徴を、サブタイトルに要約してあるのでそれを改めて列記すれば次のようである。
＜生活クラブ連合会＞　消費のあり方の見直しから農と繋がる新しい市民社会を模索
＜東都生協＞　産直・民主・協同を設立理念に掲げ、地域農業との連携を追求
＜パルシステム生協連合会＞　産地組織との対等提携を踏まえた食べもの流通の事業システムとそれに対応する農業政策の構築
＜グリーンコープ＞　産直方式の強化で安定した農業生産基盤を構築し、その立場からの農業論の提起
＜日本生協連＞　農政批判者から農政伴走者への移行
＜たまごの会＞　安全な食べものの共同購入運動から有機農業による消費者自給農場へ

　言うまでもなく、各団体の主張にはそれぞれの独自性があるが、いずれの団体も、消費者と生産者が直接連携した農産物流通の仕組み、すなわち「産直」を構築し、運営しており、農政面での発言は、そうした取り組みを踏まえてのものとなっている。
　では、「産直」を基盤にした農政論の共通した特徴はどこにあるのか。この点も取り上げた事例ではそれぞれの特徴があり、温度差も大きいが、大まかには次のような点が指摘できるように思われる。
　農産物を単なる商品として捉えるのではなく、いのち育む食べものとして認識する。
　農業を単なる産業として捉えるのではなく、いのち育む農村地域の営みとして認識する。
　消費者の立場を単なる受益者として捉えるのではなく、農業・農村と連携して生きていく協働の主体として自己確立を図ろうとしている。
　現代の日本社会においては、消費者にとっての農産物は、まずは商品として存在し、それなりに財の中味が確保されていることを前提として、問われたこ

とは、まずは量的確保であり、続いて価格水準と購買の利便性であった。しかし、1960年代、1970年代には、このことだけを追求していくと、最も重要な財の中味が変質していくこと、端的には食料にとって基本的前提となる安全性に問題が生じてしまうことが、食品公害、農薬公害等を通じて明らかになっていく。

そこで消費者の間では、「価格」「利便性」だけでなく「安全性」も、さらには「価格」「利便性」よりも「安全性」が問われるようになる。「安全性」は、まずは科学的基準値の領域に関心が向けられるが、安全性が損なわれる事態は、科学的基準値の問題と言うよりも、農業生産と流通システムのあり方、生産者と消費者の関係性のあり方にこそ問題があるのではないかという認識へと展開していく。そこから効率化重視の近代化農業への批判的視点が醸成されていく。

また、農産物の安全性問題は、農業生産点での環境問題とも密接に関連していた。農産物の生産性と商品性を高めるために化学肥料や農薬、抗生物質を含む動物医薬品が多投され、それが農村環境を汚染していくという実態が知られるようになり、化学薬品等に依存せず、自然との共生を追求する有機農業の問題提起への支持は、消費者の間にも広がっていった。

1970年代頃から構築されてきた「産直」はこうした認識の発展を基礎としたものだった。そこには、農業生産者と直接つながることによる従来の「商品」とは違ったほんものの食べものとの出会いがあり、単なる商品消費過程とは違った食生活のあり方の発見があった。また、食と健康の関係についても、単なる栄養素栄養学的な認識から、農と繋がりのある食生活と健康の関係の大切さも広く認識されるようになる。「身土不二」「医食同源」「地産地消」等の言葉も自分たち自身に係わる身近な真実として受け止められるようになるのである。

通常の農政論は、政府と農業団体との協議を踏まえた産業論的な、あるいは農村社会論的な、さらには財政分配論的な政策体系として組み立てられてきた。そこには生産性や効率性、総じて経済性の論理は色濃く貫かれようとしていたが、この間、消費者団体が提起してきた「食べもの論」「産消提携論」の視点は、そこではほぼまったく欠落していた。こうした視点を組み入れて農政論をどのように再構築していくのかの議論は、残念ながらまだ本格的には開始されていない。

本節の資料として紹介した、「生活クラブ」の岩根氏の論考、「グリーンコー

プ」の農業論、日本有機農業研究会の結成趣意書などに示された問題提起の歴史的射程は大変長い。時代状況はその後も大きく変転してきているが、これらの問題提起はこれからの農政論の再構築にあたっても重く受け止めていくべきではないだろうか。

■資料① 生活クラブ生協の原点
　　　　『新しい社会運動の四半世紀』（執筆：岩根邦雄）

生活クラブが体現したもの
　都市化社会に対応して

　生活クラブは1965年に発足した。その当時、日本は1960年を境に高度経済成長時代に入り、大衆消費社会へと変化しつつあった。多くの商品が生産され、消費することが美徳となり、大量生産、大量消費の浪費時代を迎えていたのである。これを支えるために、小売流通業界は革命的な変貌を遂げていた。主役はデパートからビックストアの時代に移りつつあった。マスメディアの主役も活字からテレビになり、それと軌を一にして、市場をマスとしてとらえるマス・マーチャンダイジングというマーケティングが急速に展開され、それに見合う企業ブランドが確立された。言い換えれば、セルフサービス、メディア、ブランドが三位一体となった大量消費システムができつつあった、ということである。
　これらに着目しながら、生活クラブは活動を開始した。ある意味では高度経済成長の申し子であり、時代に対する感度の良さも抜群であった。この感度の良さが、さまざまな問題に対して有効な対応力を発揮したのである。
　もう一つ、政治状況、社会状況とともに都市をとらえてみた場合、都市化状況が急激に進展しつつあった。たとえば、マイカーが普及するのは1960年以降であり、それに対応して急速に道路が良くなる。あるいは下水道の問題が出てくる。高校全入や保育園の増設を望む声も高まった。いわゆる社会資本に対する欲求が市民の中で最も大きかった時代であり、高度経済成長に助けられて街は大きく変貌していったのである。そして日本は文字どおり先進国の仲間入りをし、日本人の生活様式もまた大きく変わっていった。
　この急激な変化は、人間の精神にも影響を及ぼした。さまざまな欲求が渦巻き、大きなポテンシャルを持っていたから、運動にも入りやすかった。誰かが

刺激を与えるとワーッとエネルギーが出てきたのである。

　生活クラブは、都市化状況に最も適応した組織である。急激な都市化状況の中に起きている、市民のいろいろな欲求なり不満をエネルギーに転換しながら、最も適切なかたちでさまざまなことに関わることができたのである。それに対して、今日、生活クラブの組織が東京23区で伸びないのは当然だといえよう。かつての都市化状況下における社会資本への欲求のようなものは当然のこととしてなく、それをエネルギーとすることはもはやできないからである。

　では、最低限の条件を満たした今日の都市に対置しうる、新しい都市、新しい豊かさとは何か。これに応えられないことが生活クラブの壁である。これは生活クラブだけの問題ではなく、地方政治における政党の立ち遅れもまた目を覆うものがある。たとえば世田谷区では自民党から共産党まで揃って与党である。イデオロギーでは喧嘩をしても、どのような内容を持った地域社会を形成するかということになると、独自のビジョンは何も持っていない。それに関しては、政党には争点がないということである。

　生活クラブの組合員が増えているのは、東京の三多摩地区や、神奈川、埼玉、千葉の人口急増地帯であり、都市化現象に対応する地域である。ここに共通する現象は、住宅が建ち、人が入居しても社会資本が立ち遅れており、生活におけるさまざまな欲求充足上の環境の不備が目立つということである。それゆえ人間の欲求のポテンシャルは大きくなり、組織しやすい。また、そのような地域では住む人の平均年齢も若い。彼女たちは結婚して子どもが生まれると、それまでのようにファーストフードを食べてコーラを飲んで、というような生活だけを続けていては育児ができない。そういうリアリティを獲得しながら母親が変わっていくのである。生活クラブはこれにマッチしているから、組織もできるし活動のエネルギーもあるのである。

　このあたりを整理しないと、活動スタイルに関する問題意識もずれてしまう。私たち自身がきちんと確認しておく必要がある。成熟した地域における生活クラブの組織の難しさというものに対して、これから何を考えなければならないか。これは一つの理論的な課題として問われていることである。

「抵抗」から「創造」へ

　1960年安保以降の左翼の運動に対し、生活クラブは地域の中に、生活の中に

根づいた運動をつくりながら、しかもその中で、物事を本質的にとらえていくことを行なった。日常性の中で、しかもその日常性に流されることなく物事を本質的に考える、つまり日常性批判を実践したわけである。

　日常性の中にひそむいろいろな矛盾に対して目を向けていく。それは端的に言えば、一つの経済的な行為としての共同購入であり、日本の資本主義社会が生み出す商品生産に対する批判であり、それに身をゆだねて生きている私たち自身の生活自体を見直す、ということであった。

　牛乳をはじめとする共同購入運動については後で詳しく述べるが、日常生活批判というスタンスは、それまでの運動とは全く対照的なものであった。それは、常に敵がいて打倒する対象があり、相手は悪で自分は善であるという陳腐な図式ではなく、私たち自身の生活の中にも改めなければならないこと、自己批判しなければならないことがある、という立場である。

　したがって、運動の質そのものも、日常生活や日常性を批判し、自ら創造するものへと変わらなければならない。それは抵抗運動ではない。抵抗というのは弱いものがすることであり、抵抗しても勝つはずはない。そのような運動の形態だけではどうにもならないことは明らかである。それに対し、創造するということは先取りをし、先見性を持つということである。歴史を自分たちがつくりだしていくことによってしか、主導権は得られない。そうした意味において、創造する運動へと転換しなければならない。

　これが生活クラブをつくる時に、私が問題意識として強烈に持っていたことである。その具体的実践として、生活クラブの共同購入運動をはじめとするいろいろな運動が展開されたわけである。

組織原理としての分権

　生活クラブの運動は、分権的な社会をつくる運動である、と私は主張してきた。分権的な社会というのは、平たく言えば、物事を決定して実行するところが分散しており、一つに集中しないということである。東京一極集中を責めている人間が、自分の組織は一極集中、中央集権では話にならない。

　生活クラブは、自分たちが率先し、自己組織の中に分権的な社会を生み出そうとする努力を続けなければならない。そして、そのことを通じて、分権型社会の原型をつくっていかなければならない。これが生活クラブに課せられた使

命である。生活クラブが日本社会の変革の主導権をとろうという野心を持つならば、そういうことを本気でやらなければないけない。

だとすれば、生活クラブも当然、ピラミッド型の運動からネットワーク型の運動に変わらなければならない。垂直の運動から水平の運動へと変わらなければならない。一極構造ではなく、多極化しなければならないのである。

(協同図書サービス、1993年6月)

■資料②　生活クラブ生協・『食の専門生協』構想
生活クラブ事業連合生活協同組合連合会理事会『第2次共同購入事業中期計画』

6．共同購入事業の基本政策—『食の専門生協』構想の推進

1993年度に連合会は「生産と消費」の概念的整理を行ない、「消費の論理」に基づく生活協同組合のあり方として、『食の専門生協』構想を提起しました。

この構想は食料という消費の根源的課題を他者に委ねるのではなく、主体的に考え、今日と未来に向けての生命維持とその過程と位置づけ、事業（運動と経営）化を図ろうとする壮大な試みです。

問題提起から2年、その一歩を踏み出したレベルに過ぎませんが、おおぜいの組合員の創造力に満ちた「参加」と「自治」をもって、構想の具体会を図りたいと思います。

(3) 運動課題と展望

食料問題をめぐって消費の場における生活者の対応は、食品の安全性・価格問題に加えて、農業問題を身近な日常生活の中で捉えようとする動きが強まる状況にあります。生活クラブは発足以来、食品や食生活の問題、その在り方を主たるテーマとしつつ、食料・農業問題にアプローチし、自らの問題として実践してきました。また、この間、共同購入を五つのカテゴリー（安全性・経済性・文化性・協同性・社会性）で考え、その活動を私たちの生活態度としていかにあるべきかを問い続けてきました。

『食の専門生協』の目指す産直の再構築＝生活クラブと農・林・漁民による「自給システムづくり」は上記の問題意識と基本認識を踏襲しつつ、今日の危

機的な国内農業と食料問題の解決に向けた市民（的）運動の創出と産直運動の再構築を視座に進めることとします。

したがって、この運動はローカリズムを基調に食料の安全保障論を基本概念とし、ジュネーブ宣言（1990年2月・ガット国際民間人会議）の原則的理解に基づく主権の行使として、国の政策に対置します。この「自給システム」を食料の生産力の向上はもちろんのこと、国土保全・景観の維持も含む環境保全的機能の重視や、地域社会の経済や自治の持続的発展、さらに雇用・産業・教育、そして文化的側面を含めて、多様な機能を担う存在（生命産業）と位置づけ、農・林・漁業の復権を果たすことに寄与します。

今後、具体的に調査研究すべき食料問題を基軸とした課題は、「食料と環境、農林漁業、安全性、輸入、健康、食生活、栄養バランス、平和（戦争）問題」等、多様な視点からの追求と総合的な把握が考えられます。組合員学習（学習と知識、そして日常的実践）と連動させ、成果の獲得を併せて進めます。

(1994年12月)

■資料③　生活クラブ生協・『遺伝子組み換え作物・食品政策』

遺伝子組み換え作物・食品等に対する基本態度

生活クラブ生協連合会
理事会

1. 遺伝子組み換え技術によって生産された作物・食品及びその加工品の取扱いを行わないことを原則とする。
   ただし、混入した事実が判明した場合、その情報を公開すると共に、該当消費財についてその旨を表示する。
2. 日本政府は、遺伝子組み換え技術によって生産された作物・食品及びその加工品等のすべてについて表示し、消費者の選択権を尊重するべきである。
   また、同技術がもたらす「環境への影響」「食料としての安全性」「食料問題等への社会的経済的影響」について、予測される事態も含めた情報の公開をするべきである。
3. 生活クラブ連合会は、上記事項を推進するため、関係生産者との連携を強化する。

また、内外諸団体との協力を強めつつ対応を図るものとする。

＜基本態度の理由＞
1. 巨大な科学技術を駆使して、自然を収奪しコントロールしてきた歴史は、一方でその代価として支払う犠牲も巨大化させている。
    遺伝子工学技術は人類史上においても究極の手段とみなされている。それゆえ、その使用については充分な抑制と警戒が必要である。
2. 遺伝子そのものは自然的産物である。しかし、その遺伝子そのものを操作することは、極めて非自然的行為である。前者は、いかなる遺伝子組み換え産物も超自然的な効果をもたらしはしないことを示している。
    一方、後者は、その産物を特許化し、経済的ニーズにおいてのみ育成するとき、環境的、社会的影響が大であることを想定させる。それらに対するアセスメントが不十分なまま「商品化」されることに反対する。
3. 遺伝子組み換え食品の安全性それ自体は未だ不明である（未知の分野が多い）。しかし、遺伝子組み換えをされた動植物、あるいはそれらを飼料あるいは薬物として投与された動植物が、特定の経済的目的に従って飼育、育成されたとき、その安全性が損なわれる場合が想定される。（例えば乳量増収をめざして遺伝子操作されたホルモンを強制投与された牛は、健康を損ない結果として安全なミルクを出せない等）

(1997年12月)

■資料④　東都生協・『設立趣意書』

設立趣意書

　いま、私たちのいのちとくらしは、かつてない新しい危機に直面しています。高度経済成長は大資本を太らせはしましたが、自然を破壊し、公害をバラまき、とめどなく物価をつり上げるなどして、国民の健康を害し、尊いいのちさえ奪われる人が少なくはない、というきわめて危険な状態を招いています。一方、それは日増しに家計を圧迫して、くらし向きをますます困難にしています。楽しいはずの食生活一つをとってみても、ごまかし食品や有害食品が跡をたたず、値段も不安定で、あらかじめ献立てをつくることもできないありさまです。

このような状況から、私たちは、じぶんのいのちとくらしを守るためには一人ひとりが力を合わせて立ち上がらなければならないことを知らされました。
　それは、ひとり私たち消費者だけの問題ではなく、減反させられたり、生産物を安く買いたたかれたりしたうえ、肥料・飼料・農薬その他の資材を反対に高く買わされて家計を失い、農地や漁場を追われている農・漁民にとっても共通した課題です。
　私たちは、これらの農・漁民と直接手を握り、大資本の支配下にある流通機構を通さずに、より安全ですぐれたものを、より安く手に入れるために、新しい生活協同組合をつくりたいと思います。
　ごまかし牛乳や、大量の農薬を使い、漂白し、ワックスをかけるなどした野菜や果物等は私たちの望みではありません。また、防腐剤を使った味噌・醤油、脱色したり着色したりした加工食品なども同じです。
　しかし、矛盾した流通機構に依存していたのでは、これらの問題は解決できません。
　私たちの新しい生協が、協同の力を発揮して着実に発展したならば、農・漁民を中心に他の生産者を含めて、生産と消費についての広い話し合いができ、そこにはまた、新しい経済関係と相互協力の分野がひらけていくものと思います。
　私たちは過去６年間にわたって、千葉北部酪農協の酪農民と共同して"天然牛乳を守る運動"をすすめ、そこでは、一定の信頼関係と、お互いのねがいをかなえ合うことのできる兄弟的な関係を打ち立ててきた、貴重な経験を持っています。それは、まともな牛乳を、より安く飲みたいとねがう私たちと、まともな牛乳を生産して、いかさま牛乳に対抗することなしに酪農の未来はない、と自覚した酪農民との共通のねがいを出発点として結ばれたものでありました。
　しかし、この運動がはじまって以来、なんの障害もなしに平らな道ばかりを歩んだのかというと、けっしてそうではありません。困難は何回となく訪れました。そんなとき、多くの仲間たちは、それこそ私心を捨てて努力し、今日の基礎を築きあげてきたことを忘れてはなりません。
　"天然牛乳を守る運動"の精神と数多くの教訓とは、私たちの新しい「東都生活協同組合（以下単に『東京生協』という）」の中に正しく受け継がれ、さらにそれを発展させていかなければなりません。そこで私たちの生協は、次の三つの目標を掲げて運動をすすめていきたいと思います。

①東都生協は、より安全ですぐれたものを手に入れたいという消費者の切実なねがいを正しく受けとめることのできる農・漁民を中心に、他の良心的な生産者とも直接手をつなぎ、大資本による独占価格のつり上げや流通機構の支配に抵抗しながら、天然牛乳をはじめとする諸物資の供給をおこないます。
②ごまかし商品や有害食品などの生産や販売は、消費者に大きな不利益をもたらすだけでなく、生産者の未来までも危うくするものであることを重視し、厳しい態度でこれを看視しながら、批判もし、一般に対しても知らせていくようにする一方、さまざまな消費者運動に正しく積極的に参加します。
③生協運動のどの場面においても、常に民主主義のルールを守り、組合員のどんな小さな意見も、それが全体に反映され、尊重されるようにします。組合員は出資額にかかわりなく平等の発言権をもち、じぶんで生協の運営にたずさわり、運営上のどの部分に対しても意見を出すことができます。

　一家の健康と生活の向上、とりわけ子どもたちの健全な発育とその将来をねがわれるみなさん！
　この生協をみんなの力で支え、人びちのいのちとくらしを守るほんとうの砦としてこれを発展させ、毎日の生活を明るく希望のもてるものにしていこうではありませんか。
　東都生協にひとりでも多くの方がたのご参加を心からお願いいたします。

(1973年6月)

■資料⑤　東都生協・『土づくり宣言』

　生産者と東都生活協同組合とは、都市の生活者と農業生産者の生命とくらし、健康を守るため、安全で質の良い農産物を安く、安定して供給する運動を進めてきました。
　この協同事業を通じて、食糧が国の安全と子孫の繁栄にとって重要な問題であり、質の良い食糧の生産は「土づくり」にあるとの共通認識に立つことができました。
　私たちは、この「土づくり」の運動が、村を興して国土をつくり、町を興して人をつくることにつながる、人類の崇高な営みであると考えています。

生産者と生協組合員は、当面下記の課題に取り組みながら相互に努力を重ね、産直運動の発展と食糧の自給促進に寄与せんとするものであることを、ここに宣言します。
1. 私たちは、日本農業の力強い前進と国民の生活安定のため、土をつくり、地力を不断に高める運動をすすめます。
2. 私たちは、この生産物を自らの生活に活かし、またそれを多くの都民にひろめていく運動をすすめます。
3. 私たちは、相互の組織を尊重し、交流し、話し合って運動をすすめていきます。

(1986年12月3日)

■資料⑥　東都生協・『JAやさと産直農業政策』
　　　　JAやさとの産直20周年記念誌『産直農業の新たな発展をめざして』

第Ⅱ章　政策提言

JAやさと・産直農業の新たな発展をめざして
　―これから進むべき方向と課題―

　JAやさと・産直農業20年の歩みは、たくさんの担い手たちに支えられた多様性のある地域農業を育んできた。「地域総合産直」という優れた事業政策の下での東都生協組合員の食卓との結びつきは、八郷町農業にとって、単に新しい販売先の確保ということに留まらず、さまざまな農産物ニーズとの出会いという意味ももっていた。それらのニーズに対応するなかで、埋もれていたさまざまな農業資源（人的な、あるいは物的な）が掘り起こされ、豊かな自然環境を活かした多様性のある農業の構築が可能となったのである。その成果はまだ十分なものではないが、周辺市町村における乱開発と農業の衰退という全体的動向と対比したとき、JAやさと・産直農業の着実な前進が持つ意義が実感されてくる。

　20年の歩みを踏まえて、JAやさと・産直農業がこれから進むべき方向と課題は、これまでの取り組みを継承しながら「より深く地域に根ざし、より豊かに、より多面的に、そして、より逞しく」ということになる。それは具体的には次

の5項目にまとめられるように思う。

第1の課題〈豊かな自然環境を活かして、環境保全・環境創造型農業の発展をめざす〉

八郷町農業の最大の財産は豊かな自然環境である。首都70km圏という位置との関係でこのことの価値は日増しに大きなものとなっている。八郷町の豊かな自然環境は、水源の町という客観的な自然的立地条件に由来するだけでなく、農業や林業やその他の地場産業が、そして個々の町民が暮らしの中で、自然環境に働きかけながら育んできた人里の自然という側面ももっている。この二つの側面からなる自然環境の豊かさに支えられて、八郷町は首都70km圏という位置にあって、命あふれる土地として芳香を放っている。

産直で都市に届けられる八郷町の農産物は、こうしたふるさとの香りを運ぶものとして、消費者に歓迎されている。それは当然、安全性が高く、地球環境の保全に寄与する方式で生産されており、その生産が持続することが命あふれる故郷の保全につながるとの暗黙の理解が消費者の間では次第に形成されつつある。

これまでのJAやさとの産直農業は、環境の良さに寄りかかるという傾向が強く、命、自然、環境、安全性などの課題を意識的に追究するという点に関してはまだ不十分さを残している。これからは自然環境を活かした環境保全・環境創造型農業の構築という課題にこれまでに増してより積極的にチャレンジすることが期待される。また、八郷町を訪れれば豊かな自然環境のなかで、農業に触れ、農業体験を楽しめるという仕組みづくりも期待したい。

自然環境に恵まれた八郷町農業の良さにさらに磨きをかけよう、という課題である。

第2の課題〈八郷町農業の良さのアピールやマーケティングの多元化など、社会への能動的働きかけを強める〉

これまでのJAやさと・産直農業は、生協からの求めに誠実に応えることによって着実な成長を遂げてきた。東都生協の「地域総合産直」という優れた事業政策は、それに誠実に対応しようとする産地が多面的かつ総合的な発展を遂げる可能性を開いた。JAやさと・産直農業のこの過程は人間の一生にたとえる

ならば、幼少期、少年期を経て、いま青年期にさしかかろうとしていると理解することもできる。よく配慮された教育環境のもとで育てられた産直農業という「子供」は、いよいよ「大人」の世代へと踏み込む段階にさしかかりつつある。そこでの課題は「自立」であり、大人世代にふさわしく「社会的責任を負える能動性」を身につけるということではなかろうか。それが、東都生協の八郷町農業へのこれまでの寄与に積極的に応える道でもあると考えられる。

　「自立」「責任ある能動性」の具体的テーマは多様であるが、たとえば、地域の総合的多面的発展への政策展望をもった主体的な産地づくり、東都生協との提携をひきつづき大切にしつつもそれだけに依存することのない多元的マーケティング体制の確立、産地の魅力を積極的に表現していく提案型マーケティング姿勢の確立、社会（県内、首都圏、全国、そして世界へ）への情報発信機能の確立と積極的な交流活動の展開などが挙げられる。

　従来にも増してよりアクティブに、という課題である。

　第3の課題〈担い手の裾野をさらに広げ、女性が主役として活躍する場を広げ、さまざまなタイプの中核的担い手や若い担い手を育てる〉

　JAやさと・産直農業の成果の一つは、農業生産の潜在的担い手を掘り起こし、その裾野を広げていったことにあった。専業農家だけでなく、兼業農家の女性や高齢者などさまざまな条件の人々が、意欲を持って、楽しく農業生産に取り組めるようになった。産直関係の部会組織では常に仲間を広げることに努力し、また、部会等の運営方式の面でも、さまざまな条件の仲間がそれぞれ条件に合わせて生産に参加し、生産を発展的に維持できるよういろいろな工夫が積み重ねられてきた。園部直販店の開業や間もなく開始されようとしている野菜ボックスなどの試みは、さらに、これまでとは違ったタイプの担い手の参加にも道を開くものとして期待される。

　担い手問題に関しては、担い手の裾野を広げるという従来の方針をさらに充実させることだけでなく、さまざまなタイプの中核的担い手を育てる課題、女性が主役として活躍する場を広げる課題、若い担い手を積極的に招き入れ育てる課題、などの戦略的課題に系統的に取り組んでいくことが求められている。

　大きな山は裾野が広く、峰は高い。多様性のある八郷町農業には、峰が一つの富士山型の担い手構成よりも、峰がいくつも並び立つ八ケ岳型の担い手構成

がふさわしいように思える。高い峰をたくさん築くことにも今後はより多くの努力を注ぐべきだろう。

　女性を主役の場にという課題に関する具体的テーマとしては、産直協議会婦人部の活動の活発化、日生協加盟を踏まえた生活購買活動の充実、交流活動の場面での活躍、八郷町らしい暮らし方の探求などが挙げられる。

　若い担い手に関しては、農業インターン制度や農業塾の開催など、農家、非農家、町内、町外を問わず農業に意欲のある若者を積極的に招き入れる方策を急いで確立することが求められている。

　担い手に関してより逞しく、より多面的に、という課題である。

　第4の課題〈地域内有畜多品目農業の体制を資源活用型のリサイクル農業へと発展させ、農産加工等の付加価値型の取り組みを強める〉

　JAやさと・産直農業が、東都生協の地域総合産直政策に支えられて作り上げてきた農業形態は、地域資源を多面的に活かした多品目農業であり、地域的な広がりのなかでの有畜農業であった。土地利用の面でも、集約的な野菜作ばかりでなく、大豆などの土地利用型作物、林野利用と結びついたしいたけ栽培など、水田、畑、林野という八郷町の土地資源を総合的に活用する体制が作られてきた。

　しかし、その到達点を冷静に見つめると、確かに品目数はたくさんあり、耕種農業だけでなく畜産農業の展開も維持され、水田、畑、林野がそれぞれ有効に利用される方向にはなっているが、相互の関連はまだ強いとは言えず、合理的でエコロジカルな作付方式や土地利用方式が形成され、定着しつつあるという段階までは至っていない。生産者の土づくりへの関心は高まりつつあり、さまざまな取り組みが展開しつつあるが、地域全体としての土づくりシステムの確立や、地域としての減農薬、減化学肥料等へのプログラム構築などに関してはこれからの課題という段階にある。

　八郷町の産直農業をより安定した持続可能なものにしていくためには、有畜多品目農業の現段階から、相互の有機的関連を強めた、資源活用型のリサイクル農業への発展、充実を意識的に追究することが必要である。また、品目に関しては従来の野菜中心の産直農業に加えて、八郷米の積極的マーケティングを基軸にして、水田、畑、林野の総合的利用システムを踏まえた産直農業への発

展が目指されるべきだろう。これらの課題の追究は、八郷町農業が、国民から信頼されるに足る総合的食料産地としてさらに発展するために不可欠な生産力的基礎条件の構築を意味している。

　JAやさとは、産直農業の発展を支援するために、さまざまな関連施設の整備に取り組んできた。なかでも、納豆工場、鶏肉加工施設などの農畜産物加工施設は、多面的な需要ニーズに応え、八郷町の農畜産物の付加価値を高め、裾ものも含めた有利販売に寄与しただけでなく、八郷町の産直農業に求心力を付けていくためにも大きな意味があった。今後も農産加工等の付加価値型の取り組みを一層強めて行くことが期待される。

　より充実した高度な構造と時代的要請に応え得る多面的機能をもった地域農業を作り上げよう、という課題である。

　第5の課題〈産直農業が町づくりに積極的な役割が果たせるように、地域全体に目を向けて、活動範囲を広げる〉
　JAやさと・産直農業の発展は、農業の町としての八郷町の社会的位置を高めた。しかし、これからの八郷町が単なる農業生産基地というだけであっては困る。農業生産だけしかない町というのではなく、農業の振興を基幹としながら、関連産業も大いに発展するなかで豊かで潤いある暮らしを築いていくことが21世紀を生きる八郷町のビジョンであろう。

　八郷町の人口は今後かなりの増加が予測され、都市と農村の共生がこれからの町づくりの基本テーマとなっていくものと思われる。長く八郷町に居住してきた住民と、新しく八郷町に移住してきた住民が、相互理解を深めながら新しいイメージの活気ある地域社会を形成していく取り組みは、町内の各所ですでに始められている。

　産直農業はこうした町づくりの課題に積極的に寄与する可能性と力を備えつつある。そのためにも、産直農業はJAの生産部会活動という従来の活動範囲だけに留まるのではなく、さまざまな産直グループや町民団体等との連携も強め、視野を町づくり全体へと広げていくことが必要である。

　また、JAとしての独自事業を拡充するだけでなく、産直農業に関連して町内のさまざまな業種業者等との連携事業を広げることによって、八郷町らしい産業構造を構築し、地域経済の活性化に寄与することも大切である。今後、拡大

が予測される加工事業やグリーンツーリズム関連事業においては特にこうした点への配慮が必要だろう。

　さらに、都市消費者だけに眼を向けるのではなく、地元農産物や加工品の豊かさを町民が享受できるような仕組みづくりも求められている。学校給食における地元産品の活用、豊かな食生活のための自給運動などの多面的展開が期待される。JAやさと・産直農業が地域の協同活動として取り組まれてきたという伝統は、町づくりという広い視野の中でこそさらなる発展が展望されるのである。

　産直農業の成果を町づくりに積極的に活かそう、という課題である。

　以上の5項目は、ばらばらな課題ではなく、相互に密接に結びあっている。産直農業にかかわるたくさんの人々が以上のような政策課題を念頭におきながら、知恵と力を出し合って連携した取り組みを重ねて行くならば、必ずや大きな飛翔を実現できるだろう。そして、八郷町におけるこれらの取り組みが、他の農村で、あるいは都市で、そして世界の各地で積み重ねられつつあるさまざまな協同活動と結びあったとき、そこには豊かで潤いのある世界が展望されてくるように思われる。

（研究調査委員会　1995年8月）

■資料⑦　パルシステム・『生産者・消費者協議会の目指すもの』

首都圏コープ生産者・消費者協議会の目指すもの

　首都圏コープ事業連合会は、設立以来「日本の農業を守る」産直運動をすめてまいりました。本日の生産者・消費者交流会も第7回を迎えました。この間、農業を取り巻く環境は、大きく変化してまいりました。国際化の流れ、農産物自由化の圧力の中で、生産者の生活破壊の危機が増大しています。

　いわば、こうした農業破壊の中で産業構造の変化も進み、「食品」の加工が進展し、消費者にとって「食べもの」がその手から離れてしまっています。このことは、子供の安全を願う母親の危機感を大きくしています。私たちの産直活動は、こうした消費者によって支えられてきました。

　この生産者と消費者の産直活動も時代の変化の中で、いろいろな矛盾を内包してきています。この矛盾を恒常的に両者の努力によって解決していく場が、この首都圏コープ生産者・消費者協議会の設立です。首都圏コープの会員と産

直をしている生産者会員が共通の場で研究や交流を通じて問題を解決しようとするものです。

　私たち、準備会で当面この協議会で目指すものは、

1) 生産者と組合員のパイプ役の強化（協同組合提携の強化）

産直の取引から提携を経て同盟関係にいたる「農民と都市生活者」の自主的な連帯を目指し、食料の生産者と消費者による自主管理の確立を追及する。

2) 生産者相互のネットワークづくり

生産者間のネットワークを作り、技術交流や研究を進め、生産物の相互消費等を追及し、米沢郷牧場の共同購入会のような組織を作り地場消費も進める。

3) 産直事業の強化

生協のシステム変更や規模拡大等流通状況の変化など、事業面での変化や生産物の信頼性の高度化を目指し、情報交換等に努める。

4) 社会問題への対応

自由化、原発、暮らし等社会問題からの渉外や変化に対応できる研究などを生産者、消費者双方で考える場を提供する。

5) 情報センター

農業や生活に関する調査、情報の収集を知識人や機関を利用し、生産者、消費者相互に知らせる等の活動に取り組む。

6) 町づくり、村おこし

生産者消費者交流のイベント（サマーキャンプ等）、農業体験教室、協働の家作り等地域活性のための行事等を企画する。

　以上のようなことを準備会のメンバーで考えてみました。これは、協議会の具体的なイメージを描いてもらうためのもので、今後皆さんと一緒に考えていくともっとたくさんのものがあると思います。皆さんからもどしどし事務局の方へ希望を集約してください。なお、この主旨をご理解していただき、皆さんの参加を心よりお待ち申し上げます。

（1989 年 2 月）

■資料⑧　パルシステム・『生消協・10年を振り返って』

生消協の10年を振り返って

- 生産者消費者協議会が設立されたのは、今から10年前（1989年）に開かれた「第8回生産者消費者交流集会」の席上でした。1989年といえば、産直事業の窓口が個々の会員生協から首都圏コープの商品部に一本化された年であり、首都圏コープ事業連合の法人格取得を翌年に控えた年でもありました。
- 首都圏コープは設立以来、運動の柱の一つに「日本農業を守る産直運動」を掲げ、産直を積極的にすすめてきました。しかし、生消協が設立された頃には、生協の規模拡大やシステム統一によってそれまでの単協主体の産直論では対処できないことがはっきりしていました。
- 生消協は、こうした首都圏コープの事業拡大と統一システム化に対応する産直運動と産直組織を作り出し、実践する組織として生まれました。
- それから10年、首都圏コープの産直事業は飛躍的に発展しました。青果部門の供給高は、1989年の約10億から現在の約100億円と10倍に増加しました。全国の生協産直の中でも屈指の規模にまで成長したのです。
- しかし、このような事業拡大を遂げながら、生消協の生産者会員がほとんど脱落することなくやってこられたことは、生消協が生産者間および産消間の接着剤としてそれなりの役割を果たしてきたことの表われだと見てよいのではないでしょうか。

I　生産者と消費者が対等に話し合える場としての生消協

- 生消協の第一の成果は、生産者と消費者が対等に話し合える場を作り、それを10年間維持してきたことです。
- 首都圏コープが合併とシステム統一によって巨大化する中で、個々の産地にとって生協は対等にものが言える相手ではなくなってきていました。生消協では会費も生産者と消費者の双方が支払い、幹事も両方から選出されるというように、生産者と消費者のバランスを考慮しながら両者が対等に意見を言える場を作ってきました。
- このような場を維持するために、生産者側は次に述べるように自分たちを組織化して意思を統一するために多大な努力をしてきましたし、生協側は産直

- 事業に生消協の提案を活かすように忍耐強く取り組んできました。
- 生消協が 10 年間何とか役割を果たすことができたのは、生産者と消費者双方の信頼と努力の賜物であります。

Ⅱ　生産者ネットワークと技術交流

- 生消協の 10 年の活動を通じて、生産者間の交流と連帯は飛躍的に強まりました。70～80 ある生消協の産地は、最初のうちはお互いに「競争相手」だという意識が強く、連帯どころか警戒する雰囲気が強かったように思います。
- しかし、産直事業の窓口が統一された「システム産直」の時代を迎えて、各産地はライバル意識を乗り越え共存共栄を図らなければ共倒れになるという状況におかれ、初めて産地間に協力と連帯の契機が生まれました。
- 生消協では生産者運営委員会、作物別の部会（米、野菜、果樹、畜産、たまご）、地域別のブロック会議（北海道東北、関東中部、関西・四国・中国）、テーマ別の部会（ネットワーク部会、基準部会など）など様々な生産者の組織をつくり、交流と連帯の強化に努めてきました。
- 特に部会やブロック会議はそれぞれの産地で開催し、会議の後に懇親会や圃場見学を行って生産者の現場を知ったことは、生産者の視野を広め、お互いの信頼を構築する上で大きな意味がありました。
- 生産者同士の交流は、同時に技術の交流でもありました。10 年前は有機農業といっても単品の栽培技術だけで、地域循環農業のための技術やシステムはありませんでした。
- それが今では、米沢郷牧場の「地域循環リサイクル農業」が環境白書に取り上げられたり、ささかみ農協や常盤村が「ゆうきの里宣言」をするなど、地域ぐるみで環境保全型農業に取り組む先進事例が生まれ、またそれに続こうとする産地が出てくるまでに発展しました。
- 生消協でも、そうした努力を支援するために農法研究会を作り、各産地の技術の交流を毎年行っています。
- かつて、農協が生産現場の団結を促し社会的発言力を保証してきましたが、生協産直では生消協がいくらかそれに近い役割を果たしてきたといえます。今では生産者にとって生消協はなくてはならない組織になったといっても過言ではありません。

Ⅲ 生産基準作り

- 生消協が社会的に最も注目されたのは、有機農産物の基準作りの取り組みによってです。有機農産物の基準作りは全国で様々な取り組みが行われていますが、生消協の基準は生産者の自主基準だという点ではほかに例のないものです。
- その経過は顧問の谷口吉光さんによって「生産者と消費者の協同に基づく有機農産物基準作りの試み」としてまとめられ、農水省の外郭団体である農政調査委員会から出版されています。
- 生消協が早い時期に基準作りに取り組んだのは、オーガニックの影響というよりはむしろ数多くの産地の生産物の質をある程度均一にしなければならないという、システム産直独自の事情が大きかったと思いますが、それでも全国でもっとも早い時期に取り組んだことによって、他の生協や流通団体などの基準作りに先駆ける結果になりました。
- しかし、生消協の生産者にはなぜ基準を作るのか、その理由がなかなか浸透せず、基準の作成、実行、普及には多くの試行錯誤が必要でした。
- また生協事業の拡大によって、各産地は量の確保と質の向上を両立させるというジレンマにも悩んできました。
- それでも生消協は粘り強い活動によって、自主基準作りの作業は終わり、現在、成果認定委員会による認定作業の段階に達しました。
- この間は生産者にとって決して平坦な道ではありませんでしたが、それでもお互いの意思をぶつけ合い、合意を見つけるべく努力したことによって生産者の「自立」の基盤が醸成されたことは間違いないことだと思います。

Ⅳ 新しい生産者と消費者の交流のかたちを求めて

- 生産者と消費者の交流という点に目を移すと、生協の合併とシステム統一によって単協産直時代のような密接な「顔の見える交流」は少なくなり、生産者と消費者のコミュニケーションが不足する傾向が強くなりました。
- また、一般流通でも「有機農産物」を扱うところが増え、消費者は産直を通さなくても、単に「モノ」として有機農産物を購入することができるようになりました。
- 一方産地では、担い手不足から農地の荒廃など新しい課題がどんどん表われ

ているのに、消費者とそれを共有できない苦しみが強まってきています。
- こうした状況を受けて、生消協ではこれまでの「産地見学」とは違うかたちの交流を試み始めました。
- 例えば、産地にしばらく滞在して生活や農作業を体験してもらう「ファームステイ」、生協の職員を受け入れる「職員研修」、生産者が生協に出かけていって組合員や職員に農業の話をする「産直連続講座」などです。
- 今年、コープやまなしが生産者との積極的な交流を利用高の向上に結びつけたことは、生消協にとって本当に心強いニュースでした。
- 交流と事業は一体だというのは産直運動の原点です。これをこの機会に改めて認識したいと思います。
- これからは、こうした交流を通じて、生産者と消費者がお互いの責任を自覚しながら、より社会性を持った関係を作り上げていくことが強く望まれます。

(第10回通常総会　議案書より抜粋　1999年3月)

■資料⑨　パルシステム・「パルシステムの産直東京政策の形成」、
　　　　　パルシステム生協連合会『パルシステムの産直・記録編』

禁止農薬から農薬削減プログラムへ

　パルシステムの農産物に関する自主基準作りは商品統一後の1991年から3月から、生消協において検討が始まれています（「第一次生産自主基準」。まず野菜・果樹・米・畜産・鶏卵に着手）。1993年にはA～Dランクの生産基準（「第二次生産自主基準」）が策定され、産直産地の全てがBランク以上クリアを目標とする合意に達しました。1996年にはこれらの生産基準を価格に反映させるための「青果認定委員会」も設置されます。
　こうした流れのなか、パルシステムでは「農薬の総量を減らす」ことを目標にその検討作業に入ります。日生協の農薬評価リストの作成に関わった専門家に協力を仰ぎ、毒性評価に基づいてランクづけした20の農薬と、環境ホルモン（内分泌撹乱）作用がある14の農薬を選定しました。
　この際パルシステムでは、これらの農薬を一方的に禁止するのではなく、生産者と話し合いながら削減や転換をすすめる目標として位置づけます。「農薬を容認するための政策ではないか」との批判もありましたが、一部の生産者し

かクリアできない厳しい基準づくりによって生産者に一方的な負担を強いるよりも、全ての生産者が実践可能で、かつ農薬削減のプロセスとノウハウが他の生産者のためにデータとして残せるような現実的な道を選んだのです。

翌1997年、パルシステムは、農薬20種を「優先排除農薬」、14種を「問題農薬」と位置づける答申を発表します。この答申は以後、産地代表と学識者の参加する「農薬削減プログラム推進会議」(2002年より「環境保全型農業推進会議」)として、複数の産地を横断しながら数々の栽培実験につながります。減農薬、減化学肥料、無農薬実験のほか、天敵農薬、生分解性マルチ、防虫ネットといった実験が、生産者と組合員、(株)ジーピーエスと共同で繰り返されるなか、実現に不安を抱えていた生産者たちも実際の圃場を使った実践的経験とデータを共有することで、本プログラムが実行可能なものであることを理解し始めます。この取り組みによって、のちに有機JAS認定取得や、環境保全型農業に取り組む生産者組織も広がっていくことになります。

また、1997年にはパルシステムの「農畜産物の生産基準及び取引基準」、生消協の「農産物の生産基準及び取引基準」が続いて制定され、、パルシステム産直における基準づくりはこの時期、大きく前進したのです。

公開確認会が始まる

1999年7月、「農林物資の規格化及び品質表示の適正化に関する法律(JAS法)が改正され、2001年4月から、農産物や農産物加工品の「有機」表示には定められた基準を満たし、オーガニック検査員による検査と、第三者機関である認定機関からの有機認定と「有機JASマーク」の貼付が義務づけられます。1992年の農水省ガイドラインでは法的な拘束力を持たず罰則規定もありませんでしたが、これを一歩進めたものといえます。

こうした影響もあって、パルシステムでも農薬削減プログラムで定められた諸基準を内部監査する制度の必要性が検討されるようになり、そのなかから生み出されたのが1999年から始められた公開確認会です。

公開確認会の特徴は、国の有機JAS認証のように第三者の手に委ねるのでなく、生産者と消費者の間で基準に基づく適正な栽培が行われているかを監査するところにあります。監査においては組合員代表以外にも、他産地生産者、研究者、農業改良普及所職員らも監査人として立ち合い、①栽培管理書類②生産

管理体制③圃場、の確認作業を行いながら監査所見と意見交換を行います。ここでいちばん重要なのは決してあら探しをするのではなく、生産者と組合員が、生産の努力と仕事の内実についてお互いに学習しあい共感を分かちあうことにあります。

　それまで「顔の見える関係」という産直のあり方が、ややもすると圃場見学や会食といった表面的な交流に陥りかねない面もありましたが、この公開確認会の制度によって、1990年代に厳格化された基準の遵守が担保されることになります。

　また、班による協同購入から個配が増えていく移行期において、組合員が自らの目で①食の安全性②環境保全に貢献する農業の育成③情報公開④トレーサビリティの確保、を行い、情報を共有化するというこの取り組みは重要な制度として機能し、以後のパルシステム産直に不可欠な柱となります。

（2008年6月）

■資料⑩　パルシステム・『首都圏コープグループの食料農業政策』

はじめに

　首都圏コープグループでは、旧農業基本法による農政の矛盾が農業の危機をまねいたという認識に立ち、新しく「食料・農業・農村」を総合的に考えた「新農業基本法」（以下、新農基法）が施行されたことを基本的に支持します。その具体的施策として私たちの21世紀に進める農業戦略と産直政策を策定する作業を進めて参りました。

　私たちは、農業が食糧生産の根幹であり、食料と農業は統一的に把握するのが基本であり、その主体は、生産を担っている生産者と消費する消費者（両者は統一的に生活者）であるととらえ、その立場から、農業・産直政策を策定します。生産者と消費者の新たなパートナーシップを確立して、21世紀の食料・農業問題解決に取り組んでいきます。

I　21世紀の食料・農業問題への対応

首都圏コープグループは、安心安全な食料を獲得するため、生協自らが作り出す産直・農業にチャレンジしていきます。

——食料・農業をめぐる問題は、単に経済レベルにとどまらず、広く市民生活や地域づくりに関わる社会問題です。それはくらしや地域の文化やさらに資源・環境問題とも関わって、広く総合的に展開していると認識します。首都圏コープグループは、日本の農業を発展させるため、農業を新しい事業として具体化する視点からとらえて、従来より踏み込んだ取り組みを進めます。

＜基本方針＞
①資源循環型・環境保全型農業モデルを実現します。
②農業の厳しい状況を切り開くため、新たな発想にもとづく事業としての挑戦を行い、生産者とのコラボレーション（協働）を推進します。
③「フードシステム」（生産から消費まで一貫したシステム）を確立します。

Ⅱ 首都圏コープグループの主な目標

1. 食料の自給と安定をめざします。
 （1）食料の自給率向上を進め、国内の食料資源調達に率先して責任を果たします。
 ——現状は、私たちの食べるものをすべて国内産農産物で自給するのは不可能ですが、減反田・耕作放棄地の活用、飼料自給率向上、農地集約と大規模な土地改良等によって生産性を向上させるなど、生産者と協同し、自給を高める政策を推進します。
 （2）土づくり・地域再生の視点に立ち、自給作物の拡大を進めます。
 ——WTO体制の食料輸出国が中心の貿易システムこそ食料安全保障を達成する重要な手段との考えがあります。私たちは、飢餓・栄養不足を解決する基本は「自給」であり、地域をベースとする食料システムを構築することが重要だと考えます。生産と消費が一体となった地域社会の存続と生態系との共生を目標に、地域資源循環型農業に取り組みます。
 （3）私たち自身のくらしのあり方を見直します。
 ——日本では飽食のもとで食べ物の3割が使い捨てられている現実がある上に、輸入食品への傾斜が目立ちます。私たち自身が暮らしの中での無駄をなくす努力を行なうと共に、国産食品中心の食生活を選ぶ運動を進めます。

2. 食の安全保障をめざします。

(1) 農業は、市場原理・経済原理を最優先とせず、生命原理（限られた地球資源の中で調和して生きる）を基本とすべきだと考えます。
　――今日の農業問題の根本的要因は、これまでの輸出工業最優先の政策及び超農産物輸出国アメリカの市場戦略にあると考えます。食料を政治的思惑や市場原理のもとに利用してはならないし、食料安全保障の考え方が尊重されるべきだと考えます。

(2) 食料政策の確立を政府に要求していきます。
　――国は、食料の安全保障を実現するためにまず、自国の土地その他の食料生産資源を最優先して活用し、自給を基本に国産・輸入・備蓄の適正なバランスをとるべきだと考えます。各国の食料自給政策の確立が、予測される世界的食料危機を打破する最も確かな方法であり、国際社会の一員として生きる各国が最優先に果たす責務です。また、政府に食料自給率数値目標と達成への施策を求めていきます。

(3) 国民の食生活の指針をつくることを求めます。
　――品質・安全基準に関わる情報公開と市民参加を徹底させ、食料の安全を確保する制度の透明性を高めることが必要です。また健康な食生活の指針を策定する事を求めます。

(4) 食料システムの集中化を避け、分散化を実現することを求めます。
　――農業生産物の一極集中や単品化を避けて多様な生産のあり方を求めます。特に食品産業について地場産業を維持していく制度的工夫を求めます。

3. 食の安全を追求します。
(1) 不安物質や疑わしい物質の排除を進め、情報開示を徹底します。
　――食料は、基本的に人体に有害であってはなりません。そのためには、食品添加物、農薬、遺伝子組み換え食品等、生態系及び生命に与える影響について継続的に解明される必要があります。また、その結果は公表され、適切な措置がとられるべきだと考えます。私たちは高度化・永続化する「食の安全」課題に対応できる研究・調査を進め、その情報を積極的に開示していきます。

(2) 健康、安全および環境に関わることについての最終的な決定権は、私たち一人一人にあります。

——すべての人は、食の安全及び環境に関わる正確で適切な情報を得る権利を有し、かつ食料の安全保障に関わる全ての分野での決定に参加する権利を行使していくべきだと考えます。
　(3) 健全な生産現場の確保と化学肥料・農薬その他化学薬品を使用しない農業を奨励していきます。
　　——農業従事者は持続的でかつ安全な方法で食料を生産する権利を有します。化学物質を多投する農業を転換し、有機栽培などを中心とした安全な農産物づくりを生産者と協同して広げていきます。

4. 持続可能な農業をめざします。
　(1) 持続可能な環境保全型農業を推進し、それによって生み出された農産物を普及します。
　　——食料生産の基礎となる地球環境・地域・人・微生物がいつまでも元気に共生しあい、食料を作り続け、次代の子どもたちが子々孫々と生き続ける社会づくりを、私たちの事業を通じて実現していきます。
　(2) 食料生産の基盤である大気・水・森林・土にやさしいくらし方を広げます。
　　——地域の自然環境保全（特に中山間地域との提携）をめざし、生産者との提携を強め、農地の生態系を維持するための運動を進めます。
　(3) 都市と農村の新たな交流を広げます。
　　——地域生活圏の主体である都市及び農村の生活者が、相互に人的物的交流を充実させ、「食と農」の文化創造、男女共同参画等の確立を進めます。グリーンツーリズム等の新たな交流活動を推進します。

5. 公正な貿易の原則を遵守した輸入を進めます。
　(1) 共生の価値観に基づいた外国の生産地域との提携を強化します。
　　——WTOにおける食料輸出国の圧力に屈することなく、フェアトレード（公正な貿易）の視点で提携を強め、特にアジア等発展途上国との連帯を追求します。
　(2) 安全で確かな輸入農産物の開発を進めます。
　　——国内で自給できず、かつ組合員のくらしに必要な農産物は、安全性・品質・価格で優れたもので、相手国の農業発展に寄与する点を考慮して輸入します。

6. フードシステムの確立をめざします。
 (1) 「食」の生産・流通・消費を一貫した「フードシステム」を生産者と協同で作り上げ、商品供給事業として確立していきます。
　——生協は「食」の安全を「顔の見える関係」で追求してきました。今後は、生産者と消費者が提携をさらに強めていきます。生協のフードシステムとしての機能は、「品質保証・検証・認証」「小規模流通ルートの保持」「消費者への情報提供」「価格情報と品質情報の提供」「情報の川上へのフィードバック」「品質を細かく定義」「トレーサビリティー(発生から消費までのトータルな原因究明と総体的な因果関係までを把握)の確保」を含んでいます。
 (2) 生産者と提携した農産物加工事業を積極的に展開します。
　——第2次・3次産業の生産性が高い経済先進国である日本では、農業生産と食品流通・加工業等の融合によるアグリビジネスの新展開がなければ農業再生は困難だと考えます。生産者の農産物を多用した外食・中食、農産品宅配、流通・加工等、食品の生産・加工・流通を基本として食関連事業を生産者と提携して取り組みます。

Ⅲ　首都圏コープグループの産直方針と課題

1. これからの産直は
　生協の経営資源である人・モノ・資金・情報を農業事業に今まで以上に投資していきます。
　私たちの進めてきた産直とは、生産者(組織)と消費者(組織)とが直結することを通して、農産物・食料の流通・加工をめぐる矛盾を体験的に明らかにする社会的な実践運動であり、その果たすべき課題として、
　①持続可能な農業の発展に貢献すること
　②食料の自給、安全、安定をめざすこと
　③相互がパートナーとして対等・平等の関係になること(交流、情報開示、仲間づくり)
　④産地・生産者・栽培・飼育・出荷等の基準が明らかなこと
　等をめざして取り組んできました。
　その結果として、食と農の距離を短縮する流通形態の確立、情報の共有やパートナーシップとしての提携等が進みましたが、しかし、産直が消費者ニーズ(健

康・安全志向）に十分に応えていない現状があり、青果のコールドチェーンシステム化（鮮度管理）、消費者が抱える食事問題の解決（家庭のインフラ、時間、知識・情報）、産地側の対応力（産地数、規模、後継者）を早急に改善することが必要です。

21世紀の産直は、グローバル競争が本格化する中で、鮮度・品質・コストの視点からもう一度、システムを再構築する必要があります。多様化（流通多元化、ライフスタイル）、地域性、環境への配慮、流通（歴史的な産物、地域密着産業）、技術（バイオ、情報化）、顧客情報把握、などに対応する産直システムづくりが求められます。これからの産直では、こうした課題を解決していかなければなりません。

2. これからの産直課題は

首都圏コープでは、新農基法以後の課題を踏まえて、現状の産直課題の解決をめざして、以下の事項について研究し、21世紀の新しい産直取り組みを実践します。

(1) 地域資源循環型農業モデルづくりを進めます。

①拠点産地と協同で食料・農業・農村をテーマにした総合的な産直モデルづくりを進めます。

②その際、環境・福祉等を考慮した総合産直と新たな交流の実現をめざします。

③全国で数ヶ所モデル産地をつくり、資源循環型農業を実現します。

(2) 地域総合産直に向けてパートナーシップづくりと産地再編を進めます。

①生協のパートナーである「首都圏コープ生産者・消費者協議会」（以下、生消協）とともに新たな視点と成果を求めて農業問題に取り組んでいく構造を確立します。

②新たな産直政策に基づいた現行産地見直しと新たな産地開発を進めます。

③生産者との提携で加工商品の開発と生産物の供給政策（主たる農水産物から、総合的な商品取り組みへ、品質と量、価格政策）を確立します。

(3) 農業技術の研究・実践による生産者主体の技術開発を進めます

①バイオ技術、情報化、オーガニックリサイクル、農法・農業技術開発（BMW技術等）を進めます。

②多国籍企業による遺伝子組み換え等バイオ技術の独占化ではなく、生産者自らの地域の栽培にあった種子の維持と発見を進めます。

(4) 地域資源の有効活用等ゼロエミッション（廃棄物ゼロ）を進めます
　①地場品種の発掘や休耕地で飼料穀物の実験展開等を行い、種子の保存と地域資源の有効利用を推進します。
　②農業生産段階で環境対応（資源循環）とエネルギーの低投下（風車がバイオエネルギー等）を研究・推進し、高エネルギー依存型の生産を改めます。
　③畜産廃棄物等の地域資源化を進め、循環型地域システムとしてゼロエミッションを追求します。
(5) 農業の担い手問題と農地取得方針による共同農場等新たな関係づくりを進めます。
　①農村維持と新農地集約化、耕地対策、新入植運動支援等、新たな農業の担い手作りを進めます。
　②ファーマーズマーケット（生産者直営店）づくりや生産・加工・流通・販売をすべて行う生産者の事業に協力し、ISO、HACCP等に対応できる加工流通面からの技術導入を支援します。
　③農地取得（生産者団体主体、生協出資、組合員参加、関連会社取得）、農業者育成（短期・中期研修生派遣・就農支援）等、新たな交流事業の展開を進めます。
(6) グリーンツーリズムと食農ネットワークづくりを進めます。
　①グリーンツーリズム（農村でのゆとりある休暇）、農業体験・自然体験等、交流事業の問題（継続できる構造、参加の多様性、事業化、交流のビジョン・中計画作り、推進母体の明確化）について具体化します。
　②福祉・地域政策（特別養護老人ホーム建設や提携、障害者作業施設との協力、ヘルパー養成、癒しの農作業）を都市と農村の共同取り組みで実現をめざします。
(7) 食の問題の解決、食文化の研究を進めます
　①食料自給率向上の研究、遺伝子組み換え食品、飢餓の克服等、多様な食の課題の解決を模索します。
　②食生活運動（食育）、食文化見直しを進めます——地場主義（地域で出来た物を食べる）、トータル主義（全部食べる—大根なら根も葉も）、抑制主義（腹八分、飽食等の見直し）等の検証を進めます。
(8) 食の安全性を高める表示・情報開示により信頼性の高めます
　①生活者のニーズにあった有機栽培表示の認証と情報公開を進めます。
　②農薬削減プログラム（生産者課題と消費者課題、加工・流通者課題）を実現し

ていきます。
(9) 物流改革を通じて個人対応型無店舗事業の深化を進めます。
①青果のコールドチェーンシステム化を実現します。
②インターネットによる生活情報ネットワークの整備と電子産直システム、サイバー市場等の可能性を追求します。

(2000年3月31日　理事会決定)

■資料⑪　グリーンコープ・『グリーンコープの農業政策』

１．農業に対する評価をする
(1) 農業の評価をする

　文明はそれを発生させ、維持するために、資源即ち余剰生産物を必要としました。その余剰生産物は人類が定住して農業を営むようになって発生したものです。その量の増大が今日に至る人類の発展の歴史を保証してきました。いかなる文明も農業を基礎として発生し、農業が衰亡した時文明も滅亡しました。

　今日の社会もその後の人間の知恵と道具と労働によって発展はしてきましたが、農業に基礎を置いていることに変わりはありません。そのことが忘れられ、現在の工業社会の論理の中で農業が工業に支配される社会に未来はありません。

　食糧生産という農業の重要な役割は言うまでもありませんが、私達の社会は農業を基礎に成り立っているのです。

(2) 農業の再評価をする

　農業の効用として、前述の役割だけでなく、その国土保全あるいは環境保護機能も重要なものとして認められています。

　その機能を項目別にあげると（森林も含めた効果として）、①水質源涵養②土砂流出防止③土壌破壊防止④土壌による浄化⑤保健休養⑥野生鳥獣保護⑦酸素供給・大気浄化などとなっており、農業の環境に果たす役割は農水省試算によれば日本全国で1年間12兆1,700億円、森林も含めれば36兆6,200億円（1980年試算）になるといわれています。これ以外にも景観や、農業を基礎にした歴史、文化総体に果たした役割は大なるものがあります。

　農業、とりわけ雨量が多く急峻な国土の上に成り立って来た日本の山林、水田の果たす役割を再評価する必要があります。

(3) 農業を誇りのもてるものにする

　1960年代の高度経済成長政策以降、農業は相対的に価値のないものとして位置づけられてきました。農業のように生産性の低いものは補助金を出してでもやめさせろという極論もあります。こうした効率主義ではいずれ地球環境の破壊を招き、人類そのものが行き詰まるということは明らかです。

　農業は効率だけでは語れないものであり、農業には前述のような効用があります。直接的、経済性から見るのではなく、農業を正当に評価し、誇りのもてるものにする必要があります。

２．農業が継続できる政策をすすめる

(1) 農業、農家が継続できる政策を確立する

　農業は、食糧生産と環境保全という二つの役割を担っています。それにもかかわらず、役割に見合うコスト、とりわけ環境保全にかかわるコストが評価されないまま、単に生産物の経済性のみで語られれば、いずれ農業が支えてきた環境保全の役割は崩壊します。そうした意味から農業の役割に見合うコストを社会全体で保全していくという考え方をとる必要があります。

　農業保護の削減による農家所得減少分の保障を行い、農業経営が維持できるような政策が必要です。その場合、集約的で環境破壊的農業に代わる新しい環境保全型農業活動に対する対価として支払われるべきです。

(2) グリーンコープとして産直生産者が農業を継続できるようにする

　グリーンコープの産直生産者の中には農業を継続できそうな生産者が数多くいます。その場合、立地条件等もありますがグリーンコープとの取引が、継続的であり、単品でなく複数のものを取引し、一定の収入を得ることが大きな要因となっていると思われます。

　グリーンコープとして先ず、取引の産直生産者が農業を継続できるようにする必要があります。

3．食糧の国内自給の確保をはかる

(1) 1960年代以降日本は急速に食糧の国内自給率を落し続けています

	穀物自給率	カロリー自給率
1960年	82%	
1965年	62	73%
1975年	40	54
1985年	30	52
1990年	31	47
1991年	29	46

先進国では食糧自給率を下げ続けているのは日本だけです。

穀物自給率	1970年	1982・85年
アメリカ	112	183
イギリス	60	111
フランス	147	179
西ドイツ	70	95
日本	45	31

（日本のみ1985年、他は1982年）

　このような急速な食料自給率の低下に対して、たとえ国内で食糧が自給できなくとも複数の農業国と食料供給の長期契約をしっかり結んでさえおけば、それで国民生活の安定は保てるという考え方があります。
　しかし、次のような問題点があります。
　①1973年のアメリカの干ばつにより、大豆が不足となり、アメリカは輸出規制を行った。すでに輸入自由化していた日本では、国産では3％しか賄えず、日本の市場からは大豆が消えた。このような例をみるまでもなく、自国の食糧を他国に委ねた場合、気候変動等の要因の中では食糧の確保はできない。
　②かつて産業革命をいち早く成しとげたイギリスは、国際分業論政策（工業製品輸出のみかえりで、農産物輸入をすすめるという）を行ったが、やがて他国の産業革命の中で、工業品の輸出は減少し、食料の輸入は増加していった。
　こうしたイギリスの辿った道を日本も辿ろうとしています。イギリスはその後農業重視の政策に転換しましたが、回復には数十年かかり多大の犠牲を払ってきました。
　こうしたことを考えるならば、食糧は基本的に国内自給すべきです。
(2) 世界的には途上国での人口増加が続き、近い将来食糧の不足が予測され

ています。
　現在でも先進国の食糧過剰と途上国の食糧不足と飢餓が同時進行しています。今後近い将来、世界的に食糧の不足が予測されている中で、アジアモンスーン地帯にあり、生産適地である日本で食糧の生産を増やし、自給率を上げることは全世界的に見ても意義のあることです。

４．世界各国、各地の気候・風土に合った農業を目指す

　(1) 農業はそれぞれの国や地方の立地条件、気候・風土から独立しては存在しません。ヨーロッパのような半乾燥地帯と日本や東南アジアのような湿潤なモンスーン地帯とでは、当然異なる作付け・耕作体形があります。
　ヨーロッパではかつて耕地全体を3〜4区画に分ける輪圃農業が中心であり、現在ではこれを応用して作物の輪作体系を作り上げています。アメリカも当初はこの方式でしたが、次第に単一作物生産の大農場となり、略奪型農業へと変化していきました。
　雨量が多く急峻な国土をもつ日本では山林、水田のバランスの上に農業システムは成り立ってきました。日本の農業システムは水田を基礎にした輪作複合農業であり、循環型農業を営んできました。このため限られた狭い耕地で何年も連作を続けてもなおかつ自然環境を守ることができたのです。
　(2) また各国、各地の食糧はその土地の食文化と一体に存在してきました。効率、生産性だけで農作物をみるのではなく、その国、土地の食文化などと密接不可分の食糧として農作物をみる必要があります。東南アジアが日本の主要な食糧基地の一つになりつつありますが、このことは北（日本）の南（東南アジア）に対する収奪であると同時に、東南アジアと日本の農業、食文化の破壊につながっていきます。食文化の破壊ではなく、例えばネグロスのバナナのような関係をもとに広くアジアの民衆（農業者・消費者）の連帯が必要と思われます。

５．複合農業、地域複合型農業を目指す

　もともと日本の農業は 1960 年代の高度経済成長期以前は複合経営でした。しかし農業基本法の制定を契機にして農業に工業の論理が持ち込まれ、農業基本法のⅰ）農業近代化論により単作農業に、ⅱ）国際分業論により米以外の自由化が進行する中で稲作＋兼業へと日本の農業は変化させられました。

大都市の中央卸売市場を中心とする流通機構とそれに見合うように特定の作物の作付規模拡大による特産地の形成とが作り上げられました。その結果、産地における連作障害、化学肥料・農薬の多用が問題になり、機械化、施設化より農業はきわめて金のかかるものになってきました。また流通機構が複雑になることにより、野菜の鮮度も落ち、荷造り費用もかさむことになりました。
　日本農業の再生のためには、こうした大規模単作農業から複合農業へと切りかえていくことが必要です。もちろん単作を前提とした流通、消費機構全般に亘ってその変革が必要です。複合農業とは複数の作物を生産者の創意工夫により生産できる農業のことを示します。この場合畜産を含む場合も含まない場合もあります。地域複合型農業とは直ちには複合農業を個々の農家でとれない場合には、地域（町村単位程度）全体で畜産も含めた複合的な循環型農業を行うことを指します。

以上を実現するための具体化

　以上の基本方向を実現するために、大きく三つの取りくみをする必要があります。
（1）グリーンコープとして農業に対する基本的な考えを明らかにし、青果・米政策を立て、グリーンコープの産直生産者とも協力しながらそれを執行します。
（2）農業をとりまく状況をみる時、グリーンコープの産直生産者のみを対象にした活動だけでは、産直生産者の存在自体も現在の農業構造に呑み込まれていくのは明らかです。広く社会に訴え、大きく農業の方向を変えていく取りくみが求められています。
　この活動は農業関係者や行政等とも連携し、協力しながらやっていく必要があると思われますので、グリーンコープとは別途に組織を作ることも含めその活動をすすめます。
（3）またグリーンコープとして産直生産者が安心して農業を続けられるように、不慮の災害等に備えて共生基金（仮称）を作ります。
　以上の取りくみをもって、前述の基本方向を実施していきます。

(1993年8月)

■資料⑫　日本生協連・『生協の食料・農業政策の確立に向けて
　　　　—米・食管問題を中心に—』（食料農業問題小委員会答申）

答申の性格と基本的立場
（1）答申の性格
　答申は「中間報告」についての会員討議、会員生協の米取扱い実態調査、米食管制度をめぐる情勢変化をふまえて論点を再整理し、さらに7月以降の小委員会の検討結果をもりこみ、11月の日生協第4回理事会に提出される。
　答申は全体として生協の食料・農業政策の確立に向けての論点の整理を目的としており、食管制度のあり方や農作物輸入をめぐる諸問題について包括的提言をすることを企図したものではない。そのため小委員会として意見の一致をみた問題については提言をしているが、議論の分かれた問題については検討事項として報告することとしたい。今後各会員生協におかれては本答申についての論議を深め、各生協における食糧・農業政策づくりに役立てていただきたいと考える。
（2）答申の基本的立場
　答申をまとめるに当たっての基本的立場は次の通りである。
　①消費者の「おいしくて安い安全な食料・農産物の安定供給」という要求が基本である。
　消費者にとって食物の「おいしさ」は自明の要求であるが、それは農作物の旬や、農法、加工・貯蔵方法、調理方法などの様々な要素の見直しを必要としている。「低価格」の要求は生産、加工、流通の各段階におけるコスト削減と結びついており、また最近の円高によって拡大した内外価格差も考慮に入れる必要がある。「安全性」は消費者および生産者の健康保持と環境保護の観点から最優先すべき要求であるが、国内農作物、輸入農作物、加工食品を問わず、これまで十分な注意が払われてこなかったため、今後一層の見直しが必要である。「安定供給」は、全地球的な気候や土壌の状態などの自然的要因と世界における戦争や「食糧戦略」の発動、多国籍アグリビジネスの動向などの人為的要因によって不安定化している食糧・農産物を安定的に確保するという人間の生命維持にかかわる要求である。
　②消費者の要求を実現できる国内農業の発展をめざす。

これらの要求を実現するためには、安定した強力な国内農業の確立が不可欠である。それは外国における食糧生産の動向や政策によって左右されない安定した食糧の供給減になるばかりでなく、中長期的に見て国土の保全や環境の維持のために欠かすことのできない前提であるからである。しかし、これまでの生産のあり方をはじめ、加工・流通のあり方にも多くの重大な問題が生じていることから、消費者の要求に沿った抜本的な見直しが必要であり、生産者と消費者の共同の取り組みが求められている。

　③主食である米については国内自給を維持しつつ、コスト削減をはかりながら、消費者の要求に沿った生産と流通をめざす。そのために生協としては組合員活動を強めながら、米の取扱いを強化する。

　日本の農業の根幹であり、日本人の食生活の中心である米については、主食の安定供給という立場からも、現状では輸入自由化に賛成する立場はとりえない。同時に現在の米の生産と流通が様々の問題点をかかえており、米の公的管理のあり方についても解決を迫られている問題も多い。これらの問題について生協は組合員・役職員の学習や生産者との交流をすすめるとともに、消費者対抗力を発揮するために米の取扱いの主体的力量を強化する必要がある。

　④その他の農産物や加工食品原材料については国内生産者との産直・提携を強めるとともに、一定の基本的視野に基づいて輸入のとりくみをすすめる。

　米以外の農産物については現行の生産・流通におけるゆがみを正すため国内生産者との産直・提携が広がってきているが、これは市場の改善とともに今後とも強化すべき課題である。この点で農協（生産者）がより安く安全な農産物を消費者に供給するために一層の努力を払われるよう要請する。同時に穀物や青果、畜産物の輸入が増え、現在では日常生活の中に定着している品目も多いが、輸入農産物の安全性を厳しくチェックしながら、消費者のくらしの要求を実現するという立場に立って輸入のとりくみをすすめることが必要となっている。

（1987年12月）

■資料⑬　日本生協連『食料・農業・農村政策に関する生協の提言
　　　　　—新基本法の検討によせて』（食料・農業政策検討委員会）

農政に対する生協の具体的要求

　「食料・農業農村政策に関する生協の提言」に基づき、生協は以下の項目を農政及び政府に要望します。
　(1)　消費者視点の確立
　①安全性・おいしさ・鮮度・選択の保証・価格・安定供給・環境保全への消費者の要求を重視し、食料・農業政策の柱に位置づけること。
　②これまでの食品安全行政の考え方を抜本的に改め、消費者の権利としての食の安全確保を明確にすること。省庁縦割りの安全行政を改め、消費者の立ち場を優先した整合性をもった総合的な安全確保体系を確立すること。O-157など新しい安全確保のテーマに迅速に対応できるように安全確保体制を強化し、HACCPなどの新しい技術を広く取り入れること。農水産物や加工品の産直提携先のHACCP導入への支援を行うこと。
　③農業に関する情報の提供・開示、消費者の声の反映と発言の場の保証を積極的に行い、消費者の合意形成と参加を重視すること。遺伝子組換え食品については、消費者の知る権利を尊重した表示制度を確立し、消費者の不安にこたえる情報開示を行うこと。安全性・栄養・有機栽培などの表示制度を充実させ、不当表示については罰則規定を強めるなど規制を強化すること。国民の栄養摂取の状況や食生活についての情報提供を、教育の場など様々な機会を通じて強めること。生協などが行う消費者への農業や食料、農村に関する情報提供への支援を行うこと。
　④食料・農業の問題を生産・加工・流通・消費・再生の全過程から検討し、消費者の要求やくらしを支える視点からの食料供給システムの確立を重視すること。この観点から食品産業や流通経済の役割・あり方を検討し安全性・品質・公正な価格形成・コストの低減・選択性・適切な表示などの確保にむけた施策を強めること。卸売市場のあり方についても同様の視点から見直すこと。
　⑤農産物価格支持制度は、消費者負担型を改め、ガラス張りの財政負担型制度に転換すること。独占禁止法の運用を強め、透明・公正な市場形成を確保すること。

(2) 環境保全型農業・食料システムの確立、農村地域社会の維持

①日本農業の農薬・化学肥料の多投入を見直し低減させること。畜産廃棄物、稲ワラ、家庭・産業生ゴミなどを農地に還元する循環システムを確立し、環境保全・循環型農業生産体系を地域社会のシステムとして確立すること。

②有機栽培基準を確立し、有機農業や減農薬農業などの普及を強化すること。そのための技術開発や物流のシステム整備を進めること。消費者・生協と生産者との提携による取り組みへの支援を積極的に行うこと。生協の堆肥化プラントへの取り組みや産直の物流整備等への支援を位置づけること。公正で透明な有機農産物等の表示・認証制度を早期に確立すること。

③生産から加工・流通・消費・再生の過程を見直し、省資源・環境保全型の食料システムとして確立すること。通い箱システムなどの研究・評価を行い、資源消費抑制を促進する流通インフラの整備・促進をはかること・生協などの流通段階での取り組みへの支援を施策に位置づけること。

④農山村地域社会維持のための施策を強化すること。森林の維持・保全なども農業・農山村の役割として有機的に位置づけ、目的を明確にし役割に見合った所得補償制度を整備すること。

棚田は、歴史・文化の保存の位置づけのもとに、適切な保存をはかること。

(3) 自給力の維持・向上、食料の安定供給

①農地の確保が国内自給力の維持・向上の前提であることを位置づけ、容易な転用を防止するための法制度を再確立すること。国土・地域・環境・国民生活の視点を踏まえた中・長期的視点から土地利用の線引を改めて行い、国民合意の国土利用計画を確立すること。

②コメの強制的減反は改め、意欲を持った専業的農家の稲作経営発展への支援を強める生産調整や所得補償の制度を組み立てること。コメの消費拡大への国民的合意形成への施策を強め、コメの備蓄制度の円滑な運用を確立すること。

③生鮮野菜や加工原料農産物などの生産体系の確立を促進し、地域の特性を活かした多様なニーズや消費動向に対応する農業生産体系を確立すること。豆腐・納豆・味噌・醤油などの日本型食生活を支える麦や大豆の国内生産体系を再構築すること。生協の国内産麦・大豆等を使用した商品開発や供給への支援を位置づけること。

④産地での鮮度維持処理施設や輸送・卸売市場などの流通段階での鮮度維持

のためのインフラの整備を強め、鮮度面での国内農産物の競争力強化の支援施策を強めること。

(4) 力強い農業経営の育成と生産者・地域の自主性尊重

①地域の核となる農業の担い手を育成し、その自主的営農を積極的に支援する施策を強めること。そのため、中央集権的で画一的な農政を改めること。

②多様な担い手の農業参加と経営としての発展を積極的に促進すること。法人化や協業化の条件緩和を進め、自由な営農と多様な経営を促進すること。同時に、このための前提として農地の転用規制を担保すること。生協などの生産者との提携による農業経営への参加も可能とさせる制度を導入すること。

③農業後継者・人材育成を重視し、農業教育制度を抜本的に充実させること。

④品種の改良や栽培技術の革新など、技術開発を重視し施策を強めること。

(5) 国際的な消費者の権利保障と公正な貿易ルールの確立

①食の安全基準の国際平準化について、消費者視点に立った安全確保の立場、最大の食料輸入国の立場から積極的に国際的主張を行うこと。また、国際機関への消費者参加を重視すること。各国の食生活の違いに基づく正当な科学的根拠をもった食品安全の独自基準を認めることを国際世論として確立すること。日本の食生活を踏まえた安全基準に関する科学的データの積み上げを強化すること。

②農産物貿易のルールでは、各国の事情による段階的な移行措置を認める国際世論を形成し、輸出補助金の廃止など不公正で恣意的な貿易ルールを改めること。日本の政府は、国民的利害を代表する立場から交渉力を強め、コメについては基本的に国内生産でまかなえるようにし、長期的視点で農業基盤を維持できるように国際合意を形成すること。

③途上国の農業と経済の自立・発展への国際援助を強化すること。

(6) 新しい理念に基づく、透明性・自主性を保証する行政への転換

①新基本法では、食料・農業・農村の新しい理念に加え、それを支える具体的な政策体系の確立が必要であり、現行の諸制度は新基本法の精神で抜本的に見直すこと。新基本法そのものも、一定の期間で検証・見直しを行う制度とすること。

②農業予算の政策決定過程での透明度を高め、消費者・納税者への情報公開をわかりやすく行い、政策目的・使途・効果などについての行政の説明責任を

履行すること。農業土木中心の農業予算を改め、過剰な企画や画一的メニューを排して農業者や地域の意見・自主性を尊重し、選択性を高めること。財源措置についても地方自治体の裁量権、自主性を拡大すること。

③農政の展開は、農水・国土・自治・建設・環境・通産・厚生など各省庁の機能錯綜や縦割りを排し、総合的で一貫した施策となるよう、抜本的な見直しを行うこと。併せて、環境や農業資源の保全に関わる現在の錯綜した地方行政機能を抜本的に見直すこと。ゾーニングに関わる行政については、独立性をもった第三者機関を設置し、農地の転用規制のための厳正な運用を確保すること。

(1998年7月)

■資料⑭　日本生協連・『「農業・食生活への提言」検討委員会答申』

日本の農業に関する宣言
～日本の農業が産業として力強く再生するために～

　日本の農業は私たちの食に対する願いを実現させる最も身近な存在です。また、食品の安全を追求してきた生協にとって、その中心的な役割を担う産直事業のパートナーであり、毎年およそ10万人にのぼる組合員が産地を交流し、ともに理解を深めている関係にもあります。

　農業をとりまく環境は大きく変化しています。WTO交渉やFTAなどの進展による国際環境の変化の中で、いかなる事態になっても日本の農業を産業として支えている担い手を失わないための手立てが必要です。さらに、閉塞感に陥っている日本農業を立て直すためにも、農業者、生産者団体の自律的な改善努力に期待するとともに、新たな人材を受け入れる努力が必要です。国土の保全や景観の保持など農業の持つ多面的な機能は私たち消費者の大切な宝でもあります。私たち消費者は、食料の安定的生産と農業の生産環境の維持のために農業の構造改革をすすめ、日本農業が活性化し、産業として力強く再生し発展していくことを望んでいます。日本の農業が大きな転換期を迎えている中で、消費者として日本の農業が、再生するという視点に立って農業に関する提言をまとめました。

1. 環境保全型農業の推進　～農業に求める社会的役割の発揮のために～

　環境保全の課題は全人類にとって待ったなしの課題です。安全な食品の生産には、健全な土壌や水などの環境の保全が前提となります。化学肥料や農薬を使った農業は、環境に大きな負荷を与えます。日本においても、肥料による地下水の汚染や国際的にみても高い密度の家畜排せつ物の窒素の問題など課題が多くあります。農業は土や水という自然の恵みを利用した産業であると同時に、環境に負荷を与える産業であるという認識が必要です。

　生協は生産者とともに、環境負荷を低減した農産物作りに力を入れてきました。こうした環境に配慮した生産者を評価し、EUで行なわれている環境保全型農業に対する直接支払制度のような支援のしくみ作りが必要です。環境保全型の農業生産を促進する施策を求めます。

　年間で約2,000万トンの食品廃棄物が発生しています。生協も食品を扱う事業者として、食品の売れ残りなどの発生抑制、最終処分される量の減量化につとめるとともに、飼料や肥料等の原材料とするために食品資源の再生利用を促進していきます。バイオマス発電など新たな環境施策に着目するとともに、都市と農村をつなぐ循環システムの確立に向けた取り組みを支援する施策を求めます。

　農業を支える基盤である農村には、単なる食料生産の場としての役割を求めるだけでなく、多様な生命が育まれ、環境や景観が維持される空間として、都市住民も交流を通じて共有できることを望みます。農村は私たち消費者にとっても守っていきたい宝です。

　用水路や農道などの地域資源の維持や管理に農村集落は大きな役割を発揮してきました。環境を守り、農業生産が継続されるためには、協同によって支えられる地域の取り組みが必要です。

　また、生協が産直事業を中心として積極的にすすめてきた交流活動の中には、里地里山交流や農業者とともに行なう生き物調査などに発展している事例が数多くあります。都市住民も農村の地域環境保全に大きな役割を果たしています。集落単位での取り組みや都市住民も参加して行なう農業環境保全活動を評価し、中山間地域等直接支払い制度という先行事例を参考にして、地域資源保全の取り組みを支援する施策を求めます。

2．食品安全行政の確立　～ゆるぎない安全性の確保に向けて～

　食品の安全はすべての人々の願いです。食品安全行政には、食品安全基本法に定められた国民の健康を第一に考えた取り組みを求めます。

　食料の多くは海外からの輸入に依存しています。WTOやFTAなどの貿易交渉、食品の安全をめぐる国際的な議論においては、食料輸入国としての立場を主張するとともに、国民の健康を第一に考えた対応を求めます。国だけでなく、地方における食品の安全行政確立に向けてさらなる取り組みの強化が必要です。

　食品の安全を確保するためには、生産から消費までのフードチェーン全体に効果が及ぶ施策が必要です。検査体制やトレーサビリティシステムの確立に向けて、縦割り行政の弊害に陥ることなく、トータルとして食品の安全が守られるよう一貫した対応がなされることを求めます。

3．日本の農産物の品質と競争力の向上　～総合的な品質管理の確立に向けて～

　食品の偽装表示などの事件が後を絶ちません。食品の安全の確保は食品に携わるすべての事業者の責務であるという認識を強く持ち、コンプライアンスの徹底を図るとともに、具体的なしくみづくりを行っていく必要があります。国内だから安心、国産だから品質がよいなどという漠然とした通念に頼るのではなく、仕様管理や工程管理に裏づけされた取り組みが必要です。

　農協では生産履歴記帳運動を全国的に展開することで、国内農産物に対する信頼を高める取り組みを開始しています。さらに、ISOやHACCPのしくみを取り入れて管理している農業者など全国にさまざまな先進的な取り組みが生まれています。農林水産省でも、生産段階におけるGAP（適正農業規範）、製造段階でのHACCPやISOなどの取り組みに関する啓発・普及を図っています。このような取り組みが早期に全国の標準レベルになるよう、さらなる努力が必要です。全国的に高い品質を維持するための取り組みがなされることで、国内農業の競争力が高まります。さらに、多くの農産物が生鮮食品として供給されるだけでなく、加工食品の原材料になっていることをふまえ、消費者ニーズはもちろん、加工メーカーなどのニーズにも即した生産をすることが期待されています。

　生協でも、たしかな商品づくりを展開する事業の構築にむけて、さまざまな取り組みを研究し実践してきました。生協職員自身が産地におもむき、点検確

認することはもちろん、組合員とともに産地の取り組みについて検証する二者認証や公開監査の実践、第三者認証のしくみづくりなど品質の保証を高める取り組みを多角的・主体的に行ってきました。

さらに、日本生協連産直事業委員会では2005年2月に青果物品質保証システムを公表し、生産から消費にいたる全プロセスにおける規範を定め、管理手法の確立を目指した取り組みを開始しました。生産者、中間流通業者、そして生協が協同して互いに知恵寄せ合い、全国的に標準化したシステムを構築することでたしかな商品を確立することを目指しています。

国内農業の競争力を高めていくには、何よりも消費者と生産者の相互理解が不可欠です。消費者ニーズに対応したきめこまかな農業生産に取り組むことを日本の農業に期待します。

全国の生協で、産直事業を通じて年間10万人にのぼる組合員が産地との交流を行い、相互理解を深めています。産直交流においては環境保全活動や産地の取り組みの検証などのテーマを明確にした取り組みがなされています。さらに地場産直などの取り組みも深まり、地元経済の活性化に対する貢献も果たしています。生協などが中心となって行っているグリーンライフ事業などの都市住民発の農村交流活動を積極的に評価し、その環境整備に向けた支援施策を求めます。

4．国際環境の変化に対応した農政の確立

〜高関税から農業経営体への財政投入へ、農業保護政策の転換のために〜

高い品質の農産物がリーズナブルな価格で提供されることは消費者の共通した願いです。主食である米をはじめ、日本の農産物の内外価格差は依然として小さくありません。高関税を輸入農産物にかける国境措置により、消費者は国際的にみて高い価格で農産物を購入しています。

日本国民は摂取カロリーの6割を輸入食料に頼っています。現在の食生活を維持したまま日本の全人口を養う農地はありません。自給率を高める努力を継続すると同時に、国産農産物だけでは食料をまかなえない現状をふまえて、世界的な規模での食料調達について考えることも必要です。

農産物を安定的に輸入するためにも、世界が平和であり継続的な生産・供給体制が維持されるよう、日本は先進国の一員としての役割を発揮していく必要

があります。また、消費者への保障として、輸入品も含めた商品の選択性を確実にするとともに、賢明な商品選択を行えるための十分な情報の開示が必要です。

WTOの国際的貿易ルールの確立に向けて、食料の輸入国や輸出国、先進国や途上国などが互いに国益を主張しあいながら新しいルールや枠組みづくりを協議しています。輸出補助金の削減や特定の農産物に対する生産支援等の補助金の削減、関税の削減など様々な取り組みが議論されています。農産物貿易交渉においては、各国の農業が保全されるような取り組みを講じること、特に発展途上国に向けた配慮が必要です。日本の政府は、食品の安全の確保など食料輸入国の立場を主張しつつ、先進国として交渉をまとめていく役割を積極的に果たす必要があります。

同時に、国際環境の変化に対応した国内の農業政策の確立が必要です。日本の国益に沿った貿易交渉を行うとともに、いかなる事態になっても対応できるように備えておく必要があります。高関税の低減は、自由貿易体制のもと、もはや避けられない国際的な潮流といえます。現状の関税が削減され、米を始めとする重要な農産物についても国際競争にさらされることを想定して、日本農業を産業として支えている主要な担い手が農業経営を継続し、さらに農業生産を充実していける体制を作り上げなければなりません。そのために、品目別の生産支援ではなく、WTOでも認められている、財源を農業経営に投入する経営支援へとシフトしていく必要があります。食料・農業・農村政策審議会企画部会で議論されてきた品目横断型直接支払制度の導入を早期に実現する必要があります。

施策の導入にあったては、投入される費用に対して効果が十分発揮できるよう、対象者は主要な担い手とすることを明確にして、集中した支援を行う必要があります。主要な担い手として、一定の規模を有し生産性の向上に取り組んでいる農業者や農業法人、さらに統一した意思のもとにマネジメントされている集落営農が経営支援の対象となるべきであると考えます。

また、当面は規模が要件を満たせなくとも生産性向上に取り組んでいる若い担い手などには規模拡大に向けた支援策を講じ、経営支援の対象となるように育成を図っていく必要があります。主要な担い手を増やしていくこと自体が日本の農業の発展にとって重要な施策です。

様々な形態の農業者が集落を形成し、農業のインフラを共有しています。集

落を維持し農業基盤を保全するための政策や広く住民が受益者となる農村振興政策と、農業を産業として育成するための産業政策とは切り離して考えていく必要があります。画一的ではなくメリハリをつけた施策の実施が求められています。あわせて、いずれの施策においてもその効果が検証されるようなシステムの確立を求めます。

　財源の投入により農業者を支援する施策の展開にあたっては、高関税の逓減による内外価格差の縮小を求めます。国民的な合意形成を図る上でも内外価格差が縮小するという目に見える形での成果が求められます。また、農産物の価格低下を農産物出荷価格の低下だけにとどめず、加工食品を含めた小売価格の低下に確実に結びつけることが必要です。私たち生協も食品を扱う事業者としての役割を発揮していきます。

　これまで農業予算は、農業の基盤整備を中心とした公共事業に多額の費用を投じてきました。減少しつつあるとはいっても、農林水産予算の中で、いまだ4割を超える規模の金額が公共事業に費やされています。こうした事業の中には必ずしも農業者のために作られたとはいえない施設や事業などもあります。

(2005年4月)

■資料⑮　日本有機農業研究会『結成趣意書』

　科学技術の進歩と工業の発展に伴って、わが国農業における伝統的農法はその姿を一変し、増産や省力の面において著しい成果を挙げた。このことは一般に農業の近代化と言われている。

　このいわゆる近代化は、主として経済合理主義の見地から促進されたものであるが、この見地からは、わが国農業の今後に明るい希望や期待を持つことは甚だしく困難である。

　本来農業は、経済が外の面からも考慮することが必要であり、人間の健康や民族の存亡という観点が、経済的見地に優先しなければならない。このような観点からすれば、わが国農業は、単にその将来に明るい希望や期待が困難であるというようなことではなく、きわめて緊急な根本問題に当面していると言わざるをえない。

　すなわち現在の農法は、農業者にはその作業によっての傷病を頻発させると

ともに、農産物消費者には残留毒素による深刻な脅威を与えている。また、農薬や化学肥料の連投と畜産排泄物の投棄は、天敵を含めての各種の生物を続々と死滅させるとともに、河川や海洋を汚染する一因ともなり、環境破壊の結果を招いている。そして農地には腐植が欠乏し、作物を生育させる地力の減退が促進されている。これらは、近年の短い期間に発生し、急速に進行している現象であって、このままに推移するならば、企業からの公害と相俟って、遠からず人間生存の危機の到来を思わざるをえない。事態は、われわれの英知を絞っての抜本的対処を急務とする段階に至っている。

　この際、現在の農法において行なわれている技術はこれを総点検して、一面に効能や合理性があっても、他面に生産物の品質に医学的安全性や、食味の上での難点が免れなかったり、作業が農業者の健康を脅かしたり、施用する物や排泄物が地力の培養や環境の保全を妨げるものであれば、これを排除しなけらばならない。同時に、これに代わる技術を開発すべきである。これが間に合わない場合には、一応旧技術に立ち返るほかはない。

　とはいえ、農業者がその農法を転換させるには、多かれ少なかれ困難を伴う。この点について農産物消費者からの相応の理解がなければ、実行されにくいことは言うまでもない。食生活での習慣は近年著しく変化し、加工食品の消費が増えているが、食物と健康との関係や、食品の選択についての一般消費者の知識と能力は、きわめて不十分にしか啓発されていない。したがって、食生活の健全化についての消費者の自覚に基づく態度の改善が望まれる。そのためにもまず、食物の生産者である農業者が、自らの農法を改善しながら消費者にその覚醒を呼びかけることこそ何よりも必要である。

　農業者が、国民の食生活の健全化と自然保護・環境改善についての使命感にめざめ、あるべき姿の農業に取り組むならば、農業は農業者自身にとってはもちろんのこと、他の一般国民に対しても、単に一種の産業であるにとどまらず、経済の領域を超えた次元で、その存在の貴重さを主張することができる。そこでは、経済合理主義の視点では見出だせなかった将来に対する明るい希望や期待が発見できるであろう。

　かねてから農法確立の模索に独自の努力をつづけてきた農業者や、この際、従来の農法を抜本的に反省して、あるべき姿の農法を探求しようとする農業者の間には、相互研鑽の場の存在が望まれている。また、このような農業者に協

力しようとする農学や医学の研究者においても、その相互間および農業者との間に連絡提携の機会が必要である。

ここに、日本有機農業研究会を発足させ、同志の協力によって、あるべき農法を探求し、その確立に資するための場を提供することにした。

趣旨に賛成される方々の積極的参加を期待する。

(1971年10月)

■資料⑯　たまごの会・「たまごの会」はこうして始まった（執筆：高松修）たまごの会編『たまご革命』三一書房

「たまごの会」はこうして始まった（高松修）
〈安全な卵を求めて〉

　物価の優等生と言われ続けてきた卵だが、それは"質"を犠牲にしてきた結果なのでは、と私たちは疑問を抱いた。どうして殻は弱く黄身の色は薄いのか、ひと昔前のあのコクはどこに消えたのか、その上、PCBなどの心配はないのか、と。

　その原因が工業の論理を養鶏に貫徹し、鶏を産卵機械と割り切り「生きもの」と考えていないことにある、と私たちは思った。

　それなら鶏を自然環境に適応させるなかで生きものとして丈夫に育てれば、あの本当の卵が得られるのでは……。そのような養鶏を目指し、青菜・牧草を栽培し、鶏糞を田畑に還元する有畜農業をやってみようと、農場建設に着手した。

　幸い土法的養鶏の一種である「山岸養鶏」に精通した実践家の植松義市氏と知り合い、氏の指導を受け、その平飼い養鶏技術の一端を学んだ。

　しかし、その飼育方式は輸入穀物――トウモロコシ・大豆カス……を主体とする「自家配合飼料」に頼り、原料の自給を前提とする技術ではなかった。

　ところが農場建設がオイルショック期と重なり、当時エサの値段はハネ上り、その安定供給も危ういことを思い知らされた。おまけに石油タンパクの登場に直面した。それを迎え撃つには「安全な卵」を求めるだけでなく、エサの自給を前提とする畜産、つまり食資源の自給運動の必要性を迫られた。

　ふりかえってみると、それまでは農場から農畜産物を都市に運ぶだけで、都市生活から排出する残飯・残菜を自治体に頼んで惜しげもなく焼却してもらう

受身の生活を送っていた。

　せめて食べ残しを農場に還元し、有効に活かせる道はないものかと……。
〈土を活かす豚飼い〉
　そうだ、残飯を農場に還元し、養豚を始めよう。そうすれば、資源を焼却する無駄を省け、残飯が肉になり、その実践が石油タンパクの拒否につながるはずだ。

　こうして養豚を始めてみると、内臓の丈夫な健康な豚に仕上がり、都市会員の食卓に衝撃をもたらした。

　その上、「豚一頭は小さな肥料工場」との明言通り、粗飼料で豚を飼うと、たくさん糞尿を排泄してくれる。それを敷わらに浸み込ませて積み上げ、それから数カ月間、切り返しながら熟成させると「すばらしい香り」の堆厩肥に仕上がる。それが自然発酵の鶏糞と併用されて農場の土を活かす源になってきた。

　この肥料で年々畑はよみがえり、土壌に各種の生物――ミミズや微生物類がどっさり湧き、地中を住み処にしている。だから、土は膨軟になり団粒構造を形成し、自らを肥培する。こうして、植物根はふかふかの土中に、しっかりと根を下し、酸素を吸って呼吸しながら水に溶けた栄養素を必要なだけ吸収して丈夫に育つ。

　しかし、自然を相手とする営みである以上、時には病害に見舞われるのも止むを得ない。また、虫害に直面する事もあるのは当然である。が、私たちは安易に殺菌剤や殺虫剤に頼らずに植物の生命力を信頼し、それに抗し得る丈夫な作物を目指してきた。根圏に住むバクテリアや放線菌の力を借りたり、自然の益虫――クモ・雨蛙・ミミズの助太刀を仰ぎ、適期・適作を期し、幸いこの5年の経験ではトマトの疫病以外には何とか対応できた。これからもすぐれた堆厩肥を作り、それを適切に選び、輪作体系を確立すれば、土の肥沃度は高まり、ますます期待が持てそうに思える。

　こうして露地で作った作物は安心して食べられることは当然であり、それに特有の「甘み」と「旨み」も乗り、私たちの食卓を楽しいものにしてくれる。この"たべもの"に慣れるにつれ、もはや氏素性の知れないスーパーの食品に戻るわけにはいかない。いや、食卓の食物をすべて自給できる方向を目指したい。牛乳も遠い北海道の牛乳を飲み続けるのではなく、農場で本当の牛乳を自給したいと思うようになった。

〈なぜ、新鮮な牛乳か〉

　一昔前に毎朝配達されるビン入り牛乳は「新鮮さ」を命とする代りに、冷蔵庫に入れ忘れたりすると、たちまち凝固し腐敗させた苦い経験がある。ところが生乳の殺菌方式が「低温殺菌」（65℃−30分）から「超高温殺菌」（130℃−2秒）へと変化したことによって最近の市販牛乳は腐りにくく凝固しにくくなり、それと共に初めから「風味」も害われてしまった。

　その延長上に牛乳のまま長期保存可能な「ロングライフミルク」（LLミルク）が登場してきた。しかし、それは「カンヅメ牛乳」で、「新鮮な牛乳」のはずはない。そんなニセモノに市民権を与えると、便利性が悪用され、牛乳がますます長距離輸送される気運を助長する。挙句の果てには、ニュージーランドあたりからLLミルクが大量に流入し、結局日本酪農を崩壊させる運命を招くことが懸念される。

　その反対運動を通して、今市販の牛乳も実はセミ・ロングライフミルクへの道を目指しており、決して「新鮮な牛乳」とは言えないことが明らかになった。

　私たちはまず乳牛を粗飼料で飼い、その生乳を低温殺菌して飲んでみた。それに慣れるにつれ、北海道のよつ葉牛乳を初め、市販の牛乳も異物として味覚にますます合わなくなりつつある。

　いよいよ、市販牛乳に「ノン」と宣言し、地域の酪農青年とも提携して自前の生乳の殺菌ビンづめ処理場を作った。使い捨てでないビン入り牛乳、一戸の酪農家が可能なミルクプラント、巨大乳業の支配から脱却し酪農家の自立を促すシステムの確立を目指して、私たちはその古くて新しい道を探って行きたい。

〈卵から"たまご"へ〉

　卵から始めて豚肉・野菜・牛乳へと自給のわくを拡げてきたのだから、「卵の会」ではなく「食べものの会」とでも会名変更しては、と問われることがある。しかし、その必要はない、と思う。

　私たちは最初から「養鶏場」ではなく「総合的有畜農業」を射程に入れていたから、「卵の会」ではなく、「たまごの会」とした。そうしてその言葉にもっと象徴的意味、殻を破り新しい生命を生み出す源という意味を込めた。

　つまり、「たまご」とは、動物蛋白質のことではなく、新しい社会、新しい生活を夢見、孵化しはばたこうとする会員のことを指す。換言すれば、巨大な都市文明に酔うことなく、その農の営みを破壊していく流れに抗し、それに対峙

する"土を活かす"文化を目指す人を「たまご」と呼ぶことにした。

　だから都市会員の一つの課題は、生活の場で直面している問題、台所での調理の仕方や食卓の変革から始まり、新しい共同体としての町づくり、学校給食を問い直したり、反石油タンパク・反原発の「運動」をやり切ることである。

　もう一つの課題が具体的に「土を活かす」生活であり、それが自給農場運動である。この農場は、都市会員が共同出資し合って建設した空間だから、農場を訪れて畑を耕し収穫したり運搬を担おうと、それは「援農」ではなく、「共同作業」の主人公に他ならない。

　しかし、「自分だけは生き残ろう」とノアの方舟に乗ろうとしたのではなく、近代化農政と闘いながら、都市住民と農民の壁をいかに打破し得るかをも探ってきた。

　だから、農場産品で完全自給するのではなく、部分的に農民に作ってもらった産物を分けて貰う運動をも続けてきた。その場合の取り組み方は、安全な食品を買い漁るのではなく、生活の交流に主眼をおいてきた。その値決めの仕方も、市場価格を基準にするというよりも、再生産を保証する価格であり、両者の合議で決めるようにしてきた。

　その交わりのなかで生活の質を相互に問い合うことになるし、私たちにとっては、農のありようを学べるまたとない機会ともなってきた。そうして切磋琢磨し合うなかで、新しい産直の道を探っていきたい。

(1979年11月)

(中島　紀一)

索引

(五十音順)

【ABC】

AMS ································ 187
CAP 改革 ························ 205
GDP 購買力平価 ············ 174
RICE 戦略 ······················ 403
RICE 戦略 ······················ 403
UR 農業協定 ··················· 186

【あ行】

「新しい食料・農業・農村
　政策の方向」(いわゆる
　新政策) ······················ 395
新たな米政策大綱 ·········· 192
ウルグアイ・ラウンド
　··························· 415, 437
円高不況 ·························· 173
園地転換事業 ········ 108, 127
卸売市場経由率 ····· 112, 122

【か行】

価格・所得政策の一体化
　····································· 203
価格政策 ·························· 421
果実価格 ·························· 110
果実自給率 ······················ 103
果実需給構造 ·················· 102
果実消費 ·························· 117
果実消費の高級化 ·········· 111
果実生産の縮小 ·············· 107
果実輸入量 ······················ 102
果実流通 ·························· 112
果樹園の流動化 ·············· 147
果樹園集積 ······················ 150

果樹園面積規模 ·············· 132
果樹産業危機 ·················· 158
果樹施設栽培面積 ·········· 154
果樹生産技術 ·················· 152
果樹生産構造 ·················· 132
果樹単一農家 ·················· 123
果樹農家 1 戸当たり果樹園
　面積 ···························· 134
果樹農家経済 ·················· 123
果汁生産量 ······················ 104
ガット・ウルグアイ・ラ
　ウンド農業交渉 ········· 389
ガット東京ラウンド ······ 168
環境保全型農業 ····· 153, 157
観光果樹園 ······················ 113
間接的な価格政策への転換
　····································· 201
関税相当量 ············ 176, 187
企業的経営 ······················ 161
機械化 ······························ 153
黄の政策 ·························· 194
牛肉・オレンジの自由化問
　題 ································ 412
経済団体連合会 ·············· 412
経済的中核地域 ····· 132, 141
経済同友会 ······················ 412
構造政策 ··············· 421, 422, 430
構造変動の地域性 ·········· 139
行政価格の引き下げ ······ 199
購買力平価 ······················ 171
高糖度果実 ······················ 111

高品質果実生産 ·············· 111
国境措置と国内支持 ······ 186
国際化時代の時期区分 ·· 122
国際分業論 ······················ 416

【さ行】

栽培面積上位都道府県 ··· 131
市場外流通 ······················ 112
施設型農業 ······················ 183
自由貿易協定 ·················· 437
自立経営 ·························· 450
純輸入割合 ······················ 207
所有権有償移転面積 ······ 147
小規模層 ·························· 133
消費者米価の購買力平価
　····································· 179
ジュネーブ宣言 ·············· 400
食品工業 ·························· 417
食品産業 ··············· 424, 428
食料・農業・農村基本法 ··· 404
食料安全保障
　·········· 417, 423, 424, 426, 439
食料自給率 ······················ 424
食糧管理制度 ······· 418, 419
『新政策』の展開と JA グ
　ループの対策 ············· 400
新食糧法 ·························· 401
新農業基本法 ·················· 202
スケールメリット ·········· 182
棲み分け ·························· 112
政策推進労組会議 ·········· 453
生産者価格指数 ·············· 196

生産者米価の購買力平価
　　……………………………179
生産調整……………………422
生鮮果実輸入………………105
西日本の柑橘類……………139
専兼別農家数………………134
選果機械……………………116
前川レポート………………456
全国食管連…………………452
全国農業協同組合中央会
　　……………………………429
全中ワシントン連絡事務所
　　……………………………393
全米精米業者協会（RMA）
　　……………………………392
全労連………………………460
相対型取引……………115, 122
総合開発研究機構…………419
総評…………………………454

【た行】
多面的機能…………………435
対平均輸入価格比率………190
大規模農家…………………133
男子農業専従者のいる農家
　　……………………………134
中規模層優位………………153
直接所得補償………………430
賃借権設定面積……………147
糖度センサー………………156
ドゥニー議長………………394
特定農山村地域における農
　林業等の活性化のための
　基盤整備の促進に関する
　法律………………………399

特定農山村法案……………397

【な行】
内外価格差……………171, 188
内外価格差の算出基礎……188
内外価格差問題……………176
内部品質……………………116
日経調………………………453
日本経済調査協議会
　　………………………413, 453
農家経済余剰………………123
農家直接固定支払制度……204
農業と製造業の生産性格差
　　……………………………196
農業の相対的縮小…………199
農業委員会系統組織………387
農業基盤整備………………433
農業基本法…………………202
農業協同組合系統組織（JA
　グループ）………………387
農業経営基盤強化のための
　関係法律の整備に関する
　法律………………………399
農業経営基盤強化促進対策
　　………………………395, 398
農業保護政策………………416
農業法人運営大全…………400
農業労働力保有状態別農家
　数…………………………134
農産物12品目問題…………169
農産物貿易…………………435
農政改革大綱………………202
農地保有合理化促進事業
　　……………………………398
農地問題……………………430

【は行】
バブル経済…………………112
東日本の落葉果樹…………139
不足払い制度…427, 428, 430
プラザ合意……………122, 169
紛争処理小委員会…………391
米の関税化…………………436
堀内全中会長………………392

【ま行】
マルチ栽培……111, 117, 156
ミカン単一農家……………123
緑の政策……………………194
ミニマム・アクセス………401

【や行】
輸入制限品目数……………167
有益費補償…………………147

【ら行】
利益集団……………………439
立地移動……………………126
立木の評価…………………147
流通段階別の内外価格差
　　……………………………182
臨調・行革路線……………455
例外なき関税化……………387
連合…………………………457
ローンレート………………205
労働集約的な性格…………139
労働生産性…………………123
労農提携……………………451

【わ行】
わい化栽培…………………154
ワシントン・レポート……393

戦後日本の食料・農業・農村 第5巻（Ⅱ）
国際化時代の農業と農政Ⅱ

2017年9月8日　印刷
2017年9月15日　発行　Ⓒ　定価は表紙カバーに表示してあります。

　　　　　編　者　戦後日本の食料・農業・農村編集委員会
　　　　　発行者　磯部　義治
　　　　　発　行　一般財団法人農林統計協会
　　　　　〒153-0064　東京都目黒区下目黒3-9-13
　　　　　　　　　　　　　　　　　（目黒・炭やビル）
　　　　　　　　　http://www.aafs.or.jp/
　　　　　　　　　電話　03-3492-2987（普　及　部）
　　　　　　　　　　　　03-3492-2950（編　集　部）
　　　　　　　　　振替　00190-5-70255

Japanese Agriculture and Agricultural policies under Globalization (Ⅱ)

PRINTED IN JAPAN 2017

落丁・乱丁本はお取り替えします。　　印刷　前田印刷株式会社
ISBN978-4-541-04147-0　C3361